现代化学专著系列·典藏版　26

煤的结构与反应性

谢克昌　著

科 学 出 版 社

北　京

内 容 简 介

本书是煤科学领域内关于煤结构与反应性的学术专著,集中了作者十几年来在该方向上的创新性科学研究成果。内容包括煤的结构及其研究方法,煤在热解、气化、解聚液化、燃烧、溶胀、等离子体条件下的反应性和测试方法,以及煤的结构与反应性的内在关系。本书以大量的实验事实和深入的理论分析较全面地回答了实现煤的优化转化需要解决的三个基础性关键问题:不同煤种的反应性有何共性? 煤的结构在煤的热转化过程中如何变化? 究竟什么是煤的结构?

本书可供煤科学与技术领域和相关专业的科技工作者、大学教师和研究生学习参考。

图书在版编目(CIP)数据

现代化学专著系列：典藏版 / 江明，李静海，沈家骢，等编著. —北京：科学出版社，2017.1

ISBN 978-7-03-051504-9

Ⅰ.①现… Ⅱ.①江… ②李… ③沈… Ⅲ. ①化学 Ⅳ.①O6

中国版本图书馆 CIP 数据核字(2017)第 013428 号

责任编辑:刘俊来 孙克玮 / 责任校对:宋玲玲
责任印制:张 伟 / 封面设计:铭轩堂

科 学 出 版 社 出版
北京东黄城根北街 16 号
邮政编码：100717
http://www.sciencep.com

北京厚诚则铭印刷科技有限公司印刷
科学出版社发行 各地新华书店经销

*

2017 年 1 月第 一 版 开本：B5(720×1000)
2017 年 1 月第一次印刷 印张：37 3/4
字数：740 000

定价：7980.00 元（全 45 册）

(如有印装质量问题，我社负责调换)

Preface to "Coal Structure and Its Reactivity"

No doubt, the reader will be aware of the fact, that coal has been the dominant source of energy. for coke and for chemicals, throughout the world for long periods in the past two centuries of industrialisation and still is at present and will be in the future in many countries, especially in China. Thus the readiness of the best technology for its covnversion and use has been and still is a prominent, yes an outsanding, factor for the development of the international economy and consequently the subject of strategic considerations and measures. Technology of coal utilisation has been always in a dynamic interaction with coal science: new scientific results paving the way for technological progress, practical problems asking for scientific treatment.

Even if nowadays coal is world-wide preferably used for electricity production and coke making only, we can be pretty sure, that knowledge gained in the fields of liquefaction, gasification and pyrolysis, will become necessary for practical processes, possibly soon, as inexpensive oil and gas will not last forever and will not be equally accessible for every country. The predictions of the Club of Rome since 1972 are valid generally, even if the chronological order has had to be shifted somwhat into the future. Thus, as a global view, new and especially improved processes remain to be a steady task for coming generations of coal scientists and engineers. In China, however, being the country with the world's largest and further expanding coal industry and utilising coal as by far the main source of energy and raw material this challenge faces its coal community today already.

The book on "Coal Structure and Its Reactivity" written by my colleague Dr. Ke-Chang Xie meets the needs to strengthen the basis on which the further development of improved, efficient and clean coal-based processes can rely. Extersively it summarises and evaluates the creative results in various areas of research devoted to coal structure. I consider the headline "Structure and Reactivity" to be an excellent goal-directed guideline of research as this aspect is one key issue for the transfer of scientific result into practice, reactivity being among the main paramenters controlling kinetics and therefore important for reactor design with respect to conversion, including the control of formation and prevention of hazardous species. Besides the useful results, the book demonstrates, how coal offers a fascinating subject for research to a large number of scientific disciplines and how consistently new methods are being applied for in-depth studies on its micro composition and structure and its basic reactions.

I congratulate Dr. Ke-Chang Xie on having fulfilled this enormous and important work so successfully and I am convinced that this book will meet with a lively response both for educational, research, and industrial purposes.

K. H. van Heek

Dr. Karl Heinrich van Heek

Former Director of the DMT Institute of Coke Making and Fuel Technology, Essen Germany

Professor of Chemical Engineering (em.), University of Essen, Germany

29.September 2002

(参考译文)

　　毫无疑问,大家都知道这样一个事实,煤是主要的能源,也是焦和许多化学制品的主要来源。全世界在过去的两个工业化世纪是这样,现在是这样,未来的许多个世纪,特别是在中国,仍然会是这样。最好的煤转化和利用技术的储备对国际经济发展仍然是非常突出和重要的因素,因而它成为具有战略性的课题。煤利用技术总是与煤科学处于动态的互交作用之中——新的科学研究结果为技术进步铺平道路,而实践中的问题在科学研究中寻求解决的方法。

　　即使是现阶段,用于发电,煤依然是全世界范围内最合适的;用于焦炭制造则是惟一选择。我们可以肯定地说,不久以后,从煤的液化、气化和热解等领域所取得的相关知识,将是实际工艺所必需的。因为廉价的石油和天然气不能为每一个国家的平等获取,它本身也不会永续不竭。罗马俱乐部的预言自从1972年以来就基本上是正确的,即使其所预言的年代顺序不得不稍微向未来推移。作为一个全球性的观点,全新的和专门改进的工艺的研究,仍然是未来一代的煤科学家和工程师们肩负的重任。中国具有世界上最大并且还进一步发展的煤炭工业,同时以煤作为最主要能源和原料矿物,中国的煤炭科学和技术界同样面临着这一挑战。

　　我的同行谢克昌博士所作的这部关于“煤结构与反应性”的著作,适应了加强关于高效和清洁煤加工工艺所依托的基础研究的需求。该著作深入到煤结构的层次,广泛地总结和评价了其所涉及研究领域创新性的研究成果。我认为"结构和反应性"这一主题,是一个极好的具有方向性的研究路线,它是科学研究结果向实际转化之关键所在。此外,这本书还展示了煤的研究如何给众多的学科提供了令人着迷的课题,展示了新的研究方法如何应用于深入研究煤的微观组成、结构以及基本反应研究之中。

　　祝贺谢克昌博士如此成功地完成了这一巨大而重要的工作,我深信这本著作将在教育、研究和工业领域受到热烈的反响。

(签名)

K.H.van Heek 博士

德国埃森制焦和燃料技术 DMT 研究所前所长

德国埃森大学化学工程教授

2002 年 9 月 29 日

前　言

　　煤炭是主要的矿物能源和化工原料,如果开采特别是利用技术落后,同时也将是严重的环境污染源。在中国,煤的利用和污染问题尤其突出。因此,控制或减轻煤利用过程中对环境造成的不利影响是我国可持续发展的重大需求,煤的高效、洁净转化是实现这一需求的最主要途径。但是,由于煤在化学和物理上都是非均相的,是主要含有 C、H、O,还有少量 S 和 N 的有机化合物及其他无机化合物的矿石,而且随产地的不同,煤的类型(主要指煤中显微组分的结构和含量)和煤阶(煤的变质过程完成的程度)均有较大差异。因此,与石油和天然气相比,煤的高效、洁净转化难度很大。1990 年 9 月国际能源组织(IEA)和 *Fuel* 期刊联合在英国召开了第一届国际煤结构和反应性学术会议。来自世界 20 多个国家的 300 余名煤科学研究者几乎一致认为,要最终实现对环境友好的煤的优化转化,研究和解决以下问题是关键性的。这些问题是:

- What are the similarities in reactivity of coals from differing parts of the globe?
- How is coal's structure affected by the processes it undergoes?

And indeed,

- What is the structure of coal?

　　作者在题为"Pyrolysis Characteristics of Macerals Separated from a Single Coal and Their Artificeal Mixture"的大会报告中就第一个问题用实验发现和结果分析做了初步回答:不同煤种在反应性方面存在有共性,因为它们都由共同的有机显微组分组成;而不同煤种的反应性差异除已公认的煤阶影响外,有机显微组分的含量和它们之间的相互作用也是主要原因。作者还给出了考虑这种相互作用的热解转化率和热解活化能的计算式。论文发表后(*Fuel*,1991,Vol. 70)引起国际煤科学界的关注,时任美国化学会燃料化学分会主席 Delaware 大学的 W. H. Calkins 教授 1994 年 9 月评价此文:"这是至今我在文献中看到的最优秀的研究工作"。英国Strathclyde 大学 M. M. Marotovaler 等多次引用有关结果。

　　但是,这种共性在煤的不同热转化过程中如何表现? 这些过程又是怎样影响煤的结构,而后者究竟是什么,是否可用来揭示煤的共性? 这些问题的回答还需进行全面、系统、深入的研究。纵观以往的相关研究,全煤往往是研究的主体,研究也主要集中在煤的不同地理及形成年代对煤的性质的影响。20 世纪 70 年代末期,美国学者 M. A. Elliott 曾指出:"似乎讨论全煤的化学结构没有什么价值,应该研究煤中显微组分的反应性与结构。但是分离纯的显微组分太困难,而一般不作尝试"。这一切中要害却又因难度大而"不作尝试"的论断严重影响了煤的结构与反应性的研究。人们虽然已逐渐认识到不同产地、不同煤阶的煤有基本相同的有机显微组分(主要是镜质组、惰质组和壳质组)组成,这三种显微组分的结构特性有所不同,其组成量的变化使全煤表现出不同的结构特征与反应性能,作者也通过正交设计将不同量的三种显微组分混合成模型煤进行热解的研究首次给出了直接的实验证据。但是,只有深入到对煤中显微组分的探索,才有可能掌握反映不同煤种共性的结构特征,进而发现这种结构特征与煤热反应性的客观规律。遗憾的是,20世纪 90 年代前的文献中,几乎看不到这种深入探索的报道。而即使所看到的对全煤结构的研究,也大都是依靠元素分析数据与有限的化学反应,如乙酰化、烷基化和红外光谱等分析数据去推断结构组成,鲜有直接测得的结构参数;至于对反应性的研究则局限于在传统的反应器中测试,难以了解煤的复杂的、瞬间变化的热反应行为。研究方法上的落后使本来就作用有限的全煤结构与反应性的实验结果和认识变得更加扑朔迷离。难怪煤科学界不仅在 1990 年首次以煤的结构与反应性为主题召开专门会议而且提出前述的三个关键的科学问题。

作为产煤、用煤都是世界第一大国的煤科学与技术工作者,采用新的、直接、快速、准确的测试手段和方法,从微观层次和化学、物理学、岩相学、矿物学多角度回答上述三个问题并最终揭示定量的、更客观的煤结构与反应性的关系是一种义不容辞的科学责任,其结果也将是对发展建立在传统学术思想上煤化学工程技术学科的一种科学贡献。

在上述学术思想的指导下,作者形成了以下研究思路和实施方案:

· 在突破分离,特别是从同一煤种中分离富集纯的显微组分难关的基础上,采用 NMR、HRTEM、XRD、XPS、FTIR 等多种测试技术,通过化学和物理结构分析测定建立煤在显微组分、大分子网络和小分子相三个微观层次上的结构模型,阐明反映不同煤种共性的化学和物理本质。

· 在可以模拟本征条件、工业条件等多种实验条件下,创立新的实验方法,采用 PFTIR、GC/MS、PGC、DTA、TG、TPD 等多种实验技术,快速、准确获取不同煤种、不同显微组分在不同热转化过程中的反应性数据,建立煤的结构和反应性关系的预测理论,特别是从微观角度阐明煤的热解、气化动力规律。

· 在上述结构和反应性研究的同时,探明硫、氮杂原子在煤中的赋存形态以及它们在煤的热转化过程中的变化及终态分布,为硫的定向脱除和氮污染物的控制提供理论基础。

本书就是对上述研究方案和研究目标历时 10 余年的实施结果。全书共分 10章。第一、二章的主要内容是基于前人的研究成果和学术共识为理解作者研究结果的理论基础铺垫,其中第二章还介绍了作者用分形几何方法对煤表面结构的描

述过程和结果。第三章是在介绍煤结构研究方法的基础上,作者对不同变质程度
煤种的化学结构和对典型煤种在三个微观层次上的结构研究结果。第四章至第九
章是作者对不同煤种、不同显微组分分别在热解、气化、解聚液化、燃烧、溶胀和等
离子体过程中结构变化和反应性的研究结果。在每一章都用少量文字介绍了研究
方法,而对作者自行创立的方法则结合研究结果进行了较为详尽的描述,如快速热
解反应器-红外光谱联用技术;多气氛高温高压差热法气化动力学分析技术及数据
处理理论;煤的等离子体反应技术等。第十章给出了作者通过不同的研究方法得
到的煤结构与热解、气化反应性的预测模型和定量关系。为便于读者阅读和使用
此书,本书还附有较为详尽的英文目录。

　　必须指出的是,虽然本书的蓝本是作者在日本信州大学获得工学博士的学位
论文 *Coal Structures and Its Reactivities*,但本书的问世绝非作者一人之功,而是作
者和作者在这一研究方向培养的博士、硕士们瞄准既定的研究目标,按照科学的研
究方案,坚持不懈、分工合作、共同奋斗的结果。他们是:李文英博士(1995 年毕
业)、冯杰博士(1998 年毕业)、陈宏刚博士(1999 年毕业)、张永发博士(1999 年毕
业)、赵炜博士(1999 年毕业)、田亚峻博士(2001 年毕业)、李春柱硕士(1988 年毕
业,后获英国帝国理工学院博士学位)、王永刚硕士(1988 年毕业,后获日本九州大
学博士学位)、吴帆硕士(1989 年毕业)、李凡硕士(1993 年毕业)、胡大为硕士(1999
年毕业)、刘劲松硕士(1999 年毕业)、赵融芳硕士(2001 年毕业)。此外,在读博士
生王宝俊、常丽萍、吕永康、张玉贵及在读硕士生鲍卫仁等也参与了部分工作,其中
王宝俊副教授对本书的告成做出了特别贡献。因此,本书的作者更准确地说应该
是一个群体,是一个以煤科学与技术为研究方向不动摇的、坚持创新研究的群体。

　　创新性的科学研究需要有动力和支持。不动摇的信念是动力之源,来自于国
家的经费则是实际支持。作者 1985 年底从美国学成回国,刚刚在这个研究方向上
起步就获得了国家科技攻关、国家和山西省自然科学基金等的资助,十几年来先后
获得与本书内容相关的 13 项资助。它们是:

　　"差热法煤气化微观动力学"(国家重点科技攻关课题 75－10－05－03)

　　"流化床煤气化炉内石灰石脱硫特性研究"(国家重点科技攻关课题 85－207
－02－01)

　　"煤热解过程的化学基础"(国家重点基础研究发展规划项目课题
G1999022101)

　　"高灰煤的气化动力学和灰分的影响"(国家自然科学基金面上项目 2870181)

　　"煤中有机显微组分的气化特性和规律"(国家自然科学基金面上项目
28970297)

　　"煤岩显微组分的大分子结构及其与反应性的关系"(国家自然科学基金项目
29476247)

"等离子体裂解煤制有机物的物理化学基础研究"(国家自然科学基金面上重点项目 19935010)

"多气氛高压高温差热分析仪研制"(山西省科技攻关项目)

"等离子体裂解粉煤制乙炔反应器研制"(山西省自然科学基金重点项目)

"煤的催化气化和催化剂的研究"(山西省教育厅项目)

"高灰煤的气化动力学和灰分的影响"(山西省自然科学基金项目)

"氧化钙在煤气化中固硫与催化双功能作用的机理和规律"(山西省自然科学基金项目)

"中澳煤气化中氮化物及其前驱物的形成和抑制"(中澳政府机构合作和山西省归国留学基金项目)

正是上述强有力的支持才使作者的研究思路、方案和目标得以实现,而最终使研究成果以学术著作形式面世的资助则来源于华夏英才基金。在本书付梓之际,作者对上述资助单位以及对本人多年来的科学研究提供各种支持的国内外的同仁、朋友、家人,特别是我的学生们表示诚挚的感谢。同时,作者对科学出版社刘俊来、孙克玮先生出色的编辑工作表示赞赏和感谢。

尤使作者深感荣幸的是世界著名煤科学家、德国埃森(Essen)大学教授 van Heek 博士在获知他一直认为对实践具有关键指导作用的煤结构与反应性研究的专著将首先在中国问世时,欣然为本书作序。曾任 DMT 炼焦和燃料技术研究所所长和 *Fuel* 主编的 van Heek 博士成功地将创新性的科学研究成果用于改进和开发洁净煤技术取得了令人瞩目的成就。如今,他将体会与预言通过为本书撰写的序文昭示于世界煤科学工作者,这对他的同行无疑都是一件幸事。鉴此,作者的一声感谢难尽全意。

借用一位校友的赠诗作为前言的结语,"转过青山又一山,幽兰藏躲路回环。众香国里谁能到,容我书呆在其间"。作者虽然在认准的科研方向上获得一些重要发现、取得一些重要成果并将其集中发表以便求取同行指正,但深知科学研究的道路是坎坷的,更何况所选择的方向颇为复杂和艰难。"靡不有初,鲜克有终",终在意志,终在持之以恒。作者深信:"不是因为有些事情难以做到,我们才失去自信,而是因为我们失去了自信,有些事情才显得难以做到。"

谢克昌

2002 年 10 月 5 日于清泽园

目　录

第一章 煤的基本特征

煤是植物残骸在适宜的地质环境中,逐渐堆积而达到一定厚度,并被水或泥沙覆盖,经过了漫长的地质年代,经历了物理、化学和生物的复杂作用,而逐渐形成的有机生物岩石。生成煤的原始物质复杂多样,生成煤的外部条件和生成煤的历史年代各有不同,造成了煤在具有一些共性的同时,与一般的矿物相比,在矿物学和岩相学、基本物理和化学特征等方面更具种类的多样性和结构的复杂性。

第一节 煤的矿物学和岩相学基本特征

一、煤 的 种 类

(一)煤的一般分类

从一般意义上说,煤根据成煤植物种类的不同分为两大类:主要由高等植物形成的煤称为腐植煤,主要由低等植物形成的煤称为腐泥煤。绝大多数腐植煤都是由植物中的木质素和纤维素等主要组分形成的,它在自然界分布最广,储量最大。腐泥煤包括藻煤和胶泥煤等。藻煤主要由藻类生成;胶泥煤是无结构的腐泥煤,植物成分分解彻底,几乎完全由基质组成。此外,还有腐植煤和腐泥煤的混合体,有时单独分类,称为腐植腐泥煤。考虑到腐植煤的储量份额和习惯上的原因,通常所讲的煤,就是指主要由木质素、纤维素等形成的腐植煤。腐植煤是近代煤炭综合利用的主要物质基础,也是煤科学的重点研究对象。腐植煤与腐泥煤主要特征的比较如表 1-1 所示。

表 1-1 腐植煤与腐泥煤的主要特征

特 征	腐 植 煤	腐 泥 煤
颜色	褐色和黑色,多数为黑色	多数为褐色
光泽	光亮者居多	暗
用火柴点火	不燃烧	燃烧,有沥青气味
氢含量/%	一般<6	一般>6
低温干馏焦产率/%	一般<20	一般>25

根据煤化度的不同,腐植煤可分为泥炭、褐煤、烟煤和无烟煤四大类。各类煤具有不同的外表特征和特性,其典型的品种,一般根据视觉感官就能区分。

1．泥炭

泥炭(peat)外观呈不均匀的深褐色,属于植物残骸与煤之间的过渡产物。泥炭是在沼泽中形成的,保留了大量未分解的根、茎、叶等植物组织,含水量很高,一般可达 85%～95%。开采出的泥炭经自然风干后,水分可降至 25%～35%。干泥炭为棕黑色或黑褐色土状碎块,真密度为 $1.29～1.61g\cdot cm^{-3}$。

泥炭的有机质主要包括腐植酸、沥青质、植物壳质组成以及未分解或尚未完全分解的植物族组成。腐植酸是泥炭最主要的有机成分,是一种由高分子羟基羧酸组成的复杂混合物,可溶于碱溶液,当调节溶液的 pH 值至酸性时,则有絮状沉淀析出;沥青质是指可用苯、甲醇等有机溶剂抽提出的那部分有机物;植物壳质组成是指与原始植物形态相比变化不大的成分,如角质、树脂等;未分解或尚未完全分解的植物族组成主要包括纤维素、半纤维素和木质素等。

2．褐煤

大多数褐煤(lignite,brown coal)外表呈褐色或暗褐色,大都无光泽,因而得名。褐煤是泥炭沉积后,经历了脱水、压实等成煤作用的初期产物。褐煤含水较多,达 30%～60%。空气干燥后仍有 10%～30% 的水分,易风化破裂,真密度 1.10～ $1.40g\cdot cm^{-3}$。我国褐煤比较丰富,储量约 893 亿吨。

在外观上,褐煤与泥炭的最大区别在于褐煤不含未分解的植物组织残骸,且呈成层分布状态。与泥炭相比,褐煤中腐植酸的芳香核缩合程度有所增加,含氧官能团有所减少,侧链较短,侧链的数量也较少,腐植酸开始转变为中性腐殖质(表 1-2)。

表 1-2 泥炭与褐煤的区分

区 分 标 志	泥 炭	褐 煤
原始水分/%	＞60 或 70	＜60 或 70
游离纤维素	存在	不存在
颜色、结构	黑色、褐色,疏松易切割	褐色,较难切割

3．烟煤

烟煤(bituminous coal)是自然界最重要、分布最广、储量最大和品种最多的煤种。烟煤的煤化度低于无烟煤而高于褐煤,因燃烧时烟多而得名。因为烟煤中的腐植酸已全部转变为更复杂的中性腐殖质,因此,烟煤不能使酸、碱溶液染色。一般烟煤具有不同程度的光泽,绝大多数呈明暗交替条带状,大都比较致密,真密度较高($1.20 \sim 1.45 \text{g} \cdot \text{cm}^{-3}$),硬度亦较大。烟煤与褐煤的主要区分标志参见表1-3。

表1-3　褐煤与烟煤的区分

区 分 标 志	褐 煤	烟 煤
光泽	暗淡呈微光亮	光亮
条痕色	褐色,很少具黑色	黑色,很少具褐色
在沸腾 KOH 溶液中的颜色	褐色	无色
在稀 HNO_3 溶液中的颜色	红色	无色
腐植酸	有	无
沥青	酸性	偏中性

根据煤化程度的不同,烟煤可粗略划分为长焰煤、不黏煤、弱黏煤、气煤、肥煤、焦煤、瘦煤和贫煤等。因为气煤、肥煤、焦煤和瘦煤具有不同程度的粘结性,粉碎后高温干馏时,能不同程度地"软化"和"熔融"成为塑性体,然后再固化为块状的焦炭,故称之为炼焦煤。

4．无烟煤

无烟煤(anthracite)是腐植煤中最老年的一种煤种,因燃烧时无烟而得名。无烟煤外观呈灰黑色,带有金属光泽,无明显条带。在各种煤中,它的挥发分最低,真密度最大($1.35 \sim 1.90 \text{g} \cdot \text{cm}^{-3}$),硬度最高,燃点高达 $360 \sim 410 ℃$ 以上。

无烟煤主要用作民用和发电燃料,制造合成氨的原料,制造炭电极、电极糊和活性炭等炭素材料的原料,以及煤气发生炉造气的燃料等。

上述四类腐植煤的主要特征与区分标志如表1-4所示。

表1-4　四类腐植煤的主要特征与区分标志

特征与标志	泥 炭	褐 煤	烟 煤	无烟煤
颜色	棕褐色	褐色、黑褐色	黑色	灰黑色
光泽	无	大多无光泽	有一定光泽	金属光泽
外观	有原始植物残体,土状	无原始植物残体,无明显条带	呈条带状	无明显条带
在沸腾 KOH 中	棕红-棕黑	褐色	无色	无色
在稀 HNO_3 中	棕红	红色	无色	无色
自然水分	多	较多	较少	少
密度/($\text{g} \cdot \text{cm}^{-3}$)	—	$1.10 \sim 1.40$	$1.20 \sim 1.45$	$1.35 \sim 1.90$
硬度	很低	低	较高	高
燃烧现象	有烟	有烟	多烟	无烟

(二) 中国煤的技术分类和分布特点

1. 中国煤炭的技术分类方案

原煤炭工业部、煤炭科学研究院、北京煤化学研究所等三家单位负责起草了中国煤炭的技术分类方案,该方案以"中国煤炭分类"国家标准(GB5751－1986)从1986 年起试行、1989 年起实施。该国标分类方案包括五表一图:煤炭分类总表、无烟煤分类表、烟煤分类表、褐煤分类表、中国煤炭分类简表和中国煤炭分类图。分类方案中最主要的两个表如表 1－5 和表 1－6 所示。

由表 1－5 煤的分类总表可见,无烟煤、烟煤和褐煤主要区分指标是表征煤化度的干燥无灰基挥发分 V_{daf},当 $V_{daf}>37\%$ 和黏结指数 $G \leqslant 5$ 时,利用透光率 P_M 来区分烟煤与褐煤。表中各类煤用两位阿拉伯数码表示。十位数系按煤的挥发分分组,无烟煤为 0,烟煤为 1～4,褐煤为 5。个位数,无烟煤类为 1～3,表示煤化程度;烟煤类为 1～6,表示黏结性;褐煤类为 1～2,表示煤化程度。

表 1－5　煤的分类总表

类别	符号	数码	分类指标	
			$V_{daf}/\%$	$P_M/\%$
无烟煤	WY	01, 02, 03	$\leqslant 10.0$	—
烟煤	YM	11, 12, 13, 14, 15, 16 21, 22, 23, 24, 25, 26 31, 32, 33, 34, 35, 36 41, 42, 43, 44, 45, 46	>10.0	
褐煤	HM	51, 52	$<37.0^*$	$\leqslant 50^{**}$

* 凡 $V_{daf}>37.0\%$,$G \leqslant 5$,再用透光度 P_M 来区分烟煤和褐煤。

** 凡 $V_{daf}>37.0\%$,$P_M>50\%$者,为烟煤;P_M 为 $30\%\sim50\%$者,如恒湿无灰基高位热量 $Q_{gr,maf}$ 大于 $24\,MJ\cdot kg^{-1}$,则划为长焰煤。

2. 中国煤炭资源及其分布特点

中国煤炭资源丰富,但成煤地带分布上存在明显的不均衡:中部和西部地带是煤炭资源集中分布区,储量大,煤种齐全,煤质优良,所占比例约为 89%;东部和南部地带煤炭储量不多、资源贫乏,所占比例仅约为 11%。我国煤炭资源的分布按行政区划分也很不平衡:主要集中在华北地区,约占 52%;其次是西北地区,约 28%;东北地区和中南地区煤炭资源很少,只占 3% 左右。中国煤炭资源按成煤地带和行政区域的分布比例见表 1－7 和表 1－8[1]。

表 1-6 烟煤的分类

类别	符号	数码	分类指标			
			V_{daf}/%	G	Y/mm	b^{**}/%
贫煤	PM	11	10.0~20.0	≤5		
贫瘦煤	PS	12	10.0~20.0	5~20		
瘦煤	SM	13	10.0~20.0	20~50		
		14	10.0~20.0	50~65		
焦煤	JM	15	10.0~20.0	>65*		
		24	20.0~28.0	50~65		
		25	20.0~28.0	65*		
肥煤	FM	16	10.0~20.0	(>85)*		
		26	20.0~28.0	(>85)*		
		36	28.0~37.0	(>85)*		
1/3焦煤	1/3JM	35	28.0~37.0	>65*		
气肥煤	QF	46	>37.0	(>85)*		
气煤	QM	34	28.0~37.0	50~65	≤25.0	(≤220)
		43	>37.0	35~50		
		44	>37.0	50~65		
		45	>37.0	>65*		
1/2中黏煤	1/2ZN	23	20.0~28.0	30~50		
		33	28.0~37.0	>30~50		
弱黏煤	RN	22	20.0~28.0	5~30		
		32	28.0~37.0	5~30		
不黏煤	BN	21	20.0~28.0	≤5		
		31	28.0~37.0	≤5		
长焰煤	CY	41	>37.0	≤5		
		42	>37.0	5~35		

　　* 当烟煤的黏结指数测定值 G≤85 时,用干燥无灰基挥发分 V_{daf}/% 和黏结指数来划分煤类;当黏结指数测定值 G>85 时,则用干燥无灰基挥发分 V_{daf}/% 和胶质层最大厚度 Y/mm,或用干燥无灰基挥发分 V_{daf}/% 和奥亚膨胀度 b/% 来划分煤类。

　　** 当 G>85 时,用 Y 和 b 并列作为分类指标。当 V_{daf}≤28.0% 时,b 暂定为 150%;V_{daf}>28.0% 时,b 暂定为 220%。当 b 值和 Y 值有矛盾时,以 Y 值划分煤类为准。

　　分类用的煤样如原煤灰分≤10%者,不需减灰;灰分>10%的煤样,需按 GB474-83 煤样的制备方法,用氯化锌重液减灰后用于分类。

表 1-7　中国煤炭资源按成煤地带的分布和比例

表 1-7　中国煤炭资源按成煤地带的分布和比例

地　带	煤炭资源		炼焦煤资源	
	保有储量/Gt	所占比例/%	保有储量/Gt	所占比例/%
全　国	901.457	100.00	258.479	100.00
东部地带	89.979	9.98	61.882	23.86
中部地带	660.589	73.28	165.442	64.01
西部地带	141.664	15.71	29.324	11.34
南部地带	9.225	1.02	2.031	0.79

表 1-8　中国煤炭资源按行政区域的分布和比例

区　域	煤炭资源		炼焦煤资源	
	保有储量/Gt	所占比例/%	保有储量/Gt	所占比例/%
全　国	901.457	100.00	258.479	100.00
东北地区	26.909	2.99	12.234	4.73
华北地区	470.599	52.20	160.887	62.24
华东地区	46.943	5.21	40.141	15.53
中南地区	26.799	2.97	7.421	2.87
西南地区	81.137	9.00	16.568	6.41
西北地区	249.066	27.63	21.228	8.21

二、成煤物质和成煤过程

（一）植物中的主要有机成煤物质

高等植物和低等植物的基本组成单元是植物细胞。植物细胞是由细胞壁和细胞质构成的。细胞壁的主要成分是纤维素、半纤维素和木质素,细胞质的主要成分是蛋白质和脂肪。高等植物的细胞含细胞质较低等植物要少。茎是高等植物的主体,其外表面被称之为角质层和木栓层的表皮所包裹,内部为形成层、木质部和髓心。高等植物除了根、茎、叶外,还有孢子和花粉等繁殖器官。从化学的观点看,植物的有机族组成可以分为四类,即糖类及其衍生物、木质素、蛋白质和脂类化合物。

1. 糖类及其衍生物

糖类(saccharide)及其衍生物包括纤维素、半纤维素和果胶质等成分。

纤维素是一种高分子的碳水化合物,属于多糖,其链式结构可用通式$(C_6H_{10}O_5)_n$表示,Haworth 分子结构式如图 1-1 所示。纤维素在生长着的植物体内很稳定,但植物死亡后,需氧细菌通过纤维素水解酶的催化作用可将纤维素水解

为单糖,单糖可进一步氧化分解为 CO_2 和 H_2O,即:

$$(C_6H_{10}O_5)_n + nH_2O \xrightarrow{\text{细菌作用}} nC_6H_{12}O_6$$

$$C_6H_{12}O_6 + 6O_2 \longrightarrow 6CO_2 \uparrow + 6H_2O + \text{热量}$$

当成煤环境逐渐转变为缺氧时,厌氧细菌使纤维素发酵生成 CH_4、CO_2、C_3H_7COOH 和 CH_3COOH 等中间产物,参与煤化作用。无论是水解产物还是发酵产物,它们都可能与植物的其他分解产物作用形成更复杂的物质参与成煤。

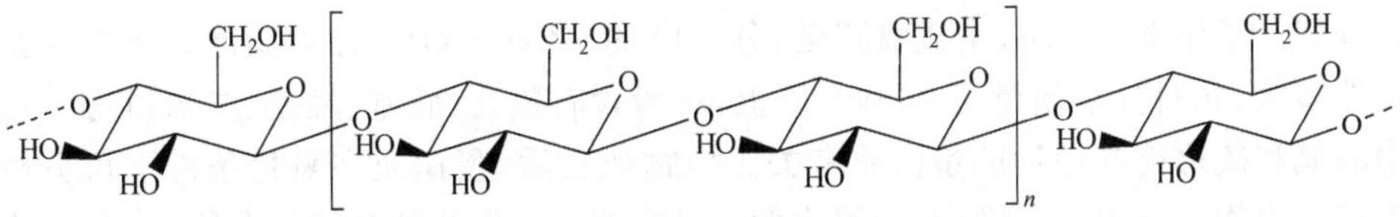

图 1-1　纤维素的分子结构

半纤维素也是多糖,其结构多种多样,例如多维戊糖($C_5H_8O_4$)$_n$就是其中的一种。它们也能在微生物作用下分解成单糖。果胶质主要是由半乳糖糠醛酸与半乳糖糠醛酸甲酯缩合而成,属糖的衍生物,呈果冻状存在于植物的果实和木质部中。果胶质分子中有半乳糖糠醛酸,故呈酸性。果胶质比较不稳定,在泥炭形成的开始阶段,即可因生物化学作用水解成一系列的单糖和糖醛酸。此外,植物残体中还有糖苷类物质,由糖类通过其还原基团与其他含羟基物质,如醇类、酚类、甾醇类缩合而成。

2. 木质素

木质素(lignin)是成煤物质中的最主要的有机组分,主要分布在高等植物的细胞壁中,包围着纤维素并填满其间隙,以增加茎部的坚固性。木质素的组成因植物种类不同而异,但已知它具有一个芳香核,带有侧链并含有—OCH_3、—OH、—O—等多种官能团。目前已查明有三种类型的单体如表 1-9 所示。本质素的单体以不

表 1-9　木质素的三种不同类型的单体

植物种类	针叶树	阔叶树	禾　本
单体名称	松柏醇	芥子醇	γ-香豆醇
结构式	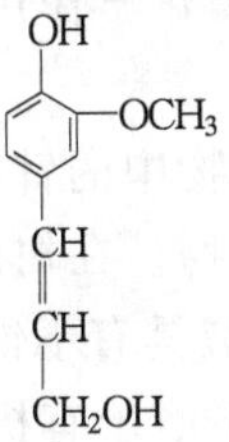	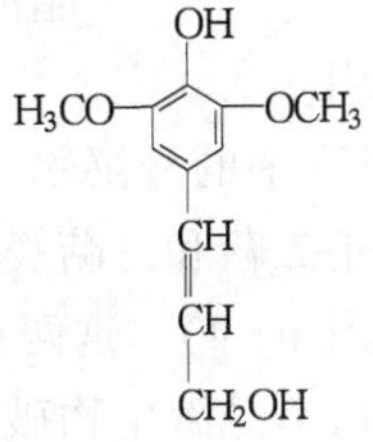	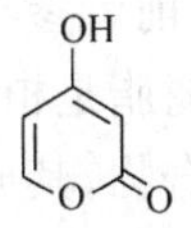

同的连接方式连接成三维空间的大分子,因而比纤维素稳定,不易水解。但在多氧的情况下,经微生物的作用易氧化成芳香酸和脂肪酸。

3. 蛋白质

蛋白质(protein)是构成植物细胞原生质的主要物质,是生命起源最重要的有机物质基础,是由许多不同的氨基酸分子按照一定的排列规律缩合而成的具有多级复杂结构的高分子化合物(图1-2)。一个氨基酸分子中的—COOH和另一个氨基酸分子中的—NH₂,生成酰胺键,分子中的—CO—NH—称为肽键。蛋白质是天然多肽,相对分子质量在10 000以上,一般含有羧基、胺基、羟基、二硫键等。煤中的氮和硫可能与植物的蛋白质有关。植物死亡后,蛋白质在氧化条件下可分解为气态产物。在泥炭沼泽中,它可水解生成氨基酸、卟啉等含氮化合物,参与成煤作用,例如氨基酸可以与糖类发生缩合作用生成结构更为复杂的腐殖物质。

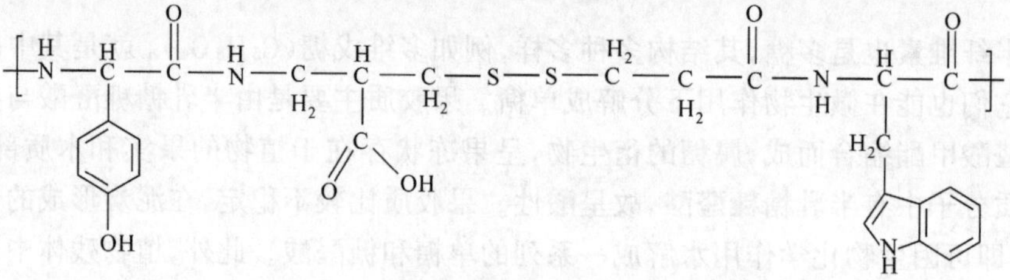

图1-2　蛋白质片断化学结构示例

4. 脂类化合物

脂类化合物(lipid)通常指不溶于水,而溶于苯、醚和氯仿等有机溶剂的一类有机化合物,包括脂肪、树脂、蜡质、角质、木栓质和孢粉质等。脂类化合物的共同特点是化学性质稳定,因此能较完整保存在煤中。

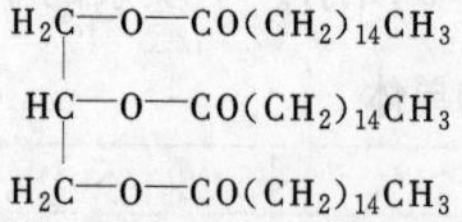

脂肪属于长链脂肪酸的甘油酯,如甘油三软脂酸酯(图1-3)。低等植物含脂肪较多,如藻类含脂肪可达20%。高等植物一般仅含1%~2%,且多集中在植物的孢子或种子中。脂肪受生物化学作用可被水解,生成脂肪酸和甘油,前者参与成煤作用。

图1-3　甘油三软脂酸酯的结构式

树脂是植物生长过程中的分泌物,高等植物中的针状植物含树脂最多。树脂是混合物,其成分主要是二萜和三萜类的衍生物。在树脂中存在的典型树脂酸有松香酸和右旋海松酸(图1-4)。这两种树脂酸具有不饱和性,能起聚合作用。树脂的化学性质十分稳定,不受微生物破坏,也不溶于有机酸,因此能较好地保存在煤中。

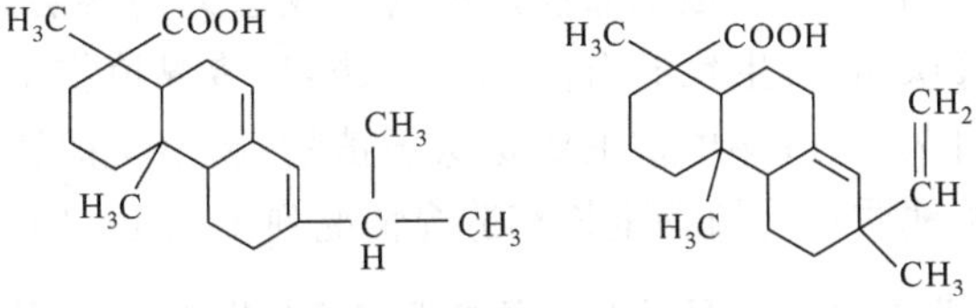

图1-4　松香酸(1)和右旋海松酸(2)

　　蜡质的化学性质类似于脂肪,但比脂肪更稳定,通常以薄层的形式覆于植物的叶、茎和果实表面,成分比较复杂。蜡质的主要成分是长链脂肪酸和含有24～36(或更多)个碳原子的高级一元醇形成的酯类(如甘油硬脂酸类),其化学性质稳定,不易分解。在泥炭和褐煤中常常发现有蜡质存在。

　　角质是角质膜的主要成分,植物的叶、嫩枝、幼芽和果实的表皮常常覆盖着角质膜。角质是脂肪酸脱水或聚合作用的产物,其主要成分是含有16～18个碳原子的角质酸。

　　木栓质的主要成分是ω脂肪醇酸、二羧酸、碳原子数大于20的长链羧酸和醇类。

　　孢粉质是构成植物繁殖器官孢子花粉外壁的主要有机成分,具有脂肪－芳香族网状结构。化学性质非常稳定,耐酸耐碱且不溶于有机溶剂,并可耐较高的温度而不发生分解。

　　除上述四类有机化合物外,植物中还有少量鞣质、色素等成分。

　　综上,不论是高等植物还是低等植物,包括微生物,都是成煤的原始物质,它们的各种有机族组成都可能通过不同途径参与成煤,这是煤具有高度复杂性的重要原因之一。

(二) 腐植煤的生成过程

　　在煤层中有保存完好的古植物化石和炭化的树干,有的甚至保留着原来断裂树干的形状;煤层底板多富含植物根部化石,证明它曾经是植物生长的土壤;在显微镜下观察煤制成的薄片可以观察到原始植物的细胞结构和其他组织如孢子、花粉、树脂、角质层和木栓体等的残骸;完全用人工模拟成煤过程,可以在实验室用树木为起始物质得到外观和性质与天然煤类似物质。这些证据证实了煤是由植物而且主要是由高等植物转变而来的观点。

　　植物的演化对煤的形成有十分重要的影响,只有当植物广泛分布、繁茂生长时才可能有成煤作用发生;只有在温暖潮湿的古气候条件下,高大的木本植物的大量繁殖,以及它们死亡后的大量堆积才能形成有工业意义的煤层。在整个地质年代中有三个最大的聚煤期:古生代的石炭纪和二迭纪,造煤植物主要是孢子植物;中生代的侏罗纪和白垩纪,造煤植物主要是裸子植物;新生代的第三纪,造煤植物主要是被子植物。各地质年代植物生长和造煤情况列于表1-10。

表1-10 地层系统、地质年代、成煤植物与主要煤种

代(界)		纪(系)	距今年代/百万年	生物演化		煤种	在中国的分布
				植物	动物		
新生代(界)		第四纪(系)	1.6	被子植物	古人类	泥炭	
		晚第三纪(系)*	23		哺乳动物	褐煤为主,少量烟煤	云南、广西、广东、辽宁、台湾
		早第三纪(系)*	65				
中生代(界)		白垩纪(系)*	135	裸子植物	爬行动物	褐煤、烟煤、少量无烟煤	新疆、内蒙古、阜新、大同、萍乡等
		侏罗纪(系)*	205				
		三迭纪(系)	250				
古生代（界）	晚古生代	二迭纪(系)*	290	蕨类植物	两栖动物	烟煤、无烟煤	云南禄劝、广东台山、辽宁本溪、安徽淮南、河南开滦、山西
		石炭纪(系)*	355				
		泥盆纪(系)	410	裸子植物			
	早古生代	志留纪(系)	438	菌藻植物	鱼类	石煤	南方省份
		奥陶纪(系)	510		无脊椎动物		
		寒武纪(系)	570				
元古代(界)	新元古代	震旦纪(系)	1000				
	中元古代		1600				
	古元古代		2500				
太古代(界)			4000				

* 代表主要聚煤期。

　　聚煤期虽然与植物的生长关系密切,但聚煤还必须具备相应的地质条件:地壳的上升或下降的垂直运动。由于这种运动的存在,大量的植物残体才有可能形成泥炭层并深埋于地下,从而具备成煤所需之压力、温度等变化条件。煤的生成是一个极其漫长与极其复杂的过程。煤的成因因素(成煤植物的种类、植物遗体的堆积环境和堆积方式、泥炭化阶段经受的生物化学作用等)决定煤的类型,从本质上决定了煤在显微结构上具有多种形态各异的显微成分;煤的变质因素(泥炭成岩后煤变质作用的类型、温度、压力、时间等)决定煤阶,即决定煤的化学成熟程度即煤化程度。

　　腐植煤的生成过程通常称为成煤过程。它是指高等植物在泥炭沼泽中持续地

生长和死亡,其残骸不断堆积,经过长期而复杂的生物化学、地球化学、物理化学作用和地质化学作用,逐渐演化成泥炭、褐煤、烟煤和无烟煤的过程。煤的这一转化的全过程也称为成煤作用。成煤过程大致可分为泥炭化阶段和煤化阶段。

1. 泥炭化阶段

泥炭化阶段是指高等植物残骸在沼泽中经过生物化学和地球化学作用演变成泥炭的过程。植物残骸是成煤的物质来源,在一定的外界条件下植物残骸才能顺利地堆积并转变为泥炭。实现这一转变不仅需要大量植物持续繁殖,还需要有保存植物遗体的环境。沼泽提供了这样一种条件。沼泽地势平坦低洼,排水不畅,植物繁茂,未被完全分解的植物残骸在其中逐年积累并开始泥炭化阶段。在这个过程中,植物的有机组分和沼泽中的微生物都参与了成煤作用。

泥炭化阶段的生物化学变化十分复杂。开始植物遗体暴露在空气中或在沼泽浅部,在需氧细菌和真菌等微生物的作用下发生氧化分解和水解作用,一部分被彻底破坏,另一部分分解为较简单的有机化合物进而在一定条件下合成为腐植酸,某些稳定部分则保留下来(表 1-11,表 1-12[2])。随着植物遗体堆积厚度增加加之沼泽水的完全覆盖,使正在分解的植物遗体逐渐与空气隔绝,同时植物遗体转变过程中的分解产物如硫化氢、有机酸和酚类的积累抑制了需氧细菌、真菌的生存和活动,体系变为弱氧化或还原环境。这一阶段微生物被厌氧细菌所替代,发生缺氧还原变化生成富氢产物,合成为腐植酸和沥青质等较稳定的新物质。如果植物遗体一直处在有氧或供氧充足的环境中,将被强烈地氧化分解,发生全败或半败作用,则不再有泥炭生成,如表 1-13 所示。

表 1-11　部分氧化过程中植物主要有机组分的变化

变化前	纤维素	木质素	糖苷	叶绿素	蛋白质	脂肪、蜡质、树脂
变化后	单糖类	腐植酸、苯衍生物	糖类、角皂苷、氢醌	卟啉	多肽和氨基酸	(不降解)

表 1-12　植物与泥炭化学组成比较/%

植物与泥炭	元素组成				有机组成				
	C	H	N	O+S	纤维素	木质素	蛋白质	沥青	腐植酸
莎草	47.09	5.51	1.64	39.37	50	20~30	5~10	5~10	—
木本植物	50.51	5.20	1.65	42.10	50~60	20~90	1~7	1~3	—
桦川草木泥炭	55.87	6.23	2.90	34.97	19.69	0.75	0	3.56	43.58
合浦木本泥炭	65.46	6.53	1.26	26.75	0.89	0.39	0	0	42.88

表 1 - 13　植物遗体的分解过程

原始物质	过程名称	氧的供应状况	水的状况	过程实质	产物
陆生及沼泽植物（高等植物）	全败	充足	有一定水分	完全氧化	仅留下矿物质
	半败	少量	有一定水分	腐植化	腐植土
	泥炭化	开始少量，后来无氧	开始有一定水分，后来浸没于水中	开始腐植化，后来还原作用	泥炭
水中有机物（低等植物）	腐泥化	无氧气	在死水中	还原作用	腐泥

在泥炭化过程中，植物的残骸还发生了显著的物理化学变化。由于氧化分解的程度不同，转入还原反应时机上的差别，植物残骸在泥炭化阶段主要发生两种作用：在弱氧化或还原条件下发生凝胶化作用，形成腐植酸和沥青质为主的凝胶化物质；在强氧化条件下发生丝炭化作用，产生贫氢富碳的丝炭化物质，其产物统称为丝炭。当凝胶化作用微弱时，植物的细胞壁基本不膨胀或仅微弱膨胀，则植物的细胞组织仍能保持原始规则的排列，细胞腔明显；当凝胶化作用极强烈时，植物的细胞结构完全消失，形成均匀的凝胶体。

泥炭的堆积环境对煤的岩相组成、硫含量和煤的还原程度有显著影响。水的深度和流动性等物理条件影响着泥炭沼泽的化学条件。氢离子浓度（pH 值）和氧化/还原电势等化学条件，又影响着微生物的活动。这些相互联系的物理、化学以及微生物条件与成煤植物物料相互作用，形成了泥炭的特定类型。例如，近海煤田的煤富含镜质组，硫分比较高，有时高达 8%～12%；而内陆煤田的煤则富含树脂体惰质组，硫分比较低。

2．煤化阶段

泥炭化阶段的结束一般以泥炭被无机沉积物覆盖为标志，生物化学作用逐渐减弱以至停止。接下来在温度、压力等物理化学因素作用下，泥炭开始向褐煤、烟煤和无烟煤转变。这一过程称为煤化阶段。由于作用因素和结果的不同，煤化阶段可以划分为成岩阶段和变质阶段（图 1 - 5）。

成岩阶段是指无定形的泥炭，因受上覆泥沙等无机沉积物的巨大压力逐渐发生压紧、失水、增碳、胶体老化硬结、空隙度减少等物理化学变化，转变为具有生物岩特征的年轻褐煤的过程。压力及其作用时间对泥炭的成岩起主导作用。在成岩过程中，泥炭中残留的植物成分（纤维素、半纤维素和木质素）逐渐消失，腐植酸、氢、氧和碳也发生了明显的变化（表 1 - 14[3]）。

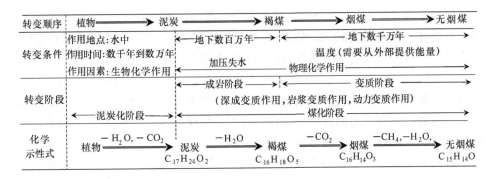

图 1-5 成煤过程

表 1-14 成煤过程的化学组成变化/%

	物料	C_{daf}	O_{daf}	腐植酸（daf）	V_{daf}	M_{ad}
植物	草本植物	48	39	—	—	—
	木本植物	50	42			
泥炭	草本泥炭	56	34	43	70	>40
	木本泥炭	66	26	53	70	>40
褐煤	低煤化度褐煤	67	25	68	58	
	典型褐煤	71	23	22	50	10～30
	高煤化度褐煤	73	17	3	45	
烟煤	长焰煤	77	13		43	10
	气煤	82	10		41	3
	肥煤	85	5		33	1.5
	焦煤	88	4		25	0.9
	瘦煤	90	3.8		16	0.9
	贫煤	91	2.8		15	1.3
无烟煤		93	2.7		<10	2.3

变质阶段是指褐煤沉降到地壳的深处,在长时间较高温度和高压作用下发生化学反应,其组成、结构和性质发生变化,转变为烟煤、无烟煤的过程。在这一转变过程中,煤层所受到的压力一般可达几十到几百兆帕,温度一般在 200℃以下。引起煤变质的主要因素是温度、时间和压力。温度是煤变质的主要因素,而且似乎存在一个煤变质的临界温度。地温梯度一般恒为正值,即地温沿地下深处逐渐升高,但其变化范围可由 0.5℃/100m 到 25℃/100m。转变为不同煤化阶段所需的温度大致为:褐煤 40～50℃,长焰煤 100℃,典型烟煤一般不超过 350℃。时间也是煤

变质的一个重要因素,温度和压力对煤变质的影响随着热作用或压力作用的持续时间而变化。温度相同时,受热时间短的煤变质程度低,受热时间长的煤变质程度较高。所以可能存在这样的情况,较短时间、较高温度的作用或较长时间、较低温度作用,可以达到相同的变质程度。压力也是煤变质阶段不可缺少的条件。压力可以使成煤物质在形态上发生变化,使煤压实、孔隙率降低、水分减少,还可以使煤的岩相组分沿垂直压力的方向作定向排列和促使煤的芳香族稠环平行层面作有规则的排列。一般认为压力是煤变质的次要因素。

根据变质条件和变质特征的不同,煤的变质作用可以分为深成变质作用、岩浆变质作用和动力变质作用三种类型。深成变质作用是指煤在地下较深处,受到地热和上覆岩层静压力的影响而引起的变质作用。这种变质作用与大规模的地壳升降活动直接相关。煤的变质程度具有垂直分布规律,在同一煤田大致相同的构造条件下,随着埋藏深度的增加,变质程度逐渐增高。大致上深度每增加 100 m,煤的挥发分 V_{daf} 减少 2.3% 左右。这个规律称为 Hilt 定律[4]。煤的变质程度还具有水平分布规律,在同一煤田中,同一煤层沉积时沉降幅度可能不同,按照 Hilt 定律,这一煤层在不同的深度上变质程度也就不同,反映到平面上可以造成变质程度呈带状或环状分布的规律。岩浆变质是指煤层受到岩浆带来的高温、挥发性气体和压力的影响使煤发生异常变质的作用,属于局部变质现象。主要由浅层侵入的岩浆直接侵入、穿过或接近煤而使煤变质程度增高叫做接触变质作用;煤层下部巨大的浸入岩浆引起煤变质程度增高叫做区域热变质作用。动力变质是指由于地壳构造变化所产生的动压力和热量使煤发生的变质作用,也属于局部变质现象。

三、煤的显微组分

煤是一种有机岩石,利用通常研究岩石的方法来研究煤的学科称为煤岩学,一般从宏观和微观研究法两种角度进行研究。其研究目的在于通过煤岩成分的鉴定来阐明煤的成因和煤岩成分在成煤过程中的变化对煤质的影响,更合理地进行煤的分类,并了解认识煤岩成分物理、化学和工艺性质,从而指导煤的合理利用和工艺加工。宏观研究是从根据颜色、光泽、断口、裂隙、硬度等肉眼就可辨别的表观性状区别煤层的岩相组成,可以确定四种宏观煤岩成分和四种宏观煤岩类型,特点是方法简便但相对粗略。微观研究是利用显微镜来观察识别煤的显微组分,主要观察指标有颜色(透光色和反光色)、形态、物理结构和突起等。随着显微镜技术的发展,微观研究不断有新的方法引入,从而不断有一些新的发现。

（一）宏观煤岩组成

1. 宏观煤岩成分

根据颜色、光泽、断口、裂隙、硬度等性质的不同，用肉眼可将煤层中的煤分为镜煤、亮煤、暗煤和丝炭四种宏观煤岩成分（lithotype of coal），它们是煤中宏观可见的基本单位。

镜煤（vitrain）呈黑色，是光亮、均一、内生裂隙发育的宏观煤岩成分；在成煤过程中，镜煤是由成煤植物的木质纤维组织经过凝胶化作用形成的。

亮煤（clarain）呈黑色，其光泽、脆性、密度、结构均匀性和内生裂隙发育程度等均逊于镜煤，是一种复杂的、非均一的宏观煤岩成分；在煤层中亮煤常组成较厚的分层，甚至整个煤层。

暗煤（durain）呈灰黑色、光泽暗淡、坚硬、内生裂隙不发育、表面粗糙，是一种复杂的、非均一的宏观煤岩成分。

丝炭（fusain）外观像木炭，灰黑色、有丝绢光泽、纤维状结构、性脆、单一的宏观煤岩成分。在成煤过程中，丝炭是由成煤植物的木质纤维组织经丝炭化作用而形成的；在显微镜下观察，丝炭保留明显的细胞结构，有时还能看到年轮结构。

2. 宏观煤岩类型

宏观煤岩类型（type of coal）是自然煤层中具有相似光泽的部分，通常划分为四种宏观煤岩类型。烟煤和无烟煤的宏观煤岩类型有光亮煤、半亮煤、半暗煤和暗淡煤四种。实际上，宏观煤岩类型是宏观煤岩成分在煤层中的自然共生组合。

光亮煤（bright coal）是煤层中总体相对光泽最强的类型，成分较均一，条带状结构不明显，具有贝壳状断口，内在裂隙发育，较脆，易破碎；其中镜煤和亮煤含量大于75%的，只含有少量的暗煤和丝炭。

半亮煤（semibright coal）是煤层中总体相对光泽较强类型，条带状结构明显，内生裂隙较发育，常具有棱角状或阶梯状断口，是最常见的宏观煤岩类型；其中镜煤和亮煤的含量大于50%～75%，其余为暗煤，也可能夹有丝炭。

半暗煤（semidull coal）是煤层中总体相对光泽较弱的类型，硬度和韧性较大；其中镜煤和亮煤含量仅为25%～50%，其余的为暗煤，也夹有少量丝炭。

暗淡煤（dull coal）是煤层中总体相对光泽最弱的类型，通常呈块状构造，层理不明显，煤质坚硬，韧性大，密度大，内生裂隙不发育；其中镜煤和亮煤含量在25%以下，其余的多为暗煤，也夹有少量丝炭。

（二）煤的有机显微组分

煤的显微组分（maceral），是指煤在显微镜下能够区分和辨识的基本组成成分。按其成分和性质又可分为有机显微组分和无机显微组分。有机显微组分是指在显微镜下能观察到的煤中由植物有机质转变而成的组分；无机显微组分是指在显微镜下能观察到的煤中矿物质。

1. 各种有机显微组分的一般性描述

腐植煤的显微组分大体可分四类，即凝胶化组分（镜质组）、丝炭化组分（惰质组）、壳质组分（壳质组），以及凝胶化组分与丝炭化组分之间的过渡组分（半镜质组等）。各类显微组分按其镜下特征，可以进一步分为若干组分或亚组分。

凝胶化组分是煤中最主要的显微组分。我国多数煤田的镜质组含量约为60%～80%，其基本成分来源于植物的茎、叶等木质纤维组织，它们在泥炭化阶段经凝胶化作用后，形成了各种凝胶体，因此称为凝胶化组分，在分类方案中称为镜质组（vitrnite）。镜质组在透射光下呈橙红色至棕红色，随变质程度增高颜色逐渐加深；在反光油浸镜下，呈深灰色至浅灰色，随变质程度增高颜色逐渐变浅，无突起；到接近无烟煤变质阶段时，透光镜下已变得不透明，反光镜下则变成亮白色。随变质程度增高非均质性逐渐增强。按凝胶化作用程度不同，根据镜下细胞结构和颜色等性状，可分为结构镜质体 1、结构镜质体 2、均质镜质体、胶质镜质体、基质镜质体、团块镜质体和碎屑镜质体 7 种显微亚组分（按凝胶化程度加深顺序排列）。

丝炭化组分是煤中常见的一种显微组分，但在煤中的含量比镜质组少，我国多数煤田的惰质组含量约为 10%～20%。它也是由植物的木质纤维组织转化而来，在泥炭化作用后便形成了此种显微组分。丝炭化也可以作用于已经受到不同程度凝胶化作用的显微组分，形成与凝胶化产物相应的不同显微结构系列，通常在煤岩分类中称为惰质组（inertinite）。在透射光下呈黑色不透明，反射光下呈亮白至黄白色，并有较高突起。随变质程度增高，惰质组变化不甚明显。根据细胞结构保存的完好程度和形态特征，可分为丝质体、菌类体、粗粒体和微粒体 4 种显微组分。

壳质组分来源于植物的皮壳组织和分泌物，以及与这些物质相关的次生物质，即孢子、角质、树皮、树脂及渗出沥青等，在分类方案中称为壳质组（exinite）。壳质组具有可辨认的特定形态特征：在反光油浸镜下呈灰黑色至黑灰色，具有中、高突起，在同变质煤中反射率最低；在透光镜下呈柠檬黄、橘黄或红色，轮廓清楚，形态特殊，具有明显的荧光效应；在蓝光激发下的反光荧光色为浅绿黄色、亮黄色、橘黄色、橙灰褐色和褐色，其荧光强度随变质程度的差异和组分不同而强弱不一。壳质组镜下颜色特征变化很大：在低变质阶段，反光油浸镜下为灰黑色；到中变质阶段，当挥发分为 28% 左右时,呈暗灰色;挥发分为 22% 左右时,呈白灰色而不易与镜质组区分,突起也逐渐与镜质组分趋于一致。透射光下,在低变质阶段呈金黄色至金褐色,随变质程度增加变成淡红色,到中变质阶段则呈与镜质组相似的红色,荧光性也随变质程度增加而消失。在煤中按其组分来源及形态特征可分为孢粉体、角质体、树皮体、树脂体和沥青质 5 种组分。

过渡组分系指介于凝胶化组分与丝炭化组分之间的组分,在分类方案中称为半镜质体(semivitrinite)、半丝质体(semifusinite)等。它们均来源于植物体的木质纤维组织,只是在泥炭化作用过程中,经历了凝胶化和丝炭化两种作用过程,而丝炭化作用程度比惰质组浅。其中只受到轻度丝炭化作用组分,通常称半镜质体,其镜下特征与性质接近于镜质组;受到丝炭化作用程度较深的称半丝质体,其镜下特征与性质更接近惰质组。

2．有机显微组分的分类和命名

关于煤岩有机显微组分的分类,国内外曾提出许多分类方案,名词术语也不尽一致。归纳起来可分为两种类型,一类侧重于成因研究,组分划分得较细,常用透光显微镜观察;另一类侧重于工艺性质及其应用的研究,组分划分得较为简明,常用反光显微镜观察。本书分别介绍不同侧重的两种分类方案:"烟煤有机显微组分分类"国家标准(GB/T 15588－1995)和国际硬煤显微组分的分类与命名(表 1－15 和表 1－16)。

"烟煤有机显微组分分类"国家标准由煤炭科学研究院西安分院起草,该分类方案考虑了研究和使用两个方面,按组、组分及亚组分进行分类。

国际硬煤(即烟煤)显微组分的分类方案是由国际煤岩学委员会提出的,该方案是侧重化学工艺性质的分类方案。在该分类方案中煤的有机显微组分仅分为三组,即镜质组、壳质组及惰性组,以下分组分和亚组分。其中组分及亚组分的划分也比较简单,而显微组分的种则是根据成煤植物所属的门类及所属器官而定的。

3．有机显微组分的成因

凝胶化作用和丝炭化作用是泥炭化过程中两种不同的典型的转变作用。它们不仅发生在泥炭化阶段,成岩过程中还要继续进行相当长的时间。经成岩与变质作用后,它们分别转变为煤中的两种典型煤岩有机显微组分:均匀、低碳(78%～80%)、高氢的镜质组和高碳(92%～94%)、较低氢、较高氧的惰质组。沥青化作用是成煤过程中的另一类变化,指植物残体中的类脂物形成壳质组的作用。原始植物残体的各种组分通过一系列的演化和变化(主要是上述三种作用)而生成最主要的三类煤岩显微组分,变化关系如图 1－6 所示。

表 1-15　中国烟煤有机显微组分分类表

组别	代号	组分	代号	亚组分	代号
镜质组	V	结构镜质体	T	结构镜质体1 结构镜质体2	T_1 T_2
		无结构镜质体	C	均质镜质体 基质镜质体 团块镜质体 胶质镜质体	C_1 C_2 C_3 C_4
		碎屑镜质体	VD		
半镜质组	SV	结构半镜质体	ST		
		无结构半镜质体	SC	均质半镜质体 基质半镜质体 团块半镜质体	SC_1 SC_2 SC_3
		碎屑半镜质体	SVD		
惰质组	I	半丝质体	SF		
		丝质体	F		
		微粒体	Mi		
		粗粒体	Ma	粗粒体1 粗粒体2	
		菌类体	Scl	菌类体1 菌类体2	Scl_1 Scl_2
		碎屑惰质体	ID		
壳质组	E	孢粉体	Sp	大孢子体 小孢子体	Sp_1 Sp_2
		角质体	Cu		
		树脂体	Re		
		木栓质体	Sub		
		树皮体	Ba		
		沥青质体	Bt		
		渗出沥青体	Ex		
		荧光体	Fl		
		藻类体	Alg	结构藻类体 层状藻类体	Alg_1 Alg_2
		碎屑壳质体	ED		

　　三类显微组分在成煤过程中的变化是很不一致的,如图 1-7 所示。丝炭化组分在泥炭化阶段就发生了剧烈的变化,在以后的煤化阶段中变化很少;壳质组分由于对生物化学作用很稳定,所以在泥炭化阶段很少变化,只有深度变质作用时变化才较大;惟有凝胶化组分在整个成煤过程中都是比较有规律的渐进变化。总的趋势是当煤的变质程度提高后三类显微组分的相似性越来越明显。

表 1-16　国际硬煤的显微组分分类方案

显微组分组 （Group maceral）	显微组分 （Maceral）	显微亚组分 （Submaceral）	显微组分的种 （Maceral variety）
镜质组 （Vitrinite）	结构镜质体（Telinite）	结构镜质体—1（Telinite 1） 结构镜质体—2（Telinite 2）	科达树结构镜质体 （Cordaitotelinite） 真菌质结构镜质体 （Fungotelinite） 木质结构镜质体 （Xylotelinite） 鳞木结构镜质体 （Lepidophytotelinite） 封印木结构镜质体 （Sigillariotelinite）
	无结构镜质体（Collinite）	均质镜质体（Telocollinite） 胶质镜质体（Gelocollinite） 基质镜质体（Desmocollinite） 团块镜质体（Coprocollinite）	
	碎屑镜质体（Vitrodetrinite）		
壳质组 （Exinite）	孢子体（Sporinite）		薄壁孢子体（Tenuisorinite） 厚壁孢子体（Crassisporinite） 小孢子体（Mirosporinite） 大孢子体（Macrosporinite）
	解质体（Cutinite） 树脂体（Resinite）		
	藻类体（Alginite）		皮拉藻 类体（Pila-Alginite） 轮奇藻类体（Reinschia-Alginite）
	碎屑稳定体（Liptodetrinite）		
惰性组 （Inertinite）	微粒体（Micrinite） 粗粒体（Macrinite） 半丝质体（Semifusinite）		
	丝质体（Fusinite）	火焚丝质体（Pyrofusinite） 氧化丝质体（Degradofusinite）	
	菌类体（Selerotinite）	真菌菌类体 （Fungosclerotinite）	薄壁菌类体 （Plectenchyminite） 团块菌类体 （Corposcletotinite） 假团块菌类体 （Pseudoeorposclerotinite）
	碎屑惰性体（Inertodetrinite）		

4. 显微组分与宏观煤岩成分的关系

三类煤岩显微组分与四种宏观煤岩成分之间的关系如图 1-8 所示。可以粗

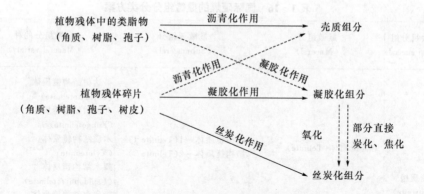

图 1-6　三类煤岩显微组分的形成模式示意

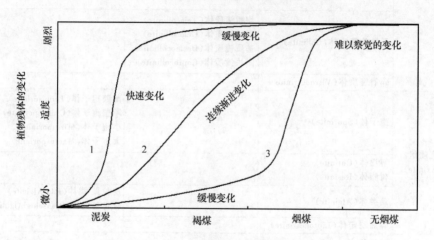

图 1-7　煤岩显微组分在成煤过程的变化

1—木质素和纤维素的丝炭化作用;

2—木质素和纤维素的凝胶化作用;3—蜡质树脂的沥青化作用

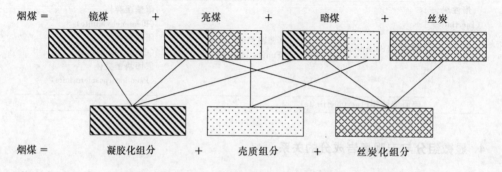

图 1-8　三类煤岩显微组分与四种宏观煤岩成分的关系

略地认为镜煤和丝炭分别由单一的凝胶化组分和丝炭化组分组成。实质上镜煤还含有树脂体(壳质组分)和少量丝质体、半丝质体(丝炭化组分)。

(三) 煤的无机显微组分

无机显微组分系指煤中的矿物质。它的来源包括:成煤植物体内的无机成分,成煤过程中混入的矿物质,后者是煤中矿物质的主要来源。常见的矿物主要有黏土矿物、硫化物、氧化物及碳酸盐类等四类。

黏土类矿物包括高岭土、水云母等矿物,是矿物质的主要成分,在煤中常呈薄层状、透镜状、团块状、浸染状及不规则形态出现,常见其充填于结构镜质体、结构半丝质体及结构丝质体细胞腔中或分散在无结构的镜质体中。

硫化物类矿物包括黄铁矿、白铁矿等矿物,在煤中常以结核状、浸染状及霉球菌状集合体,或充填于裂隙及孔洞中,有时充填于有机显微组分细胞腔中或镶嵌其中。

碳酸盐类矿物包括方解石及菱铁矿等矿物,在煤中多见充填于有机组分的细胞腔或小裂隙中,菱铁矿常呈结核状、球粒状集合体。

氧化物类矿物包括石黄、玉髓、蛋白石等矿物,在煤中很难与黏土矿物区分,有时可见充填于裂隙的石英脉。

四、煤的类型和煤化程度的关系

从化学的观点来看,在煤化过程中原始物料有机官能团上的氧和氢从芳香碳网络骨架上脱去,并以 H_2O、CO_x、CH_4 等多种气体分子形式从煤基体中逸出,其结果是造成碳含量随煤化过程发生有规律的变化,因而碳含量时常可作为确定煤化程度的指标。源自化学组成各异的原始成煤物质的显微组分在煤化阶段所起的变化是完全不同的,因此原始物料不同的煤即使经受相同的变质作用,它们的性质也是差别很大的,在同一个煤层中可以观察到有明显区别的几类煤。同样地,含有同样的原始成煤物质或是相同的煤岩显微组分的煤,由于经受的变质作用的差异,最终的煤产物也是不相同的。所以,确定各种煤的性质的最重要的因素是煤的类型(type)和煤化程度(rank)这两个紧密结合的参量。煤的类型是由煤岩组分主要是有机显微组分的含量和形态所决定的;煤化程度主要是煤的变质作用所达到的程度。煤的本性取决于这两种因素,即反映各种不同的显微组分的比例和组成的煤的类型,反映地球化学和地质学因素的变质作用。从褐煤开始,特别是烟煤阶段,这两个因素是煤的属性的决定性因素。

第二节　煤的基本物理特征

一、煤的力学性质

(一) 机械强度

煤的机械强度指煤对外力作用时的抵抗能力,包括煤的抗碎强度、可磨性指数等物理性质。

煤的抗碎强度可以依照"烟煤的抗碎强度测定方法"国家标准(GB/T 15459-1995)采用落下法测定。方法是用 $60\sim100\text{mm}$ 的块煤,从 2m 高处自由下落到钢板上,用 25mm 方孔筛筛分,将大于 25mm 的煤样再进行落下和筛分。重复三次后称出大于 25mm 的煤样的质量 m_1,以 m_1 占原煤样质量的百分率作为煤炭的抗碎强度。用落下试验测定煤的机械强度的分级标准如表 $1-17$ 所示。

表 1-17　煤的机械强度分级标准

级　别	煤的机械强度	$>25\text{mm}$ 粒度所占比例/%
一级	高强度煤	>65
二级	中强度煤	$50\sim65$
三级	低强度煤	$30\sim50$
四级	特低强度煤	$\leqslant30$

煤的可磨性指数可以依照"煤的可磨性指数测定方法"国家标准(GB/T 2565-1998)采用 Hardgrave 法测定。方法是将 6mm 的煤样 1kg 在哈氏可磨性测定仪中逐级破碎至全部通过 1.25mm 的筛子,称量 $0.63\sim1.25\text{mm}$ 煤样,计算其占总煤样质量的百分数,由标准曲线可查到对应的可磨性指数。

煤的机械强度与煤化度、煤岩组成、矿物质含量以及风化等因素有关。高煤化度煤和低煤化度煤的机械强度较大,而中等煤化度的肥煤、焦煤机械强度较小;宏观煤岩成分中丝炭的机械强度最小,镜煤次之,暗煤最坚韧;矿物质含量高的煤机械强度较大;煤经风化后机械强度将降低。

(二) 密度

密度是反映物质性质和结构的重要参数,密度的大小取决于分子结构和分子排列的紧密程度。煤的密度随煤化度的变化有一定的规律,利用密度数值还可以用统计法对煤进行结构解析。煤的密度是单位体积煤的质量,单位是 $\text{g}\cdot\text{cm}^{-3}$ 或

kg・m^{-3}。由于煤的高度不均一性,煤的体积在不同的情况下有不同的含义,因而煤的密度也有不同的定义。

1．煤的真密度、视密度和堆积密度

煤的真相对密度是指不包括煤中孔隙的单位体积的煤的质量,代表符号是TRD(true relative density)。TRD 是计算煤层平均质量与煤质研究的一项重要指标,可依照"煤的真相对密度测定方法"国家标准(GB/T 217－1996)用比重瓶法在水介质中测定。用不同物质(例如氦、甲醇、水、正己烷和苯等)作为置换物质测定煤的密度时所得到的数值是不同的,通常以氦作为置换物所测得的结果叫煤的真密度(也称氦密度)。因为煤中的最小气孔的直径约为 0.5～1nm,而氦分子的直径为 0.178nm,因此氦能完全进入煤的孔隙内。各种类型煤的真密度大致范围如下：泥炭为 0.72g・cm^{-3}左右,褐煤为 0.8～1.35g・cm^{-3},烟煤为 1.25～1.50g・cm^{-3},无烟煤为 1.36～1.80g・cm^{-3}。

煤的视密度是指包括煤的内孔隙的单位体积的煤的质量,代表符号是 ARD(apparent relative density),计算煤的埋藏量及煤的运输、粉碎、燃烧等过程都需要用此数据。ARD 可依照"煤的视相对密度测定方法"国家标准(GB/T 6949‑1998)用涂蜡法测定。根据煤的真密度和视密度可计算出煤的孔隙率：

$$孔隙率=\frac{真密度-视密度}{真密度}\times100\%$$

煤的堆积密度是指用自由堆积方法装满容器的煤粒的总质量与容器体积之比,代表符号是 BD(bulk density)。BD 可依照"煤炭堆积密度小容器测定方法"国家标准(GB/T 739‑1997)测定。在估计煤堆质量和计算炼焦炉装煤量时,需用到煤堆积密度的数据。

对同一煤样,煤的真密度数值最大、视密度其次,散密度的数值最小。矿物的密度比有机质密度明显要大,所以煤中矿物质组成与含量对煤的密度影响很大。在研究煤的结构时,常需要排除矿物质的影响,此时密度必须进行专门的校正。可以粗略地认为：煤的灰分每增加 1％,煤的密度增加 0.01％。

2．显微组分的真密度随煤化度的变化

图 1‑9[5]显示了显微组分密度与煤化度的一般关系：惰质组的真密度最高,镜质组其次,壳质组最低;当 C_{daf}＞90％后,三者的真密度逐渐趋于一致并且急剧上升,这表明它们的结构发生了深刻的变化。

图 1‑10[6]显示了镜质组密度与煤化度的一般关系：镜质组密度开始随煤化度增加而缓慢减少,主要原因是由于变化过程中氧含量减少幅度大于碳含量增加幅度而氧的原子量又比碳大的缘故(表 1‑18[7]),密度在 C 85％～87％之间达到最低值

1.3左右;在 C 90%以上密度随煤化程度增加急剧升高,主要原因是由于变化过程中芳香结构增大,分子排列规则使结构更为紧凑的缘故。甲醇在煤表面吸附强烈,故甲醇作为测量介质所测密度数值要比氢介质所测密度大;用水作测量介质,则由于年轻煤表面亲水性强,数值要大一些,而老年煤表面疏水性强,数值相对要小。

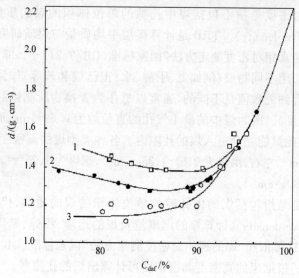

图 1-9　显微组分的密度与煤化度的关系

1—惰质组;2—镜质组;3—壳质组

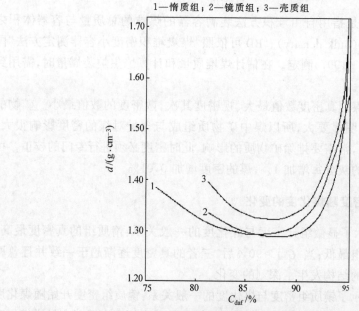

图 1-10　不同测定介质的镜质组密度和煤化度的关系

1—测定介质为 He;2—测定介质为 H_2O;3—测定介质为 CH_3OH

表 1 - 18　煤化过程中镜质组的化学组成与密度的变化

C/%	H/C	O/C	N/C	$d/(\text{g} \cdot \text{cm}^{-3})$
70.5	0.862	0.247	0.015	1.425
75.5	0.789	0.181	0.015	1.385
81.5	0.753	0.108	0.017	1.320
85.0	0.757	0.071	0.016	1.283
87.0	0.733	0.050	0.018	1.274
89.0	0.683	0.034	0.018	1.296
90.0	0.656	0.027	0.018	1.319
91.2	0.594	0.021	0.015	1.352
92.5	0.509	0.016	0.015	1.400
93.4	0.440	0.013	0.015	1.452
94.2	0.379	0.011	0.013	1.511
95.0	0.307	0.009	0.013	1.587
96.0	0.223	0.007	0.012	1.689

（三）硬度

　　煤的硬度反映煤抵抗外来机械作用的能力。根据外加机械力的不同,煤硬度有不同的表示和测定方法。

　　刻划硬度(莫氏硬度)是用 10 种标准矿物刻划煤表面所测得的相对硬度,煤的刻划硬度多在 1～4 之间(金刚石的硬度为 10)。煤的硬度与煤化度有关,煤化度低的褐煤和中等煤化度的焦煤的刻划硬度最小,约为 2～2.5,无烟煤的刻划硬度最大,接近 4。

　　显微维氏硬度简称显微硬度,代表符号为 MH(或 Hm),它是在显微镜下根据具有静载荷的金刚石压锥压入显微组分的程度来测定。图 1 - 11 煤的显微硬度与碳含量的关系[8],可依照"煤的显微硬度测定方法"行业标准(MT/T 264 - 1991)测定。压痕愈大煤的显微硬度愈低,显微硬度的数值是以压锥与煤的单位实际接触面积上所承受的

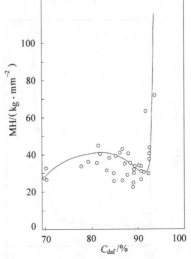

图 1 - 11　煤的显微硬度与碳含量的关系

载荷量来表示,即 kg·mm^{-2}。用压入法测定的显微硬度在煤化学的研究中具有很高的应用价值,此法仅需少量煤样又操作快速,并可排除煤质不均、成分多变的干扰。测定时只要求很小的一块表面,并能在脆性煤上留下压印,因而可以避免由于煤的不均一或脆性破裂所造成的误差,更重要的是它可直接研究煤中各显微组分的性质。

(四) 弹性

煤的弹性是指外力下所产生的形变,以及外力除去后形变的复原程度。由于物质的弹性与其结构有关,特别是与构成它的分子间结合力的大小有着密切关系,因此测定煤的弹性对研究煤结构也是很重要的。例如,由煤的弹性模量可以显示出煤结构单元间化学键的特性。

物质弹性的测定方法有静态法和动态法。静态法测定压力与应变之间的关系,例如可测定煤块在不同荷重下所发生的弯曲度。动态法则是测定声音在煤中的传递速度,可由下式计算煤的弹性模量:

$$v = k\sqrt{\frac{E}{\rho}}$$

式中:v——声音在煤中的传递速度,m·s^{-1};

　　　k——常数;

　　　E——煤的弹性模量,10^{-5}N·cm^{-2};

　　　ρ——煤的密度,g·cm^{-3}。

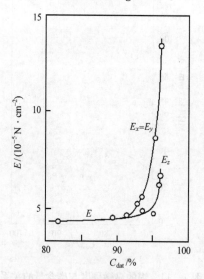

图 1-12　弹性模量与煤化度的关系

由于煤中存在微细龟裂等原因,用静态法测得的静态弹性模量数值偏低,因而认为用动态法测得的动态弹性模量值的可靠性较大。低煤化度煤与烟煤的弹性模量通常是各向同性的,而高煤化度煤则显示各向异性。弹性模量 E 与煤化度的关系如图 1-12[9]所示:当 C_{daf}>90% 时,E 的数值随煤化度提高而急剧增加,同时显示出各向异性,表现为 Z 轴方向的 E_z 有单独的曲线。不同显微组分其弹性不一样,从小到大的排列顺序为壳质组、镜质组、惰质组。但随煤化度的增加,它们之间的差别渐小。此外,煤中的矿物质和水分越多、矿物质的密度越大,则煤的弹性也越大。

二、煤的热性质

(一) 发热量

煤的发热量是单位质量的煤完全燃烧时所放出的热量,以符号 Q 表示。煤的发热量是评价煤质和热工计算的重要指标。在煤的燃烧或转化过程中,常用煤的发热量计算热平衡、耗煤量和热效率。对动力用煤,其发热量是确定价格的主要依据。

煤的发热量一般采用氧弹量热法来测定。测量时将一定量的煤样放入不锈钢制的耐压弹型容器中,用氧气瓶将氧弹充氧至 $2.6 \sim 2.8$MPa,为容器中煤样的完全燃烧提供充分的氧气。利用电流加热弹筒内的金属丝使煤样着火,试样在压力和过量的氧气中完全燃烧,产生 CO_2 和 H_2O。燃烧产生的热量被氧弹外具有一定质量的环境水吸收,根据水温的上升并进行一系列的温度校正后,可计算出单位质量煤燃烧所产生的热量,用 $Q_{b,v,ad}$ 表示。

1. 煤的高位发热量和低位发热量

由于燃烧反应有不同的条件(主要是恒压和恒容的区别),燃烧的产物的状态有不同的指定(主要是液态和气态),煤的发热量根据不同的用途存在几种不同的定义,分述如下。

煤的恒容高位发热量,是指在弹筒的恒定容积下测定,并假定燃烧产生的气体中所有的气态水都冷凝为同温度下的液态水的规定条件下,单位质量的煤完全燃烧后放出的热量。

若煤样在开放体系中燃烧,煤中氮和硫分将别以游离氮和 SO_2 的形式逸出。在弹筒内煤的燃烧是在高温高压下进行,所以试样和弹筒内空气中的氮生成氮氧化物并溶解在水中变为稀硝酸;同样的原因,煤中的硫则生成稀硫酸。上述稀硝酸和稀硫酸的生成及溶解于筒内预先加入的水均为放热反应。从弹筒发热量中减去硝酸、硫酸的生成热和溶解热后即得到煤的恒容高位发热量,计算式如下:

$$Q_{gr,v,ad} = Q_{b,v,ad} - (94.1 S_{b,ad} + \alpha Q_{b,v,ad})$$

式中:$Q_{gr,v,ad}$——煤的空气干燥基恒容高位发热量,$J \cdot g^{-1}$;

　　　　$Q_{b,ad}$——煤的空气干燥基弹筒发热量,$J \cdot g^{-1}$;

　　　　$S_{b,ad}$——由弹筒洗液测得的煤空气干燥基硫含量,%;

　　　　94.1——煤中每1%的硫的校正值,J;

　　　　α——硝酸生成热校正系数,无烟煤为 0.0010,对其他煤为 0.0015。

煤的恒容低位发热量,是指在弹筒的恒定容积下测定,并假定燃烧产生的水以同温度下的气态水存在的规定条件下,单位质量的煤完全燃烧后放出的热量。恒容低位发热量的定义,主要是考虑到煤在常规燃烧时水呈蒸汽状态随燃烧废气排出,它的数值可以从高位发热量中减去水的汽化热求得。工业上多采用收到基低位发热量:

$$Q_{net,v,ar} = (Q_{gr,v,ad} - 206\,H_{ad}) \frac{100 - M_{t,ar}}{100 - M_{ad}} - 23\,M_{t,ar}$$

式中:$Q_{net,v,ar}$——收到基恒容低位发热量,$J \cdot g^{-1}$;

　　　　$Q_{gr,v,ad}$——空气干燥基恒容高位发热量,$J \cdot g^{-1}$;

　　　　H_{ad}——空气干燥基氢含量,%;

　　　　$M_{t,ar}$——收到基全水分,%;

　　　　M_{ad}——空气干燥基水分,%。

煤的恒压低位发热量,是指在恒定压力下测定,并假定燃烧产生水以同温度下的气态水存在的规定条件下,单位质量的煤完全燃烧后放出的热量。恒容低位发热量的定义,主要是考虑到煤在实际燃烧中处于恒压状态而不是恒容状态,它的数值与生成气体的膨胀功有关,可以从高位发热量换算求得:

$$Q_{net,p,ar} = (Q_{gr,v,ad} - 212\,H_{ad} - 0.80\,O_{ad}) \frac{100 - M_{t,ar}}{100 - M_{ad}} - 24.5\,M_{t,ar}$$

式中:$Q_{net,p,ar}$——收到基恒压低位发热量,$J \cdot g^{-1}$;

　　　　$Q_{gr,v,ad}$——空气干燥基恒容 高位发热量,$J \cdot g^{-1}$;

　　　　H_{ad}——空气干燥基氢含量,%;

　　　　O_{ad}——空气干燥基氧含量,%;

　　　　$M_{t,ar}$——收到基全水分,%;

　　　　M_{ad}——空气干燥基水分,%。

2. 发热量的估算

煤的发热量的直接测定所采用的氧弹法准确客观,但和其他热力学测定一样,手续繁琐,条件要求严格。而煤的品种繁多,富于变化,一一测定存在客观上的困难。因此,国内外学者对利用煤的工业分析或元素分析数据进行发热量的近似计算做了大量的研究工作,提出了计算煤发热量的各种经验公式,计算结果与实测值的误差较小,举例如下[10]。

利用工业分析数据计算烟煤发热量的经验公式:

$$Q_{net,v,ad} = [100K - (K+6) \times (M_{ad} + A_{ad}) - 3\,V_{ad} - 40\,M_{ad}] \times 4.1868,\ J \cdot g^{-1}$$

式中 K 为常数,在 72.5~85.5 之间,可根据煤样的 V_{daf} 和焦渣特征表得到。此外,只有当 V_{daf} 小于 35% 而同时 M_{ad} 大于 3% 时才减去 $40\,M_{ad}$。

利用工业分析数据计算无烟煤的 $Q_{gr,ad}$ 的经验公式:

$$Q_{\mathrm{gr,ad}} = K_0 - 80 M_{\mathrm{ad}} - 90 A_{\mathrm{ad}}, \mathrm{J \cdot g^{-1}}$$

式中 K_0 值可用 V_{daf} 值确定,见表 1-19。

表 1-19　用干燥无灰基挥发分确定 K_0 值

$V_{\mathrm{daf}}/\%$	$\leqslant 3$	$3\sim5.5$	$5.5\sim8$	>8
K_0	8200	8300	8400	8500

利用元素分析数据计算褐煤、烟煤和无烟煤的发热量的经验公式:

$$Q_{\mathrm{net,v,daf}} = [80(\text{或}78.1) C_{\mathrm{daf}} + 310(\text{或}300) H_{\mathrm{daf}} + 15 S_{\mathrm{daf}}$$
$$- 25 O_{\mathrm{daf}} - 5(A_{\mathrm{d}} - 10)] \times 4.1868, \mathrm{J \cdot g^{-1}}$$

对 C_{daf} 大于95%或 H_{daf} 小于1.5%的煤,公式中 C_{daf} 前的系数用78.1,其他煤均用80;对 C_{daf} 小于77%的煤,公式中 H_{daf} 前的系数采用300,其他煤均用310;对于 A_{d} 大于10%的煤才有公式中最后一项灰分的校正值,否则不必校正灰分。

3. 煤的发热量与煤质的关系

煤的发热量与煤质关系密切,煤的发热量随煤化度的增加呈现规律性的变化(表 1-20[10])。从褐煤到焦煤发热量随煤化度加深而增加,到焦煤阶段出现最大值;此后从焦煤到高变质无烟煤,随煤化度加深发热量又逐渐减少,但变化幅度较小。这种变化规律与煤的元素组成密切相关。因为从褐煤到焦煤阶段,碳含量不断增加,氧含量大幅度减少,而氢含量减少的幅度较小,故煤的发热量呈上升趋势;从焦煤到高变质无烟煤阶段,碳含量增加和氧含量降低的幅度较小,而氢含量明显下降。氢的发热量是碳发热量的3.7倍,这使总的结果导致煤的发热量随煤化度的加深而缓慢下降。

表 1-20　各种煤的发热量/$(\mathrm{MJ \cdot kg^{-1}})$

煤　种	$Q_{\mathrm{gr,v,daf}}$	煤　种	$Q_{\mathrm{gr,v,daf}}$
褐　煤	$25.12\sim30.56$	焦　煤	$35.17\sim37.05$
长焰煤	$30.14\sim33.49$	瘦　煤	$34.96\sim36.63$
气　煤	$32.24\sim35.59$	贫　煤	$34.75\sim36.43$
肥　煤	$34.33\sim36.84$	无烟煤	$32.24\sim36.22$

同样,煤的发热量随其挥发分呈抛物线型的变化趋势。V_{daf} 在20%~30%相当于焦煤阶段,其发热量最高;V_{daf} 小于20%,发热量随 V_{daf} 的减小而略有下降;当 V_{daf} 大于30%时,发热量随 V_{daf} 的增加而显著下降。

在腐植煤的煤组分中,壳质组的发热量最高,镜质组次之,惰质组最低。煤的发热量还随其矿物质、水分及风化程度的增加而下降。一般煤的灰分每增加1%,

其发热量约降低 $370J \cdot g^{-1}$；煤中水分增加 1%，其发热量也约降低 $370J \cdot g^{-1}$。

(二) 比热

单位质量的煤温度升高 1K 所需的热量称为煤的比热，室温下煤的比热为 $1.00 \sim 1.266 kJ \cdot kg^{-1} \cdot K^{-1}$。煤的比热因煤化度、水分、灰分及温度而变化。室温下煤的比热随煤化度（以碳含量表示）增加而减少，如图 $1-13^{[11]}$ 所示。煤的比热随其所含水分的提高而大致成直线增加，因为水的比热较大。煤的灰分较多时，质量热容则下降，因为一般矿物质在室温时的质量热容为 $0.70 \sim 0.84 kJ \cdot kg^{-1} \cdot K^{-1}$。

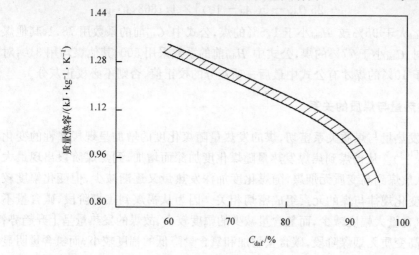

图 1-13　煤的比热与碳含量的关系

与一般的情况一样，煤的比热随温度而变化。当温度从 $0 \sim 350℃$ 时，质量热容增加，在 $350℃$ 左右达到最大值。而从 $350 \sim 1000℃$ 时比热下降，因为 $350℃$ 后煤发生了热分解，最后接近于石墨的比热 $0.71 kJ \cdot kg^{-1} \cdot K^{-1}$。不同挥发分的煤的比热与温度的关系变化趋势相似，但曲线位置不同（图 $1-14^{[11]}$）。

(三) 导热性

煤的导热性包括煤的导热系数 $\lambda(kJ \cdot m^{-1} \cdot h^{-1} \cdot K^{-1})$ 和导温系数 $\alpha(m^2 \cdot h^{-1})$ 两个基本常数。导热系数 λ 是热量从煤的高温部位向低温部位传递时，单位距离上温差为 1K 的传递速率。物质的导热系数 λ 应理解为热量在物体中直接传导的速度，表示物体的散热能力，$c \cdot \rho$ 表示物体的蓄热能力。导温系数 α 是物质散热能力和蓄热能力的比，它代表物体具有的温度变化（加热或冷却）的能力。λ 和 α 有

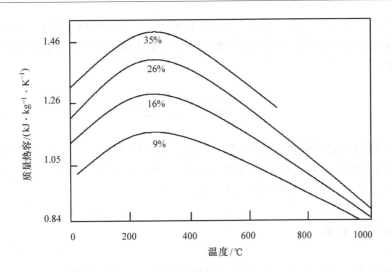

图 1-14　不同挥发分的煤的比热与温度的关系

如下关系式：

$$\alpha = \frac{\lambda}{c \cdot \rho}$$

式中：c——煤的质量热容，$kJ \cdot kg^{-1} \cdot K^{-1}$；

　　　ρ——煤的密度，$kg \cdot m^{-3}$。

　　煤的导热系数 λ 和中等煤化度烟煤的导温系数 α 可用经验公式计算：

$$\lambda = 0.0003 + \frac{at}{1000} + \frac{bt^2}{1000^2}$$

式中：λ——导热系数，$kJ \cdot m^{-1} \cdot h^{-1} \cdot K^{-1}$；

　　$a、b$——特定常数，黏结性煤的 a 和 b 相等，为 0.0016，弱黏结性煤的 a 为
　　　　　0.0013，b 为 0.0010；

　　t——温度，℃。

　　中等煤化度烟煤的导温系数 α 可有相关的经验公式：

$$\alpha = 4.4 \times 10^{-4}[1 + 0.0003(t - 20)] \qquad 当\ t = 20 \sim 400℃$$

$$\alpha = 5.0 \times 10^{-4}[1 + 0.0033(t - 400)] \qquad 当\ t = 400 \sim 1000℃$$

式中：α——导温系数，$m^2 \cdot h^{-1}$。

　　煤的导热系数和其水分、灰分、温度以及煤种有关。水的导热系数远大于空气
的导热系数，约为后者的 25 倍，所以煤中水分增高，煤的导热系数将变大；矿物质
的导热性远高于有机物，因而煤灰分增加，导热系数将随之增大；煤的导热系数与
温度呈正变关系，导热系数随温度上升而增大；腐植煤中泥炭的导热系数最低，烟
煤的导热系数显著比泥炭高，而无烟煤具有更高的导热系数。各种煤的导温系数

也有与此大致相似的变化规律。这些变化规律反映了煤质内部结构变化的特点，煤在变质过程中有机质结构渐趋紧密化与规则化，因而其导热性指标渐趋增大，并越来越接近于石墨。

三、煤的光学性质

煤的光学性质可提供煤化度、各向异性及芳香层片大小、排列等煤结构的重要信息，可以反映煤结构内部微粒的形状和定向、聚集状况等。本小节重点介绍煤反射率和折射率，红外光谱等谱学属性将专门介绍。

(一) 煤的反射率

煤对垂直入射光于磨光面上光线的反射能力，称为煤的反射能力。在显微镜下的直观表现是磨光面的明亮程度。煤种不同，对照射到煤的磨光面的入射光的反射能力是不同的。煤的反射率 R 定义为

$$R = \frac{I_r}{I_i} \times 100\%$$

式中：I_r——反射光强度；

I_i——入射光强度。

反射率是不透明矿物重要的特性，也是鉴定煤化度的重要指标。反射率的测定通常采用相对方法完成：在一定强度的入射光下(一般采用单色偏振光)，测量已知反射率的标准片的反射光强度，与未知物反射光强度比较，计算欲测物反射率。测定方法可依照"煤的镜质体反射率显微镜测定方法"国家标准(GB/T 6948-1998)进行。常用的标准片为光学玻璃、石英、金刚石等。未知物反射率的计算式为

$$R = \frac{I}{I_0} \times 100\%$$

式中：I——未知物反射光强度；

I_0——标准片基反射光强度；

R_0——标准片基反射率。

用偏振光测反射率时，在垂直层理的平面上，光学各向异性最明显。当入射光的偏振方向平行于层理时，可测得最大反射率 R_{max}；当入射光的偏振方向垂直于层理时，可测得最小反射率 R_{min}；用非偏光测定反射率时，在煤的任意切面上测得的反射率为随机反射率 R_{ran}；在粉煤光片上测得的大量随机反射率的统计平均值即为平均随机反射率 $\bar{R}_{ran}$；最大反射率和最小反射率之差($R_{max} - R_{min}$)称为双反射率，它

反映了煤的各向异性程度,也随煤化度增高而增大。它们之间有如下关系:

$$\overline{R}_{ran} = \frac{2R_{max} - R_{min}}{3}$$

由于煤在油介质中的解象力远比空气中好,反射率一般在油浸物镜下测定($R°$)。每个煤样光片至少取 20 个点测定最大反射率,通常将在油浸物镜下测定的最大反射率的平均值 $\overline{R}°_{max}$ 作为分析指标。我国不同煤种煤的反射率变化范围如表 1-21 所示。

表 1-21　我国不同煤种煤的反射率/($\overline{R}°_{max}$,%)

煤　种	变质阶段	反射率	煤　种	变质阶段	反射率
褐　煤	0	0.40～0.50	瘦焦煤	Ⅵ	1.50～1.69
长焰煤	Ⅰ	0.50～0.65	瘦　煤	Ⅶ	1.69～1.90
气　煤	Ⅱ	0.65～0.80	贫　煤	Ⅷ	1.90～2.50
气肥煤	Ⅲ	0.80～0.90	无烟煤	Ⅸ	2.50～4.00
肥　煤	Ⅳ	0.90～1.20	无烟煤	Ⅹ	4.00～6.00
焦　煤	Ⅴ	1.20～1.50	无烟煤	Ⅺ	>6.00

烟煤中镜质组的反射率与其他通常采用的煤分类指标如 V_{daf}、C_{daf}、发热量等有很好的相关性。中国煤在油浸镜下的最大平均反射率与干燥无灰基挥发分 V_{daf} 和碳含量 C_{daf} 的一般关系如图 1-15[12] 所示,可以看出,反射率参数与煤化度有较好的相关性,是作为判断煤化度的较好指标。

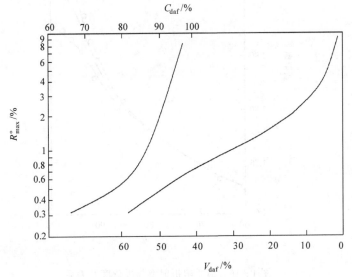

图 1-15　中国煤镜质组反射率与干燥无灰基挥发分和碳含量的关系

（二）煤的折射率

折射率的定义是光线通过某物质界面时,在界面发生折射后进入该物质内部,其入射角和折射角正弦之比值。通过折射率的加和性可以求分子折射,它是煤结构解析研究中的重要性质之一。煤的折射率不能直接测定,但折射率同垂直入射光的反射率之间存在下列关系式:

$$R = \frac{(n - n_0)^2 + n^2 K^2}{(n + n_0)^2 + n^2 K^2}$$

式中：R——煤的反射率,%；

n_0——标准介质的折射率,雪松油的 $n_0 = 1.514$；

n——煤的折射率；

K——煤对光线的吸收率,%。

根据煤在空气和雪松油两种介质中所测出的入射光的反射率,可以用上式得到两个方程,联立求解方程组可求出煤的折射率 n 和吸收率 K。

从反射率曲线计算得到的煤的镜质组折射率与煤化度的关系如图 1-16[13] 所示。由图可见,折射率随煤化度的提高而增加,当碳含量高于 85% 时增加的幅度

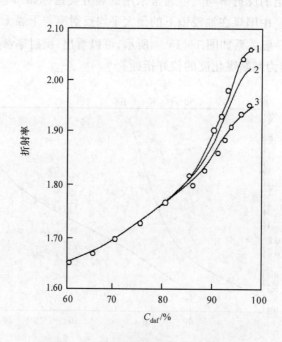

图 1-16　镜质组折射率与煤化度的关系

1—最大值；2—平均值；3—最小值

较大。

一般来说,褐煤在光学上是各向同性的。随着煤化度的增加,煤由烟煤向无烟煤阶段过渡,分子结构中芳香核层状结构不断增大,排列趋向规则化,在平行或垂直于芳香层片的两个方向上光学性质的各向异性逐渐明显。反射率和折射率都能反映这一变化,并且都是由煤的内部结构决定的。

四、煤的电性质与磁性质

煤的电性质主要包括煤的导电性与介电常数。研究煤的电性质在理论上可提供煤的半导体性质、煤中芳香结构大小和各向异性等信息。煤的磁性质主要介绍抗磁性和顺磁性,磁共振方面的谱学内容将专门介绍。

(一) 煤的导电性

煤的导电性是指煤传导电流的难易程度。物质的导电性常用电阻率 $\rho(\Omega\cdot cm)$ 或电导率 $\kappa(\Omega^{-1}\cdot cm^{-1})$ 表示。电阻率 ρ 的倒数就是电导率,即 $\kappa=\dfrac{1}{\rho}$。

按电导率衡量,煤一般属于或接近于半导体,年轻褐煤的 κ 约为 1×10^{-14} $\Omega^{-1}\cdot cm^{-1}$。由于无烟煤阶段较大的芳香层片已经形成,Ⅱ键的存在使芳环上共轭的 p 电子的活动范围扩大,在导电能力明显增加的同时,平行于芳香层片的导电能力将更强一些,表现出各向异性。多环芳烃的电导率随缩合苯环数的增大而增大提供了支持上述判断的证据(表 1 - 22)。从无烟煤的电导率(表 1 - 23[14]),可以发现各向异性已经表现得比较明显。镜煤的电导率 κ 与煤化度的关系如图 1 - 17[15]所示。由图可见,干燥煤样的电导率随煤化度的提高而增加。当 $C_{daf}>$ 87%后,煤的导电率急剧增加。

煤的电导率数值在很大程度上取决于测定条件,煤的纯度、粉碎程度、加于试样上的压力和测定时的温度等。湿度也是影响电导率测定的重要因素。图 1 - 17 中的 1 线是未干燥粉煤试样的电导率与煤化度的关系。对 $C_{daf}<84\%$煤化度较低的煤,特别是褐煤与长焰煤,由于煤中的水分含量高,孔隙率较大,并且其中存在能部分亲水的羧基与酚羟基等酸性含氧官能团,使煤的离子导电性增大,因而低煤化度煤在未充分干燥的情况下电导率较高,并在一定范围内随水含量的减小而下降。

表 1 - 22　多环芳烃的结构式和电导率

物质名称	结构式	电导率/$(\Omega^{-1}\cdot cm^{-1})$
蒽缔蒽		6.67×10^{-20}
阴丹士林		1.34×10^{-15}
二吡啶紫蒽酮		8.33×10^{-8}

表 1 - 23　无烟煤的电导率

煤中 C/%	电导率/$(\Omega^{-1}\cdot cm^{-1})$	导电方向
93.7	2.50×10^{-8}	—
94.2	1.64×10^{-5}	垂直于芳香层面
	2.01×10^{-5}	平行于芳香层面
95.0	5.85×10^{-4}	垂直于芳香层面
	1.43×10^{-3}	平行于芳香层面
96.0	1.56×10^{-2}	垂直于芳香层面
	2.68×10^{-1}	平行于芳香层面

(二) 煤的介电常数

某物质介于两平行电极板构成的电容器间的蓄电量与两电极板间为真空时的蓄电量之比称为该物质的介电常数 ε。非极性绝缘体的介电常数 ε 与折射率 n 之间存在下列关系式：

$$\varepsilon = n^2$$

由图 1 - 18 可见,开始介电常数随煤化度的增加而减少,在 C_{daf} 为 87% 处,ε 出现极小值,此时 ε 与 n^2 的数值大致相等,随后 ε 值急剧增大。从 ε 与 n^2 的关系看,只有 C_{daf} 为 87% 时,存在 $\varepsilon = n^2$,其他煤化度煤均为 $\varepsilon > n^2$,说明中等变程度烟煤比较接近于非极性的绝缘体。$C_{daf} < 87\%$,ε 较大的原因是年轻煤中极性基团如

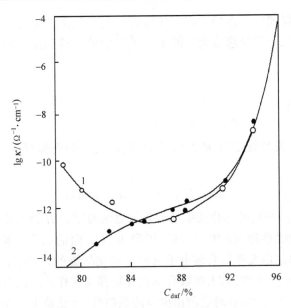

图 1-17　电导率与煤化度的关系
1—未干燥粉末试样；2—干燥立方体试样

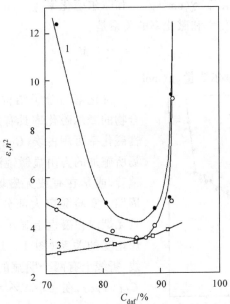

图 1-18　介电常数、折射率的平方与煤化程度的关系
1——般空气干燥煤样测得的 ε；2—高度干燥煤样测得的 ε；3—n^2 的数值

—OH、—COOH 等含量较高,煤的极性比较大；$C_{daf} > 87\%$,ε 较大则是高煤化度煤电导率增大的缘故。这种变化规律与煤结构的变化规律是一致的。水的极性很

强,介电常数比煤要大得多(ε=81),故煤的介电常数受水分的影响极大。如果煤样不是十分干燥,ε 将普遍偏大。图 1-18[16]中的 1 线是用一般空气干燥煤样测得的值。

(三) 煤的磁性质

将物质置于磁场强度为 H 的磁场中,则该物质的内部磁场强度 B 称为磁感应强度:

$$B = H + H' = H + 4\pi d\chi H$$

其中,H' 是由于磁介质的磁化所引起的附加磁场强度。$H' > 0$,即 H' 和 H 同方向的磁介质称为顺磁性物质;$H' < 0$,即 H' 和 H 反方向的磁介质称为反磁性物质。绝大多数分子都是由反平行自旋电子对而形成化学键的,这些分子的总自旋矩等于零,它们必然是反磁性的,大多数有机化合物都是这样。所以可以认为煤中的有机质基本上是反磁性的;有时表现出少量的顺磁性,可能是由于煤中不成对电子或自由基的作用。

化学上常用比磁化率 $\chi(cm^3 \cdot g^{-1})$ 和摩尔磁化率 $\chi_m(cm^3 \cdot mol^{-1})$ 来表示物质磁性的大小。摩尔磁化率和磁化率的关系是

$$\chi_m = \chi \cdot M$$

式中:M——物质的摩尔质量,$g \cdot mol^{-1}$。

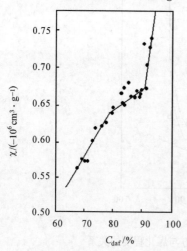

磁化率与分子结构关系密切,抗磁性化合物的摩尔磁化率具有加和性质。煤的抗磁性磁化率可用古埃(Gouy)磁力天平测定。磁场所施加的力由显微镜测量指针在磁场中的偏转,或是在有或无磁场的情况下测定摆动周期。实验测定大部分煤均具有反磁性,并且无烟煤在磁性上显示各向异性。磁化率与煤化度的关系(图 1-19[17])大致为一条折线,折线上有两个明显的转折点(C_{daf} 97% 和 C_{daf} 91%),在 C_{daf} 79%～91% 阶段,直线的斜率减小,在 C_{daf} 91% 以上又急剧增加。这说明煤的比磁化率在烟煤阶段增加最快,在褐煤阶段增加速度居中。利用磁化率和统计结构解析方法,可以计算煤的结构参数。

图 1-19 煤的磁化率与煤化度的关系

五、煤的表面性质

(一) 煤的润湿性

当煤与液体接触时,由于液体和煤表面性质以及液－固表面性质的不同,液体对煤的润湿情况也不同(图 1－20)。在气、液、固三相交界处(图 1－20 中 A 点),液体表面和固－液界面之间的夹角称为接触角 θ,它由煤、液体和固－液界面的界

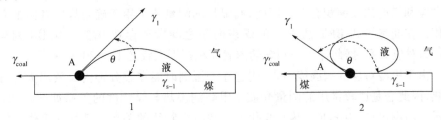

图 1-20　润湿作用与液滴形状
1—润湿；2—不润湿

面张力的相对大小决定:

$$\cos\theta = \frac{\gamma_{coal} - \gamma_{s-1}}{\gamma_1}$$

式中:γ_{coal}——煤的表面张力,$N \cdot m^{-1}$;

γ_1 ——液体的表面张力,$N \cdot m^{-1}$;

γ_{s-1} ——煤和液体的界面张力,$N \cdot m^{-1}$。

接触角为锐角时,可以认为液滴能润湿固体;θ 越小,液体对煤的润湿性越好。θ 的数值可以用多种实验方法测定。对粉煤无法测定其接触角,可将粉煤加压成型块再进行测定。

煤的液体接触角的大小与煤化程度和液体种类有关(表 1－24[18])。对于氮气-

表 1－24　用粉末法测定求出的接触角

C/%	$\cos\theta$	
	氮气-水系统	氮气-苯系统
91.3	0.416	0.900
89.7	0.453	0.863
83.9	0.341	0.886
83.1	0.432	0.813
81.9	0.508	0.706
81.1	0.443	0.841
79.1	0.562	0.736
78.1	0.604	0.738
74.0	0.610	0.726

水体系,年轻煤的 θ 大,表面易润湿;随着煤化程度的加深,变得比较难润湿。对应氮气-苯体系,则情况相反。

(二) 煤的润湿热

煤被液体润湿时放出的热量称为煤的润湿热。煤的润湿热是用 1 g 煤被润湿时放出的热量表示,单位为 $J \cdot g^{-1}$。煤的润湿热通常可用量热计直接测定。煤的润湿热是液体与煤表面相互作用,主要由范德华力作用所引起,润湿热的大小与液体种类和煤的比表面积有关。因此,润湿热的测量值可用于确定煤中孔隙的总表面积。在润湿热和 BET 法求出的煤表面积之间大致存在 $0.39 \sim 0.42J$ 相当于 $1m^2$ 的对应关系,据此计算得到煤的内表面积范围大致是 $10 \sim 200m^2 \cdot g^{-1}$。

由于甲醇对煤的润湿能力强,用它作润湿剂时能在数分钟内释放出大部分润湿热,因此它是比较常用的测量介质。甲醇润湿热与煤化度的关系如图1-21[19]所示。由图可见,甲醇润湿热与煤化度大致有抛物线的关系。低煤化度煤的润湿热很高,但随煤化度的增加而急剧下降。当 C_{daf} 接近 90% 时润湿热达到最低点,以后又逐渐回升。润湿热的影响因素很多,例如年轻煤含氧官能团可能与甲醇发生强极化作用(如结合成氢键)而释放出额外的热量,煤中某些矿物质组分可以与甲醇作用也能放热或吸热等。

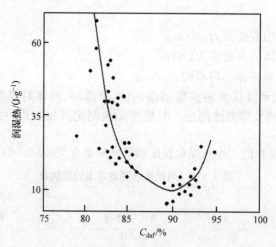

图 1-21　甲醇对煤的润湿热与煤化程度的关系

(三) 煤的表面积

煤的表面积包括内表面积和外表面积,但外表面积所占比例极小,主要是内表面积。在煤的生成过程中,煤的内部形成了极微细的毛细管及孔隙,这种毛细管及孔隙的数量极大,分布又深又广,具有极为复杂发达的内部结构。煤的内表面积指煤内部孔隙结构的全部表面积,一般以比表面积($m^2 \cdot g^{-1}$)表示,与煤的微观结构和化学反应性关系密切,是煤的重要物理指标之一。

煤比表面积的测定方法有多种,如润湿热法、BET 法、气相色谱法和微孔体积法等。BET 法是较经典的方法,用不同煤化度的煤所测到的比表面积见表 1-25[20]。随煤化度的变化,煤的内表面积具有两头大(褐煤与无烟煤)中间小(中等煤化度煤)的变化规律,这反映了煤化过程中分子空间结构的变化。不同的测量气体和不同的温度所得结果各不相同,大多无可比性。

表 1-25　煤的比表面积和煤化度的关系

C/%	比表面积/($m^2 \cdot g^{-1}$)				
	$N_2(-196℃)$	$Kr(-78℃)$	$CO_2(-78℃)$	$Xe(0℃)$	$CO_2(25℃)$
95.2	34	176	246	226	224
90.0	～0	96	146	141	146
86.2	～0	34	107	109	125
83.6	～0	20	80	62	104
79.2	11	17	92	84	132
72.7	12	84	198	149	139

(四) 煤的孔隙率和孔径分布

1. 煤的孔隙率

煤的内部存在许多孔隙,这些孔隙的总体积占煤的整个体积的百分数叫煤的孔隙率,也可用单位质量的煤所包含的空隙体积($cm^3 \cdot g^{-1}$)表示。孔隙率的测定通常可用置换法或真、视密度加以计算。置换法的原理是:考虑到氦能充满煤的全部孔隙,而汞则完全不能进入空隙,以它们作为置换物所求出的密度,按下式可计算出煤的孔隙率:

$$孔隙率 = \frac{d_{He} - d_{Hg}}{d_{He}} \times 100\%$$

式中:d_{He}——用氦作为置换物测得的煤的密度,$g \cdot cm^{-3}$;

$\quad\quad d_{Hg}$——用汞作为置换物测得的煤的密度,$g \cdot cm^{-3}$。

孔隙率与煤化度的关系如图 1-22[21]所示,大约 C_{daf} 90%附近曲线有一个最低点,此处煤孔隙率最低,小于 3%。年轻烟煤的孔隙率基本在 10% 以上,随着煤化度的提高空隙减少,这可认为是由于煤化度的增加,煤在变质作用下结构渐趋紧密;再增高则孔隙率又有增高的趋势,这是由于煤化度提高后煤的裂隙增加所致。

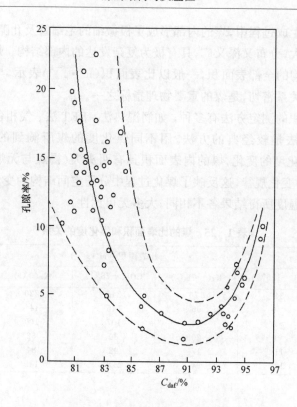

图 1-22　孔隙率与煤化度的关系

2. 煤的孔径分布

　　煤中孔径的大小是不均一的,大致可分为三类:微孔,直径小于 1.2nm;过渡孔,直径为 1.2～30nm(大多数小于 10nm);大孔,直径大于 30nm。孔径分布可用压汞法或液氮等温吸附法等测定。压汞法可测定 10～1000nm 之间的孔径分布。液氮等温吸附法只能测定过渡孔的孔体积,再换算为孔径。直径小于 1.2nm 的微孔不能直接测定,可用差减法间接求出。

　　不同煤化度的孔径分布如表 1-26[22] 所示。由表可见,煤中的孔分布有一定的规律:C_{daf} 低于 75% 的褐煤大孔占优势,过渡孔基本没有;C_{daf} 为 75%～82% 之间的煤,过渡孔特别发达,孔隙总体积主要由过渡孔和微孔所决定;C_{daf} 为 88%～91% 的煤微孔占优势,其体积占总体积的 70% 以上,过渡孔一般很少。可见,随煤化度的提高,煤的孔径渐小,且孔体积中微孔所占的比例渐大,反映了煤的物理结构渐趋紧密化。

表 1-26　煤的孔体积分布和煤化度的关系

C/%	孔体积*/(cm³·g⁻¹)				$\frac{V_1}{V_t}$/%	$\frac{V_2}{V_t}$/%	$\frac{V_3}{V_t}$/%
	V_t	V_1	V_2	V_3			
90.8	0.076	0.009	0.010	0.057	11.9	13.1	75.0
89.5	0.052	0.014	0.000	0.038	27.0	0.0	73.0
88.3	0.042	0.016	0.000	0.026	38.1	0.0	61.9
83.8	0.033	0.017	0.000	0.016	51.5	0.0	48.5
81.3	0.144	0.036	0.065	0.043	25.0	45.1	29.9
79.9	0.083	0.017	0.027	0.039	20.5	32.5	47.0
77.2	0.158	0.031	0.061	0.066	19.6	38.6	41.8
76.5	0.105	0.022	0.013	0.070	20.9	12.4	66.7
75.5	0.232	0.040	0.122	0.070	17.2	52.6	30.2
71.7	0.114	0.088	0.004	0.022	77.2	3.5	19.3
71.2	0.105	0.062	0.000	0.043	59.1	0.0	40.9
63.3	0.073	0.064	0.000	0.009	87.7	0.0	12.3

* V_t—总孔容积；V_1—大孔容积；V_2—中孔容积；V_3—微孔容积。

第三节　煤的基本化学特征

煤的化学特征是指煤的各类组成成分的化学属性以及煤与各种化学试剂在一定条件下发生不同化学反应的性质。煤的化学特征是研究煤化学结构和属性的主要对象，同时也是煤的转化和化学加工的基础。

一、煤中的水分

（一）煤中水分的分类

煤中的水分按其在煤中存在的状态，可以分为外在水分、内在水分和化合水三种。

1.外在水分

煤的外在水分（free moisture；surface moisture）是指煤在开采、运输、储存和洗选过程中，附着在煤的颗粒表面以及大毛细孔（直径大于 10^{-5} cm）中的水分，用符号 M_f（%）表示。外在水分以机械的方式与煤相结合，仅与外界条件有关，而与煤质本身无关，其蒸汽压与常态水的蒸汽压相等，较易蒸发。当煤在室温下的空气中放置时,外在水分不断蒸发,直至与空气的相对湿度达到平衡时为止。此时失去的水分就是外在水分。含有外在水分的煤称为收到煤,失去外在水分的煤称为空气干燥煤。

2．内在水分

煤的内在水分(inherent moisture；moisture in air-dried coal)是指吸附或凝聚在煤颗粒内部表面的毛细管或空隙(直径小于 10^{-5} cm)中的水分,表示为 M_{inh} 或 M_{ad} (%)。内在水分以物理化学方式与煤相结合,与煤种的本质特征有关(表 1-27),内表面积愈大,小毛细孔愈多,内在水分亦愈高。内在水的蒸汽压小于常态水的蒸汽压,较难蒸发,加热至 $105\sim110℃$ 时才能蒸发,失去内在水分的煤称为干燥煤。将空气干燥煤样加热至 $105\sim110℃$ 时所失去的水分即为内在水分。煤的内在水分还与外界条件有关,一定的湿度和温度下,内在水分可以达到最大值。此时的内在水分即称为最高内在水分 MHC(moisture holding capacity)。

煤的外在水分与内在水分的总和称为煤的全水分 M_t(total moisture)。

表 1-27　不同煤种的内在水分含量/%

煤种	泥炭	褐煤	烟　煤						无烟煤
			长焰煤	气煤	肥煤	焦煤	瘦煤	贫煤	
M_{inh}	12~45	5~25.4	0.9~8.7	0.6~4.9	0.5~3.2	0.4~2.6	0.3~1.6	~0.6	0.1~4.0

3．化合水

煤中的化合水(water of constitution)是指以化学方式与矿物质结合的,在全水分测定后仍保留下来的水分,即通常所说的结晶水或结合水,它们以化学方式与无机物相结合。化合水含量不大,而且必须在更高的温度下才能失去。例如,石膏(CaSO₄·2H₂O)在 163℃ 时分解失去结晶水,高岭土(Al₂O₃·2SiO₂·2H₂O)在 450~600℃ 方才失去结合水。在煤的工业分析中,一般不考虑化合水。

(二) 水分与煤质的关系

煤中水分的多少在一定程度上反映了煤质状况。低煤化度煤结构疏松,结构中极性官能团多,内部毛细管发达,内表面积大,因此具备了赋存水分的条件。例如褐煤的外在水分和内在水分均可达 20% 以上。随着煤化度的提高,两种水分都在减少。在肥煤与焦煤变质阶段,内在水分达到最小值(小于 1%)。到高变质的无烟煤阶段,由于煤粒内部的裂隙增加,内在水分又有所增加,可达到 4% 左右。

　　煤的最高内在水分与煤化度的关系基本与内在水分相同,具有明显的规律性(图 1-23[23])。当挥发分 V_{daf} 为 $25\pm5\%$ 时,MHC 小于 1%,达到最小值。经风化后煤的内在水分增加,所以煤内在水分的大小,也是衡量煤风化程度的标志之一。煤中的化合水虽与煤的煤化度没有关系,但化合水多,说明含化合水的矿物质多,因而间接地影响了煤质。

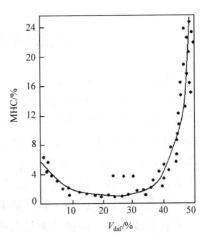

图 1-23　煤的最高内在水分与挥发分的关系

(三) 煤中水分的测定

　　煤中水分的测定,大都采用在一定温度下烘干煤样,通过计量其失重来计算水分含量。针对不同煤种和所测定的水分赋存状态,具体方法和手续略有不同,但都有相应的测定标准。

1. 煤中全水分

　　全水分的测定采用空气干燥法。将磨碎到 3mm 以下的煤样 $10\sim15g$,在 $105\sim110℃$ 的鼓风干燥箱中干燥至恒重,以煤样的失重计算全水分 $M_t(\%)$。具体测定步骤可依照"煤中全水分测定方法"国家标准(GB/T 211-1991)进行。

2. 空气干燥基水分

　　测定煤样须经空气干燥,粒度为小于 0.2mm。一般采用气流干燥法,将一定量的煤样置于 $105\sim110℃$ 干燥箱中,在干燥氮气流或空气流中干燥至恒重,以煤样的失重计算全水分 $M_{ad}(\%)$。具体测定步骤可依照"煤的工业分析方法"国家标准(GB/T 212-1991)进行。

3. 最高内在水分

　　取粒度小于 0.2mm 煤样约 20g,饱浸水分,用滤纸除去大部分外在水分。然后放在温度为 30℃,相对湿度为 96% 的充氮调湿器内,在常压和不断搅动情况下使其达到湿度平衡。然后在 $105\sim110℃$ 的温度下烘干至恒重,以其减量的质量百分数表示最高内在水分 MHC(\%)。具体测定步骤可依照"煤的最高内在水分测定方法"国家标准(GB 4632-1997)进行。

二、煤中的矿物质和煤的灰分

煤中矿物质(mineral matter)是除水分外所有无机物质的总称,用符号 MM (%)表示。主要成分一般有黏土、高岭石、黄铁矿和方解石等。煤的灰分(ash)是指煤中所有可燃物质完全燃烧时,煤中矿物质在一定温度下经过一系列分解、化合等剩下的残渣,用符号 A(%)表示。灰分是煤在规定操作下的变化产物,由氧化物和相应的盐类组成,既不是煤中固有的,更不能看成是矿物质的含量,称为灰分产率更确切一些。但很显然,煤的灰分与煤中矿物质有密切的关系。

煤在作为燃料或加工转化的原料时,几乎都是利用煤中的有机质。因此煤中的矿物质或灰分一向被认为是有害的废物,人们一直在致力于设法降低或脱除煤中的矿物质或灰分。脱除煤中矿物质的途径,主要有物理洗选法和化学净化法两大类。物理洗选法主要是利用煤与矸石密度或表面性质不同进行分离,包括水力淘汰法、重介质分选法、泡沫浮选法和磁力分离法等。化学净化法则主要利用煤的有机质与矿物质化学性质不同而脱除矿物质,如氢氟酸和盐酸处理法、碱性溶剂抽提法等。但是人们后来发现,煤中矿物质对煤的某些利用过程有有益的作用,即使是煤灰也得到了越来越广泛的利用。

(一)煤中矿物质

1. 煤中矿物质的来源

煤中的矿物质一般有三个来源:原生矿物质、次生矿物质和外来矿物质。

原生矿物质指存在于成煤植物中的矿物质,主要是碱金属和碱土金属的盐类。原生矿物质参与煤的分子结构,与有机质紧密地结合在一起,在煤中呈细分散分布,很难用机械方法洗选脱除。这类矿物质含量较少,一般仅为 1%~2%。次生矿物质指成煤过程中,由外界混入煤层中的矿物质,以多种形态嵌布于煤中。如煤中的高岭土、方解石、黄铁矿、石黄、长石、云母等。外来矿物质指在采煤过程中混入煤中的顶、底板和夹矸层中的矸石,其主要成分是 SiO_2、Al_2O_3、$CaCO_3$、$CaSO_4$ 和 FeS 等。

2. 煤中矿物质含量的计算与测定

煤中矿物质与灰分的含量不同,但两者之间存在一定的关系。可以采用以下经验公式从煤灰分计算煤中矿物质的含量:

$$MM = 1.08A + 0.55S_t$$
$$MM = 1.10A + 0.5S_p$$

$$MM = 1.13A + 0.47S_p + 0.5Cl$$

式中：MM——煤中矿物质含量，%；

   A——煤中灰分，%；

   S_t——煤中全硫含量，%；

   S_p——煤中硫化铁硫含量，%；

   Cl——煤中氯的含量，%。

煤中矿物质的含量也可以直接测定。国际标准化组织曾提出一个标准方法(ISO‑602)，其要点是：煤样用盐酸和氢氟酸处理，部分脱除矿物质，而在此条件下煤中有机质不受影响，算出经酸处理后煤的质量损失，并将部分脱除矿物质的煤灰化以测定未溶解的那部分矿物质。

还有一种等离子体低温灰化法可以测定矿物质含量。方法原理是：氧气通过射频时放电，形成活化气体等离子体，在约 150℃流过煤样时，煤中的有机质因氧化而失去，矿物质除失去结晶水外基本无变化。此法还可用来校正煤的各项分析结果，将数据换算到干燥无矿物质基准(dmmf)。

(二) 煤的灰分

1. 煤灰分的组成

煤高温燃烧时，大部分矿物质发生多种化学反应，与未发生变化的那部分矿物质一起转变为灰分。这些化学反应主要有：

黏土、石膏等失去化合水：

$$SiO_2 \cdot Al_2O_3 \cdot 2H_2O \longrightarrow SiO_2 \cdot Al_2O_3 + 2H_2O$$

$$CaSO_4 \cdot 2H_2O \longrightarrow CaSO_4 + 2H_2O$$

碳酸盐矿物受热分解，放出 CO_2：

$$CaCO_3 \longrightarrow CaO + CO_2$$

$$FeCO_3 \longrightarrow FeO + CO_2$$

氧化亚铁氧化生成氧化铁：

$$4FeO + O_2 \longrightarrow 2Fe_2O_3$$

硫化物矿物质氧化分解反应放出 SO_2，SO_2 部分被煤中的 $CaCO_3$ 或 CaO 吸收：

$$4FeS_2 + 11O_2 \longrightarrow 2Fe_2O_3 + 8SO_2$$

$$2CaCO_3 + 2SO_2 + O_2 \longrightarrow 2CaSO_4 + 2CO_2$$

或

$$2CaO + 2SO_2 + O_2 \longrightarrow 2CaSO_4$$

煤中的氯有 30%～36%以有机氯形式存在，在高温灰化时易于分解而生成

HCl 或 Cl_2;煤中的未结合硫以 SO_2 形式失去;煤中的碱金属氧化物以及 Hg 在温度为 700℃以上部分挥发。

　　按照煤中矿物质在煤高温燃烧时发生的化学反应,煤灰分主要是由金属和非金属的氧化物和盐类组成。在工业生产中,煤灰是指煤用作锅炉燃料和气化原料时得到的大量灰渣。煤灰与煤灰分的化学组成是一致的,其主要成分是 SiO_2、Al_2O_3、CaO、MgO,它们之和占煤灰的 95%以上,还有少量 K_2O、Na_2O、SO_3、P_2O_5 及一些微量元素的化合物。我国煤灰主要成分的一般范围列于表 1-28[24],煤灰中主要的单个元素的测定方法列于表 1-29。

表 1-28　我国煤灰主要成分含量的一般范围/%

煤灰成分	褐煤		硬煤	
	最低	最高	最低	最高
SiO_2	10	60	15	>80
Al_2O_3	5	35	8	50
Fe_2O_3	4	25	1	65
CaO	5	40	0.5	35
MgO	0.1	3	<0.1	5
TiO_2	0.2	4	0.1	6
SO_3	0.6	35	<0.1	15
P_2O_5	0.04	2.5	0.01	5
KNaO	0.09	10	<0.1	10

表 1-29　煤灰中主要单个元素的测定方法

测定方法	元　素	测定方法	元　素
光发射法	K、Na、Ti	中子活化分析法	Fe、Na、Si、Al
原子吸收法	Ca、K、Na、Mg	化学法	Fe、Ca、Mg、K、Na、P、Si
比色法	Al、Ca、Mg、P、Ti	电化学法	Ca、Mg、Ti
火焰发射法	Ca、Mg、K、Na		

2. 煤的灰分产率测定

　　传统的灰分测定分缓慢灰化法和快速灰化法两种,具体步骤略有不同,但其要点都是称取一定量的空气干燥煤样,放入马弗炉中加热至 815±10℃并灼烧至恒重,以残留物的质量占煤样质量的百分数作为灰分产率 A_{ad}(%)。具体测定步骤可依照"煤的工业分析方法"国家标准(GB/T 212-1991)进行。近代仪器分析可采用放射同位素射线法、反射 X 射线法等方法测定。

三、煤中的挥发分和固定碳

(一) 煤的挥发分

煤在规定条件下隔绝空气加热后挥发性有机物质的产率称为挥发分(volatile mattar),简记符号 V。事实上,煤在该条件下产生的挥发物既包括了煤的有机质热解气态产物,还包括煤中水分产生的水蒸气以及碳酸盐矿物质分解出的 CO_2 等。因此,挥发分属于煤挥发物的一部分,但并不等同于挥发物。此外,挥发分不是煤中的固有物质,而是煤在特定加热条件下的热分解产物,所以煤的挥发分称为挥发分产率更为确切。

挥发分的测定步骤可依照"煤的工业分析方法"国家标准(GB/T 212 - 1991)进行。称取一定量的空气干燥煤样,在 $900\pm10℃$ 的温度下,隔绝空气加热 $7min$,以减少的质量占煤样质量的百分数,减去该煤样的水分含量(M_{ad})作为挥发分产率。测定挥发分时,坩埚中残留下来的固体物称为焦渣(char residue)。测定结果按下式计算:

$$V_{ad} = \frac{m_1}{m} \times 100 - M_{ad}$$

式中:V_{ad}——空气干燥煤样的挥发分产率,%;

m_1——煤样加热后减少的质量,g;

m——煤样的质量,g;

M_{ad}——空气干燥样的水分含量,%。

在测定挥发分产率时,不仅煤中的有机质发生了分解,矿物质也可以发生分解。一般情况下矿物质分解产物较少,影响不大;但对碳酸盐含量高的煤,其分解产生的 CO_2 就必须校正。也可以在测定挥发分以前,用盐酸处理煤样使 CO_2 事先放出。如煤中碳酸盐形式的 CO_2 含量$\geqslant 2\%$时,应从计算结果中扣除该 CO_2 的含量:

$$V_{ad} = V'_{ad} - (CO_2)_{ad} \qquad CO_2 \text{ 的含量为 } 2\% \sim 12\%$$

$$V_{ad} = V'_{ad} - [(CO_2)_{ad} - (CO_2)'_{ad}] \qquad CO_2 \text{ 的含量大于 } 12\%$$

式中:　V'_{ad}——未经校正的空气干燥煤样的挥发分产率,%;

$(CO_2)_{ad}$——煤样中碳酸盐 CO_2 的含量,%;

$(CO_2)'_{ad}$——焦渣中碳酸盐 CO_2 的含量换算为占总煤样的百分数,%。

(二) 固定碳

从测定煤样挥发分的焦渣中减去灰分后的残留物称为固定碳(fixed carbon),

表示为 FC(％)。具体测定步骤可依照"煤的工业分析方法"国家标准(GB/T 212-1991)进行。

$$FC_{ad} = 100 - (M_{ad} + A_{ad} + V_{ad})$$

式中：FC_{ad}——空气干燥煤样的固定碳含量,％；

　　　M_{ad}——空气干燥煤样的水分含量,％；

　　　A_{ad}——空气干燥煤样的灰分产率,％；

　　　V_{ad}——空气干燥煤样的挥发分产率,％。

固定碳实际上是煤中的有机质在一定加热制度下产生的热解固体产物,属于焦渣的一部分。在元素组成上,固定碳不仅含有碳元素,还含有氢、氧、氮等元素。因此,固定碳含量与煤中有机质的碳元素含量是不相同的两个概念。一般说来,煤中固定碳含量小于煤的有机质的碳含量,只有在高煤化度的煤中两者趋于接近。

(三)挥发分和固定碳指标的应用

挥发分产率与煤的煤化度关系密切,我国和世界上许多国家都以挥发分产率作为煤的第一分类指标,以表征煤的煤化度。根据挥发分产率和焦渣特征,可以初步评价各种煤的加工工艺适宜性。利用挥发分产率并配合其他指标可以预测并估算煤干馏时各主要产物的产率,亦可计算煤燃烧时的发热量。

煤中固定碳与挥发分之比称为燃料比,表示为 FC_{daf}/V_{daf}。各种煤的燃料比大致为：褐煤 0.6～1.5,长焰煤 1.0～1.7,气煤 1.0～2.3,焦煤 2.0～4.6,瘦煤 4.0～6.2,贫煤 4～9,无烟煤 9～29。燃料比可用来评价煤的燃烧性质。

四、煤的元素组成及形态

煤中有机质主要由碳、氢、氧、氮和硫等元素组成,其中碳、氢、氧的总和占煤中有机质的 95％以上。这些元素在煤有机质中的含量与煤的成因类型、煤岩组成和煤化程度有关(表 1-30[25])。因此,通过元素分析了解煤中有机质的元素组成是煤质分析与研究的重要内容。当然,从元素分析数据还不能说明煤的有机质是什么样的化合物,也不能充分地确定煤的性质,但利用元素分析数据并配合其他工艺性质指标,可以帮助我们了解煤的某些性质。例如,可以计算煤的发热量、理论燃烧温度和燃烧产物的组成,也可以估算炼焦化学产品的产率,还可以作为煤分类的辅助指标等。

表 1-30　各种煤的主要元素组成/%

煤　种	C_{daf}	H_{daf}	O_{daf}
泥炭	55～62	5.3～6.5	27～34
年轻褐煤	60～70	5.5～6.6	20～23
年老褐煤	70～76.5	4.5～6.0	15～30
长焰煤	77～81	4.5～6.0	10～15
气煤	79～85	5.4～6.8	8～12
肥煤	82～89	4.8～6.0	4～9
焦煤	86.5～91	4.5～5.5	3.5～6.5
瘦煤	88～92.5	4.3～5.0	3～5
贫煤	88～92.7	4.0～4.7	2～5
年轻无烟煤	89～93	3.2～4.0	2～4
典型无烟煤	93～95	2.0～3.2	2～3
年老无烟煤	95～98	0.8～2.0	1～2

（一）碳

碳是煤中有机质的主要组成元素。在煤的结构单元中，它构成了稠环芳烃的骨架。在煤炼焦时，它是形成焦炭的主要物质基础。在煤燃烧时，它是发热量的主要来源。理论上完全燃烧时放出的热量为 $32\,793kJ \cdot kg^{-1}$。

碳的含量随着煤化度的升高而有规律地增加（表 1-30）。在同一种煤中，各种显微组分的碳含量也不一样，一般惰质组 C_{daf} 最高，镜质组次之，壳质组最低。碳含量与挥发分之间存在负相关关系，因此碳含量也可以作为表征煤化度的分类指标。在某些情况下，碳含量对煤化度的表征比挥发分更准确。

（二）氢

氢是煤中第二个非常重要的元素。氢元素占腐植煤有机质的质量一般小于7%。但因其相对原子质量最小，故原子百分数与碳在同一数量级。氢是组成煤大分子骨架和侧链的重要元素。与碳相比，氢元素具有较大的反应能力，单位质量的燃烧热也更大，理论上完全燃烧时放出的热量为 $120\,915kJ \cdot kg^{-1}$。

氢含量与煤的煤化度也密切相关，随着煤化度增高，氢含量逐渐下降（表 1-30）。在中变质烟煤之后这种规律更为明显。在气煤、气肥煤阶段，氢含量能高达 6.5%；到高变质烟煤阶段，氢含量甚至可下降到 1% 以下。各种显微组分的氢含量也有明显差别，对于同一种煤化度的煤，壳质组 H_{daf} 最大，镜质组次之，惰质组最低。

从中变质烟煤到无烟煤,氢含量与碳含量之间有较好的相关关系,可以通过线性回归得到经验方程:

$$H_{daf} = 26.10 - 0.241\,C_{daf} \qquad 对于中变质烟煤$$

$$H_{daf} = 44.73 - 0.448\,C_{daf} \qquad 对于无烟煤$$

(三) 氧

氧是煤中第三个重要的组成元素。有机氧在煤中主要以羧基(—COOH)、羟基(—OH)、羰基($\diagup$ C $=$ O)、甲氧基(—OCH$_3$)和醚(—C—O—C—)形态存在,也有些氧与碳骨架结合成杂环。氧在煤中存在的总量和形态直接影响煤的性质。煤中有机氧含量随煤化度增高而明显减少(表 1 - 30)。泥炭中干燥无灰基氧含量 O_{daf} 为 15% ~ 30%,到烟煤阶段为 2% ~ 15%,无烟煤为 1% ~ 3%。在研究煤的煤化度演变过程时,经常用 O/C 和 H/C 原子比来描述煤元素组成的变化以及煤的脱羧、脱水和脱甲基反应。

氧反应能力很强,在煤的加工利用中起着较大的作用。如低煤化度煤液化时,因为含氧量高,会消耗大量的氢,氢与氧结合生成无用的水;在炼焦过程中,当氧化使煤氧含量增加时,会导致煤的黏结性降低,甚至消失;煤燃烧时,煤中氧不参与燃烧,却约束本来可燃的元素如碳和氢;但对煤制取芳香羧酸和腐植酸类物质而言,氧含量高的煤是较好的原料。

各种显微组分氧含量的相对关系与煤的煤化度有关。对于中等变质程度的烟煤,镜质组 O_{daf} 最高,惰质组次之,壳质组最低;对于高变质烟煤和无烟煤,仍然是镜质组 O_{daf} 最高,但壳质组的 O_{daf} 略高于惰质组。

与氢元素相似,煤中的氧含量与碳含量亦有一定的相关关系(但对无烟煤,氧与碳的负相关关系不明显):

$$O_{daf} = 85.0 - 0.9\,C_{daf} \qquad 对于烟煤$$

$$O_{daf} = 80.38 - 0.84\,C_{daf} \qquad 对于褐煤和长焰煤$$

(四) 氮

煤中的氮含量较少,一般约为 0.5% ~ 3.0%。氮是煤中惟一的完全以有机状态存在的元素。煤中有机氮化物被认为是比较稳定的杂环和复杂的非环结构的化合物。其来源可能是动、植物的脂肪、蛋白质等成分。植物中的植物碱、叶绿素和其他组织的环状结构中都含有氮,而且相当稳定,在煤化过程中不发生变化,成为煤中保留的氮化物。以蛋白质形态存在的氮,仅在泥炭和褐煤中发现,在烟煤中几乎没有发现。煤中氮含量随煤化度的加深而趋向减少,但规律性到高变质烟煤阶段以后才比较明显。在各种显微组分中,氮含量的相对关系也没有规律性。但作者的研究[26]表明,氮在镜质组中以吡咯和吡啶、在壳质组中以氨基和吡啶、在惰质组中以氨基和吡咯形式存在。

在煤的转化过程中,煤中的氮可生成胺类、含氮杂环、含氮多环化合物和氰化物等。煤燃烧和气化时,氮转化成污染环境的 NO_x。煤液化时,需要消耗部分氢才能使产品中的氮含量降到最低限度。煤炼焦时,一部分氮变成 N_2、NH_3、HCN 和其他一些有机氮化物逸出,其余的氮进入煤焦油或残留在焦炭中。炼焦化学产品中氨的产率与煤中氮含量及其存在形态有关。煤焦油中的含氮化合物有吡啶类和喹啉类,而在焦炭中则以某些结构复杂的含氮化合物形态存在。

对于我国的大多数煤来说,煤中的氮与氢含量存在如下关系:

$$N_{daf} = 0.3\,H_{daf}$$

按此式氮含量的计算值与测量值之差,一般在 $\pm 0.3\%$ 以内。

(五) 硫

煤中的硫通常以有机硫和无机硫的状态存在,主要存在形式列于表 1 - 31。有机硫是指与煤有机结构相结合的硫,其组成结构非常复杂。有机硫主要来自成煤植物和微生物中的蛋白质。植物的总含硫量一般都小于 0.5%。所以,硫分在 0.5% 以下的大多数煤,一般都以有机硫为主。有机硫与煤中有机质共生,结为一体,分布均匀,不易清除。作者的研究结果[26]表明,煤的三种基本有机显微组分中硫的赋存形态基本相同,均主要为噻吩、硫醇和硫醚。煤中无机硫主要来自矿物质中各种含硫化合物,主要有硫化物硫和少量硫酸盐硫,偶尔也有元素硫存在。硫化物硫以黄铁矿为主,多呈分散状赋存于煤中。高硫煤的硫含量中,硫化物硫所占比例较大。硫酸盐硫以石膏为主,也有少量硫酸亚铁等,我国煤中硫酸盐硫含量大多小于 0.1%。

煤中的硫按可燃性可以分为可燃硫和不可燃硫,按干馏过程中的挥发性又可分为挥发硫和固定硫。煤中硫的形态及其相互关系简要列于表 1 - 31。煤中各种形态硫的总和称为全硫,含量高低不等($0.1\%\sim 10\%$),硫含量多少与成煤时的沉积环境有关。一般来说,我国北部产地的煤含硫量较低,往南则逐渐升高。

煤中的硫对于炼焦、气化、燃烧和储运都十分有害,因此硫含量是评价煤质的重要指标之一。煤在炼焦时,约 60% 的硫进入焦炭,硫的存在使生铁具有热脆性;煤气化时,由硫产生的二氧化硫不仅腐蚀设备,而且易使催化剂中毒,影响操作和产品质量;煤燃烧时,煤中硫转化为二氧化硫排入大气,腐蚀金属设备和设施,污染环境,造成公害;硫铁矿硫含量高的煤,在堆放时易于氧化和自燃,使煤的灰分增加,热值降低。世界上高硫煤的储量占有一定比例,因此寻求高效经济的脱硫方法和回收利用硫的途径,具有重大意义。

表 1-31　煤中硫的赋存形态及其分类

分　类		名　称		化学式	分布情况
无机硫(S_I)	不可燃硫	硫酸盐硫(S_S)	石膏	$CaSO_4 \cdot 2H_2O$	在煤中分布不均匀
			硫酸亚铁	$FeSO_4 \cdot 7H_2O$	
		元素硫(S_E)			
		硫化物硫(S_P)	黄铁矿	FeS_2,正方晶系	
			白铁矿	FeS_2,斜方晶系	
			磁铁矿	Fe_7S_8	
			方铅矿	PbS	
有机硫(S_O)	可燃硫	硫醇		$R—SH$	在煤中分布均匀
		硫醚类	硫醚	$R_1—S—R_2$	
			二硫化物	$R_1—S—S—R_2$	
			双硫醚	$R_1—S—CH_2—S—R_2$	
		硫杂环	噻吩		
			硫醌		
		其他	硫酮		

五、煤分析指标的不同基准表示

(一)煤质指标及基准

煤的分析指标的测定数据,是煤的基本参数。在长期的科研和应用工作中,已经形成了一套比较规范的煤质分析项目的术语名称与符号。“煤质及煤分析有关术语”国家标准(GB/T 3715-1996)和“煤质分析试验方法一般规定”国家标准(GB/T 483-1998)也有相应的规定。在本书中已经陆续出现过一些专用名称和符号,表 1-32 和表 1-33 列出了本书中涉及到的和科研工作中最常用的有关的术语及其表示符号。同时,由于煤中水分和灰分变化很大,同一种煤如果不指明分析所采用的基准,分析项目的结果将出现很大的差异(表 1-34)。为了使不同来源的分析数据具有可比性,在报告分析结果时必须给出注明实际分析煤样或理论换算煤样的基准。

表 1-32　常用指标名称和符号

名　称	符号和单位		脚标含义	符　号
灰分	A	%	外在或游离	f
视相对密度	ARD	—	内在	inh
苯萃取物产率	EB	%	有机	o
固定炭	FC	%	硫铁矿	p
水分	W	%	硫酸盐	s
最高内在水分	MHC	%	恒容高位	gr,v
矿物质	MM	%	恒压低位	net,p
发热量	Q	$J\cdot g^{-1}$	恒容低位	net,v
焦油产率	Tar	%	全	t
真相对密度	TRD	—		
挥发分	V	%		

表 1-33　基准的名称与符号

新　标　准		旧　标　准	
名　称	符　号	名　称	符　号
收到基	ar	应用基	y
空气干燥基	ad	分析基	f
干燥基	d	干燥基	g
干燥无灰基	daf	可燃基	r
干燥无矿物质基	dmmf	有机基	j

表 1-34　某烟煤基于不同基准所表示的实验结果/%

分析干燥基	收到基	空气干燥基	干燥基	干燥无灰基
水　分	3.50	1.13	—	—
灰　分	15.62	15.99	16.18	—
挥发分	26.05	26.70	27.02	32.2
固定碳	54.83	56.18	56.80	67.8
总　计	100	100	100	100

各种基准的定义及煤在各基准下的工业分析和元素分析组成分述如下。

1．收到基

以收到状态的煤为基准,称为收到基(as received basis)。在此基准下：

$$V_{ar} + FC_{ar} + A_{ar} + M_{ar} = 100$$

$$C_{ar} + H_{ar} + O_{ar} + N_{ar} + S_{ar} + A_{ar} + M_{ar} = 100$$

2．空气干燥基

以达到空气干燥状态的煤为基准,称为空气干燥基(air dried basis)。在此基准下：

$$V_{ad} + FC_{ad} + A_{ad} + M_{ad} = 100$$
$$C_{ad} + H_{ad} + O_{ad} + N_{ad} + S_{ad} + A_{ad} + M_{ad} = 100$$

3．干燥基

以达到完全无水状态的煤为基准，称为干燥基（dry basis）。在此基准下：

$$V_d + FC_d + A_d = 100$$
$$C_d + H_d + O_d + N_d + S_d + A_d = 100$$

4．干燥无灰基

以达到无水、无灰状态的煤为基准，称为干燥无灰基（dry ash-free basis）。在此基准下：

$$V_{daf} + FC_{daf} = 100$$
$$C_{daf} + H_{daf} + O_{daf} + N_{daf} + S_{daf} = 100$$

5．干燥无矿物质基

以达到无水、无矿物质状态煤为基准，称为干燥无矿物质基（dry mineral matter free basis）。在此基准下：

$$V_{dmmf} + FC_{dmmf} = 100$$
$$C_{dmmf} + H_{dmmf} + O_{dmmf} + N_{dmmf} + S_{dmmf} = 100$$

（二）常用基准之间的关系

上述基准之间的相互关系如图 1 - 24 所示。采用不同基准得到的分析数据之间存在换算关系。可以从已知的以一种基准（已知基）得到的分析数据 X_1，通过一

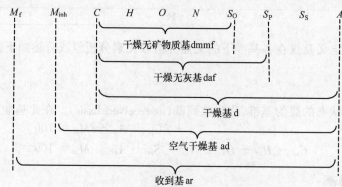

图 1 - 24　常用基准之间的相互关系

定的换算求得以另一种基准(要求基)为基准的分析数据 X_2。它们之间可以通过简单的推导,得到相应的换算系数(表 1-35)。把 X_1 乘以相应的换算系数,就可以求得 X_2。

表 1-35　不同基准之间的换算公式

	空气干燥基 ad	收到基 ar	干燥基 d	干燥无灰基 daf	干燥无矿物质基 dmmf
ad	—	$\dfrac{100-M_{ar}}{100-M_{ad}}$	$\dfrac{100}{100-M_{ad}}$	$\dfrac{100}{100-(M_{ad}+A_{ad})}$	$\dfrac{100}{100-(M_{ad}+MM_{ad})}$
ar	$\dfrac{100-M_{ad}}{100-M_{ar}}$	—	$\dfrac{100}{100-M_{ar}}$	$\dfrac{100}{100-(M_{ar}+A_{ar})}$	$\dfrac{100}{100-(M_{ar}+MM_{ar})}$
d	$\dfrac{100-M_{ad}}{100}$	$\dfrac{100-M_{ar}}{100}$	—	$\dfrac{100}{100-A_d}$	$\dfrac{100}{100-MM_d}$
daf	$\dfrac{100-(M_{ad}+A_{ad})}{100}$	$\dfrac{100-(M_{ar}+A_{ar})}{100}$	$\dfrac{100-A_d}{100}$	—	$\dfrac{100-A_d}{100-MM_d}$
dmmf	$\dfrac{100-(M_{ad}+MM_{ad})}{100}$	$\dfrac{100-(M_{ar}+MM_{ar})}{100}$	$\dfrac{100-MM_d}{100}$	$\dfrac{100-MM_d}{100-A_d}$	—

六、煤的化学反应

本小节主要介绍煤的化学反应,包括煤的氯化、磺化、水解、氧化、烷基化和酰基化、风化和自燃等过程。煤的气化、热解、液化等反应将在专门的章节中介绍。

(一) 煤的氯化反应

氯化方法主要有两种,一是在较高温度(约 175℃或更高)下用氯气进行气相氯化,二是在≤100℃下,在水介质中氯化。由于水的强离子化作用,在后一条件下氯化反应的速度很快,煤的转化程度较深,故研究得较多。煤在水介质中氯化时可发生取代、加成和氧化反应。

氯化反应的前期主要是芳环和脂肪侧链上的氢被氯取代,析出 HCl:

$$RH + Cl_2 \longrightarrow RCl + HCl$$

在反应后期当煤中氢含量大大降低后也可以发生芳香加成反应:

$$\overset{|}{C}=\overset{|}{C} + Cl_2 \longrightarrow Cl-\overset{|}{\underset{|}{C}}-\overset{|}{\underset{|}{C}}-Cl$$

所以,煤在氯化过程中氯含量大幅度上升,有时可达 30%以上。氯化煤是棕褐色固体,不溶于水。反应主要影响因素有温度、时间、氯气流量、水煤比和催化剂等。

氯气溶解于水产生盐酸(HCl)和氧化能力很强的次氯酸(HClO),次氯酸可将煤氧化产生碱可溶性腐植酸和水溶性有机酸。煤的氯化反应不断的生成盐酸能抑制氧作用,所以氧化与氯化相比,一般不是主要的。

在氯化(还有氧化)过程中,由于煤的聚合物结构发生某种程度的解聚,使得氯化煤在有机溶剂中的溶解度大大提高(见表 1-36[27])。

表 1-36　氯化煤在不同溶剂中的抽提率*/%

溶剂	抽提率		溶剂	抽提率	
	原煤	氯化煤		原煤	氯化煤
乙醚	7.82	17.6	苯	3.86	4.11
乙醇	1.27	58.0	乙醇+苯(1:1)	2.82	85.9

*　氯化条件:80℃,6h,扎赉诺尔褐煤。

(二) 煤的磺化反应

煤与浓硫酸或发烟硫酸可以进行磺化反应,反应结果可使煤的缩合芳香环和侧链上引入磺酸基(—SO₃H),生成磺化煤:

$$RH + HOSO_3H \xrightarrow{\text{浓硫酸}} R—SO_3H + H_2O$$

在加热条件下浓硫酸也是一种氧化剂,可把煤分子结构中的甲基、乙基氧化生成羧基(—COOH),并使碳-氢键(C—H)氧化成酚羟基(—OH),故磺化煤可表示为:

$$R{\longleftarrow}\begin{matrix}SO_3H\\OH\\COOH\end{matrix}$$

由于煤经磺化反应后,增加了—SO₃H、—COOH 和—OH 三种官能团,并且它们都有活性氢,所以可以简化表示为 RH。这些官能团上的氢离子 H^+ 能被其他金属离子(如 Ca^{2+}、Mg^{2+} 等)所取代。煤磺化反应后经洗涤、干燥、过筛制得多孔的黑色颗粒,称氢型磺化煤(RH);若与 Na^+ 交换可制成钠型磺化煤(RNa)。当磺化煤遇到含金属离子的溶液,就可以发生 H^+ 和金属离子交换的反应:

$$2RH + M^{2+} \longrightarrow R_2M + 2H^+ \qquad M = Ca, Mg$$

因此,磺化煤是一种多官能团的阳离子交换剂。

(三) 煤的水解

煤的水解反应是指煤在碱性水溶液中进行的一系列过程。一种含碳 76.9%

的烟煤,在 350℃下经过 $5mol \cdot L^{-1}$ NaOH 水解处理 24h 后,水解产物的种类和所占百分比如表 $1-37^{[28]}$ 所示。

表 1-37　煤的水解产物

产物组成	产率/%	分析结果
可燃气体	2.8	H_2、CH_4、C_2H_6
低级酚	3.0	液体酚类(相对分子质量 90~80)
高级酚	5.0	固体酚类(相对分子质量大于 300)
脂肪酸类	1.3	乙酸、丙酸、丁酸等
碱类	0.7	—
氨	0.5	NH_3
烃类	15.6	1~2 个芳香环(相对分子质量 100~400)
碳酸盐	22.0	
合计	62.6	

酚类的形成,可能是由于煤中醚键的水解:

$$R-O-R' + H_2O \longrightarrow ROH + R'OH$$

酸或醇类的产生,则可能是由于煤中的醛基在 NaOH 介质中进行歧化作用形成酸或醇:

$$2RCHO + NaOH \longrightarrow RCOONa + RCH_2OH$$

通过对煤水解产物的分析,说明煤的结构单元是由缩合芳香环组成,并且在芳香环的周围有含氧官能团,在一定程度上为煤结构研究提供了依据。实验证明,煤中可水解的键不多,但水解可以引起煤中的有机物质的变化,如煤水解后不溶残余物在苯中的溶解度明显增加。利用乙醇、异丙醇和乙二醇代替水进行水解反应,煤的水解比率要高很多,但目前此类反应尚不能保证定量进行。

(四)煤的风化和自燃

煤在离地表很浅的煤层中或在堆放时,受环境因素(包括空气中的氧、地下水和地面上的温度变化等)的综合影响会发生一系列以低温氧化为主的物理、化学和工艺性质的变化,这种变化称为风化;煤在堆放过程中因低温氧化而释放的热量如不能及时排散煤堆温度就会升高,当煤的温度达到着火点时就会燃烧,这种燃烧称为自燃。煤的风化和自燃实质上都是煤中有机物质和某些矿物质的低温氧化引起的。关于煤的氧化,本书还要继续进行较为详细的讨论。煤层或煤堆中由于低温氧化而积聚的热量,如果在煤达到发生急剧氧化的温度前,由于条件的改变而向周围散失引起温度降低,煤就进入风化过程,否则就可能发生自燃。煤风化后将失去自燃能力。

　　在浅煤层中被氧化了的煤,通常称作风化煤。煤堆的风化作用主要是由于水分的大量逸出造成的煤块碎裂,虽然包括了氧化作用,但不是主要作用。风化煤与原煤无论在化学组成、物理性质、化学性质和工艺性质等方面都有明显的不同。在化学组成方面,煤风化后碳和氢含量降低,氧含量增加,含氧酸性官能团增加;在物理性质方面,煤风化后失去光泽,硬度降低,变脆而易崩裂;在化学性质方面,煤风化后含有再生腐植酸,低煤化度煤在风化后挥发分减少,而高煤化度煤的挥发分增加;工艺性质方面,煤风化后黏结性和浮选性能变差,燃点和发热量降低,热加工产物的产率减少,其中以煤焦油的生成量减少最为明显。

　　腐泥煤和残植煤较难风化和自燃,腐植煤比较容易。随煤化度的加深,腐植煤的着火点升高,风化和自燃的趋势下降。各种煤中以低煤化度的褐煤最易风化和自燃,煤化度较高的煤较难风化和自燃。不同岩相组分氧化趋势不同,各种岩相组分的氧化活性一般按下列顺序:镜煤＞亮煤＞暗煤≫丝炭。在有水分存在时,煤中的黄铁矿极易氧化并放出大量热量,加剧煤的氧化和自燃。

(五) 煤的氧化

　　煤的氧化是常见的现象,储存时间较长的煤表面会逐渐失去光泽,这就是在空气中的氧作用下的一种轻度氧化。我们知道除无烟煤外的所有煤,除惰性组分以外的所有煤岩成分,对氧化都是十分敏感的。煤在堆放储存中由于和少量氧结合,尽管元素组成还没有发生明显变化,但许多性质已发生很大变化,如黏结性、发热量、焦油产率和溶解度等都急剧下降。在其他氧化剂和反应条件的作用下,煤还可能发生程度不同的氧化反应。

1. 煤的氧化阶段

　　煤的氧化过程按其反应深度或主要产品的不同可分为 5 个阶段,如表 1-38 所示。

　　阶段 1 属于煤的表面氧化,氧化过程发生在煤的内、外表面。首先形成不稳定的碳氧络合物,它易分解生成 CO、CO_2 和水。络合物的分解可以产生新的表面,使氧化作用可以反复循环进行。阶段 2 的氧化结果生成可溶于碱的再生腐植酸。阶段 1 和 2 属于煤的轻度氧化。

　　阶段 3 生成可溶于水的较复杂的次生腐植酸。阶段 4 可生成溶于水的有机酸。这两个阶段属于深度氧化,但选择相应的氧化条件和氧化剂,可以控制氧化的深度。阶段 5 是程度最深的氧化,一旦反应启动,氧化深度难以控制。

表 1-38　煤的氧化阶段及相互关系

氧化阶段			主要氧化条件	氧化剂	主要反应产物
轻度氧化	表面氧化阶段	1	从常温到 100℃	空气或氧气	表面碳氧络合物
	再生腐植酸阶段	2	100～250℃ 100～200℃,碱溶液中 80～100℃	空气或氧气 空气或氧气 硝酸	可溶于碱的高分子有机酸 (再生腐植酸)
深度氧化	苯羧酸阶段	3	200～300℃,碱溶液中,加压 碱性介质 碱性介质	空气或氧气 KMnO₄ H₂O₂	可溶于水的复杂有机酸 (次生腐植酸)
		4	与 3 相同,但增加氧化剂量和延长的反应时间		可溶于水的苯羧酸
	燃烧	5	高温,完全氧化		二氧化碳和水

在实际的氧化过程中,可能有不同阶段的氧化反应平行发生。从表 1-38 可以看出,氧化条件可以分气相氧化与液相氧化两大类,其氧化机理有所区别,下面分别予以讨论。

2. 煤的气相氧化反应机理

煤在不同程度的氧化过程中到底发生了哪些化学变化,还不十分清楚。但大量研究结果已经证实,随着氧化进行,首先是煤分子中的非芳香结构遭到破坏。关于煤的气相氧化反应机理,有几种比较普遍的提法,现分别简单介绍如下。

自由基连锁反应机理　烃类氧化通常用自由基连锁反应机理解释。可以假定对煤的氧化反应,这一机理基本也是适合的,因为煤中含有或多或少的脂肪结构,它容易氧化生成自由基。自由基生成过程是氧分子在煤表面某些活性部分首先产生化学吸附,在分子间力的作用下氧分子中的一个键削弱甚至断开—O—O—,因而容易产生以下反应:

$$-\overset{|}{\underset{|}{C}}H_2 \ + \ O_2 \ \longrightarrow \ -\overset{|}{\underset{|}{\dot{C}}}H \ + \ \dot{O}OH$$

$$RH \ + \ O_2 \ \longrightarrow \ R\cdot + \cdot OOH$$

烃类自由基再与氧反应,可生成过氧化物自由基:

$$-\overset{|}{\underset{|}{\dot{C}}}H_2 \ + \ O_2 \ \longrightarrow \ -\overset{O-O\cdot}{\underset{|}{C}}H$$

它们也可能彼此结合:

$$R\cdot \ + \ HO_2\cdot \longrightarrow ROOH$$

而过氧化物自由基可能与煤中富氧部分反应生成比较稳定的氢化过氧化物:

$$-\overset{\displaystyle O-O\cdot}{\underset{|}{\overset{|}{C}}H} + H_2\underset{|}{C}-\underset{|}{C}H_2 \longrightarrow -\overset{\displaystyle O-OH}{\underset{|}{\overset{|}{C}}H} + H_2\underset{|}{C}-\underset{|}{\dot{C}}H$$

后者在低温下具有相当的稳定性，受热能分两个自由基：

$$-\overset{\displaystyle O-OH}{\underset{|}{\overset{|}{C}}H} \longrightarrow -\overset{\displaystyle O\cdot}{\underset{|}{\overset{|}{C}}H} + \cdot OH$$

所以当氢化过氧化物积累到一定浓度，又有一定温度时，氧化自动加速。如果连锁反应不断进行，放出的热量逐渐积累，一旦达到煤的着火点温度就会引起自燃。上述过氧化物虽然到目前为止还没有能分离出来，但发现经过氧化的煤能氧化氯化亚锡和硫氰亚铁等还原性盐类。

氧化水解机理　实验证明在煤氧化时有少量水存在可加速反应进行，故有人认为煤氧化不是简单的氧化，而是氧化水解。煤中的脂肪碳-碳键，如果连有亲电子活性基团（—OH，—O—，$>$C=O ）可能因水解而断裂，反应式示意如下：

$$-\overset{|}{C}-\underset{\underset{\displaystyle OH}{|}}{\overset{|}{C}}- \xrightarrow{H_2O(OH^-)} -\underset{\underset{\displaystyle O}{\|}}{C}H + H\overset{|}{\underset{|}{C}}-OH$$

酚羟基氧化机理　实验发现酚羟基在氧化中起重要作用。若用甲基化方法使煤中酚羟基封闭，则煤在双氧水中的氧化速度要降低一半。在反应初期煤中的酚羟基含量随时间增加而增加，达到最高点后急剧下降，说明酚羟基是氧化过程的中间产物。这一过程可用下面的方程式表示，按这一机理，芳香结构可以氧化首先生成酚羟基，再经过醌基发生芳香环破裂，生成羧基。

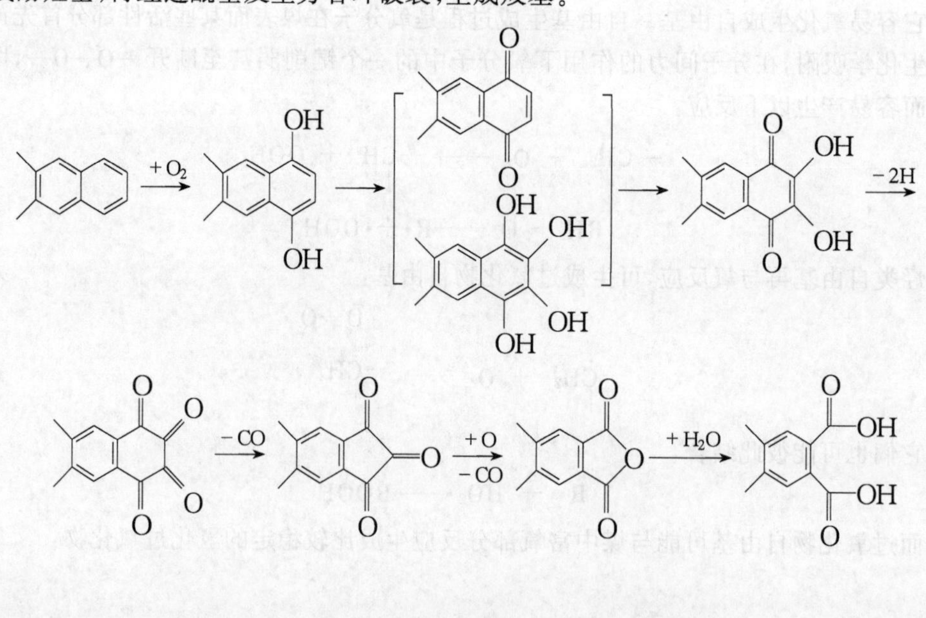

　　上述三种情况在实际氧化过程中都有可能存在,但各自需要的条件不同。自由基连锁反应在常温下就开始,而后面两种则需要较为激烈的氧化条件。

　　煤氧化生成腐植酸的过程可用下面的气相反应动力学方程式表示:

$$C(煤)+O_2 \xrightarrow{k_1} I(中间产物)$$

$$I+O_2 \xrightarrow{k_2} HA(腐植酸)$$

对应的动力学方程为

$$\frac{dI}{dt} = k_1 - k_2 I \qquad \frac{d(HA)}{dt} = k_2 I$$

上述方程的近似解为

$$I = k_1 t = k_{01} \exp\left[-\frac{E_1}{RT}\right] t$$

$$[HA] = \frac{1}{2} k_1 k_2 t^2 = \frac{1}{2} k_{01} k_{02} \exp\left[-\frac{E_1 + E_2}{RT}\right] t^2$$

式中:k_1、k_2、k_{01}、k_{02}——反应速率常数;

　　　　E_1、E_2——反应活化能,$kJ \cdot mol^{-1}$;

　　　　t——反应时间,s。

　　生成腐植酸反应的表观活化能随煤化程度增加:V_{daf} 40%的煤,活化能约为 $84kJ \cdot mol^{-1}$;V_{daf} 20%的煤,活化能约为 $168kJ \cdot mol^{-1}$。可见年轻煤比年老煤容易氧化。煤气相氧化时在 70℃以下速度很慢,只能生成过氧化物基团和少量酸性基团,基本没有腐植酸生成;反应温度在 70~150℃,反应加速,过程变为扩散控制,析出气体中 CO_2 比 CO 多,有腐植酸生成;150~250℃腐植酸产率达到最高值;超过 250℃,由于脱羧和其他氧化反应使腐植酸产率下降。在气相中进行深度氧化时反应选择性很差,苯羧酸产率很低,大量生成的是二氧化碳和水。

3. 煤的液相氧化反应机理

　　煤的液相氧化反应速度快,选择性好,缺点是成本高。对液相氧化上述反应机理原则上可以适用,不过随氧化剂的不同也有一些特殊性。下面简单介绍硝酸氧化、碱性溶液中的氧化和双氧水—三氟乙酸氧化反应机理。

　　硝酸氧化反应机理　硝酸氧化中既有氧化反应又有硝化反应,所以比较复杂。在通常的硝酸氧化条件下主要进行氧化反应,不过同时还有硝化反应发生,所以腐植酸分子中含有硝基、亚硝基和异亚硝基等基团。用稀硝酸氧化年轻褐煤和年轻烟煤发现前者向腐植酸转化主要是含酚羟基的芳香结构氧化,分解部分的H/C接近 1;后者向腐植酸的转化主要是脂环部分氧化,分解部分的 H/C 大于 1。通常认为硝酸氧化分两步进行,但两步反应的具体内容有不同的阐述。有研究认为硝酸氧化可分为氧加成和水解两步,腐植酸主要在水解中生成;有根据硝酸消耗速度测定氧化反应速率的实验发现,氧化过程明显分两个阶段,第一阶段中腐植酸生成速度很快;还有研究工作提出第一步反应是脂肪、脂环结构氧化水解生成腐植酸、草酸和其他低分子有机酸等,第二步是芳香核上酚羟基和邻位醌基结构氧化开环,生成腐植酸和其他有机酸。硝化反应深度一般随硝酸浓度、用量的增加和反应温度的提高而增加。对不同原料煤讲,年轻煤含有较多酚羟基以及由于它本身的结构特点,比较容易硝化,在同样硝酸氧化条件下褐煤硝基腐植酸氮含量显著高于风化烟煤硝基腐植酸的氮含量。

碱性溶液中的氧化反应机理　　在碱性溶液中以氧气或 $KMnO_4$、$K_2Cr_2O_7$ 和 NaClO 等作氧化剂也是常用的方法。在碱性溶液中氧化时生成的腐植酸可以立即以盐的形式转入溶液,使煤粒的表面不断更新,故反应速度相当快,可以得到较高收率的苯羧酸(表 1-39[29])。由表可见,随煤化程度增加苯羧酸产率增加,乙酸和草酸产率下降。氧化剂的用量和氧化时间,对氧化产物的收率影响很大,氧化剂与煤的质量比,对氧化产物的收率有很大影响(表 1-40[30])。

表 1-39　不同物料的碱性 $KMnO_4$ 氧化产物收率/%

物　料	氧化产物			
	CO_2	乙酸	草酸	苯羧酸
纤维素	48	3	48	—
木质素	57~60	2.5~6.0	21~22	12~16
沥　青	49~61	3.0~5.5	15~28	10~25
褐　煤	45~47	3.0~7.5	9~23	22~34
烟　煤	36~42	1.5~4.5	13~14	39~46
无烟煤	43	2	7	50

表 1-40　$KMnO_4$ 与煤的质量比对于氧化生成物收率的影响/%

$m(KMnO_4)/m(煤)/\%$	0	1.0	3.0	5.0	7.3	8.1	12.8
未变化部分	100.0	81.9	56.1	32.4	10.9	4.4	0
腐植酸	0	10.9	27.8	24.4	19.1		
芳香族羧酸	0	6.0	23.0	35.1	51.0	46.8	41.8
草酸	0	2.0	8.0	13.2	20.0	17.0	20.8
醋酸	0	0.9	1.9	2.4	2.1	2.6	3.0

双氧水-三氟乙酸氧化反应机理　　双氧水-三氟乙酸能破坏芳香结构,而使大部分(70%以上)的脂肪结构保留下来。氧化产品为乙酸、丁二酸、戊二酸和甲醇

等。用蒽、菲、芘等做试验都没有发现苯羧酸生成。所以这一方法对研究煤中的脂肪结构有重要意义。表 1-41[29]列出了几种年轻煤用这种氧化剂氧化所得到的产品分布。

表 1-41 年轻煤双氧水—三氟乙酸氧化产物/%

原料煤元素分析		氧化产物中的氢占煤中的氢				
C	H	水分	乙酸	丁二酸	戊二酸	甲醇
79.4	5.3	5	9	3	5	0
70.8	5.2	17.7	6.1	13.4	2	0
69.7	5.0	12.8	2	10.2	—	0
65.3	4.4	35.7	4.4	6.0	—	16.2

（六）煤的烷基化和酰基化反应

烷基化或酰基化就是在煤的芳香结构上引入烷基或酰基的反应。用 THF 作为溶剂，加入萘和金属锂，再使之与卤代烷作用，可以实现煤的烷基化：

$$[Coal]^- + C_2H_5Cl \longrightarrow [Coal]C_2H_5 + Cl^-$$

其他烷基化的方法还有：煤与低分子烯烃在 135℃以及 HF 作催化剂的条件下的烷基化；在 CS_2 为溶剂，$AlCl_3$ 和卤代烷存在下的弗—克烷基化；在高温高压（300～360℃，20MPa）下煤直接与乙烯或丙烯反应。

不同的煤种引入不同的烷基其反应性和所得到的反应产物都有所不同（表 1-42[31]）。煤化程度不同，烷基化的反应性也不同：无烟煤很难烷基化，在 C 78%～88%直接差别不大。烷基化后的煤在苯中的溶解度大大增加，引入的烷基越多，烷基碳链越长，溶解度越高，所溶解的物质相对分子质量越大。

在煤中引入酰基与烷基化有许多相似之处，如在 CS_2 为溶剂、$AlCl_3$ 存在下 C_2H_5COCl～$C_{15}H_{31}COCl$ 作为酰化剂可以对煤进行酰基化，C 88%左右的煤酰基化活性最好，100 个碳原子可以有 5 个被酰基化。

表 1-42　不同煤化度的煤烷基化产物的性质

原料煤 C %	烷基化产物			苯抽提率/%	苯抽提物数均相对分子质量	
	引入烷基	H/C	每 100 个碳原子的烷基数		测定值	扣除引入烷基的校正值
78.2	CH_3—	0.91	10.5	38.6	606	546
	C_2H_5—	0.99	9.6	44.5	655	549
	C_4H_9—	1.04	7.2	48.2	1028	801
	C_8H_{17}—	1.17	6.3	49.5	1210	810
81.1	CH_3—	0.94	9.6	34.4	786	712
	C_2H_5—	0.99	8.0	44.5	826	707
	C_4H_9—	1.04	6.2	52.4	1253	1003
	C_8H_{17}—	1.16	5.4	58.1	2094	1472
86.9	CH_3—	0.85	9.7	50.3	700	633
	C_2H_5—	0.92	8.9	69.9	1059	923
	C_4H_9—	0.99	7.1	73.6	1560	1208
	C_8H_{17}—	1.16	6.8	78.4	2084	1342
87.9	CH_3—	0.78	9.9	46.0	839	756
	C_2H_5—	0.85	8.6	57.9	1052	890
	C_4H_9—	1.00	8.7	60.3	1861	1366
	C_8H_{17}—	1.14	7.4	75.0	3186	1990
92.6	CH_3—	0.30	3.2	1.2	370	358
	C_2H_5—	0.29	1.8	1.5	445	430
	C_4H_9—	0.31	1.3	2.9	472	450
	C_8H_{17}—	0.39	1.3	5.4	500	455

参 考 文 献

[1] 虞继舜. 煤化学. 北京：冶金工业出版社，2000. 99

[2] 朱培之，高晋生. 煤化学. 上海：上海科学技术出版社，1984. 15

[3] 虞继舜. 煤化学. 北京：冶金工业出版社，2000. 17

[4] van Krevelen D. W. Coal. Amsterdam：Elsevier Scientific Publishing Company，1981. 45

[5] van Krevelen D. W. et al. Fuel. 1954，33：79

[6] 朱培之，高晋生. 煤化学. 上海：上海科学技术出版社，1984. 74

[7] van Krevelen D. W. et al. Fuel. 1957，36：321

[8] van Krevelen D. W. Coal. Amsterdam：Elsevier Scientific Publishing Company，1981. 412

[9] Schuyer J. et al. Fuel. 1954，33：409

[10] 虞继舜. 煤化学. 北京：冶金工业出版社，2000. 61

[11] 虞继舜. 煤化学. 北京：冶金工业出版社，2000. 108

［12］ 虞继舜．煤化学．北京：冶金工业出版社，2000.110

［13］ van Krevelen D. W. Coal. Amsterdam：Elsevier Scientific Publishing Company，1981. 351

［14］ Schuyer J. et al. Fuel. 1955，34：213

［15］ Pope M. I. et al. Fuel. 1961，41：123

［16］ Groenewege M. I. Fuel. 1955，34：339

［17］ Honda H. Fuel. 1957，36：159

［18］ 虞继舜．煤化学．北京：冶金工业出版社，2000.116

［19］ van Krevelen D. W. Coal. Amsterdam：Elsevier Scientific Publishing Company，1981. 134

［20］ Walker P. L. Fuel. 1965，44：453

［21］ Wilfrid Francis. Coal. London：Edward Arnold LTD. 678

［22］ Gan H. et al. Fuel. 1972，51：272

［23］ 朱培之，高晋生．煤化学．上海：上海科学技术出版社，1984.48

［24］ 虞继舜．煤化学．北京：冶金工业出版社，2000.29

［25］ 朱培之，高晋生．煤化学．上海：上海科学技术出版社，1984.58

［26］ Fan L. et al. Fuel Sci. & Tech. Int'l. 1993，11(8)：1113

［27］ 虞继舜．煤化学．北京：冶金工业出版社，2000.143

［28］ 朱培之，高晋生．煤化学．上海：上海科学技术出版社，1984.118

［29］ 朱培之，高晋生．煤化学．上海：上海科学技术出版社，1984.101

［30］ 虞继舜．煤化学．北京：冶金工业出版社，2000.138

［31］ Wachowska H. et al. Fuel. 1979，58：99

第二章 煤 的 结 构

从化学观点来说，了解煤的结构就是要认识煤结构的化学本质。从化学观点对煤结构的清晰认识的主要困难在于煤不存在一个单一结构，而且其多种结构还随煤的形成、类型、变质程度和显微组成变化[1]。人们最初对煤化学结构的研究不是试图通过热解、水解或其他化学处理等解聚过程获得一个可供检定的单体，就是试图通过获得在共聚过程中称为构造单元的简单结构，但均不成功。以后转向寻找尽可能多的有关碳骨架的信息，了解 H、O、N、S 等原子与碳骨架的连接方式，检测可检定官能团的量，研究它们随煤的类型改变和随煤化程度加深而变化的方式。研究方法也从煤的烷基化、乙酰化、选择性氧化等化学方法，发展到色质联用谱、光谱、磁共振等物理方法；从芳环、桥键的平面组合转向对煤结构的立体分析；从粗糙的定性的、经验的和半定量为主的含量研究，推进到精确的形态研究。近20年来又出现了一些新的技术和方法，如 STXM[2]（scanning transmission X-ray microscopy）、PIXE/PIGE[3]（particle induced X-ray emission analysis/particle induced γ-ray emission analysis）、DRFTIR[4]（diffuse reflectance FTIR）、LIMA[5]（laser ionization mass analysis）、NMI[6]（NMR image）以及 QSAR（quantitative structure-activity relationship）等。随着研究方法的不断发展，人们对煤结构的认识也在不断深化。本章从煤中的官能团入手，逐步介绍煤的现代结构观点和研究成果。

第一节 煤的微观结构

一、煤中的官能团

煤结构单元的外围部分除烷基侧链外，还有其他官能团，主要是含氧官能团和少量含氮、含硫官能团。由于煤的氧含量及氧的存在形式对煤的性质影响很大，对低煤化度煤尤为重要，因此进行官能团分析时，通常把重点放在含氧官能团上。

（一）含氧官能团

煤中的含氧官能团主要包括羧基（—COOH）、羟基（—OH）、羰基（$>$C=O）、甲氧基（—OCH₃）和醚键（—O—）。

羧基存在于泥炭、褐煤和风化煤中,在烟煤中已几乎不存在(当含碳量大于78%时,羧基已不存在);羟基存在于泥炭、褐煤和烟煤中,是烟煤的主要含氧官能团,一般被认为较多地存在于煤有机质中,且绝大多数煤只含酚羟基而醇羟基很少;羰基存在于从泥炭到无烟煤的全过程(在煤化度较高的煤中,羰基大部分以醌基形式存在),无酸性,在煤中含量虽少,但分布很广;甲氧基仅存在于泥炭和软褐煤中,随煤化度增高甲氧基的消失比羧基还快;醚键也是煤中氧的一种存在形式,它们相对不易起化学反应和不易热分解,所以也被称为非活性氧。

煤中含氧官能团的分布随煤化度的变化如图 2-1[7]所示。由图可见甲氧基首先消失,在老年褐煤中基本已不存在;接着是羧基,它的存在是褐煤的主要特征,它在典型烟煤中已不再存在。羟基和羰基存在于整个烟煤阶段,在煤化过程中仅是数量减少,甚至在无烟煤阶段还有发现。另外有部分羰基同时也有醌基,具有氧化还原属性。非活性氧主要是醚键和呋喃类杂环,它们也存在于整个成煤过程。煤中含氧官能团随煤化度增加而急剧降低,其中羟基降低最多,其次是羰基和羧基。到了烟煤阶段主要以非活性氧(醚键和杂环氧)形式存在,当碳含量达 92%时,所有的氧都以非活性氧存在。

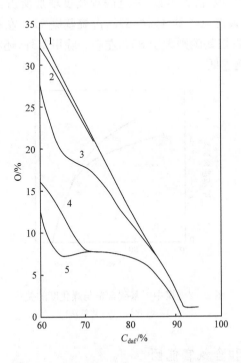

图 2-1 含氧官能团的分布与煤化度的关系

1—(—OCH_3);2—(—COOH);3—($\diagup$ C=O);4—(—O—);5—(—OH)

(二) 烷基侧链

煤的波谱数据可以确认煤的基本结构单元上连接着烷基侧链。可以通过温和氧化的方法(150℃,氧气)把烷基侧链氧化成羧酸,然后通过元素分析和红外光谱测定,求出不同煤种的烷基侧链平均长度(表 2-1)。可以发现,烷基侧链长度随煤化度的增加减小很快。

表 2-1　煤中烷基侧链的长度

C/%	65.1	74.2	80.4	84.3
烷基侧链平均原子数	5.0	2.3	2.2	1.8

烷基碳占总碳的比例也随之而下降:煤中 C% 为 70% 时,烷基碳占总碳约 8%;C% 为 80% 时约占 6%;C% 为 90% 时只有 3.5% 左右。用氧化法和热解法测得的甲基含量与煤化度的关系如图 2-2 所示。比较图 2-2 和表 2-1 中的数据,可见煤中烷基侧链中甲基占大多数,并且随煤化度增加所占比例不断增加。煤中 C% 为 80% 时,甲基碳占总碳约 4%～5%,占烷基碳 75% 左右;C% 为 90% 时,甲基碳占总碳约 3%,占烷基碳则大于 80% 左右。除甲基外,还有乙基、丙基等,碳原子数越多其所占比例越低。

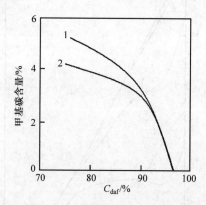

图 2-2　煤中甲基碳含量与煤化度的关系
1—氧化法;2—热解法

(三) 煤中的含硫和含氮官能团

硫的性质与氧相似,所以煤中的含硫官能团种类与含氧官能团种类差不多,包括硫醇(R—SH)、硫醚、二硫醚(R—S—S—R′)、硫醌(S—⬡—S)及杂环硫(⬠S)等。一般认为,由于硫含量比氧含量低,加上分析测定方面的困难,故煤中有机硫的分布尚未完全理清。表2-2[7]列出了几种煤的有机硫形态分布。一般来说,褐煤中有机硫的主要存在形式是硫醇和脂肪硫醚,烟煤中为噻吩环(主要为二苯并噻吩)。

表2-2 煤中有机硫的形态分布/%

煤 种	有机 S	煤中含硫结构				
		脂肪硫醇 R—SH	芳香硫醇 Ar—SH	脂肪硫醚 R—S—R′	芳香硫醚 Ar—S—Ar′	噻吩 ⬠S
伊利诺斯烟煤	3.20	7	15	18	2	58
肯塔基次烟煤	1.43	18	6	17	4	55
匹兹堡烟煤	1.85	10	3	7	2	78
西田褐煤	1.48	30	30	25.5	—	14.5
德克萨斯年轻褐煤	0.80	6.5	21	17	24	31.5

煤中含氮量多在1%～2%,大约50%～75%的氮以六元杂环吡啶环或喹啉环形式存在,此外还有胺基、亚胺基、腈基和五元杂环吡咯和咔唑等。由于含氮结构比较稳定,故定量测定十分困难,本书后续章节将就此问题进行讨论。

二、煤的化学结构模型

为了了解煤在气化、液化等转化过程中发生的化学反应的本质,人们进行了大量的研究工作以阐明煤的化学结构。虽然如此,仍存在一些争论,缺乏一个统一的认识,部分原因就是煤的非晶态、高度复杂和结构不均一。仅此一点就极大限制了各种分析技术在煤结构研究中的应用。同时,煤又是一个强吸收的物质,如果在制样过程中稍有不当,就得不到一张高质量的谱图,产生一些基本无精细结构的宽峰。因此,只能是一般的主成分定量,可明确指认的只有有限的几个官能团。在这种情况下,人们希望通过建立煤结构模型来研究煤,并认为煤结构模型应该能够表现出煤的特性和行为。

建立煤的结构模型是研究煤的化学结构的重要方法。煤的结构模型是根据煤的各种结构参数进行推断和假想而建立的,用以表示煤平均化学结构的分子图示。从20世纪初开始研究煤结构以来,人们提出的煤分子结构模型已有十几个。近年来,在计算机技术的推动下,关于煤结构模型的研究从平面转向立体。通过对结构参数的测定,模拟出三维立体结构;通过对结构的优化计算,得到了相同元素组成或相同分子平面结构下能量最低的结构或状态。煤的不同的结构模型反映了当时对煤化学结构的观点和研究水平。煤结构模型的作用是将各种方式得到的数据联系起来形成一种可用于判断或预测的理论,好的模型有助于探测未知的现象和理解新的数据。但要注意的是,各种模型只能代表统计平均概念,而不能看作煤中客观存在的真实分子形式;模型中的结构示性式对针对性研究煤的化学反应很有帮助,但它们仅是表示官能团空间分布的平均结构模型,并不完全准确。尽管有这样那样的一些差异,一些结构模型已获得同行广泛关注。

(一) Fuchs 模型

Fuchs 模型是 20 世纪 60 年代以前煤的化学结构模型的代表[8]。当时煤化学结构的研究主要是用化学方法进行的,得出的是一些定性的概念,可用于建立煤化学结构模型的定量数据还很少。Fuchs 模型就是基于这种研究水平而提出的。图 2-3 是由德国 W. Fuchs 提出,Krevelen 于 1957 年进行了修改的煤结构模型。由图可见,该模型将煤描绘成由很大的蜂窝状缩合芳香环和在其边缘上任意分布着以含氧官能团为主的基团所组成。随后,煤结构的研究开始广泛采用 X 射线衍射、红外光谱分析和统计结构解析等物理测试和分析方法,研究水平有了一定提高,提出了许多经典性的煤结构模型。但这些模型与 Fuchs 模型具有一个共同特点,即结构单元中芳香缩合环都很大。

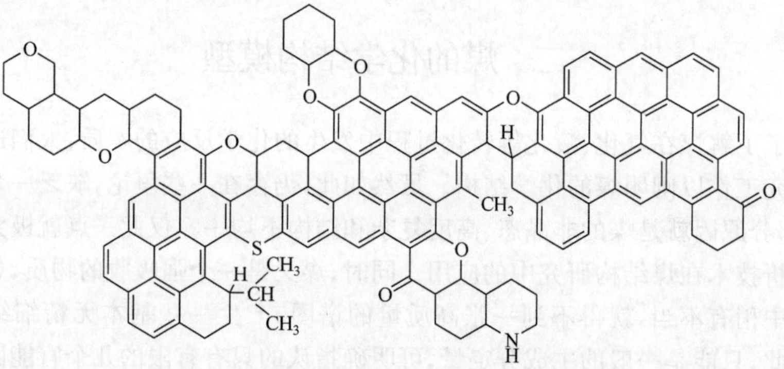

图 2-3　Fuchs 模型(经 van Krevelen 修改)

(二) Given 模型

Given[9] 的煤结构模型(图 2-4)表示出低煤化度烟煤是由环数不多的缩合芳香环,主要是萘环构成的。在这些环之间以脂环相互联结,分子呈线性排列构成折叠状的无序的三维空间大分子。氮原子以杂环形式存在,其上连有多个在反应或测试中确定的官能团如酚羟基和醌基等。Given 模型加强了煤中氢化芳环结构,这些结构在煤液化过程初期具有供氢活性。缩合芳香环结构单元之间交联键的主要形式是邻位亚甲基,模型中没有含硫的结构,也没有醚键和两个碳原子以上的次甲基桥键。

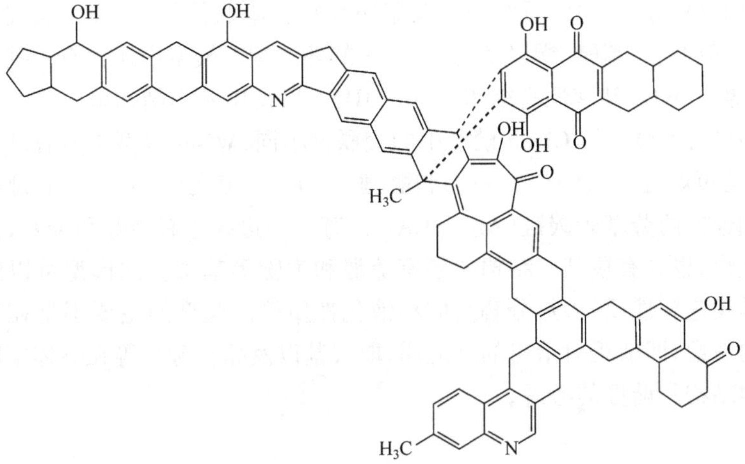

图 2-4　Given 模型

（三）Wiser 模型

Wiser[10]提出的煤化学结构模型（图 2-5）被认为是比较全面、合理的模型。

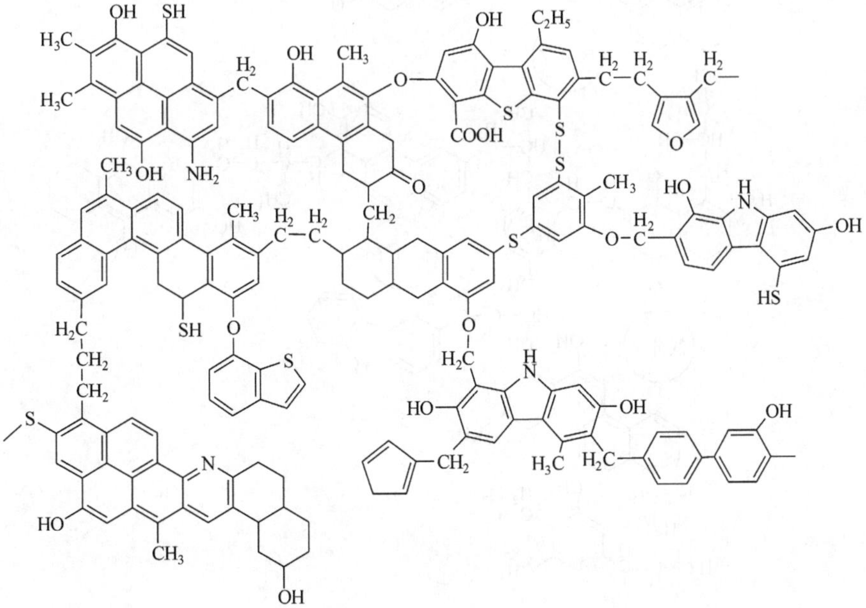

图 2-5　Wiser 模型

该模型也是主要针对年轻烟煤,它展示了煤结构的大部分现代概念。该模型芳香
环数分布范围较宽,包含了 1~5 个环的芳香结构。模型的元素组成和烟煤样中的
元素组成一致。其中芳香碳含量约 65%~75%。模型中的氢大多存在于脂肪性
结构中,如氢化芳环、烷链桥结构以及脂肪性官能团取代基,芳香性氢较少。模型
中含有酚、硫酚、芳基醚、酮以及含 O、N、S 的环结构。模型中还含有一些不稳定的
结构,如醇、—NH₂ 和酸性官能团(—COOH)。模型中基本结构单元之间的交联键
数也较高(3 条键)。与 Given 模型中的交联键不同,Wiser 模型中芳香环之间的交
联,主要是短烷键(—(CH₂)₁~₃—)和醚键(—O—)、硫醚(—S—)等弱键以及两芳
环直接相连的两芳基碳碳键(ArC—CAr)。芳香环边缘上有羟基和羰基,由于是低
煤化度烟煤,也含有羧基。结构中还有硫醇和噻吩等基团。此模型可以解释煤的
一些化学反应和性质,如热分解反应和液化性质等。模型的主要不足在于缺乏立
体结构的考虑,即缺乏对给出的官能团,取代基以及缩合芳环等在立体空间中形成
稳定化学结构和谐性的考虑。

(四) 本田模型

本田模型[11](图 2-6)的特点是最早考虑到低分子化合物的存在,缩合芳环以

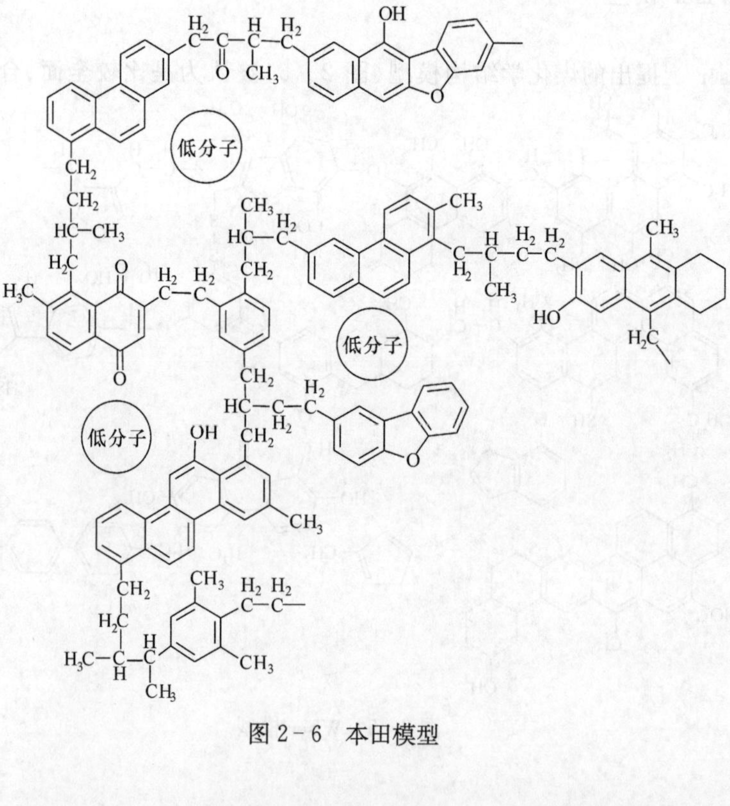

图 2-6　本田模型

菲为主,它们之间有较长的次甲基键连接,氧的存在形式比较全面,但没有考虑氮和硫的存在形式。

(五) Shinn 模型

Shinn[12]根据煤在一段、二段液化过程的产物分布提出的模型如图 2-7,又称为煤的反应结构模型。该模型的煤大分子结构的分子式为 $C_{661}H_{561}N_4O_{74}S_6$,相对分子质量高达 1 万数量级。这个煤分子可以分离出 11 种不同的结构单元或分子片段,它们的相对分子质量介于 286~1250 之间。Shinn 模型中含氧较多,基本结构单元的芳香环数多为 2~3 个,其间由 1~4 个桥结构相连。大多数桥结构是亚甲基(—CH$_2$—)和醚(—O—)。氧的主要存在形式是酚羟基。模型中有一些特征明显的结构单元,如缩合的喹啉、呋喃和吡喃。该结构假设:芳环或氢化芳环单位由较短的脂链和醚键相连,形成大分子的聚集体,小分子相镶嵌于聚集体孔洞或空

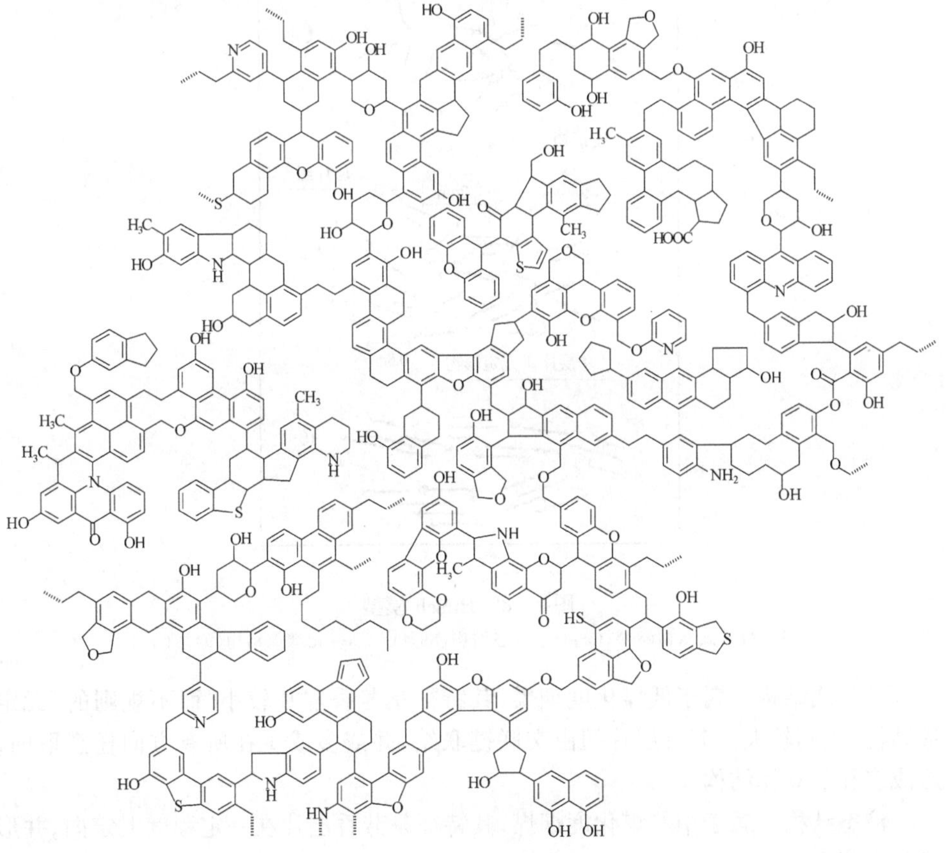

图 2-7　Shinn 模型

穴中,可通过溶剂溶解抽提出来。

三、煤的物理结构模型

煤的化学结构模型仅能表达煤分子的化学组成与结构,一般不涉及煤的物理结构和分子间的联系。描述煤的物理结构的模型中,以 Hirsch 模型和两相模型最具代表性。

(一) Hirsch 模型

Hirsch[13]根据 X 射线衍射研究结构提出的物理模型将不同煤化度的煤划归三种物理结构,如图 2-8 所示。

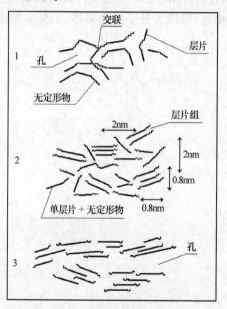

图 2-8　Hirsch 模型
1—敞开式结构(80％C);2—液态结构(89％C);3—无烟煤结构(94％C)

敞开式结构　属于低煤化度烟煤,其特征是芳香层片较小,而不规则的"无定形结构"比例较大。芳香层片间由交联键联结,并或多或少在所有方向任意取向,形成多孔的立体结构。

液态结构　属于中等煤化度烟煤,其特征是芳香层片在一定程度上定向,并形成包含两个或两个以上层片的微晶。层片间交联键数目大为减少,故活动性大。

这种煤的孔隙率小,机械强度低,热解时易形成胶质体。

无烟煤结构 属于无烟煤,其特征是芳香层片增大,定向程度增大。由于缩聚反应的结果形成大量微孔,故孔隙率高于前两种结构。

Hirsch 模型比较直观地反映了煤的物理结构特征,解释了不少现象。不过"芳香层片"的含义不够确切,也没有反映出煤分子构成的不均一性。

(二) 两相模型

1913 年,Weeler 提出了煤的双组分假设,从化学的角度来看,煤是由纤维素、木质素、类脂化合物、蛋白质、丹宁酸、树脂等组成的三维网状结构。双组分中,一个组分为包含大量芳香族多环芳烃、氢化芳烃,通过脂肪链和醚链连接起来的三维碳结构,相对分子质量很大,热解后形成焦;另一组分为相对分子质量很小的物质,存在于网络中的空隙部分。基于这种思想,Haenel 等[14]根据 NMR 氢谱发现煤中质子的弛豫时间有快慢两种类型而提出两相模型,又称为主-客体(host-guest)模型或 MM-M(macromolecular-molecular)模型,如图 2-9 所示。图中,大分子网络为固定相,小分子则为流动相。该模型认为:三维交联形成大分子相无流动性的煤结构主体,其中嵌有随结构而异的流动相小分子。煤的多聚芳环是主体,对于相同煤种主体是相似的,而流动相小分子是作为客体掺杂于主体之中,不同煤种的客体是相异的。采用不同溶剂抽提煤可将主客体有目的的分离。事实上该模型已指出了煤中的分子既有以共价键为本质的交联结合,也有以分子间力为本质的物理缔合,较好解释了一些在溶剂膨胀过程中煤的黏结性能,但其中相对分子质量低的小分子流动相还很有争议。

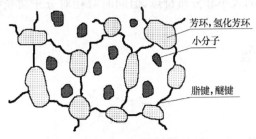

芳环,氢化芳环
小分子
脂键,醚键

图 2-9 两相模型示意图

近年来,还有一些煤的结构模型把煤的化学模型和物理模型结合起来对煤进行描述[15]。有基于高分辨透射电镜对煤的研究并结合 Fuchs 和 Hirsch 的工作提出来模型,其特点是稠环数较多,对煤中卟啉的存在有重点的描述;还有基于 X 射线衍射径向分布函数的研究建立的煤的球模型,首次提出煤中具有 20 个苯环的稠环芳香结构,对煤的电子光谱和颜色有较多的描述。

四、煤的相对分子质量

文献报道有关煤相对分子质量的数据小至几百,大至上百万,相差甚远。从理论上讲,由于煤是高度不均一的混合物,纯粹的煤分子是不存在的。通常所说的煤分子,实际上在不同研究对象、不同研究环境下具有其特定的意义。有的将在近似没有化学键的断裂的温和条件下分离得到的组分的分子看成是煤分子;有的将煤降解产物的分子看作煤分子;有的引用高分子化学的概念,将由交联键相连的高分子链看作煤分子;也有可能是由于测定方法的缺陷,实际得到是具有相界面的胶团。这样就导致了在实践上测定指向的不明确。由于煤的分子大小本身并不均一,不同的交联键和桥键的化学稳定性不同,测定煤相对分子质量的方法也具有多样性,所以不同方法得到的所谓相对分子质量波动范围很大;另一方面也没有找到能使煤分子间的交联键选择性地进行定量分解的方法,平均相对分子质量的数据对相对分子质量的分布存在很大的不可靠性。因此,有关煤分子及相对分子质量问题还有待进一步研究。

(一) 平均相对分子质量表示方法

对分子大小不均一的体系平均相对分子质量有多种表示方法,它们具有不同的统计意义和物理意义,对应着某些特定的测定方法;这些平均值从不同的侧面反映着相对分子质量的大小和分布特点,但同时对相对分子质量的分布特点有掩蔽作用。

1. 数均相对分子质量

$$\overline{M}_n = \frac{\sum N_i M_i}{\sum N_i}$$

式中: M_i——某一组分的相对分子质量;

N_i——某一组分的分子数。

2. 质均相对分子质量

$$\overline{M}_m = \frac{\sum N_i M_i^2}{\sum N_i M_i}$$

3. 黏均相对分子质量

$$\overline{M}_\eta = \left[\frac{\sum N_i M_i^{\alpha+1}}{\sum N_i M_i} \right]^{\frac{1}{\alpha}}$$

式中：α——与溶剂有关的常数。

4. z 均相对分子质量

$$\overline{M}_z = \frac{\sum N_i M_i^3}{\sum N_i M_i^2}$$

对均一体系讲, $\overline{M}_n = \overline{M}_m = \overline{M}_\eta = \overline{M}_z$,对非均一体系则 $\overline{M}_z > \overline{M}_m > \overline{M}_\eta > \overline{M}_n$ 。数均相对分子质量以分子的绝对数目为基础,故受体系中低相对分子质量组分的影响很大,数据偏低;质均相对分子质量是以相对分子质量为基础,故与数均相对分子质量相反,受体系中相对分子质量大的组分影响大,数据可能偏高;z 均相对分子质量则更为突出地强调了体系中相对分子质量大的组分,故数值比质均相对分子质量还要大。黏均相对分子质量与数均相对分子质量接近,略为小一些。从质均相对分子质量和数均相对分子质量的比值可以了解体系分子不均一的程度,等于 1 为均一体系,大于 1 为不均一体系,比 1 越大越不均一。

(二) 相对分子质量测定方法

关于常用相对分子质量测定方法、可测的平均相对分子质量类型、计算公式和适用范围可参见表 2 - 3。

由表可见为了测定高相对分子质量物质的相对分子质量有许多方法可用,它们各有一定适用范围。对煤的降解产物和转化产物的分子量测定还没有找到最理想的方法,目前常用的是蒸气压渗透法(VPO)。蒸气压渗透法是在一种溶剂(如氯仿、苯等)的饱和蒸气压气氛下用两个相同的热敏元件,一个滴加纯溶剂,一个滴加用这种溶剂配成的溶液。根据拉乌尔定律,在同温度下溶液表面的蒸气压低于纯溶剂,为使溶液与纯溶剂的蒸气压达到平衡,溶液滴从环境吸收热量提高自己的温度以提高蒸气压。这样在溶液与纯溶剂之间出现了一个很小的温度差 Δt ,在稀溶液范围它与浓度成正比,相对分子质量计算公式已列于表中。 K 为仪器常数, Δj 为仪器读数, c 为浓度,一般为 $10\,mg\cdot(g\,溶剂)^{-1}$ 。先用相对分子质量已知的标准物质配成溶液求出 K ,然后就可测定样品相对分子质量。对煤的抽提物和转化产物常用的溶剂有氯仿和苯,有时也用吡啶作溶剂。这种方法需要的样品少,测定方法简便迅速,准确度比较高, $\pm 2\%$ 左右,所以得到广泛应用。

表 2-3　相对分子质量测定方法

测定方法	平均相对分子质量类型	计算公式	适用相对分子质量范围
膜渗透压	$\overline{M}_n$	$\overline{M}_n = \dfrac{RTc}{\pi}$　$c \to 0$	$2.4 \times 10^4 \sim 1.5 \times 10^6$
蒸气压渗透	$\overline{M}_n$	$\overline{M}_n = \dfrac{Kc}{\Delta J}$　$c \to 0$	$< 2 \times 10^5$
冰点下降	$\overline{M}_n$	$\overline{M}_n = \dfrac{K_f \times m}{\Delta T_f}$　$c \to 0$	$< 3 \times 10^4$
沸点上升	$\overline{M}_n$	$\overline{M}_n = \dfrac{K_b \times m}{\Delta T_b}$　$c \to 0$	$< 3 \times 10^4$
黏度	$\overline{M}_\eta$	$\overline{M}_n^\alpha = \dfrac{\eta}{K_\eta}$	$1 \times 10^4 \sim 1 \times 10^7$
凝胶渗透	$\overline{M}_n, \overline{M}_m$	—	$1 \times 10^3 \sim 5 \times 10^6$
超速离心沉降速度	$\overline{M}_m$	—	$10^4 \sim 10^7$
超速离心沉降平衡	$\overline{M}_z$	—	$10^4 \sim 10^7$
X 射线小角度衍射	$\overline{M}_m$	—	$10^3 \sim 10^5$
电子显微镜	$\overline{M}_n$	—	$> 10^5$

（三）相对分子质量分布

因为煤和煤的降解产物都是相对分子质量不均一的体系,所以单用相对分子质量还不能完全反映其实际分子组成,而需要测定相对分子质量的分布,即各相对分子质量区间物质的量有多少。这就需要按相对分子质量的大小把试样预先分级,理论上说分级越窄越好,然后再测各分级的相对分子质量。方法有凝胶渗透色谱、超速离心和电子显微镜法等。目前大多采用凝胶渗透色谱法（GPC）。此法采用的固定相有交联聚苯乙烯凝胶、硅胶、多孔玻璃和纤维素等,流动相有四氢呋喃、甲苯、氯仿和环己烷等。样品溶液从柱顶加入。测定原理是大小不同的分子渗透到凝胶孔穴中的几率和深度不同,小分子在固定相中行程较长,因而滞留时间较长。随着淋洗液的淋洗,先流出大分子,后流出小分子,淋洗体积与相对分子质量存在一定的对应关系。最近,液相色谱和质谱的联用（LC-MAS）技术也开始应用到煤科学研究中,为煤相对分子质量和相对分子质量分布的测定提供了一种极具潜力的研究方法。

（四）煤的抽提物和降解产物的相对分子质量

到目前为止,尚无直接测定煤的相对分子质量的报道,通常相对分子质量的测定对象是针对用各种溶剂在不发生化学变化的条件下对煤抽提得到抽提物、实验试剂在尽量不破坏煤的立体结构只切断桥键的条件下的降解产物。

1. 溶剂抽提物的相对分子质量

烟煤的有机溶剂抽提物的数均相对分子质量基本上在 300～1000 范围,其大小与溶剂的种类、煤的种类以及抽提条件等都密切相关。抽提率是以上因素的综合结果。一般规律是相对分子质量随抽提率的提高而增加。一种烟煤的甲苯超临界抽提产物的平均相对分子质量为 400,把它按溶解度分成三个组分,吡啶可溶物相对分子质量 920,苯可溶物相对分子质量 530,正戊烷可溶物相对分子质量 270。这些数据可代表一般的煤溶剂抽提产物的相对分子质量大小。

2. 加氢抽提产物的相对分子质量

煤在加氢过程中很大程度上按以下顺序转化:煤→前沥青烯→沥青烯→油。试验结果发现,尽管煤种和反应条件不同,但上述产物的相对分子质量范围却十分相近:前沥青烯相对分子质量 1000 左右,沥青烯相对分子质量 500 左右,油的相对分子质量在 300 以下;从煤转化成前沥青烯十分容易,从前沥青烯到沥青烯比较容易,而从沥青烯转化为油则要困难得多。可见煤中相对分子质量 1000 左右的结构单位最容易断开,而 500 左右的结构单位则相对稳定,这对煤分子结构研究是十分重要的信息。

3. 苯酚解聚产物的相对分子质量

用苯酚对煤解聚,然后用吡啶抽提,抽提率可接近 40%,一组典型的吡啶可溶物的相对分子质量分布见表 2-4[16]。产物中质量占 80% 左右的分子其相对分子质量大于 2000,相对分子质量小的分子只占 20% 但分子数目庞大,导致整个试样的数均相对分子质量只有 1000。可见数均相对分子质量严重地受低相对分子质量组分所控制。

表 2-4 煤解聚产物(吡啶可溶)的相对分子质量分布

各组分质量/%	累计质量/%	各组分 $\overline{M}_n$	各组分质量/%	累计质量/%	各组分 $\overline{M}_n$
<0.5	—	—	7.0	85.5	880
14.7	14.7	>3000	5.9	91.4	560
20.3	35.0	>3000	4.3	95.7	370
15.2	50.2	>3000	2.7	98.4	370
15.5	65.7	2960	1.6	100.0	1000
12.8	78.5	2440			

4. 醇碱水解产物的相对分子质量

煤用乙醇-氢氧化钠处理可使煤中桥键断裂,从而可大大提高处理后的煤在有机溶剂中的溶解度。醇碱水解产物的相对分子质量可见图 2 – 10[17]。当煤中 C 从 70％增加到 88％,吡啶抽提物相对分子质量从 800 逐渐增加到 1200。结构单元相对分子质量对年轻煤在 200 左右,当 C 从 82％增加到 88％,它从 200 增加到 360。

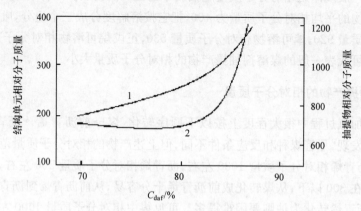

图 2 – 10　煤经 C_2H_5OH-NaOH 水解后的吡啶抽提物相对分子质量
和结构单元相对分子质量
1—吡啶抽提物；2—结构单元

5. 溶胀平衡法测定的相对分子质量

煤在有机溶剂(常用吡啶)中会吸收溶剂分子,体积发生膨胀,直到膨胀力与煤结构的弹性力平衡为止。把煤看做聚合物时,可以引用高分子物理和化学中的定量关系:

$$M_c = \frac{1}{3} \rho V_m V_2 / [-\ln(1 - V_2) - V_2 - x V_2^2]$$

式中:M_c——两个交联点之间的高分子链的平均相对分子质量;

　　　V_m——溶剂摩尔体积,$cm^3 \cdot mol^{-1}$;

　　　V_2——溶涨平衡后煤占的体积分数;

　　　x——溶剂与煤的作用系数;

　　　ρ——煤的密度,$g \cdot cm^{-3}$。

表 2 – 5[16]是日本煤和澳大利亚煤用此法所测的平均相对分子质量。年轻煤的 M_c 大致在 1200 左右,随着变质程度增加 M_c 逐渐增加,说明结构单元增长,同时随氧含量降低交联键减少。当煤中碳含量增大到 88％后,由于芳香层片间交联

键数目的增加远远超过芳香层片的增大,故 M_c 大幅度下降。关于高分子物理和化学在煤科学中的应用,本书安排了专门章节进一步论述。

表 2-5　日本煤和澳大利亚煤溶胀平衡法测得的两个交联点
之间的高分子链的平均相对分子质量(M_c)

日本煤		M_c	澳大利亚煤		M_c
C/%	H/%		C/%	H/%	
85.2	6.3	1500	79.5	4.5	1530
86.6	5.6	1840	82.4	6.2	1200
88.7	4.4	495	88.2	5.1	522

总的说来,煤的抽提物和降解产物是非均一系统,相对分子质量范围从几百到几千甚至更大,数均相对分子质量数据大多在 1000~2000 间。

对于煤相对分子质量的研究,明确煤分子的定义、煤分子的物质结构层次是一个重要问题。一般来说,可以将煤结构分为基本结构单元、分子和团簇(cluster)三级结构层次。有许多研究报道认为烟煤分子的结构单元数目在 200~400 之间,相对分子质量在数千范围。例如,有研究者提出烟煤平均相对分子质量在 4500 左右,而有人认为约 2500[18]。这些说法都有一定的实验基础,但也都待进一步核实。

五、煤的族组成特性

煤分子结构中各个组成部分可依据其化学特性划分为不同的族,如脂肪族、芳香族及杂原子等基团。

(一)脂肪族

煤中的脂肪族有链烷烃、长链和短链烷烃取代物和氢化芳香环。在低变质程度的煤中,长烷链的含量较高。而且随变质程度的增加,烷链长度变短。这些烷链是解聚液化产物中烷烃形成的来源。大部分脂肪碳存在于和芳香环相连的氢化芳香环之中。有些脂肪碳和氧相连形成了醚。有些脂肪碳以烷键($-(CH_2)_n-$)形式存在。^1H 和 ^{13}C NMR 以及选择性氧化研究可以提供了解脂肪结构的信息。

在低变质程度的煤中(C<83%)有大量的烷链桥结构和醚桥结构。这些桥结构连接着多酚基芳环,其中的 C—C 和 C—O 键的断裂是低变质程度煤解聚的主要途径之一。在高挥发分烟煤中,烷桥连着多环芳核基本结构单元。煤中脂肪基团增加导致煤的 H/C 增加,而 H/C 原子比与煤的转化率和转化产物种类相关(H/C 比增加煤的加氢液化率增加;高 H/C 比煤的解聚液化产物中,单、双环芳香物的比例较高,而高缩合度芳香结构较少)。

Ross 等[19]认为,烷烃链桥的断裂是煤解聚液化过程中的一个重要反应。因此对聚合芳基烷烃如联苄基苯($C_6H_5CH_2$)$_2$的研究引起了人们的兴趣。各种脂肪键在煤解聚液化过程中发生裂解生成了小分子化合物。Benjamin[20]和 Stein[21]研究指出煤中脂肪结构的变化很大。这些脂肪结构包括位于两芳香基团之间的烷桥和芳环边缘的氢化芳环。由于氢化芳环中的氢可以发生移位反应,煤中氢化芳环的含量和特性已受到研究者们的注意。Reggel 等[22]和 Deno 等[23]分别用催化脱氢和选择性氧化技术研究了煤中的氢化芳香结构。通过选择性氢化几乎使全部芳香结构破坏,而大约 70%的脂肪部分未受到影响。研究认为,煤氧化过程中未受到影响的部分,也来自煤中的氢化芳香结构,氧化的低变质煤中存在有 CH_3O—基团。

(二) 芳香族

芳香化合物是煤结构中的主要部分,和脂肪结构相比其在氢化和氢解过程中有着明显不同的反应性。芳香度 f_a 是表示煤基本结构单元中芳环缩合度的一个指标,一般用芳香碳占总碳的比例来描述,其定义为:

$$f_a = C_{ar} / C_t$$

即芳香碳 C_{ar} 和总碳 C_t 的比。低变质程度煤的 f_a 较低,随变质程度的增加 f_a 增加。同一种煤中不同显微组分的 f_a 不同。惰质组的 f_a 最高,镜质组的居中,而壳质组的 f_a 最低。随变质程度的增加各显微组分的 f_a 趋于一致[24]。芳香性杂环在煤结构中含量不高。从杂环中脱除杂原子,以及断裂这些芳香碳和杂原子形成的键结构 C_{ar}—X(X 代表 O,S,N)难度较大。关于煤中芳香族结构的描述,是煤科学的一个非常主要和核心的问题,本书将在以后的章节中从多种角度分别进行讨论。

(三) 杂原子

煤中的主要元素是 C 和 H,还含有少量的杂原子即 O、N 和 S,在这三种杂原子中氧含量最高。

氧在煤中含量、结构特性及其反应性已被广泛研究。煤中的氧以羟基、开链醚或环醚、呋喃、吡喃以及羰基化合物如酯、酮和醌的形态存在,其主要形式可分成四类:醚氧、羟基氧、羧基氧和存在于芳香化合物中的氧。醚氧是煤中存在的主要形式,而且是缩合芳香环基本结构单元之间相连的主要桥键结构。用 ^{13}C NMR 技术和乙酰化方法,Allen 等[25]研究了不同含碳量煤中的脂肪性醚和芳香性醚。研究发现,芳香醚的含量远高于脂肪性醚;部分氧以脂肪性醚存在,这种醚官能团和芳环相连或以呋喃形式存在。醚氧一般位于桥键位置,在煤解聚液化时,醚桥的断裂大大增加了解聚产物在溶剂中的溶解性。除无烟煤以外的各种变质程度的煤中都含有羟基氧,它主要以酚的形式存在于煤中,但也有文献报道煤中有醇的结构。Liotta[26]指出,煤的烷基化过程可使 C—OH 键减弱或者断裂。羧基和酯是褐煤中的主要含氧官能团,但在许多烟煤中这两种官能团的含量很低,甚至有些煤中难以发现这两种官能团。

煤中硫和氮的基本情况已经在第一章第三节(四)中提到,此处不再赘述。

六、煤微观结构的基本概念

煤的微观结构包括煤的化学结构和物理结构。煤的化学结构是指在煤的有机分子中,原子相互联结的次序和方式;煤的物理结构是指煤的有机分子之间的相互关系和作用方式。煤的微观结构,尤其是化学结构是煤科学的重要研究内容和核心问题之一。

煤不同于一般的高分子化合物或聚合物,它具有特别的复杂性、多样性和不均一性。即使在同一块煤中,也可能不存在一个统一的化学结构或是找到两个完全相同的煤大分子。因此,迄今为止尚无法分离出或鉴定出构成煤的全部化合物。对煤化学结构的研究,还只限于定性地认识其整体的统计平均结构,定量地确定一系列"结构参数",如煤的芳香度,以此来表征其平均结构特征。为了形象地描述煤的化学结构,许多学者提出了各种煤的分子模型,但距完全揭示煤的真实有机化学结构还有相当大的距离。同时作者认为,对煤的微观结构的描述,要达到像了解纯净物的均一结构那样的标准,在理论上具有难以跨越的困难甚至是不可能的,在实践上也是不必要的。严格来讲,所谓微观结构都是物质某一方面宏观属性的微观内在原因的近似表述。用一种结构来解释物质所有的属性,即使对组成均一的纯净物也是不可能的,只不过相对于组成不均一的物质来说,纯净物的结构更具概括性和普遍性而已。例如,一般认为"H_2O"是水的结构式,但事实上它只表示了水的元素比、气态分子的组成等少数宏观属性,水在液态时双分子缔合结构、在结晶态的空间点阵结构都没有反映。对煤这种高度不均一的物质体系,所提出的煤的结构必定是也只能是针对煤的某一方面的属性,只要这个结构能够针对该宏观属性作出合理的微观描述和提出合理的微观内在原因,这个结构就是成功的、精确的和科学的。我们可以用"乙醇—苯"这一简单的混合体系作一个简单的类比,藉以说明问题。"乙醇—苯"的结构是什么呢? 如果研究的属性是与碱所发生的反应,那我们就说它的结构是 C_2H_5OH,这个结构可以给出酯化反应的合理描述;如果研究的属性是与卤素所发生的反应,那我们就说它的结构是 C_6H_6,这个结构可以给出取代反应的合理描述。这样,可以认为 C_2H_5OH 和 C_6H_6 都是"乙醇—苯"这一混合体系的合理的结构。如果一定要表示出"乙醇—苯"混合体系所具有的上述两种属性的全部结构的话,则只能用 $C_2H_5OH—C_6H_6$ 来表示,而其中的"—"则非通常所指的化学键。

许多煤结构模型采用统计平均结构方法进行描述。该方法认为,"平均"具有广泛的代表性。这一认识非常有助于预测煤的基本结构单元和官能团组分,而且通过基本结构单元和官能团组分可进一步推测其反应性。已被人们广泛接受的煤平均分子结构概念的要点在于:煤的大分子结构是由不同的基本结构单元组成;基本结构单元由基本结构单元核和周围的侧链组成;基本结构单元核由 2～5 个缩合芳香环或氢化芳环组成,而侧链由烷基和各种官能团组成;各基本结构单元之间由多种形式的桥键相连,通过这些桥键的连接形成三维煤大分子结构;基本结构单元中含有杂原子。另一个煤结构概念是两相结构概念,即大分子相—小分子相或主体—客体结构概念。这一概念认为,在煤大分子结构中存在有较小的和易流动的分子,一般 5%～15% 的小分子相镶嵌于刚性三维聚合大分子相网络中;这种小分子是被范德华力作用固定于煤基质中的。

本节旨在将煤微观结构研究结果进行总结,比较系统地阐明煤结构的现代观点,形成一个关于煤微观结构的基本框架。以下分几个具体的方面进行阐述。

(一) 煤的化学结构的相似性

煤的化学结构的相似性[27]是指相同煤化度的同一显微组分并不是一个纯物质,而是由许多结构相似的煤分子组成的混合物;每一个煤分子的基本结构单元彼此也不完全相同,但同一种煤的煤分子中各个基本结构单元的结构却是相似的。煤化学结构的相似性来源于以下实验事实:溶剂抽提的原料煤、抽出物和抽提残渣在工业分析、元素分析、红外光谱和 X 射线衍射等方面的性质,并未显示出本质的差别;原料煤与其高真空热解馏出物的红外光谱,几乎具有相同的谱图;将煤的溶剂抽出物进一步色层分离,各分离产物亦具有相似的红外、紫外光谱。正是由于煤的化学结构具有相似性,研究煤的平均结构单元才有意义。

(二) 不同变质程度的煤的部分结构特征

部分结构的特征可以从基本结构单元尺寸、官能团类型和交联键的本质三个方面来区分。许多研究已表明,随煤变质程度的增加,基本结构单元的缩合度增加,缩合芳环数增加。低变质程度的煤由较小的基本结构单元组成,缩合环数较少尺寸也较小。在低变质程度的煤中,含氧官能团较多,而且有较多的氧桥。所含的矿物质中存在有可交换的阳离子。这几点形成了低变质煤结构的特征。随变质程度的提高,其部分结构的芳环数增加,氧含量减少,官能团减少。到无烟煤时,缩合芳环数急剧增加到 10 多个,但其仅含少量醚氧桥键和其他短桥。

(三) 煤的基本结构单元

煤具有聚合物特性,但与一般聚合物不同,煤解聚后得到的不是具有相同相对分子质量和单一化学结构的单体,而是不同相对分子质量,不同化学结构的一系列相似化合物的混合物。因此,构成煤聚合物的基本结构单位不称"单体",而称"基本结构单元"。煤聚合物的分子可大致看作由与基本结构单元有关的三个层次部分组成,即基本结构单元的核、核外围的官能团以及基本结构单元之间的联结桥键。核外围的官能团已经在本章第一节(一)中详细介绍,此处主要讨论其他方面的内容。

1. 基本结构单元的核

煤的元素组成和许多其他性质显示,煤的基本结构单元具有芳香性。煤的基本结构单元不是一个均一、确切的结构,但可以通过结构参数推测和估计基本结构单元的核结构以及芳香环的缩合程度。最重要的结构参数是芳香度(包括芳碳率和芳氢率)和缩合环数。不同煤化度煤的芳碳率 f_{ar}^C、芳氢率 f_{ar}^H 和其他有关结构参数列于表 2-6[27]。由表可见,f_{ar}^C 和 f_{ar}^H 随煤化度的增加而增加,但在煤中 C 达 90%

表 2-6　不同煤化度煤的 f_{ar}^C、f_{ar}^H 和其他有关结构参数

煤中 C/%	f_{ar}^C		f_{ar}^H		H_{ar}/C_{ar}^*	H_{al}/C_{al}^{**}	平均缩合环数
	NMR	FTIR	NMR	FTIR			
75.0	0.69	0.72	0.29	0.31	0.33	1.48	2
76.6	0.75	0.75	0.34	0.33	0.36	0.74	2
77.0	0.71	0.65	0.33	0.24	0.34	1.89	2
77.9	0.38	0.49	0.16	0.14	0.42	1.32	1
79.4	0.77	0.77	0.31	0.31	0.31	1.91	3
81.0	0.70	0.69	0.31	0.34	0.34	1.45	2
81.3	0.77	0.74	0.30	0.36	0.35	2.11	3
82.0	0.78	0.73	0.36	0.32	0.34	2.14	3
82.0	0.74	0.76	0.33	0.31	0.33	1.74	3
82.7	0.79	0.73	0.32	0.29	0.31	2.34	3
82.9	0.75	0.79	0.39	0.39	0.38	1.59	3
83.4	0.78	0.69	0.33	0.29	0.32	2.31	3
83.5	0.77	0.69	0.34	0.29	0.36	2.42	3
83.8	0.54	0.56	0.18	0.16	0.31	1.69	1
85.1	0.77	0.80	0.43	0.45	0.36	1.38	3
86.5	0.76	0.78	0.33	0.42	0.36	1.75	3
90.3	0.86	0.84	0.53	0.50	0.35	1.91	6
93.0	0.95	—	0.68	—	0.23	2.06	30

* 芳香氢、碳原子比。

** 脂肪氢、碳原子比。

以前增大并不显著。f_{ar}^C波动于 0.7～0.8，f_{ar}^H波动于 0.3～0.4，说明只有无烟煤是高度芳构化的。NMR 和 FTIR 两种方法的测定结果除个别数据偏差较大外，大部分是彼此一致的。对烟煤而言，f_{ar}不到 0.8，f_{ar}^H大致为 0.33 左右。从 H_{ar}/C_{ar}可知，约有 2/3 的芳碳原子处于缩合环位置，其上无氢原子。H_{al}/C_{al}平均值为 2 左右，这是存在脂环的证据之一。

其他方法测得芳碳率的结果（表 2－7[27]）也与此大致相似。NMR 和 FTIR 测得结果与磁化率法、化学方法比较一致，能够说明问题。在 20 世纪 50 年代以前，一般认为烟煤的基本结构单元缩合环数不小于 10。60 年代的实验结果认为从褐煤到低挥发分烟煤，其基本结构单元缩合环数为 4～5 个环。70 年代以后，发现煤中 C 在 70%～83%之间时，平均环数为 2；C 在 83%～90%时，平均环数增至 3～5 个；C 为 95%时，环数剧增至 40 以上。

表 2－7　煤结构单元的缩合环数

研究方法		煤中 C/%			
		80	85	90	95
物理方法	X 射线衍射	4～5	4～5	≥7	30
	X 射线衍射	≤4	≤4	≤4	—
	折射率	6	9	16	31
	燃烧热	≥4	9	10	18
	NMR 和 FTIR	2	3	6	>30
	磁化率	2	3	5	
化学方法	氧解	2	2	3～5	>40
	水解	2～3	—	4.0	
	氢解	—	1～5	—	
	氢解	—	2～6	—	

基本结构单元的核主要由不同缩合程度的芳香环构成，也含有少量的氢化芳香环和氮、硫杂环。低煤化度煤基本结构单元的核以苯环、萘环和菲环为主；中等煤化度烟煤基本结构单元的核则以菲环、蒽环和芘环为主；在无烟煤阶段，基本结构单元核的芳香环数急剧增加，逐渐趋向石墨结构。

2．桥键

桥键是联结基本结构单元的化学键，确定桥键的类型和数量对了解煤的化学结构和性质至关重要。由于这些键处于煤分子中的薄弱环节，易受热作用和化学作用而裂解，而且裂解的方式复杂多样。定性研究结果表明，桥键一般有以下四类：次甲基键：—(CH₂)$_{\overline{n}}$；醚键和硫醚键：—O—，—S—，—S—S—等；次甲基醚键和次甲基硫醚键：—CH₂—O—，—CH₂—S—等；芳香碳—碳键：C_{ar}—C_{ar}。

　　这些桥键在煤中并不是均匀分布的,在褐煤和低煤化度烟煤中,主要存在前三种桥键,尤以长的次甲基键和次甲基醚键为多;中等煤化度烟煤中桥键数目最少,

表 2‑8　不同煤的结构单元

煤种	成分特征/%			结构单元
	指标	干燥基 d	干燥无灰基 daf	
褐煤	C	64.5	76.2	
	H	4.3	4.9	
	V	40.8	45.9	
次烟煤	C	72.9	76.7	
	H	5.3	5.6	
	V	41.5	43.6	
高挥发分烟煤	C	77.1	84.2	
	H	5.1	5.6	
	V	36.5	39.9	
低挥发分烟煤	C	83.8	—	
	H	4.2	—	
	V	17.5	—	
无烟煤				

主要键型为—CH$_2$—和—O—；至无烟煤阶段桥键又有所增多，键型则以 C$_{ar}$—C$_{ar}$ 为主。

煤的结构单元通过这些桥键形成相对分子质量大小不一的高分子化合物。桥键的数量和种类与煤分子的大小和属性及工艺性质有直接关系。到目前为止还没有系统的方法能定量测定这些桥键的数量，它们的热稳定性也互有区别。

3．煤的结构单元模型

根据物理和化学研究方法研究煤所得到的信息，可以提出煤的结构单元模型。表 2-8[28] 是一组煤结构单元的化学结构模型。表中的结构式大致反映了各种煤的结构单元的特点和立体结构，缺点是没有包括所有杂原子和各种可能存在的官能团和侧链。

（四）煤的高分子聚合物特性

"交联"（cross linking）是高分子化学中的概念，指的是高分子之间通过化学键或非化学键在某些点相互键合或联接，形成网状或空间结构。交联的分子的相对位置固定，故聚合物具有一定的强度、耐热性和抗溶解性能。交联不但可发生在分子之间，也可发生在分子内部。交联的化学键主要是共价键，非化学键（也称次价键）是范德华力和氢键力。煤分子存在交联是可以肯定的，这从煤具有相当的机械强度、耐热性和抗溶解性都可以证明。不同等级的煤，交联情况有所区别。我们已经知道中等变质烟煤具有许多特殊的性质，它具有最好的熔融性，在重质芳香溶剂中具最高的溶解度和最小的机械强度。原因是这类煤分子间的交联程度最低。煤中的交联作用有两类：化学键，与前面提到桥键的化学本性基本相同，但其稳定性低于桥键；非化学键，范德华力和氢键力，对年轻煤讲以氢键力为主，而年老煤则以范德华力为主。

关于煤的化学结构曾有过多种假说，如低分子结构说、胶体化学结构说和高分子结构说等。而近代观点则认为煤具有高分子聚合物特征。煤的化学结构是高度交联的非晶质大分子空间网络。每个分子由许多结构相似而不完全相同的基本结构单元聚合而成。煤的高分子聚合物特性表现如下：

相对分子质量大　煤的成因研究和溶剂抽提表明，成煤物料本身就是高分子聚合物，如木质素相对分子质量达 11 000，纤维素更高达 150 000；在成煤过程中作为中间产物出现的腐植酸也是高分子聚合物，相对分子质量从几千到几万；煤的相对分子质量大小尚无定论，但已发表的研究数据多支持煤的相对分子质量在数千范围。

具有缩合结构　煤的氧化可得到苯羧酸，而苯羧酸只能由烷基苯或稠环化合物转变生成,这说明煤具有缩合芳香族结构。

可发生降解反应 对煤进行连续氢化,将使煤的相对分子质量变小,而且各级加氢产物具有相似的红外光谱。

可发生解聚反应 原料煤及其初次热解产物、高真空热分解馏出物都具有极为相似的红外光谱,说明后两者都是煤的热解聚产物。

(五) 煤微观结构的近代概念

归纳到目前为止的研究成果,近代较多数人所接受的煤微观结构概念可以表述如下:

煤结构的主体是三维空间高度交联的非晶质的高分子聚合物,煤的每个大分子由许多结构相似而又不完全相同的基本结构单元聚合而成。

基本结构单元的核心部分主要是缩合芳香环,也有少量氢化芳香环、脂环和杂环。基本结构单元的外围连接有三个碳以下烷基侧链和各种官能团。官能团以含氧官能团为主,包括酚羟基、羧基、甲氧基和羰基等,此外还有少量含硫官能团和含氮官能团。基本结构单元之间通过桥键联结为煤大分子。桥键的形式有不同长度的次甲基键、醚键、次甲基醚键和芳香碳—碳键等。

煤分子通过交联及分子间缠绕在空间形成不同的立体结构。煤中的交联作用有化学键,如上述桥键,还有非化学键,如氢键、范德华力和堆积作用等。煤分子到底有多大无定论,可以认为基本结构单元数大致在 200~400 范围,相对分子质量在数千范围。

在煤的高分子聚合物结构中还较均匀地分散嵌布着少量低分子化合物,其相对分子质量在 500 左右及 500 以下。它们的存在对煤的性质,尤其对低分子化合物含量较多的低煤化度煤的性质有不可忽视的影响。

镜质组是煤的代表性显微煤岩组分,煤的化学结构实质上主要是指镜质组的结构。壳质组脂肪和脂环结构成分较多,芳香度低,氢含量高。在煤化过程中,其结构和性质逐渐趋同于镜质组,到 C 90% 时,两者的差别基本消失。惰质组碳含量高,氢含量低,芳香度高。随煤化度变化幅度很小,在各种煤化度的煤中,惰质组的化学结构和性质都接近无烟煤。

低煤化度煤的芳香环缩合度较小,但桥键、侧链和官能团较多,低分子化合物较多,其结构无方向性,孔隙率和比表面积大。随煤化度加深,芳香环缩合程度逐渐增大,桥键、侧链和官能团逐渐减少。分子内部的排列逐渐有序化,分子之间平行定向程度增加,呈现各向异性。煤的许多性质在中变质烟煤(肥煤和焦煤)处呈现转折点,显示煤的结构由量变引起质变的趋势。至无烟煤阶段,分子排列逐渐趋向芳香环高度缩合的石墨结构。

　　以上是关于煤的分子结构的基本认识,可以用图 2 - 11 作为它的近似体现[29]。应该看到,关于煤结构的认识仍正处于不断发展和深化之中,有些地方还很不完善甚至是错误的,有待进一步研究。这是煤科学的一项重要任务,也是作者多年研究的目标。

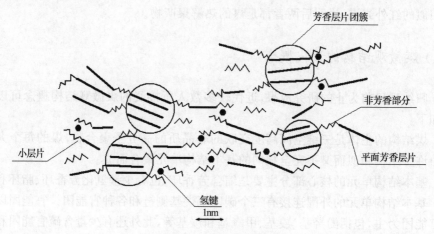

芳香层片团簇

非芳香部分

小层片

平面芳香层片

氢键

1nm

图 2 - 11　煤的基本结构

第二节　煤中的低分子化合物

　　随着对煤结构认识的深化,发现在煤的聚合物立体结构中还分散嵌有一定量的低分子化合物。它们同样是煤的重要组成部分。近几年关于煤中大分子化合物的研究逐渐得到了重视。在煤尚未发生化学反应的条件下,可得到相对分子质量在 500 左右或 500 以下的溶剂抽提物。这些化合物可溶于有机溶剂,部分可挥发。显然,它们与煤的总体性质或煤主体结构的性质完全不同。通常称它们为煤中的低分子化合物。

一、低分子化合物的来源与分离

　　低分子化合物来源于成煤植物成分(如树脂、树蜡、萜烯和甾醇等)、成煤过程中形成的未参加聚合的化合物,以及形成的低分子聚合物。低分子化合物大体上是均匀嵌布在煤的整体结构中的。有人认为是被吸附在煤的孔隙中,也有人认为是形成固溶体。与煤大分子的结合力有氢键力、范德华力等。上述几种结合力作用相互叠加,再加上孔隙结构的空间阻碍,导致部分低分子化合物很难抽提,甚至在不发生化学变化的条件下根本不可能抽提出来。煤中低分子化合物到底有多少,目前还没有确切的答案。但一般认为其含量随煤化度加深而减少。有人认为褐煤和高挥发分烟煤中的低分子化合物约占煤有机质的 10%～23%。煤中低分子化合物虽然数量不多,但它的存在对煤的性质,如黏结性能、液化性能等影响很大。

分离方法一般是用苯、乙醇和丙酮等低沸点溶剂在沸点温度下抽提。因为温度不高,所以抽提速度很慢。为保证抽提完全,需要很长时间,如 10 天左右。改进的方法是先把煤在高真空下快速加热至煤的热分解温度以下,然后照上面的条件抽提,速度可大大提高。最近发展起来的超声波溶剂抽提方法,可以在同样的溶剂和温度的条件下,大大加快抽提速度。

二、低分子化合物的含量

低分子化合物含量随煤化程度增高而降低。醇-苯索氏抽提率以褐煤为最高,达 10%左右,年轻烟煤的抽提率一般小于 5%,中等变质程度烟煤<1%,更老的煤抽提率接近 0。这种抽提对煤中低分子化合物来说很不完全,数据偏低。褐煤和年轻烟煤的低分子化合物总量一般要占煤质量的 10%～23%,远远超出人们过去的估计。

有工作报道对变质程度不同的煤用苯-乙醇在索氏提取器中抽提 250h,在色谱柱中用戊烷对抽提物洗提,所得到的组分主要是烷烃,其含量与煤的变质程度关系可见图 2-12[30]。由图可见戊烷可溶组分的量随变质程度的增加而增加,至 C 83%～84%时达到最大值(4%),以后急剧下降。这与低分子化合物含量随煤化程度增高而降低的一般规律并不矛盾。因为褐煤和年轻烟煤所包含的低分子化合物中较多的是含氧化合物,不属于戊烷可溶组分。在 C 83%～84%以后戊烷可溶组分含量的急剧下降与整个低分子物的减少是一致的。可见年轻煤的低分子化合物含量较高,是不可忽视的组成部分。

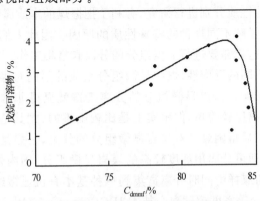

图 2-12　煤的醇-苯抽提物中戊烷可溶组分
含量与煤化程度的关系

三、低分子化合物的组成

低分子化合物可分两大类:烃类和含氧化合物。煤中的烃类主要是正构烷烃,这一点与煤的主体芳香结构很不一致。烃类分布范围很广,从 C_1 到 C_{30} 以上,甚至于还有发现 C_{70} 的报道,此外还有少量环烷烃、长链烯烃及 1～6 环的芳烃(以 1～2 环为主)等。在 C_{23} 到 C_{33} 之间,褐煤中奇数碳原子正构烷烃含量显著高于偶数碳原子同系物,分布情况是碳数高的比例大。随着煤化程度增加,奇数碳与偶数碳正构烷烃的含量差别逐渐减小,其分布情况与前相反,碳数少的比例大。含氧化合物有长链脂肪酸、醇和酮、甾醇类等。一种高挥发分烟煤(C 77.8%)的低分子化合物 C_6 以上成分的分布情况是:烷烃(包括少量烯烃)占 37%,脂环烃占 29%,氢化芳烃和芳烃占 29%,杂环烃占 5%。

关于煤中低分子化合物问题是一个比较新的课题,近几年有许多新化合物不断被发现。因为低分子化合物在年轻煤中的含量远比以往估计的要高,所以它对煤的性质、结构和加工利用都有明显影响,应该继续深入研究。关于低分子化合物研究的具体问题,本书将在有关煤的溶剂抽提等章节继续讨论。

第三节　煤岩显微组分

一、煤岩显微组分的制取

(一) 煤岩显微组分的分离和富集

对显微组分的性质分别进行研究,有利于把握煤的本质属性,既可获知不同煤种煤的共性,又可了解不同煤种的特殊性质的原因。因此人们希望得到纯度尽可能高的显微组分,这就需要进行显微组分的分离和富集工作。实验证实,煤中不同的显微组分有着不同的反应性,煤中显微组分组成的不同对煤的反应性乃至加工工艺有着显著的影响。所以显微组分的分离工作就显得非常重要。从原理上来说,显微组分的分离比较简单,但事实上是比较困难的,尤其是从单一煤种中同时分离显微组分就更显得困难。对煤岩显微组分的分离,一般是先手选,再筛选,最后用密度法精选,即可分离出纯度较高的煤岩显微组分,国内外已做了大量工作。作者从同一煤种的煤样中同时分离富集到三种基本有机显微组分,其纯度均高于国外报道水平[31]。等密度梯度离心技术 IDGC(isopycnic density gradient centrifugation)对于分离煤岩显微组分比手选和浮选更有效。

煤岩显微组分的分离步骤,主要包括初步分离(手选、筛选、氯化锌或氯化铯密度液分离)和精细分离(有机密度液自然沉降和离心分离)两个步骤。

手选主要根据煤岩成分的光泽以及其他物理特征的差别加以挑选。如壳质组多集中于暗淡煤中,致密而硬,密度较小。用肉眼鉴别手选,即可达到初步富集某一显微组分的目的。筛选对于煤岩组成不均一的煤,可利用煤岩显微组分抗破碎性的不同,将煤样进行筛分:一般软丝炭最脆,集中在最小的粒级;镜煤抗破碎性弱,富集在较小的筛级中;暗煤的韧性较大,抗破碎性强,集中在粗粒级。下一步可取所需的筛级,用氯化锌溶液进行分离,即可使某显微组分有较高的富集程度,分离流程如图 2-13 所示。由于氯化锌溶液密度调节困难且清洗后仍有残留,可能影响反应性测定,因此作者还采用过价格较昂贵的氯化铯溶液。

精细分离是指煤样在有机密度液中自然沉降或离心分离。经此步骤后,一般即可获得所要求纯度的显微组分样品。所用的有机密度液通常应具有黏度小、润湿能力强、分层快、易挥发、干燥后无残留物、对煤质的抽提作用小等特点。一般多采用苯和四氯化碳配成所需要的密度液进行分离。

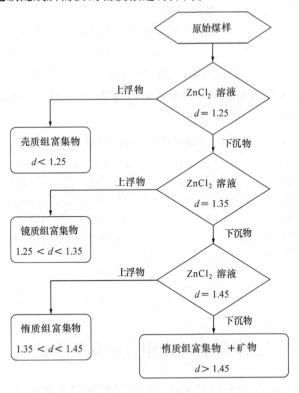

图 2-13 煤岩显微组分密度分离法流程

(二) 煤岩显微组分的定量方法

显微镜下显微组分含量测定的原理是先测定各组分所占的面积百分比,此百分数与体积百分数成正比,通过各组分的密度,即可换算成质量百分数。

目前测定煤岩组分常用的方法是计点法,此方法效率较高,可达一定精度,使用电动计数器测定。显然,含量高的组分,出现在电动计数器显微镜视域中心的机会较多。通过测定显微组分在试片上一定测定面积中的出现点数,即可得到某组分的体积百分含量,其计算公式为

$$V = \frac{n}{N} \times 100\%$$

式中:V——欲测组分的体积百分数;

　　　n——欲测组分在各视域中的总点数;

　　　N——试片中各组分点数的总和。

根据不同显微组分在显微镜下所具有的不同颜色和结构进行定量分析,一般用粉煤制成的光片。显微镜放大倍数为 400～500 倍。在一个光片上测量 400～500 个点,按五大组即镜质组、半镜质组、惰质组、壳质组和矿物组计数,再计算百分比。我国某些煤样的显微组分分析数据如表 2-9[32] 所示。通常镜质和半镜质组之和占 80% 左右。

表 2-9　我国某些煤样的显微组分分析/%

煤样	镜质组	半镜质组	丝质体＋半丝质体	壳质组	矿物组
本溪	85～86	—	11～12	0	2～4
鹤岗	70～83	—	9～15	1～4	6～11
北票	50～63	3～10	17～26	3～6	5～15
抚顺	90～93	—	0～1	3～8	0～3
峰峰	77～85	—	15～23	0～1	—
贾汪	65～81	1～10	7～20	4～9	0～6
淮南	50～60	7～13	9～20	8～20	2～7

二、煤岩显微组分的化学组成

煤岩显微组分的工业分析和元素分析结果按其煤化度和显微组分不同,显示出有规律的变化。我国若干煤种显微组分的工业分析和元素分析的结果,列于表 2-10[33]。随煤化度增加,镜质组的挥发分(V_{daf}),氢含量(H_{daf})降低,而碳含量(C_{daf})、碳氢比(C_{daf}/H_{daf})增加。煤化度相同或近似的各显微组分,其分析指标

V_{daf}、C_{daf}、H_{daf} 和 C_{daf}/H_{daf} 也有相当大的差别。此外,镜质组 C_{daf} 小于 87% 时,芳香度 f_a 变化不大;当 C_{daf} 大于 87% 时,f_a 随煤化度提高而增大。

表 2-10 我国若干煤种显微组分的化学分析数据

显微组分	煤化度	产 地	$V_{daf}/\%$	$C_{daf}/\%$	$H_{daf}/\%$	$\dfrac{C_{daf}}{H_{daf}}$	f_a^*
镜质组	长焰煤	抚顺西露天	41.89	79.23	5.42	14.6	0.71
	气 煤	乐平钟家山	37.31	84.91	5.88	14.4	0.72
	气 煤	鹤岗兴山	36.69	84.36	5.69	14.8	0.72
	肥 煤	峰峰三矿	32.69	88.04	5.52	16.0	0.74
	焦 煤	峰峰五矿	21.91	89.26	4.92	18.1	0.84
	瘦 煤	峰峰四矿	17.88	90.73	4.82	18.8	0.87
	贫 煤	淄博龙泉	13.49	91.31	4.37	20.9	0.91
树脂体	长焰煤	抚顺西露天	99.01	80.73	10.10	8.0	0.01
孢子体	气 煤	轩岗	64.80	86.24	7.84	11.0	0.39
树皮体	气 煤	乐平钟家山	49.47	87.27	7.03	12.4	0.56
丝质体	气 煤	乐平钟家山	21.47	88.63	4.43	20.0	0.86
丝质体	气 煤	鹤岗兴山	18.97	88.51	3.88	22.8	0.88

* 芳香度 $f_a = \dfrac{1200 \times (100 - V_{daf})}{1240 \times C_{daf}}$。

图 2-14[34] 分别描述了各显微组分的氢、氧含量和挥发分与煤化度的关系。图中煤化作用的轨迹以实线表示,而煤化度相同的各点则以虚线相连。由图可知,当煤化度相同时,惰质组的碳含量最高,壳质组次之,镜质组稍低于壳质组;氢含量和挥发分则以壳质组最高,镜质组次之,惰质组最低;而氧含量则以镜质组最高,惰质组次之,壳质组最低。随煤化度的增加,所有显微组分的氧含量和挥发分以及壳质组的氢含量都趋于减少;镜质组和惰质组的氢含量则有一个先上升再下降的过程;各显微组分的减少幅度有所不同,但最后趋于一致。

由于镜质组是煤中的代表性有机显微组分,因而对其化学结构讨论比较多。与镜质组相比,壳质组和惰质组的化学结构有它们各自的特点(表 2-11[35])。壳质组的主要结构特征是 H/C 原子比较高,芳香度低,氧含量低,包括更多的脂肪和脂环结构。作者直接测得同一煤种(平朔烟煤)三种基本有机显微组分的芳香度从大到小的顺序是惰质组(0.75)>镜质组(0.67)>壳质组(0.39)[36],与文献[24]报道的规律相似。在煤化过程中,壳质组的结构和性质逐渐向镜质组靠拢,至煤中 C 接近 90% 时,两者的差别基本消失。惰质组包括丝质体、微粒体和粗粒体等显微成分,在成煤初期就发生了较深度的变化,故在煤化过程中的变化反而不明显。惰质组的碳含量高,氢含量低,芳香度高,与同一煤样中的镜质组壳质组相比,惰质组芳香层片大小和平行定向程度都接近或甚至超过无烟煤。

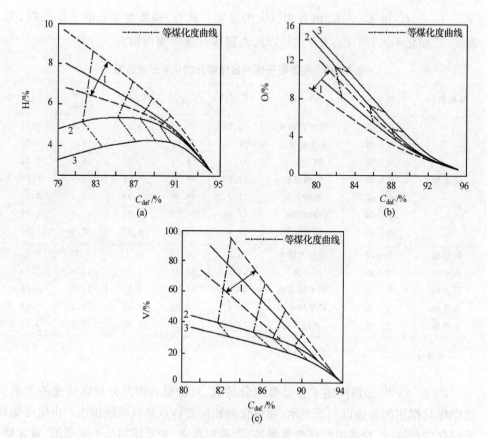

图 2-14 显微组分的氢(a)、氧含量(b)和挥发分(c)与煤化度的关系

1—壳质组；2—镜质组；3—惰质组

表 2-11 不同显微组分的组成和结构比较

| 煤中 C/% | 显微组分* | 元素组成/% | | | | | H/C | f_{ar}^{C} ** |
		C	H	O	N	S		
81.5	V	81.5	5.15	11.7	1.25	0.4	0.753	0.83
	E	82.2	7.4	8.5	1.3	0.6	1.073	0.61
	M	83.6	3.95	10.5	1.354	0.6	0.563	0.91
85.0	V	85.0	5.4	8.0	1.2	0.4	0.757	0.85
	E	85.7	6.5	5.8	1.4	0.6	0.905	0.73
	M	87.2	4.15	6.7	1.35	0.6	0.566	0.92
87.0	V	87.0	5.35	5.9	1.25	0.5	0.732	0.86
	E	87.7	5.85	4.4	1.45	0.6	0.793	0.83
	M	89.1	4.2	4.7	1.4	0.6	0.561	0.93

续表

| 煤中 C/% | 显微组分 * | 元素组成/% | | | | | H/C | f_{ar}^{C} ** |
		C	H	O	N	S		
89.0	V	89.0	5.1	4.0	1.3	0.6	0.683	0.88
	E	89.6	5.2	3.3	1.3	0.6	0.691	0.87
	M	90.8	4.1	3.2	1.3	0.6	0.537	0.94
90.0	V	90.0	4.94	3.2	1.35	0.5	0.655	0.90
	E	90.4	4.5	2.8	1.3	0.6	0.646	0.90
	M	91.5	3.65	2.6	1.35	0.6	0.514	0.95

* V—镜质组、E—壳质组、M—惰质组中的微粒体。

** f_{ar}^{C}数据系用经典法求得,故偏高,仅供相互比较用。

三、煤岩显微组分的反射率

煤的各种显微组分的反射率不同,它们在煤化过程中变化也不同(图 2-15[37])。当煤化度较低时,各显微组分的反射率差别很大,其中惰质组最高,壳质组最低,镜质组居中。当镜质组含碳量约为 85% 时,镜质组的反射率开始出现由于入射光入射角度不同而造成的最大值和最小值,即光学各向异性现象,其差值随煤化度增加而增大。原因是在高煤化度的煤分子中芳香稠环缩合度不断增大,排列越来越规则化,在平行和垂直于芳香层面两个方向的光学性质出现显著差别。当碳含量为 95% 时,各显微组分的反射率趋于一致。

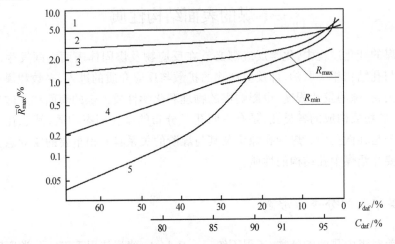

图 2-15　煤化过程中显微组分反射率的变化
1—火焚丝质体(P_f);2—氧化丝质体(B_f);3—半丝质体(S_f);4—镜质组(V_t);5—壳质组(E)

图 2-16[37]为我国若干烟煤不同显微组分的反射率随煤化度变化的情况。镜质组的反射率随挥发分增加有规律地降低。但在同一种煤中,反射率从低到高的次序始终为壳质组、镜质组、半镜质组、惰质组。除了壳质组以外,不同煤化度的煤中,显微组分不同,而反射率相同的可能性实际上是存在的(如图中虚线区域内所示)。因此,反射率不能作为反映各显微组分工艺性质的惟一指标。

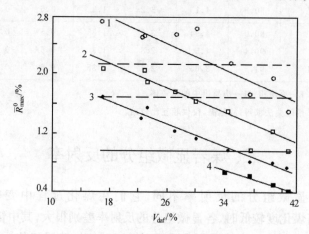

图 2-16　烟煤显微组分反射率

第四节　煤和煤焦的表面结构

一、煤的表面结构性质

在煤的变化过程中,化学反应都必然在反应物及煤固体表面之间发生。许多表面是与孔结构相关联的,即反应产物的扩散与反应介质的进入,多数和煤中的孔结构有关;孔隙的发达程度,也影响煤的物理和化学性质。煤的表面和本体遍布由有机质、矿物质构成的各类孔,是有不同孔径分布的多孔固态物质,其总孔体积的主要部分是在微孔中。煤的孔隙率及其与煤阶的关系具有很重要的实际意义。本小节主要介绍煤中孔结构的性质。

(一) 煤中孔的分类与形态

目前对煤中孔隙的分类,还很不统一。Dubinin 建议使用下面的分类原则区分多孔吸附剂不同大小的孔,这种分类也普遍用于煤化学研究:大孔孔径>20.0nm;过渡孔孔径在 2.0~20.0nm 之间;微孔孔径<2.0nm。有的将孔分成大孔和微孔

两种,选定的分界点为孔有效半径 10.0nm。Ходот 将孔分四个级别:大孔孔径＞1000nm;中孔孔径在 100nm～1000nm 之间;过渡孔孔径在 10nm～100nm 之间;微孔孔径小于 10nm。

国际纯粹与应用化学联合会(IUPAC)在 1978 年提出新孔径分类标准:

微孔(＜2nm)　微孔尺寸及孔径波动范围能用 SAXS 法或 CO_2 吸附或纯氦比重技术进行测定与计算。

中孔(2～50nm)　能用 SEM 观察到或用透射电子显微镜(TEM)对孔进行定量测量,亦可用氮吸附法或小角中子(SANS)或 X 射线散射技术(SAXS)进行定量。

大孔(＞50nm)　其中大于 1000nm 的孔能够用光学显微镜观察到,小的孔则能用扫描电子显微镜(SEM)看到。较大的孔能用图像分析技术对孔径加以定量,或用压汞法进行孔径测定。

微孔的物理特征是:它们的大小相当于吸附分子的大小,微孔的容积约为 $0.2～0.6cm^3 \cdot g^{-1}$,其孔隙数量约 10^{20} 个,煤基活性炭全部微孔的表面积约为 $500～1000m^2 \cdot g^{-1}$。中孔的物理特征是:孔中能形成弯液面,蒸气压降低而发生毛细凝聚,使被吸附物质液化,孔容积较小,约为 $0.015～0.15cm^3 \cdot g^{-1}$,表面积也较小。大孔的物理特征是:孔中不能形成明显的弯液面,不发生毛细凝聚。这部分孔在成因上有如下几种类型:孔洞与裂隙。孔洞又有气孔、植物残余组织孔、溶蚀孔、铸模孔、晶间孔、原生粒间孔和缩聚失水孔。裂隙又分为内生裂缝和构造裂隙。

煤中孔还存在不同的形态。有些孔构成孔的通道,有些孔属于盲孔,有些属于封闭孔,还有敞开式的孔(图 2－17),在电镜或光学显微镜下可以看到上述孔结构。按照 IUPAC 孔型分类及表征孔隙率的各种方法见图 2－18。

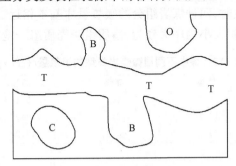

图 2－17　不同形态的孔

O—敞开孔;C—封闭孔;T—孔的通道;B—盲孔

(二) 煤中孔的孔径及其分布

煤的表面积是表征煤表面特性和微孔结构的一个重要指标。煤的总孔隙率通

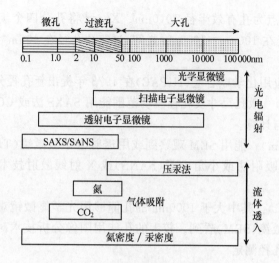

图 2-18　孔型分类及表征孔隙率的各种方法

常可以通过样品在氦、汞介质中密度的差值来进行计算：

$$V_T = \frac{1}{\rho_{Hg}} - \frac{1}{\rho_{He}}$$

式中：V_T——煤中全部孔的体积，$cm^3 \cdot g^{-1}$；

　　　ρ_{Hg}——煤的汞法密度，$g \cdot cm^{-3}$；

　　　ρ_{He}——煤的氦法密度，$g \cdot cm^{-3}$。

煤岩显微组分类型不同，其孔结构也各有所差异。表 2-12[38] 列出了烟煤的四种煤岩类型进行不同吸附温度下的吸氧量试验。可见丝炭有着最大的吸氧量。只有较高的吸附温度时，四种煤岩组分的吸氧量才基本相近。对于显微组分来说，在烟煤阶段，其表面积大小顺序大致为：惰质组＞壳质组＞镜质组。

表 2-12　煤中不同显微煤岩类型的吸氧量/($cm^3 \cdot g^{-1}$)

吸附温度/℃	镜煤	亮煤	暗煤	丝炭
15	5.7	5.2	5.15	12.63
50	13.4	12.5	9.9	45.0
100	60.9	60.3	43.2	51.6

煤的孔径分布和煤化程度也有着密切的关系。褐煤的孔隙大小的分布较为均匀；长焰煤阶段微孔显著增加，而大孔、中孔则明显减少；到中等煤化程度的烟煤阶段，微孔已经居多；到高变质煤如瘦煤、无烟煤，微孔占大多数；而孔径大于 100nm 的中孔、大孔仅占总孔容的 10% 左右。图 2-19 简示了煤孔径随煤化程度变化的分布情况。

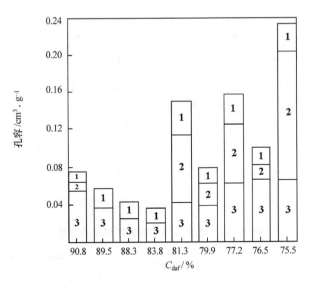

图 2 - 19　不同煤化程度煤的孔径分布

1—大孔；**2**—中孔；**3**—小孔

二、煤焦的表面结构性质

（一）微晶结构

半焦的结构与石墨相似，也是微晶层片状结构，但它的结构不像石墨那样完全有规则的排列。根据 X 射线衍射结果，认为其基本微晶类似于石墨结构，微晶中的碳原子成六角形排列，形成层片体；但平行的层片体对共同的垂直轴不完全定向，一层对另一层的角位移紊乱，各层无规则地垂直于垂直轴，这是与石墨不同的地方。这种排列称为乱层结构。图 2 - 20 简示了这两种结构。这种结构可能因含有杂原子，如氧原子，而形成交联的立体结构。由于微晶的结构不完善，微晶边缘还残存着链烃和环烃，使微晶的大小和长度随原料、热解温度等条件的不同而改变。微晶的大小取决于碳化的温度，随温度升高，微晶体增大。表 2 - 13 中列出了日本乌炭在碳化过程中微晶大小与热解温度的关系。从表中数据可见，随热解温度的升高，所得焦样的碳含量、芳香度和缩合度也在逐渐增大，微晶的高度约为 0.9～1.2nm，直径约 2～3nm，而层间距离基本保持不变，约为 0.39nm。因此基本微晶体大约由三个平行的石墨层片组成，它的直径约为六角环宽度的 9 倍。总之，半焦的基本微晶结构随原料和热解的条件不同而异。

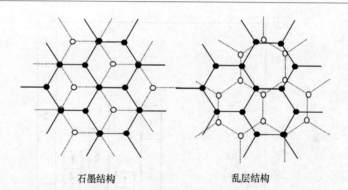

石墨结构　　　　　　　　　乱层结构

图 2-20　石墨结构与乱层结构

表 2-13　碳化过程焦样的微晶结构演变

热解温度/℃	FC/%	f_a	缩合度	微晶大小/10^{-1}nm		
				L_a	L_c	d
400	71.5	0.761	0.211	17.88	9.32	3.97
500	82.7	0.859	0.245	21.89	10.41	3.95
600	90.5	0.923	0.288	22.73	10.69	3.93
700	92.3	0.926	0.323	26.14	10.99	3.88
800	92.2	0.931	0.377	28.69	11.30	3.83
900	93.2	0.929	0.434	30.71	11.81	3.79

(二) 元素组成

　　半焦的化学组成与原煤的煤阶、显微组分含量及热加工过程有直接关系。就有机成分而言,其元素组成主要是碳、氢和氧,原煤中的氮和硫元素在热解过程中几乎已大部消耗,少量的氮、硫元素以杂环化合物的形式存在于半焦中。半焦中碳元素所占比例达 95%,它构成了半焦的骨架。大部分的氢和氧原子与碳原子以化学键相结合,氧含量约为 3%～4%,主要以羟基、羰基和醚氧基的形式存在,就氧原子的分布而言,羟基和羧基氧约占半焦中氧含量的 40%,羰基氧约占三分之一。氢原子的含量一般小于 1%,主要是与碳原子直接结合,约占全部氢含量的 90%。表 2-14 中列出了几种半焦的含氧量和含氢量及其分布。氢和氧等杂原子与微晶的边缘和角上的碳原子相结合,使半焦的表面具有了碳氧复合物和含氧官能团,同时使半焦表面边缘具有含不饱和化学键的碳原子,因此,它们的反应性较强。这些晶格的缺陷可以构成气化活性中心,在气化中起重要的作用。

表 2－14　几种半焦的氢氧含量及其分布/%

试样	H/C	与碳结合的氢/全氢	O/C	含氧量/总含氧量		
				—OH 和—COOH	C═O	其他—O—
A	1.3	88.9	3.72	38.3～55.6	21.8	22.6～39.9
B	1.2	88.0	3.25	45.5～6.6	23.1	20.3～31.4
C	1.0	92.7	5.05	20.2～31.5	40.6	27.9～39.2
D	0.8	94.9	4.82	22.8～25.7	42.9	31.4～38.3

（三）含氧官能团

半焦中的有机官能团主要是含氧官能团（图 2－21），它对半焦的性质有很大的影响。一般认为，半焦表面的含氧官能团有羧基、酚羟基、醌型羰基、醚、过氧化物、酯、荧光素内酯、二羧酸酐和环状过氧化物等，这些官能团都可通过化学方法和现代物理分析仪器进行检测。Kellyt 等[39] 在有 $NaHCO_3$、Na_2CO_3、$NaOH$ 和 C_2H_5ONa 存在下，成功地用逐级滴定的方法测定了半焦表面上不同酸值的含氧官能团。利用同重氮甲烷的交换反应、同甲醇的酯化反应，推测了官能团的化学结构，证实在半焦表面存在羟基、内酯型羟基、酚羟基和羧基等官能团。借助于反射紫外光谱和极谱分析测量也可确认其存在。

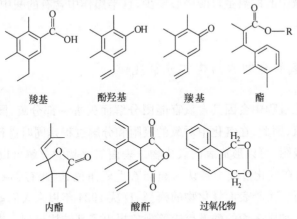

图 2－21　煤半焦表面的主要含氧官能团

王建祺[40] 等用 XPS 通过改变掠射角对半焦表面含氧基团在不同深度的分布情况进行了测定，结果表明在煤半焦的表层（小于 2nm）中羰基的含量较少，羟基的含量较多，因此碳氧基团主要以单键基团形式存在（C—O），在较深层次上（～10nm）则以双键基团 C═O 居多。通过考察不同处理过程对表面双键基团与单键基团的比例的影响可以看出，表面的氧化过程，可以增加双键与单键的比例，而碱金属化合物的处理会降低表面双键与单键的比例。表面氧化后双键的增加是因增加了醌型羰基所致。碱金属化合物在半焦表面产生半缩醛盐而导致双键比例的下降。

（四）表面酸碱性

在半焦的表面上同时存在着酸式的和碱式的活性中心。酸式中心是半焦表面化学吸附氧后形成的某种含氧结构，即含氧官能团。表面存在的羧基、酚类、内酯和酸酐等结构被认为是表面酸性的来源。到目前为止，对碱性的认识还很不充分。Barton[41]等认为在半焦的表面，没有任何的表面氧结构可以在水溶液中提供碱性，但是在含有含氧官能团的半焦表面的确存在着碱性反应。许多学者认为碱中心实际上是表面官能团使平面电子云密度发生改变，使半焦表面上具有了 Lewis 碱中心的缘故。对半焦表面的酸碱性的测定，可以使我们定性地了解半焦表面的含氧官能团的存在情况。实验中可以采用红外光谱法、程序升温脱附法或化学滴定法进行测定。Barton 利用盐酸和氢氧化钠对半焦表面的酸碱中心进行了测定，结果表明酸碱中心在半焦的表面是并存的，酸中心的量与半焦在 900℃热脱附的氧的量之间有着线性的关系，这一结果再次说明半焦表面酸中心与其表面的含氧官能团有关。碱中心的数量较酸中心要少，且半焦样中含有的酸中心数目越多，其碱中心数目越少。

（五）表面碳氧复合物的结构和分解规律

半焦在气化过程中会因其含氧官能团分解而失去一部分氧，同时半焦也会吸附一些外来的氧，因此，在气化中对氧的吸附和分解过程是同时进行的。半焦对氧的吸附是化学吸附，可以形成表面氧化物。表面氧化物的分解可以释放出 CO_2 和 CO，表面氧化物在气化过程中被认为充当着重要角色，因此有必要对表面氧化物的结构进行分析。关于表面氧化物的模型，自从 1924 年以来人们就根据碳在高温下释放 CO、CO_2 和碳表面的酸碱反应等现象提出了其结构模型。表面氧化物可以分为三种模式（图 2-22）：氧化物 A 是 700℃以上生成的，它在氧分压很低的情况下也十分稳定，属碱性氧化物；氧化物 B 是在 300℃以上生成的，在 700℃以上时，它可以同 CO_2 结合而释放出一个 CO 分子，这种结构的氧化物很可能是气化的活性中心；氧化物 C 由氧化物 B 在高温下分解而得，属酸性氧化物。在室温、CO_2 存在的条件下，氧化物 B 与碳不反应，约 600℃时开始缓慢地反应，温度在 800℃以上时，反应才比较活跃，且不生成氧化物 C。

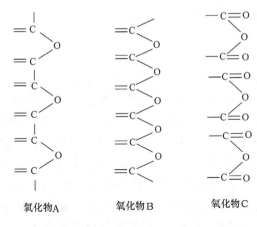

氧化物A　　　　　氧化物B　　　　　氧化物C

图 2-22　半焦表面氧化物的模型示意图

三、分形几何对表面结构描述

（一）分形理论简述

长久以来,煤所具有的复杂的表面结构一直备受人们重视。从煤的其他各种物理化学性质考虑,煤的表面结构对它们的影响是勿庸置疑的。在煤的转化和利用过程中,煤表面结构的形态变化是不容忽视的重要因素。固体的表面结构的描述包括比表面和孔隙率,两者具有统一性,但又各自具有不同的侧重点。已有的研究表明煤颗粒内表面积直接决定了煤的吸附特性,以及反应速率和燃烧过程中的燃烬率及燃烧速率;而孔结构则对煤的气化、液化、焦化及煤的燃烬率有显著的影响。煤的表面结构无论在煤的基础理论研究还是实际应用过程中均具有重要地位。结合煤燃烧是多相反应过程,煤表面形态状况,无论是比表面还是孔隙结构都是决定煤燃烧的关键所在。前人在这些方面作过许多研究工作,已具有相当程度的了解。但煤表面结构的复杂性限制了对煤表面特性研究的进一步开展。如何真实客观地对煤表面结构进行表征与描述,人们从未中断过对它的研究和探索。

1975 年法国数学家 Mandebrot 创立了分形几何的概念,它指出所有复杂结构所具有的重要性质——标度不变性[42],增强了人类认识自然的能力,因而其与耗散结构和混沌并称为 20 世纪 70 年代科学上的三大发现。分形理论借助相似性原理研究非线性系统中不光滑不可微的几何形体,洞察隐藏于混乱现象中的精细结构,使自然科学与社会科学中很多复杂的不规律的现象均可用分形加以研究,如云彩的边界、地面的起伏、曲折的海岸、湍动的流体、人脑的思维、股票的涨跌等等。Avnir 等人[43]最先将分形几何概念引入到表面结构的研究中,而后逐渐发展到了对煤表面形态的分形研究,使人们对煤表面结构的认识有了新的突破,并在对煤燃烧过程的研究中得到广泛应用。

1. 分形的定义

那么分形究竟是什么呢？对于分形人们至今尚未给出一个严密的定义。分形理论创始人 Mandebrot 曾定义"分形是其豪斯道夫维数严格大于拓扑维数的集合。"这个定义同样存在不合理之处，它将一些明显是分形的集合排除掉了。如同生物学上对生命无法作出严格明确的定义，但人们可以列举出生命所具有的一些特性，如运动能力、繁殖能力、适应能力。鉴于此，人们将分形定义为具有以下典型性质的集合 F：F 具有精细结构，有任意小的比例细节；F 是如此不规则，以致它的整体和局部都不能用传统的几何语言来描述；F 通常有某种自相似形式，可能是近似的或统计的；一般地，F 的"分形维数"（以某种方式定义）大于它的拓扑维数；F 以非常简单的方法定义，可由迭代产生。

就分形而言，分形维数是分形中的重要参数，但仅仅靠分形维数并不能给出某个集合的全部信息。如分形维数是 1.25 的集合，它究竟是分散点的集合还是由皱折的线组成，将不得而知。此外，自相似性是分形的基本特性，具有自相似性的系统必定满足标度不变性原理。也正是由于自相似性，一个分形体系并不会由于放大或缩小操作而改变其分形维数。

2. 分形维数的测定

有人曾将分形简单地描述为具有分数维数的集合，虽然不乏片面性，但也反映出分形维数在分形理论中的核心地位。分形维数究竟是一个什么参数，又有什么作用呢？对于分形维数更深刻的意义和作用一直是人们不断探索的，但其基本意义是明确的，它定量描述一个集合不规则的程度，同时其整数部分反映了体系的空间规模。对于我们所研究煤中孔结构的表面形态，由于研究对象基于表面，因而维数 D 的整数部分为 2，其分数部分将决定于孔隙表面结构的规则程度，若表面光滑，即为欧氏平面，$D=2$，若表面凸凹程度剧烈，几乎填充了整个空间，$D=3$，介于此两种极限情况之间时，D 取 2~3 之间的分数，表面越粗糙 D 值越大。具体 D 值的确定有多种方法，如由测度关系求维数法、改变探测粒子大小求维数法以及根据相关函数求维数法，应该说在实际测定时，任何一种 D 值均不是数学概念中 D 的精确值，而只是一种近似。对于煤表面的测定，前文所述的几种表面探测技术均可利用。

（二）煤表面结构的分形表征

1. 分形维数的计算方法

作者所采用的分维测定方法为气体吸附法。根据分维测定原理，可以采用固定吸附剂颗粒大小,改变不同吸附质的方法进行测定;也可以采用固定吸附质而改变吸附剂粒径大小的测定手段。本实验采用后一种方法。当对具有某一粒径大小的煤样测定其表面积时,若煤的内表面具有分形特征,则其比表面积与粒径有如下关系[44]:

$$\lg A = (D-3)\lg R$$

式中:A——所测煤样的比表面积,$m^2 \cdot g^{-1}$;

$\quad\quad R$——所测煤样的颗粒粒径,mm。

这样即可求得煤样的分形维数 D。从式中可以看出对应于所测得的表面积,需要有煤样粒径的确定值。根据文献所提供的统计数据,对于筛分后的样品粒径可取所用筛的孔径的平均值。在随后对样品所作的 SEM 照片也证实了这一点。

2. 煤表面的分形描述

本小节选用的煤样为阜新长焰煤、平朔气煤、辛置肥煤、峰峰贫煤和晋城无烟煤共五种不同变质程度的煤样,其工业分析和元素分析详见表 2-15。为使实验结果具有可比性,五种煤样均经碾磨和筛分,取 140～60 目区间范围内粒径在 $100\mu m$ 左右的煤样为测试样品。

表 2-15 煤样的工业及元素分析/%

煤样	工业分析			元素分析				
	M_{ad}	A_d	V_{daf}	C_{daf}	H_{daf}	O_{daf}	N_{daf}	$S_{t.daf}$
阜新长焰煤	2.36	14.24	37.63	79.38	4.98	13.54	1.06	1.04
平朔气煤	2.70	13.86	36.85	81.34	5.08	1.43	0.92	11.31
辛置肥煤	0.81	14.52	34.53	82.69	5.21	8.58	1.32	2.20
峰峰贫煤	0.87	17.54	12.00	88.18	4.07	6.11	1.27	0.35
晋城无烟煤	0.72	14.52	9.28	91.19	3.43	0.67	0.11	0.42

表 2-16 列出了五种煤不同粒径下所测得的比表面积,以及由此而得到的表面分形维数。图 2-23 为煤样分形维数的计算过程,即按照公式 $\lg A = (D-3)\lg R$ 作图,从图中不但可以根据直线的斜率得到相应煤种的分形维数,而且从五种煤比表面积与粒径数据的良好的线性关系可以看出,煤的表面结构的确具有分形表面的特征,分形理论适合于本实验所选取的五种不同变质程度的煤种。

将原煤所具有的分形维数同它所处的煤阶做一综合分析(图 2-23),可以看出,阜新长焰煤的变质程度最低,分形维数也最小,为 2.29;而晋城无烟煤变质程度最高,其分形维数也相应最大,达到 2.49。随着煤阶的升高,煤表面的分形维数基本呈现增加的趋势,说明随着变质程度的不断增加,在煤中微孔结构越来越发达、

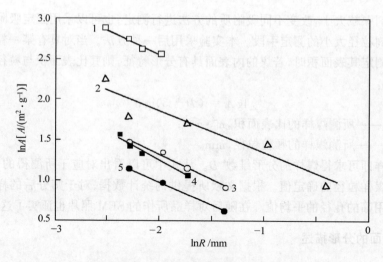

图 2‑23　五种原煤分形维数的计算

1—平朔气煤；2—晋城无烟煤；3—峰峰贫煤；4—阜新长焰煤；5—辛置肥煤

表 2‑16　煤表面结构的测定和计算结果

样品	样品目数	平均粒径/mm	比表面积/(m²·g⁻¹)	分形维数
晋城无烟煤	20～40	0.6750	2.583	2.4849
	40～60	0.3750	4.344	
	80～100	0.1770	5.637	
	140～160	0.1010	6.035	
	180～200	0.0810	9.541	
峰峰贫煤	60～80	0.2500	2.510	2.3865
	80～100	0.1770	3.170	
	100～120	0.1395	3.860	
	140～160	0.1010	4.313	
辛置肥煤	60～80	0.2500	1.879	2.4401
	100～120	0.1395	2.601	
	140～160	0.1010	3.122	
平朔气煤	100～120	0.1395	12.85	2.3907
	120～140	0.1150	13.65	
	140～160	0.1010	15.48	
	180～200	0.0811	17.66	
阜新长焰煤	80～100	0.1770	2.930	2.2910
	120～140	0.1150	3.820	
	140～160	0.1010	4.229	
	160～180	0.0925	4.750	

煤表面结构趋于致密、单元结构芳香性增加的同时,煤表面结构的复杂性也随之升高,空间孔结构的网络分布更加复杂,使煤的表面呈现更为立体化趋势。从原煤所具有的分形维数的大小可以说明,煤表面结构具有相当的复杂程度,其孔壁表面已逐渐由平面向立体特性过渡,早已不同于一般认识上的欧氏平面。因此,如果仍然停留在欧氏平面的角度来考察,则有失客观准确性。

峰峰煤的表面分维要小于辛置肥煤,也就是说,分维随煤阶增加的趋势在此处发生了波动。究其原因,可以从两方面进行解释。一方面从原煤其他物理化学性质随煤阶的变化规律角度观察,峰峰煤的碳含量为88%,恰好处于85%左右。众所周知,原煤许多物理化学性质在碳含量85%左右处均会发生突变。因此分形维数作为煤的表面物理性质亦应在此处有特征变化。另一方面,从煤样所具有的基础数据来分析,或者可以认为,由于峰峰煤的灰含量明显高于其他四种原煤,煤中灰分的存在影响和限制了煤中孔隙网络的延伸和发展,因而导致峰峰煤分形维数的下降。

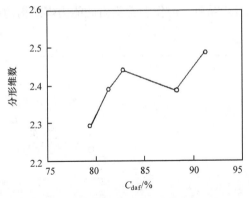

图 2 - 24　煤表面分形维数的变化趋势

3. 原煤表面分维公式的获得及推广

若将煤的表面分形维数作为煤种的一个新的重要物性参数的话,从以上五种原煤分形维数的变化趋势可以看出,在煤的表面分形维数和煤的其他物理化学性质之间存在着明显的互为依存关系。因而,有必要对该维数作一个定量的关系描述。综合考虑原煤所具有的其他各项物性参数,我们选取煤的 C_{daf}、H_{daf}/C_{daf} 和 A_d 作为参数进行关联。C_{daf} 是原煤的一个重要参数,它直接反映出煤种的变质程度,而且从上面的讨论中可以发现,分形维数与 C_{daf} 有着密切的联系;H_{daf}/C_{daf} 不仅反映出煤中两大重要组成元素的构成比例,而且还反映出煤种结构单元的芳香程度,它对煤表面结构的影响至关重要;此外在对峰峰煤的分维波动原因分析中,作者认为原煤灰分含量同样对它的表面结构有着重要影响。因而作者选定此三项

参数与分形维数 D 进行相关拟合,通过对五种煤样所测得的分形维数和它们所具有的 C_{daf}、H_{daf}/C_{daf} 和 A_d 值相关联,得出如下定量关系式:

$$D = 6.918\,C_{daf}^{\frac{3}{5}} - 2.594\,A_d + 1.605 \times \frac{H_{daf}}{C_{daf}} - 4.164$$

　　为了验证公式的适用性,根据文献[45]所提供的 28 种中国煤的基础分析数据,对表面分维值进行了预测计算,结果如图 2 - 25 所示。28 种煤中有 27 种其变质程度从褐煤到高变质程度无烟煤,它们的分形维数均介于 2 到 3 之间,与分形理论相吻合,证明了以上公式的客观性和可实用性。另一个煤种为变质程度最低的泥炭,由于它的各项性质与推导公式时所选用的五种煤相差甚远,因而不可避免会产生误差。图中分形维数最小的煤种为满洲里褐煤,表面分维值为 2.04,而分形维数最大的煤种为太西无烟煤,其分维值达到 2.89。可以明显地看出,原煤的表面分形维数分布在相当大的范围内,煤种的不同导致其表面结构具有较大的差异性,因而也就导致它们的截然不同的各种反应特性。虽然从煤的分形维数并不能完全反映出煤结构的反应特性,但作者希望由此能为煤结构的研究提供一条新的途径。

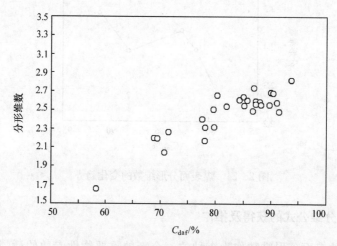

图 2 - 25　28 种原煤表面分形维数的计算结果

　　综合以上讨论,不难得出以下结论:煤中孔结构发达,孔系大多分布于微孔区,其比表面积随煤阶大体呈先减小后增大的趋势;煤表面结构具有分形特性,随煤阶的升高,表面分形维数基本呈现增加的趋势;原煤表面分形维数与 C_{daf}、A_d 和 H_{daf}/C_{daf} 之间存在相关关系。

参 考 文 献

[1] 谢克昌 . 煤炭转化 . 1992，15(1)：24

[2] Botto R. E. et al. ACS Div. Fuel Chem. Prepr. 1994, 39(1)：205

[3] Lafferyt C. J. et al. ACS Div. Fuel Chem. Prepr. 1994, 39(3)：810

[4] Krzton A. et al. Fuel. 1995, 74(2)：217

[5] Alan A. H. et al. Fuel. 1995, 74(5)：784

[6] Cody G. D. et al. ACS Div. Fuel Chem. Prepr. 1994, 39(1)：59

[7] Blom L. L. et al. Fuel. 1957, 36：135

[8] 虞继舜 . 煤化学 . 北京：冶金工业出版社，2000. 163

[9] Given P. H. Fuel. 1960, 39：147

[10] Wiser W. H. Conference Proceedings D. O. E. Symposium Series, W. Virginia University, 1977

[11] 朱培之，高晋生 . 煤化学 . 上海：上海科学技术出版社，1984. 139

[12] Shinn J. H. Fuel. 1984, 63：1184

[13] Hirsch P. B. Proc. Roy. Soc. Ser. A. 1954, 226：143

[14] Haenel M. W. Fuel. 1992, 71(11)：1211

[15] 虞继舜 . 煤化学 . 北京：冶金工业出版社，2000. 165

[16] 朱培之，高晋生 . 煤化学 . 上海：上海科学技术出版社，1984. 133

[17] Makabe M. et al. Fuel. 58(1)：43

[18] Elliott M. A. 煤利用化学 . 北京：化学工业出版社，1991. 89

[19] Ross D. S.et al. ACS Symposium Series 139. Washington D. C, 1980：301

[20] Benjamin B. M. et al. Fuel. 1978, 57, 269

[21] Stein S. E. et al. ACS Symposium Series 169. Washington D.C. 1981：92

[22] Reggel L.et al. Fuel. 1968, 47：373

[23] Deno N. C. et al. Fuel. 1978, 57：455

[24] van Krevelen D. W. Coal. Amsterdam：Elsevier Scientific Publishing Company，1981. 327

[25] Allen D. T. et al. Fuel. 1979, 58：724

[26] Liotta R. Fuel. 1979, 58：724

[27] 虞继舜 . 煤化学 . 北京：冶金工业出版社，2000. 166

[28] 朱培之，高晋生 . 煤化学 . 上海：上海科学技术出版社，1984. 129

[29] Gorbaty M. L., Larsen J. W., Wender I. Coal Science Vol.1. New York：Academic Press, 1982. 3

[30] Gorbaty M. L., Larsen J. W., Wender I. Coal Science Vol.1. New York：Academic Press, 1982. 121

[31] 谢克昌，凌大琦 . 煤的气化动力学和矿物质的作用 . 太原：山西科学教育出版社，1990. 326

[32] 朱培之，高晋生 . 煤化学 . 上海：上海科学技术出版社，1984. 78

[33] 朱培之，高晋生 . 煤化学 . 上海：上海科学技术出版社，1984. 74

[34] van Krevelen D. W. Coal. Amsterdam：Elsevier Scientific Publishing Company，1981. 115

[35] 虞继舜 . 煤化学 . 北京：冶金工业出版社，2000. 170

[36] Xie K.-C. et al. Fuel Sic. & Tech. Int'l. 1994, 12(9)：1159

[37] 虞继舜 . 煤化学 . 北京：冶金工业出版社，2000. 76

[38] 陈鹏 . 中国煤炭性质、分类和利用 . 北京：化学工业出版社，2001. 112

[39] Kellyt H., Boehm E. 活性炭及其工业应用. 北京：中国环境科学出版社，1990. 55

[40] 王建祺等.北京；第三次全国活性炭学术讨论会论文集,1989

[41] Barton S. S. et al. Carbon. 1997, 35；1361

[42] 张济忠. 分形. 北京：清华大学出版社，1995,3

[43] Avinir P. et al. J. Chem. Phys.,1983, 79；3566

[44] 徐满才等. 化学通报. 1994. 57(3)：10

[45] 邱介山，郭树才. 燃料化学学报，1991, 19(3)：253

第三章　煤结构的研究方法和研究结果

关于煤结构的研究方法归纳起来可以分为三类。(1)物理研究方法:如 X 射线衍射、红外光谱、核磁共振波谱以及利用物理常数进行统计结构解析等,这类方法随着仪器分析的进步不断有新的结果报道。(2)化学研究方法:如氧化、加氢、卤化、解聚、热解、烷基化和官能团分析等,这类方法在煤结构研究的初期提供了许多基础数据,发挥了非常重要的作用,但由于化学方法手续复杂、分析周期长、灵敏度低等因素,目前大部分被物理方法取代。(3)物理化学研究方法:如溶剂抽提和吸附性能等,这类方法长期以来在煤结构研究中居于重要地位,是一种非常重要的研究手段。本章在介绍煤结构的各种研究方法的基础上给出了作者使用相应方法对煤结构的研究结果。

第一节　物　理　方　法

煤的物理研究方法,不仅对煤分子结构的破坏甚小,而且通常还用作其他研究方法的检测或辅助手段。由于仪器装备水平和分析技术的进步,近期在煤结构研究方面取得的进展,主要来源于物理研究方法。

一、红　外　光　谱

(一)基本原理

1.红外光谱的一般原理和图谱特点

红外光谱是由于分子中的质点振动引起的,属于分子振动光谱。当频率为 ν 的红外光照射分子时,由于其辐射能量 $h\nu$ 小(2500～25 000nm),不足以激发分子中的电子跃迁,但可以与分子振动能级匹配而被吸收。在研究不同频率红外光照射下样品对入射光的吸收情况,就可以得到反映分子中质点振动的红外光谱。红外光谱属于吸收谱,样品对红外光的吸收符合 Beer 定律。

在红外区域出现的分子振动光谱,其吸收峰的位置和强度取决于分子中各基团的振动形式和相邻基团的影响。因此,只要掌握了各种基团的振动频率,即吸收峰的位置,以及吸收峰位置移动的规律,即位移规律,就可以进行光谱解析,从而确定试样中存在哪些化合物或官能团。在一定条件下,还可对这些化合物或官能团的含量进行定量分析。

常见的化学基团在波数 4000～400cm^{-1} 的中红外区有特征基团频率,因此是最感兴趣的区域。在实际应用时,为便于对光谱进行解析,常将这个波数范围粗略地划分为四个区域:

X—H 伸缩振动区(4000～2500cm^{-1}):X 可以是 O、N、C 和 S 原子。主要包括 O—H、N—H、C—H 和 S—H 键的伸缩振动。

三键和累积双键区(2500～1900cm^{-1}):主要包括炔键—C≡C—、腈基—C≡N、丙二烯基—C＝C＝C—、烯酮基—C＝C＝O、异氰酸酯基—N＝C＝O 等的非对称伸缩振动。

双键伸缩振动区(1900～1200cm^{-1}):主要包括 C＝C、C＝O、C＝N、—NO$_2$ 等的伸缩振动,芳环的骨架振动等。

X—Y 伸缩振动及 X—H 变形振动区(<1650cm^{-1}):这个区域的光谱比较复杂,主要包括 C—H、N—H 的变形振动,C—O、C—X(卤素)等伸缩振动,以及 C—C 单键骨架振动等。在这个区域中 1350～400cm^{-1} 的区域又称指纹区。由于各种单键的伸缩振动之间以及和 C—H 键变形振动之间发生互相耦合的结果,使这个区域里的吸收带变得特别复杂,并且对结构上的微小变化非常敏感。在指纹区,由于图谱复杂,有些谱峰无法确定归属,但有助于表征整个分子的特征,对确认样品与已知物的等同关系很有价值。

在红外光谱中,并不是所有的化学结构都能确定地表现在红外光谱上,同时也不是所有的谱峰都能与化学结构联系起来,特别是指纹区更是如此。红外光谱的解析在许多情况下要依赖经验的判断,这是因为化学键的振动频率与周围的化学环境有相当敏感的依赖关系。

2. 煤的红外光谱

对煤和煤衍生物(腐植酸、氢化产物、溶剂抽提物等)的红外光谱已进行了大量的研究,对煤中的各种官能团和结构及其特征的吸收峰有了许多研究积累(表 3-1)。

图 3-1[1]为不同煤化度煤的红外光谱图,图中 1～10 号虚线处的峰分别是煤中各基团在谱线上的大致位置。由表 3-1 和图 3-1 可以得出如下定性结论:

在 3450cm^{-1} 附近有羟基吸收峰。煤中羟基一般都是氢键化的,故谱峰的位置由一般羟基出现的位置 3300cm^{-1} 紫移到 3450cm^{-1}。随着煤化度加深,该吸收峰减弱,表明羟基减少。

在 3030cm^{-1} 处为芳香氢的吸收峰,在 870cm^{-1}、820cm^{-1} 和 750cm^{-1} 处为相关吸收峰。这些峰的强度反映了芳香核缩聚程度。对于低煤化度煤,在 3030cm^{-1} 处吸收峰很弱,随煤化度加深,该吸收峰明显增强。

表 3-1　煤的红外光谱吸收峰的归属

波数/cm^{-1}	波长/μm	谱峰归属
＞5000	＜2.0	振动峰的倍频或弱主频
3300	3.0	氢键缔合的—OH(或—NH),酚类
3030	3.30	芳烃 CH
2950(肩)	3.38	—CH$_3$
2920	3.42	环烷烃或脂肪烃—CH$_3$
2860	3.50	
2780～2350	3.6～4.25	羧基
1900	5.25	芳香烃,主要是 1,2-二取代和 1,2,4-三取代羰基 ＼C=O／
1780	5.6	
1700	5.9	
1610	6.2	＼C=O／,氢键合的羰基…HO—,具有—O—取代的芳烃 C=C
1590～1470	6.3～6.8	大部分的芳烃
1460	6.85	—CH$_2$ 和—CH$_3$,或无机碳酸盐
1375	7.72	—CH$_3$
1330～1110	7.5～9.0	酚、醇、醚、酯的 C—O
		灰分
1040～910	9.6～11.0	
860	11.6	
833(弱)	12.6	取代芳烃 CH,灰分
815	12.3	
750	13.3	
700(弱)	14.3	

在 2925cm^{-1}、1450cm^{-1} 和 1380cm^{-1} 处呈现脂肪烃和环烷烃基团上氢的吸收峰。随着煤化度加深,开始时这些峰稍有增强,但从中等煤化度(C81.5%)以后又急剧减弱。吸光度 A_{3030}/A_{2925} 与 H_a/H_{al} 有对应关系,它与煤化程度有相应的关联程度(图 3-2[2])。1380cm^{-1} 处的吸收峰是甲基的特征吸收,可以测定甲基含量。

在 1600cm^{-1} 处有一个很强的吸收峰。对于这一吸收峰的解释是多种多样的。可能归因于氢键化的羰基与芳香环 C=C 双键吸收相重叠的结果,也可能由于缩合芳环被 CH$_2$ 所连接等复杂原因。此吸收峰随煤化度加深而逐渐减弱。

在 1000～1300cm^{-1} 处呈现醚吸收峰。

在 900～650cm^{-1} 一般有三个宽吸收峰,属于芳香环的吸收峰。

红外光谱还确证煤中不含有脂肪族的烯键 C=C 和炔键 C≡C,而在烟煤中(C 大于 80%)只有很少或不含有羧基和甲氧基官能团;褐煤中存在羧基,烟煤以上则没有。

红外光谱也可以对煤进行定量分析。用 1380cm^{-1} 和 900～650cm^{-1} 处的吸收

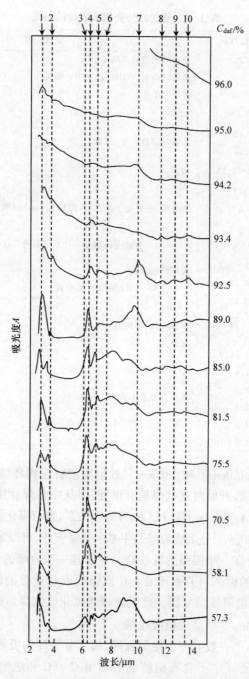

图 3-1　煤的红外光谱

1—OH, NH；2—脂肪 CH；3—C　O；4—芳环；5—CH$_2$, CH$_3$；6—CH$_3$；

7—C—O—C, C—O—；8, 9, 10—缩合芳环

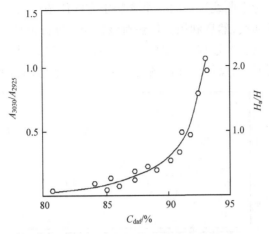

图 3-2　A_{3030}/A_{2925} 与煤化度的关系

峰可定量测定甲基氢和芳香氢,通过化学法测定煤中羟基氢,亚甲基氢和次甲基氢可用差减法求出从而掌握煤中氢的分布:

$$H_{CH_2,CH} = H_{total} - (H_{CH_3} + H_{OH} + H_{ar})$$

(二) 用红外光谱法对煤中官能团的研究

作者所用煤样为泥炭至无烟煤不同变质程度的 8 种煤,其工业分析和元素分析详见表 3-2。对样品的官能团分析采用 Bio-Rad FTS165 傅里叶红外变换光谱仪。在压片时,煤样的量需要有一个合适的值。可以用 $3450cm^{-1}$ 处的吸收对样品量作图,如样品吸收度与样品量呈线性关系即可认为样品量合适。结果表明,当煤样品 $0.8 \sim 1.5mg \cdot cm^{-2}$ 时遵从 Beer 定律,选用煤样与溴化钾的比例为 1:180。实验采用 KBr 压片法,煤样和 KBr 在真空烘箱 110℃下干燥过夜。

表 3-2　煤样的工业分析及元素分析/%

煤　样	工业分析			元素分析				
	M_{ad}	A_d	V_d	C_d	H_d	O_d	N_d	S_{td}
桦川泥炭	8.02	49.38	40.11	26.40	2.97	19.15	1.86	0.24
平庄褐煤	13.49	5.72	43.68	66.44	4.57	21.90	1.08	0.29
阜新长焰煤	2.36	14.24	32.27	68.08	4.27	11.61	0.91	0.89
辛置肥煤	0.81	14.52	29.52	70.69	4.45	7.33	1.13	1.88
枣庄焦煤	1.25	7.96	33.60	76.25	4.67	9.55	1.05	0.52
法国瘦煤	0.79	6.82	11.05	75.85	4.85	7.56	1.45	1.01
峰峰贫煤	0.87	17.54	12.22	72.72	3.36	5.04	1.05	0.29
晋城无烟煤	0.72	14.52	7.93	77.95	2.93	0.57	0.94	0.36

　　定量测定采用标准曲线法。取一个含特定官能团浓度系列的化合物,用回归分析法作出其标准曲线,然后利用插值法对该官能团进行定量。

　　煤的红外谱图需要经过校正。图3-3中的1是任选一例未经处理的煤样红外谱图。从图中可看出,煤样红外谱图的一个共同特征是倾斜的基线。这是由于

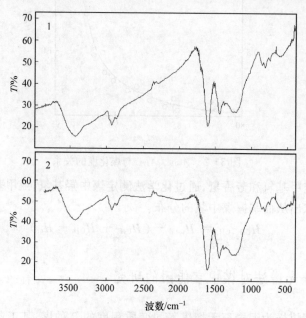

图3-3　煤样的红外光谱

1—未经数据校正;2—经过数据校正

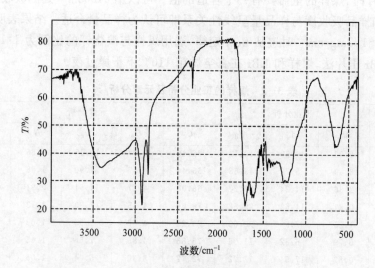

图3-4　泥炭的红外光谱

红外光线在经过 KBr 片中的煤样颗粒时发生了散射,而不是吸收所致。这种畸形的谱图使得在对样品中官能团的定量精度上受到影响。作者采用 SNV(standard normal variate)法以消除颗粒散射的影响,同时用 Savitsky-Golay 法对谱图进行平滑处理,处理后的红外光谱图,谱图的畸变已基本校正,结果如图 3‐3 中的 2。按照上述处理方法,表 3‐2 中列出的 8 种煤中除晋城无烟煤外的 7 个煤种的红外光谱和相应的酸洗煤样的红外光谱见图 3‐4～图 3‐17。

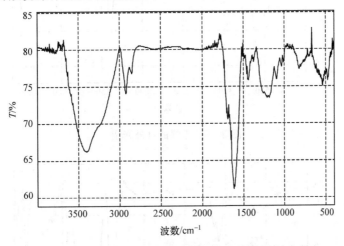

图 3‐5　褐煤的红外光谱

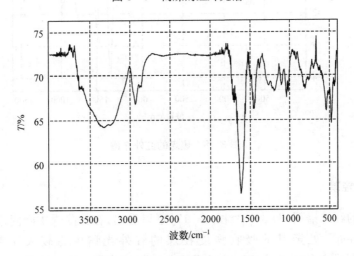

图 3‐6　长焰煤的红外光谱

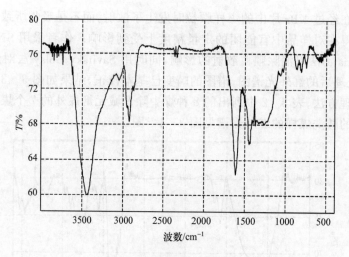

图 3-7　肥煤的红外光谱

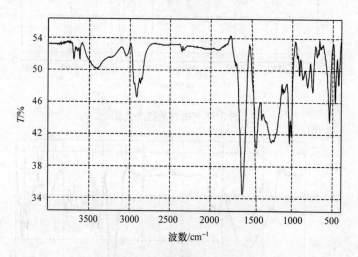

图 3-8　焦煤的红外光谱

1. 煤中的羟基

由煤的红外谱图(图 3-4～图 3-17)可以看出,在排除煤中吸附水的影响因素后,$3410cm^{-1}$ 处羟基的吸收强度在煤的红外光谱中占较大比例,泥炭中 $3285cm^{-1}$ 处羟基的面外伸缩振动呈现一条宽强吸收带。谱带宽化的一个主要原因就是氢键所致,这表明泥炭中由于内在水分的缩合而使结构中存在着以多聚的羟基为主的网状体系(Coal—OH—O—Coal),这在一定程度上会起着稳定泥炭结构的作用。在更高的 $3600cm^{-1}$ 波数段没有谱带出现,说明泥炭中的游离羟基已完

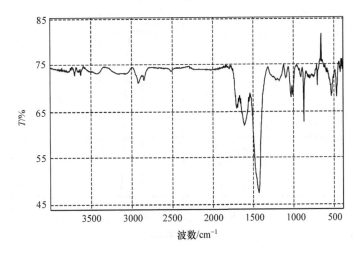

图 3-9　瘦煤的红外光谱

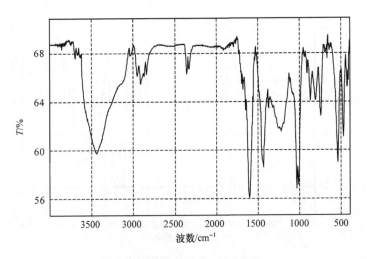

图 3-10　贫煤的红外光谱

全脱除。随煤阶增大,褐煤羟基的强度有所降低,从褐煤开始,羟基出现明显是由
$3408cm^{-1}$ 和 $3221cm^{-1}$ 两个波数构成的双峰。这种分裂持续至长焰煤,随后随煤
阶增加有所减弱,到无烟煤谱带完全消失。红外谱图中峰的分裂意味着有新的作
用引入平衡体系。为了对煤中羟基作进一步研究,作者对红外光谱做二阶导数(图
3-18),发现羟基的存在有 3~4 种形式表现,按波数由大到小判断,依次为:分子
间缔合的氢键、醇羟基、酚羟基及煤中的结合水。参照以上顺序,可以看出,褐煤双
峰中略尖的 $3408cm^{-1}$ 吸收是羟基二聚体形成的氢键,而后者同泥炭一样也是煤中
多聚的羟基。将官能团的量归一化(峰面积除样品质量,表 3-1),可以看出:随煤

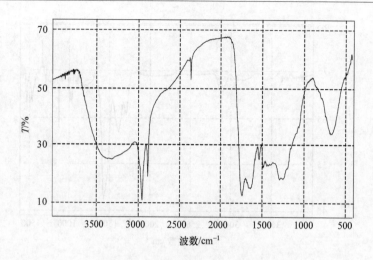

图 3 - 11　酸洗泥炭的红外光谱

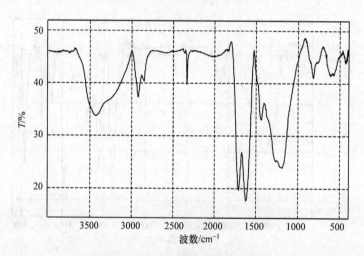

图 3 - 12　酸洗褐煤的红外光谱

阶的增大游离羟基的位置在逐渐向低波数区域过渡,同时含量也有减少的趋势,在焦煤时达到最小,随后又有所增强(长焰煤由于峰的位置与其他煤种差别太大,未进行比较)。在泥炭中游离羟基量最大,这是由于其未经过成岩的热化学作用所致;在焦煤阶段,游离羟基的波数和含量都处于最低值,这表明在高挥发分的焦煤中脂链的环化与官能团的缩合作用强烈,各种键之间的相互作用减弱了羟基的伸缩强度。虽然游离羟基的活性较高,但其绝对含量小的事实限制了其对煤热解反应性的影响。

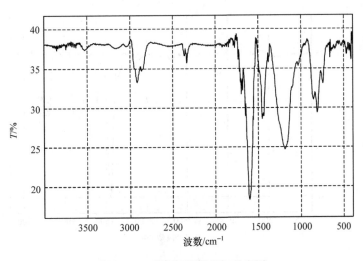

图 3-13　酸洗长焰煤的红外光谱

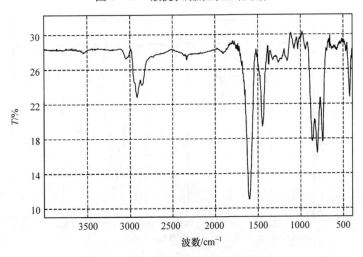

图 3-14　酸洗肥煤的红外光谱

表 3-3　煤种与羟基的位置和相对含量关系

煤种	游离羟基 /cm^{-1}	含量	分子间氢键 /cm^{-1}	含量	多聚羟基 1 /cm^{-1}	含量	多聚羟基 2 /cm^{-1}	含量
泥炭	3634	3.17	3518	3.23	3409	12.90	3292	7.20
褐煤	3622	2.35	3540	5.19	3425	14.81	3228	21.34
长焰煤	3622	0.80	3524	9.75	3446	10.22	3244	5.68
肥煤	3620	1.02	3544	0.84	3301	0.39	3213	5.68
焦煤	3524	0.33	3412	5.87	3301	0.39	3213	1.73
瘦煤	3585	0.00	3544	0.27	3438	13.34	3227	1.73
贫煤	3590	1.83	3443	33.28	3352	0.16	3247	4.43
无烟煤 *	—	—	—	—	—	—	—	—

* 无烟煤羟基含量低于检测限。

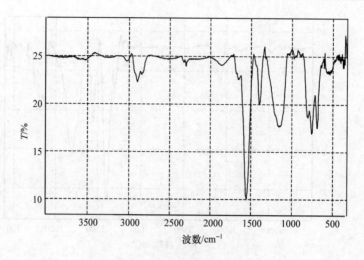

图 3 - 15　酸洗焦煤的红外光谱

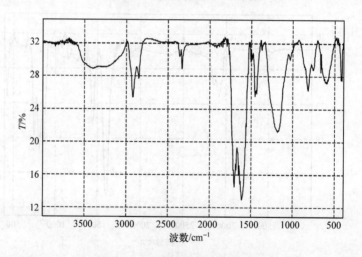

图 3 - 16　酸洗瘦煤的红外光谱

　　氢键是体现煤缔合模型的一个重要标志。虽然其键力要小于共价单键,但氢键的作用力是非专一性分子间作用力的 10 倍,这对于煤大分子网络的稳定与破坏是一个不可忽略的组成部分。另外,煤在热解中氢键的供氢作用会阻止煤二次热解的发生。由表 3 - 3 可以看出,肥煤中的分子间氢键含量最少而贫煤中最多。在羟基中占较大比例的多聚体是煤结构中缔合结构的具体表现,随煤阶的增加两种多聚体的含量都呈减小的趋势。羟基在煤中主要存在于端基和侧链中,羟基在断裂交联键时强的活化效应体现在它是 H_2O 潜在的缩合位。同时,羟基谱带的位置由 $3200cm^{-1}$ 移至 $3400cm^{-1}$ 表明羟基是以多聚的缔合结构形式存在,这种缔合结构会使煤中形成大量的氢键。随煤阶的增高,这种较松散的缔合结构会随羟基数

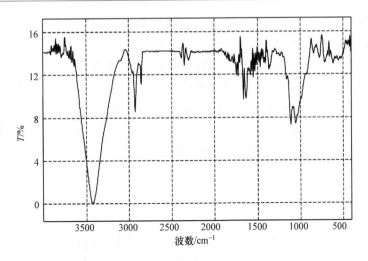

图 3 - 17　酸洗贫煤的红外光谱

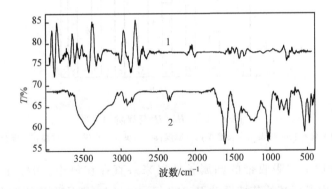

图 3 - 18　煤的红外光谱(1)和二阶导数谱(2)

量的减少而逐渐消失,因此,氢键在高阶煤中对煤结构与反应性的贡献也将减弱。

2.芳氢与脂氢的比例

　　由于煤非均相的性质,对煤的结构测定的一个重要概念就是"平均结构单元",其中一个关键参数就是芳氢对脂氢的比例 H_{ar}/H_{al}。芳氢和脂氢的比例是煤阶的函数,同时,芳氢和脂氢是煤大分子网络的主体构架,煤的许多重要信息,如反应性也将在其中体现出来。另外,由于煤中脂肪烃的多少与热解产物的相对分子质量分布密切相关,因此,这一比例也将是产物分布的一种反映,借助这一数据可以提供煤热解产物的信息。

　　$3065cm^{-1}$ 波数处苯环的伸缩 C—H 振动的强度体现着煤大分子网络缩合程度的大小,其振动强度的大小反映出煤中缩合结构的多少,高强度的吸收对于煤反应性起到一个负面的作用。本节以 $3030\sim3060cm^{-1}$ 波数的吸收强度测定煤中芳氢的含量。

$2920cm^{-1}$ 和 $2850cm^{-1}$ 两个尖锐的吸收带来自于煤中 C—H 的面内对称和反对称伸缩振动。这些 CH_2 全部处在脂链及饱和脂环中。本节以 $2920cm^{-1}$ 的强度为标准来测定煤中脂氢的含量。$2850cm^{-1}$ 处吸收表现为肩峰的证据可看出煤中 CH_3 官能团含量较少。$2920cm^{-1}$、$2850cm^{-1}$ 可归属为 CH_3、CH_2 和 CH 的贡献。不同煤种中 H_{ar}/H_{al} 的比例见图 3-19 所示。

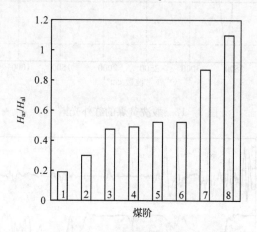

图 3-19　H_{ar}/H_{al} 与煤阶的关系

1—泥炭；2—褐煤；3—长焰煤；4—肥煤；5—焦煤；6—瘦煤；7—贫煤；8—无烟煤

对于 $1618cm^{-1}$ 吸收带的归属长期以来一直存在争论。Brown[3] 和 Solomon 等[4] 认为是由酚羟基的芳核振动引起的，而 Friedel[5] 则认为该峰归属为高度共轭的羰基更合逻辑。根据作者的分析结果，$1618cm^{-1}$ 的吸收应归属于前者。$1510cm^{-1}$ 的弱吸收是典型的苯环上的 C=C 吸收，但由于伴峰 $1580cm^{-1}$ 未在图中出现，表明煤中的苯基未参与其他不饱和基团和孤对电子的共轭作用，而这正是煤最易受到抽提溶剂攻击的位置，随着煤变质程度的增加，该吸收带逐渐消失。Eolfson[6] 认为这是由于芳环取代基的增加削弱了该吸收带强度，同时，缩合程度的增加，该吸收带向低频位移，逐渐消失在 $1450cm^{-1}$ 的强吸收带中。$3065cm^{-1}$ 芳环的吸收带直到长焰煤才在低于正常吸收位置的 $24cm^{-1}$ 位置出现，但这并不意味着前两种煤（褐煤和泥炭）就没有芳环，因为 $1500cm^{-1}$ 芳环中 C=C 双键的特征吸收都曾出现，只是由于羟基吸收峰太强而将其淹没。

3. 煤中的含氧官能团

煤中含氧官能团可分四类：羧基、羰基、羟基和醚氧。从煤样的红外谱图可以看出煤中醚键的吸收带主要以 1225cm^{-1} 的芳香族和乙烯基醚的非对称伸缩振动为主。泥炭中 1716cm^{-1} 的吸收来自于羧基的 C=O 伸缩振动的贡献(图 3-4)。根据 C=O 振动吸收带的位置,可以判断此羧基应归属于样品中饱和脂肪族化合物上的 C=O。这一证据表明泥炭处于成煤期的初级阶段,结构中还未出现任何缩合后的特征。图 3-5 和图 3-12 的褐煤还在 1650cm^{-1} 处出现一个芳香族羧基吸收带,此波数的出现是诱导、中介、空间三种效应联合作用相互影响的结果。同时,褐煤在 1097cm^{-1} 波数出现明显的脂肪族和环醚的吸收。随煤阶的增加,醚键的吸收带加宽而且强度迅速降低,这表明随煤中芳香度的增加,醚键成为芳环缩合的重要连接点。Siskin[7]证实,煤中可断裂的醚键主要以单个苯环上结合的醚为主。图 3-20 为煤中醚键随煤阶变化的关系,由图可以看出,除泥炭、褐煤外,其他煤种的醚氧含量都非常低。但由反应性测定结果可知,在这几个煤种中存在着反应性等于或高于泥炭与褐煤的煤种,因此含氧官能团与煤热解反应性并非存在着决定性的关系。

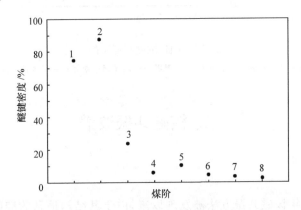

图 3-20　醚键密度与煤阶的关系

1—泥炭;2—褐煤;3—长焰煤;4—肥煤;5—焦煤;6—瘦煤;7—贫煤;8—无烟煤

4．CH$_2$ 的链长

725cm^{-1} 附近的吸收带是 CH$_2$ 的平面内摇摆振动的吸收带,这一吸收带的强度与分子链上连续相接的 CH$_2$ 基团的数目成正比,在煤样中该峰分裂为双峰。根据这一原理,可以通过比较不同煤种中 CH$_2$ 的浓度来比较不同煤中亚甲基链的长度,另一方面,由于在煤中亚甲基的波数由 725cm^{-1} 移至 750cm^{-1},表明煤结构具有极性环境。同时,高阶煤中 CH$_2$ 面内摇摆振动尖锐的峰形(参见图 3-14 和图 3-15)表明在高阶煤中 CH$_2$ 的化学环境更为单一,侧链受供电子官能团的影响而造成高频段位移的程度小于低阶煤。CH$_2$ 桥断裂的主要因素将只决定于 CH$_2$ 本身的键能,受官能团的影响因素降低。图 3-21 反映出亚甲基浓度随煤阶变化的关系。由图可知,CH$_2$含量的变化同其他活性基团的变化基本一致,也是随煤阶的增加而迅速降低。代表煤中亚甲基桥 CH$_2$ 的面内摇摆振动随煤阶降低波数增大,在褐煤时达到 779cm^{-1}。这表明褐煤中 CH$_2$ 桥所处的化学环境为强极性环境,周围有大量可提供电子对的未饱和结构,在加热或溶剂抽提时,只需提供较少的能量就可能发生键断裂。Heredy[8]对模型化合物的研究表明,与非活化的单个芳环相连的桥结构最不活泼,而在菲环上的较活泼;在脂族桥中,单个亚甲基比含有两个或两个以上碳原子的桥更活泼。

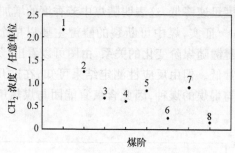

图 3 - 21　CH$_2$ 浓度与煤阶的关系

1—泥炭;2—褐煤;3—长焰煤;4—肥煤;5—焦煤;6—瘦煤;7—贫煤;8—无烟煤

二、核磁共振波谱

(一)基本原理

自从 1946 年核磁共振方法被发现以来,由于其结构信息的准确性和广泛性,迅速渗透到化学以及相关学科领域。核磁共振波谱法在化学上解决了许多其他方法难以解决的问题,取代和简化了许多繁琐的化学手段,在煤科学的研究领域也有着广泛的应用。

原子核是带电荷的粒子,具有其自身固有的自旋现象。在量子力学中用核的自旋量子数 I 来描述原子核的这种自旋运动。按自旋量子数的不同,原子核可分为三种类型:第一种原子核的质量数和原子序数都是偶数,这类原子核的核自旋量子数 $I = 0$,如^{12}C$_6$、^{18}O$_8$、^{32}S$_{16}$等;第二种原子核的质量数为奇数,这类原子核的核自旋量子数 $I = \frac{1}{2}$、$\frac{3}{2}$、$\frac{5}{2}$…,为半整数,如^{1}H$_1$、^{19}F$_9$、^{13}C$_6$等;第三种原子核的质量数是偶数而原子序数是奇数,这类原子核的核自旋量子数 $I = 1$、2、3…,为正整数,如^{14}N$_7$等。

当原子核受到外加磁场作用时,核自旋量子数 $I \neq 0$ 的原子核的自旋能级会失去原来的简并状态而发生裂分,可以吸收相应频段的电磁波从基态($m_I=+1/2$)跃迁到较高能态($m_I=-1/2$)而产生吸收信号(图 3-22)。除了上述第一种原子核,其他原子核都可以产生核磁共振吸收信号。例如,含有^{1}H 核的样品被置于磁场强度为 $H_0=14092\text{Gs}$ 的磁场中时,会产生对 $\nu=60\text{MHz}$ 的电磁波的共振吸收,亦即在 $\nu=60\text{MHz}$ 处产生吸收信号。

通常从核磁共振波谱图上了解的信息来源于化学位移、积分高度和耦合裂分,其中耦合裂分反映核磁共振图谱的精细结构。由于煤科学的研究中的样品大都不是纯净物质,谱线的交盖和重叠比较严重,精细结构的信息通常很难解析,所以耦合常数在煤的研究中没有广泛应用。下面就化学位移和积分高度进行简单描述。

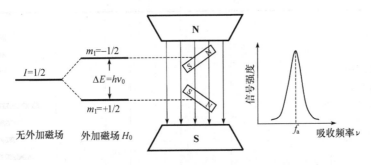

图 3-22　^{1}H 核在磁场中的能级分裂和核磁共振吸收

1．化学位移

发生核磁共振时,如果所有相同核的共振频率都相同,核磁共振波谱上就只有一个吸收峰,这种谱图将毫无用处。事实上化合物中的每一个核都不是裸核,都有其特定的化学环境。以氢核为例,它在分子中所处的化学环境不同,被分子中的电子屏蔽的程度就不同,造成在相同的外磁场下实际接受到的磁场强度不相同,因而自旋裂分的能级差也不相同,在测量上表现为吸收的电磁波频率的不同。图 3-23是一张典型的^{1}H NMR 图谱。不等价的核在发生核磁共振吸收时引起的吸收频率的改变叫做化学位移,通常用相对某参考物质共振频率的差来表述:

$$\delta = \frac{\nu_s - \nu_{re}}{\nu_{re}} \times 10^6$$

式中:δ——化学位移;

ν_s——样品的吸收频率,Hz;

ν_{re}——参考物质的吸收频率,Hz;使用最普遍的参考物质是四甲基硅烷（TMS）。

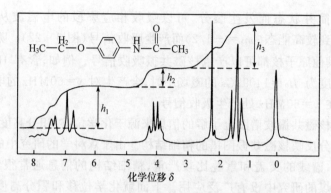

图 3-23　对乙氧基-乙酰替苯胺的¹H NMR 图谱

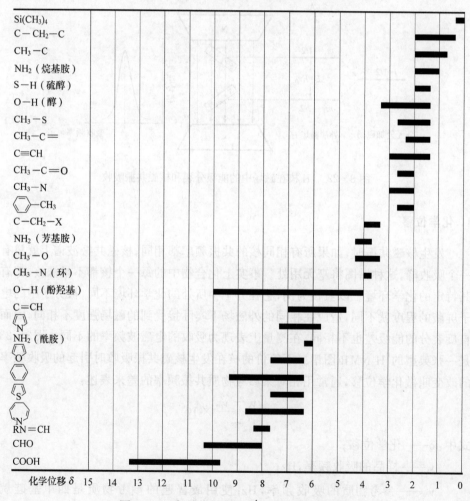

图 3-24　各种分子环境中¹H 核化学位移范围

影响化学位移的因素主要有：临近基团对指定核周围的电子云吸引或排斥引起的诱导效应，其结果是推电子基团将使化学位移向高场移动（减小），吸电子基团将使化学位移向低场移动（增大）；由于分子中各种类型的共轭作用使指定核周围的电子云发生变化引起的共轭效应；此外临近键的磁各向异性、环状共轭分子中的电子环流、临近基团的电偶极作用、氢键的作用以及溶剂的类型都对化学位移的大小有相应的作用。总之，化学位移是一个多种因素共同影响的综合指标，它与核的化学环境密切相关。常见化学环境中的质子化学位移范围以棒状图的形式列于图 3-24[9]。

2. 积分高度

图 3-23 中的阶梯型曲线叫做积分线，它的高度（h_1，h_2，h_3）对应于吸收峰的面积。吸收峰的面积与相应核的数目呈正比，因此积分高度之比代表了不同化学环境的核的数目的比值。积分高度在分析和归属核磁共振波谱以及研究样品中原子类型时非常重要。在求煤的芳氢率和芳碳率时，用核磁共振波谱给出的积分高度可以非常简单地通过积分高度的比值得到，避免了传统分析的繁琐手续。

（二）煤的核磁共振波谱研究

在煤化学中涉及的主要元素都有相应的同位素原子核可以发生核磁共振，但由于它们的丰度各不相同，核磁共振信号的强弱也有很大的差异。^{1}H 核的核自旋量子数 $I=1/2$，自然丰度为 99.985%，其核磁共振信号的测量相对容易。^{12}C 核由于其核自旋量子数 $I=0$，是没有核磁共振吸收的核；^{13}C 核的核自旋量子数 $I=1/2$，有核磁共振吸收，但其自然丰度仅 1.107%，其核磁共振信号的测量相对要困难一些。

1. 煤的 ^{1}H NMR 谱研究

1955 年，英国 Newman[10]等人首先将 ^{1}H NMR 用于煤的研究，此后迅速得到了广泛的应用。^{1}H NMR 能详细给出煤及其衍生物中氢分布的信息。例如，芳香氢的化学位移 δ 处于 6～10，与芳香环侧链 α 位碳原子相连的氢原子 H_α 的化学位移 δ 处于 2～4，与芳香环侧链 β 位以及更远的碳原子相连的氢原子 H_0 的化学位移 δ 处于 0.2～2。随后，英国 Brown 等[11]利用氢分布和元素分析数据，提出了计算煤的三个重要结构参数的公式，这些公式已得到广泛应用。这三个结构参数可分别按下式计算：

$$f_a = \frac{C/H - H_\alpha^*/X - H_0^*/Y}{C/H}$$

$$\sigma = \frac{H_\alpha^*/X + O/H}{H_\alpha^*/X + O/H + H_{ar}^*}$$

$$H_{aru}/C_{ar} = \frac{H_\alpha^*/X + H_{ar}^* + O/H}{C/H - H_\alpha^*/X - H_0^*/Y}$$

式中：　f_a——芳碳率,芳碳原子数与总碳原子数之比;

σ——芳香环取代度,实际被取代的芳香碳原子数与芳香环边缘上可被取代的芳香碳原子数之比;

H_{aru}/C_{ar}——芳香环缩合度,是假想未被取代的芳香环的 H/C 原子比,它代表了缩合芳香族的大小;

H_{ar}^*——定义为 H_{ar}/H,芳氢原子数与总氢原子数之比;

H_α^*——定义为 H_α/H,与芳香环侧链 α 位碳相连的氢原子 H_α 的数目与总氢原子数之比;

H_0^*——定义为 H_0/H,与芳香环侧链 β 位以及更远的碳相连的氢原子 H_0 的数目与总氢原子数之比;

X、Y——分别为 α 位或 β 位以及更远位上氢原子与碳原子数目之比,一般都假定为 2。

图 3-25[12]是一种低煤化度烟煤吡啶抽出物的[1]H NMR 谱图。由图可见,在低煤化度烟煤中,与芳香环侧链 β 位以及更远的碳原子相连的氢 H_0 的吸收峰强度远大于芳香氢,说明低煤化度烟煤的侧链较多较长而芳香环的缩合度还不够高。

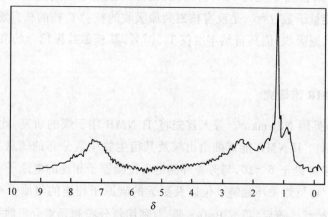

图 3-25　煤的吡啶抽提物的[1]H NMR

表 3-4[13]给出了不同煤化度的吡啶抽出物中氢分布和平均结构单元的结构参数。由表可见,随着煤化度增加,煤的氢分布呈现有规律的变化:芳香氢和与芳香环侧链 α 位碳原子相串连的氢逐步增加,而 β 位以及更远的氢逐渐减少。说明煤的结构随煤化度规律性地变化,煤化度增加,芳香结构增大,芳香环上的侧链缩短。结构参数的变化也表现了同样的规律。

表 3-4 煤的吡啶抽提物的氢分布和结构参数

$C_{daf}/\%$	抽提产率/%	氢分布			结构参数		
		H_{ar}^*	H_α^*	H_0^*	f_a	σ	H_{aru}/C_{ar}
61.5	13.8	0.07	0.12	0.75	0.41	0.74	0.93
70.3	16.6	0.18	0.20	0.56	0.61	0.55	0.69
75.5	15.8	0.21	0.20	0.53	0.62	0.52	0.72
76.3	6.7	0.20	0.30	0.44	0.64	0.59	0.76
76.7	16.7	0.10	0.21	0.64	0.53	0.67	0.60
80.7	12.8	0.27	0.22	0.45	0.70	0.45	0.65
82.6	21.4	0.35	0.26	0.36	0.73	0.37	0.68
84.0	18.5	0.30	0.25	0.43	0.69	0.41	0.67
85.1	20.9	0.27	0.29	0.39	0.72	0.47	0.59
86.1	19.3	0.32	0.28	0.37	0.73	0.37	0.57
90.0	2.8	0.55	0.31	0.13	0.85	0.27	0.63
90.4	2.5	0.50	0.30	0.19	0.83	0.26	0.57

表 3-5 常用溶剂的特征化学位移

溶 剂	δ_H^*	δ_C		溶 剂	δ_H^*	δ_C	
苯	7.37	128.5		丙酮	2.17	30.4	204.1
三氯甲烷	7.27	77.2		乙腈	2.00	1.7	117.7
三氯乙烯	6.45	117.6	125.1	环己烷	1.43	27.5	
1,1,2,2-四氯乙烷	5.95	75.5		二硫化碳	—	192.8	
二氯甲烷	5.3	54.0		四氯化碳	—	96.0	
水	4.76	—		四氯乙烯	—	121.3	
p-二氧杂环己烷	3.70	67.4		三氯氟代甲烷	—	117.6	
二甲基亚砜	2.62	40.5					

* 除水外所有值是在大约 7% 的 $CDCl_3$(加 TMS 为内标)溶液中的数据。

^{1}H NMR 需要在溶液状态下测定,所以都用煤的抽提物。在[1]H NMR 图谱中,研究煤抽提物的溶剂的吸收峰也会在图谱中出现。在图谱解析时必须正确识别出溶剂的谱线,表 3-5 列出了常用溶剂的特征谱线(包括[13]C 谱)。煤中与醚氧和酯

氧连接的氢和煤的结构尤其是交联键密切相关,活泼氢与煤中氢键也有着密切的
关系,这两类氢的化学位移列于表 3-6 和表 3-7 供参考使用。

表 3-6　醚与酯的化学位移

Y	$CH_3—O—Y$	$—CH_2—O—Y$	$CH—OY$
H	3.39	3.6	3.9
R	3.3	3.4	3.6
Ph(苯基)	3.37	3.9	4.5
—COR	3.7	4.0	5.0
—COPh	3.88	4.3	5.1
—COCF$_3$	3.96	4.3	5.3

表 3-7　某些活泼氢的化学位移范围

化合物类型	化学位移	化合物类型	化学位移
ROH	0.5~5.5	Ar—SH	3~4
ArOH	10.5~16	RSO$_3$H	11~12
Ar—OH	4~8	RNH$_2$,R$_2$NH	0.4~3.5
C=C—OH(缔合)	15~19	ANH$_2$,Ar$_2$NH,ArNHR	2.9~4.8
RCOOH	10~13	RCONH$_2$,ArCONH$_2$	5~6.5
=N—OH	7.4~10.2	RCONHR,ArCONHR	6~8.2
R—SH	0.9~2.5	RCONHAr,ArCONHAr	7.8~9.4

2.煤的^{13}C NMR 谱研究

　　^{13}C NMR 谱可以用来直接获得煤的碳骨架的信息。^{13}C NMR 可以用液体样
品,也可以用固体样品测定。用煤直接测定时,可以消除由于溶剂抽提的溶剂作用
以及不能完全提取而带来的误差。^{13}C 核的化学位移可达 200 以上,远远大于氢
谱的化学位移范围,因而在^{13}C NMR 谱图中谱线重叠很少,可以分别观察每一类
碳的吸收信号,可以直接测定碳的种类和分布。这对于像煤这样的包含氢谱信号
高度重叠的稠合芳香化合物的物质来说,有很多便利之处。对于氢量少的高变质
程度煤,^{13}C NMR 也可以作为研究的手段。

　　但^{13}C NMR 信噪比低,灵敏度低(仅为氢谱的 1/5800),必须采用脉冲傅里叶
变换的方法多次叠加以提高信噪比和灵敏度。图 3-26[12]是煤和模型化合物的固
体^{13}C NMR 谱图,从图谱上可以看出,它们具有比较明显的相关性。

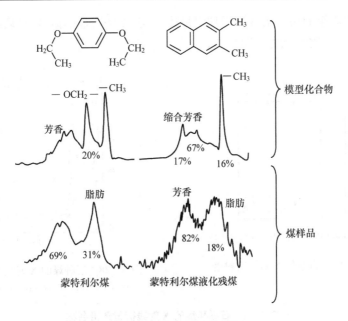

图 3 - 26　煤和模型化合物的[13]CNMR

三、X 射线衍射法

晶体结构具有周期性的点阵结构,其晶格大小与 X 射线的波长是同一个数量级(约 10nm),因此在 X 射线通过时可以产生衍射现象。用照相等方法将衍射花样记录下来就可以得到有关晶体参数的谱图。最基本的定量关系由 Braggle 方程确定:

$$2\,d\sin\theta = n\lambda$$

式中:d——晶面间距,nm;

　　　　θ——X 射线入射角(Braggle 角);

　　　　n——衍射级数,取正整数 1、2、3…;

　　　　λ——X 射线的波长,nm。

石墨具有明显的晶体结构,它的 X 射线衍射图有 9 条谱线(图 3 - 27),每条谱线与特定的晶面指标相关。煤并不是晶体,但 X 射线衍射分析亦能揭示煤中碳原子排列的序性。随着煤化程度的加深,煤中的结构逐渐有序化。褐煤和烟煤只有 2~3 个衍射峰,无烟煤增加到 4 个(图 3 - 28、表 3 - 8)。002 和 004 表示芳香层片的平行定向程度,100 和 110 表示芳香层片的大小。芳香层片的平行定向程度越高、芳香层片尺度越大,衍射条带强度越大,谱峰越尖锐。

同一种煤的不同显微组分在结构上的差异,也在 X 射线图谱上有所反映(图

3-29)。惰质组的衍射谱线与无烟煤最接近,有 4 条明显的谱带;镜质组的可见谱带只有 3 个,壳质组就更不明显了。

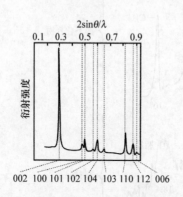

图 3-27　石墨的 X 射线衍射谱

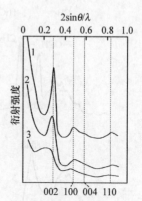

图 3-28　三种煤的 X 射线衍射谱
1—C 94%;2—C 89%;3—C 78%

表 3-8　石墨和煤的 X 射线衍射条带名称

样品	1	2	3	4	5	6	7	8	9
石　墨	002	100	101	102	004	103	110	112	006
半石墨	002	100			004		110		
无烟煤	002	100			004		110		
烟　煤	002	100					110*		
褐　煤	002	100*							

* 表示衍射条带不明显。

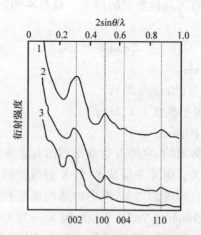

图 3-29　烟煤显微组分的 X 射线衍射谱
1—惰质组;2—镜质组;3—壳质组

随着煤化程度的提高,煤的 X 射线衍射图的清晰程度逐渐提高,逐渐接近于石墨。这表示煤结构中存在着类似于石墨的晶体结构,一般称之为芳香微晶。芳香微晶是由多个芳香层片构成,平行于芳香层片的尺寸为 L_a,垂直于芳香层片的尺寸为 L_c,芳香层片之间的间距为 d。通过 X 射线衍射谱图可以计算出这些微晶参数。不同煤化程度的微晶参数列于表 3-9[14]。由表可见,随煤化程度的提高,反映芳香微晶大小的 L_a 和 L_c 逐渐增加,而反映芳香微晶层间距的 d 逐渐减小。对于低煤化度烟煤,L_a 仅为 1.2nm 左右,芳香层片的堆砌层数约为 3~4 层;到无烟煤 L_a 可达到 2.0nm 以上,堆砌层数约为 5~7 层。微晶的芳香层片堆砌层数与芳香层片的大小 L_a 之间的关系见图 3-30[15]。平行堆砌芳香层片的层间距最大时可达 0.38nm 以上;随煤化度加深,d_{002} 逐渐减小到 0.34~0.35nm(其极限值为理想石墨的层间距 0.3354nm),这说明煤中微晶的晶体结构很不完善,但有向石墨晶体结构转变的趋势。从煤的 X 射线衍射结构参数可以推算出微晶中每一个芳香层片中平均芳香环数和碳原子数。在碳含量为 78% 的煤中,微晶内每层平均环数为 2,每层的碳原子数为 14;碳含量为 90% 的煤,每层平均环数为 4,碳原子数为 18;随煤化度继续加深,环数急剧增加,到无烟煤时达到 12 个环。

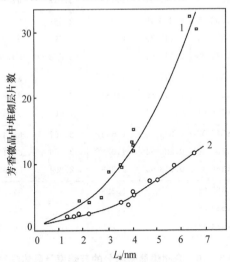

图 3-30 芳香微晶中芳香层片堆砌数与芳香层片大小的关系
1—石墨化碳;2—非石墨化碳

同一煤种的不同显微组分的微晶参数也各不相同。表 3-10[16]给出了兖州煤的不同显微组分的微晶参数,表中从上到下按照显微组分密度的增大排列。可以明显地看到,显微组分微晶的芳香层片间距 d 不断减小,微晶的高度 L_c 不断增加,而微晶的大小 L_a 的变化却呈现为两头数值大中间数值小。V_3 组分的 L_a 与镜质组不同而有较大的数值,反映煤结构单元中存在有更多的缩聚芳烃。V_3 组分虽然从反射率上归属为镜质组,但在微晶结构上却和惰质组相近,因此它可能在热解等反应过程中的性质与惰质组表现相似。

表 3-9　部分中国煤样的 X 射线衍射研究结果

煤种牌号	样品种类	d/nm (002)	d/nm (100)	L_c/nm	L_a/nm	C_{daf}/%	H_{daf}/%	V_{daf}/%
超无烟煤 (74-1)	煤层煤样	0.336 34	0.205 61	18.565	5.768	98.80	0.17	2.37
早古生代 无烟煤 (71-883)	煤层煤样	0.349 57	0.207 67	2.058	5.649	95.56	0.77	3.87
无烟煤 (标-21)	煤层煤样	0.349 84	0.209 97	2.168	2.913	89.65	3.52	11.90
	镜煤样	0.351 19	0.211 75	2.264	3.636	91.55	3.80	8.74
	丝炭样	0.356 17	0.208 58	1.697	3.836	91.81	3.02	
贫煤 (标-8)	煤层煤样	0.351 47	0.212 70	2.090	2.813	89.06	3.80	12.50
	镜煤样	0.352 01	0.211 84	2.111	3.356	91.07	4.23	12.65
	丝炭样	0.363 32	0.209 87	1.443	3.413	91.18	2.85	
瘦煤 (标-11)	煤层煤样	0.352 01	0.216 49	1.968	2.558	85.59	4.19	17.01
	镜煤样	0.355 61	0.216 79	2.099	2.596	90.31	4.70	17.98
	丝炭样	0.365 08	0.212 50	1.422	2.573	90.00	3.58	
焦煤 (标-27)	煤层煤样	0.355 05	0.217 69	1.612	2.414	86.59	4.41	20.69
	镜煤样	0.356 73	0.218 80	1.885	2.539	87.86	4.71	22.94
	丝炭样	0.365 97	0.212 70	1.407	2.565	92.48	2.82	
肥煤 (标-26)	煤层煤样	0.365 08	0.219 10	1.506	2.067	88.44	4.94	28.92
	镜煤样	0.365 08	0.220 54	1.633	2.169	86.18	5.18	33.20
	丝炭样	0.366 86	0.213 56	1.369	2.294	89.03	3.51	
气煤 (标-24)	煤层煤样	0.368 06		1.329		84.96	5.00	32.31
	镜煤样	0.383 38		1.017		85.73	5.36	37.08
	丝炭样	0.374 47		1.159		86.02	3.95	

表 3-10　兖州煤显微组分的芳碳率及晶体参数

组别	f_a^{C*}	d/nm	L_c/nm	L_a/nm
E	0.56	0.492	0.638	1.824
V_1	0.65	0.372	0.658	1.768
V_2	0.69	0.360	0.790	1.490
V_3	0.70	0.360	0.802	1.976
I_1	0.73	0.357	0.946	1.868
I_2	0.77	0.355	1.298	1.998

* 固体 ^{13}C NMR 波谱的实测值。

四、表面测试技术

从对煤表面结构的长期深入研究中,人们探索出多种煤表面结构的测试方法。如气体吸附法,压汞法,小角散射法,电子显微镜法。这些方法各有其适用的范围及优缺点。在实验条件允许的情况下,应根据实际选择合适的方法。

(一)常用的表面测试方法

1.气体吸附法

气体吸附法是表面结构研究的经典方法。一般采用低温(77K)下 N_2 吸附法和室温(298K)下 CO_2 吸附法。通常采用的模型为 BET 方程:

$$\frac{X}{V(1-X)} = \frac{1}{V_m C} + \left[\frac{C-1}{V_m C}\right] X$$

式中: X ——相对压力,即气体的压力 p 与气体在实验温度下的饱和蒸气压 p_s 的
比值 p/p_s ;

V ——相对压力下气体的吸附量,一般折算为标准状态下的体积, m^3 ;

V_m ——单分子层饱和吸附量, m^3 ;

C ——与吸附热有关的常数。

用方程的左端对相对压力 X 作图,可得直线,设斜率和纵轴截距分别为 a 和 b,则

$$V_m = \frac{1}{a+b}$$

若吸附气体为 N_2,取其横截面积为 1.62×10^{-19} m^2,则 BET 法所测的比表面积 S_{BET} 可用下式计算:

$$S_{BET} = 4.353 \times \frac{V_m}{m}$$

式中: m ——样品质量,g。

Anderson[17]在原 BET 方程中引入了针对煤样的经验常数 K,将 BET 方程改为

$$\frac{X}{V(1-KX)} = \frac{1}{V_m CK} + \left[\frac{C-1}{V_m C}\right] X$$

在对煤样进行测定时,一般取 K 值为 0.8,这样就扩展了 BET 方程的线性范围,同时也提高了准确度。

由于 N_2 吸附在极低的温度下操作,因而其扩散活性受到限制,不仅要求平衡

时间长,而且很难探测到微孔范围。Gan[18]对美国煤的表面结构研究发现,N_2 吸附法所得的比表面积在 $1\sim88.4m^2\cdot g^{-1}$,远远低于 CO_2 吸附法所得的表面积 $96\sim426m^2\cdot g^{-1}$。这说明 N_2 只作了对煤中大孔及中孔的探测,不能完全反映出煤中的孔隙结构,因而以 CO_2 为吸附质对煤表面进行测定的方法被广泛采用。

经常采用的数学模型也不仅仅限于 BET 方程,同时还有 D-P 方程:

$$\ln V = \ln V_0 - \left[\frac{BT^2}{\beta^2}\right]\ln^2\left[\frac{p_s}{p}\right]$$

式中:V——压力 p 下所吸附的气体体积,m^3;

V_0——微孔体积,m^3;

T——吸附温度,K;

p_s——吸附气体在吸附温度 T 时的饱和蒸气压,Pa;

B——与平均微孔大小有关的常数;

β——有效系数。

应该说 BET 方程与 D-P 方程并非各自独立而是存在着一定的联系。Walker 等[19]在 298K 下根据两方程用 CO_2 吸附法测定了十余种煤的比表面积,实验结果如表 3-11 所示。研究发现 BET 方程与 D-P 方程求得的比表面积极为相近。还有研究工作对中国 28 种煤的比表面积进行测定,发现 BET 方程与 D-P 方程所得的表面积有如下关系[20]:

$$S_{D-P} = -14.06 + 2.11 S_{BET}$$

但这些结论还只是经验性的,尚未找出理论依据。

CO_2 吸附法被广泛采用的同时,也暴露出其本身缺陷。Dietz 等[21]发现 CO_2 在煤上的吸附量会随着表面羟基的增加而增加。由此人们认为 CO_2 会与表面羟基发生可逆反应,这样一来,CO_2 与含氧基团的作用使 CO_2 吸附量不能真实反映 CO_2 在煤表面发生的物理吸附,而使实验结果失真。Ghetti[22]认为,CO_2 与有机物的这种反应会使可探及到的孔结构收缩,阻止 CO_2 的进一步吸附,而此种反应会随煤中矿物含量(用灰分 A 表示)增加而减少,随挥发分 V_{daf} 的增加而增加,由此提出对 CO_2 比表面的校正方程,并根据此方程得到了较好的实验结果。但与此相反,国内的研究者在对中国煤进行 CO_2 吸附研究时,通过反复的吸附实验所得到的煤表面积并无太大变化,由此而否认了 CO_2 会与表面羟基发生反应的可能性,肯定了 CO_2 作为吸附剂在煤表面结构研究中的可行性[20]。应该说气体吸附法还是存在其自身难以克服的缺点,比如对样品要求进行严格处理、很难进行在线研究等,但无可否认,这种方法仍不失为表面结构测定的经典方法。

表 3 – 11　D-P 方程与 BET 方程所得的煤表面积比较

样　品	比表面积/($m^2 \cdot g^{-1}$)		样　品	比表面积/($m^2 \cdot g^{-1}$)	
	D-P	BET		D-P	BET
St. Nicholas, Pa.	238	226	C Seam, Kentucky	89	85
Loree, Pa.	274	273	No.1 Block, Indiana	100	97
885, Pa.	133	132	HT155	371	375
No.6, Illinois	144	139	HT135	360	360
Elkhorn, Kentucky	86	80	HT141	425	425

气体吸附法是最早用于研究表面分形的方法。主要依据如下关系式：

$$\lg V = \lg K - \frac{D}{2}\lg \sigma + D\lg R$$

式中：V——吸附量，m^3；

　　　σ——吸附质分子的截面积，m^2；

　　　D——分形维数；

　　　R——吸附剂粒径，m；

　　　K——与单位有关的常数。

可以通过测定不同粒径吸附剂的表面积，或用不同的吸附质来确定表面分形维数。实验中一般采用固定吸附质的方法。这样就存在一个吸附质选择的问题。通常人们均选择 N_2 或 CO_2 为吸附质，但前已述及，两者所测表面积常常有差异，这是否会对分形结构的研究有所影响呢？Fairbridge[23]分别用 N_2 和 CO_2 为吸附质对煤的分形维数进行测定，结果所得 D 值几乎完全相同，说明分形维数的确定与所用吸附质无关，这样就为对煤表面分维的测定带来方便，即所测的分维具有普适性。有研究工作对中国 28 种煤的表面积分别用 N_2 和 CO_2 进行了测定，在此基础上根据分形理论对其实验结果进行拟合而得到了各种煤的分形维数，并结合煤阶、芳香性以及挥发分含量等参数对煤分维数的变化规律进行了讨论，其结果与已有的煤结构理论基本吻合[24]。

2．压汞法

用气体吸附法无法测量孔径大于 30nm 时大孔区的孔径分布。这样人们对大孔结构的测定不得不另辟途径，按照弯曲液面附加压力的原理，提出了用水银浸入法测量和计算孔尺寸的方法：

$$p_{Hg} = \frac{-2\gamma\cos\theta}{r} = 0.745\frac{1}{r}$$

式中：p_{Hg}——外加压力，$N \cdot m^{-2}$；

γ——汞的表面张力,一般取 $0.486N \cdot m^{-1}$;

θ——汞与煤的接触角,一般取 $140°$;

r——孔隙的半径,m。

这样,外加压力和孔径就有了对应关系,在不同压力下测定进入样品的汞的量就可以计算出煤的孔径分布。

汞对孔结构的浸入需外界给予足够的压力,压力的存在可能使煤中的孔结构发生相应的变化。对 100MPa 下煤的进汞量的研究发现进汞体积超过了孔体积的总量,说明汞已将煤中的孔结构打开。Kenneth[25]曾将 CO_2 吸附法与压汞法所得孔体积进行比较,发现由于煤这种多孔固体具有压缩性,在高压下所测得的煤的孔体积有明显增加,因而用压汞法对煤的孔结构进行测定时,应该进行必要的校正,尤其是在高压条件下。

压汞法虽然操作简便,但不能用于微孔的测定,只有将气体吸附法与压汞法联合使用,才能求得全范围的孔径分布。气体吸附法测定的孔径上限为 30nm,压汞法所测定的孔径下限为 18nm,两者有一定的重叠区。Gan[18]分析了重叠区内两种方法各自独立的测量结果如表 3-12,并认为两种方法所得结果基本一致,说明其中任何一种都是可信赖的。有研究工作将气体吸附法与压汞法联合使用对煤中孔分布作了大范围的考察,均取得了满意的效果。

表 3-12　气体吸附法与压汞法所得孔容的比较

样　品	孔体积/$(cm^3 \cdot g^{-1})$		样　品	孔体积/$(cm^3 \cdot g^{-1})$	
	等温吸附法	压汞法		等温吸附法	压汞法
PSOC-190	0.010	0.016	POC-197	0.001	0.002
PSOC-26	0.006	0.008	Rand	0.004	0.006
PSOC-105A	0.008	0.010	PSOC-80	0.002	0.003

用压汞法测定表面分形维数是普遍采用的方法。Friesen[26]研究了一定压力下进入孔结构内的汞量 V_{Hg} 与表面分形维数 D 之间的关系,满足下式:

$$\lg\left[\frac{dV_{Hg}}{dp}\right] \propto (D-4)\lg p$$

这样通过测定不同压力下所得到的微孔体积,根据上式即可得到 D 值。借助该方法对加拿大西部低阶煤进行了表面分形结构的研究,结果表明焦化后煤样在 $0.1 \sim 200MPa$ 的压力范围内,分形维数 D 保持在 $2.9 \sim 3$ 之间,与理论相吻合;而未焦化的煤样,只有在 $0.1 \sim 10MPa$ 范围内维数 D 值小于 3,当压力大于 10MPa 后,其分形维数值大于 3,与理论值相违背。Friesen 认为之所以会出现这种情况是由于高压下煤的压缩性以及孔结构的崩溃所造成的。鉴于这种情况,压汞法仅适用于低压力条件下,高压下由于破坏了煤中孔结构而给实验带来误差。

3．小角散射法

当一束极细的 X 光照射到煤样表面时,由于孔结构的存在,使煤表面具有不均匀区,这样 X 光将在原方向附近很小角域散开。而且这个角域在 θ 以内,强度随 θ 增大而减小,这就是小角 X 射线散射法所依据的原理。Reich[27]最先将小角散射法运用到煤结构的研究中。对于均匀球模型可以从非晶质的相关散射理论导出下列关系：

$$\ln I = -\frac{4}{5}\frac{\pi^2}{\lambda^2} r^2 \theta^2 + b$$

式中：I——X 射线的散射强度；

　　　λ——X 射线的波长,m;

　　　r——孔的回转半径,m;

　　　θ——X 光的散射角,弧度；

　　　b——与样品本性和入射 X 射线强度有关的常数。

实验中测得的 $\ln I$ 对 θ^2 作图,由直线斜率便可得出孔回转半径 r。已有研究表明计算得到的 r 与前文 D-P 方程中常数 B 具有直接的联系。

与气体吸附法和压汞法相比,小角散射有其自身的优点。前两种方法在测试以前均需对样品进行预处理,而处理过程极有可能破坏煤中原有的孔结构,使结果失真。另外,前两种方法仅能探测煤中敞开的孔结构,而对闭孔则无法感应。小角散射法可以同时对开孔及闭孔进行探测,真实反映煤中所有孔结构的存在。另外,小角散射还可以在任何压力、温度,甚至在溶解、反应的环境下进行测定,这更便于对煤的结构进行跟踪研究,是其他方法无法比拟的。小角散射法有 X 光小角散射及中子小角散射两种。前者利用了不同物质电子密度不同,后者则利用物质中子散射长度—密度不同。有研究工作把中子散射法对煤的孔结构的测定结果与气体吸附所得的数据进行比较,发现二者具有较好的相互吻合性。小角散射法具有突出的优点但也有自身的缺陷,例如它不能探测到煤中超微孔结构,使其应用受到一定限制。

Bale 和 Schmictt[28]最先成功利用小角散射法对具有分形特征的孔结构进行研究,其理论依据为散射强度 $I(\theta)$ 与表面分维 D 在小角度下有如下关系：

$$I(\theta) = I_0 \theta^{-\alpha}$$

$$\alpha = 6 - D$$

式中：I_0——入射 X 射线的强度。

Reich 曾用小角散射法对维多利亚褐煤在干燥过程中分形结构的变化进行研究,实验结果说明煤表面分形特征的存在,同时可以看出原煤脱水以前,水分填充了煤中孔结构,使其表现为体积分形,脱水后则体现出面分形的特征。Johnston[29]

则用同样的方法对维多利亚褐煤的热加工过程进行了研究,得出了此过程中 D 值的平均值与误差限。

4．电镜法

电子显微镜法是直接观察固体表面微观形貌特征的最常用的方法。煤的空隙结构可以在电子显微镜下直观的显现出来,甚至煤中的大分子立体结构都可以借助电镜加以研究。有研究报道利用高分辨率电镜对京西和晋城无烟煤的分子结构进行测定,认为高分辨电镜技术是研究煤分子结构和煤化作用实质的有效方法,作者在东京大学用 HRTEM 技术对平朔烟煤的三种基本有机显微组分的大分子结构研究也证明了这一点;还有研究工作用电镜法对煤焦表面的分形特征作了详细的阐述[30]。从 SEM 的二次电子图像可以直接反映出固体表面的三维形貌特征,当入射电子束强度为 I_P 时,二次电子信号强度 I_S 满足:

$$I_S = C\frac{I_P}{\cos\theta}$$

θ 即为电子束与固体表面法线的夹角,这样固体表面有不同程度的凹凸起伏时,入射电子束就会出现不同程度的倾斜,由各像点发生的二次电子量也就各不相同。

当电镜研究对象是具有分形特征的表面时,就必然会产生分形的 SEM 灰度值。这样根据该图像的灰值变化分析即可求取煤焦的分形维数。对于图像灰度分析则依赖于计算机图像处理系统,包括摄像机、电子计算机、多媒体接口、以及图形处理分析软件。计算分形维数的方法则通常采用离散分形布朗增量随机场模型。从其实验测量数据以及所推导的模型计算结果来看,与实际情况和理论条件都是相当吻合的。

(二)原煤常规表面结构的表征

作者所选用的煤样为阜新长焰煤、平朔气煤、辛置肥煤、峰峰贫煤和晋城无烟煤共五种不同变质程度的煤样,其工业分析和元素分析详见表 3 - 2 和表 3 - 13。为使实验结果具有可比性,五种煤样均经碾磨和筛分,取 140～160 目区间范围内粒径在 $100\mu m$ 左右的煤样为测试样品。

表 3 - 13　平朔气煤的工业及元素分析数据/%

煤　样	工业分析			元素分析				
	M_{ad}	A_d	V_d	C_d	H_d	O_d	N_d	S_{td}
平朔气煤	2.70	13.86	36.85	81.34	5.08	1.43	0.92	11.31

煤表面结构的测定采用 ZXF-05 型自动吸附仪。在实验前须对包含所有样品

管的仪器常数进行测定,仪器常数在实验过程中为固定数值。样品在测试前必须在预处理炉内进行加热脱气处理,温度控制在 1000～1300℃之间,直到真空度达到小于 6.7Pa。实验使用的吸附质为高纯氮气,由气体钢瓶提供,通过减压阀减至 0.2～0.3MPa,通过电磁阀控制进入样品管,整个测试过程由单板机程序控制。根据每个吸附过程的初压和平衡压力得到相应点的吸附量。吸附条件为液氮温度下,煤样一般取 1g 左右。

1. 煤表面结构参数的计算

在本节涉及的煤表面结构参数包括仪器常数、样品吸附量、比表面积和孔径。

仪器常数的物理意义为平衡压力每增加一个单位压力时,所需往空白系统补充气体的标准体积,其计算公式为

$$K = \frac{Y(p_{ei} - p_{ni})}{(p_{ni} - p_{n(i-1)}) T_{si}}$$

$$Y = \frac{V_z T_0}{p_0}$$

式中：　　　K——仪器物理常数,$m^3 \cdot Pa^{-1}$;

　　　　　V_z——吸附仪定容器的体积,m^3;

　　　　　T_{si}——吸附仪定容器温度,K;

　　T_0、p_0——标准状态的温度和压力,K、Pa;

　　p_{ei}、p_{ni}——第 i 次测量的注入压力和平衡压力,Pa。

实验中 K 值取四次测量值的平均值。

样品的吸附量测定时,首先装入样品,然后测量多次 p_n 和 p_e 便可由下式计算得到每次平衡的吸附量：

$$V_{ai} = V_{a(i-1)} + \frac{Y(p_{ei} - p_{ni})}{T_{si}} - (p_{ni} - p_{n(i-1)})(K - K')$$

$$K' = \frac{m T_0}{p_0 T_n d}$$

式中：V_{ai}——第 i 次测量的平衡吸附量,m^3;

　　　T_n——液氮温度,K;

　　　m——样品质量,kg;

　　　d——样品真密度,$kg \cdot m^{-3}$。

样品吸附达到饱和后发生脱附时的吸附量计算如下：

$$U_{ai} = V_t - Y \sum_{j=1}^{i-1} \left[\frac{p_{ej} - p_{dj}}{T_{si}} \right] - p_{di}(K - K')$$

$$V_t = V_s + p_{ns}(K - K')$$

式中：　U_{ai}——样品饱和吸附量，m^3；

　　　　V_t——总注入量，m^3；

　　　　V_s——吸附周期总吸附量，m^3；

　　　　P_{ns}——吸附周期末点平衡压力，Pa；

　P_{ej}、P_{dj}——脱附周期第 j 点注入压力和平衡压力，Pa。

比表面积采用最常用的 BET 公式计算（见本章第一节四（一）1.）。孔径分布则按圆筒孔物理模型处理，采用 D-H 方程，即

$$\Delta V_i = \frac{\bar{r}_i^2 \left[\Delta U_i - \Delta t_i \sum_j^{i-1} \frac{2V_j}{\bar{r}_j} + 2t_i \Delta t_i \sum_j^{i-1} \frac{\Delta V_j}{\bar{r}_j^2} \right]}{(\bar{r}_{ki} + \Delta t_i)^2}$$

$$\Delta U_i = U_{ai} - U_{a(i-1)}$$

$$r_i = r_{ki} + t_i$$

式中：r_k——Kelvin 半径，m；

　　　t——吸附层厚度，m。

由此计算出 $\Delta V / \Delta r$ 的微分值，即可获得孔径分布曲线，同时可求取任意孔径区段的累计孔容分布。煤样中平均孔径计算采用下式：

$$r_{mean} = \frac{\sum_{j=1}^{n-1} \Delta V_j}{\sum_{j=1}^{n-1} \frac{\Delta V_j}{\bar{r}_j}}$$

式中：r_{mean}——平均孔径，m；

　　　n——实验抽取样本的数目。

此外，最概然孔径指孔径分布函数取得最大值的孔径，从孔径分布曲线可以直接得到。

　　为验证此计算过程和实验方法的可靠性，用标准分子筛作为样品进行检验，得到了与实际情况相吻合的实验结果。

2．五种煤样的表面结构特点

　　表 3-14 为所得五种煤样的表面结构参数，图 3-31～图 3-35 为五种煤样的孔径分布曲线，图 3-36 为原煤比表面积随煤阶的变化曲线。

　　对比不同煤种的表面结构情况，可知煤中孔隙分布以微孔最为发达，五种煤的最概然孔径均小于 1nm，平均孔径在 3nm 以内，说明孔隙结构主要集中在微孔区域范围内，虽然所得煤比表面积较大，但孔容却都很小。但是平朔气煤最为特殊，它的比表面和孔容均几倍于其他四种煤。究其原因，可以归结为煤中不同煤岩显微组分的含量不同。目前对显微组分所具有的比表面积人们已形成共识，即惰质

组＞壳质组＞镜质组。有研究表明,惰质组的比表面积要三倍于另外两种显微组分的比表面积,而平朔煤为富含惰质组的一种原煤,惰质组含量高达 25%。因此,可以认为平朔煤所具有的较大比表面积是因为其惰质组含量较高的原因。若将其视为特例,则其他四种煤的比表面积变化规律与人们对煤表面结构所形成的共识是相一致的[31],即随着煤阶的增加,比表面积呈现先减小后增大的趋势,在碳含量为 85% 左右比表面有最小值。

表 3-14　五种煤样表面结构参数

样品	比表面积/(m²·g⁻¹)	孔体积/(cm³·g⁻¹)	最概然孔径/Å	平均孔径/Å
阜新长焰煤	4.229	0.008	8.28	25.70
辛置肥煤	3.122	0.013	8.74	27.29
平朔气煤	15.480	0.035	9.30	13.18
峰峰贫煤	4.300	0.010	9.43	27.58
晋城无烟煤	6.032	0.012	8.40	21.86

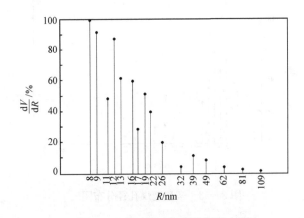

图 3-31　晋城无烟煤孔径分布图

碳含量为 83% 的辛置肥煤比表面最小,只有 3.122m²·g⁻¹。从孔径分布图可以对该结果进行解释,即同其他三种煤相比,辛置肥煤具有最大的孔容,但同时它也具有最大的最可几孔径,这使得其孔径分布函数的峰值向大孔方向移动。在孔结构中,小孔对比表面的贡献要远远大于相应的大孔,因而使得其比表面积减小。阜新长焰煤虽然其孔容最小,但由于它具有最小的最可几孔径,因而拥有较大的比表面也同时说明了这点。晋城无烟煤的变质程度最高,其平均孔径在五种煤中也最小,且大多数孔均分布于 2.5nm 以内,并分布均匀,说明随着煤的变质程度的增加,煤中结构单元的芳香性增加,其分子排列趋于规则化,煤表面形态也逐渐致密,孔分布更加集中于小孔一侧。

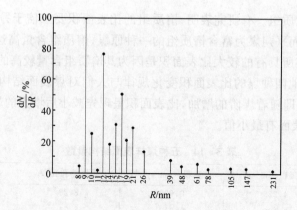

图 3-32　峰峰贫煤孔径分布图

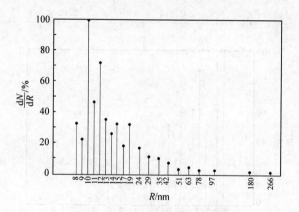

图 3-33　辛置肥煤孔径分布图

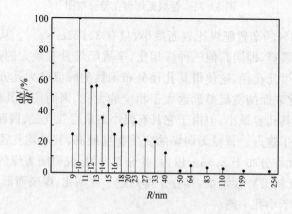

图 3-34　平朔气煤孔径分布图

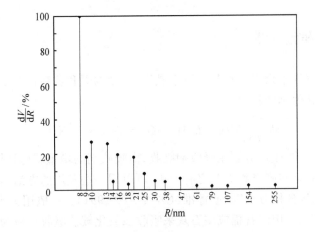

图 3-35　阜新长焰煤孔径分布图

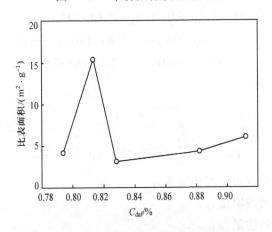

图 3-36　原煤比表面积变化趋势图

第二节　化学方法

一、煤中主要元素的化学分析

　　煤的元素分析主要指煤中碳、氢、氧、氮、硫五种元素的测定。每一种元素的测定,目前都有相应的国家标准规定的方法,也有一些现代仪器分析的方法可以应用。这些方法都已经相对成熟,不拟详细讨论,本节只介绍相关的基本化学原理。

（一）煤中碳和氢的测定

一定量的空气干燥煤样在氧气流中燃烧，其中的碳和氢转化成二氧化碳和水，此外还生成了其他副产物：

$$煤 \xrightarrow[\text{燃烧}]{O_2} CO_2 + H_2O + SO_2 + Cl_2 + N_2 + NO_2$$

反应生成的 CO_2 和 H_2O 分别用吸收剂吸收，由吸收剂的增重就可计算出碳和氢的含量。反应中的某些副产物对测定有干扰，可以用一些专用的方法消除，具体细节可参见"煤的元素分析方法"国家标准（GB/T 476-1991）。一般用无水氯化钙或过氯酸镁来吸收水分，用碱石棉或碱石灰来吸收二氧化碳。吸收反应为

$$2H_2O + CaCl_2 \longrightarrow CaCl_2 \cdot 2H_2O$$

$$4H_2O + CaCl_2 \cdot 2H_2O \longrightarrow CaCl_2 \cdot 6H_2O$$

$$6H_2O + Mg(ClO_4)_2 \longrightarrow Mg(ClO_4)_2 \cdot 6H_2O$$

$$CO_2 + 2NaOH \longrightarrow Na_2CO_3 \cdot H_2O$$

测定结果按下式计算：

$$C_{ad} = \frac{0.2797\, m_1}{m} \times 100$$

$$H_{ad} = \frac{0.1119\, m_2}{m} \times 100 - 0.1119\, M_{ad}$$

式中：m_1——二氧化碳吸收剂的增重，g；

　　　m_2——吸水剂的增重，g；

　　　m——煤样的质量，g。

（二）煤中氮的测定

煤中氮的测定方法一般采用开氏法，其测定机理尚未得到充分阐明。测定时，取一定量的空气干燥煤样在催化剂作用下与浓硫酸一起加热消化，氮转化为硫酸氢铵。加入过量的氢氧化钠溶液，把氨蒸出并吸收在硼酸溶液中，用标准酸溶液滴定，即可求出煤中氮的含量。具体细节可参见"煤的元素分析方法"国家标准（GB/T 476-1991）。各步反应如下：

$$煤 \xrightarrow[\text{催化剂}]{\text{浓 } H_2SO_4} NH_4HSO_4 + CO_2 + CO + SO_2 + SO_3 + Cl_2 + H_3PO_4 + N_2（极少）$$

$$NH_4HSO_4 + H_2SO_4 + NaOH（过量） \xrightarrow{\triangle} NH_3 + Na_2SO_4 + H_2O$$

$$NH_3 + H_3BO_3 \longrightarrow NH_4H_2BO_3$$

$$2NH_4H_2BO_3 + H_2SO_4 \longrightarrow (NH_4)_2SO_4 + 2H_3BO_3$$

测定结果按下式计算：

$$N_{ad} = \frac{0.014\,cV}{m} \times 100$$

式中：V——硫酸标准溶液的用量，ml；

$\quad\ \ c$——硫酸标准溶液的浓度，$mol \cdot l^{-1}$；

$\quad\ \ m$——煤样的质量，g。

　　开氏法在消化反应过程中，煤中的以吡啶、吡咯和嘌呤形态存在的有机含氮杂环化合物，有一部分以氮分子的形态逸出，致使测定值偏低。高煤化度的贫煤和无烟煤所含的杂环氮化物更多，测定值更偏低一些。为了使测定结果更准确，必须收集并测定在消化反应中分解出来的游离氮以作校正，或改进消化方法，如补加助催化剂（三氧化铬等）以抑制氮分子的析出。

（三）煤中硫的测定

　　煤中硫的测定分为全硫测定和各种形态硫测定两类。全硫的测定有三种方法，即艾氏法、库仑滴定法和高温燃烧中和法。其中艾氏法又称重量法，是仲裁分析法，其测定原理和方法概要如下。

　　将空气干燥煤样与艾氏剂（由两份轻质氧化镁和一份无水碳酸钠的固体混合物构成）混合灼烧，使煤中硫转化为硫酸钠和硫酸镁，然后加入氯化钡溶液，使可溶性硫酸盐全部转变为硫酸钡沉淀，根据硫酸钡的质量即可算出煤中的全硫含量。主要反应有：

$$煤 \xrightarrow{O_2} CO_2 + N_2 + H_2O + SO_2 + SO_3$$

$$2SO_2 + SO_3 + 3Na_2CO_3 + O_2 \xrightarrow{\triangle} 3Na_2SO_4 + 3CO_2$$

$$2SO_2 + SO_3 + 3MgO + O_2 \xrightarrow{\triangle} 3MgSO_4$$

$$MgSO_4 + Na_2SO_4 + 2BaCl_2 \longrightarrow 2BaSO_4 \downarrow + 2NaCl + MgCl_2$$

测定结果按下式计算：

$$S_{t,ad} = \frac{0.1374\,m_1}{m} \times 100$$

式中：m_1——硫酸钡的质量，g；

$\quad\ \ m$——煤样的质量，g。

　　艾氏法的测定细节以及其他两种测定全硫的方法库仑滴定法和高温燃烧中和法的原理和步骤可参见"煤中全硫的测定方法"国家标准（GB/T 214-1996），煤中其他形式的硫的测定可依照"煤中各种形态硫的测定方法"国家标准（GB/T 216-

1996)进行。

(四) 煤中氧的测定

　　煤中的氧也可以通过实验方法直接测定。在氮气流和 $105\sim110℃$ 下干燥煤样,然后使之在 $1125\pm25℃$ 下分解,有机物挥发,只留下不含氧的焦渣。挥发产物中含有以有机状态结合的氧,用纯碳将挥发产物中的氧转化为一氧化碳并进一步氧化成二氧化碳,然后用滴定法或重量法测定。在直接测定煤中氧元素时,必须先将煤样干燥脱水和进行脱除矿物质处理以消除无机氧的影响,测定所用的仪器设备和操作步骤都比较复杂。测定的具体细节可参见 ISO 1994-1976。

　　由于直接测定在实验上的困难,在元素分析的实际工作中一般都不采用直接测定法,而是采用间接计算法。煤中氧含量可以近似地按下式计算:

$$O_{ad} = 100 - (C_{ad} + H_{ad} + N_{ad} + S_{t,ad} + M_{ad} + A_{ad})$$

当煤中碳酸盐二氧化碳含量 $CO_{2,ad}$ 大于 2% 时,则

$$O_{ad} = 100 - (C_{ad} + H_{ad} + N_{ad} + S_{t,ad} + M_{ad} + A_{ad} + CO_{2,ad})$$

间接计算求得的氧含量存在较大误差,这不仅是因为其他各项元素测定的分析误差都累积到 O_{ad} 上,而且从基本概念上说存在着近似的因素:A_{ad} 并不等于煤中矿物质含量,$S_{t,ad}$ 也不代表煤中的灰分以外的有机硫。

二、煤中官能团的化学分析

　　煤中的大部分官能团可以用经典的化学分析方法测定。随着分析仪器和波谱技术的迅速发展,煤中官能团的测定一般不再采用化学分析的方法,而是采用更方便、更快捷、更准确的仪器分析方法。基于这种原因本小节先简单介绍一些有关煤中官能团的典型的化学反应,旨在介绍一些化学分析方法,以加深对煤化学性质的理解。

(一) 羧基(—COOH)

　　羧基呈酸性,常用的测定方法是将煤样与乙酸钙反应,然后以标准碱溶液滴定生成的乙酸,反应式如下:

$$2RCOOH + Ca(CH_3COO)_2 \xrightarrow{1\sim2d} (ROO)_2Ca\downarrow + 2CH_3COOH$$

羧基含量以 $mmol\cdot g^{-1}$ 表示(其他官能团表示法与此相同)。

（二）羟基（—OH）

羟基常用的化学测定方法是将煤样与 $Ba(OH)_2$ 溶液反应，后者可与羧基和酚羟基反应，从而测得总酸性基团含量，再减去羧基含量即得酚羟基含量。反应式如下：

$$R\begin{array}{c}COOH\\ \\OH\end{array} + Ba(OH)_2 \longrightarrow R\begin{array}{c}COO\\ \\O\end{array}Ba\downarrow + 2H_2O$$

而醇羟基含量可采用乙酸酐乙酰化法测得总羟基含量，用差减法求得。还有一种方法是用 $KOH—C_2H_5OH$ 溶液反应，羧基和羟基与 KOH 反应生成盐，不溶于 C_2H_5OH，把反应后的煤放在蒸馏水中通入 CO_2，碳酸强度介于羧酸和羟基之间，能分解羟基形成的盐，生成 K_2CO_3，然后进行滴定。反应式如下：

$$2R\begin{array}{c}COOK\\ \\OK\end{array} + CO_2 + H_2O \longrightarrow 2R\begin{array}{c}COOK\\ \\OH\end{array} + K_2CO_3$$

（三）羰基（ $\diagup C = O$ ）

羰基没有酸性，比较简便的测定方法是使煤样与苯肼溶液反应，反应如下：

$$R-\overset{|}{C}=O + H_2N-N\overset{H}{-}\text{⬡} \longrightarrow R-\overset{|}{C}=N-N\overset{H}{-}\text{⬡} \downarrow + H_2O$$

过量的苯肼溶液可用菲林溶液氧化，测定 N_2 的体积即可求出与羰基反应的苯肼量。也可测定煤在反应前后的氮含量，根据氮含量的增加计算出羰基含量。煤中的醌基有氧化性，但没有标准化学测定方法，一般用 $SnCl_2$ 还原剂进行测定。

（四）甲氧基（—OCH₃）

甲氧基能和 HI 反应生成 CH_3I，再用碘量法测定。反应式如下：

$$ROCH_3 + HI \longrightarrow ROH + CH_3I$$

$$CH_3I + 3Br_2 + H_2O \longrightarrow HIO_3 + 5HBr + CH_3Br$$

$$HIO_3 + 5HI \longrightarrow 3I_2 + 3H_2O$$

（五）醚键（—O—）

醚键相对不易起化学反应和不易热分解，所以也被称为非活性氧。其测定方法未最终解决，可用 HI 水解，反应如下：

$$R—O—R' + HI \longrightarrow ROH + R'I$$

$$R'I + NaOH \longrightarrow R'OH + NaI$$

然后，测定煤中增加的羟基或测定与煤结合的碘。这种方法不够精确，不能保证测出全部醚键。

三、溶 剂 抽 提

不同变质程度煤的部分结构信息，可通过溶剂抽提，然后分析抽提物中低相对分子质量产物的组成和结构来获得。在适度的反应条件下，对煤进行催化化学反应，有选择性地断裂某些连接煤基本结构单元的交联键，而不使基本结构单元发生改变能获得更多的煤结构信息。

溶剂抽提是研究煤的最早方法之一，有研究工作通过研究溶剂抽提物来阐明煤的结构，许多关于煤的主要认识和概念是通过这种方法获得的。从目前来看，许多新的分析手段仍然需要溶剂抽提来配合，对煤中高附加值产品研究的兴起更是几乎都要用到溶剂抽提的方法，所以有关这方面的研究至今仍受到广泛重视。

（一）煤溶剂抽提法的分类

根据溶剂种类、抽提温度和压力等条件不同，煤的溶剂抽提方法有许多种类。这些方法各有其特点，可以针对不同的研究目的和研究对象选择其中一种或几种。

1．普通抽提

抽提温度在 100℃以下，用普通的低沸点有机溶剂，如苯、氯仿和乙醇等抽提。这种抽提的抽出物很少，烟煤的抽提物产率通常≤1%～2%。抽出物多是由树脂和树蜡所组成的低分子有机化合物，不是煤的代表性结构成分。

氯仿直接抽提烟煤，抽提率不到 1%。若把煤在还原性气氛下快速加热至 400～410℃（高挥发分烟煤）或 430～450℃（中等挥发分烟煤），抽提率可增加到 4%～7%。经过水解和乙烯化处理，氯仿抽提率也可以明显提高。常压下用苯在沸点温度抽提烟煤，抽提率一般在 1%左右。如果提高温度和压力，如 285℃、5.5MPa 下，抽提率可增加到 5%～10%。预热煤氯仿抽提和氯仿抽提物化学组成基本相似,抽提率也相近,两者有一定的内在关系。

2. 特定抽提

抽提温度为 200℃ 以下,采用具有电子供体性质的亲核性溶剂,如吡啶类、酚类和胺类等的抽提。抽提物产率可达 20%～40%,甚至超过 50%。由于抽出物数量多,抽提中基本上无化学变化,所得抽出物与煤有机质的基本结构单元类似,故对煤结构研究特别重要,是迄今为止研究煤结构的主要方法之一。

表 3－15[32]是采用吡啶为溶剂对不同煤化程度的煤样进行抽提的情况。吡啶的抽提率与煤化程度有关,对年轻烟煤有较高的抽提率,抽提物的元素组成与原煤十分接近。吡啶有很强的电子给予能力和形成氢键的能力,既有溶解作用,还有胶溶作用,所以吡啶对煤有较高的抽提率。胺类溶剂对煤具有良好的抽提性能,对年轻煤更为突出。关于吡啶和胺类溶剂抽提率与煤化度的关系见图 3－37[33]。

表 3－15　煤的吡啶抽提物元素组成和抽提率

样　品	元 素 组 成 /%,daf					抽提率/%
	C	H	N	S	O(差减)	
原　煤	76.3	5.2	1.3	0.7	16.5	6.7
抽提物	77.5	6.4	1.7	0.4	14.0	
原　煤	82.6	5.9	1.7	1.6	8.1	21.4
抽提物	83.9	6.2	1.8	0.4	7.7	
原　煤	85.1	5.3	1.5	1.0	7.1	20.9
抽提物	83.0	5.8	2.3	0.4	8.5	
原　煤	86.1	5.5	1.8	1.0	5.6	19.3
抽提物	87.1	6.0	1.8	0.5	4.6	
原　煤	90.0	4.4	0.7	3.8	1.1	2.8
抽提物	88.4	5.2	1.8	0.4	4.2	
原　煤	90.4	4.6	1.4	0.5	3.1	2.5
抽提物	90.5	5.3	1.7	0.4	2.1	

有详细的研究工作曾对煤有机质的组成进行了溶剂特定抽提法的研究。在工作中较详细地研究了一个矿层按其走向而不同的烟煤(长焰煤、气煤、肥煤、焦煤)的苯-乙醇与苯酚抽出物的组成。从所有煤中得到的苯-乙醇抽出物是一个复杂的混合物,它由溶于苯与不溶于苯的部分组成。后者比前者碳、氢含量低,氧含量高。可溶于苯的部分又可分为酸性、碱性及中性物质。苯酚抽出物是由溶于与不溶于乙醇两部分构成,它们中间的差别主要是氧连接的不同。所有这些抽提物的化学组成随煤样品的变质程度不同而有规律地变化。苯-乙醇及碱抽出物的收率,从长

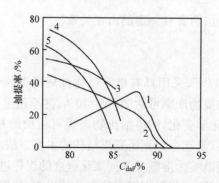

图 3‑37　几种溶剂对煤的抽提率与煤化程度的关系
1—吡啶；2—乙二胺；3—苯甲胺；4—二乙基三胺；5—乙醇胺

焰煤到焦煤减少；苯酚抽出物的收率从长焰煤到肥煤增加，而到焦煤则显著下降。苯-乙醇抽出物中的酸性物质与中性物质从长焰煤到焦煤呈有规律地变化，即酸性物质减少，中性物质增加。

3．超临界抽提

临界状态是物质固有的性质，在临界状态物质的物态之间的差别消失了，物质的临界温度、临界压力是物性常数。表 3‑16 列举了几种溶剂的临界参数。在相图上临界点以上的状态称为超临界状态，此状态下的物态称之为超临界流体。在临界状态下物质的挥发度增大、分子间作用增强，所以在超临界状态下的抽提兼有蒸馏和液液萃取两个方面的作用。抽提温度一般在 400℃左右，抽提率可达 30％以上。这种方法可以避免一些不希望发生的热解反应，在较低温度下抽提出较多的抽出物。

表 3‑16　几种溶剂的临界参数

溶剂	临界温度/℃	临界压力/MPa
苯	289	4.9
甲苯	318	4.1
二甲苯	343	3.5
三甲苯	364	3.1

表 3‑17[34]是典型的一个超临界抽提的分析情况。

表 3‑17　典型超临界抽提物、原料煤及残渣的分析

指　标	原料煤	抽提物	残渣	指　标	原料煤	抽提物	残渣
$C_{daf}/\%$	82.7	84.0	84.6	H/C	0.72	0.98	0.63
$H_{daf}/\%$	5.0	6.9	4.4	$OH_{daf}/\%$	5.2	4.4	4.8
$O_{daf}/\%$	9.0	6.8	7.8	$A_d/\%$	4.1	0.005	5.0
$N_{daf}/\%$	1.85	1.25	0.90	$V_{daf}/\%$	37.4	—	25.0
$S_{ar}/\%$	1.55	0.95	1.45	相对分子质量	—	490	

4．热解抽提和加氢抽提

热解抽提温度在 300℃以上，以多环芳烃为溶剂，如菲、蒽、喹啉和焦油馏分等的抽提。因抽提中伴有热解反应，故称热解抽提。抽提的产率一般在 60% 以上，少数煤甚至高达 90%。

加氢抽提的抽提温度在 300℃以上，采用供氢溶剂，如四氢萘、9，10–二氢菲等，或采用非供氢溶剂但在氢气存在下进行抽提。抽提中伴有热解和加氢反应，是典型的煤液化方法，因此抽提率很高。

这两种抽提方法对煤的结构影响较大，所以近年来在煤结构研究中应用较少，而是向其他应用途径如煤的液化等方向发展。详细内容请参考其他专著。

（二）煤的抽提率与溶剂性质的关系

1．煤和溶剂的溶解度参数

根据化学热力学，要使溶质溶解于溶剂必须要混合自由能 $\Delta G < 0$。因 $\Delta G = \Delta H - T\Delta S$，所以要求溶解热 ΔH 应尽可能地小。对于溶解过程 ΔH 可以用下式计算：

$$\Delta H = \frac{n_1 V_{m,1} \cdot n_2 V_{m,2}}{n_1 V_{m,1} + n_2 V_{m,2}} \left(\delta_1^{\frac{1}{2}} - \delta_2^{\frac{1}{2}} \right)^2$$

$$\delta_1 = \frac{\Delta E_1}{V_{m,1}}, \quad \delta_2 = \frac{\Delta E_2}{V_{m,2}}$$

式中：　　n——分子分数，1 代表溶剂，2 代表溶质（下同）；

　　　　　V_m——摩尔体积，$m^3 \cdot mol^{-1}$；

　　　　　δ——溶解度参数，$J \cdot m^{-3}$；

　　　　　ΔE——内聚能，$J \cdot mol^{-1}$。

从上式可知，为使 ΔH 尽可能小，δ_1 和 δ_2 应尽量接近。

煤的溶解度参数 δ_C 与煤化程度有关。在图 3–38 中的两条曲线包围了由芳香度的低值和高值的限定的 δ_C 范围。煤中 $C_{daf} 70\%$，δ_C 约为 63J·cm^{-3}，随着煤化度增加，δ_C 逐渐降低；至煤中 C_{daf} 接近 90%，δ_C 最低，约为 46J·cm^{-3}；在以后又略有回升，但已超出煤实际可能溶解的范围，没有什么意义（图 3–38 中虚线部分）。常见溶剂的溶解度参数列于表 3–18。

表 3–18　常见溶剂的溶解度参数/(J·cm^{-3})

溶剂	苯	氯仿	四氢萘	菲	吡啶	乙二胺	乙醇胺
δ_C	37.6	38.0	38.9	43.9	44.7	46.0	54.3

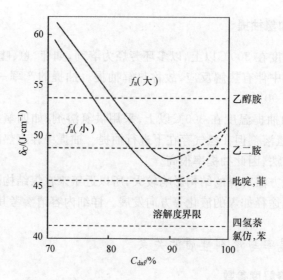

图 3-38　煤的溶解度参数和煤化度的关系

低煤化度煤的 δ_C 在 54 J·cm^{-3} 左右,与乙醇胺和乙二胺等胺类溶剂的 δ 接近,故胺类溶剂对低煤化度煤的抽提率特别高。吡啶的 δ 为 44.7 J·cm^{-3},与中等煤化度煤的 δ_C 最接近,所以吡啶对这种煤的抽提率最高,胺类的抽提率就要小一些(图 3-37)。苯和氯仿的 δ 远低于煤,所以抽提率很低。虽然煤的溶解问题非常复杂,并不是溶解度参数一个因素决定的,但是利用溶解度参数数据可以粗略解释溶剂对煤的作用。

2. 溶剂的电子授受能力

溶剂对溶质的溶解作用与溶剂有关。溶剂对煤的抽提作用与溶剂的供电子能力(DN 值)和受电子(AN 值)能力有一定的相关性。表 3-19 列出了一种高灰分烟煤的抽提率与溶剂授受电子能力的关系。可以看出,抽提率与(DN－AN)有一个大致的正变关系。

3. 相似相溶规律

关于物质的溶解有一条著名的经验规则,即"相似相溶"。此处的"相似"含义是多方面的,可以是结构的相似、相对分子质量的相似、分子几何形状的相似或是某些物理属性的相似。此规则的一个典型特例是,非极性溶质易溶于非极性溶剂中,而极性溶质易溶于极性溶剂中。因为煤是具有杂原子芳香类物质,所以芳香烃,尤其是杂环烃和酚类对煤的抽提率高,非芳香烃的抽提率低。

此外,具有高电负性原子能与煤表面的活泼氢形成氢键的溶剂抽提率高,如胺类、吡啶和酚类对煤的抽提作用就要比不含杂原子的芳烃大得多。

表 3–19　高挥发分烟煤的抽提率和溶剂供电子与受电子性的关系

溶　剂	抽提率 W_1(daf,%)	DN	AN	DN－AN
正己烷	0.0	0	0	0
水	0.0	33.0	54.8	－21.8
硝基甲烷	0.0	2.7	20.5	－17.8
异丙醇	0.0	20.0	33.5	－13.5
醋酸	0.9	—	52.9	—
甲醇	0.1	19.0	41.3	－22.3
苯	0.1	0.1	8.2	8.1
乙醇	0.2	20.5	37.1	16.6
氯仿	0.35	—	23.1	—
丙酮	1.7	17.0	12.5	＋4.5
四氢呋喃	0.8	20.0	8.0	＋12.0
乙醚	11.4	19.2	3.9	＋15.3
吡啶	12.5	33.1	14.2	＋18.9
二甲基甲酰胺	15.2	26.6	16.0	＋10.6
乙二胺	22.4	55.0	20.9	＋34.1
甲基吡咯烷酮	35.0	27.3	13.3	＋14.0

（三）抽提法对煤中小分子相结构的确定

本小节介绍作者用抽提的方法对煤中小分子相结构的研究。煤的抽提与热解间存在许多相近之处,两者的基本目的都是通过提供能量将煤中小分子相解缔释放的过程。通过对抽提可溶物的分析可以使我们从另一角度考察影响煤反应性主要组分的性质及其与煤结构间的关系。

1. 实验方法和溶剂的选择

作者所用煤样列于表 3–2,煤样 5g,粒度<200 目。抽提溶剂选用 N-甲基-2-吡咯烷酮(NMP)纯溶剂与 NMP＋CS_2(75∶1,1∶1)混合溶剂,溶剂 75ml,抽提温度 90～100℃,抽提时间 24h。抽提产物的分离采用旋转蒸发器,90℃减压分离,搜集到的抽提物用甲醇稀释后采用 GILSON 高压液相色谱(HPLC)进行分离与分析。流动相为无水甲醇及二次蒸馏水,梯度洗提。甲醇梯度从 80％到 100％,洗提流速 1ml·min^{-1},泵头压力 25MPa,色谱柱为 Partisil 5 ODS-3,填料尺寸 5.0μm,有效容积 2.52ml,柱长 250mm。检测器为紫外检测器,波长 254nm。两次测定间用 100％甲醇淋洗 1h。

抽提率计算公式为

$$抽提率(\%,daf) = \frac{m_1 - m_2}{m_1} \times 100\%$$

式中：m_1——抽提前煤样的质量，g；

　　　m_2——抽提后煤样的质量，g。

液相色谱(反相)对混合物的分离是利用试样的极性不同来完成的,对于带有不同长度侧链以及烷基碳数不同的多环芳烃更宜于用反相色谱进行分离和分析,而这一性质正好适用于煤抽提物。在大多数情况下,整体性质是它各单独部分的总和。这个原则是否也可应用于煤的抽提物尚待证实,因为煤抽提物结构的复杂性,各个组分间的相互影响不可忽视。

抽提溶剂 N-甲基-2-吡咯烷酮的使用主要是利用其具有较强的偶极性,同时从其结构(结构式见上表)可以看出,NMP既可充当供电体(═O)又可充当受电体(—CH$_3$),这对于结构复杂的煤来说应该是非常理想的。从表3-20可以看出抽提规律同以往的研究结果基本类似,也是随煤阶增加抽提率有逐渐增大的趋势。在高挥发分的肥煤、焦煤阶段抽提率达到峰值(～20%),然后又随煤阶的增加迅速下降,在无烟煤和贫煤阶段同以往的报道相近甚至还要低。这说明煤的溶剂抽提除符合 EDA(electron-donor-acceptor)机理外,在溶剂与高阶煤的作用中还存在着与低阶煤不同的相互作用。CS$_2$ 的加入使煤的抽提率有明显的提高,特别是对于高挥发分的长焰煤和变质程度较高的瘦煤,抽提率提高近一倍以上。CS$_2$ 具有 4 对未成对的电子,具有较强的供电性,可以与煤的结构形成 EDA 关系。当 EDA 络合体被打破后,单个分子将从大分子网络上分离并被溶解、抽提,这时抽提率就仅依赖于溶剂中电子给体(ED)数。溶剂中电子给体数越多,可被打破的相间 EDA 络合体越多,被抽提出的煤结构也越多,但并不是加入的 CS$_2$ 越多越好。实验发现在 CS$_2$ 与 NMP 的比例达到 1:1 时抽提率不仅不再提高,对长焰煤反而有所降低。这表明 CS$_2$ 的加入仅在于打破了高阶煤中大量存在的 π-π 键,辅助 NMP 增大了无烟煤和贫煤的抽提率,但对于变质程度较低的长焰煤,反而抑制了 NMP 与煤的结合。

表3-20　煤的抽提率/%

抽提溶剂	无烟煤	贫煤	瘦煤	焦煤	肥煤	长焰煤	褐煤
NMP	10.33	19.60	12.50	16.06	19.20	24.62	21.20
NMP+CS$_2$(75:1)	14.78	24.10	31.98	20.12	20.60	41.01	24.60
NMP+CS$_2$(1:1)	18.14	25.12	28.04	20.95	26.13	21.11	24.80

2．抽提物的分离与分析

　　煤中抽提物性质的度量采用保留指数表示。在反相色谱中保留指数 I 与多环芳烃的环数呈线性关系,保留指数随芳环数的增多而增大,也随芳环的烷基化程度的增加而增加。因此,作者采用芳环数为 1、2、3、4 的苯、萘、菲、?作为标准化合物,定义其保留指数分别为 100、200、300、400,其他产物可与之比较。保留指数的计算公式为

$$I_T = 100 \times \frac{\log t_{RI} - \log t_{Rz}}{\log t_{R(z+1)} - \log t_{Rz}} + 100\,z$$

式中：　I_T——一定温度 T 下,在指定柱(固定相)上物质的保留指数;

　　　　t_{Rz}——芳环数目为 z 的标准同系物的调整保留时间;

　　$t_{R(z+1)}$——芳环数目为 $z+1$ 的另一个标准物的调整保留时间;

　　　　t_{RI}——物质的调整保留时间。

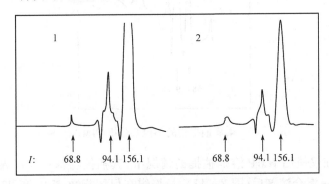

图 3-39　泥炭抽提物的 HPLC 分析
1—NMP 抽提物;2—NMP+CS_2 抽提物

　　泥炭的分离结果如图 3-39。可以看出,泥炭 NMP 的抽提物中主要产物的 I 值为 68.8、94.1、156.1 的化合物,其中 I 值为 156.1 的化合物占总抽提物的 70%,I 值为 94.1 的化合物占抽提物的 27%,从保留值估算此处的化合物应以直链的烃为主。由 HPLC 的分离原理可知,保留时间短的化合物在水中的溶解度大、极性较强。由于链长在 $C_2 \sim C_4$ 范围内的正构烃都是气体,所以此处的化合物应为带有杂原子或—NH_2、—OH 等极性官能团的烃类衍生物为主,是泥炭中水溶性的结构。I 值为 156.1 的化合物是泥炭抽提物中比例最大的一族。从保留指数看,其结构中应以不饱和的脂环和含有杂原子的脂环及 C_4 以上的正构饱和烃为主,另外还有一些甲苯、乙苯等取代基较小的苯基取代物。在泥炭加氢反应性测定时,加氢溶剂中的氢应该主要加在该类化合物中,否则,泥炭中可受氢的量应远高于所有煤种。这部分结构虽然已基本被氢饱和(在加氢溶剂测定时不会参与反

应），但由于其结构松散、键力较弱，在受热中应有较高的反应性，极易从泥炭中释放出。

褐煤是煤成岩变质作用后第一个产物，可以推断，其结构中应有较泥炭中更多的芳环化合物。褐煤 NMP 抽提物的 HPLC 图与泥炭很相似，I 值为 44.3 的占 17%，I 值为 68.8 的占 21%，I 值为 97.3 的占 19%，褐煤中未被芳化的结构仍占相当比例。从分析结果看，其保留指数在 97.3 处的相对量反而少于泥炭在 I 值为 156.1 处的含量。这就更加证实了作者对泥炭中保留指数为 156.1 处结构的判断。在 CS_2＋NMP 混合溶剂抽提物的 HPLC 谱图（图 3-40）中仅剩下保留指数为 76.6 和 83.7 的两种结构。这表明抽提的过程中 CS_2 与煤的结构发生了反应，CS_2 的加入在此处是不合适的。

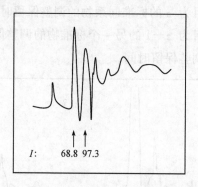

图 3-40　褐煤抽提物的 HPLC 分析（NMP＋CS_2）

长焰煤在仅使用 NMP 溶剂抽提的情况下，其抽提物基本与褐煤相同。但使用 NMP＋CS_2 混合溶剂后（图 3-41），长焰煤在保留指数 25.2 和 23.8 处出现两个较小的强极性化合物，同时 46.3 和 75.3 处的产物含量得到了很大的提高。这些现象说明 CS_2 的加入补充了 NMP 中仅有一个 O 提供电子对的能力，使煤中具有电子受体的结构更易从煤的大分子网络脱落。320.8 和 343.4 两个峰的加强也

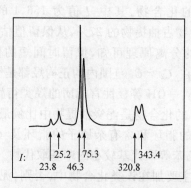

图 3-41　长焰煤抽提物的 HPLC 分析（NMP＋CS_2）

是 CS₂ 协同作用的体现。CS₂ 的作用并非对特定结构有具体的选择性。

肥煤的抽提物中成分复杂(图 3-42),不仅包含保留指数为 10.3、11.4、87.5、150.3 的小的直链化合物,还有保留指数为 280.7、311.7、433.2 占总比例 67% 的芳香化合物。特别是 I 值为 433.2 化合物的出现,说明在肥煤结构中可能存在 3 个环以上的结构,这部分化合物占到抽提物中近 1/3 的比例,表明肥煤处在煤结构逐渐芳化、缩合历程中一个相当重要的阶段。这一结果与煤的二次转化跃变的性质完全相符,而且此类结构有较高的稳定性,在加氢过程未体现出较高的活性。在使用 CS₂＋NMP 混合溶剂抽提后,抽提物中成分相对应的化合物含量大大增加,特别是 I 值为 83.7 处的极性直链抽提物,其绝对含量是所有抽提物中最高的。

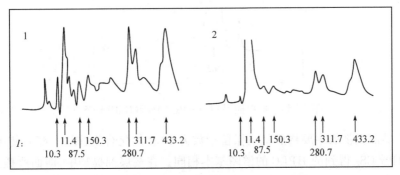

图 3-42 肥煤抽提物的 HPLC 分析
1—NMP 抽提物;2—NMP＋CS₂ 抽提物

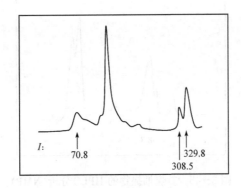

图 3-43 焦煤抽提物的 HPLC 分析(NMP)

焦煤抽提物中的主要组分是 I 值为 70.8、308.5、329.8 的三个组分,使用 NMP 和 NMP＋CS₂ 得到的 HPLC 的谱图基本相同。由于焦煤仍处于第二次煤化跃变的转折阶段,抽提物的结构与肥煤基本类似,只是煤大分子结构的稳定性更好,在肥煤中可被抽提的三环芳烃结构在此无任何痕迹。这种合理的渐变过程既表明不同地域煤种的可比性,又说明在焦煤阶段,煤中缩合芳环结构的雏形已基本构成。

瘦煤抽提物的主要构成就是保留指数为 69.5 的化合物,使用 NMP 和 NMP ＋CS₂ 得到的 HPLC 的谱图基本相同(图 3-44)。瘦煤具有较高的加氢反应性,说明煤的加氢活性主要体现在瘦煤中这种碳数不超过 6 个、具有不饱和键或孤对电子的结构上。

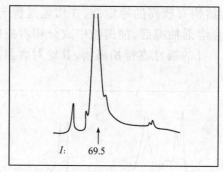

图 3-44 瘦煤抽提物的 HPLC 分析(NMP＋CS₂)

贫煤抽提物的主要构成就是保留指数为 68.8 的化合物(图 3-45),使用 NMP 和 NMP＋CS₂ 得到的 HPLC 的谱图基本相同。在贫煤抽提物中,前面所提到的活性结构含量由 90％下降至 21.25％,而具有两个环以上的抽提物占了较大的比例。

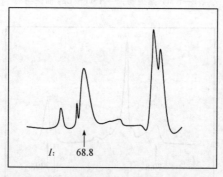

图 3-45 贫煤抽提物的 HPLC 分析(NMP)

无烟煤抽提物中主要以 I 值为 29.0 和 354.0 的化合物为主(图 3-46),表明无烟煤抽提物中以脂烃及三环体系为主。考虑到 NMP 的性质及无烟煤的反应性最低的结果,可以肯定 I 值为 354.0 的三环体系是煤中最不具有活性的结构。虽然它们可由 NMP 抽提,但如果按三环的芳香化合物计算,其饱和蒸气压在 273K 时为 50MPa,这一压力足以使其从煤结构中逸出。这一结果表明类似结构在煤热解中会由于其分子体积大的空间效应和难以克服的传质阻力滞留在煤的结构中。这类结构在热解中的缩聚不仅会影响挥发物的逸出,而且会由于其相间的缩合阻塞其他小分子结构逸出的通道,从而影响煤热解总的反应性。在用 $CS_2 + NMP$ 混合溶剂抽提后,其抽提产物的 I 值变化不大,为 29.7 和 357.2,仅是其比例由 20.8% 变为 35.65%,这说明 CS_2 的加入促进的是其中脂烃或脂环烃中受电结构的断裂,与结构类型无关。

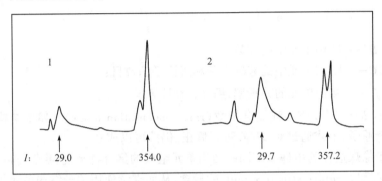

图 3-46 无烟煤抽提物的 HPLC 分析
1—NMP 抽提物;2—NMP+CS_2 抽提物

第三节 统计结构解析法

天然产物可以分成如下种类:低相对分子质量、结构均一;高相对分子质量、结构均一;低相对分子质量的混合物;高相对分子质量同时结构不均一。煤无疑属于最后一种。在煤的研究中,平均结构是一个非常重要的概念,也是一个不得不采取的方法。Waterman[35] 首先发现物理性质的加和可能给出复杂体系的平均结构。根据物质的性质与物质结构的内在联系,采取数学统计方法,求取描述物质结构的特征,即所谓结构参数的方法叫做统计结构解析法(statistical constitution analysis)。van Krevelen[36] 将此法引入煤结构研究,并创立了煤化学结构的统计解析法。目前,煤化学的统计解析法已发展成为与化学方法、物理方法等并列的研究煤结构的重要方法之一。

(一)煤的结构参数

由于煤结构的复杂性和不均一性,还难以确切了解煤的分子结构,因此常常采用所谓的"结构参数"来综合性地描述煤的基本结构单元的平均结构特点。下面作者定义和推求主要的结构参数。

对于饱和脂肪烃部分

$$H = 2C + 2$$

式中：H、C——结构单元中氢原子和碳原子的数目。

每增加 1 个环，就要削减 2 个氢；每有一个芳香碳取代饱和碳，又要削减 1 个氢。这样，对于没有烯双键和炔三键的烃类有如下关系式：

$$H = 2C + 2 - 2R - C_a$$

$$2\left[\frac{R-1}{C}\right] = 2 - f_a - \frac{H}{C}$$

式中：　R——结构单元中的环数；

　　　　C_a、C——结构单元中的芳碳原子和碳原子的数目；

　　　　f_a——结构单元的芳碳率，用 C_a / C 计算。

上式中 $2(R-1)/C$ 称为环缩合指数（ring condensation index）。如果结构单元中包含了杂原子，上式通过对 H/C 进行修正，仍然可以成立。

对于像煤这样的由许多不同的结构单元组成的聚合物来说，我们可以引入"平均结构单元"（average structure unit）的概念，从而继续使用关于结构单元的定量关系。考虑到结构单元之间的桥键和由桥键构成的附加环，有如下关系式：

$$H_u = 2C_u + 2 - 2R_u - C_{au} - 2b_u$$

$$b_u = \frac{p-1}{p} + r_u$$

$$2\left[\frac{R_u + r_u - \frac{1}{p}}{C_u}\right] = 2 - f_{au} - \frac{H_u}{C_u}$$

式中：H_u、C_u——平均结构单元中氢原子和碳原子的数目；

　　　　R_u——平均结构单元中的环数；

　　　　C_{au}——平均结构单元中的芳碳原子的数目；

　　　　f_{au}——平均结构单元的芳碳率，用 C_{au}/C_u 计算；

　　　　b_u——每一个平均结构单元中的平均桥键数目，称为聚合强度（polymerisation intensity）；

　　　　r_u——每一个平均结构单元中的平均附加环数目；

　　　　p——一个大分子聚合物分子包含结构单元的数目，称为聚合度（degree of polymerisation）。

实际上对于煤来说，$f_{au} = C_{au}/C_u$ 与 $f_a = C_a/C$，H_u/C_u 与 H/C 的数值是非常接近的，通常在计算中统一使用 f_a 和 H/C 即可。b_u、r_u 和 p 是在平均结构单元的概念下，考虑了结构单元组成聚合物的影响后，新增加的结构参数。表 3-21 中是一些结构单元所组成的不同构型聚合物的结构参数 b_u、r_u 和 p 的实例。仔细分析这些数据可以充分理解这些参数与聚合物构型的关系以及参数之间的关系。

表 3-21 聚合物的结构参数 b_u、r_u 和 p 的实例

聚合物结构模型	p	r_u	b_u
	2	0	0.5
	4	0	0.75
	5	0	0.8
	5	1/5	1
	5	2/5	1.2
	5	4/5	1.6
20 个结构单元,以线状或分支状构型排列	20	0	0.95
无穷多个结构单元,以线状或分支状构型排列	∞	0	1
大数量(有限)个结构单元,分子中有 1 个环	p	$1/p$	1
	∞	0.25	1.25
	∞	0.5	1.5
	∞	1	2

进一步作如下定义:

$$R'_u = R_u + r_u$$

可以看出,这是把结构单元本身固有的环的数目与结构单元之间通过桥键形成的附加环的数目加了起来,可以把它称为平均结构单元的总环数。对于煤的结构单元来说,$1/p$ 通常很小,可以被忽略,结合前面的关系式可以容易地得到:

$$2\left[\frac{R}{C}\right]_u = 2\left[\frac{R'_u}{C_u}\right] = 2 - f_a - \frac{H}{C}$$

上式中 $2(R/C)_u$ 定义为平均结构单元的环指数(ring index),$(R/C)_u$ 的含义是结构单元中每一个碳原子平均拥有环的数目。

结构参数都是一些相对的数值,可以从不同的侧面给出对煤大分子的描述,可以反映不同煤的分子结构的部分特点。表 3 – 22 是煤的一些主要的结构参数和它们之间的关系。

表 3 – 22　煤的主要结构参数及相互关系

参数类型	结构参数	符号和定义	极　值	注　释
芳香性	芳碳率	$f_a = \dfrac{C_a}{C}$	0—非芳烃 1—芳烃	结构单元中的芳香碳、氢和环的数目分别与总碳、氢和环的数目之比
	芳氢率	$f_{H_a} = \dfrac{H_a}{H}$		
	芳环率	$f_{R_a} = \dfrac{R_a}{R}$		
环缩合程度	环缩合度指数	$2\left[\dfrac{R-1}{C}\right]$	0—苯 1—石墨	反映结构单元中是环形成缩合环的程度
	结构单元环指数	$2\left[\dfrac{R}{C}\right]_u$	0—脂肪烃 1—石墨	结构单元中平均每个碳原子所占环数
	芳环的紧密度	$4\left[\dfrac{R_a + \frac{1}{2}}{C}\right] - 1$	0—cata 型稠环芳烃 1—peri 型稠环芳烃	反映一定数量的芳香碳原子能形成尽可能多的芳香环的能力
分子尺度	芳香簇的尺度	C_{au}	—	结构单元中的芳碳数
	聚合强度	b	0—单体 ≤1—链型聚合物 >1—网络型聚合物	煤大分子中平均每一个结构单元的桥键数
	聚合度	p	—	每一个煤大分子中结构单元的平均个数

(二) 统计结构解析法的原理

物理测试技术已经成为研究煤结构最主要的手段。但是这种直接的方法并不是揭示煤结构的惟一途径。煤的统计结构解析法是应用结构解析法的原理,通过可加和物理性质的测定和统计计算,求取平均结构单元的结构参数,通过结构参数定量描述煤的结构特征的方法。可加和物理性质包括相对分子质量、密度、折射率等物理量。

煤的结构解析法基于 van Krevelen[37] 提出的摩尔加和函数（additive molar function）：

$$MF = C\varphi_C + H\varphi_H + O\varphi_O + \cdots + \sum X_i\varphi_{Xi}$$

式中：MF——摩尔加和函数；

　　　M——相对分子质量；

C、H、O——C、H、O 原子的个数；

　　　X_i——每个平均结构单元中，第 i 种结构因素（如—OH、桥键等）的个数；

　　　φ_C——碳原子对加和函数的贡献，φ_H、φ_O 具有对应的含义；

　　　φ_{Xi}——结构因素对加和函数的贡献，可以根据模型物质推求。

为了简化问题，一般把条件限制到只考虑一个结构因素的情况。函数 MF 的重要性在于它可以推导出平均结构参数，甚至在不知道煤的相对分子质量的情况下也能完成。例如，可以将煤的真密度 d 作为加和性函数来计算结构单元中的环数 R 和芳碳率 f_a。

van Krevelen 根据一些经验公式，采取一些适当的假定得出如下关系：

$$\frac{M_c}{d} = 9.9 + 3.1\frac{H}{C} + 3.75\frac{O}{C} - \left[9.1 - 3.65\frac{H}{C}\right] \cdot \frac{R}{C}$$

$$M_c = \frac{M}{C} = \frac{1200}{C_{daf}}$$

式中：M_c——指每一个碳原子对应的相对分子质量，称为单碳相对分子质量，是一个非常有用的分子参数；

　　　d——真密度，g·cm^{-3}。

van Krevelen[38] 用 18 种已知结构参数的聚合物对上式进行了验证，通过上式计算了它们的密度，结果与实际密度非常吻合，说明这种方法比较可靠。这样，在煤的研究中，通过元素分析求出原子比和碳含量，通过密度测定求出真密度，就可以求得每一个碳原子对应的环数 R/C（表 3-23），进而依据结构参数的相互关系（表 3-22）求出芳碳率 f_a。

表 3-23　不同变质程度的镜煤的单碳原子对应环数 R/C

$C_{daf}/\%$	70.5	75.5	81.5	85.0	89.0	91.2	92.5	93.4	94.2	95.0	96.0	(100)
R/C	0.26	0.25	0.24	0.24	0.27	0.32	0.32	0.33	0.35	0.37	0.39	0.50

（三）煤的结构参数与煤质的关系

图 3-47[39] 表示了用几种不同方法得到的 f_a 与煤化度的关系。统计结构解

析法所得的结果稍高,但变化规律与其他方法的结果给出的规律相似。f_a 随煤化度的增加而增大,碳含量大于 95％ 以后 f_a 已接近于 1 或等于 1,说明无烟煤才是高度芳构化的。

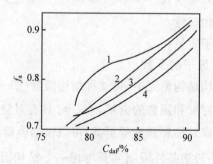

图 3-47 芳香度与煤化度的关系

1—统计结构解析法;2—宽线 NMR 波谱法;3—红外光谱法;4—^{13}C NMR 波谱法

在同一煤化度的煤中,不同显微组分具有不同的结构参数,如图 3-48[40] 所示。随着煤化度增加,除丝质体的芳碳率呈水平直线稳定在 $f_a = 0.98$ 外,所有显微组分的芳碳率和环缩合度指数均随之增大。镜质组中 C 94％ 时达到最大值。壳质组芳香度比对应的镜质组小得多,并随煤化度的变化最剧烈。丝质体的组成实际上已经接近了煤化过程的最高阶段。

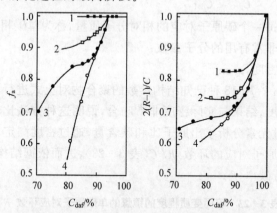

图 3-48 煤岩显微组分的芳碳率和环缩合指数

1—丝质体;2—微粒体;3—镜质组;4—壳质组

还原程度较高的煤,氢含量较大,因此可用 H/C 原子比表征还原程度。煤的芳碳率随着煤的还原程度增加,呈逐渐减小趋势,如图 3-49 所示。

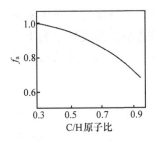

图 3-49　芳碳率与碳氢原子比 C/H 的关系

第四节　计算化学方法

煤中有机质化学结构的研究一直是煤科学领域内最重要的基础研究内容。煤的结构和反应性密切相关,为了实现煤的优化转化,各国学者对煤的化学结构进行了长期不懈的探索,提出了许多煤的化学结构模型,从不同角度反映了煤的结构特征,为认识和研究煤结构提供了方便。但这些模型基本上仍然停留在叙述性和半经验半定量的阶段,还不能很好地与众多实验数据进行关联,对其三维立体结构的描述仍以平面构图为主。关于煤结构的研究现状,作者把它概括为三多三少:定性描述多,定量分析少;镶嵌小分子研究多,煤主要结构成分网络大分子研究少;实验数据拟合研究多,物理模型研究少。近年来在研究复杂分子体系的结构和效应之间的关系时,计算机辅助分子设计(computer aided molecular design,CAMD)技术的应用日趋广泛。如在制药工业中,利用 CAMD 技术指导生物大分子(药物、酶、抑制剂和蛋白质等)的设计和合成已经成为一种普遍的方法。CAMD 是以计算机为工具,集分子力学、量子力学、分子图形学和计算机科学等为一体的新型边缘科学。它不仅能对分子进行三维的立体描绘,还能利用分子力学的方法对结构进行能量极小化的计算以确定其稳定的构象,进而计算其他各种效应或性质。CAMD进入煤科学领域后大大改变了以往对煤化学结构的认识状况,使煤化学结构研究在定量化和可视化方面取得了实质性的突破。

一、分子力学在煤分子模型研究中的应用

(一)煤分子结构的空间填充模型

Spiro[41]按照 Pauling 原子半径和键角数据,把 Given[42]、Wiser[43]、Solomon[44]和 Heredy[45]提出的煤结构模型放大 108 倍,建立了空间填充的三维立体物理模型。他发现,除 Solomon 结构模型外,其他三个立体模型都存在着程度不同的空间

障碍。Wiser 和 Heredy 模型必须增加许多亚甲基桥键才能勉强建立其三维构象；Given 模型中,双环之间存在着应力高度集中的季碳原子,只有作适当变换后才能大大减小其应力。在保持原子组成和空间结构特征不变的前提下,其中的一种修改方案为

作者从空间填充模型构象的俯视和侧视图看出,Wiser 结构模型($C_{182}H_{137}N_5O_{19}S_9$)的显著特征是：紧邻芳香平面结构存在饱和基团碎片的突起部分,在改进的 Given 结构模型($C_{100}H_{76}N_2O_{10}$)中,交替相邻的芳香结构几乎是扁平的；Solomon 结构模型($C_{159}H_{136}N_2O_{18}S_2$)中,芳香平面上明显的突起是脂芳族、氢化芳香族和脂环族基团,高度有 0.7nm；而 Heredy 结构模型中,突起脂环族高度为 0.5nm。由此可见,各种模型尽管化学组成不同,但却具有共同的结构特征,即均含有易于形成平面构象的结构单元,明显突起有脂肪族、脂环族和氢化芳香碎片。

Spiro 还根据构造出的分子模型的结构特点,提出了烟煤热分解和可塑性的解释机理。其核心内容是从芳香平面上突起的脂肪族、脂环族、氢化芳香基团的热分解产生的小碎片像润滑剂一样,促进了平行芳香平面的二维流动,正是这种可动性引起了烟煤的热塑性行为。与过去的平面结构相比,煤分子结构的三维构型有助于对煤结构进行全面、详细的认识,是一种直观形象地反映大量繁杂分析实验数据的有效手段。但 Spiro 的立体模型是用手工方法建立的,且不能进行定量的计算。

(二) 煤分子结构模型最低能量构象的建立

Carlson 和 Granoff[46]首先把 CAMD 技术引入煤科学领域,模拟计算了煤的结构和能量。他们在配置有 Evans 和 Sutherland PS 390 图形终端的 Micro VAX Ⅱ型计算机上,使用 BioGraf 软件建立和显示出 Given,Solomon 和 Shinn[47]四种煤分子结构模型的三维空间填充模型,然后在 Dreiding 力场近似下,用分子力学方法确定它们能量最低的构象。当原子在指定"温度"(该温度定义了原子的速度)下按牛顿运动定律运动时,分子力学可以周期性地求出该结构的能量。通常,数千次到数百万次的运算相当于分子运动的 ps(10^{-12}s)到 ns(10^{-9}s)。在动态运算过程中始终保持键长和键角不变,分子结构在许多方向上发生扭曲、重叠,以优化非键作用力(范德华力、离子键和氢键)。Carlson 和 Granoff 按 Spiro 的建议对 Given 结构加以修改,对结构稍作简化。经 10ps 的分子力学计算后,得出了四种结构的能量最

低的构象。最终得到的三维立体构象能使人们从全新的角度和高度认识煤的分子结构,并在此基础上进行各种定量的计算,同时表明过去简单的二维平面结构不能很好地描述煤的结构。由于受到芳香结构之间亚甲基桥键的束缚,Given 结构显得刚性很强;而 Shinn 和 Wiser 的结构由于有较多的氢键和范德华力,在构象的能量极小化过程中,分子的形状发生了较大的变化,且重叠部分很多。对所构造的模型进行分析,得出的一些结构参数(表 3-24)与文献值吻合良好。

每个结构的最低能量是在 10ps 的时间内"温度"由 300K 降低到 10K 的过程中由分子动力计算得出的。Given 结构的刚性使它的能量最高。从化学特性、结构的柔性和能量等角度看,Wiser,Solomon 和 Shinn 模型更可取。

Nakamura[48]在 Titan 750V 图形工作站上用 PolyGraf 3.0 软件对四种日本煤的分子结构模型进行了 CAMD 的研究。Iwata 等[49]根据液化产物的[1]H NMR、元素分析、羟基分析结果提出了这四种煤的结构模型,并在周期性边界条件下用 Dreiding 力场计算得到了这四种日本煤的能量最低的构象。

表 3-24　煤结构模型的结构参数

参　　数		Given 模型	Wiser 模型	Solomon 模型	Shinn 模型
原子数目		193	390	326	1040
芳碳率/%		0.66	0.71	0.74	0.71
芳氢率/%		0.21	0.29	0.36	0.34
质量分数 (dmmf)	C	0.82	0.76	0.81	0.79
	H	0.053	0.057	0.055	0.056
	O	0.107	0.112	0.096	0.113
	N	0.019	0.014	0.011	0.014
	S	—	0.053	0.026	0.020
平均能量/$(kJ \cdot mol^{-1})$		8.40	6.89	6.60	6.48
归一化的分子式		$C_{100}H_{77}O_{9.8}N_{2.0}$	$C_{100}H_{89}O_{11}N_{1.6}S_{2.6}$	$C_{100}H_{82}O_{8.9}N_{1.1}S_{1.2}$	$C_{100}H_{85}O_{11}N_{1.5}S_{1.0}$

(三)煤分子结构模型的能量

Carlson[50]具体计算了 Wiser、Solomon 和 Shinn 中的范德华力和氢键作用能。范德华相互作用能 E_{vdw} 采用 Lennard-Jones 12-6 型势能函数计算:

$$E_{vdw}(R) = D_0 \left[\left[\frac{R_0}{R} \right]^{12} - 2 \left[\frac{R_0}{R} \right]^6 \right] \cdot S$$

式中:D_0——键强度,不同的原子对有不同的数值,$kJ \cdot mol^{-1}$;

R_0——平衡键长,不同的原子对有不同的数值,nm;

S——开关函数,其作用是当原子对之间的距离大于 0.8nm 时逐步切断范德华力。

氢键作用能 E_{hb} 采用 Lennard-Jones 12-10 型热能函数计算:

$$E_{hb}(R) = D_0\left[5\left[\frac{R_0}{R}\right]^{12} - 6\left[\frac{R_0}{R}\right]^{10}\right]\cos^2(\theta_{AHD})\cdot S$$

式中:D_0——平衡氢键键强度,对于 O、N、S 形成的氢键均采用 39.71kJ·mol^{-1};

　　　　R_0——氢键授受原子之间的平衡距离,均取 0.275nm;

　　θ_{AHD}——受体原子 A、氢原子 H 和授体原子 D 之间的角度。

分子动力学计算前后,初始和能量级小的结构构象之间的范德华力和氢键作用能之差称为它们各自的稳定化能,计算结果见表 3-25。计算得出的氢键平均能量介于 18.81~33.02kJ·mol^{-1} 之间,与 Larsen[51] 的实验数据(20.90~35.53 kJ·mol^{-1})很吻合。范德华力的稳定作用能是氢键稳定作用能的 2~3 倍,说明范德华力是中等变质程度煤中主要的分子间力,这与 White 和 Schmidt[52] 由 Illinois 6 号煤得出的结论一致。

表 3-25　煤结构中的氢键和范德华力

参　　数		Wiser 模型	Solomon 模型	Shinn 模型
原子总数		394	396	1040
氢键	氢键受体数目	26	20	68
	氢键授体数目	16	12	30
	氢键数目	5	9	29
	稳定化能/(kJ·mol^{-1})	-105	-297	-543
	每个氢键的稳定化能/(kJ·mol^{-1})	-20.90	-33.02	-18.81
范德华力	范德华力总数	20 451	21 707	74 882
	稳定化能/(kJ·mol^{-1})	-351	-479	-1425
	每个范德华力的稳定化能/(kJ·mol^{-1})	-0.017	-0.021	-0.021
能量比较	氢键的稳定化能/范德华力的稳定化能	0.30	0.60	0.38

作者以原子数最多、结构最复杂的 Shinn 模型为例,说明计算过程中总能量、共价键能和非共价键能的变化情况(图 3-50)。最初 30ps 在恒定 300K 的温度下进行,后 30ps 的运算是在温度以 0.1K/s 的速度由 300K 降低到 10K 的过程中进行的。前 20ps 内总能量随时间下降很快,对应于结构发生折叠而形成一种更紧密的形式;以后能量基本维持不变,对应于结构只是在几个能量相当的构象之间摆动。把总能量分解为共价键键能和非共价键键能时看出。能量的下降主要是由分子间作用能(氢键和范德华力)的下降引起的,而共价键能(包括伸张、弯曲、扭曲)基本保持恒定。

Nakamura 等对四种日本煤的势能计算结果列于表 3-26。从表中看出,每个

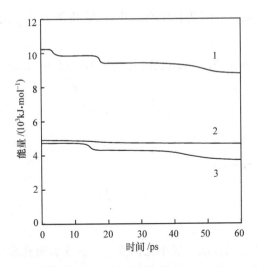

图 3-50　分子力学计算过程中 Shinn 结构模型能量随时间的变化
1—总能量；2—共价键能量；3—分子间作用能量

原子的总势能随着煤阶的升高而增大，主要是由静电力和氢键造成的，因为低阶煤中含有较多的羟基和醚氧桥键。

表 3-26　四种日本煤模型分子的势能/(kJ·mol^{-1})

参　　量	Tempoku	Taiheiyo	Akabira	Yubari
碳含量(daf,%)	71.5	78.7	81.7	86.6
总势能	862.8	855.6	1551.2	2439.0
共价键能	685.5	550.9	709.8	1011.6
伸张	224.9	207.7	281.3	423.9
弯曲	269.2	178.5	219.5	306.0
扭曲	187.3	158.4	204.8	272.1
反转	4.2	6.3	4.2	9.6
非共价键能	177.2	304.7	841.4	1427.5
范德华力	1301.2	1089.3	1410.8	1702.9
静电力	−668.8	−578.1	−431.8	−205.7
氢键	−455.2	−206.5	−137.5	−69.8
每个原子的总势能	267.5	2.8	4238.5	7.3

氢键可以划分为二种：晶簇间的氢键(即氢键的授体和受体分属于不同的晶簇)和晶簇内的氢键(即氢键的授体和受体位于同一晶簇)，只有晶簇间氢键才有利于结构的稳定。在能量极小化的过程中范德华力比氢键的作用更显著(表3-27)。Solomon 结构的氢键稳定化能很小，这是由于它的结构中氢键授体和受体数目较少而且具有较高的芳香度。在煤分子的结构中，范德华力和氢键的相对重要性取决于煤阶。低阶煤主要依赖作用力较强的氢键，高阶煤中则是聚合芳香结构之间

的范德华力占主导地位。即随着煤阶的升高,范德华力的作用逐渐增强而氢键效应趋于减弱。

表 3-27　煤结构模型中氢键和范德华力的比较*

参　　量	Wiser 模型	Solomon 模型	Shinn 模型
氢键稳定作用能/kJ	−40.55	−7.52	−39.29
范德华力稳定作用能/kJ	−64.79	−84.45	−71.70
氢键稳定作用能/范德华力稳定作用能	0.63	0.09	0.55

*100 个 C 原子的结构为基准。

(四) 煤的密度

Carlson 还计算了三种能量极小化构象的真密度和微孔率(表 3-28)。真密度计算值平均为 $1.27 \pm 0.04\text{g} \cdot \text{cm}^{-3}$,与烟煤实验测定值($1.28 \sim 1.33\text{g} \cdot \text{cm}^{-3}$)以及烟煤中主要成分镜质组($1.25 \sim 1.38\text{g} \cdot \text{cm}^{-3}$)的实验值完全吻合。

表 3-28　三种煤结构模型的真密度和微孔率

参　数	Wiser 模型	Solomon 模型	Shinn 模型
真密度/($\text{g} \cdot \text{cm}^{-3}$)	1.27	1.31	1.23
微孔率/%	0.7	0	0.2

三种结构的微孔率均小于 1%。White 等[53]用 Pittsburgh 8 号烟煤测定的微孔率也小于 1%。需要指出的是,Carlson 的方法不能模拟计算孔径大于 1.5nm 的孔,因此对煤结构中孔隙率和孔径的计算无能为力;而且所得密度仅考虑了单个孤立的分子,没有计入煤分子之间的相互作用。Nakamura 等用 PolyGraf 软件,考虑了分子间的相互作用后,得出四种日本煤的真密度,与实验测定的氦密度一同列入表 3-29,密度由大到小的顺序为 Tempoku>Taiheiyo>Akabira>Yubari,即随碳含量的增加而减小;符合烟煤的煤阶升高,密度减小的一般规律。

表 3-29　四种日本煤的密度/($\text{g} \cdot \text{cm}^{-3}$)

煤　　种	密度(模型计算)	密度(实验)	煤　　种	密度(模型计算)	密度(实验)
Tempoku	1.29	1.37	Akabira	1.03	1.28
Taiheiyo	1.22	1.27	Yubari	1.11	1.24

(五) 煤分子结构的表面分形结构

Faulon 等[54]研究了煤结构的计算机模型的表面分形结构。根据分形理论,计算分形维数的公式有:

$$N \propto r^{-D}$$

$$N \propto R^{D-3}$$

$$-\frac{\mathrm{d}V}{\mathrm{d}\rho} \propto \rho^{2-D}$$

式中：N——吸附或探测分子的数目；

　　　D——表面的分形维数；

　　　r——吸附质分子的半径，m；

　　　R——煤粒半径，m；

　　　V——煤粒的孔容积，$m^3 \cdot g^{-1}$；

　　　ρ——孔半径，m。

改变吸附质分子的半径、煤粒半径和孔径分布，由上述三个公式（依次为方程1、方程2和方程3）得到了15种模型的分形维数（表3-30），其平均值分别为2.71、2.62和2.67，与Pfeifer等[55]的实验结果相近。

表3-30 15种煤结构模型的表面积（$m^2 \cdot g^{-1}$）和分形维数

模型序号	分子式	表面积	微孔表面积	分形维数		
				方程1	方程2	方程3
1	$C_{333}H_{302}O_{16}$	3681	311	2.75	2.54	2.52
2	$C_{333}H_{302}O_{16}$	3706	300	2.73	2.33	2.01
3	$C_{333}H_{304}O_{16}$	3710	299	2.71	2.44	2.59
4	$C_{333}H_{304}O_{16}$	3742	302	2.72	2.44	3.03
5	$C_{333}H_{304}O_{16}$	3535	303	2.81	2.94	2.73
6	$C_{333}H_{304}O_{16}$	3663	249	2.70	2.46	2.43
7	$C_{333}H_{304}O_{16}$	3706	318	2.67	3.36	3.04
8	$C_{333}H_{304}O_{16}$	3673	283	2.76	2.38	2.46
9	$C_{333}H_{304}O_{16}$	3486	273	2.67	2.50	3.21
10	$C_{333}H_{304}O_{16}$	3788	328	2.61	3.31	1.90
11	$C_{333}H_{304}O_{16}$	3673	311	2.62	2.28	3.13
12	$C_{333}H_{304}O_{16}$	3763	283	2.67	2.27	2.86
13	$C_{333}H_{306}O_{16}$	3773	319	2.72	2.64	2.46
14	$C_{333}H_{308}O_{16}$	3583	311	2.74	2.24	2.91
15	$C_{333}H_{310}O_{16}$	3919	183	2.75	3.17	2.81

（六）煤大分子的计算机辅助结构解析

现有各种煤分子结构模型的提出仅利用了煤的化学和结构数据，没有充分利用计算机的辅助功能。这些结构表述肯定不是惟一的，即从同一套分析数据可以得出许多结构类似但各不相同的模型。它们只是对具有高度不均匀性和复杂性的煤结构的定性描述或对拟定的平均结构的描述，且都是二维平面的，不可避免地忽略了绝大多数碎片间的相互作用以及像密度和孔隙率这样的三维立体性质。因此 Faulon 等提出要用新的手段和方法重新研究煤的模型。从化学观点看,分子结构信息可由 NMR、FTIR 和快速热解/色谱/质谱(Py/GC/MS)等分析数据获得。由煤的元素分析和 NMR 测试结果可以定义煤大分子的特征,即确定分子中各种类型原子的数目。大分子的信息不易直接得到,直接得到的只是关于碎片的定性信息。一定量的碎片按一定的方式联结起来就形成了大分子。困难在于确定每种碎片的数量和碎片间的联接方式,保证形成的大分子的所有结构信息不变。由一套分析结果确定分子结构靠过去的经验方法需通过反复多次的试差才能完成,已有的煤的分子结构模型很有可能就是这样得出的。作者认为有以下两个原因可以说明这种方法是不能令人满意的:首先是建立结构的过程完全凭经验手工完成,对大分子而言特别费时;另外,由同一套分析数据通常可得到许多结构,而对结构的取舍是主观性和经验性的。这可能也是煤的结构模型的研究不够成熟和难以统一的原因之一。

近 30 年来,用计算机由分析数据确定分子结构的研究已取得了许多进展,称为计算机辅助结构解析,但主要应用于小分子。Faulon 等首先将这一技术用于煤这样复杂的大分子,已开发了一套计算机程序(Signature)。它由一组定量、定性结构分析数据,确定可以建立的结构模型的总数目,然后运用数理统计中的抽样理论,用一组优化模型(样本)来精确地代表所有可能的模型,这种样本的各种特征如势能、密度等就可以代表整个总体即煤的性质。Faulon 等提出的具体步骤为:

第一步:由元素分析和 ^{13}C NMR 数据的定量数据求出官能团中 C、H、O 原子的数目。

第二步:分子水平上的定性数据由 Py/GC/MS 提供,可以确定大分子的碎片,每个碎片的结构由质谱确定,进而计算出每个碎片和碎片间键的特征,碎片和碎片间键数量通过求解线性的特征方程来确定:

$$碎片特征＋碎片间键的特征＝大分子的特征$$

第三步:用 Signature 软件中的异构体发生器随机构造三维立体模型,计算出可能的模型总数。

第四步:运用样本设计中的不重复随机抽样法(SRSWOR),建立模型的子集(样本)。

第五步:确定结构特性。分子式和相对分子质量直接从 Signature 构造出的模型中算出,交联密度可根据改进的 Gaussian 模型利用分子图求出。

第六步:确定能量特征。结构的势能和非键能(范德华力、静电力和氢键能)等能量特征用 BioGraf 软件中的 Dreiding 力场计算,用共轭梯度法和最速下降算法进行极小化。

第七步:计算物理特征。真密度、闭孔率和微孔率等物理特征的计算采用 Carlson 的方法完成。

Faulon[56]等采用上述步骤在 Sun Sparc IPC 工作站和 Silicon Graphics 工作站用 PCModel 和 Signature 软件对 Hatcher[57]等的数据进行处理,得到了 7 个解(表 3 - 31),第 6 个解的误差最小,它是由 36 个碎片和 55 个碎片间键构成的。可以成键的位置数目为碎片间键的数目的两倍(55×2＝110),所能形成的结构的最大数目为 109×107×105×…×5×3×1,这个数目大于 10^{86},但其中大多数结构是同一的或者不满足化学约束条件,最终大约有 10^6 个可能的结构,它们均是由相同的碎片和碎片间键组成。可以由计算程序先产生一个结构,再用 MMX 力场进行分子动力学的计算得到能量最低的构象。

表 3 - 31　煤结构的特征方程的解

解的序号	分子式	误差/(原子/100C 原子)	解的序号	分子式	误差/(原子/100C 原子)
1	$C_{152}H_{140}O_7$	0.92	5	$C_{171}H_{156}O_9$	0.86
2	$C_{161}H_{148}O_8$	0.91	6	$C_{178}H_{164}O_8$	0.81
3	$C_{162}H_{148}O_8$	0.83	7	$C_{180}H_{164}O_{10}$	0.97
4	$C_{170}H_{156}O_9$	0.94			

二、量子化学在煤结构研究中的应用

量子化学理论的发展和量子化学计算方法以及计算技术的进步,使得对煤大分子复杂体系在电子水平上作严格的处理成为可能。目前,自然科学中大量前沿学科正在由实验型向理论计算方向发展,理论计算正成为许多实验科学不可或缺的重要方法。它可以像其他实验设备一样,作为日常的研究工具来使用。在煤科学领域,对煤大分子的量子化学计算,国内外尚未见系统研究的报道。如果能够用量子化学的方法成功地处理煤大分子,将有助于从微观方面定量地理解煤大分子结构与宏观性质的联系。这样,就可以根据煤分子的结构特点和非共价键的状况进行反应和预处理设计,或为直接利用其网络结构改进高分子材料的物性提供参考。

从最根本上说,所有的量子化学计算都是针对具体的分子体系求解 Schrödinger 方程。但由于在求解过程中采用的原理或近似程度的不同,对应地产生了一些专门的量子化学计算方法。最主要的有从头算法(*ab initio*)、密度泛函方法(DFT)和半经验近似计算法(CNDO、INDO 等)。从它们的名称就可以看出它们各自采用的计算原理和方法。

量子化学在煤科学中的应用有两方面的困难是非常明显的。首先,量子化学所处理的分子必须是确定的,有均一的分子结构。这一条件真实的煤分子就不具备并且相去甚远,这就迫使我们必须接受和采用平均分子结构的概念,而无法顾及甚至无法考察这种方法带来的偏差。有时候针对某种问题,我们还必须采用更具主观性、距离煤分子真实情况更远的模型化合物。虽然量子化学处理本身是比较精确的,并且随着计算技术的突飞猛进精度将更高,但在煤结构研究中提供给量子化学计算的原始材料的准确性和科学性相对于量子化学本身来讲,尚有很大的不足。如何合理地解决煤科学和量子化学之间的接口是一个非常重要的问题。第二,量子化学可以很好地处理有限分子,也可以比较方便地处理周期性的无限分子(晶体),但对于无定形的、非周期性物质有明显的困难,至少目前是这样。而煤的结构恰恰大都是高度无定形的,没有明显的周期性。这两方面的困难大大削弱了量子化学计算在煤科学中应该起到的作用。正是由于这些困难的存在,在量子化学计算已经成为一些领域(如药物设计、精细化学品)必须的常规工具并且发挥了巨大作用的今天,在煤结构研究中量子化学的应用仍然处于比较粗糙的阶段。但量子化学在煤结构研究中的应用是必然的。以作者为首席科学家和课题组长的国家重点基础研究发展规划项目"煤热解、气化和高温净化过程的基础性研究"01课题中将用量子化学等方法进行煤结构和热解过程的研究。

(一) 量子化学对煤结构要素的描述

本小节采用最简单的形式介绍量子化学从头算法对煤结构要素的一些描述,所描述的内容仅仅是作者在研究工作中涉及频率较高的一些内容,还远不是量子化学应用于煤结构研究中的一般概述。

量子化学计算可以比较精确地对煤结构单元中的键长进行计算。作者在对煤结构单元和煤的抽提物分子采用不同的计算方法处理(包括分子力学)时,发现对同样的目标分子得到了不同的键长数据。在分子力学方法和半经验量子化学方法得到的结果中,当涉及到离域 π 键时与对应分子结构的化学事实有偏差。量子化学从头算法使用合适的基函数所计算的结果可以发现离域 π 键的键长明显平均化了,与离域体系相邻的具有 p 电子的 O、N 原子的 p-π 共轭引起的键长改变也能够反映出来。而分子力学方法对这些细节没有足够的反映。

量子化学计算可以比较准确地对煤结构单元中键级和重叠布居数进行计算。煤大分子的结构单元中和结构单元之间的化学键的键强度的大小与煤的热解等化学属性密切相关。煤大分子中哪些化学键最容易断裂,在一定温度下哪些化学键可以断裂决定着煤的热解产物分布和热解反应活性和条件。分子中各化学键的键级和原子重叠布居数可以反映分子中化学键的这种属性。在这一点上各种计算方法得到的具体数值大小不同,但给出的化学活性次序的趋势是一致的。但是当目标分子中具有比较复杂的芳香体系,或是存在分子内氢键作用,或是有比较明显的芳香堆积作用时,采用量子化学从头算法所得到的结果可靠程度就要高一些。

　　量子化学计算可以比较准确地判断煤结构单元中的化学活性位点。通过量子化学计算可以得到分子的电荷分布、净电荷分布和布居数分布,还可以得到最高占据轨道(HOMO)和最低空轨道(LUMO)的分布。这些指标,尤其是 HOMO 和 LUMO 与煤大分子的化学反应位点有密切的关系。利用这些指标,可以解释和判断煤大分子的加氢位点、氧化位点,或是推断其他的加成反应和消除反应的机理,也可以研究煤的高分子反应或是表面改性后其化学反应性的改变。虽然通过有机化学的规律可以对上述问题有一定的判断,但对于复杂的煤分子,过于粗糙的定性规律往往难以给出明确的判断,而量子化学计算可以给出确切的定量的结果。

　　量子化学计算可以比较准确地修正煤结构单元的最优构型。分子力学计算可以优化煤大分子的结构,使我们得到一个较为合理的构型。但分子力学计算基于经典力学的原理,采用力场近似的方法,无法全面考虑电子相互作用,无法处理过渡态和激发态,对具有复杂化学作用的体系误差较大,同时还需要经验常数。量子化学计算从原理上讲就弥补了或是部分弥补了这些缺点,可以在分子力学优化的基础上给出更为精确的构型。特别重要的是,从理论上讲,量子化学计算可以得到目标分子的所有内在的物理特性。也就是说我们可以计算出物质的密度、折光率、介电常数、红外光谱、核磁共振谱、X 射线衍射图谱等内在属性。事实上有的化学计算软件已经实现了许多物理性质计算的功能。这样我们就可以通过量子化学的计算得到目标分子的某些物理属性或光谱特征,把这些结果与实验结果对照,依据实验测定值反复精修选定的平均分子的结构和构型,最后得到能够正确反映和代表煤的物理属性和光谱属性的结构。这样的平均分子模型,应该能够比较准确地反映煤的化学反应性。这种思路可以概括为图 3-51。

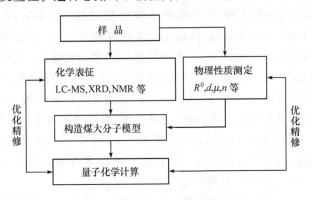

图3-51　优化煤分子结构模型

　　一般来说,分子力学工具可以快速估算分子体系的能量并初步确定最低能量构型,量子力学方法则提供了对分子和电子结构的准确的、第一原理的计算方法。

而将分析仪器手段与基于分子力学和量子化学计算的模拟技术相结合,则为了解煤的结构和性质的关系提供了强有力的工具。量子化学对煤的物性和光谱的预测为各种分析仪器技术提供了相应模拟计算工具,可以让研究人员在计算机上对仪器分析结果进行模拟,并对实验数据进行合理解析。分析实验数据可用于对模拟结构进行验证和修正。分析手段和计算技术的结合,对于煤结构的确定和性质表征,以及煤结构与反应性的研究具有重要意义。

(二)量子化学计算软件

本小节简单介绍两种量子化学计算软件 Cerius^2 和 Gaussian 98 中与煤结构研究相关的基本功能、模块以及软件的使用特点。

Cerius^2 是美国 Accelrys 公司用于化学和材料计算的主要平台,不仅包括了量子化学计算方法,还集成了分子力学、Monte Carlo 和统计力学等方法。软件提供了图形用户界面,可以在可视环境下构造、编辑、显示和分析三维的分子结构模型,可以图形化地输出运算结果和相关谱图。Cerius^2 由核心模块及图形界面、结构模型构造工具、能量计算工具、量子力学程序、材料性质模拟计算工具、介观模拟方法、实验数据解析工具、统计相关方法和软件开发工具 9 类功能组成,共包括 48 个模块,各自完成一定的计算功能(表 3-32)。各模块之间不都是独立的,有相互调用的关系。软件运行于 SGI IRIX 工作站系统上,支持多用户登录运行。在 2000年 Accelrys 公司把 Cerius^2 的一大部分移植到的 PC Windows 系统下,开发了 Materials Studio 软件,为量子化学的计算方法的使用开拓了更广泛的应用空间。

Gaussian 98 是美国 Gaussian 公司著名的量子化学计算软件,包括了量子化学从头算法(ab initio)和 7 种常用的半经验近似计算(CNDO、INDO、MINDO3、MNDO、AM1、PM3、PM3MM)。Gaussian 98 可以预测气态或溶液状态下分子或化学反应的许多属性(不仅包括基态,还包括激发态和过渡态)。这些属性包括分子的能量和结构、过渡态的能量和结构、振动频率、红外和拉曼光谱、热化学性质、键能和反应能、反应途径、分子轨道、原子电荷、核磁共振屏蔽常数和磁感应系数、振动圆二色强度、电子亲和能和电离能、可极化度、静电势和电子密度等 21 种重要的微观参数。在计算过程中,Gaussian 98 提供了 13 种工作类型、22 种不同特点的基组,可以广泛地应用于许多化学过程的计算。对煤结构单元或是煤的平均大分子模型,Gaussian 98 可以给出不同精度的计算。

在使用 Gaussian 98 计算分子属性时,目标分子的结构信息要靠编制一个包含每一个相关原子的键长、键角和二面角的文本文件,供程序读入。这种输入方式对于煤大分子来说非常繁琐。同时,对程序的控制是通过按照一定的格式把预先定义的88个关键词中的一个或几个写入输入文件来完成的。这种输入方式有不直

表 3 - 32　Cerius^2 的主要功能模块及其在煤结构研究中作用

模　块	作　用
核心模块及图形界面	
Visuallzer	为构造、编辑、显示、分析三维分子结构模型提供了全面的模拟环境
结构模型构造工具	
Crystal Builder	用于建造及显示具有一定晶体结构的煤分子结构模型
Surface Builder	用于建造、显示二维周期结构模型,可以研究煤表面结构的化学性质
Polymer Builder	用于建造、显示高聚物的结构,提供单体数据库并具有自定义功能
Amorphous Builder	建造无定形分子结构,对煤结构的研究特别重要
能量计算工具	
Open Force Field	提供煤分子的性质预测模块所需的分子力场
Minimizer	根据分子力学的计算结果预测煤分子能量最低的结构
COMPASS	使用从头算力场,精确预测煤中的小分子以及共混物的物性和热性质
Discover	根据分子力学的计算结果预测煤分子能量最低的结构,支持附加的外界条件
材料性质模拟计算工具	
Blends	可预测煤几种平均结构混合体系的相图及相互作用参数
Conformers	提供煤分子结构的构象搜寻算法及分析工具,深入了解空间及能量性质
Mechanical Properties	预测煤的力学性质
Morphology	预测高变质煤的晶体结构及外形
Polymer Properties	分析煤大分子的聚合物结构模型,计算回转半径、末端距、密度等性质
Polymorph	可结合实际结构精修,使用 Monte Carlo 方法研究煤结构的晶体构型
Sorption	使用 Monte Carlo 方法研究煤的吸附性质
RMMC	使用 Monte Carlo 方法研究煤的大分子属性
Synthia	用 QSAR 统计相关方法预测煤大分子的电学、光学、磁学、力学等多种性质
量子力学计算程序	
CASTEP	采用先进的平面波赝势方法,可模拟煤的表面的性质、电子结构(能带和态密度)、光学性质、三维电荷密度等
DMOL3	包括 DMOL3-Molecular 和 DMOL3-Solid State 两个程序,使用密度泛函(DFT)方法,可在各种物态下预测煤的分子和电子结构,可用于研究煤的反应性、溶解度、配分函数、溶解热、混合热等性质
ZLNDO	半经验量子力学方法,用于计算煤分子的电子结构、基态或激发态的性质、紫外/可见光谱、分子的静态几何构型以及化学反应的过渡态
实验数据解析工具	
Diffraction-Amorphous	模拟煤的衍射图样(包括小角散射),可帮助确定无定形的煤分子的结构、序列结构及取向等
Diffraction-Crystal	模拟高变质煤的粉末和单晶衍射图样
IR-Raman	采用二阶导数力场方法计算煤分子的简正振动方式,模拟 IR 或 Raman 光谱
LEED/RHEED	解析表面结构的低能电子衍射(LEED)及反射型高能电子衍射(RHEED)数据
Powder Indexing	对煤的粉末衍射图进行自动指标化,获得晶胞参数及对称性信息,并用于结构精修及晶体结构的确定
Rietveld	结构精修程序,用于根据实验数据确定煤的分子结构

观和手续繁琐的弊端,也有控制精确、选择自由的好处。Gaussian 98 输出的大量信息也是以文本数据的形式存储在一个文本文件中(目前可以通过第三方软件如 Chem3D 或 Gaussian 公司自己最新开发的软件 GaussView 部分实现可视化输出)。对于程序采用的文本形式的输出方式,与可视化的输出形式相比,则显得过于繁琐和抽象。但如果在某些情况下只关注目标分子的一个属性时,文本方式输出又显得非常简洁。

目前,Gaussian 98 是 Gaussian 公司推出的最新的一个版本,同时提供了适应于多种软硬件环境下的版本,从 Mac 系列到 PC 系列,从 Windows 环境到 Linux 和 Unix 都有相适应的版本提供。从总体功能上说,Gaussian 98 要比 Cerius^2 弱一些;但从软硬件的计算成本上看,Gaussian 98 要比 Cerius^2 低得多。

第五节　平朔烟煤结构的研究

本节是一个应用多种方法对煤结构进行研究的实例。作者采用了本章中提到的物理方法、化学方法、统计结构解析法和计算化学方法,对煤岩特征明显、变质程度适中、储量较丰富的中国山西平朔烟煤的结构进行了较为深入的研究。

一、平朔烟煤显微组分和大分子网络的结构

(一) 样品的制备

1. 平朔烟煤显微组分试样的制备

煤显微组分分离的一般原理和步骤参见第二章第三节的有关内容。作者选用平朔烟煤作为原煤样分离富集镜质组、惰质组、壳质组三种基本有机显微组分。平朔烟煤的元素分析、工业分析和岩相分析结果见表 3-33 中关于全煤的数据。显微组分的分离富集程序如下:

第一步:手选。根据煤的宏观特征进行手选,其中,镜质组在镜煤中选取;惰质组在丝炭中选取;壳质组在全煤样中选取。

第二步:精选。对手选试样进行筛分精选,制成平均粒径为 0.1753mm 的试样。显微镜下观察表明,在这一粒径下,各显微组分的单体在其富集物中的含量已占绝对优势。

第三步:酸洗脱灰。用 40% 蒸馏水、45% HCl(30%) 和 15% HF(40%) 配制成洗液。洗液和待洗试样按 10:1 的比例混合,加热煮沸 6h 后用去离子水将试样洗至中性,在 50℃ 下干燥 2.5h。

第四步:比重分离。根据密度分布曲线,确定各显微组分密度分离范围,用

ZnCl₂ 作为比重液进行分离,分离流程如图 3‑52 所示。

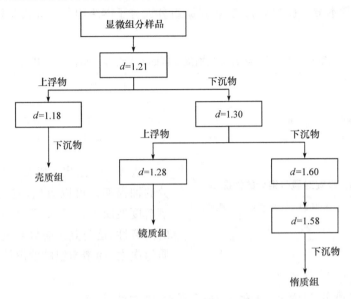

图 3‑52　显微组分分离流程

经上述步骤分离富集的三种显微组分的纯度均在 95% 以上,完全满足结构分析的要求,三种显微组分的元素分析、工业分析和岩相分析结果分别见表 3‑33。

表 3‑33　平朔烟煤的元素分析、工业分析和岩相分析*

样品	元素分析/(daf,%)					工业分析			岩相分析		
	C	H	O	N	S	A_d	V_{daf}	FC_d	镜质组	惰质组	壳质组
全　煤	79.84	5.27	13.03	1.43	0.43	25.10	41.30	45.95	69.8	23.1	7.1
镜质组	78.46	5.32	13.43	1.22	0.57	1.18	43.30	56.03	95.2	3.0	1.8
惰质组	84.73	3.96	9.89	0.66	0.76	1.96	24.05	74.45	2.3	96.7	1.0
壳质组	73.56	7.54	17.22	0.85	0.83	3.67	52.76	45.51	2.3	1.4	96.3

* 岩相分析镜质组、惰质组和壳质组的密度分别按 $1.28\mathrm{g \cdot cm^{-3}}$、$1.58\mathrm{g \cdot cm^{-3}}$ 和 $1.18\mathrm{g \cdot cm^{-3}}$ 计算。

2. 平朔烟煤显微组分大分子网络组分的制备

将前面分离得到的三种显微组分分别粉碎至 200 目。每种显微组分与吡啶均按 1:6 的比例在抽提容器中混合,并置恒温(40℃)水浴中加热,在不断搅拌下抽提 24h。抽滤后,将抽提残样重复上述操作 3～4 次,直到抽提液呈淡黄色为止。抽出液用真空旋转蒸发器除去吡啶溶剂,并将吡啶抽提物及抽提残样在 40℃ 的真空干燥箱内干燥至恒重,干燥时间约 5～6d。干燥后的抽提残样即可视为显微组分的大分子网络组分(XRD 分析结果表明抽提残样基本保持了各自原样中的微晶结构,详见本章本节一(二)3.)。三种显微组分大分子网络组分的元素分析结果见表 3－34。

表 3－34　显微组分吡啶抽提残样的元素分析(daf,％)和 H/C

样　品	C	H	N	O	S	H/C
镜质组残样	79.13	5.35	2.08	12.84	0.60	0.81
惰质组残样	84.14	3.66	0.93	13.19	0.81	0.54
壳质组残样	76.54	8.24	1.81	13.09	0.32	1.31

表 3－35　吡啶对显微组分的抽提率/％

显微组分	镜质组	惰质组	壳质组
抽提率	18.20	6.37	25.48

表 3－35 给出了吡啶对三种显微组分的抽提率。可以看出,它们在吡啶中溶解度性质差别较大;壳质组具有最好的溶解性,这与其脂肪烃含量高有关;镜质组次之,而惰质组的溶解性最差。

(二) 平朔烟煤显微组分和大分子网络结构的表征

1．三种显微组分的形貌特征

用 JSM-35 型扫描电子显微镜对三种显微组分进行形貌观测可以看出:镜质组富集物具有"贝壳"状断面,层与层之间及边缘有内生裂隙,无细胞结构,外观上表现为黑色、透明、发亮、均一;惰质组富集物表面呈有序的植物纤维网状结构,黑色不透明,细胞结构清晰,细胞壁薄,外观似"蛹状";壳质组富集物结构均匀,表面常覆盖有碎屑(微粒体),表面微观结构与镜质组相似,呈"裂土"状。

2．显微组分的固体^{13}C NMR 波谱

显微组分的固体^{13}C NMR 波谱在 Bruker AISL-300 波谱仪上完成(图 3－53)。按照归属碳原子化学位移的方法,可以得到显微组分中碳的分布,结果见表3－36。在 0～80 表示脂肪碳的化学位移区域内,壳质组在 30 有一个强吸收信号,这表示其脂肪碳中的$(CH_2)_n$ 链或环烷结构的—CH_2、—CH 比例较高。镜质组在 20 和 30 化学位移处有两个大小几乎相等的吸收峰。可以认为其脂肪碳中有数量相近的长链烷基和短链—CH_2、—CH_3 烷基结构存在。惰质组的脂肪碳吸收峰明显较其他两个显微组分低,但同镜质组一样也有两个吸收峰。其中 18 处的吸收峰相对较高,说明惰质组的脂肪碳主要以较短的烷基侧链—CH_2、—CH_3 存在。三个显微组分的芳香碳吸收峰位置虽然差不多,但惰质组的 130 处的吸收峰比较单一和尖锐,表明其中含有较多的直接与质子相连的碳和联芳香环。镜质组与惰质组130

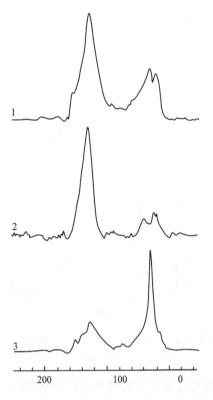

图 3-53 显微组分的固体^{13}C NMR 谱图

1—镜质组;2—惰质组;3—壳质组

表 3-36 显微组分中碳的相对分布和芳香度

显微组分	羰基碳	C_a	C_{al}	芳香度(f_a)
镜质组	0.037	0.630	0.333	0.67
惰质组	0.032	0.715	0.253	0.75
壳质组	0.031	0.354	0.612	0.39

处的吸收情况大致相似,但其左侧有比较明显的展宽和一些被掩蔽的吸收,说明其烷基取代结构比惰质组要多。壳质组的芳香吸收峰较为复杂,除 130 处主要吸收外还有肩峰,其中 150 处的肩峰表示壳质组含有较多的烷基取代的芳香结构。

3. XRD 对大分子网络结构的表征

XRD 技术是研究煤中微晶结构常用的方法。图 3-54 是平朔烟煤显微组分的 XRD 图谱,在 D/max-RA XRD 谱仪上完成,样品粉碎到 10μm,扫描角度 5°~100°。按照文献方法从谱线展宽可以求出 L_a 和 L_c,从谱线位置可以求出 d_m,结果列于表 3-37。三种显微组分的吡啶抽提后残样的 XRD 谱图与图 3-54 基本相

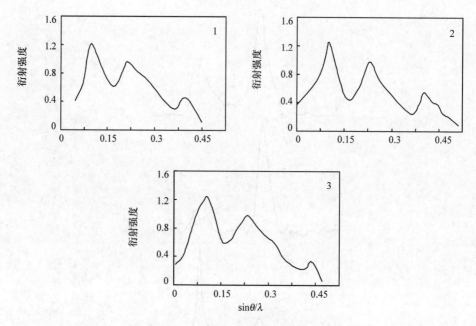

图 3-54　平朔烟煤显微组分的 XRD 谱图

1—镜质组；2—惰质组；3—壳质组

似，按照同样的方法，可求得这些残样的微晶参数，结果亦列于表 3-37 中，以便对比。从表中所列相对应的微晶参数可以看出，经过吡啶的抽提，显微组分仍然基本保持了各自原样中的微晶结构。这说明抽提过程中显微组分的骨架结构没有被破坏，抽出物是骨架结构之间存在的小分子相。

表 3-37　平朔烟煤大分子网络结构的微晶参数

样　　品		L_a/nm	L_c/nm	d_m/nm	N^*
显微组分	镜质组	1.704	1.250	0.357	4.5
	惰质组	2.300	1.076	0.370	3.9
	壳质组	1.278	1.150	0.347	4.3
吡啶抽提后的残样	镜质组残样	1.820	1.125	0.367	4.1
	惰质组残样	2.191	1.061	0.369	3.9
	壳质组残样	1.356	1.186	0.462	3.7

* 微晶中包含芳香层片堆积的数目，可以用（L_c/d_m+1）计算。

4. XPS 对化学结构的分析

X 射线光电子能谱 XPS（X-ray photoelectron spectrum）可以用于分析样品中存在的元素也可以直接检测其存在形式，例如煤中 C、H、O、N 和 S 的结合形式。作者对平朔烟煤显微组分的 XPS 的工作在 PEφ-5300 能谱仪上完成。表 3-38 给出了 C、O 和 N 的结合能信息和以 C(1s)为基数的峰面积百分数。

可以看出,碳元素的结合形式表现为 4 种类型:第一类属于芳烃或脂烃,这类碳在 285.18eV 处,峰面积按镜质组、惰质组和壳组的顺序为 50.38％、41.00％和 5.84％。第二类属于醚或羟基,这类碳在 286.6eV 处,三种显微组分的峰面积大致相同为 17％强。第三类属于羰基,其谱峰在 288eV 处,第四类属于羧基,其谱峰在 289.2eV;这两类碳对于惰质组峰面积最大,分别为 9.99％和 13.23％,而镜质组和壳质组较小仅 3％左右。

壳质组中氧与碳的结合形式基本上是 COO⁻ 和 C═O,而镜质组和壳质组中主要是醚和醌。对于碳和氮的结合形式,在惰质组中主要是胺和吡咯,在镜质组中主要是吡咯和吡啶,在壳质组中主要是胺和吡啶。

表 3-38　C、O 和 N 在显微组分中的结合形式

元素的结合形式	镜质组		惰质组		壳质组	
	结合能/eV	峰面积/％	结合能/eV	峰面积/％	结合能/eV	峰面积/％
$PhC_2H_5,PhOC_2H_5$	—	—	249.15	2.77	—	—
$(CH_3)_3C,CH_3CH_2$	—	—	292.05	3.66	—	—
醌,COO^-,$PhCH_3$	290.72	1.05	290.65	2.77	290.71	1.04
$C═O$,CH_3COO^-	289.28	2.83	289.25	13.23	289.29	2.59
$C═O$,$CH_3PhOOCH_3$	288.24	3.31	288.05	9.99	288.00	3.92
醚,$C—O$,OH	286.61	17.42	286.65	17.12	286.40	17.71
CH_3COOH,$C—O$	285.74	5.48	—	—	—	—
$Ph═N$,$Ph—N$	285.18	50.38	285.15	41.00	285.54	5.84
CH_2CH_2	284.23	17.42	—	—	284.94	49.29
石墨型 C,$Ph—N$	—	—	—	—	284.03	17.45
$C—N$,$CH_2—CH_2$	283.01	2.11	283.85	5.89	283.01	2.15
吡咯	401.04	63.72	401.04	35.46	—	—
胺	—	—	400.62	65.54	400.48	62.72
吡啶	399.79	36.28	—	—	399.01	37.28
COO^-,$C═O$	—	—	536.44	52.23	—	—
COO^-,$C═O$	534.63	24.28	534.64	18.40	534.22	23.43
$—O—$	532.99	61.10	533.27	18.17	533.03	53.08
$C—O$,Ph_3PO	531.39	14.63	531.96	11.20	531.43	23.49

5．FTIR 对化学结构的分析

红外光谱分析对于煤结构中的官能团的研究是一种常用而有效的方法。平朔煤的镜质组、惰质组和壳质组以及对应的吡啶抽提残样的 FTIR 谱图如图 3-55 和图 3-56 所示。测定在 PE-1700 红外光谱仪上完成,300mg 干燥 KBr 粉末加 1mg 样品在 10kg·cm⁻² 压力下压片,扫描范围 450～4000cm⁻¹。

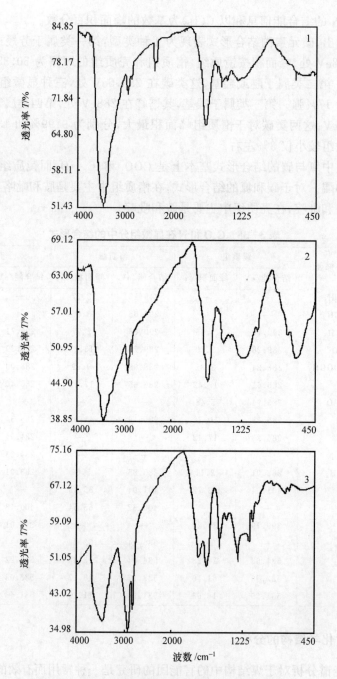

图 3-55 平朔烟煤显微组分的 FTIR 谱图

1—镜质组；2—惰质组；3—壳质组

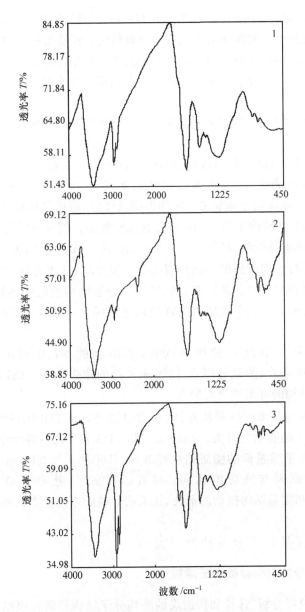

图 3-56　平朔烟煤显微组分吡啶抽提残样的 FTIR 谱图
1—镜质组；2—惰质组；3—壳质组

　　由红外光谱可以看出平朔烟煤的三种显微组分最显著的区别在于脂肪氢和氢化芳氢的含量。壳质组中在 $2845cm^{-1}$ 处有明显的—CH_2 对称伸缩振动峰,且其强度显著高于其他两个显微组分；$2926cm^{-1}$ 处的—CH_2 不对称伸缩振动和 $1450cm^{-1}$ 处的—CH_2 和—CH_3 变角振动在谱图上也呈强吸收。这些都说明壳质组有较高的氢含量。此外,壳质组图谱中 1791cm^{-1}附近出现较强的羰基或羧基吸收峰,表明壳质组中可能存在羰基或羧基含氧结构。镜质组谱图中 3400cm^{-1}处的强吸收峰表明镜质组中的氧主要属于羟基基团。惰质组图谱中 1600cm^{-1}处的吸收峰较强,说明其内部分子结构中芳环上的含氧官能团较多,而壳质组在此处的吸收峰最弱。

通过 FTIR 谱图对比吡啶抽提前后,可以发现样品的官能团、烃类等小分子结构发生的变化。

镜质组原样与其吡啶抽提残样:原样在 3436cm^{-1}处有一个强吸收带,归属于—OH 键伸缩振动的吸收,而不溶物此峰强度减弱,说明含羟基化合物被抽提。2919～2854cm^{-1}范围属于脂肪 C—H 伸缩振动吸收,原样及残样在此区域的谱图很相似,说明在某些结构上的—CH$_2$ 不易被吡啶抽出。但从残样的 1376cm^{-1}峰值较原样对应峰值减弱来看,有些—CH$_3$ 或—CH$_2$ 还是被抽出了,说明某些物质能否被溶剂抽出,还与它们所处的空间位置有关。类似地,从不溶物的 1250cm^{-1}峰减弱、1717cm^{-1}峰消失可以判断羰基、酚、醚等小分子结构被吡啶抽提。1600cm^{-1}、1500cm^{-1}和 1450cm^{-1}三个区域内的峰值均是残样大于原样,说明脂肪结构相对容易被抽出。

惰质组原样与其吡啶抽提物残样:不溶物的 FTIR 谱图中 3430cm^{-1}、2950cm^{-1}和 2920cm^{-1}的减弱以及 1370cm^{-1}峰的消失说明—CH 和脂肪—CH$_3$、—CH$_2$、—CH 结构的基团被溶剂抽出。

壳质组原样与其吡啶抽提物残样:壳质组抽提后,FTIR 谱图变化不明显,这与其含 60%以上的脂肪烃有关。2850cm^{-1}和 1376cm^{-1}处不溶物峰值的减弱说明有一部分相对分子质量低的脂肪结构被溶解。1600cm^{-1}、1500cm^{-1}和 1450cm^{-1}峰值的变化和原因与镜质组相同。另外,1720cm^{-1}处 C=O 振动的减弱,1120cm^{-1}醚键和羰基结构振动的消失,还说明一些羰基化合物也被溶剂溶解。

(三) 平朔烟煤显微组分结构的特点

1. 三种显微组分的结构参数和三维模型

利用现代仪器分析、计算和构造煤的平均分子结构是研究煤结构的一种有效的方法。在对平朔烟煤进行多方面的表征之后,从已经得到的实验数据(表3-34、表3-36和表 3-37)出发,可以按照计算平均分子结构参数的方法[58],给出显微组分的大分子网络的平均分子结构参数,结果列于表 3-39 中。至此,可以就平朔烟煤大分子网络的结构分别进行总结,同时比较它们的特点。

镜质组的芳碳率为 0.67,其芳香结构可以构成三维空间网络。网络的主体是类石墨的微晶结构,即芳香晶核。每个芳香晶核包含 4～5 个芳香层片,层片之间的距离为 0.357nm,芳香晶核的垂直高度为 1.250nm;平均每个芳香晶核有芳香碳 110 个,芳香氢 26 个,脂肪碳 55 个,脂肪氢 108 个,平均相对分子质量为 2530;芳香层片直径 1.704nm,平均每个芳香层片上有 9~11 个芳香环;在芳香层片上有较长的脂肪侧链$(CH_2)_n$和较短的 CH_3 和 CH_2 侧链。

表 3-39 平朔烟煤显微组分微晶的结构参数

显微组分	C_a*	C_{al}	C	H_a*	H_{al}	H	R	M**
镜质组	110.8	54.6	165.4	25.8	108.3	134.6	43.7	2529.7
惰质组	201.9	67.3	269.2	34.8	116.2	151.0	93.8	3812.5
壳质组	62.3	97.5	159.9	19.3	177.3	196.6	31.4	2607.6

* $C_a=(100 L_a)^2/2.62$, $H_a=\sqrt[6]{}C_a^{\frac{1}{2}}$。

** M 为平均相对分子质量,用 $12 C/C_{daf}\%$ 计算。

惰质组的芳碳率为 0.75,其三维空间网络更为明显。每个芳香晶核包含 4 个芳香层片,层片之间的距离为 0.370nm,芳香晶核的垂直高度为 1.076nm;平均每个芳香晶核有芳香碳 301 个,芳香氢 35 个,脂肪碳 67 个,脂肪氢 116 个,平均相对分子质量为 3812;芳香层片直径 2.300nm,平均每个芳香层片上有 23 个芳香环;在芳香层片上只有较短的 CH_3 和 CH_2 侧链。

壳质组的芳碳率最低,仅为 0.39,但其芳香晶核也已形成。每个芳香晶核包含 3~4 个芳香层片,层片之间的距离为 0.347nm,芳香晶核的垂直高度为 1.150nm;平均每个芳香晶核有芳香碳 62 个,芳香氢 19 个,脂肪碳 98 个,脂肪氢 177 个,平均相对分子质量为 2607;芳香层片直径 1.769nm,平均每个芳香层片上有 7~8 个芳香环;在芳香层片上有比较丰富的脂肪结构$(CH_2)_n$和较短的 CH_3 和 CH_2,其中长链的烷基结构占较大比例。

根据这些数据,可以给出三种显微组分大分子网络结构的三维模型(图 3-57)。这些模型中的每一个层片都经过分子力学优化处理,处于能量最小化的构型。高分辨隧道扫描电镜 HRTEM(high resolution TEM)技术对于分析大分子结构来说是一种有效的方法。作者在东京大学使用 JEM-ARM1250 显微镜对显微组分进行了观察,可以直接观察到平朔烟煤惰质组微晶内部芳香层片之间的距离是 0.34nm,与作者的计算值 0.36nm 非常接近。HRTEM 的直接测定结果支持了平均分子结构的计算结果,说明显微组分的三维模型在一定程度上能够代表大分子结构的特点。

2. 三种显微组分大分子结构特点和比较

平朔烟煤的三种显微组分均具有由 3~4 层芳香层片组成的三维网络微晶结构,其中芳香层片直径大小顺序是:惰质组>镜质组>壳质组。微晶结构以 C=C、

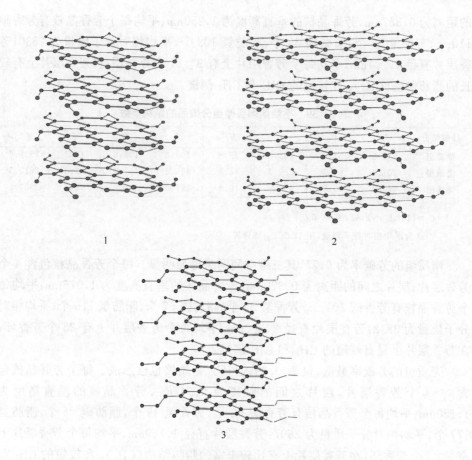

图 3 - 57　平朔烟煤大分子网络结构模型
1—镜质组；2—惰质组；3—壳质组

—CH₂—、—CH—、—O—和—S—等桥键相互联接、缠绕构成了煤的大分子结构。这些大分子网络结构经吡啶抽提后，基本没有变化，即它们的吡啶抽提残样具有与各自原煤样基本相同的大分子网络结构，可以视作显微组分的大分子网络组分。

　　壳质组的脂碳率最高，并以长链烷烃脂肪碳为主，其中有些是以取代芳氢的形式连接在芳香层片上；惰质组的脂肪烃含量最低，且多以短链烷基形式存在；镜质组的脂肪碳含量介于二者之间，并以长、短直链烷烃的形式存在；三种显微组分中均含有一定量的脂环碳。醚键、羟基、羰基、羧基、酯类等含氧官能团在三种显微组分中的分布不同，镜质组和壳质组中醚键较多，惰质组中羰基、羧基含量较高，羟基含量最低。含氮化合物在镜质组、惰质组和壳质组中的主要存在形式分别为吡咯和吡啶、胺和吡咯、胺和吡啶。硫在其中的存在形式为亚砜（RSOR′）和硫醚。

　　显微组分中 C ＝ O、C—O、—OH 和—O—等含氧官能团和具有脂肪—CH₃、

—CH₂和—CH 等结构的基团均可被吡啶不同程度地溶解,溶解量与包含这些基团的小分子结构所处的空间位置和其授受电子性质有关。这些具有供电子或受电子能力的小分子相主要是以分子间作用力的形式与大分子网络联接,其溶解性不尽相同。这种大分子结构中未联接在一起的小分子相的状态难于用固态样品的测试分析技术解决的,尚需联合溶剂抽提等方法解决。小分子物质的多少也直接影响抽提率,惰质组、镜质组、壳质组的抽提率与芳碳率成反比,表明它们的小分子物质含量由大到小顺序为壳质组＞镜质组＞惰质组。

二、平朔烟煤小分子相的结构

(一) 平朔烟煤小分子相样品的制备

将本章本节一(一)2. 中制备的干燥吡啶抽提物放入三颈烧瓶,用苯-甲醇(3:1)混合溶液做抽提溶剂,抽提物与抽提溶剂之比为 1:20,在 40℃下连续搅拌抽提48h 后抽滤,残样再按上述条件抽提 1h。抽滤后,将两次滤液合并,用旋转蒸发器减压进行溶剂分离,得到的苯-甲醇可溶物及不溶物均在真空干燥箱内干燥至恒重。FTIR 分析结果表明,三种显微组分的吡啶抽提物相互之间以及与它们相应的苯—甲醇不溶物的性质十分相似,因此,对苯-甲醇不溶物的进一步分析和可溶物的分离表征均只选择镜质组试样。

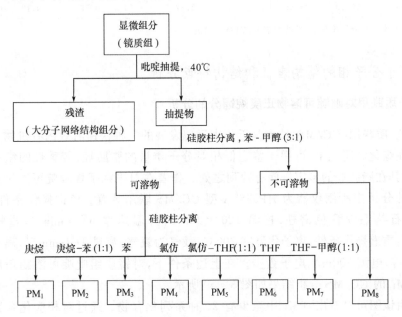

图 3-58　小分子相的抽提和分离

镜质组的苯-甲醇可溶物采用硅胶色谱分离法。选取 80～120 目的大孔硅胶在 150℃下活化 5h 后,按样品与硅胶之比为 1:25 装柱。先用正庚烷润湿色谱柱,并据此测出柱子体积;将干燥恒重后的可溶物也用正庚烷溶液润湿,从色谱柱上端小心加入,然后依次用庚烷、庚烷-苯(1:1)、苯、氯仿、氯仿- THF(1:1)、THF 和 THF-甲醇(1:1)进行脱洗。脱洗速度通过硅胶柱下端旋塞进行调节。用烧杯分别收集上述溶剂的洗脱的馏分并记为 PM_1、PM_2、PM_3、PM_4、PM_5、PM_6 和 PM_7,用旋转蒸发器减压分离溶剂后干燥至恒重。PM_8 组分为苯—甲醇(3:1)的不溶物。整个小分子相的制备流程见图 3-58。PM_1～PM_8 组分即显微组分的小分子相,它们的元素分析和平均相对分子质量测定结果见表 3-40。

表 3-40   平朔烟煤小分子相的元素分析结果和平均相对分子质量

组分	元素分析(daf,%)					H/C	O/H	M^*
	C	H	O	N	S			
PM_1	85.67	14.33	0		0	2.00	0	357.26
PM_2	88.68	8.77	1.26	0	1.29	1.19	0.09	365.13
PM_3	86.12	9.20	2.45	0.92	1.31	1.28	0.02	373.66
PM_4	85.21	7.63	5.52	0.39	1.25	1.08	0.05	398.00
PM_5	79.05	6.49	11.64	1.12	1.70	0.99	0.01	587.67
PM_6	69.37	5.75	21.50	1.74	1.64	0.99	0.23	626.49
PM_7	46.82	4.13	43.77	4.86	0.42	1.06	0.66	267.99
PM_8	76.29	4.99	14.71	2.37	1.64	0.79	0.18	1024.94

* 平均相对分子质量,以吡啶为溶剂,VPO 法测定。

(二) 小分子相的结构表征和结构特点分析

1. 色-质联用对吡啶可溶物正庚烷馏分的分析

色-质联用(GC/MS)技术是近年来迅速发展的一种快速有效的有机物分析技术。在煤化学研究中,可用于鉴定低相对分子质量的脂肪烃、芳香烃的组成和结构,尤其在脂肪烃的鉴定方面有独到之处。作者在对平朔烟煤吡啶可溶物正庚烷馏分的分析中所用仪器为 HP5988A 型 GC/MS 联用装置。色谱操作条件:选用 HP-5 石英毛细管色谱柱,柱温 120～200℃,升温速率 6℃·min^{-1},进样温度 300℃;质谱操作条件:离子化温度 200℃,载气为氦气,流量 1ml·min^{-1},离子化电压 70eV,电流 300mA,电子轰击。在上述条件下,对镜质组吡啶可溶物正庚烷馏分(PM_1)的 GC/MS 分析结果如图 3-59 所示。

由该图可以看出,PM_1 中至少有 20 种系列化合物。通过对相应化合物的质谱棒图分析并用联机质谱数据库进行检索,对照标准谱图,这些化合物被鉴定为

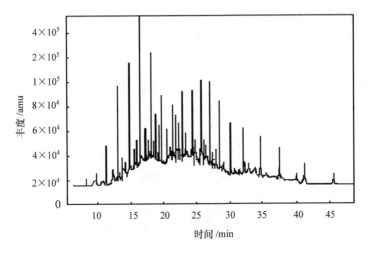

图 3－59　PM₁ 馏分的 GC/MS 图谱

C_{14}～C_{34} 的完整系列正构烷烃。在典型的正构烷烃质谱图中,离子的强度随质量的增加以指数形式衰减,烷烃链越长,分子离子峰的相对强度越小。PM₁ 馏分中的正构烷烃均符合上述特征,其中的正构十九烷(主峰)的质谱图,与标准谱图十分吻合。许多研究结果表明,所有煤中都含有完整系列的正构烷烃,只是各自的碳数分布范围、主峰碳数和奇偶优势等指标,随地质年代和成煤环境的不同而变化。对现代沉积岩来说,奇数碳原子占优势,随沉积年代的增长,奇数和偶数的差别渐小。平朔烟煤中的奇数优势已基本消失,其主峰碳数是 C_{20},C_{19} 和 C_{22},说明其沉积年代较长。碳优势指数 CPI(carbon preponderance index)和奇偶优势指数 OEP(odd-even preponderance)能用来估计煤的年代,平朔煤的 CPI 和 OEP 的值显示其沉积年代较长:

$$\text{CPI} = \frac{1}{2}\left[\frac{\displaystyle\sum_{i(odd)=25}^{33} C_i}{\displaystyle\sum_{i(even)=24}^{32} C_i} + \frac{\displaystyle\sum_{i(odd)=25}^{33} C_i}{\displaystyle\sum_{i(even)=26}^{34} C_i}\right] = 1.28$$

$$\text{OEP} = (-1)^{j+1} \frac{C_j + 6\,C_{j+2} + C_{j+4}}{4\,C_{j+1} + 4\,C_{j+3}} = 1.05$$

式中:j—— 计算 OEP 时选择的碳数计算基点,对于平朔煤 $j=25$。

2. ¹H NMR 对全部馏分的分析

从 PM₁ 到 PM₈ 8 种馏分的 ¹H NMR 图谱(图 3－60)用 FT-80A 波谱仪测得,TMS 为内标,PM₁、PM₂、PM₃ 和 PM₄ 组分以 CS_2 为溶剂,其余组分用吡啶－d₅。根据对煤的 ¹H NMR 谱图中 H 分布归属划分,从 ¹H NMR 谱图的积分线可得到每种馏分中各类氢的分布,结果列于表 3-41。

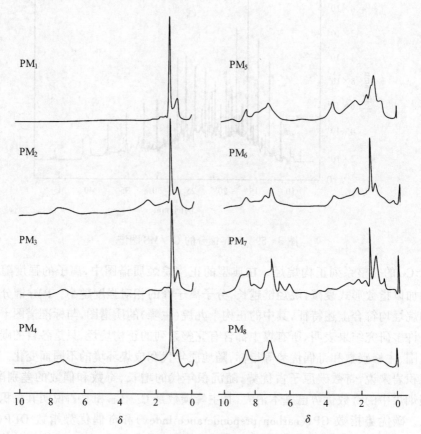

图 3-60　平朔烟煤小分子相馏分的¹H NMR 图谱

表 3-41　平朔烟煤小分子相馏分中氢原子的分布/%

氢原子类型	¹H NMR 化学位移范围	PM₁	PM₂	PM₃	PM₄	PM₅	PM₆	PM₇	PM₈
H_α	1.9~4.0	6.86	23.8	13.2	33.8	35.3	35.7	23.5	18.8
H_β	1.0~1.9	60.8	40.0	47.7	37.0	28.9	26.1	22.0	13.4
H_γ	0.5~1.0	32.4	15.0	23.2	10.5	10.6	6.2	5.9	3.6
H_a	6.0~9.0	0	21.8	15.9	19.3	25.4	32.0	49.0	64.3

由 PM₁ 的¹H NMR 图谱可看出,PM₁ 馏分是纯脂肪烃化合物,它的氢主要是直链脂氢,其中 H$_\beta$ 峰是主要的氢分布区域,说明 PM₁ 中以长链饱和烃化合物为主,这与 GCS 的分析结果一致。PM₂ 的¹H NMR 图谱表明 PM₂ 中三个典型的 H$_\alpha$、H$_\beta$ 和 H$_\gamma$ 峰占总氢量的 70% 以上,而芳氢区域(6.5~8.5)的宽峰则表明单环和缩合芳环的芳氢都存在。根据三种氢的比例可估计 PM₂ 具有较多的 3 个以上碳的烷基侧链取代芳香氢的芳环结构。PM₃ 的平均相对分子质量虽然与 PM₂ 相近,但与 PM₂ 的谱图

有明显差异:在脂氢区域 H_α 的比例明显降低,H_β 高达 47.7% 并在其振动范围内出现脂环 β 氢振动(1.4~1.9);在芳氢振动区域,H_α 比例降低,6.5~8.0 范围内有几个小峰,分别表示单、双、三环上氢的振动。通过分析可知,PM_3 是以单、双芳环为主体,有少数三环以上芳烃组成的、侧链较长的烷基取代芳环结构。类似以上对 PM_1、PM_2 和 PM_3 的氢分布分析,PM_4 的取代烷基侧链较短,芳氢主要以缩合芳环上的氢振动为主;PM_5 馏分芳香缩合度较大,环烷基结构较多,取代基形式复杂,脂肪侧链较短;PM_6 与 PM_5 类似,环烷基结构也较多,芳香缩合程度进一步增强。PM_7 的 ^1H NMR 谱图更为复杂,H_β 仍以三个峰出现,除环烷基上的 H_β 振动外,还可能有 CH_3—C—O 结构中的氢振动。占总氢 50% 的芳氢振动信号分别来自

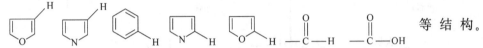

等结构。

PM_8 是苯—甲醇不溶的芳香结构,其相对分子质量最大。由 PM_8 的谱图也可看出:主要的氢信号出现在芳氢区域;脂氢区除有一较明显的表示直链 $(CH_2)_n$ 结构中的 H_β 峰外,H_α 和 H_γ 峰均不明显,说明其烷基取代量比其他馏分少;4.5~6.0ppm 中的酚羟基含量最高。显然,PM_8 馏分具有全部馏分中芳香缩合程度最大、脂氢含量最少的芳烃结构。

3. ^{13}C NMR 对 $PM_{2\sim7}$ 馏分的分析

因本章第二节二(二)1. 已认定 PM_1 馏分为饱和烃化合物,故不再做 ^{13}C NMR 分析。而 PM_8 馏分由于其溶解性差,亦未测得其液态高分辨 ^{13}C NMR 谱图。目前,^{13}C NMR 谱的常规测试已能够直接获得象煤那样的烃类混合物中分子碳骨架的信息。PM_2～PM_7 组分的 ^{13}C NMR 图谱(图 3 - 61)用 FT-80A 波谱仪测得,PM_2、PM_3 和 PM_4 组分以 CS_2 为溶剂,PM_5、PM_6 和 PM_7 组分用 DMSO-d_6,累加次数为 8000~15 000。按照不同类型碳的化学位移归属,从 PM_2～PM_7 的 ^{13}C NMR 谱图的积分线可得到这 6 个馏分的碳分布数据,列于表 3 - 42。

表 3 - 42　平朔烟煤小分子相馏分中碳原子的分布/%

碳原子类型	^{13}C NMR 化学位移范围	PM_1	PM_2	PM_3	PM_4	PM_5	PM_6	PM_7
C_{al}	13~70	100	44.0	49.0	33.0	34.0	28.3	17.0
C_a	100~170	0	56.0	50.0	64.8	64.0	71.7	83.0

在 PM_2 的 ^{13}C NMR 谱图中,脂肪碳在 15.1、20.7、23.9、30.8、32.9 和 38.0 处有共振信号,表明 PM_2 馏分中既有直链烷基,也有环烷基;芳碳主峰位置在 128 处表明联苯环的存在。PM_3 的图谱显示 PM_3 馏分中也含有长直链烷基和联苯环。PM_4 的谱图反映该馏分中同样有烷基取代的缩合芳环。在 PM_5 的谱图中,直链烷

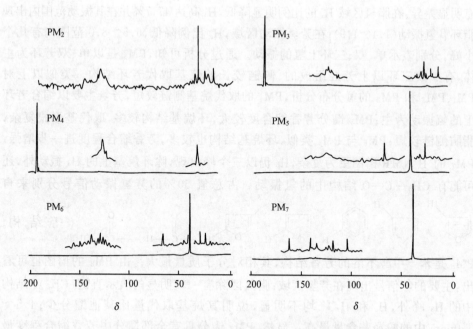

图 3-61　平朔烟煤小分子相馏分的^{13}C NMR 图谱

基碳信号不明显,66.1 处的共振吸收一般为环烷基醇类中的碳共振信号,而芳碳以芳香缩合结构中的碳为主,但也有酚羟基、醚键相连碳的共振信号,说明 PM$_5$ 中这些基团的存在。PM$_6$ 的谱图则表示该馏分的芳香结构上除含有环烷基醇类取代基外,还有其他含氧官能团存在。PM$_7$ 馏分的脂肪碳共振信号很弱,芳香区内有多处明显的吸收峰,其中 105 处是与氧或氮相连的芳碳共振信号,而其他几处的共振信号则表示质子碳、桥碳、带有不同取代基的芳碳以及羧基碳的存在。根据各馏分元素分析和平均相对分子质量数据(表 3-40)及氢、碳分布数据(表 3-41 和表 3-42),可求得 PM$_2$~PM$_8$ 7 个馏分的平均分子结构中各类原子的数量,见表3-43。

表 3-43　平朔烟煤小分子相各馏分平均分子结构中各类原子的数目

馏分	C	C$_a$	H	H$_\alpha$	H$_\beta$	H$_\gamma$	H$_\eta$	H$_{OH}$	H$_a$	S	N	O
PM$_2$	26.98	15.10	32.02	7.72	10.93	4.73	1.75	0	6.89	0.15	0	0.29
PM$_3$	26.82	13.41	34.38	4.47	14.71	7.90	1.79	0	5.51	0.15	0.25	0.57
PM$_4$	28.26	18.31	30.37	9.72	9.62	3.19	1.61	0.54	5.69	0.16	0.11	1.37
PM$_5$	38.71	24.77	38.14	12.93	7.36	4.04	3.60	0.53	9.68	0.31	0.46	4.27
PM$_6$	36.22	25.96	36.02	11.89	7.06	2.23	2.30	2.36	9.68	0.32	0.78	8.41
PM$_7$	10.46	8.96	11.07	2.31	2.00	0.65	0.43	1.10	4.68	0.04	0.93	7.33
PM$_8$	65.16	—	51.15	7.77	4.91	1.85	1.94	3.99	30.7	0.52	1.73	9.42

4.^{1}H NMR 和^{13}C NMR 联合解析 PM$_{2\sim7}$馏分的结构参数及它们的平均分子结构模型

参考利用^{1}H NMR 和^{13}C NMR 求取平均分子结构参数的一些方法,并根据平朔烟煤镜质组吡啶抽提物各馏分的组成特点,作者建立了如表 3－44 所示的求取平均分子结构参数的解析式。其中,对杂原子的校正基于如下考虑:根据馏分中酚羟基含量和各馏分谱图中羧基、羰基及饱和酯、醇类等出现的信号可推断,各馏分中芳醚所占比例不大。因此假设各馏分中的氧除分布在酚羟基中以外,1/3 在芳醚(记作 O_{ae})中,1/3 在羧基和羰基中,其余在醇类结构中。PM$_2$～PM$_7$ 馏分中 S 和 N 不是一个原子,假设它们存在于芳环结构中。另外,羰基或羧基中的碳虽在芳碳区出峰,但它们不在芳环骨架结构中,故在求芳环结构中桥碳、芳环数时应将这部分碳(记作 C_o)减去。根据上述计算和校正方法求得的各馏分平均分子结构参数在表 3－45 中给出。

表 3－44　平均分子结构参数的定义和计算(PM$_2$～PM$_7$)

结构参数	定　义	计　算
C_a	芳碳原子数	$C \times f_a$
x	烷基取代部分的 H/C	H_{al} / C_{al}
$C_{a(un)}$	未取代芳碳原子数	H_{al}
$C_{a(s)}$	取代的芳碳原子数	$\dfrac{H \times H_\alpha^*}{x}$
C_{anb}	芳香非桥碳原子数	$C_{a(un)} + C_{a(s)} + O_{ae} + N + S$
C_{ab}	芳香桥碳原子数	$C_a - C_{anb} - C_o$
M_{an}	芳香核数目	$\dfrac{1}{3}C_{anb} - \dfrac{1}{6}C_a$
R_a	芳环数	$\dfrac{1}{2}(C_a - C_{anb}) + M$
R	环结构数	$\dfrac{1}{2}(2C + 2 - H - C_a)$
R_N	脂肪环数目	$R - R_a$
C_N	脂肪环数目上的碳数	$3.5 R_N$
C_γ	芳环上的 γ-CH$_3$ 的数目	$\dfrac{H \times H_\gamma^*}{x}$
C_α	芳环上的 α-CH$_3$、α-CH$_2$ 和 α-CH 的数目	$C_{a(s)}$
C_β	芳环上的 β-CH$_3$ 和 β-CH$_2$ 的数目	$C_{al} - C_a - C_\gamma$

表 3－45　平朔烟煤小分子相各平均分子结构参数计算结果

馏分	C_a	x	$C_{a(un)}$	$C_{a(s)}$	C_{anb}	C_{ab}	M_{an}	R_a	R	R_N	C_N	C_α	C_β	C_γ
PM$_2$	15.10	2.11	6.89	3.61	10.75	4.35	1.06	3.18	4.40	1.22	4.9	3.61	6.68	1.58
PM$_3$	13.41	2.16	5.51	2.10	7.97	5.44	0.42	3.72	3.90	0.18	2.45	2.10	8.71	2.60
PM$_4$	18.31	2.48	5.69	4.46	11.66	7.89	0.84	4.17	4.90	0.73	1.22	3.92	4.97	1.06
PM$_5$	24.77	2.05	9.68	6.85	18.54	6.46	2.05	5.17	8.30	3.13	9.52	6.32	6.27	1.35
PM$_6$	25.96	2.39	9.68	7.53	20.31	7.65	2.44	5.27	6.80	1.53	2.63	5.17	4.34	0.74
PM$_7$	8.68	3.65	4.68	1.43	8.68	1.60	1.45	1.45	1.60	0.15	0.45	0.33	0.81	0.61

5．^{1}H NMR 和 FTIR 联合解析 PM₈ 馏分的结构参数及其平均分子结构模型

对因溶解性差，无法获得液态高分辨^{13}C NMR 谱图的 PM₈ 馏分，参考^{1}H NMR 和 FTIR 联合解析法和前述对杂原于的处理方法，作者建立了求取 PM₈馏分结构参数的计算式，表 3‑46 列出了这些计算式和计算结果。

表 3‑46　平均分子结构参数的定义和计算（PM₈）

结构参数	定　义	计　　算	计算结果
C	碳原子数	$\dfrac{\overline{M} \times C_{daf}}{12}$	65.15
x	烷基取代部分的 H/C	H_{al}/C_{al}	1.55*
f_a	芳香度	$\dfrac{C-(H_\alpha+H_\beta+H_\gamma)/x}{C}$	0.82
σ	取代指数	$\dfrac{H_\alpha/x}{H_\alpha/x+H_\beta}$	0.13
C_P	芳香核外围碳原子数	$\left[\dfrac{H_\alpha}{x}+H_\alpha\right] \times H_{daf} \times \overline{M}$	0.71
C_a	芳碳原子数	$C \times f_a$	53.42
C_P/C_a	缩合度指数	$\dfrac{H_\alpha/x+H_\alpha}{C/H-(H_\alpha+H_\beta+H_\lambda)/x}$	32.72
R_a	芳环数	$\dfrac{1}{2}(C_a-C_p)+1$	11.35
R	环结构数	$\dfrac{1}{2}C \times (2-H/C-f_a)+1$	13.87
R_N	脂肪环数目	$R-R_a$	2.52
n	芳香核上烷基取代的数目	$\dfrac{H_\alpha}{x} \times H_{daf} \times \overline{M}$	5.14

* 有关红外光谱数据的计算使用如下公式：

$$\frac{H_{CH_3}}{H_{al}}=k_1\frac{A_{1380}}{A_{2920}},\text{式中 } k_1=2.4$$

$$\frac{H_{CH_3}+H_{CH_2}}{C_{CH_3}+C_{CH_2}}=\frac{\dfrac{1}{5}+\dfrac{1}{7}k_2(A_{2920}/A_{1380})}{\dfrac{1}{15}+\dfrac{1}{14}k_2(A_{2920}/A_{1380})},\text{式中 } k_2=0.3966$$

至此，即可用这些参数构造各馏分的平均分子结构，如图 3‑62 所示。值得指出的是，这里构造的每个模型虽然仅是基本符合各馏分平均分子结构参数的多个模型中的一个，而且并不一定是真实存在的，但它们的确反映了镜质组大分子网络结构内各种小分子相的平均分子结构特征，对认识煤的结构及提供反应性方面的可靠信息是十分有价值的。由这些平均分子结构可以看出，PM₂～PM₈ 所代表的小分子相均为有不同取代基的芳香烃化合物（包括杂环化合物，如 PM₇），取代基形式包括直链烷烃、环烷烃及各种氧官能团。

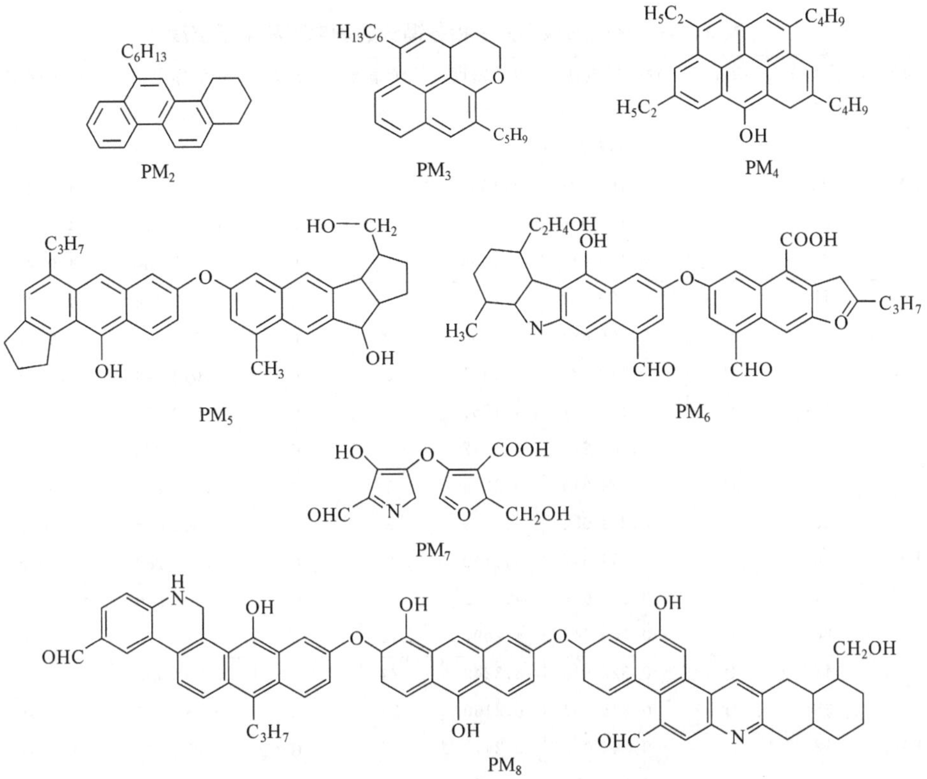

图 3-62 平朔烟煤小分子相馏分的平均分子结构

6．小分子相的三维结构的优化和微观化学参量的计算

作者采用分子力学方法（MM2）对 PM$_2$～PM$_8$ 的三维分子结构进行了优化，得到了各馏分的微观物理性质（表 3-47）和最优能量构型（图 3-63），并以该结构为起点，采用半经验算法（AM1）进行了量子化学计算。表 3-48 中列出了平均分子中净电荷最高和最低的 5 个原子。芳氢的净电荷在 0.13 附近，脂肪氢的净电荷在 0.08 附近。因为氢原子的电荷数值变化范围很窄，所以氢原子的数值没有列出来。这些点所对应的分子内位点可能是化学反应活性较高的部位。

表 3-47 平朔烟煤小分子相各馏分的微观物理性质

微观性质		PM$_2$	PM$_3$	PM$_4$	PM$_5$	PM$_6$	PM$_7$	PM$_8$
生成热	（kJ）	605.39	12.56	−60.68	112.29	−598.73	−634.77	128.33
电子能	（eV）	−27 902.92	−35 319.57	−44 037.51	−64 664.76	−76 209.68	−23 013.81	−105 377.56
核-核排斥能	（eV）	24 449.40	31 243.80	39 265.23	57 999.68	68 238.04	19 022.10	94 998.99
电离能	（eV）	8.31	6.72	6.48	7.67	7.94	8.98	7.60
偶极矩	（D）	1.17	1.61	1.00	4.93	2.10	7.53	6.80

表 3-48　平朔烟煤小分子相各馏分的静电荷和电子密度

馏分	原子编号	类型	较高净电荷	电子密度	原子编号	类型	较低净电荷	电子密度
PM_2	22	C	−0.462 563	4.4626	14	C	−0.049 774	4.0498
	19	C	−0.218 280	4.2183	8	C	−0.024 452	4.0245
	23	C	−0.168 723	4.1687	4	C	−0.021 965	4.0220
	21	C	−0.166 996	4.1670	7	C	−0.019 673	4.0197
	20	C	−0.163 610	4.1636	3	C	−0.012 154	4.0122
PM_3	17	C	−0.209 717	4.2097	3	C	−0.042 460	4.0425
	27	C	−0.206 835	4.2068	15	C	−0.022 121	4.0221
	14	O	−0.182 082	6.1821	5	C	−0.015 844	4.0158
	16	C	−0.155 007	4.1550	4	C	0.003 454	3.9965
	18	C	−0.154 213	4.1542	13	C	0.093 268	3.9067
PM_4	28	O	−0.234 645	6.2346	1	C	−0.016 299	4.0163
	29	C	−0.211 034	4.2110	8	C	−0.008 858	4.0089
	20	C	−0.211 017	4.2110	2	C	−0.001 169	4.0012
	24	C	−0.209 979	4.2100	7	C	0.003 810	3.9962
	26	C	−0.209 747	4.2097	12	C	0.089 372	3.9106
PM_5	42	O	−0.324 893	6.3249	24	C	0.036 903	3.9631
	38	O	−0.315 957	6.3160	37	C	0.080 163	3.9198
	12	O	−0.244 035	6.2440	17	C	0.081 171	3.9188
	33	C	−0.212 204	4.2122	4	C	0.125 424	3.8746
	20	C	−0.170 495	4.1705	43	H	0.139 462	0.8605
PM_6	42	O	−0.329 725	6.3297	25	C	0.065 570	3.9344
	33	O	−0.295 009	6.2950	13	C	0.183 560	3.8164
	38	O	−0.274 106	6.2741	37	C	0.225 217	3.7748
	36	O	−0.274 056	6.2741	35	C	0.227 296	3.7727
	34	O	−0.260 004	6.2600	32	C	0.335 283	3.6647
PM_7	16	O	−0.353 573	6.3536	10	C	0.057 356	3.9426
	13	O	−0.338 818	6.3388	2	C	0.059 087	3.9409
	6	C	−0.294 726	4.2947	7	C	0.059 709	3.9403
	14	O	−0.260 579	6.2606	17	C	0.023 638 1	3.7636
	18	O	−0.239 725	6.2397	12	C	0.377 143	3.6229
PM_8	50	N	−0.367 456	5.3675	43	C	−0.007 402	4.0074
	59	O	−0.302 411	6.3024	56	C	−0.004 937	4.0049
	63	O	−0.281 141	6.2811	6	C	−0.001 208	4.0012
	57	O	−0.257 922	6.2579	8	C	0.003 903	3.9961
	40	C	−0.251 866	4.2519	3	C	0.006 540	3.9935

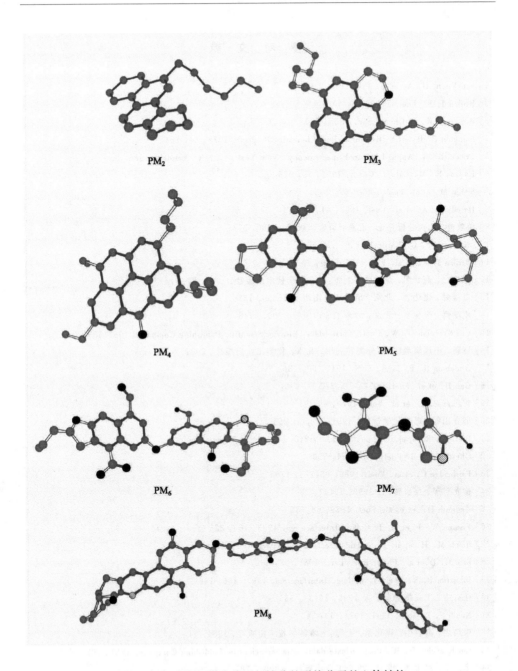

图 3 - 63　平朔烟煤小分子相馏分的平均分子的立体结构

(图中 ● 为C原子，● 为O原子，◎ 为N原子，忽略H原子)

参 考 文 献

[1] van Vucht H. A. et al. Fuel. 1955, 34: 50

[2] Brown J. K. Fuel. 1959, 38: 50

[3] Brown J. K. J. Chem. Soc. 1955: 744

[4] Solomon P. R. ACS Division of Fuel Chemistry Preprint. 1979, 24: 184

[5] Friedel R. A. Applied Infrared Spectroscopy. New York: CD. N. Kendall, 1966. 55

[6] Eolfson R. M. Cat. J. Chem. 1957, 35: 926

[7] Siskin M. et al. Fuel. 1983, 62: 1321

[8] Heredy L. A. et al. Fuel, 1962, 41: 221

[9] 游效曾. 结构分析导论. 北京: 科学出版社, 1980. 377

[10] Newman P. C. Nature. 1955, 175: 645

[11] Brown J. K. et al. Fuel. 1960, 39: 79

[12] 朱培之, 高晋生. 煤化学. 上海: 上海科学技术出版社, 1984. 87

[13] 虞继舜. 煤化学. 北京: 冶金工业出版社, 2000. 153

[14] 虞继舜. 煤化学. 北京: 冶金工业出版社, 2000. 148

[15] van Krevelen D. W. Coal. Amsterdam: Elsevier Scientific Publishing Company, 1981.338

[16] 陈鹏. 中国煤炭性质、分类和利用. 北京: 化学工业出版社, 2001. 57

[17] Anderson R. B. J. A. C. S. 1946, 68: 686

[18] Gan H. et al. Fuel. 1972, 51: 272

[19] Walker P. L. et al. Fuel. 1970, 49: 91

[20] 邱介山等. 燃料化学学报. 1991, 19(3): 253

[21] Dietz V. R. et al. Carbon. 1964, 1: 245

[22] Ghetti P. et al. Fuel. 1985, 64: 950

[23] Fairbridge C. et al. Fuel. 1986, 65(12): 1759

[24] 徐龙君等. 煤炭转化. 1995, 15(1): 33

[25] Kenneth D. A. et al. Fuel. 1979, 58: 732

[26] Friesen W. I. et al. J. Colloid Interface Sci. 1993, 160: 226

[27] Reich M. H. et al. J. Colloid Interface Sci. 1993, 155: 146

[28] Bale H. D.et al. Phys. Rev. Lett. 1984, 53: 569

[29] Johnston P. R. et al. J. Colloid. Interface Sci. 1993, 155: 146

[30] 任有中. 工程热物理学报 1995, 16(3): 366

[31] Nandi S. P. et al. Fuel. 1971, 50: 345

[32] 朱培之, 高晋生. 煤化学. 上海: 上海科学技术出版社, 1984. 94

[33] van Krevelen D. W. Coal. Amsterdam: Elsevier Scientific Publishing Company, 1981. 192

[34] 虞继舜. 煤化学. 北京: 冶金工业出版社, 2000. 128

[35] Waterman H. I. J. Inst. Petrol Technologists. 1935, 21: 661

[36] van Krevelen D. W. et al. Brennstoff Chem. 1959, 40: 155

[37] van Krevelen D. W. Coal. Amsterdam: Elsevier Scientific Publishing Company, 1981. 309

[38] van Krevelen D. W. et al. Brennstoff Chem. 1952, 33: 260

[39] 虞继舜. 煤化学. 北京：冶金工业出版社，2000. 161

[40] van Krevelen D. W. Coal. Amsterdam：Elsevier Scientific Publishing Company，1981. 342

[41] Spiro G. L. Fuel. 1981，60：1121

[42] Given P. H. Fuel. 1960，39：147

[43] Devidson R. M. Coal Science. New York：Academic Press，1982. 5

[44] Solomon P. R. ACS Symp. Ser. 1981，169：61

[45] Heredy L. A. et al. ACS Div. Fuel Chem. Preprints. 1980，25(4)：38

[46] Carlson G. A. et al. ACS Div. Fuel Chem. Preprints. 1989，34(3)：780

[47] Shinn J.H. Fuel. 1984，63：1187

[48] Nakamura K. et al. Energy & Fuel. 1993，7：347

[49] Iwata K. et al. Fuel Processing Tech. 1980. 3：221

[50] Carlson G. A. et al. ACS Div. Fuel Chem. Preprints. 1991，36(1)：398

[51] Larsen J. W. et al. J. Org. Chem. 1985，50：4729

[52] White C. M. et al. Fuel. 1987，66：1030

[53] White W. E. et al. Adsorpt. Sci. Tech.1990，7：108

[54] Faulon J. L. et al. Eneryg & Fuel. 1994，8：408

[55] Pfeifer P. et al. J. Chem. Phys. 1983，93：3566

[56] Faulon J. L. et al. Fuel Processing Tech. 1993，34：277

[57] Hatcher P. G. et al. Int. J. Coal Geol. 1989，13：65

[58] Qian S. A. et al. Fuel. 1984，63：268

第四章　煤的热解反应

第一节　煤的一般热解过程

一般来讲,煤的热解(pyrolysis)是指煤在隔绝空气或惰性气氛中持续加热升温且无催化作用的条件下发生的一系列化学和物理变化,在这一过程中化学键的断裂是最基本的行为。煤的热解是煤气化等其他化学过程的第一步,是煤的清洁利用技术的基础过程。煤的热解还与煤的组成和结构关系密切,可通过热解研究阐明煤的分子结构。此外,煤的热解是一种人工炭化过程,与天然成煤过程有所相似,故对热解的深入了解有助对煤化过程的研究。煤的热解的机理、产物的性质及分布情况要受到煤的性质、加热速率、传热和热解气氛等特定条件的显著影响。煤炭热加工是当前煤炭加工中最重要的工艺,大规模的炼焦工业是煤炭热加工的典型例子。研究煤的热解与煤的热加工技术关系极为密切,取得的研究成果对煤的热加工有直接的指导作用。对于炼焦工业可指导正确选择原料煤,探索扩大炼焦用煤的途径,确定最佳工艺条件和提高产品质量。此外,还可以对新的煤炭热加工技术的开发,如高温快速热解、加氢热解和等离子热解等起指导作用。

一、煤热解过程的基本描述

(一) 典型烟煤受热时发生的变化

煤在隔绝空气条件下加热时,煤的有机质随温度升高发生一系列变化,形成气态(煤气)、液态(焦油)和固态(半焦或焦炭)产物。典型烟煤受热时发生的变化过程如图 4-1 所示。

从图 4-1 可以看出,煤的热解过程大致可分为三个阶段:

第一阶段,RT～ T_d(300℃)。从室温(RT,room temperature)到活泼热分解温度 T_d,称为干燥脱气阶段。这一阶段煤的外形基本无变化。褐煤在 200℃以上发生脱羧基反应,约 300℃开始热解反应;烟煤和无烟煤则一般不发生变化。脱水主要发生在 120℃前,CH_4、CO_2 和 N_2 等气体的脱除大致在 200℃完成。

第二阶段,T_d～600℃。这一阶段以解聚和分解反应为主。生成和排出大量挥发物(煤气和焦油),在 450℃左右排出的焦油量最大,在 450～600℃气体析出量最多。煤气成分主要包括气态烃和 CO_2、CO 等,有较高的热值;焦油主要是成分复

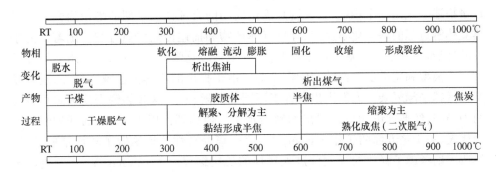

图 4-1　典型烟煤的热解过程

杂的芳香和稠环芳香化合物。烟煤约 350℃开始软化,随后是熔融、黏结,到 600℃时结成半焦。半焦与原煤相比,一部分物理指标如芳香层片的平均尺寸和氢密度等变化不大,这表明半焦生成过程中缩聚反应还不太明显。烟煤(尤其是中等变质程度烟煤)在这一阶段经历了软化、熔融、流动和膨胀直到固化,出现一系列特殊现象,并形成气、液、固三相共存的胶质体。液相中有液晶(中间相)存在。胶质体的数量和质量决定了煤的黏结性和成焦性的好坏。

第三阶段,600～1000℃。在这一阶段,半焦变成焦炭,以缩聚反应为主。析出的焦油量极少,挥发分主要是煤气,故又称二次脱气阶段。煤气成分主要是 H_2 和少量 CH_4。从半焦到焦炭,一方面析出大量煤气,另一方面焦炭本身的密度增加,体积收缩,导致生成许多裂纹,形成碎块。焦炭的块度和强度与收缩情况有直接关系。如果最终温度提高到 1500℃以上则为石墨化阶段,用于生产石墨炭素制品。

(二)煤热解过程的研究情况

Pyrolysis 一词来源于希腊语的 Pyr(火)和 lysis(分解),指的是只通过热能将样品转变为另一种或几种物质的化学过程。裂解的结果常常是相对分子质量降低,但也可能通过各种分子间的反应而使相对分子质量增加(交联反应)。煤的热解在煤科学和煤的利用技术中是至关重要的研究和开发对象。煤的热解及其分析技术已经被用作探测煤结构的工具。同时煤热解本身也是煤转化的一种途径和得到煤液化产物的一种辅助的方法。煤的热解也构成了液化、燃烧和气化等过程的第一步,而在这些过程中煤种的选择、特定煤种所能达到的燃烧效率和煤热解产物性质的预测都是人们非常关注的问题。对以上过程的优化和深化就在于对煤热解过程的认识。虽然在这些高温过程中热解在很短的时间内就完成了,但通常认为热解影响着整个过程。

由于煤结构的复杂性,特别是煤的热解涉及焦、油、气三相,因此,对该过程的定量描述一直是一个难题,其关键是理论模型的合理性。早期的理论研究主要是建立热解过程的基本化学反应、计算气体产物和描述传热传质过程。随着研究手段的进步,出现了一些新的理论模型,如一个一级化学动力学模型、一组一级化学动力学模型和化学反应群动力学模型等。由于提出的热解反应越来越多,这些模型也就越来越复杂。人们提出了许多不同的热解理论,这些热解理论大致可分为两种类型:经典理论和新近提出的解聚理论。经典理论以 Howard 的开创性工作为代表,关于这方面的工作 Suuberg[1,2]有一篇综合性的评论做了较详细的总结。经典理论考虑了释放的挥发分进入残样的二次缩聚。在 Gavalas 等[3,4]开创的解聚理论中煤则被看做是交联的大分子固体,热解被确切地看做是解聚过程,模型化合物被看做是接近于煤的结构和组成。

与以上两种热解理论相对应,目前对热解过程较为简便的研究途径有通过检测产物及失重量推测反应过程的热重在线色谱法[5]和通过模型化合物热解判断机理的模型化合物法[6]。影响热解反应性的因素很多,煤的类型、煤阶、粒径、热解介质、加热速率、热解终温和反应器等都是影响热解的重要因素,关于热解反应器就涉及固定床反应器、流化床反应器、沸腾床反应器、丝网反应器和居里点反应器等。但以往的研究多限于原煤或镜质组,方法也比较单一,使得热解过程的研究存在一定的缺陷或局限性。

早期的理论研究主要是建立热分解过程的基本化学反应和传热传质过程。van Krevelen[7]依据化学测定,提出了煤粉分解的系列化学反应过程,计算了各化学过程的特性系数。Nusselt[8]给出了一个简单的球体传热模型,也仅描述了热分解时煤颗粒的能量过程。Badzioch[9]对热解过程的化学动力学进行了研究,计算了煤粉热分解的主要气体产物。随着实验手段的进步,对煤热解有了新的了解,最新的理论模型也就应运产生。Kabayashi 等[10]用一个一级化学动力学方程计算了煤热解过程中的重量损失曲线;Pitt[11]则用一组由平行或独立的化学动力学方程描述了热解过程;Anthong[12]等用高斯函数计算了 Pitt 模型中各个步骤的活化能;Suuberg[13]认为煤热解可能首先是一个自由基过程,这一过程由结构内的弱键断裂所引发。Given[14]根据他的煤结构模型,估计煤的热解包括以下 4 个步骤:低温(400～500℃)脱除羟基;某些氢化芳香结构的脱氢反应;在次甲基桥处分子断裂;脂环断裂。Wiser 等[15]假定了一系列热解过程,从形成芳香簇的键的热裂解产生两个自由基开始,这些自由基通过碎片内的原子重排或与其他自由基碰撞达到稳定。

Suuberg[16]还利用已知的键能导出煤热解的活化能为 146 293J·mol^{-1},指前因子值在 1010～1013s^{-1}范围之内。Suuberg 等的模型假设煤热解的产物是由煤的两种或两种以上的固态结构分解而来,与 Pitt-Anthong 模型相比,它同样是以一组一级化学动力学方程计算反应速率。Gavalas 等[17]对煤热解的化学反应机理作了较详细的研究,以实验为基础,确认煤的热解过程由 14 个化学反应群、50 余个反应式组成,提出了相应的繁杂的化学动力学模型,这也是迄今为止最为复杂和详细的模型。

目前比较活跃的研究方法主要有两种,一种是检测热解过程的产物及相应的失重量,通过推断产物的形成及反应的量来推测反应过程,研究装置为热重在线色谱。这种方法的优点是简单易行,产物分析容易,缺点是推测的成分较多。由于热分析设备的限制,传热传质同样会使问题复杂化,甚至有时得出错误结论。另一种方法就是直接以模型化合物为热解物(文献[6]中提到的两种模型化合物见图 4-2),较精确地确定煤热解机理。这种方法对热解模型的建立和校正确实是前述方法不可替代的。但由于煤复杂体系的非线性,对其中的各个单独过程不能拆开解释,只有将其放回原系统中才能真正反映出煤在热解中的表现。因此,这种方法的局限性也非常明显。如何定量、准确地描述热解过程是目前关于煤热解研究的重要内容之一。

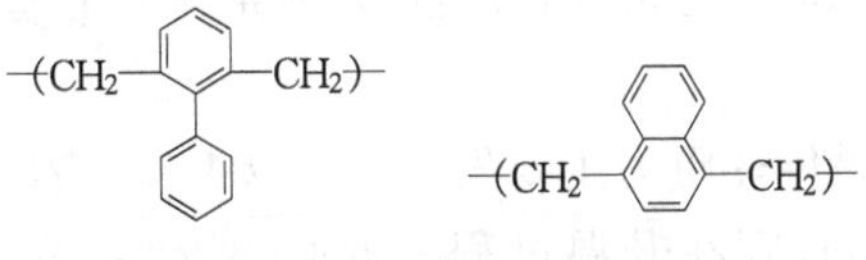

图 4-2 热解模型化合物

综观煤反应性的研究历史和现状可以看出,尽管在世界范围内已做了很多努力,但客观地说,煤的热解反应机理仍不完全清楚,这与未充分考虑到显微组分组成及它们的相互作用的影响不无关系;煤中矿物质或 CaO 等添加物对显微组分热解反应性影响研究的缺乏,直接影响到煤的洁净转化和利用。煤中的官能团的热解反应能力直接关系到全煤的热解反应性,通过在线反应分析联用装置有可能避开复杂的反应机理而获得对煤热解反应性的较为充分的认识。作者也正是基于上述看法开始对煤的热解反应性进行深入的、探索性的研究的。

(三) 煤热解产物

煤热解产物是一种极其复杂的混合物。其主要成分是环状芳烃,从单环到含有 20 个以上环的化合物、含氧的杂环化合物、含氮的杂环化合物或含硫杂环化合物都有。在环系中存在少量脂氢和部分氢化饱和的芳香结构,杂原子一般最多只有一个。芳族结构和杂环结构以非取代和取代两种形式存在。主要的取代基是甲基、乙基或羟基。在低沸点馏分中存在少量长脂肪侧链,但它们在高沸点馏分中趋于消失。含 4 个环以上的分子通常被缩合,但也有可能因缩合程度不完全而以环链结构存在的[18]。

（四）影响煤热解的因素

煤化程度的影响　煤化程度是煤热解过程最主要的影响因素之一。从表4-1可以看出,随煤化程度的增加,热解开始的温度逐渐升高。另外,热解产物的组成和热解反应活性也与煤化程度有关,一般来说年轻煤热解产物中煤气和焦油产率及热解反应活性都要比老年煤高。

表4-1　不同煤种的开始热解温度/℃

煤　种	泥炭	褐煤	烟煤	无烟煤
开始热解温度	190~200	230~260	300~390	390~400

煤粒径的影响　如果煤粒热解是化学反应控制,热解速度将与颗粒粒度或颗粒孔结构无关。Badzioch[19] 观察到 $20\mu m$ 和 $60\mu m$ 两种粒度有同样的热分解速度；Howard 等[20]用常规粒度的粉煤样 (50%<$35\mu m$,80%<$74\mu m$)比较其热解速率,也未发现有粒度大小的影响。同样,Wiser[21]将 $60~74\mu m$ 及 $246~417\mu m$ 煤样进行失重实验,在失重曲线上也未见区别。

传热的影响　如果传热阻力主要发生在颗粒和其周围之间,则在升温过程中颗粒的温度是均匀的,而且升温速度随粒度的增加而减小。在此条件下,升

表4-2　粒度与加热速率的关系

加热速率/(℃·s^{-1})	100	1000	10000
临界直径/μm	2000	500	200

温过程中热解速度随粒度减小而增大,但当加热速度超过某数值之后,升温过程中反应的量是可以忽略的。对小于某种粒度的煤样,热解速度实际上是化学控制,而不依赖于加热速度和颗粒大小。Badzioch[22]的计算表明,转折点约在粒径为 $100\mu m$ 处。当传热速度完全受控于颗粒内部的极端情况时,热解速度受化学控制和传热控制的转折点与颗粒大小有关。小于此粒度时,颗粒中心温度近似等于其表面温度。Koch 等[23]的研究表明,脱挥发物速度从一级反应控制转移到传热控制后,粒度是加热速度的函数(表4-2)。

此外,升温速率、终了温度、反应压力以及煤样的化学处理都对煤的热解过程有明显的影响,作者将结合具体热解过程在后续的章节中讨论。

（五）热解过程中表面结构的变化

煤的热解在煤着火之前发生,热解过程中煤表面结构的变化直接影响着煤的燃烧状况。Maria[24]研究了较低温度下煤热解过程中表面积的变化,结果见表4-3。从表中可以看出:无论是 N_2 表面积还是 CO_2 表面积,随着温度的升高和热解的不断进行,两者都在不同程度地增加,但 CO_2 表面积增加的幅度远远大于 N_2

表面积的增加量。在 500℃以前 CO_2 表面积不断增加的同时 N_2 表面积几乎没有变化,结合 N_2 仅能探测到中孔及大孔,而 CO_2 则可以探测到煤中微孔结构的事实可以看出,开始升温热解时由于挥发分的析出,形成了大量的微孔结构,但大孔及中孔却没有太大变化,温度进一步升高后,挥发分的析出更为剧烈,不但开辟了新的微孔结构,同时将原来微孔进一步扩展为中孔及大孔,使 N_2 和 CO_2 表面积均不断增加。同时 Maria 还研究了高挥发分煤样的热解情况。在热解一开始,CO_2 表面积不断增加的同时,N_2 表面积却在减少。他认为出现这种情况的原因在于高挥发分含量使热解开始时反应就比较剧烈,在小孔形成的同时,出现了大孔的崩溃,因而造成两种方法所测得的表面积具有不同的变化趋势。

表 4-3 热解过程中煤比表面积的变化

温度/℃	失重率/%	比表面积/$(m^2 \cdot g^{-1})$		
		N_2(77K)	CO_2(195K)	CO_2(298K)
350	4.6	<1	21	118
375	8.2	<1	22	127
400	13.0	<1	27	147
500	22.4	2.4	233	304
600	24.9	10	206	383

还有研究工作对中国四种煤热解时的孔结构作了报道[25]。在 500℃以前,孔容与孔表面积没有大的变化,与 Maria 的结论相符;当热解温度在 500~700℃时,煤中挥发分大量析出,如 C_nH_{2n}、CO 和 CO_2 等,它们主要来自煤粒内部,因而导致孔容积与孔面积都有所增加;700℃以后,由于煤的可塑性以及焦油的析出,减少和堵塞了部分孔隙,使表面积和孔体积均减少;800℃以上,析出均为较轻物质如 H_2 等,它们的析出留下很多小孔,使表面积迅速增加。

热解过程中,随着挥发分的析出,煤中孔系不断发达,尤其是形成了大量的微孔结构。微孔形成的同时,使内表面和粗糙度都有所增加,其分形维数也因此而增大。对维多利亚褐煤在热解过程中分形维数的变化进行的研究工作显示[26],在不同气氛和处理条件下,分形维数的变化略有不同,其共同的趋势就是低温区分形维数变化不大,当温度升高后,分形维数有明显的增加。在 N_2 气氛下,分形维数的增加不太明显。对酸洗后的煤样,其分形维数一直稳定在 2 左右,说明酸洗的作用使煤表面光滑,形成欧氏平面。

二、煤在热解过程中的化学反应

由于煤的不均一性和分子结构的复杂性,加之其他额外的作用(如矿物质对热解的催化作用),使得煤的热解化学反应非常复杂,彻底了解反应的细节十分困难。

从煤的热解进程中不同分解阶段的元素组成、化学特征和物理性质的变化出发,对煤的热解过程进行考察,煤热解的化学反应总的讲可分为裂解和缩聚两大类反应。这其中包括了煤中有机质的裂解、裂解产物中相对分子质量较小部分的挥发、裂解残留物的缩聚、挥发产物在逸出过程中的分解及化合、缩聚产物的进一步分解和再缩聚等过程。从煤的分子结构看,可认为热解过程是基本结构单元周围的侧链、桥键和官能团等对热不稳定的成分不断裂解,形成低分子化合物并逸去;基本结构单元的缩合芳香核部分对热保持稳定并互相缩聚形成固体产品(半焦或焦炭)。

(一) 有机化合物的热裂解规律

为说明煤的裂解,首先介绍有机化合物的热裂解的一般规律。有机化合物对热的稳定性,主要决定于分子中化学键键能的大小。煤中典型有机化合物化学键键能如表 4-4 所示。从表中数据可以总结出烃类热稳定性的一般规律是:缩合芳烃＞芳香烃＞环烷烃＞烯烃＞烷烃;芳环上侧链越长,侧链越不稳定;芳环数越多,侧链越不稳定;缩合多环芳烃的环数越多,其热稳定性越大。

表 4-4　煤中典型有机化合物化学键键能/(kJ·mol^{-1})

化学键	键能	化学键	键能
C_a—C_a	2057	苯基—$\overset{H_2}{C}$—$\overset{H_2}{C}$—$\overset{H_2}{C}$—苯基	284
C_a—H	425		
C_{al}—H	392	苯基—$\overset{H_2}{C}$—CH_3	301
C_a—C_{al}	332		
C_{al}—O	314	萘基—H_2C—CH_3	284
C_{al}—C_{al}	297		
苯基—$\overset{H_2}{C}$—苯基	339	蒽基—H_2C—CH_3	251

(二) 煤的热解反应

煤的热分解过程也遵循一般有机化合物的热裂解规律,按照其反应特点和在热解过程中所处的阶段,一般划分为煤的裂解反应、二次反应和缩聚反应。

1. 煤热解中的裂解反应

煤在受热温度升高到一定程度时其结构中相应的化学键会发生断裂,这种直接发生于煤分子的分解反应是煤热解过程中首先发生的,通常称之为一次热解。一次热解主要包括以下几种裂解反应。

　　桥键断裂生成自由基　煤的结构单元中的桥键主要是煤结构中最薄弱的环节,受热很容易裂解生成自由基碎片。煤受热升温时自由基的浓度随加热温度升高。

　　脂肪侧链裂解　煤中的脂肪侧链受热易裂解,生成气态烃,如 CH_4、C_2H_6 和 C_2H_4 等。

　　含氧官能团裂解　煤中含氧官能团的热稳定性顺序为:—OH＞C＝O＞—COOH＞—OCH_3。羟基不易脱除,到 $700\sim800℃$ 以上和有大量氢存在时可生成 H_2O。羰基可在 400℃ 左右裂解生成 CO。羧基在温度高于 200℃ 时即可分解生成 CO_2。另外,含氧杂环在 500℃ 以上也有可能开环裂解,放出 CO。

　　低分子化合物裂解　煤中脂肪结构的低分子化合物在受热时也可以分解生成气态烃类。

2. 煤热解中的二次反应

　　一次热解产物的挥发性成分在析出过程中如果受到更高温的作用(像在焦炉中那样),就会继续分解产生二次裂解反应。主要的二次裂解反应有:

　　直接裂解反应

$$C_2H_6 \xrightarrow{-H_2} C_2H_4 \xrightarrow{-CH_4} C$$

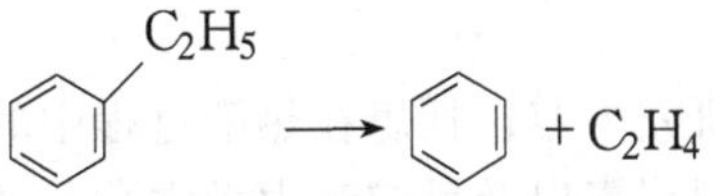

　　芳构化反应

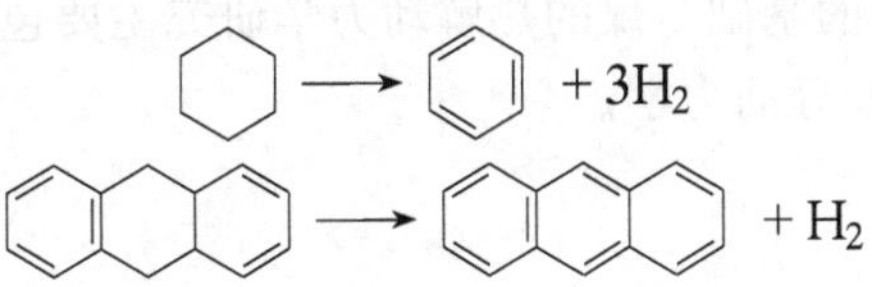

　　加氢反应

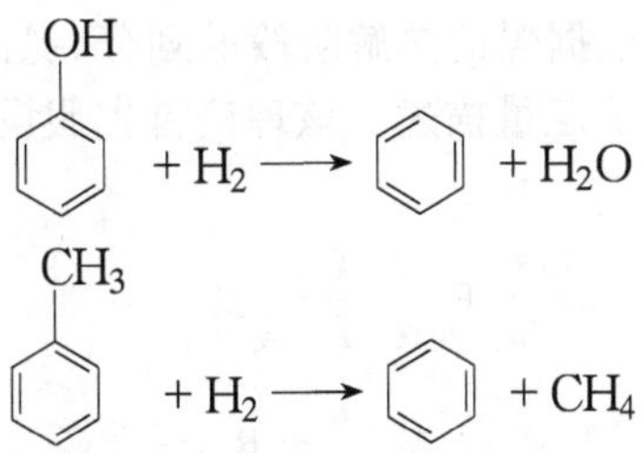

　　缩合反应

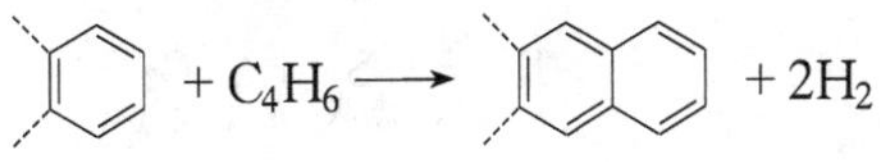

3. 煤热解中的缩聚反应

煤热解的前期以裂解反应为主,后期则以缩聚反应为主。首先是胶质体固化过程的缩聚反应。主要包括热解生成的自由基之间的结合、液相产物分子间的缩聚、液相与固相之间的缩聚和固相内部的缩聚等。这些反应基本在 550~600℃ 前完成,结果生成半焦。然后是从半焦到焦炭的缩聚反应。反应特点是芳香结构脱氢缩聚,芳香层面增加。可能包括苯、萘、联苯和乙烯等小分子与稠环芳香结构的缩合,也可能包括多环芳烃之间缩合。半焦到焦炭的变化过程中,在 500~600℃ 之间煤的各项物理性质指标如密度、反射率、导电率、特征 X 射线衍射峰强度和芳香晶核尺寸等有所增加但变化都不大;在 700℃ 左右这些指标产生明显跳跃,以后随温度升高继续增加。表 4-5[27] 列出了芳香晶核尺寸 L_a 的变化。芳香晶核尺寸 L_a 和上述其他物理指标的增加都是由于缩聚反应进行的结果。

表 4-5　热解升温过程中芳香晶核尺寸 L_a(nm^{-1})的变化

温度/℃	RT	300	400	500	600	700	800	1100
气煤	17	17	21	24	26	—	38	46
焦煤	16	16	19	22	24	30	35	37

三、煤热解动力学

煤热解动力学的研究内容包括煤在热解过程中的反应种类、反应历程、反应产物、反应速度、反应控制因素以及反应动力学常数。这些方面的研究是煤科学的基础,也是煤洁净利用的基础。煤的热解动力学研究主要包括两方面的内容:胶质体反应动力学和脱挥发分动力学。

(一) 胶质体反应动力学

van Krevelen 等[28] 根据煤的热解阶段的划分,提出了胶质体(metaplast)理论,对大量的实验结果进行了定量描述。该理论首先假设焦炭的形成由三个依次相连的反应表示:

$$\underset{\text{结焦性煤}}{P} \xrightarrow[E_1]{k_1} \underset{\text{胶质体}}{M} \tag{1}$$

$$\underset{}{M} \xrightarrow[E_2]{k_2} \underset{\text{半焦}}{R} + \underset{\text{一次气体}}{G_1} \tag{2}$$

$$\underset{}{R} \xrightarrow[E_3]{k_3} \underset{\text{焦炭}}{S} + \underset{\text{二次气体}}{G_2} \tag{3}$$

式中：k_1——反应速度常数，s^{-1}；

　　$E_{1\sim3}$——活化能，$kJ\cdot mol^{-1}$。

反应 1 是解聚反应，该反应生成不稳定的中间相，即所谓胶质体。反应 2 为裂解缩聚反应，在该过程中焦油蒸发，非芳香基团脱落，最后形成半焦。反应 3 是缩聚脱气反应，在该反应过程中，半焦体积收缩产生裂纹。解聚裂解反应一般都是一级反应，因此可以假定反应 1 和反应 2 都是一级反应。反应 3 与反应 1、反应 2 相比要复杂得多，但仍然假定它也是一级反应。这样上面的三个反应可用以下三个动力学方程式描述：

$$-\frac{d[P]}{dt} = k_1[P]$$

$$\frac{d[M]}{dt} = k_1[P] - k_2[M]$$

$$\frac{d[G]}{dt} = \frac{d[G_1]}{dt} + \frac{d[G_2]}{dt} = k_2[M] + k_3[R]$$

许多实测的数据表明，在炼焦过程中 k_1 和 k_2 几乎相等，故可以认为 $k_1 = k_2 = k$。在引入 $t=0$ 时的边界条件和一些经验性的近似条件后，上述微分方程可以得到如下解：

$$[P] = [P]_0 e^{-\bar{k}t}$$

$$[M] = [P]_0 \bar{k}t e^{-\bar{k}t}$$

$$[G] \approx [P]_0 [1 - (\bar{k}t + 1)e^{-\bar{k}t}]$$

式中：$\bar{k}$——经过修正后的速率常数 k。

　　实验表明，该动力学理论与结焦性煤在加热时用实验方法观察到的一些现象相当吻合。此外，反应活化能 E 可用 Arrhenius 公式求得：

$$\ln k = -\frac{E}{RT} + b$$

所求得的煤热解活化能 E_1 为 $209\sim251 kJ\cdot mol^{-1}$，与聚丙烯和聚苯乙烯等聚合物裂解的活化能相近，大致相当于—CH_2—CH_2—的键能。一般来说，煤开始热解阶段 E 值小而 k 值大；随着温度的升高，热解加深，则 E 值增大 k 值减小。反应 1、2、3 三个依次相连的反应，其反应速度 $k_1 > k_2 \gg k_3$。煤的热解的平均表观活化能随煤化度的加深而增高。一般气煤活化能为 $148 kJ\cdot mol^{-1}$，而焦煤的活化能为 $224 kJ\cdot mol^{-1}$。

（二）脱挥发分动力学

　　用热失重法研究脱挥发分速度也是煤热解动力学的重要方面。热重法研究中所用仪器是热天平,在一定的加热速度下能够连续测定被加热样品质量变化。煤受热分解,挥发物析出并离开反应系统。煤样热解造成的质量损失可以用热天平测定。利用反应失重可以进行煤热解脱挥发分动力学研究。

1. 等温热解

　　尽量快地将煤加热至预定温度 T,保持恒温,测量失重,从失重曲线在各点的切线可以求出 $-\mathrm{d}W/\mathrm{d}t$,直至恒重。温度 T 下的最终失重($-\Delta W_e$),一般要在失重趋于平稳后数小时后才能测得。不同温度下典型的失重曲线和总失重如图 4-3所示。图中的三条失重曲线对应的温度从上到下依次降低。在反应开始时累积失重与时间呈直线关系,经过一段转折,逐渐达到平衡。平衡值(ΔW_e)大小与煤种和加热温度有关。达到平衡的时间一般在 20～25h 以上。首先必须假定分解速率等同于挥发物析出的速率,根据 ΔW-t 曲线的形状推论这些反应总合起来可以按照表观一级反应来处理,其反应速率常数可以通过下式计算:

$$k = \frac{1}{t}\ln\frac{1}{1-x}$$

式中:x——对应于反应时间 t 时的失重量与最大失重量的比值 W_t/W_e。

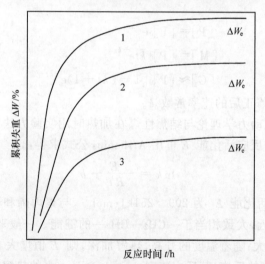

图 4-3　不同温度下的等温失重曲线
1—温度 T_1;2—温度 T_2;3—温度 T_3;$T_1 > T_2 > T_3$

　　按照一级反应来求算得到的表观活化能只有 $20\mathrm{kJ \cdot mol^{-1}}$ 左右。其原因是反应的起始阶段煤粒实际上处于急剧升温阶段,使煤粒内部微孔系统内产生了暂时的压力梯度,过程由扩散控制而不是反应速度控制,此时的活化能实际上是扩散活化能。由此可见热解速度(反应速度)和脱挥发分速度(反应与扩散的总速度)是两个不完全相同的概念。在等温热解过程中,可以有许多反应同时发生。对于煤的热解会造成一次热解脱气和二次缩聚脱气的重叠,故根据脱除的气体来建立动力学方程体系非常困难。等温脱挥发分过程究竟是扩散控制还是由挥发物的生成控制尚无定论。但有大量数据表明,由于环境的不同,两种过程都有可能是主要的析出机理。

2. 程序升温热解

在等温法实验过程中,同一种样品多次实验间的差异难免影响实验结果的准确性,且实验值反映的是所选温度范围内的平均值,不易反映整个反应过程的情况。与等温法相比,非等温法具有许多优点:首先,实验量小,只需一次实验就可以获得反应温度范围内各温度点的反应常数信息。第二,实验数据是在同一个样品上获得的,可以消除因样品的差异而引起的实验误差。第三,它反映了整个反应温度范围内的情况,在确定计算活化能的温度范围时减少了盲目性,消除了因温度范围选择不当而造成的实验数据的不可比性。第四,可以避免将试样在一瞬间升到规定温度 T 所发生的问题。另外,在原则上程序升温法可从一条失重速率曲线算出所有动力学参数,大大方便和简化了测定方法,并且与等温实验法的计算结果在可靠性上是完全一样的。采用程序升温热解的方法可以避免许多等温条件热解带来的不便,因此,在实验中一般采用线性升温的方法。此法也要假定分解速率等同于挥发物析出速率。对于某一反应或反应序列,气体析出速率与浓度的关系为

$$\frac{\mathrm{d}x}{\mathrm{d}t} = A\mathrm{e}^{-\frac{E}{RT}} \cdot (1-x)^n$$

$$x = \frac{M_0 - M}{M_0 - M_f} = \frac{\Delta M}{\Delta M_f}$$

式中:　　x——煤热解转化率,%;

n——反应级数;

E——活化能,kJ·mol^{-1};

R——气体常数,kJ·mol^{-1}·K^{-1};

A——指前因子,s^{-1};

M_0——试样起始质量,g;

M、ΔM——试样在热解过程中某一时刻的质量和失重,g;

M_f、ΔM_f——试样在热解终点的残余质量和失重,g。

关于反应级数 n 有许多不尽相同的讨论。煤的热失重或脱挥发分速度因煤种、升温速度、压力和气氛等条件而异,还没有统一的动力学方程。对应线性升温过程,Coast-Redfern 采用了一种比较简明的方法:

设温度 T 与时间 t 有线性关系

$$T = T_0 + \lambda t$$

式中：λ——升温度率，$K \cdot s^{-1}$。

联立两式可以得到如下近似解：

$$\ln\left[-\frac{\ln(1-x)}{T^2}\right] = \ln\left[\frac{AR}{\lambda E} \cdot \left[1 - \frac{2RT}{E}\right]\right] - \frac{E}{RT} \qquad 当\ n = 1$$

$$\ln\left[\frac{1-(1-x)^{1-n}}{T^2(1-n)}\right] = \ln\left[\frac{AR}{\lambda E} \cdot \left[1 - \frac{2RT}{E}\right]\right] - \frac{E}{RT} \qquad 当\ n \neq 1$$

由于 E 值很大，故 $2RT/E$ 项可近似于取零。如果反应级数取得正确，上式左端项对温度倒数 $1/T$ 作图，当为直线，由此直线的斜率和截距可以分别求得活化能 E 和指前因子 A。

第二节　煤的热解–色谱研究

应用热解–色谱（PyGC）可以深入研究影响裂解反应的各种因素。而多功能裂解器、浓缩技术、PyGC 与核磁共振的结合以及 PyGC-MS，PyGC-FTIR-MS 等技术的发展使 PyGC 所获得的信息量又可大大增加。目前，高分辨热解色谱（HRPyGC）已经成为研究大分子微观结构强有力的分析工具。基于快速热解可使煤焦油产率大大提高，对产物及其分布的确定与研究提供便利。这一方面的研究成果可以充实煤结构及热解理论，为煤结构及热解模型机理的正确性检测提供基础和标准；另一方面，不同煤种热解产物的异同直接影响着煤燃烧过程中的燃烧特性，对热解产物的准确测定可最大限度地优化燃烧系统，使设备的运行与煤的燃烧特性相适应，提高燃烧效率。常规热解法所得的焦油产物缩聚程度较大，焦油中所能反映出的煤结构信息的准确性已大打折扣。为避免这种情况的产生，作者采用国际上较先进的热解–色谱联用技术，升温速率可达 20 000℃·s^{-1}，热解过程中的温度滞后可基本避免。

对热解产物的检测和鉴定目前常用的方法是色谱–色质联用。GC/MS 是鉴定多种成分的一种强有力的工具，可用来阐明煤焦油中挥发部分的精细结构。如果将这种分析方法用于煤焦油，则其中可鉴定组分的数目就会迅速增多。然而，由于这种分析方法太费时而且具有相当的人为因素，所以在实用或工业应用上受到限制。气相色谱的限制在于峰的鉴定。这种方法对于能获得各组分纯化合物标样的较简单混合物是有效的。但是对于焦油来说，总是存在许多不能定性的峰，焦油和焦油馏分含有大量化学类型相似的组分。同时，许多非极性的烃、强极性的酚和杂环组分具有几乎相同的沸点，如果分析条件选择不当的话，不仅上述组分分不开，而且烯烃在柱中往往发生聚合或氧化。在两种固定相上烃类保留指数的差别可用来把烃类分成不同类型。Graut[29] 叙述了用一根高效毛细管柱子和两根辅助柱子组成的多柱系统,主柱子的每一个峰在辅助柱子上同时产生两个色谱图,这些柱子含有不同的固定相。如果对不同固定相的保留时间彼此作图,则对于不同类型的化合物都位于不同斜率的直线上,并可借助文献来确定它们大概是什么化合物,但目前尚无探索这种可能性的工作报道。作者在下面的研究中采用与热解反应器联用的毛细管色谱柱装置(图4-4)进行热解产物的鉴定与分析。

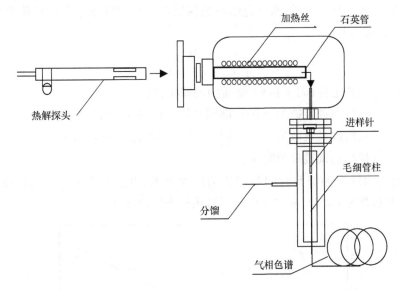

图4-4 热解-色谱反应装置

一、煤的热解反应

(一)实验方法和碳数的求取

色谱采用 PE-8500 型气相色谱仪,色谱柱为 BP1 WCOT 毛细管柱,柱长 12m,内径 0.22mm,固定液膜厚度 0.25μm。测试条件为:检测器温度 250℃,冷柱头法浓缩样品,柱头温度 30℃,分流进样,分流比 1:50,程序升温,5℃·min⁻¹,终温 250℃,FID 检测器。热解实验采用 CDS2000 热解反应器进行,反应器样品支架为螺旋状铂丝,煤样采用三章一节一(二)中不同变质程度的代表性煤种(参见表 3-2),质量为 800~1000μg,煤样均匀涂在石英管内壁,插入铂丝圈内,色谱与热解反应器接口温度 200℃,热解气氛为 N₂。如果挥发物能以足够快的速度离去,使裂解和捕集无从发生,那么煤中"真"挥发物的测定必须满足如下要求:颗粒小到足以防止挥发物被内部捕集或裂解,粒度约为 50μm;颗粒和气体形成的悬浮物密度低到足以防止挥发物被炭外表面捕集,密度约为 10⁻⁵ g·cm⁻³;瞬时加热,加热速

率至少超过 $10℃·ms^{-1}$ 以防止升温过程中发生反应。

为区别不同热解阶段样品的组成,热解过程由以下三部分组成:第一段,以 $10℃·ms^{-1}$ 升温速率由室温至 1100℃保持 0.5min;第二段,以相同的升温速率由室温升至 450℃保持 0.5min,降至室温;第三段,将第二段的残样以相同的升温速率由室温升至 750℃。温度界限是依据 Marzec[30] 和 van Heek[31] 以往的工作而确定的。

为比较热解产物的性质,所有色谱峰的保留时间都按标准正态烃转化为保留指数,计算公式如下:

$$I = 100 \times \frac{\lg t_{RI} - \lg t_{Rz}}{\lg t_{R(z+1)} - \lg t_{Rz}} + 100z$$

式中: I——在指定柱(固定相)上物质的保留指数;

　　t_{Rz}——正构烷烃碳数为 z 的标准同系物的调整保留时间;

　　$t_{R(z+1)}$——正构烷烃碳数为 $z+1$ 的另一个标准物的调整保留时间;

　　t_{RI}——样品的调整保留时间。

图 4-5 为正构烷烃的保留时间与碳数的线性关系,直线方程为 $y = 0.2982x + 4.018$,相关系数为 0.989,基本可以满足对热解产物的定性要求。

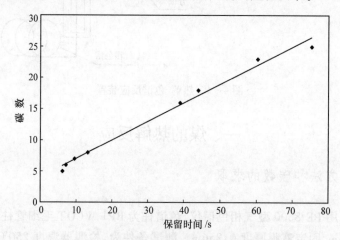

图 4-5　正构烷烃的保留时间和碳数的关系

(二) 煤阶、温度对产物分布的影响

1. 1100℃的产物分布

图 4-6 为将样品由室温直接升至 1100℃后热解产物的碳数分布图。可以看出:除泥炭外,其余七种煤在 $10℃·ms^{-1}$ 的热解条件下产生的焦油主要由 $C_{12} \sim C_{16}$ 的化合物构成。而泥炭的热解产物中以直链的脂烃($C_4 \sim C_5$)为主,这一结果同长期以来人们对木本植物及泥炭的研究基本吻合。考虑到泥炭未经历煤岩变质作用

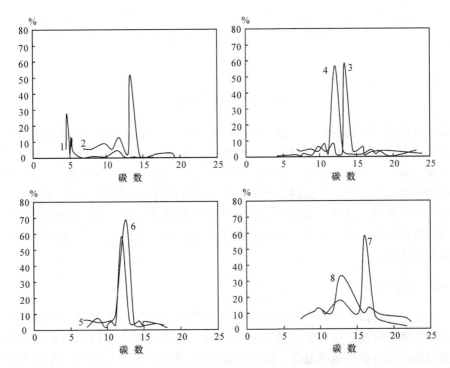

图 4-6　1100℃热解产物的碳数分布

1—泥炭；2—褐煤；3—长焰煤；4—肥煤；5—焦煤；6—瘦煤；7—贫煤；8—无烟煤

的特殊性，可以初步认为，C_{12}～C_{16} 的化合物反映了煤结构中的小分子相的结构。Vahrman[32]也发现煤焦油中存在单环芳烃和二环的多环芳烃，主要是苯和萘的烷基化衍生物，占总馏分的近 70%。同时作者的研究还表明各种煤的焦油产率和组成有显著差别，这种差别可能与原煤性质有关。可以认为，煤聚合体和煤初次裂解形成的"单体"中存在一种占多数的结构单元，焦油中的较小分子是经这种结构单元二次裂解产生的。按单环饱和度为 4 计算，C_{12}～C_{16} 的化合物主要应由 2～3 环的芳烃衍生物构成，其含量占总热解产物的 70% 左右。这一结果与 Heredy 和 Wender 采用的烟煤模型分子的实验结果十分相似（图 4-7）。其中碳原子个数的分布范围与作者在热解条件下所得产物分布基本一致。这一方面说明保留指数的方法具有可比性；另一方面表明 PyGC 的方法对煤热解产物的预测确有一定的实用性。

变质程度较高的贫煤的挥发分仅为 12.22%，是肥煤、焦煤等高挥发煤种的 1/2～1/3，但它们的热解产率基本相当，这说明快速热解条件下所提供的能量（按煤的比热 12.54J·K^{-1}·g^{-1} 计算，10℃·ms^{-1} 的加热速度相当于 125.4kJ 的能量在 1ms 内放出）足以满足煤中小分子相克服传质所需并快到煤中的大分子结构未来

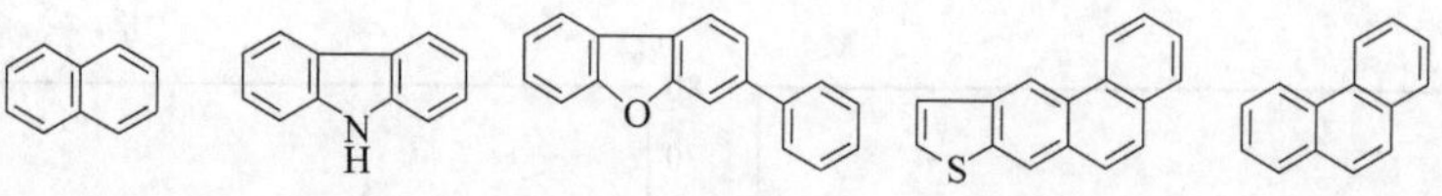

| $C_{10}H_8$ | $C_{12}H_9N$ | $C_{18}H_{12}O$ | $C_{16}H_{10}S$ | $C_{14}H_{10}$ |

图 4 - 7　烟煤模型分子

得及对其捕获、缩合就逸出了煤的固相表面。另外,贫煤由于较高的变质程度而使其焦油组分的碳数比其他煤种大 4 个左右。无烟煤高的缩合程度和近石墨化结构使其在这样剧烈的反应条件下也只有 30% 左右的热解产率。值得注意的是,其热解产物中并未像贫煤一样出现以较高碳数为主的产物,而同其他煤种一样,也集中在 C_{12}～C_{13} 附近。这说明贫煤中的热解产物可能含有一部分活性很高的组分,在由煤粒内部向外传递的过程中发生了比较严重的缩聚,而无烟煤中的活性基团已基本全部丢失。

2. 450℃的产物分布

为了对热解过程中的产物有更进一步的了解,作者将室温至 750℃ 的过程分成连续的两个阶段。第一段终温为 450℃,这一温度段相当于煤中属小分子相的那部分脂烃与芳烃的逸出温度。在这一温度段,脂烃基本放出,而进一步的大分子结构尚未解聚,分析结果见图 4 - 8。从图中可以看出,无烟煤、贫煤和瘦煤这样高阶煤的热解产物中 C_5 左右的化合物占到总热解产物的 80%～90%。从碳数分析,这类结构的化合物只能是一些链状的 C—H 衍生物,这表明高阶煤结构有序,其中的小分子相与芳环间的作用较弱,450℃ 下可以简单地从煤结构中释出。低阶煤由于芳环体系发育不完善,在 450℃ 条件下,结构中相当比例的环簇断裂逸出。同时由于升温速率快的因素,较大分子的逸出物也出现在色谱峰中。从图中可看出,长焰煤中结构单元最小,能脱出的最大碳数为 C_7～C_8 左右,可以合理地推测其焦油中应以苯族衍生物和脂环化合物为主。随煤阶的增高,芳环聚合体系发育逐渐完善,能脱落的结构单元也逐渐增多。褐煤(硬褐煤)以 C_{10} 为主,肥煤以 C_{20} 和 C_{26} 为主。碳数的激增应该和肥煤高达 46% 的挥发分有关。焦煤的热解产物中以 C_{25} 左右的化合物为主。与此规律相背的是泥炭,它具有高于长焰煤的 15～16 个碳的结构。作者认为这并不代表其结构中芳环的存在,而应以脂环为主。近年来对焦油的研究也说明,焦油中脂碳的形态是最大的未知数,大多数脂碳保留在环系统中,长链的脂烃存在的可能性较小。从立体效应分析,四环芳碳可不作考虑,而且 NMR 的数据也证实无四环芳碳的存在。

3. 750℃的产物分布

在完成将煤中小分子相脱除的步骤后,下一问题就是将这些半焦进一步加热

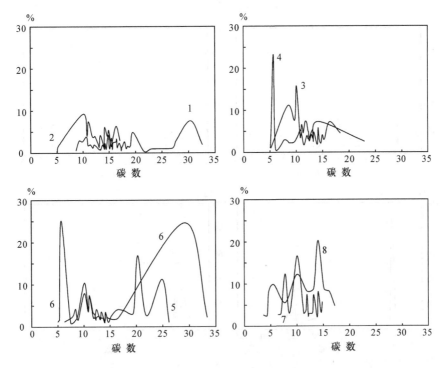

图 4-8　450℃热解产物的碳数分布

1—泥炭；2—褐煤；3—长焰煤；4—肥煤；5—焦煤；6—瘦煤；7—贫煤；8—无烟煤

至 750℃会产生什么样的产物。从图 4-9 可以看出，在此过程中泥炭进一步显示出其松散的结构，特性产物的碳数比第一段又有所增大，达到 C_{30} 左右，这表明其体系已被完全破坏。褐煤在经历第一段的热解后，其热解产物中仍有大量 C_6 的化合物，说明我们对 450℃温度界限的定义对褐煤并不合适，750℃时其产物仍是上一段未完过程的延续。长焰煤则出现较大的不同，其热解产物既有上一阶段 $C_6 \sim$ C_7 的延续，又有 $C_{16} \sim C_{18}$ 煤结构中芳环缩合后产物在高温下的挥发。肥煤在 450℃前大量脂烃和芳烃脱除后，半焦结构已高度缩合，在此条件下仅有少量 C_5 的脂烃脱除，750℃的热量已不能使缩合芳环进一步断裂。同时这一结果也说明高挥发分含量的肥煤、长焰煤的加工应以低温处理为主。焦煤的产物中不仅有接续前一过程中已有的 C_{25} 化合物继续放出，而且温度的增加又使产物中出现芳环的解聚产物 C_{20}，但在解聚和缩聚的竞争过程中，解聚并未占到明显的优势。而对于瘦煤则缩聚的程度就远大于解聚，其产物中的 C_{26} 是前一阶段中根本未出现的，表明瘦煤的结构单元活性较高，易于缩聚成更大的团簇，这一结果也与作者对反应性测定的结论相同。对于贫煤和无烟煤，750℃刚刚使其缩合的芳环体系开始解聚，贫煤产物中有 C_7、C_{10} 和 C_{15}，无烟煤产物中有 C_5、C_{10} 和 C_{15} 三处峰值，说明缩合环的

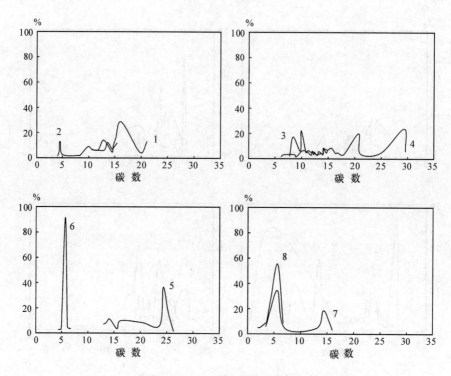

图 4-9　750℃热解产物的碳数分布
1—泥炭；2—褐煤；3—长焰煤；4—肥煤；5—焦煤；6—瘦煤；7—贫煤；8—无烟煤

解聚基本以单个芳环为单位逐渐脱落。

　　接下来重新再考虑由室温直接升至 1100℃ 的过程，热解产物不仅仅是前两个阶段的加和。对于泥炭，一方面由于其结构松散，另一方面在高温下利用活化能较高的解聚过程，产物中仅在 $C_4 \sim C_6$ 位置出现两个峰，也就是缩聚基本未发生。褐煤略有不同，不仅在 $C_6 \sim C_7$ 左右有产物被检测到，在 C_{14} 左右产物的量还占到全部产物 90% 以上的比例。这说明其结构间的可缩合，如脂环、双烯等不饱和结构较多，加热极易使其缩合成芳环或萘环紧密的结构，很难进一步裂解。这可能就是褐煤适于加氢处理使其结构迅速饱和的原因。长焰煤基本可以类推，产物中也以 C_{14} 为主，在其他各个阶段都有所表现。到肥煤后，规律就更加明显，产物同样集中在 $C_{12} \sim C_{14}$ 附近，这说明虽然缩聚易、解聚难，但在此条件下（1100℃，快速升温，忽略传质阻力），大于两个环以上结构的稳定性就较差，竞争过程的平衡点处于双环及其衍生物附近。同时，大分子团簇体系断裂的碎片的大小也应以保持 $C_{12} \sim C_{14}$ 时最为有利。否则，不是由于传质过程太慢而被体系重新捕获、缩合，就是因稳定性差而进一步裂解。这样，从热解产品的碎片来重新描述煤结构时，可以推测哪种多环结构存在的可能性较小；因为如果有这样的结构也早在漫长的成煤过程中转变为更稳定的以单环和双环,最多 3 环为基本结构相连的芳环网络了。

二、煤抽提物的热解反应

对抽提物热解的研究,出于如下考虑:如果抽提可溶物可视为原煤热解产物中的气体及非缩聚焦油,那么对于这种没有参与缩聚就脱离煤母体的小分子结构来

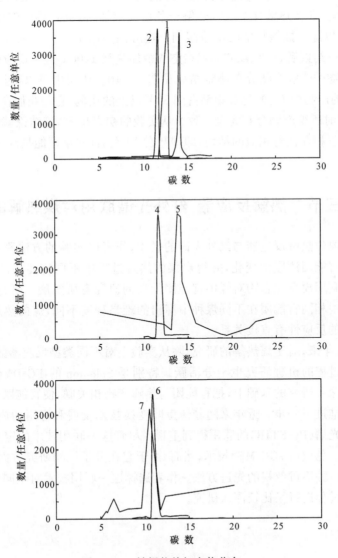

图 4 - 10　抽提物热解产物分布

1—褐煤;2—长焰煤;3—肥煤;4—焦煤;5—瘦煤;6—贫煤;7—无烟煤

说,在相同的热解条件下,可能以完整或准完整的形式在其产物中表现出来。这一工作的意义在于帮助我们判断煤的活性是决定于其中的小分子相结构,还是与煤大分子网络的缩聚程度或是与热加工过程中的活性结构有关。热解在此处精确的定义是热降解,是为了将复杂化合物降解后进行分析的过程。因此作者选用450℃作为热解温度,以防止抽提物过度裂解。

采用第三章第二节三(三)1.中的抽提方法,抽提溶剂为 NMP,可以得到各种原煤样品的抽提产物。将抽提物的浓缩液滴在铂金丝带上,数量以丝带长度的1/2到2/3为宜,在将热解探头放入热解－色谱反应器接口前,将丝带以"dry"模式加热至80℃以除去抽提物中的微量溶剂。热解探头以 $10℃·s^{-1}$ 的升温速率加热至450℃,反应结束后,以"clean"模式在空气中加热至1200℃烧去反应残渣。

抽提物的热解产物分布测定结果见图4－10。从图中可以明显看出,所有低于450℃的产物中 C_{12} 的化合物都占到80%以上的比例,它与我们在由室温直接升至1100℃时所得产物分布完全一致。从实验的初衷出发,该结论就意味着不同煤种中小分子相存在着相似的结构,即碳数在12左右(非常可能是双环)的苯基衍生物。

第三节　热解反应器－红外光谱联用对煤热解的研究

利用原位热解反应器与红外光谱的联用,作者以实验的方法测定了煤热解过程中不同官能团浓度的变化,并得出煤的热解过程中不同官能团的活化能数据。这比以往利用模型化合物对煤中官能团活性的研究有所发展。研究结果表明,煤热解过程中相同官能团在不同煤种中释出的难易程度不同,煤的热解反应性与这些官能团的反应性有直接关系。

近20年来,对于煤热解的研究,除从实验上对不同类型反应器的比较研究外,对煤热解过程的机理研究也十分活跃。特别是 Solomon 的 FG-DVC 模型在对煤化学结构深入研究的基础上,把官能团与热解产物相关联,使官能团在煤热解中的作用研究推进了一步。近年来随着傅里叶变换技术发展和应用的成熟,热解反应器－红外光谱(Py-FTIR)的联用得到重视。尽管这一联用技术的定量精度目前还不及热解－色质(PyGC-MS)技术,然而,由于它在分子结构研究方面的重要作用,使它成为一种不可忽视的先进方法。作者选择这一联用技术对不同变质程度的煤种的热解过程进行了比较深入研究。

一、红外光谱-热解反应技术的实验方法

(一) 红外光谱-热解反应实验装置

　　将煤中官能团与热解反应相关联,可以获得结构与反应性关系的很多有用的信息。热解反应器-红外光谱(PyFTIR)联用是实现这一目的一种先进方法。作者选用 Bio-Rad FTS165 型红外光谱仪与 Pyroprob CDS2000 型热解反应器联用对第三章第一节一(二)中不同变质程度的代表性煤种(表 3-2)的煤样进行热解过程研究。图 4-11 给出了它们的联用示意。该联用系统具有优良性能,升温速率的范围大(0.1~20 000℃•S^{-1}),最高温度可升至 1400℃。

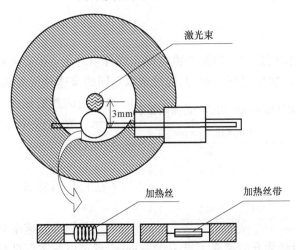

图 4-11　傅里叶变换红外光谱与热解反应器的联用示意图

(二) 热解对样品的要求

　　为避免热解时样品内部形成温度梯度,样品厚度要小。作者采用将煤样涂布于石英管壁的方法,样品用量为 800~1000μg。

(三) 接口温度

　　从图 4-12 中可以看出接口温度低于 100℃时会由于官能团的缩聚造成产物中官能团比例的歧化。因此,为保证红外所测定产物浓度的真实性,接口温度选取 220℃。同时,为避免水对 KBr 窗片的腐蚀,选用 ZnSe 为红外窗片。

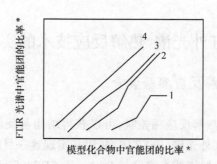

图 4-12　界面温度对官能团测定的影响
1—50℃；2—100℃；3—150℃；4—200℃
* 图中横坐标和纵坐标为取值相同的任意单位

（四）气体流速

吹扫气体的作用是防止热解产物冷凝在红外窗片上，但流速太大又会使体系压力增大而加速产物的凝聚。因此，通过选取不同的流速和压力匹配，测定样品在窗片上的残留比例，结果如表 4-6 所示。在实验中作者选取流速为 $40ml \cdot min^{-1}$。

表 4-6　红外窗片残留物比例（%）的影响因素

接口温度/℃	气体流速/(ml·min⁻¹)		
	0	40	100
50	3.7	3.6	7.9
150	5.0	3.1	1.7
200	7.7	0.5	1.1

（五）升温速率

根据升温速率对热解过程影响的研究结果，一般认为升温速率大于 $100℃ \cdot min^{-1}$ 就可以基本保证煤的热解反应为一级平行反应而基本上不发生二级反应。作者为验证这一认识并详细了解官能团在不同升温速率条件下的变化，选择了 $20℃ \cdot min^{-1}$、$100℃ \cdot min^{-1}$ 和 $1200℃ \cdot min^{-1}$ 三种升温速率。

二、不同官能团热解活性的比较

煤中官能团活性的定义似乎早有定论。但仔细分析可以发现，前人对官能团活性的比较是以不同煤阶的煤中官能团数量的多少为依据，以此来说明官能团在煤中停留的难易程度。这种比较虽然体现了成煤的过程就是一个缓慢热解的过程，但除煤的成岩作用过程外，还应考虑环境、生化等作用对煤性质的影响。随着煤样在反应器中的热解，各个官能团以 CO、CO_2、H_2O 和轻质烃的形式放出，反映在红外光谱中就是随着温度升高，CH_3、芳环和醚键的各种振动强度的变化。为此,作者在不同的升温速率下,通过热解反应产物中官能团振动峰强度的变化来比较原始物料中官能团的活性变化。

三、煤种对官能团活性的影响

(一) 泥炭

从图 4-13 可见,泥炭的 $20℃·min^{-1}$ 热解过程基本可分三个阶段。第一阶段是预反应阶段。在此阶段实验所测到的大部分官能团浓度基本不变,但在此阶段中饱和的 C—H 键的浓度呈上升的趋势。这表明泥炭中的直链结构与其他官能团相比,键能较小,在 300℃左右就开始断裂。与此同时,代表双烯或炔的 $2178cm^{-1}$ 的振动也在不断加强,说明热解中可能发生了大分子链上侧基的断裂。侧基发生消除反应生成小分子化合物,主链形成多烯结构,而这种主链多是更大主链的侧基。归属于 CH_2 的 $2978cm^{-1}$ 波数的产物吸收就由此而得来。当温度升高到约 570℃时,所有产物在振动强度上都有一个跳跃式的提高。其中以 $2100cm^{-1}$ 附近的归属于双烯结构浓度增长最快。这表明在此条件下泥炭中键的解聚反应非常剧烈,而与此相对的主链的环化就相对较弱。这一点可通过 $3065cm^{-1}$ 处芳环振动强度的增加幅度只有上述产物的一半左右证实。竞争反应存在的另一个明显证据就是产物中 C—H 的强度变化。在 580℃时,缩聚过程使饱和 C—H 振动强度略有下降,然后继续随泥炭中侧链断裂数量的增加而增加。此后,反应进入第三个阶段,

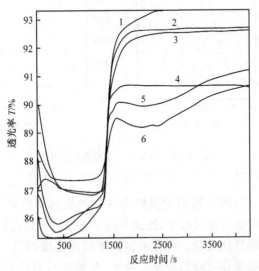

图 4-13　泥炭在 $20℃·min^{-1}$ 热解过程中的官能团分析

1—$2361cm^{-1}$;2—$2101cm^{-1}$;3—$2178cm^{-1}$;4—$3127cm^{-1}$;5—$2848cm^{-1}$;6—$2915cm^{-1}$

产物的浓度基本恒定。泥炭中含氧官能团通过对泥炭的红外谱图分析(图 3－4)可知：主要以 $1700cm^{-1}$ 处的羰基($C=O$)为主，兼有在 $1200cm^{-1}$ 出现吸收的醚键($C—O—C$)官能团，这些官能团在热解中应以 CO_2 的形式放出，由图 4－13 可见，含氧官能团的产物($2358cm^{-1}$)在反应开始后，无论是数量还是速度都是第一位的，这充分体现出含氧官能团高的活性和低的活化能。

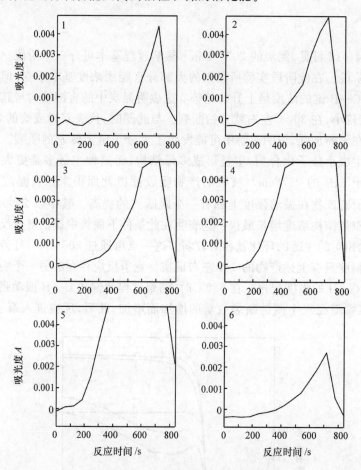

图 4－14　$20℃ \cdot s^{-1}$ 下泥炭的热解

$1—3478cm^{-1}；2—3066cm^{-1}；3—2665cm^{-1}；4—1707cm^{-1}；5—1198cm^{-1}；6—2678cm^{-1}$

升温速率对泥炭热解过程的主要影响在于改变热解机理。由图 4－14 和图 4－15可以看出，在快速升温过程中，慢速升温中出现的分段过程已看不到，成为一个近似于指数函数的变化过程。所有的官能团振动强度的变化形状都基本类似，区别只在于变化的幅度和反应的速率。表 4－7 是在不同升温速率下不同煤种热解过程中官能团的动力学参数。从表中数据可看出，泥炭在快速热解过程中，由于在单位时间内提供的能量较大,其高温有利于活化能高的反应,而使低温时相对有利于活化能低的反应变得不明显,也使体系的能量增加以一种连续渐进的形式进行。与此相应,产物的放出速度与数量只与其本身键断裂的活化能有关,而与其他反应无关。这样一来,所测到的官能团的动力学数据将近似于其本征动力学数据。

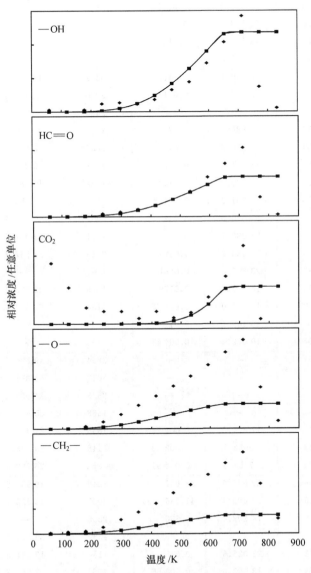

图 4-15　100℃·min^{-1}下泥炭的热解

(图中连线为计算值,散点为实验值)

表 4-7　两种升温速率下煤热解过程中的不同官能团动力学参数分析

样品	100℃·min^{-1}			1200℃·min^{-1}		
	波数/cm^{-1}	E/(J·mol^{-1})	A/s^{-1}	波数/cm^{-1}	E/(J·mol^{-1})	A/s^{-1}
泥炭	3254	35 724.4	0.0972	—	—	—
	3065	35 187.3	0.0999	—	—	—
	2660	26 665.5	0.0335	—	—	—
	1160	19 278.5	0.0209	—	—	—
	954	18 145.3	0.0189	—	—	—
	777	17 800.3	0.0168	—	—	—
褐煤	3254	28 350.7	0.0412	3241	12 388.7	0.270
	3024	19 746.6	0.0119	3020	9951.5	0.152
	—	—	—	2684	9833.0	0.149
	2358	19 886.2	0.0251	2360	6688.6	0.149
	1339	17 100.2	0.0129	1686	10 207.9	0.206
	1150	18 374.8	0.0174	1341	10 215.4	0.162
	956	15 635.3	0.0122	1152	10 730.0	0.192
	750	13 304.9	0.00836	952	9150.4	0.134
长焰煤	3289	39 070.0	0.203	3051	18 098.7	0.700
	3059	27 280.7	0.0426	2821	22 982.4	2.088
	2699	28 233.5	0.0479	2645	24 557.1	1.910
	2482	23 295.0	0.0261	—	—	—
	1344	18 576.8	0.0179	1326	22 030.4	1.682
	1152	14 754.0	0.009 35	1154	24 340.9	2.708
	954	15 449.1	0.0117	—	—	—
	756	10 072.4	0.004 48	—	—	—
肥煤	—	—	—	3254	49 530.6	24.314
	—	—	—	3032	51 391.3	39.706
	—	—	—	2678	24 985.2	0.605
	—	—	—	1668	25 683.6	1.079
	1318	11 874.9	0.008 74	1338	24 645.2	1.007
	1143	5983.1	0.002 83	1148	23 928.5	0.851
	944	7752.9	0.002 91	952	28 792.2	2.311
焦煤	3266	82 696.0	38.637	3249	18 959.2	0.878
	3066	83 680.4	41.635	3037	23 222.7	1.849
	2359	74 202.4	5.530	2358	—	—
	—	—	—	1337	20 710.2	1.275
	1152	23 025.6	0.0435	1150	19 631.8	1.036
	961	13 063.0	0.009 86	955	17 984.8	0.836
	—	—	—	750	14 277.6	0.331

续表

样品	100℃·min⁻¹			1200℃·min⁻¹		
	波数/cm⁻¹	$E/(\text{J·mol}^{-1})$	A/s^{-1}	波数/cm⁻¹	$E/(\text{J·mol}^{-1})$	A/s^{-1}
瘦煤	3279	53 316.8	2.106	3261	22 695.6	1.469
	3044	50 998.0	1.575	3037	34 470.7	9.921
	2360	25 888.1	0.0351	2801	18 714.8	0.900
	—	—	—	1337	20 644.5	1.256
	1162	19 466.4	0.0292	1167	18 187.7	0.827
	955	14 927.8	0.0144	963	18 844.5	1.132
	752	8960.0	0.005 02	744	9210.2	0.121
贫煤	3254	13 191	0.006 97	3269	13 989.9	0.935
	3051	15 090	0.009 75	3035	22 294.8	2.309
	2685	6429.5	0.001 65	—	—	—
	1334	18 707.3	0.022	1338	10 438.2	0.215
	1151	25 923.9	0.0839	1157	4630.1	0.0471
	960	14 549.5	0.0123	960	4321.9	0.0452
	762	8933.4	0.004 73	753	7115.4	0.0774
无烟煤	3249	9338.3	0.0135	3268	14 354.1	0.442
	3052	3950.0	0.000 78	3045	14 445.6	0.478
	2704	12 211.6	0.006 07	2680	15 829.0	0.576
	2360	13 763.0	0.003 38	2359	20 441.6	2.641
	1342	21 864.2	0.0444	1344	10 627.8	0.212
	1162	13 678.2	0.0108	1155	11 099.2	0.224
	955	12 652.2	0.009 88	952	11 612.2	0.325
	—	—	—	740	9256.0	0.148

注:表中"—"表示因反应过程太复杂,无法进行动力学参数计算。

图 4-15 是升温速率为 100℃·min⁻¹ 时泥炭中各个官能团按表 4-7 所得活化能计算的理论产物与实验值的比较。由图可知,反应前期理论值和实验值吻合较好,反应结束时的偏差是由于反应气体迅速降温造成的,可以忽略不计。这表明羟基和羰基在热解中基本符合一级反应模型。对于亚甲基桥、醚键等高活性官能团的预测值大大低于实验中所测到的浓度变化。这种明显的正偏差表明,它们的反应是按照大于一级反应模型进行的,反应中与亚甲基、醚氧相关产物的释放速度和数量随温度的升高而急剧增大。同时参考图 4-18、图 4-20、图 4-22、图 4-25、图 4-28、图 4-31 和图 4-32 中其他煤种中官能团的实验值与理论值的比较可以看出,在煤热解反应性模型的建立中,这些高活性组分对整个体系的影响是不可忽略的。

(二) 褐煤

从煤结构的观点分析,泥炭热解过程的变化规律可用于对煤热解机理的探讨,而褐煤的热解过程研究的意义就更接近于实用。从图 4 - 16 可以看出,在 20℃·min^{-1}的升温速率下,褐煤中官能团的变化以归属于 CO_2 振动的 2360cm^{-1} 的变化

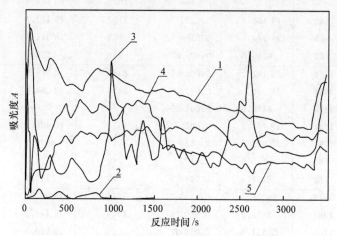

图 4 - 16　褐煤在 20℃·min^{-1} 热解过程中的官能团分析

1—830cm^{-1};2—1228cm^{-1};3—2360cm^{-1};4—2917cm^{-1};5—2849cm^{-1}

为主。CO_2 浓度的变化反映出煤结构单元中 C =O 基和 COOH 基等官能团的缩合过程。在整个热解过程中有 3 个明显的峰值(170℃、350℃、850℃),170℃的强振动可以考虑是样品内吸附的游离 CO_2,在约 340～350℃出现的第二次 CO_2 峰值为褐煤热解开始的标志。在此温度下,褐煤通过 C—C 和 C—O 单键与主链相连的官能团开始断裂、脱落。此结果正是通常在概念中认为褐煤热解反应性高、化学键易断裂的表现,也说明了褐煤的活性是通过醚氧键表现的,侧链的数量并未使褐煤在加氢实验过程中出现最高加氢量。随热解温度的提高,CO_2 在 460℃和 540℃还有两次较小的起伏。从图 4 - 16 中可见,与这两次起伏相伴的是—CH_3 浓度的增加,表明此时已伴随出现褐煤结构的交联。这种在低阶煤中较低温度下出现的早期交联阻抑了热解产物中形成较多数量的大的碎片。在 800～850℃间 CO_2 峰的又一次出现预示着褐煤结构中另一种反应过程的出现。在同一温度区间褐煤中2602cm^{-1}处不饱和脂烃化合物的数量出现一个明显的低谷,而 3065cm^{-1}处的芳烃数量激增,这表明热解碎片从脂肪烃和氢化芳环中抽出氢,形成大量的芳香族化合物。这一过程同本章第二节一中提到的褐煤在 750℃的产物中还以 C_7～C_8 的化合物为主,但超过此温度段后,在 1100℃的产物中出现较大数量的 C_{13}左右的化

合物的结果相符合。促进这一过程的原因就是褐煤中羰基和羧基的缩合。对于其中的详细过程目前还不得而知,但可以肯定的就是褐煤中高达 21% 的氧对褐煤热解活性、热解机理和产物组成起着重要的作用。

随升温速率的加快,到 $1200℃·min^{-1}$ 后,在慢速升温中 CO_2 出现的三个明显阶段消失,代替它的是形如图 4-17 的平顶峰。到达峰顶的温度是 930℃,随后吸收强度保持不变直至反应终点。这种浓度变化形式是比较明显的焦油零滞留的表现,即在此反应条件下褐煤中的组分基本不受传质的影响。热解产物被迅速移出煤粒表面,也就是迅速从可逆反应方程的右边移走,使反应的动力学参数反映出的

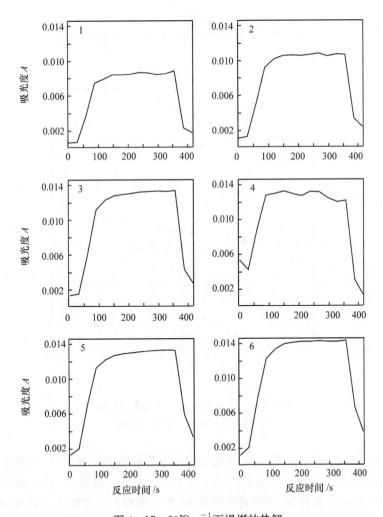

图 4-17　$20℃·s^{-1}$ 下褐煤的热解

1—3478 cm^{-1};2—3029 cm^{-1};3—2678 cm^{-1};4—2350 cm^{-1};5—1356 cm^{-1};6—1149 cm^{-1}

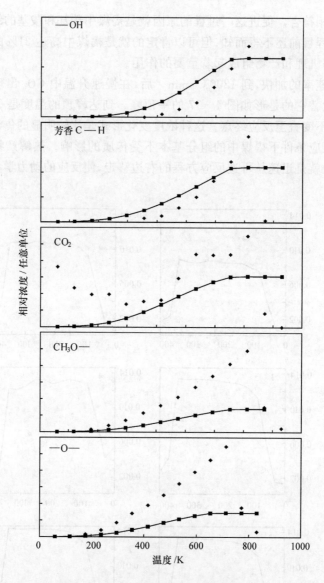

图 4 - 18　H100℃·min^{-1}下褐煤的热解
（图中连线为计算值，散点为实验值）

只是正向的裂解过程。3029cm^{-1}的波数归属于芳烃中的伸缩振动，在热解中其强度的变化呈现山谷形状。在温度达 1000℃时，进入其极值状态，并且保持至反应结束。在快速热解条件下，由于传热的影响，反应物煤粒存在较大的温度梯度。

（三）长焰煤

从图 4 - 19 和图 4 - 20 可见，长焰煤的 $1200℃ \cdot min^{-1}$ 热解过程虽然没有前两个煤种产物变化幅度大，但长焰煤的整体热解速率要大于前两个煤种。在热解过程中，长焰煤产物的变化主要集中在 $3056cm^{-1}$ 的芳烃和 $2890cm^{-1}$ 的脂烃，其变化趋势基本与褐煤相同。但归属于 C＝O 和 C—O—C 键的 $2358cm^{-1}$ 波数处浓度的变化在恒温段却是一种下降的趋势（图 4 - 19）。浓度在这么短的时间内的下降，一方面说明长焰煤内含氧官能团数量的匮乏，另一方面说明在失去活性含氧官能

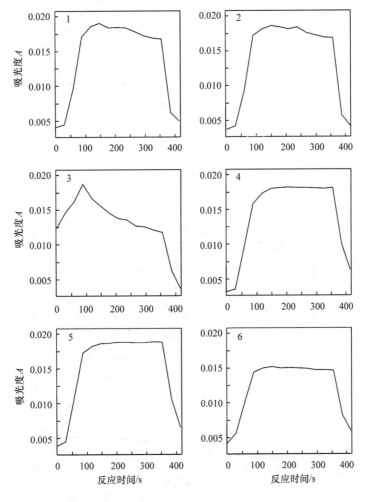

图 4 - 19　$20℃ \cdot s^{-1}$ 下长焰煤的热解

$1—3057cm^{-1}; 2—2896cm^{-1}; 3—2361cm^{-1}; 4—1137cm^{-1}; 5—955cm^{-1}; 6—1695cm^{-1}$

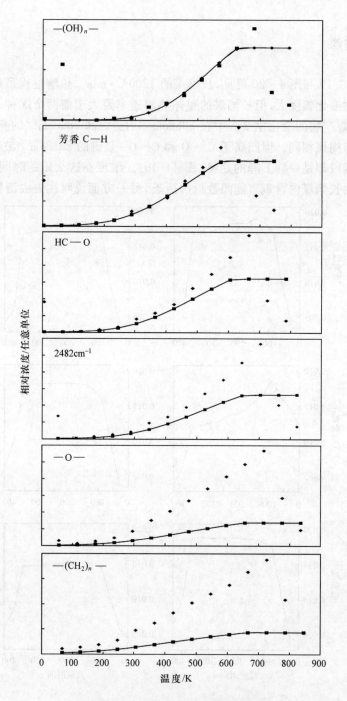

图 4-20 100℃·min⁻¹下长焰煤的热解

（图中连线为计算值，散点为实验值）

团后,煤中的轻质烃还能继续保持相同的变化趋势。这种情况还说明,在煤快速热解中,大分子网络或侧链本身断裂的活化能是影响煤热解动力学的一个不可忽略的重要参数,而降低升温速率后($100℃·min^{-1}$和$20℃·min^{-1}$),这种快速升温效应就变得不那么明显。醚键的缩合伴随着整个反应过程,轻质烃和脂烃的释放也保持着指数函数的变化趋势。这也进一步说明,加热速率的变化一方面改变了产物在任一时段的分配,另一方面热解的机理也在改变。从侧链的断裂到官能团脱落逐次递进,发展到某一时刻整个体系的崩溃。这种结论的另一根据就是在第四章第二节—结构的研究中,快速热解到$1100℃$的产物中所有研究煤种基本均在某一个碳数范围,而不是常规对煤焦油分析时得到的各个保留时间相对均匀分布的产物。

(四)肥煤

肥煤是研究结果中最为反常的煤种。其反常表现在从结构到加氢量、活化能并未表现出一种与高阶煤和低阶煤相比过渡的数据(表4-7)。在$1200℃·min^{-1}$的热解过程中(图4-21),其热滞后要明显高于其他几个煤种,到最大产物浓度出现的时间较前三种煤推迟近50s。比较合理的解释就是由于肥煤结构正处于由无序到有序这样的一种过渡状态,其结构中芳香环之间的连接比较松散,抽提物中有许多环数较大的芳烃和链长较长的脂烃,进一步缩合成大分子网络所需的能量较低。在低温$300℃$左右容易发生交联,在$450℃$的热解色谱的产物中出现高达C_{25}的产物,使得所形成的大相对分子质量焦油析出的难度大。肥煤有最厚的胶质层,明显的不透气性和较高的热稳定性使热解产物不容易析出。这样一来对产物的影响就表现在醚键的缩合比前三个煤种大,而且持续时间长。这一特征进一步说明,虽然从各方面证实肥煤应具有较高的热解反应性,但由于其缩聚能量降低的幅度要远低于其解聚能量下降的幅度而使其总体未能表现出较高的热解产率和速率。因此,煤热解反应速率不仅要考虑到煤的各个组成的性质,还应表现出构成煤后总体的环缩合度的性质。

(五)焦煤

焦煤的热解过程及热解产物是炼焦工业中最为关注的基本信息,这些信息不仅与焦的物理性质有关,还影响着焦的进一步利用的途径。从图4-23可以看出,在$20℃·min^{-1}$的加热速率下,芳烃和脂烃在整个热解过程中都呈缓慢上升的趋势。在$550℃$时反应速度减慢,这一温度与焦煤软化的温度区间基本一致,表明此时体系中交联速度增大,煤的塑性增强。与此同时,产物中CH_2的浓度也相应降

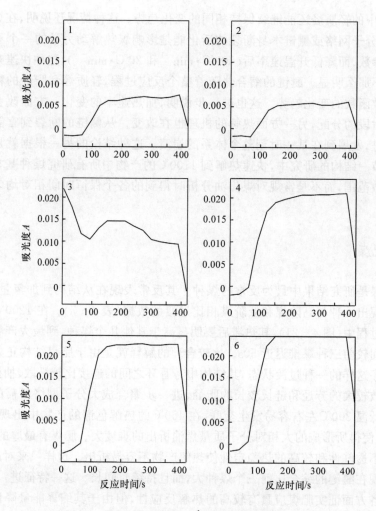

图 4-21　20℃·s^{-1}下肥煤的热解

1—3247cm^{-1}；2—4390cm^{-1}；3—2360cm^{-1}；4—1343cm^{-1}；5—1173cm^{-1}；6—967cm^{-1}

低。说明焦煤的软化是同煤中侧链的消耗紧密相关。同时还可以发现，焦煤在490℃时，产物中 CO_2 的浓度有一峰值，这表明此时煤结构开始交联。因此，整个过程就是煤中含氧官能团缩合引起结构交联、消耗含氢侧链。这里侧链所起的作用就是使交联结构的相对分子质量减小，不致使交联结构失去流动性。但并非 CH_2 的数量越多，煤的流动性就越好。从第三章红外光谱对煤结构的分析知低阶煤具有较高的 CH_2 含量，因此低阶煤流动性差的原因也许就在于其能够交联和供氢的比例不当。随着热解速率由 20℃·min^{-1} 提高到 100℃·min^{-1} 和 1200℃·min^{-1}，产物中的组分浓度逐渐增加（图 4-24 和图 4-25），100℃·min^{-1} 产物浓度与温度的关系呈指数形状，而在 1200℃·min^{-1} 时又一次出现了"焦油零滞留"的平顶峰。其中需要

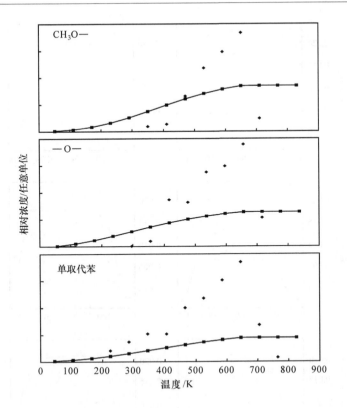

图 4 - 22　100℃·min^{-1}下肥煤的热解

（图中连线为计算值，散点为实验值）

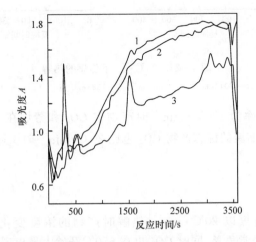

图 4 - 23　焦煤在 20℃·min^{-1}热解过程中的官能团分析

1—1150cm^{-1}；2—3065cm^{-1}；3—2361cm^{-1}

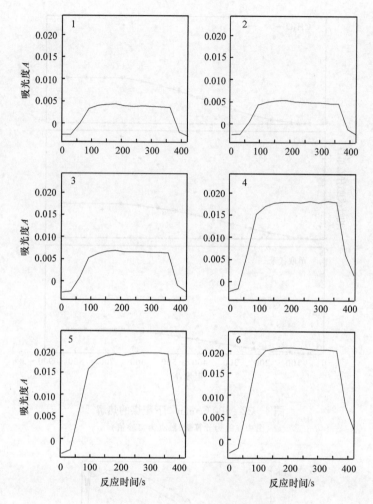

图 4-24　20℃·s^{-1}下焦煤的热解

1—3260cm^{-1};2—3041cm^{-1};3—2665cm^{-1};4—1331cm^{-1};5—1149cm^{-1};6—967cm^{-1}

指出的就是热解速率为 100℃·min^{-1}时产物中 CO_2 和芳烃在 400～450℃才开始出现,而 1200℃时缩聚的标志产物 CO_2 也比 20℃·min^{-1}时少近三分之一。

（六）瘦煤

　　图 4-26 是瘦煤以 20℃·min^{-1}热解时产物的浓度变化。从图中可看出,—OH 的浓度变化非常显著,同时 CO_2 也在 650℃开始大量出现,在 850℃和 970℃有两个较强的峰。按常规,煤的 C—O 键应是煤中的弱键,在 600℃以前应完全以 CO_2 或 CO 的形式放出。从瘦煤的工业分析和元素分析可以看出,其挥发分和氧

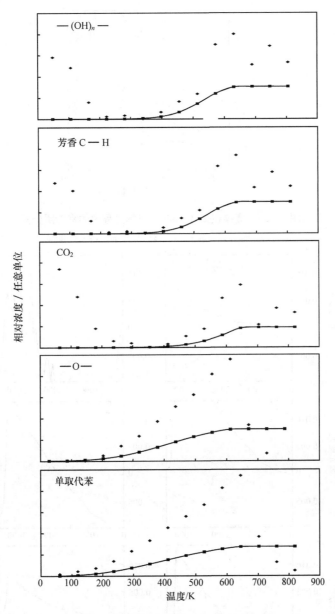

图 4-25 100℃·min^{-1}下焦煤的热解

（图中连线为计算值，散点为实验值）

含量是除泥炭和褐煤之外所有高阶煤中最高的。但对煤中醚键考察时并未发现瘦煤中具有较强的 C—O 振动，因此瘦煤中的氧可归属为杂环中的氧或其他具有能与 O 形成共价单键的结构，这种结构具有相对高的稳定性。由于瘦煤是所有煤种中热解产物产率最高同时也是具有最大加氢量的煤种，其 CH_2 链长也处于靠后的

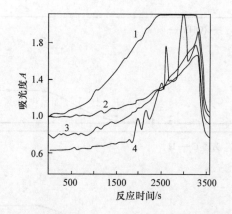

图 4 - 26　瘦煤在 20℃·min^{-1}热解过程中的官能团分析

1—1345cm^{-1};2—3051cm^{-1};3—3256cm^{-1};4—2358cm^{-1}

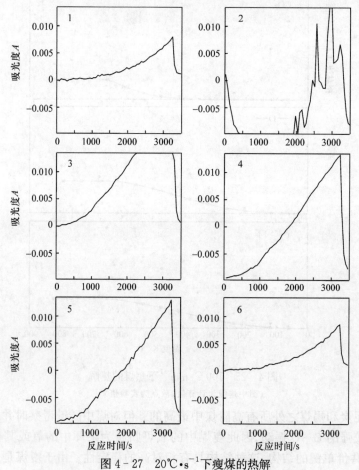

图 4 - 27　20℃·s^{-1}下瘦煤的热解

1—3284cm^{-1};2—2362cm^{-1};3—1162cm^{-1};4—967cm^{-1};5—756cm^{-1};6—3054cm^{-1}

次序,这样一来,瘦煤的结构在热解后期芳簇解聚时可以提供高活性氧,促进芳簇之间的断裂。这也正是在用 GC 对 750℃ 热解产物分析时发现瘦煤热解产物中具有最大碳数的另一个原因。在 100℃·min^{-1} 和 1200℃·min^{-1} 的加热速率下,瘦煤同前几个煤种一样,焦油产率大大提高,反应速率加快(图 4-27 和图 4-28)。

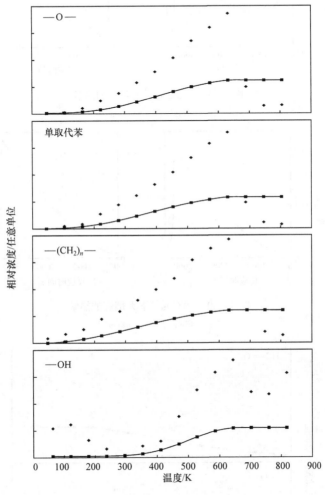

图 4-28　100℃·min^{-1} 下瘦煤的热解

(图中连线为计算值,散点为实验值)

(七) 贫煤和无烟煤

贫煤和无烟煤在慢速升温热解过程中,由于所分析研究的官能团的浓度低于检测限,未能获得结论性的信息。但随着升温速率的提高,官能团浓度变化趋势基本同前(图 4-29～图 4-32)。

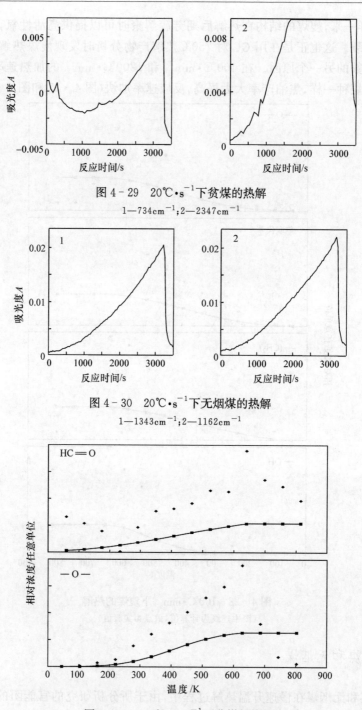

图 4 - 29　20℃·s^{-1}下贫煤的热解

1—734cm^{-1}；2—2347cm^{-1}

图 4 - 30　20℃·s^{-1}下无烟煤的热解

1—1343cm^{-1}；2—1162cm^{-1}

图 4 - 31　100℃·min^{-1}下贫煤的热解

（图中连线为计算值，散点为实验值）

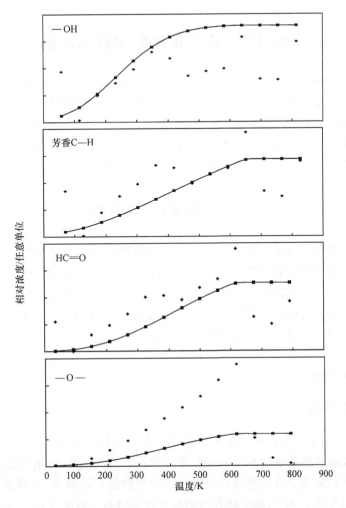

图 4-32　100℃·min⁻¹下无烟煤的热解
（图中连线为计算值,散点为实验值）

综合作者以上的工作,可以发现:煤反应性的差异主要由不同煤种中相同官能团在热解中活化能的高低引起的;煤中大部分官能团在热解中符合一级反应,而对于产生 CO_2 的官能团反应级数大于一级;低阶煤(如泥炭和褐煤)热解中,氧含量的改变影响着煤的反应活性及产物的组成,而在高挥发烟煤(如长焰煤、肥煤和焦煤)中芳环和侧链的比例决定着煤的反应活性;热解速率的改变会使产物中各组分配比例发生变化并会影响到热解反应机理,快速热解是研究煤的热解反应性和动力学的可靠手段;作者在实验中发现的"焦油零滞留"现象表明在一定反应条件下高挥发分年轻煤种的热解可逆反应以正向反应为主。

第四节　用热重法研究煤的热解

　　热重法对煤热解反应性的测定是用化学动力学的知识解析煤在热解过程中温度的变化与质量变化之间的关系,这种方法的好处是直接以煤的热解过程为研究对象,与热解反应性的关系更紧密、直接;缺点在于由于煤的热解是非均相反应,在化学动力学的数据处理中有大量的假设和省略。特别是煤的慢速热解机理,目前还没有一个明确的结论,这更需要我们在使用由热重法得到的结果时格外小心。

一、煤的热解反应性

　　煤样采用第三章第一节一(二)中不同变质程度的代表性煤种(参见表3-2),热重反应器为 SETARAMTGA92 热分析仪(同时用 WCT-2 热分析仪检验实验的可信度,避免单一仪器的系统误差),样品量约为 10mg,升温速率 10℃·min^{-1} 和 20℃·min^{-1},终温 1100℃,氮气气氛,气体流速 90ml·min^{-1}。热重动力学参数和热重的特征参数计算按文献方法进行[33,34]。

(一) 失重温度

1. 起始失重温度

　　表 4-8 列出了 8 种煤样在两种升温速率下的起始失重温度。起始失重温度反映了与煤燃烧性质密切相关的煤起始分解的特性。近年来,有很多研究者用此值代替活化能来表示煤的热解反应性。由表中数据可以看出,不同加热速率下的开始失重温度相差不大,而且随煤阶的增大逐渐增高。但瘦煤是一例外,其起始失重温度与褐煤的近似,这一结果与第三章第一节一(二)中发现的瘦煤中氧的归属可能有关。

表 4-8　不同升温速率下煤样的起始失重温度/℃

升温速率/(℃·min^{-1})	泥炭	褐煤	长焰煤	肥煤	焦煤	瘦煤	贫煤	无烟煤
20	253	386	435	434	429	325	347	558
10	259	368	422	440	420	371	501	545

2. 最大失重温度

　　最大失重温度代表了整个煤大分子结构的平均稳定程度。失重温度越高,表明体系结合越紧密,在热解过程中不易破坏整个网络结构,反之,说明煤的活性较高,每一个部分都容易在受热过程中断裂而参加反应。对比表4-8和表4-9可以看出,升温速率对煤的最大失重温度有较大影响。在20℃·min^{-1}的条件下,不同煤阶煤种最大失重温度之间差距较大,随煤变质程度增加煤的最大失重温度迅速提高,只是在焦煤和瘦煤阶段略有停顿;随后又继续增大,前后差距近460℃;而在10℃·min^{-1}的反应条件下,不同煤种间的起伏明显低于前者,极大和极小值间的差距也缩小至200℃左右。这说明慢速热解的过程中煤的大分子结构有充足的时间调整、协调体系受热吸收的能量,煤的大分子结构表现出一种"热惰性";而在较快的加热速率下,这种协调就被淡化了。作者对褐煤在一个升温速率系列下进行了热解实验,结果如图4-33所示。从图中可以看出,5℃·min^{-1}、10℃·min^{-1}、15℃·min^{-1}、20℃·min^{-1}的热失重曲线差别较小,而热解速率降至0.7℃·min^{-1}、1℃·min^{-1}后,热重曲线就与前者有明显区别,这说明在本研究的实验条件下(煤粒度<200目),升温速率只要不低于1℃·min^{-1},动力学参数就不会出现不可接受的偏差,具有与其他研究结果的可比性。当温度低于1℃·min^{-1}时,过程的热效应几乎为零,热失重达77%。因此,用热重法考察低加热速率动力学参数时,样品在坩埚中堆积造成的热量和质量传递的滞后将对产物的分布和动力学参数的确定产生较大影响,而且影响到对热解机理的判断。

表4-9　不同升温速率下煤样的最大失重温度/℃

升温速率/(℃·min^{-1})	泥炭	褐煤	长焰煤	肥煤	焦煤	瘦煤	贫煤	无烟煤
20	300	447	476	491	476	453	480	762
10	412	436	468	477	459	463	563	618

(二) 活化能

采用非等温法计算煤的热解活化能。根据热重曲线,任一时刻反应的剩余分数为

$$C = \frac{m_0 - m_t}{m_0 - m_f}$$

式中：m_0——样品起始质量,g;

$\quad m_t$——任一时刻样品质量,g;

$\quad m_f$——热解结束后样品质量,g。

失重速率为

$$-\frac{\mathrm{d}C}{\mathrm{d}t} = k \cdot f(C)$$

$f(C)$的具体形式依反应机理而定。为简化计算并按通常的认识,煤的热解按一级反应考虑,同时考虑Arrhenius公式,则

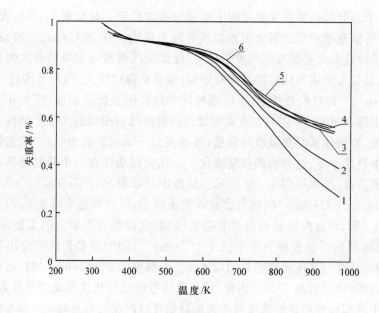

图 4-33　褐煤在不同升温速率下的热失重曲线

1—0.7℃·min⁻¹;2—1℃·min⁻¹;3—5℃·min⁻¹;4—10℃·min⁻¹;5—15℃·min⁻¹;6—20℃·min⁻¹

$$-\frac{\mathrm{d}C}{\mathrm{d}t} = A\exp\left[-\frac{E}{RT}\right] \cdot C$$

保持在恒定升温速率:

$$\lambda = \frac{\mathrm{d}T}{\mathrm{d}t}$$

可得

$$-\frac{\mathrm{d}C}{\mathrm{d}T} = \frac{A}{\lambda} \cdot \exp\left[-\frac{E}{RT}\right] \cdot C$$

利用积分法,由最小二乘法拟合求得 E 值和 A 值,结果如表 4-10。从表中数据可以看出:随煤阶增大,煤的热解活化能基本呈上升趋势;除贫煤和无烟煤这两种煤阶最高的煤种外,其余煤样在 20℃·min⁻¹ 时的活化能均高于 10℃·min⁻¹ 时的相应值。由煤的热解知识可知,煤的热解是由正向的解聚和逆向的缩聚过程构成,缩聚的活化能要略低于解聚的活化能。对于正向反应,活化能是表示始态与活化态之间的势垒 ΔE。然而由于缩聚过程的参与,对于煤的热解过程而言,整个反应过程是由几个重叠过程组成的,我们常以"表观"活化能表示这种非基元反应。这就使得活化能与热解反应的对应关系不能完全划等号,也就是活化能高应该对应反应性差的关系或许还存在着由于热解过程中反应机理或结构的改变而表现出的歧变。表 4-10 的数据给出了这种歧变的表现。所有高挥发性的煤种无一例外地具有相应反应条件下最高的活化能,但在贫煤和无烟煤阶段,活化能反而降低。排除计算精度的影响,我们可以认为活化能在高阶煤种中与煤的真实反应性存在一些差异。迄今很少见到从设定或实测的反应历程推算的动力学参数与实验值相验证的文献,绝大部分均系表观动力学而未与微观过程相联系。

表 4-10 不同煤种热解活化能/(kJ·mol⁻¹)

表 4-10 不同煤种热解活化能/$(\mathrm{kJ \cdot mol^{-1}})$

升温速率/℃·min⁻¹	泥炭	褐煤	长焰煤	肥煤	焦煤	瘦煤	贫煤	无烟煤
20	19.3	32.0	28.6	33.2	38.6	35.0	18.2	17.9
10	13.8	18.1	16.5	25.0	21.1	16.4	23.0	22.6

(三)换算时间

根据动力学方程的一般形式:

$$\frac{\mathrm{d}x}{\mathrm{d}t} = A\exp\left[-\frac{E}{RT}\right]f(x)$$

式中:x——反应在时刻 t 时的转化分数。

将上式积分:

$$\int_0^x \frac{\mathrm{d}x}{f(x)} = \int_0^t A\exp\left[-\frac{E}{RT}\right]\mathrm{d}t$$

上式左边是 x 的函数,令为 $F(x)$;上式的右边具有时间量纲,因而引入一个新的变量,称之为换算时间 θ:

$$\theta = \int_0^t \exp\left[-\frac{E}{RT}\right]\mathrm{d}t$$

$$F(x) = \int_0^x \frac{\mathrm{d}x}{f(x)}$$

可得

$$F(x) = A \cdot \theta$$

此式表明,反应无论在恒温下还是在升温下进行,只要被测物理量变化率 x 相同,则其换算时间也相等,这就是说换算时间也是表示反应进行程度的共同尺度。但换算时间的大小并不等同于煤的反应性。以换算时间对煤种的转化率作图,结果如图 4-34 和图 4-35。图 4-34 和图 4-35 的意义在于,通过对时间轴的非线性化变换使得反应进程与浓度的关系能给出更直观的印象。同时,它还排除了在对指前因子敏感性分析[35]中发现的指前因子受温度测定误差而造成数据的不可靠性。另外,不同煤样的实验曲线可直接对应其反应活性。由图 4-34 和图 4-35 可见,作纵轴平行线,在相同反应性下,泥炭可转化的反应物最多,而无烟煤在反应前期的高转化分数在 510℃ 后变为最低。这种现象在两个升温速率下都很明显,这进一步表明无烟煤缩聚后的产物有远高于其他煤种缩聚物的稳定性。在

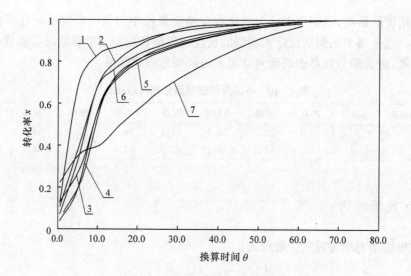

图 4-34　20℃·min⁻¹时转化率与换算时间的关系

1—泥炭；2—褐煤；3—长焰煤；4—肥煤；5—焦煤；6—瘦煤；7—贫煤

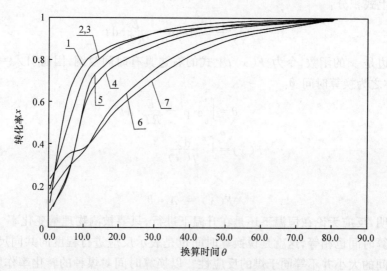

图 4-35　10℃·min⁻¹时转化率与换算时间的关系

1—泥炭；2—褐煤；3—长焰煤；4—肥煤；5—焦煤；6—瘦煤；7—贫煤

$10℃·min^{-1}$的热解速率下，相同反应性转化分数下的不同煤种转化率的差异较 $20℃·min^{-1}$热解速率下的差异大，说明在热重这种反应器中传热、传质的影响很难忽略。产物由煤粒传递到气氛时存在一定滞后，升温速率仅仅降低10℃就使产物中可被检测的组分有所区别。随反应进程的延续，在热解后期，即使提供相同的能量使不同煤种中具有相同的反应性，反应能力也不会有较大的差别，这也体现了煤在热解过程中其缩聚产物断裂的活化能在不断趋同。

二、煤岩显微组分的结构与热解反应性

显微组分及其吡啶抽提物和残渣的热解反应性和气化反应性在同一反应装置中连续测试,装置仍为 SETARAMTGA92 热分析系统。实验样品来自平朔烟煤,其具体制备按照第三章第五节一中的方法进行。实验条件为:升温速率 20℃·min^{-1},终温 1250℃,反应气氛为常压 CO_2。

(一) 显微组分原样的热解反应性

图 4-36 是三种显微组分在 CO_2 气氛中热解的微分热重(DTG)曲线。从图中可以看出三种显微组分的最大脱挥发分速率都在 470℃左右。但是,不同的显微组分有不同的最大脱挥发分速率,其排列顺序为:壳质组($-20\%·min^{-1}$)≫镜质组($-3\%·min^{-1}$)>惰质组($-1.8\%·min^{-1}$)。从第三章第五节一中三种显微组分的化学分析知,芳香度按照壳质组(0.39)、镜质组(0.67)、惰质组(0.75)的顺序递增,$CH_3/(CH+CH_2)$ 的值也是这个顺序(0.52、0.71 和 1.10),而 H/C 原子比与此顺序相反(0.1025、0.0678 和 0.0467)。综合考虑这些结果可以推论,脂肪烃桥中最弱的 C—C 键,以及烷基与芳香结构之间 C—C 键,在壳质组中的断裂要比在其他显微组分中明显地多。初级反应实质上是弱键的断裂,它导致了热解中各种碎片的形成。芳香 C—C 键非常牢固,这使得在惰质组热解中芳环体系保持相对稳定。

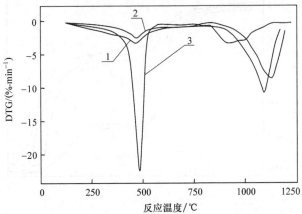

图 4-36　三种显微组分在 CO_2 气氛中的热解反应和气化反应的 DTG 曲线

1—镜质组;2—惰质组;3—壳质组

按照一级反应模型

$$\frac{\mathrm{d}x}{\mathrm{d}t} = A\exp\left[-\frac{E}{RT}\right](1-x)$$

可以求取的三种显微组分热解反应动力学参数,结果列于表 4‑11。

表 4‑11 在 CO_2 气氛中显微组分的热解动力学参数

显微组分	$E/(\mathrm{kJ\cdot mol^{-1}})$	$\ln A$	相关系数
镜质组	99.26	14.71	0.8885
惰质组	63.3	8.54	0.9422
壳质组	97.37	14.63	0.9070

(二) 显微组分的吡啶抽提物及其抽提残样的热解特性

显微组分和显微组分吡啶抽提残样的热重(TG)曲线显示,对于镜质组和壳质组,残样和原显微组分差异不大,而惰质组则有一些差异(图 4‑37)。我们已经知道,在 40℃下用吡啶抽提后,大分子结构没有明显改变。抽提残样的失重量应该比相应的原显微组分少一些,这是因为原显微组分中的小分子相被抽提掉了。在 TG 曲线上抽提残样应该与原显微组分有明显的不同,但是在 TG 曲线上没有发现这一现象,与之相反的是它们的 TG 曲线差别不大。因而可以推论,热解主要与大分子结构的降解有关。值得注意的是,抽提残样的最大脱挥发分速率对应温度与原显微组分相比没有变化,但是最大脱挥发分比率明显不同。例如,壳质组原样是 $-20\% \cdot \mathrm{min^{-1}}$,而它的抽提残样只有 $-4.2\% \cdot \mathrm{min^{-1}}$。

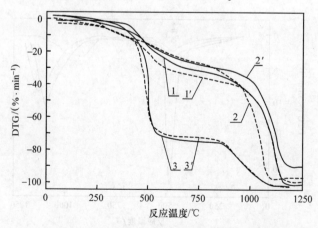

图 4‑37 三种显微组分和吡啶抽提残样的热解特性
1—镜质组,1′—镜质组抽提残样;2—惰质组,2′—惰质组抽提残样;3—壳质组,3′—壳质组抽提残样

与原显微组分相比,热解中抽提物的馏出比较早,失重量逐步增加,从 $100\sim$ $500℃$ 呈现为温度的函数。因此可以推断,抽提物包含一部分嵌于大分子网络间隙中的移动相。当温度高到允许自由扩散时,这些物质可以被蒸馏而通过扩散离开颗粒表面。此外,在移动相中存在一些比较大的分子网络碎片,它们的稳定性比那些具有很多 C—C 弱键的煤大分子结构要高,但比稠合芳香结构要低。

与原显微组分一样,按一级反应模型求取的吡啶抽提物及残渣的热解反应动力学参数列于表 4‑12。

表 4‑12　显微组分的吡啶抽提物和抽提残样在 CO_2 气氛中的热解动力学参数

样品	显微组分	$E/(kJ \cdot mol^{-1})$	$\ln A$	相关系数
抽提物	镜质组	62.43	8.45	0.9094
	惰质组	56.08	7.55	0.8280
	壳质组	49.37	6.89	0.9178
残样	镜质组	92.86	14.29	0.9683
	惰质组	59.86	7.85	0.8616
	壳质组	165.82	26.01	0.9767

(三) CaO 对显微组分热解的影响

在三种显微组分中分别添加 5%、10% 和 20%(均为质量百分比)的 CaO,采用机械混合的方式分别与各个显微组分样品一同研磨到实验气流条件下可忽略扩散

表 4‑13　添加不同量 CaO 的显微组分在热解过程中不同温度下的失重/%

显微组分	CaO /%	温度/℃								
		300	400	425	450	500	600	700	800	900
镜质组	0	1.78	6.64	—	—	19.25	24.42	27.27	28.87	31.37
	5	1.21	4.68	—	—	17.20	23.68	29.15	32.79	36.64
	10	1.34	4.03	—	—	17.02	24.00	27.77	31.13	34.49
	20	1.21	4.24	—	—	16.34	24.27	33.28	38.12	43.56
惰质组	0	1.66	4.14			9.52	13.25	16.15	18.22	21.12
	5	1.47	3.49			8.81	13.02	15.59	19.08	22.57
	10	1.49	4.24			10.40	15.07	18.25	21.01	24.41
	20	1.61	4.61			10.83	16.13	20.04	23.27	26.73
壳质组	0	5.25	31.48	55.08	62.30	64.92	69.51	74.75	78.00	84.01
	5	5.32	18.84	36.57	53.19	57.62	60.49	66.48	70.19	78.67
	10	3.05	20.30	38.58	55.84	59.89	63.69	70.05	76.14	86.29
	20	3.32	19.95	58.56	50.53	53.19	54.52	74.47	87.78	88.42

阻滞影响的粒度(80 目),制得 CaO 含量不同的显微组分试样。热解反应实验在 PRT-1 型热重分析仪上进行。实验条件为:常压 N_2 气氛,流量 65ml·min^{-1},样品量 150mg,升温速率 10℃·min^{-1},终温 900℃。表 4-13 给出三种显微组分添加不同质量比例的 CaO 前后的热解失重数据。由表可以看出,CaO 的加入使三种显微组分热解前期的百分失重量减少,随热解温度升高,失重量增加。这是因为热解前期 CaO 对热解产物的吸附和后期的脱附,以及 CaO 对脱氢、脱烷基反应的催化作用所引起的。不同质量百分含量的 CaO 对三种显微组分热解的影响也不同,其中以 20% 的添加量影响最为明显,这也说明了 CaO 具有低温吸附、高温催化的作用。

三、煤岩显微组分混合物的热解特性

(一)模拟煤样的制备

为了研究热解过程中显微组分之间是否存在相互作用,以便从本质上揭示煤的热解机理,作者按照平朔烟煤的不同岩相类型通过三种独立的显微组分按照不同的数量正交混合得到 9 种显微组分的混合物——模拟煤。模拟煤的组成列于表 4-14。

表 4-14　模型煤的组成/%

模拟煤编号	镜质组	惰质组	壳质组	模拟煤编号	镜质组	惰质组	壳质组
1	26.67	6.67	66.66	6	29.63	33.37	30.00
2	17.29	21.74	60.87	7	38.75	3.22	58.03
3	12.95	29.08	57.97	8	44.45	18.53	37.03
4	34.84	4.34	60.82	9	34.28	25.72	40.00
5	25.79	16.11	58.09				

(二)模拟煤的热解反应性

作者采用非等温的方法用热重分析对模拟煤进行热解动力学研究,热解反应实验在 PRT-1 型热重分析仪上进行。实验条件为:常压 N_2 气氛,流量 65ml·min^{-1},样品量 100~200mg,升温速率 10℃·min^{-1},终温 900℃。

定义热解转化率 x 为

$$x = \frac{m}{m_0} \times 100\%$$

式中:m——在热解过程中某时刻之前产生的挥发分的质量,g;

m_0——在整个热解过程中产生的挥发分的质量，g。

热解转化率的实验数据列于表 4-15。

表 4-15　9 种模拟煤在不同温度下的热解转化率/%

样品	数据来源	温度/℃							
		200	300	400	500	600	700	800	900
1	计算值	0	6.16	22.90	61.29	76.04	85.44	91.16	100.00
	实验值	0	3.63	13.86	53.03	71.09	83.29	90.98	100.00
2	计算值	0	6.09	27.69	66.95	78.69	86.90	91.88	100.00
	实验值	0	50.21	21.49	69.05	82.41	89.58	94.87	100.00
3	计算值	0	6.11	29.35	68.71	79.49	78.47	92.13	100.00
	实验值	0	2.77	17.13	68.53	80.56	88.43	92.61	100.00
4	计算值	0	6.28	21.94	59.31	74.73	84.64	90.72	100.00
	实验值	0	4.06	14.86	48.65	68.91	81.70	87.84	100.00
5	计算值	0	6.21	26.23	64.77	77.40	86.13	91.48	99.97
	实验值	0	4.68	18.37	63.23	77.83	86.49	92.43	100.00
6	计算值	0	6.23	30.59	53.34	78.80	86.77	91.76	100.00
	实验值	0	5.00	24.58	70.43	80.42	87.10	92.09	100.00
7	计算值	0	6.36	21.45	58.27	74.05	84.19	90.51	100.00
	实验值	0	3.68	13.10	50.33	69.12	79.88	88.60	100.00
8	计算值	0	6.48	27.29	63.93	76.05	85.12	90.89	100.00
	实验值	0	4.37	16.95	61.41	77.19	87.13	94.16	100.00
9	计算值	0	6.35	29.02	66.83	77.77	86.18	91.47	100.00
	实验值	0	4.80	51.32	68.61	78.76	87.76	92.56	100.00

（三）显微组分在热解过程中的相互作用

表 4-15 中的计算值按下式计算：

$$x_{cal} = \sum x_i h_i$$

式中：x_i——第 i 种独立显微组分的热解转化率，%；

h_i——第 i 种独立显微组分在模拟煤中的质量百分数，%。

从表 4-15 中可以发现，在 $T < 600℃$ 的阶段，计算值 $x_{cal} >$ 实验值 x_{obs}，其差值 $\Delta x (= x_{cal} - x_{obs})$ 在 350～450℃ 之间比较大。这说明在 350～450℃ 温区显微组分之间的相互作用比较强烈。从化学结构的研究出发有两种可能的解释，一种认为在热解过程中各显微组分产生的小极性基团发生了团聚，另一种认为显微组分的芳香团簇桥结构发生了聚合。样品 1、4 和 7 的数据显示,含有比较少的惰质组和比较多的壳质组的显微组分混合物其 Δx 比较大,这也意味着相互作用比较强烈。考虑相互作用的影响可以修正 x_{cal}:

$$x_{cal} = \sum x_i h_i f$$

式中:f——定义为显微组分的相互作用系数。

　　显微组分混合物的热解研究中还可以发现另外一个结果,与热解温度有关,在 400℃ 附近具有最大值,在 600℃ 之后就趋近于常数了。这暗示 f 和 T 之间存在相关性。独立的显微组分的 x 值和混合显微组分的 Δx 都表现出这样的变化趋势。f 可以通过下面的经验公式计算:

$$f = 1.94\exp\left[\frac{-687.73}{T + 273}\right]$$

这样可以通过任意温度下的 f 值求算出任意温度下的实验热解转化率 x。与上面的方法相似,在任意温度范围下显微组分混合物的热解活化能可以通过下式求得:

$$E_{cal} = \sum E_i h_i$$

式中:E_i——第 i 种显微组分在某温度范围的活化能,$kJ \cdot mol^{-1}$。

　　表 4-16 给出了显微组分混合物的热解活化能在不同热解温度范围(表 4-17)的计算值和实验值。从表中数据可以看出计算值和实验值是基本吻合的。

　　综上我们可以看出,模拟煤在热解过程中显微组分之间存在相互作用,由显微组分混合构成的模拟煤的热解转化率和热解活化能可以通过独立的显微组分的热解转化率的求和来计算,计算值的偏差可以通过引入与温度有关的相互作用系数来校正。显微组分在热解过程中相互作用的发现以及这种作用规律的定量描述是认识煤热解过程的一个飞跃。

表 4-16　在不同温度范围显微组分混合物的热解活化能/$(kJ \cdot mol^{-1})$

样品	数据来源	E		
		第一阶段	第二阶段	第三阶段
1	计算值	20.38	64.47	14.17
	实验值	20.62	64.21	16.74
2	计算值	—	70.14	—
	实验值	—	67.88	—
3	计算值	23.03	56.54	11.53
	实验值	18.47	61.87	15.77
9	计算值	27.47	65.79	16.68
	实验值	20.29	68.16	14.28

表 4-17 三个热解阶段的温度范围/℃

显微组分	第一阶段	第二阶段	第三阶段
镜质组	200~325	325~350	350~600
惰质组	200~350	350~440	440~700
壳质组	200~330	330~450	450~700

第五节 煤化过程的热解模拟研究

一、热解模拟煤化过程的基本概念

煤化过程的模拟实验实际上就是在有机质热演化论的基础上,运用化学动力学中 Arrhenius 方程所描述的时间-温度补偿效应,以实验室条件下的热解过程来模拟自然界的煤化过程。从这种观念出发可以认为煤化过程是一种天然的热解过程。这一观点是早在 1924 年由 Roberts[36] 和 1946 年由 Gillet[37] 分别根据他们的实验结果提出的。之后,在 1953 年 Dulhunty 等[38] 的实验结果证明:如果加热速率慢到一定程度,那么所有的煤,不论其变质程度如何,都可以在不发生膨胀和形态变化的情况下完成类似于天然煤化过程的脱挥发分的过程,从而为实验室条件下再现天然煤化过程的可能性提供了进一步的佐证。1985 年 Saxby 等[39] 做了长达六年之久的热演化模拟实验,实验过程中以褐煤为原煤样,在每星期 1℃ 的速率下升温,经 300 星期时间,温度从 100℃ 升到 400℃。在这次升温速率足够慢、实验时间足够长的研究中发现,煤样的煤阶表现为逐渐升高,得到了从褐煤到高变质程度煤的比较全面的演化资料。实验更进一步证实了"煤化过程是一种天然的热解过程"的观点,为模拟实验研究提供了坚实的理论基础。然而在实验室条件下模拟有机质的热演化最大的困难是无法再现百万年以上的地质时间,只能利用时间-温度的补偿关系,以提高实验温度加快反应速率的方法来弥补漫长的煤化过程,缩短热解实验所用时间。

通过大量的研究工作可以形成关于天然煤化过程和模拟热解过程的一些结论:在煤化的早期阶段和模拟热解的低温阶段都产生大量的二氧化碳气体;煤化过程的中后期($>50℃$)在热力作用下产生大量的甲烷,而模拟热解在较高温度段($>400℃$)时由煤中脂肪族分解和碳的甲烷化产生大量的甲烷;在煤化作用的后期无烟煤形成阶段和模拟热解的高温阶段都产生大量的氢气;由于二氧化碳、甲烷和氢气的大量释出,总体趋势上煤化过程和模拟热解过程都是富碳、去氢、脱氧的过程,表现为 O/C 及 H/C 原子比随煤化程度的升高而减小。由此可见煤化过程和模拟热解过程基本上是一致的,差别只在于煤热解要求有较高的温度以缩短热解实验所用的时间。

煤层中甲烷含量取决于煤化过程中甲烷在煤层中的累积生成量和扩散损失量两部分。所以在实验室条件下模拟天然煤化过程,并预测煤层理论产气量就成为煤层甲烷研究领域的重要课题之一。目前主要是运用热解过程模拟天然煤化过程,虽然天然的和人工的煤化过程中温度、压力、时间等方面的差异可能导致煤热解模拟实验中的偏差,但是它仍可以作为煤样潜在生烃能力评价的一种方法,而且可以运用这些信息进一步估算当前煤层中甲烷的相对生成速率。

(一) 热解模拟实验的研究体系

模拟实验可以有多种体系,根据实验条件的不同可以划分为不同特点的研究体系。

1. 开放系统热解

开放系统热解(open-system pyrolysis)。系统的压力条件为常压或真空,反应过程中产生的气体、焦油随时由惰性气体吹出系统之外,以维持体系的压力不变,同时系统的开放性使得二次热解基本上不存在。实验结果表明热解所得产物中不饱和烃含量偏高,缺少芳香甾类化合物和生物标志物分子,或是甾类化合物的芳香度和生物标志物分子与天然样品差别很大。Monthioux[40]认为原因在于体系的开放性使得反应体积较大,热解过程中有机质主要发生解聚反应和歧化反应,有机质由原始组成短路到达石墨化程度较高的形式,从而偏离了天然煤化轨迹。但是这种方法的实验操作简单、快速等特点,使得它作为生烃能力快速评价的一种条件性试验方法仍有其独特的价值。

2. 密压系统热解

密压系统热解(confined-system pyrolysis)。系统中同时存在外部载荷压力(模拟地静压力)和内部反应压力(孔隙压力),反应过程中外部压力保持恒定,气、液态产物及固体残留物始终同处于一个系统,所以它是一种封闭系统。Monthioux[41]在 1986 年运用该种方法进行了澳大利亚褐煤的热解模拟实验,结果表明热解所得气、液态产物的组成和产物量,以及固体残留物的演化规律都较好地再现了天然煤化过程。

3. 内加热压实式热解

内加热压实式热解(compact-system pyrolysis)。系统中同时存在外部载荷压力和内部反应压力,反应过程中载荷压力随温度变化,而反应压力保持恒定,随着热解过程产气量的增加,部分气态产物逸流到系统之外,所以它是一种半封闭系统。相应的实验研究结果表明,真正影响有机质演化及其产物组成、产物量的压力不包括反应器中"惰性气体"所产生的压力,而只是指由有机质演化生成的产物气体所引起的压力[42~44]。所以在模拟实验过程中没有必要加入惰性气体以模拟地下有机质所承受的很高的孔隙压力,只需将反应过程中生成气体的压力维持在适当的数值即可。这种方法气、液态产物的组成和产物量及固态产物的演化规律都与天然样品有较好的相似性。

4．封闭系统热解

封闭系统热解(close-system pyrolysis)。系统中没有载荷压力,只有反应压力存在,反应过程中气、液、固三态产物始终共存,是一种全封闭的系统。封闭系统热解实验结果表明,体系压力的大小因有机质的性质、样品用量及反应器的大小而异,实验的可控制性和不同实验间的可比性较差,而且二次热解较为严重。这种体系模拟效果比开放系统略微有所改进,但与天然煤化过程有很大差异。

5．含水热解

含水热解(hydrous pyrolysis)。体系中要加入过量的水以保证反应过程中煤样始终被水淹没,所以常用的实验温度在水的临界温度(374℃)以下。实验过程中体系反应压力包括反应温度下液态水的饱和蒸气压力和反应过程中产生的气态产物压力,它是一种全封闭的体系,热解过程中体系内水包括反应前加入的过量水和反应过程生成的少量水两部分。相应的实验结果表明,热解产物中不饱和烃含量大大减少,但总体而言与天然煤化过程有一定程度的差异[45,46]。

(二) 热解模拟实验的主要影响因素

在热解模拟实验中,温度、时间、压力、水等诸多因素起着重要作用,其中以温度和时间的影响最为主要。

1．温度的影响

煤热演化生成大量的烃类气体这一过程是在沉积物达几千米厚,温度在50～200℃范围内,压力可达几百个大气压,微生物已基本上不作用的条件下进行的;是一个以热力作用和热催化作用为动力而发生的裂解过程。但这个过程并不是一个简单的裂解反应,而是由一系列平行反应和顺序反应所组成的,所以温度在这一过程中起着非常重要的作用。由于温度是影响实验结果的主要因素,因此温度的微小变化必将影响到模拟结果的准确性和可比性。为此,反应器的设计要尽量减小反应器空间内的温度梯度,使温度均一;同时选取合适的温度测量位置和精确灵敏的温度测量控制仪表。这样才能提高平行实验结果的重现性以及不同实验室在相同条件下数据的可比性。

2．时间的影响

有机质的热演化过程是在数以百万年的漫长地质时间中进行的,所以时间的影响是不容忽视的。实验室条件下在有限的时间内很难使有机质在 250～300℃达到变质程度很高的无烟煤阶段,但在漫长的地质时间作用下即使温度比较低也是可以达到相应变质程度的。Peters 和 Rohrback[47]长达 625 天的实验以及 Saxby[39]长达 6 年的实验结果都表明时间的影响是与温度相关联的。尤其当实验加热时间比较短时,其影响更为明显。

3．温度和时间的综合效应

模拟实验就是利用化学反应动力学中的 Arrhenius 的时间-温度补偿效应,以实验室条件下的热解过程来模拟再现天然煤化过程的,这种补偿关系已经为实验所证实(表 4 - 18[47])。

表 4-18　不同加热温度和作用时间下煤样的镜质组反射率/%

实验条件	温度/℃	100	150	200
	时间/h	5000	25	1
镜质组反射率/%		0.25	0.25	0.25

Connan[48]在研究时间和温度的关系时,从 Arrhenius 方程出发得出时间-温度关系式为

$$\ln t = \frac{E}{RT} - A$$

式中:A——频率常数;

$\quad T$——温度,K;

$\quad t$——时间,s;

$\quad E$——活化能,J·mol^{-1}。

Karweil[49]认为,在 50～60℃下即使经历很长的地质时间(两亿年以上),也不能形成像在 150℃下受热两千年的变质程度中等的煤。有人认为只有当温度达到一定值时,时间才真正起作用,否则时间再长也不会对煤的变质程度有影响,如莫斯科盆地的褐煤虽属古生代的早石炭世,但因埋藏不深,温度较低而变质程度只达褐煤阶段。这些都说明时间的补偿作用是有一定限度的,温度太低时(<50℃)时间因素的影响很小;只有当温度超过一定值时,时间的影响才能显示出来。

4．压力的影响

关于压力的影响,目前的看法尚不一致。大多数学者认为压力主要造成煤的物理结构变化。对低变质程度的煤,孔隙率减低、水分的减少以及密度的增大主要是压力的作用。此外,地层的巨大静压力有利于芳香族稠环平行层面作规则的排列,特别是挤压力和剪切力对促使无烟煤类晶格的形成以及向石墨晶格转化有相当大的作用。所以,模拟实验中静压力的存在必将影响产物的形成机理、产物的量和组成。从理论上讲,高压不利于体积增大的裂解反应。因此,反应压力的增加将抑制大分子的液态烃类向小分子的气态烃类的裂解(即抑制二次热解反应),从而使得烃气的产量下降。

5．热压水的影响

实验研究结果表明,同样是在不带载荷压力的情况下,由"干法热解"所得产物气体组成与天然样品有很大差异,而系统中加入过量水的"含水热解"实验结果与选定的天然样品的分析结果的接近程度会大大地提高[45,46]。这一比较似乎说明在不带载荷压力时,水在模拟热解中有不可忽视的作用。然而在有外部载荷压力存在的体系中加入少量水或不加水不会对热解结果产生明显影响,热解所得固体产物的特性基本上不受水的影响[50]。所以可以由此推断反应过程中各元素发生变化的时间和变化方式基本一致,气态产物的组成也基本一致。从反应条件来看,含水热解要求温度 $T < 374℃$,水要大大过量,以保证热解过程中水始终淹没煤样。这样的反应条件表明反应过程中的氢必然来源于水。而在密压系统热解中,一方面温度 $T > 374℃$,水只加入少量或不加,这样反应过程中的氢主要来源于芳香化反应;另一方面如果反应前加入少量水,水可以加速脱羧反应使得煤中的氧以二氧化碳的形式在热解的早期释出,这与天然煤化过程相似;如果不加水,则煤中的氧以水的形式释出[51],这部分水在热解后期的作用与反应前加入的水可能相当。因此在密压系统热解中加水或不加水差别不明显。从上述文献资料所示的不同体系中压力和水对实验结果的影响可以看出,载荷压力的存在能大大改善模拟实验效果;模拟实验效果不仅与水的存在与否有关,而且与其量有关。

6．矿物基质的影响

有机质是分散或赋存于矿物基质中的,因此矿物基质不可避免地影响着有机质的热演化。若用金属卤化物催化,褐煤的甲烷产率提高 $60\% \sim 70\%$。有研究认为[52],黏土与有机质的复合物在缓慢加热时会脱羧基、脱氨基形成低相对分子质量的烷烃、环烷烃和芳烃。实验证明黏土矿物的催化作用会影响反应机理;没有黏土矿物的催化作用时,C—C 键断裂是自由基反应,直链原始物质形成直链烃;有黏土矿物的催化作用时,反应过程中生成正碳离子,使碳骨架重排形成支链为主的烃类。总之,矿物基质对模拟热解实验的影响主要表现为对热解过程的催化作用和对热解产物的吸附作用。

经过几十年的研究,人们发现模拟热解实验是掌握不同盆地、不同含煤地层、不同地质年代的全煤以及煤岩组分实际生烃性能和生烃过程的有效手段,能为煤成烃类气体的资源评价和勘探方向的选取提供理论依据。但是,由于明显的原因,用实验室条件的热解过程模拟天然煤化过程是有其局限性的。因此,对于运用热解过程来模拟煤化过程这种实验研究方法,应该在客观认识和评价的基础上,进一步探讨热解过程和天然煤化过程各自的细节和实质,并逐步完善实验工艺条件,使热解模拟过程更进一步接近于天然煤化过程。

二、改进的封闭系统的热解模拟研究

热解过程是一个受诸多因素(如煤阶、煤的类型、煤样粒度、反应压力、热解升温速率、停留时间、热解终温等)影响的非常复杂的过程,所以实验过程中各操作条件的取值将直接影响到实验结果。作者采用一种改进的封闭系统热解装置,以"慢速率升温+长时间恒温"的实验方法,在模拟热解成烃过程的实验基础上,集中研究几种中国煤,尤其是山西煤种的当前生烃速率和潜在生烃能力。

(一) 热解模拟实验装置和实验过程

自然界有机质热熟化成煤过程中的主要副产物烃类气体的生成和逸出是同时进行的,由此可以认为天然煤化过程是在温度和时间的影响下,在有一定的压力、地层水及矿物质等存在的半封闭体系中进行的,所以实验所用装置的选取需综合考虑上述各因素。分析目前可用于热解模拟的实验装置和它们各自的优缺点,从相互比较中可以看出:虽然密压系统热解和内加热压实式热解两种方法的模拟效果较好,但是它们各自都有其局限性。前者在国外研究较为广泛,为了满足实验过程中外部载荷压力的高值、恒定和内部孔隙压力的可变等苛刻反应条件的要求,文献资料中大多采用柔韧性较好的金管作为反应器,实验成本费用极高,这就大大地限制了该法的广泛使用;后者在国内研究比较多,该方法要求有极为复杂的机械加压装置,以保证体系外部载荷压力的高值、可变和内部孔隙压力的恒定,这些条件增加了对系统的密封性、压力调节阀的限值、充气压力源等方面的要求,实验的一次性投入和操作费用都比较高,所以也限制了它的推广应用。

含水热解法的特点是在反应过程中始终要求有过量水存在、以水作为传压介质以及采用较低的反应温度(<374℃),这些因素综合作用使得该法的模拟效果较

开放热解和封闭热解有所改进。但是有研究表明体系中的过量热压水在作为传压介质的同时,其作用还体现在对煤成烃过程的催化作用、抽提作用和其他化学作用方面,而且体系具有完全封闭性,这些都使得它与天然煤化过程有明显的差异。

1. 实验装置

作者在综合考虑上述情况以后,选用了图4-38所示的改进封闭热解实验装置。其基本结构主要有反应器和电加热炉部分、温度和压力调节控制部分,以及气态产物收集计量部分。反应器是一筒状的高压反应釜,釜体有与外界连通的出口,由阀门控制并可以接上压力表观测釜内压力;反应器和加热炉的温度由热电偶和智能程序升温控制仪组成的控温部分来调节和控制;压力控制通过压力表和压力调节阀完成,实验过程中根据需要可随时调节反应器内气体压力大小;经过冷凝后的气态产物用排水集气法收集计量。

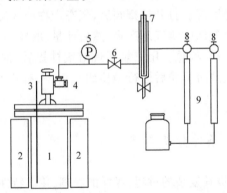

图4-38　成气热解模拟实验装置流程图
1—反应器;2—电炉;3—热电偶;4—针形阀;5—压力表;6—控制阀;
7—冷凝器;8—玻璃阀;9—气体收集器

2. 实验样品

煤化过程中大量的煤层甲烷气体是在中、高变质程度煤形成阶段产生的。作者选取从烟煤到无烟煤阶段的四种不同变质程度煤种(神木肥煤、大同烟煤、东山贫瘦煤和阳城无烟煤)进行成气热解模拟实验,以期得到有机质热演化成煤作用过程中不同演化阶段的气、液、固态产物的产率、组成及其演化规律,更重要的是期望能对山西境内的煤层甲烷开采利用提供一定的理论指导。实验所用煤样的工业分析和元素分析数据见表4-19。

表 4 - 19　煤样的工业分析及元素分析/%

煤 样	工业分析				元素分析				
	M_{ad}	A_d	V_d	FC_d	C_d	H_d	O_d	N_d	S_{td}
神木煤	2.37	5.56	36.19	63.81	81.65	4.95	12.09	1.00	0.32
大同煤	2.51	5.58	26.43	73.57	75.52	4.63	16.40	0.79	2.65
东山煤	0.66	10.32	15.61	84.39	90.16	4.24	3.74	1.21	0.66
阳城煤	2.31	9.32	6.98	93.02	90.11	2.81	5.42	1.34	0.33

3. 实验流程

实验前预先将煤样粉碎到所需粒度,在低温条件下烘干。然后称取一定量的样品装入高压釜中,釜体密封后用氩气加压,反复冲洗 2~3 次以清除釜内空气。最后将釜内气体放空,关闭阀门,把釜置于加热炉中加热。自动控温加热,长时间恒温后切断电源,自然降温。打开针型阀后,气态产物经冷凝器使得水蒸气和油蒸气冷凝,同时用排水集气法收集气态产物,然后计量、取样、分析其组成。最后拆开装置,取出热解固体残样,称重。用三氯甲烷溶剂抽提后,抽提液做柱色层分离并分析其组成,抽提后的残渣干燥后进行镜质组反射率、有机元素分析、红外光谱等分析。

(二) 热解模拟实验条件分析与选取

热解过程是一个极其复杂的过程,煤样的物理、化学特性以及操作工艺条件等各因素都会对实验结果产生不同程度的影响。为此,作者在实验中首先运用热分析法(TG-DTA)和自制的高压半封闭实验装置研究主要因素的影响,然后在此基础上着重研究了不同热解温度下四种不同煤阶煤样的热解过程特性、热解产物组分分布以及组分间的相互转化。

模拟热解后所得气态产物用 GC-9A 型气相色谱仪分析其组成。实验主要测定 5 个主要组分的体积分数,它们分别是:非烃类气体 H_2、CO_2 和 CO;气态烃类 CH_4 和 2 个碳以上的烃 C_{2+}(因为 C_{2+} 以上烃类气体的总产率小于 0.06%,所以不予定量分析)。结合排水集气法得到的气体总体积,可以算出各主要组分气体的产率(质量百分数)。

1. 煤样粒度和升温速率的影响

热解过程中,煤样粒度和升温速率的影响主要表现为对煤粒内的传热和传质效果的影响,也即各物理参数和化学参数的综合作用使得煤粒沿径向存在温度和浓度梯度,进而会影响到挥发分产率和组成。作者采用"慢速升温＋长时间恒温"

的实验方法,所以分别运用热重分析法和上述的高压半封闭实验装置来考察煤样粒度和升温速率对热解过程升温阶段和总体过程的影响。

热重分析法(TG-DTA)用于测定样品在程序升温过程中质量随温度的变化量和变化速率。如果用该方法研究煤样的脱挥发分过程特性,可以由 TG 和 DTG 曲线得到煤样失重峰所对应的温度范围、最大失重量(或最终失重率)及最大失重速率所对应的温度峰值等特性参数。用 WCT-2 差热天平进行神木煤、大同煤的热重分析,升温速率为 2K·min^{-1}、5K·min^{-1}和 10K·min^{-1},煤样粒度为 40～60 目、60～100 目和 100 目以上;载气为氩气,载气流速 50ml·min^{-1},测试终温为 1000℃。实验所得失重速率曲线如图 4-39 和图 4-40,热重分析的实验数据和特性参数见表 4-20 和表 4-21。

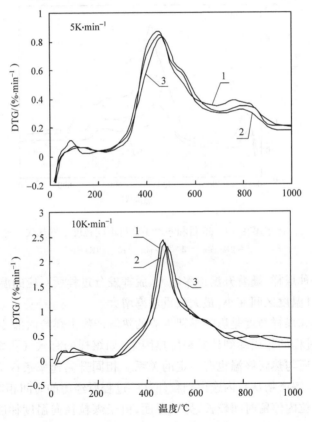

图 4-39　大同煤在 5K·min^{-1}和 10K·min^{-1}升温速率下的热失重速率曲线
1—40～60 目;2—60～100 目;3—100 目以上

从实验数据中可以发现:升温速率相同的条件下,同一种煤样随粒度增大(即煤粒径增大),总失重率略有所降低,而其他的热分析特性参数没有明显的变化;相

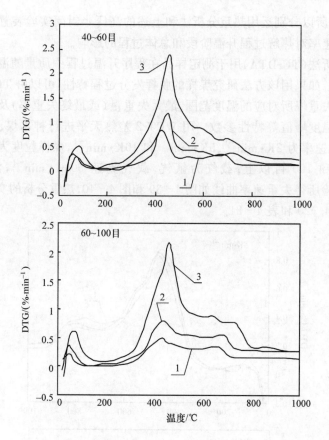

图 4-40　神木煤在 40～60 目和 60～100 目不同粒度下的热失重速率曲线
1—2K·min⁻¹;2—5K·min⁻¹;3—10K·min⁻¹

同粒度的同一种煤样,随着升温速率增大,脱挥发分过程所对应的温度范围向高温
一侧移动,而且温度区间变小,最大失重速率增大。

　　升温速率和煤样粒度是影响早期生成的热解产物由煤粒内部传递到表面的参
数,它对热解过程的作用受到传质和传热因素(如煤样的有效气孔率、释出产物性
质等)的影响,还与热解终温也有一定的关系。相同升温速率条件下,如果煤样颗
粒比较大,则热解产物从粒内逸出到粒外这一过程所经历的时间相对要长一些,亦
即热解产物在粒内停留时间较长;另一方面,由于煤粒径向温度梯度的影响,粒内
的早期热解产物逐渐逸出到粒外的过程中遇到的是更高的温度,这两方面都加剧
了热解产物的聚合成焦反应,所以煤样的最大失重速率、最终失重率等特性参数会
比小粒子略有所减小。同样,在相同粒度的条件下,如果加热速率慢,煤样在低温
区受热时间长,热解反应选择性强,初期热解使煤分子中较弱的键断开,发生了平
行的和顺序的热缩聚反应,形成热稳定性好的结构,这些比较稳定的结构在高温阶

段分解较少,所以慢速升温时固体残留物产率高,煤样失重量小;相反,快速加热供给煤热解过程以高强度能量,热解形成较多的小分子碎片,所以低相对分子质量气态产物多,煤样失重量则比较大。

表 4‑20 不同粒度煤样在不同升温速率下各温度段区间的失重量/%

煤种	升温速率/(℃·min⁻¹)	粒度(目)	温度区间/℃			
			25～200	200～600	600～1000	25～1000
大同煤	10	40～60	0.81	16.01	10.31	27.13
	10	60～100	1.15	15.97	11.55	28.67
	10	>100	1.44	17.71	10.05	29.20
	5	40～60	0.60	14.78	9.95	25.23
	5	60～100	0.75	15.81	10.49	27.05
	5	>100	0.83	16.82	10.63	28.28
神木煤	10	40～60	2.39	16.44	13.28	32.11
	5	40～60	2.18	17.14	10.97	30.29
	2	40～60	2.29	17.29	10.35	29.93
	10	60～100	2.56	16.27	16.28	35.11
	5	60～100	1.41	16.71	13.27	31.39
	2	60～100	2.39	16.65	11.09	30.13

表 4‑21 煤样在不同升温速率和不同粒度下的热分析特性参数

煤种	升温速率/(℃·min⁻¹)	粒度/目	失重速率极值对应的温度/℃		最大失重速率/(%·min⁻¹)	
			$T_{max}(1)$	$T_{max}(2)$	$R_{max}(1)$	$R_{max}(2)$
大同煤	10	40～60	471	—	2.429	—
	10	60～100	483	863	2.300	0.465
	10	>100	478	895	2.360	0.453
	5	40～60	454	757	0.869	0.388
	5	60～100	458	800	0.842	0.320
	5	>100	460	786	0.830	0.346
神木煤	10	40～60	461	751	2.390	0.700
	5	40～60	451	727	1.210	0.383
	2	40～60	433	685	0.835	0.356
	10	60～100	462	732	2.138	0.771
	5	60～100	442	689	0.786	0.544
	2	60～100	431	670	0.486	0.336

在热解终温500℃,压力为3MPa,恒温时间为24h的条件下,作者用前述的实验装置进行神木煤的热解实验,以考察升温速率和煤样粒度对"慢速升温+长时间恒温"这一总体过程的影响,也得出同样的结论。实验所得的数据见表4‑22。

分析表中数据可以发现,相同升温速率的情况下,小粒子的气态产物总体积比大粒子大,这与热重分析中小粒子的最终失重率大的结论是一致的;相同粒度的情况下,升温速率大,气态产物体积大。

表 4 - 22　神木煤在不同粒度和不同升温速率下的热解气态产物及其组成

升温速率/(℃·min⁻¹)	粒度/目	产物体积/(ml·g⁻¹)*	产物体积百分比/%				
			CH_4	H_2	CO_2	CO	C_{2+}
2	40~60	124.2	70.45	7.14	17.38	2.18	2.86
5	40~60	130.9	71.18	7.25	16.15	2.13	3.28
10	40~60	145.3	72.57	9.62	11.62	2.72	3.50
2	60~100	128.8	66.65	6.77	22.79	1.51	2.27
5	60~100	136.1	67.27	7.80	20.08	2.34	2.51
10	60~100	153.0	69.49	8.75	16.28	2.53	2.94

* 体积换算为标准温度和压力下的体积,煤样按干燥无灰基计算。

与属于开放体系的热重分析法相比,尤其是对于大粒径的煤样,作者所采用的高压实验装置的半封闭性使得热解产物在粒内及体系内的停留时间要长,二次聚合成焦反应的程度要大,所以气态产物的总量就小一些。虽然煤样粒度和升温速率对热解特性参数的影响存在上述变化趋势,但是由粒度差异而引起的变化幅度相对比较小,在实验误差范围内可以忽略不计。为此,在相关研究工作中应该采用统一的升温速率(作者在本节以下的实验中采用 5℃·min⁻¹),适中的煤样粒度(60~100 目)。

2. 压力的影响

实验研究结果表明,真正影响有机质演化及其产物组成、产物量的反应压力,不包括反应器中惰性气体所产生的压力,而只与有机质演化生成的产物气体有关,称为"有效压力"。所以,在模拟实验过程中没有必要加入惰性气体模拟地下有机质所承受的很高的孔隙压力,只需将反应过程中生成气体的压力维持在适当数值即可。此外,反应压力对固体有机质热解的不可逆一次反应影响甚小,但是对热解产物的可逆二次反应(如前期演化生成的液态产物向小分子气态产物的转化)影响不容忽视。普通"封闭系统"热解的反应压力靠热解反应生成的气态产物产生,所以体系压力的大小随样品的性质、样品量及反应器的大小而变化的范围很大,实际上可以认为是无法控制和不可比较因素。为此,作者采用可控的调压装置(即压力调节阀),把反应过程中的体系压力控制在一定范围内。运用上述装置,在升温速率为 5℃·min⁻¹,恒温时间为 24h,煤样粒度为 60~100 目,以及压力分别为1MPa、3MPa 和 5MPa 的条件下,神木煤热解所得气态产物的总体积、各主要组分组成和气液固三态产物的分布数据结果列于表 4 - 23 中。

表 4 - 23 中数据表明,热解温度相同时,随着体系压力的增大,气态和固态产物的产率增加,而液态产物的产率减小。在压力比较大的情况下,前期热解生成产

物由粒内逸出时所受阻力增大,使得其在粒内的停留时间加长,加剧了它们二次裂解生成小分子物质的反应和聚合成焦反应的程度,所以气态和固态产物产率增加,而由差减法算出的液态产物产率必然减小。如果体系压力相同,则随热解终温升高,气态产物产率增大,固态产物产率减小。这表明煤样的成熟程度增加,同时也表明温度对热解产物总量以及各组分产率的影响要比压力显著一些。气态产物中主要组分组成随压力变化规律表现为随压力增大,二氧化碳、甲烷和氢气的含量增加,而一氧化碳的含量减小。Cloke[53]的研究工作对这一现象有一个近似的解释。

表 4‑23　神木煤在不同压力和温度下的热解产物及其组成

压力 /MPa	温度 /℃	气态产物体积 /(ml·g^{-1})*	气态产物质量百分比/%					气液固产物质量百分比/%		
			CH$_4$	H$_2$	CO$_2$	CO	C$_{2+}$	气	固	液
1	400	49.44	2.076	0.045	2.892	0.269	0.527	5.81	85.74	8.45
	450	76.56	3.662	0.054	3.491	0.330	0.988	8.53	82.75	8.72
	500	103.28	5.943	0.083	4.985	0.478	1.321	12.92	78.06	9.02
3	400	57.79	2.382	0.051	3.326	0.238	0.609	6.61	86.18	7.21
	450	87.67	4.208	0.062	4.013	0.296	1.136	9.72	82.93	7.35
	500	118.73	6.837	0.099	5.614	0.416	1.404	14.37	79.09	6.54
5	400	61.54	2.537	0.050	3.549	0.271	0.648	7.06	86.57	6.37
	450	94.36	4.482	0.067	4.257	0.277	1.004	10.09	83.28	6.63
	500	126.35	7.289	0.105	5.971	0.386	1.496	15.05	78.98	5.97

* 体积换算为标准温度和压力下的体积,煤样按干燥无灰基计算。

3．恒温时间的影响

时间对热解过程的影响分为两部分,第一是在程序升温段,主要由升温速率来体现,第二是在长时间的恒温段。Ishiwatari[54]在 150～410℃的升温范围、5～116h 恒温时间条件下的热解实验中发现,气体和小相对分子质量烃类的产量在反应开始的 20h 内快速增长,后来速度变得很慢甚至不再增加,而且产物释出速率的变化与温度没有直接关系;Connan[55]在实验中观察到 300℃恒温 24h 后可得到最大量的可抽提物。所以 Monthioux[40]认为 24h 的恒温时间已足以保证反应速率足够慢,以至于反应时间上几分钟的差别不会对实验结果有明显影响。鉴于上述结果,作者在实验中的恒温时间选择为 24h。

4．热解终温的影响

在热解模拟实验中,温度是主要的控制因素。如果实验温度太高(如高于 550℃),会使反应机理与地质条件下的反应有较大的差别,产物的组成和量与实际情况有很大出入。因此,为了避免实验温度过高带来实验结果失真,又能保证温度达到相应煤种的生烃的峰值温度,同时使得实验条件尽可能地接近自然界的地质过程,作者采用热重分析法(TG-DTA)并结合前人实验结果选取热解温度范围,然后用封闭热解法分析不同热解终温所得产物。

热重分析的实验条件为:升温速率 5℃·min^{-1},氩气载气流速 50ml·min^{-1},煤样粒度 60~100 目,测试终温 1000℃。热重曲线以及分析所得特性参数结果见图 4-41、表 4-24 和表 4-25。

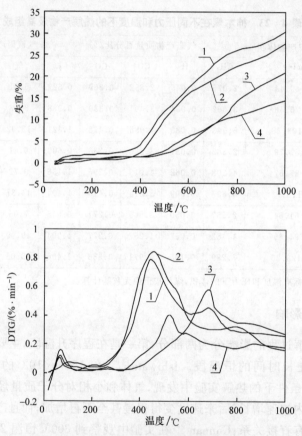

图 4-41 煤样失重和失重速率曲线
1—神木煤;2—大同煤;3—阳城煤;4—东山煤

图表中实验数据和结果都表明,温度在 110℃ 左右时,四种煤样的失重速率曲线都出现第一个最高点,这可能是煤中结合水的损失所引起的;除阳城无烟煤以外,其他三种煤样的第二个失重峰对应于 350~550℃ 范围的活泼分解阶段,放出大量的挥发物,而且最大失重速率所对应的温度随着煤变质程度的增加而升高;阳城无烟煤因煤阶高,活泼分解温度也较其他煤样要高,所以第二个失重峰的峰值温度落在了 550℃以外；曲线上最大失重速率对应于 600℃以后的第三个失重峰表明煤样已进入二次脱气阶段。综上，为保证模拟实验结果的真实性，热解终温选取以 350～550℃为宜。

表 4－24　四种煤样在各温度段的失重量/wt%

煤　样	温度区间/℃			
	25～200	200～600	600～1000	25～1000
神木煤	1.41	16.71	13.27	31.39
大同煤	0.75	15.81	10.49	27.05
东山煤	0.59	5.11	8.70	14.40
阳城煤	0.68	3.66	16.55	20.89

表 4－25　四种煤样的热分析特性参数

煤　样	失重速率极值对应的温度/℃		最大失重速率/(%·min^{-1})	
	$T_{max}(1)$	$T_{max}(2)$	$R_{max}(1)$	$R_{max}(2)$
神木煤	442	689	0.786	0.544
大同煤	458	800	0.842	0.320
东山煤	519	—	0.398	—
阳城煤	678	—	0.576	—

（三）热解模拟气态产物组成和特点

选定终温范围后，在与前述相同的反应条件下，进行煤样的热解研究，分析不同温度下所得气、液、固产物的组成和量。实验过程中采用阶梯式终温方案（图 4－42），即取某个煤样的几个样品，从同一起点开始，按前面流程中所述的方法进行热解实验，到不同热解终温后保持 24h，终止实验后分析产物。其中以神木煤为例，在热解终温为 500℃，体系最大压力为 3MPa 的条件下，热解过程的慢速升温阶段温度和压力随时间的变化典型形式如图 4－43 所示。

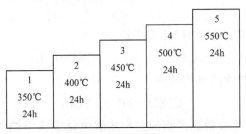

图 4-42　阶段式升温方法

四种煤样在实验温度范围内热解气态产物总量和各主要组分组成的分析结果见表 4-26。表中数据表明,与自然界的实际情况相比较,所有模拟热解所得气态产物中二氧化碳、氢气的比例都偏高。这是由于在天然聚集过程中,氢分子半径小,容易扩散,不利于保存;二氧化碳气体在水中的溶解度较高(50℃,0.1MPa 时为 436ml·L^{-1}),围岩对它的吸附较强,而且酸性气体难以在弱碱性环境中保存[56]。

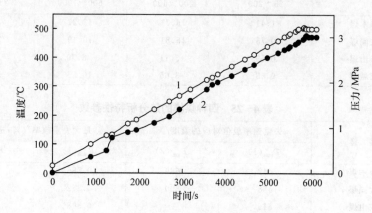

图 4-43　神木煤在热解的升温阶段的温度-压力曲线
1—温度曲线;2—压力曲线

四种煤样在不同温度下热解产气量变化大体趋势是一致的,即在实验温度范围内,随着热解温度的升高,煤样的演化程度逐渐增高,总产气量不断增加,同时总产气量的数值大小与各煤样的煤阶有关,煤阶越高,产气量越少。

1. 烃类气体

产物气态烃中以甲烷为其主要成分。随模拟热解温度升高,C_{2+} 烃类的总产率逐渐减小。在 400～500℃ 温度范围内,随热解温度的升高,甲烷的体积分数逐渐增大,当热解终温达到 550℃ 时略有下降。煤样在热演化过程中生成甲烷的主要途径有[57]:

煤直接一次热解与活泼 H^* 生成甲烷

$$Coal\text{-}CH_3 + H^* \longrightarrow Coal + CH_4$$

热解生成固态产物的氢化反应

$$C(固) + 2H_2 \longrightarrow CH_4$$

此外,前期热解生成液态产物的二次热解也是生成甲烷的途径之一。实验过程中,随热解终温逐渐增高,煤样的成熟度增加,煤中脂肪族含量因热裂解反应生成气态产物而逐渐减少;实验所采用的较长恒温时间等实验条件减缓了液态烃类从煤孔隙中排出,从而加剧了前期热解生成产物在粒内的裂解反应。上述两种情况都有利于甲烷含量随热解终温逐渐增加。当温度达到 550～600℃时,固态热解残留物仅含有少量的非芳香碳,液态产物逐渐趋于零,前两类反应减弱,因此甲烷产量呈下降趋势。

表 4－26　四种煤样热解所得气态产物的组成

煤　样	温度 /℃	气态产物体积 /(ml·g^{-1})*	气态产物质量百分比/%				
			CH$_4$	H$_2$	CO$_2$	CO	C$_{2+}$
神木煤	350	30.03	42.8	11.3	35.5	3.64	6.73
	400	57.79	54.8	9.30	27.8	3.13	5.09
	450	87.67	64.9	6.56	22.5	2.61	3.46
	500	118.73	67.3	7.80	20.1	2.34	2.51
	550	136.05	64.4	12.8	17.4	2.65	2.83
大同煤	350	21.29	38.0	13.3	38.6	4.13	6.03
	400	47.19	48.2	10.9	32.3	3.71	4.87
	450	72.81	57.4	8.82	28.3	2.19	3.31
	500	92.42	64.4	7.95	23.1	2.44	2.14
	550	111.57	65.9	9.46	20.2	2.74	1.65
东山煤	400	16.34	53.6	24.6	17.1	0.77	3.83
	450	45.00	78.1	11.8	7.55	0.29	1.92
	500	68.85	80.9	9.7	7.03	1.29	1.05
	550	83.14	80.9	13.8	3.38	0.60	0.68
阳城煤	450	14.66	45.8	10.3	37.5	2.60	3.74
	500	21.18	62.0	7.16	28.5	0.49	1.92
	550	32.72	60.2	15.0	22.6	1.29	1.07

* 体积换算为标准温度和压力下的体积,煤样按干燥无灰基计算。

2. 氢气

所有 4 种煤在生成氢气方面均有类似的变化趋势,即氢气体积分数先逐渐减小,到 550℃时又增大。热解过程中氢的来源主要有:

反应过程中体系内活泼氢反应生成氢气

$$H^* + H^* \longrightarrow H_2$$

一氧化碳与水的气相反应

$$CO + H_2O \longrightarrow CO_2 + H_2$$

含碳有机质高温状态下的水煤气反应

$$C + H_2O \longrightarrow CO + H_2$$

此外,有机质的缩合及烃类的环化、芳构化也是氢气的来源之一。在热解反应过程中产生大量的活泼氢,对生成氢气十分有利;与此同时,前期热解生成液态烃类物质的二次裂解需要消耗活泼氢,只是经过活泼分解阶段之后的残留煤已基本上完全芳构化,液态产物趋于消失,耗氢量减少,所以氢气表现出实验结果中的变化规律。

3．二氧化碳和一氧化碳

在热解过程中,煤中含氧基团可以生成 CO、CO_2 以及水,各反应之间存在竞争性。如果体系中有氢气存在,则煤中的含氧基团优先与氢气反应而生成水。此外,生成 CO_2 的羧基稳定化能较生成 CO 的羰基的稳定化能要低,所以热解开始阶段首先生成的是大量的 CO_2。

由于模拟热解实验是在没有外加氢气存在的情况下进行的,氢气只是在热解过程中逐渐产生,所以从热解气态产物组成(表 4-26)中可以看出,热解温度较低时各煤样产物气体中 CO_2 所占比例较大,分别是神木煤 35.54%(350℃)、大同煤 38.56%(350℃)、东山煤 17.12%(400℃)、阳城煤 37.54%(450℃)。这表明羧基这一含氧官能团从煤样中的脱除主要发生在相对早期的演化阶段,并且煤样本身的特性决定了总气态产物中 CO_2 体积分数的数值大小。随热解温度升高,CO_2 产量不断减小;CO 先减小,550℃又有所增大。原因在于热演化过程中煤中的含氧基团脱氧生成 CO_2 或 CO,只是热稳定性较差的羧基在热解早期释出,而其他的氧(如醚氧、醌氧、杂环氧)则在活泼分解之后的二次热解阶段(约 550~900℃)才释出。

4．热解气态产物组成与煤样的关系

将四种煤样不同温度下所得的热解气态产物中 C、H、O 三种主要元素的分布结果与原煤元素分析的结果进行比较,结果如图 4-44 和图 4-45 所示。实验所用四种煤样的氧含量分别为:东山(3.744%)＜阳城(5.417%)＜神木(12.097%)＜大同(16.405%)。从图 4-44 原煤样和热解气态产物氧含量比较图中可以看到,在热解终温相同条件下,煤样热解后所得气态产物中氧含量大致上与原煤样中的氧含量呈正相关。四种煤样的 H/O 分别是:大同(4.518)＜神木(6.553)＜阳城(8.317)＜东山(18.110)。从图 4-45 中可以看到,在各热解终温下,煤样热解所得气态产物中氢含量与原煤样的 H/O(原子比)也有正相关关系。

实验过程中最高热解终温为 550℃,明显高于热重分析所得到的神木、大同、东山三种煤样的分解温度,而低于阳城无烟煤最大失重速率所对应的峰值温度(678℃)。所以,在这样的温度下,神木、大同、东山三种煤样都发生了显著的热分解和裂解反应,逸出大量的挥发性产物;而高变质程度的阳城无烟煤仅发生微弱的分解和裂解反应。因此,阳城煤表现出与其他煤样不同的规律。

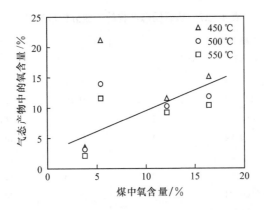

图 4-44　热解气态产物中氧含量与原煤样中氧含量的关系

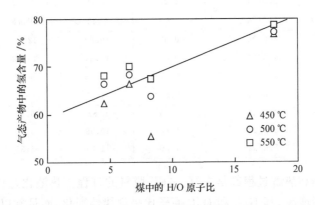

图 4-45　热解气态产物中氢含量与原煤样中 H/O 原子比的关系

（四）热解模拟固态产物特性分析

1. 工业分析和元素分析

不同终温条件下热解所得固态产物的工业分析结果见表 4-27。从表 4-27 中数据可以看出,随着热解温度升高,固体残渣的各工业分析数据表现出有规律的变化。在热解终温为 350～550℃的条件下,随着热解温度升高,煤的孔隙率减低,平衡水分(M_{ad})含量减小。灰分(A_d)反映煤中的不可燃部分,煤热解过程中挥发分逐渐逸出,所以相对而言灰分的比例会增加。挥发分含量(V_{daf})逐渐减小,固定碳含量(FC_{daf})逐渐增加,这可容易地由热解过程的化学本质方面得到解释。

表 4-27　热解固态产物的工业分析数据/%

煤　样	热解条件 （终温,℃/保持时间,h）	M_{ad}	A_d	V_{daf}	FC_{daf}
神木煤	350/24	1.98	6.03	33.61	66.39
	400/24	1.72	6.58	28.27	71.73
	450/24	1.36	7.05	24.44	75.56
	500/24	1.07	7.81	18.46	81.54
	550/24	0.77	8.28	15.52	84.48
大同煤	350/24	2.03	5.93	22.95	77.05
	400/24	1.88	6.72	20.01	79.99
	450/24	1.83	7.18	17.87	82.13
	500/24	1.25	6.64	13.29	85.71
	550/24	1.03	8.33	10.76	89.24
东山煤	400/24	0.53	10.90	12.60	87.40
	450/24	0.49	11.21	10.62	89.38
	500/24	0.47	12.63	9.17	90.83
	550/24	0.85	14.90	6.35	93.65
阳城煤	450/24	1.76	9.82	6.93	93.07
	500/24	1.82	10.09	6.50	93.50
	550/24	1.50	11.31	5.35	94.65

　　煤化过程和热解过程都是去氢、富碳、脱氧的过程。热演化过程中,随着煤样变质程度逐渐增高,其 H/C 和 O/C 原子比呈规律性变化,而且常以 van Kerevelen 演化图(H/C-O/C 图)作为评判煤样成熟度的标准。因此,作者通过分析四种煤样在不同终温热解所得固态产物和原煤样的元素组成,然后计算得到各自 H/C 和 O/C 原子比数据,并作出各样品的 van Kerevelen 演化图(图 4-46),用以判断热解固态产物的成熟度,并评价模拟热解过程的真实性。

　　图 4-46 中的两条曲线分别表示天然煤样 O/C 和 H/C 可能分布的区域的边界。作为参照标准的原煤样品的 O/C 和 H/C 落在两条曲线之间的区域内。从图中可以看到,每一种煤从原煤样品开始,经过终温逐渐升高的热解过程,得到一系列成熟度逐渐增高的热解固态产物,而且对应的 O/C-H/C 的实测值都大体上落在了两条边界曲线之间[58,59]。不同种类煤样的序列热解固态产物,其序列化的分布范围随煤种变质程度而变化,原煤样变质程度越低,其分布范围越宽。对于阳城无烟煤,由于其变质程度高,O/C-H/C 分布范围尤其狭窄。这一结果表明,采用改进封闭系统热解实验装置及实验条件进行煤样的热解模拟过程,尤其是针对中等变质程度烟煤的热解模拟是可行的。

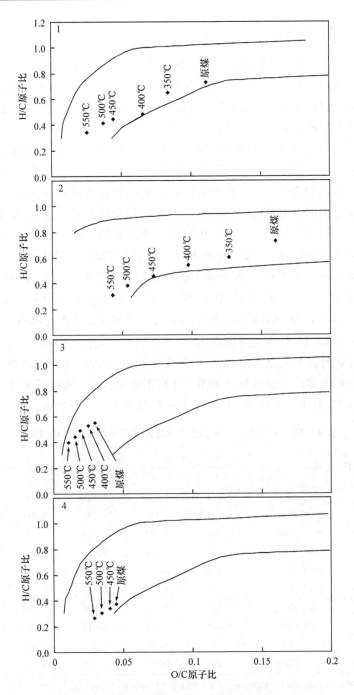

图 4 - 46　四种煤热解固态产物和原煤的 van Krevelen 图

1—神木煤；2—大同煤；3—东山煤；4—阳城煤

2．傅里叶变换红外光谱

煤化作用过程中,随着小分子物质不断释出和芳构化程度的增加,煤的红外光谱也相应地发生变化。$2920cm^{-1}$和$2960cm^{-1}$附近的吸收峰强度与煤或干酪根的变质程度有较好的正相关性;煤中没有孤立的$C=C$和$C\equiv C$等不饱和键,但煤中不同取代程度的缩合芳香环结构含量随煤化程度的提高而增加,而且受芳碳骨架化学环境与结构的强烈影响,$1600cm^{-1}$吸收峰的强度与煤化程度成负相关关系;$1700cm^{-1}$附近吸收峰的变化反映了羰基的变化,不反映其他含氧官能团,如羟基、醚基、甲氧基的变化。由于在测定红外光谱时样品的称量、纯度、仪器性能、操作过程等非结构因素都可能导致吸收信号绝对强度的变化,从而给定量分析带来影响。如果采用特征峰吸收强度的相对比值作为分析参数,就可以一定程度上消除上述因素的影响。常用的分析参数有[60,61]:以$(2920+2860)cm^{-1}/1600cm^{-1}$和$(1380+1460)cm^{-1}/1600cm^{-1}$表示煤中脂肪族和芳香族基团的比值;以$1700cm^{-1}/1600cm^{-1}$表示含氧官能团或$O/C$原子比的变化;以$1380cm^{-1}/2920cm^{-1}$和$1380cm^{-1}/1460cm^{-1}$表示残留脂肪族结构中$CH_3$的相对富集程度,即甲基化程度。

作者用 WIN-IR 红外光谱仪在$400\sim4000cm^{-1}$的波数范围内,采用 KBr 和煤样混合压片进行红外光谱测定,得到四种煤样的原煤样品、不同终温和持续时间条件下热解所得固体产物的红外光谱图。分析图谱中各特征吸收峰强度可以得到需要的分析参数,表4-28列出了神木煤和阳城煤的相关分析数据。

表4-28　原煤样及热解固态产物红外光谱特征吸收峰相对强度

样　品		分析参数*				
		A	B	C	D	E
神木煤	原　煤	3.051	1.743	0.788	0.948	0.528
	350℃/24h	2.774	1.628	0.738	0.968	0.535
	400℃/24h	2.740	1.497	0.713	0.965	0.520
	450℃/24h	2.481	1.399	0.672	0.983	0.552
	500℃/24h	2.260	1.318	0.615	1.010	0.582
	550℃/24h	2.143	1.222	0.560	1.041	0.574
阳城煤	原　煤	2.109	2.339	0.706	1.012	1.034
	450℃/24h	2.056	2.267	0.643	1.035	1.077
	500℃/24h	2.011	2.185	0.587	1.091	1.103
	550℃/24h	1.898	2.166	0.521	1.132	1.154

＊　$A=(2920+2860)cm^{-1}/1600\ cm^{-1}$;$B=(1380+1460)cm^{-1}/1600\ cm^{-1}$;$C=1700cm^{-1}/1600cm^{-1}$;$D=1380cm^{-1}/1460\ cm^{-1}$;$E=1380cm^{-1}/2920cm^{-1}$。

从表中数据可以看出,随着煤样热解终温的提高,$(2920+2860)cm^{-1}/$

$1600cm^{-1}$和$(1380+1460)cm^{-1}/1600cm^{-1}$有明显下降趋势,这说明热解过程中煤样成熟度增加,缩合芳香环不断增大,芳香率逐渐增加;$1380cm^{-1}/1460cm^{-1}$和$1380cm^{-1}/2920cm^{-1}$的增加表明了热解残留固体产物脂肪族结构中CH_3的相对富集倾向;$1600cm^{-1}/1700cm^{-1}$逐渐下降一定程度上反映了煤中 O/C 原子比随热解演化程度的加深而减小,从而进一步证明了热解过程是一个去氢、脱氧、富碳的过程。其他煤样的红外特征参数也有类似规律存在,差别只是其变化幅度的大小而已。

3. X–射线衍射

煤是一种短程有序而长程无序的非晶态物质,但在煤结构中存在着类似于石墨结构而尚未发育完全的微晶,它的大小和方向排列规则化程度随煤变质程度而变化。在 X–射线衍射图中 002 衍射峰反映了芳香核中芳香层片的平行定向程度,100 衍射峰反映了芳香层片的大小。根据 Brager 公式可以计算出微晶与芳香层面平行方向的长度 L_a、垂直方向的厚度 L_c、以及芳香层片之间的距离 d:

$$d = \frac{\lambda}{2\sin\theta_{002}}$$

$$L_a = \frac{K_{100}\lambda}{\beta_{100}\cos\theta_{100}}$$

$$L_c = \frac{K_{002}\lambda}{\beta_{002}\cos\theta_{002}}$$

式中：　　　λ——X 射线波长,一般取 0.154178nm；

θ_{002}、θ_{100}——002 峰和 100 峰对应的 Bragg 角；

β_{002}、β_{100}——以 2θ 表示的 002 峰和 100 峰的半峰宽；

K_{002}、K_{100}——形状因子,分别取 0.94 和 1.84。

作者使用 D/max-2500 型 X–射线衍射仪对各煤样热解固态产物的微晶参数进行了测定。实验操作条件为:Cu 靶辐射,管压 50kV,管流 100mA,扫描速度 $2° \cdot min^{-1}$,扫描范围 5°~60°。按照 d、L_a 和 L_c 的计算公式,从图谱中可以求出相应的参数,结果列于表 4-29。

表中数据表明,随着热解终温升高,芳香核层片的堆积高度 L_c 增大,芳香结构单元的层片间距 d 有减小的趋势,而且 L_c 和 d 的数值与文献资料中关于煤焦微晶结构的描述一致。

表 4-29　原煤样及热解固态产物的 XRD 分析

样　品		衍射峰特征参数/(°)				微晶结构参数/nm		
		β_{002}	θ_{002}	β_{100}	θ_{100}	d	L_c	L_a
大同煤	原煤	8.14	24.2	—	—	0.368	1.044	—
	350℃/24h	8.60	25.1	—	—	0.355	0.990	—
	400℃/24h	8.14	25.2	—	—	0.354	1.046	—
	450℃/24h	7.91	25.2	—	—	0.353	1.076	—
	500℃/24h	7.41	25.1	—	—	0.354	1.151	—
	550℃/24h	6.98	25.4	—	—	0.351	1.218	—
东山煤	原煤	5.81	25.4	—	—	0.350	1.471	—
	400℃/24h	5.67	25.5	—	—	0.349	1.501	—
	450℃/24h	5.58	25.5	—	—	0.349	1.532	—
	500℃/24h	5.39	25.1	—	—	0.355	1.579	—
	550℃/24h	5.58	26.1	5.58	43.7	0.342	1.534	3.151

(五) 气液固三态产物的分布特性分析

按照作者确定的实验流程和实验条件[第四章第五节二(二)],将热解产物分为气、液、固三态,各部分的总量分布如表 4-30 所示。表中数据表明,在升温速率、压力、恒温时间等工艺条件基本相同的情况下,就同一煤样而言,热解终温是三态产物组成的重要影响因素,即随热解终温升高,煤样热分解和裂解反应的程度加剧,生成小分子气态产物的总量增加,固体产物相对减少;液态产物部分包括焦油、

表 4-30　四种煤样热解所得气、液、固三态产物的质量百分比/%

煤　样	热解条件/(℃·h^{-1})	气体产物	固体产物	液体产物
神木煤	350/24	3.84	89.83	6.33
	400/24	6.61	85.18	8.21
	450/24	9.72	82.93	7.35
	500/24	14.37	79.09	6.54
	550/24	15.51	75.90	8.59
大同煤	350/24	2.74	92.33	4.93
	400/24	5.88	89.10	5.02
	450/24	9.34	85.83	4.83
	500/24	11.64	81.19	7.17
	550/24	12.94	78.26	8.80
东山煤	400/24	2.01	95.82	2.17
	450/24	3.49	93.84	2.67
	500/24	5.21	92.70	2.09
	550/24	6.20	91.96	1.84
阳城煤	450/24	1.79	97.62	0.59
	500/24	2.36	96.70	0.94
	550/24	3.05	95.35	1.60

热解水和液态烃类物质,随热解终温变化的规律不是特别明显。不同变质程度煤样由于自身物理性质和化学性质的差异,使得它们在相同热解终温条件下所发生的主要反应类型、反应进行的程度等方面存在很大差别。对于变质程度比较低的大同煤和神木煤来说,在350℃到550℃热解终温范围内,气态产物的总量大幅度增加,固态残留产物的成熟度也明显增加;但是就变质程度高的东山煤和阳城无烟煤来讲,相应的变化就小得多。

参 考 文 献

[1] Suuberg E. M. et al. Fuel. 1985, 64：1668

[2] Suuberg E. M. et al. Fuel. 1985, 64：956

[3] Gavalas G. R. et al. Ind. Eng. Chem. Fundam. 1981, 20(2)：113

[4] Gavalas G. R. et al. Ind. Eng. Chem. Fundam. 1981, 20(2)：122

[5] van Heek K. H. et al. Fuel. 1994, 73：886

[6] Solomon P. R. et al. Fuel. 1984, 63：1302

[7] van Krevelen D. W. Coal. Amsterdam：Elseviver, 1961, 263

[8] Nusselt W. Z. VDI. 1924：68

[9] Badzioch S. Bcura. Month Bull. 1967, 31(4)：193

[10] Kabayashi H. 6th Symp. Int. on Combustion. 1977：411

[11] Pitt G. J. et al. Fuel. 1962, 41：267

[12] Anthong D. B. et al. 15th Symp. on combustion. 1975：1303

[13] Suuberg E. M. Sc. D. Thesis. Cambridge：Mass, 1977, 50

[14] Given P. H. et al. Fuel. 1960, 39：147

[15] Wiser W. H. et al. Ind. Eng. Chem. Process Des. Dev. 1967, 6：133

[16] Suuberg E. M. et al. Ind. Eng. Chem. Process Design Develop. 1978, 17：34

[17] Gavalas G. R. et al. Ind. Eng. Chem. Fundation. 1981, 20：113

[18] Elliott M. A. 煤利用化学. 北京：化学工业出版社, 1991. 429

[19] Badzioch S. et al. Ind. Eng. Chem. Process Des. Dev. 1970, 9：521

[20] Howard J. B. et al. Ind. Eng. Chem. Process Des. Dev. 1967, 6：74

[21] Wiser W. H. et al. Ind. Eng. Chem. Process Des. Dev. 1967, 6：133

[22] Badzioch S. Bcura. Month Bull. 1967, 31(4)：193

[23] Koch V. et al. Brennstoff-Chemie.1969, 50：369

[24] Maria M. et al. Fuel. 1983, 62：1393

[25] 丘纪华. 燃料化学学报. 1994, 22：316

[26] Johnston P. R. et al. J. Colloid. Interface Sci. 1993, 155：146

[27] 虞继舜. 煤化学. 北京：冶金工业出版社, 2000. 177

[28] van Krevelen D. W. Coal. Amsterdam：Elsevier Scientific Publishing Company, 1981. 287

[29] Graut D. W. Coal Tar Research Association. 1960, 245

[30] Marzec A. et al. Fuel. 1994, 73(8)：1294

[31] van Heek K. H. et al. Fuel. 1994, 73(6)：886

[32] Vahrman M. Fuel. 1970, 49: 5

[33] Leveut B. et al. Fuel. 1995, 74(11): 1618

[34] 刘振海. 热分析导论. 北京: 化学工业出版社, 1991

[35] Solomon P. R. et al. Prog. Energ. Comb. Sci. 1992, 18: 133

[36] Roberts J. Fuel in Science & Practice. 1924, 3: 301

[37] Gillet A. Rew Universelle Mines. 1946, 89: 145

[38] Dulhunty J. A. Fuel. 1953, 32: 441

[39] Saxby J. D. et al. Proc. Int. Conf. Coal Science. 1985: 15

[40] Monthioux M. et al. Org. Geochem. 1985, 8: 75

[41] Monthioux M. et al. Org. Geochem. 1986, 10: 299

[42] 赵锡嘏. 大庆石油学院学报. 1992, 16(3): 1

[43] 刘晓艳. 大庆石油地质与开发. 1993, 12(3): 18

[44] 卢双舫等. 石油实验地质. 1994, 16(3): 290

[45] Lewan M. D. Science. 1979, 203: 897

[46] Lewan M. D. et al. Geochim. et. Cosmochim. Acta. 1983, 47: 1471

[47] Rohrback B. G. et al. AAPG Bull. 1984, 68: 961

[48] Connan J. et al. Geochim. et Cosmochim. Acta. 1980, 44: 1

[49] Karweil J. Dtsch. Geol. Gesell. 1956, 107(2): 132

[50] Michels R. et al. Fuel. 1994, 73(11): 1691

[51] Artok L. et al. Energy & Fuels, 1998, 12(6): 1200

[52] Tannenbaum E. et al. Geochim. et. Cosmochim. Acta. 1985, 49(12): 2589

[53] Cloke M. et al. Fuel. 1999, 78(14): 1719

[54] Ishiwatari R. et al. Geochim. et. Cosmochim. Acta. 1979, 43: 1343

[55] Connan J. et al. Am. Assoc. Pet. Geol. Bull. 1974, 58: 2516

[56] 杨天宇等. 石油勘探与开发. 1983(6): 29

[57] Wiktorsson L. P. et al. Fuel. 2000, 79(6): 701

[58] 卢双舫等. 石油勘探与开发. 1994, 21(3): 46

[59] Lo H. B. Org. Geochem. 1991, 17(4): 415

[60] 黄第藩等. 科学通报. 1987, 32(11): 1266

[61] Ganz H. H. J. Southeast Asian Earth Science. 1991, 5: 19

第五章 煤的气化反应

煤气化是将煤与气化剂(空气、氧气或水蒸气)在一定的温度和压力下进行反应,使煤中可燃部分转化成可燃气体,而煤中灰分以废渣的形式排出的过程。所生成的煤气再经过净化,就可作为燃气或合成气来合成一系列化学化工产品。煤的气化是实现煤的洁净转化,提供优质高效能源及一碳化学产品的必经之路。

煤气化能明显提高煤炭利用率,且可以较容易地将煤中的硫化物氮化物脱除。从20世纪60年代开始,煤制气的技术开发工作得到了快速发展。这些开发工作主要集中于把煤转化成适于发电的和其他工业的低热值煤气,以及在经济上易于远距离输送的,用以替代天然气的高热值煤气。同时,对气化反应的基础研究也逐步深入,涉及到的范围也逐步扩大。客观地说,煤的气化反应机理和热解反应机理一样,仍不完全清楚,还有许多工作需要深入开展。可以用来描述不同煤种或同一煤种不同显微组分气化动力学规律的数学模型尚未建立,最基本的煤气化理论的不完备,直接影响到煤的洁净转化和利用。

还有一点值得指出的是,目前的煤气化过程往往将复杂组成的煤视作性质单一的物质,力图在一个过程中实现完全气化,因而不得不采用高温、高压和长停留时间等苛刻的工艺条件。这不仅使煤气化过程的投资加大而且使运行成本难于降低。事实上煤的不同组成在不同的热转化阶段反应性是不同的,也就是说,煤中存在"高活性组分"和"低活性组分"。因此依据煤结构、煤组成及其反应性等特征,实施煤的热解、气化和燃烧分级转化则有可能简化煤气化过程并减少投资、降低成本,同时也有可能用较为经济的方法实现煤中污染物的定向脱除。

第一节 煤气化反应的一般过程

煤的气化反应性通常是指在一定温度下,煤与不同气化介质,如 CO_2、O_2 和 H_2O 等相互作用的反应能力。一般用 CO_2 被煤在高温下干馏后焦渣的还原率表示煤的气化反应性,也可用气化速率、反应性指数等指标表示气化反应性。由于煤或煤焦的内表面积与反应性有密切关系,还可以用内孔总表面积 TSA(total surface area)、活性表面积 ASA(activity surface area)或反应表面积 RSA(reactivity surface area)表示煤或煤焦活性。影响煤的气化反应性的因素很多,如煤阶、煤的类型、煤的热解及预处理条件、煤中矿物质种类和含量、内表面积以及反应条件等。煤的气化反应性可以认为是煤焦的气化反应性。这是因为煤焦气化过程远比煤的成焦过程慢,从而使这种近似在工业上是可以被接受的。而且,与研究原煤的气化动力学相比,研究煤焦气化动力学的主要优点还在于可以较容易地在微分反应转化率的条件下进行实验。这种微分反应转化率可以保证与煤焦表面接触的气体组成基本不变,从而有利于动力学分析。固定床、流化床、喷流床、夹带床都曾用于煤焦气化反应性研究,热重法也由于其可充分发挥煤焦气化具有微分转化率的特点而得到广泛使用。作者还首次将非等温 DTA 方法引入煤焦气化动力系研究并取得成功。

在关于动力学的研究中,除煤焦的初始气化过程外,人们还注意到煤半焦的反应性。在煤形成半焦的阶段,即脱挥发分主要生成气态烃的过程中煤的反应性极高,完成该段的时间也很短,而该段生成的半焦,其随后的气化则很慢。因此在反应器和工业气化炉的设计中,其容积主要取决于半焦的反应性。

对煤半焦气化反应性的研究,大多数学者是在等温的条件下进行的,气化速率以单位碳气化速率定义。若气化属化学反应控制过程,一般在转化率低于 80% 的情况下气化速率随转化率的增大而略有下降,可以认为它基本保持稳定;当转化率大于 80% 时,单位气化速率则有显著下降。然而,这种单位气化速率被视为基本不变的观点有明显的局限性,它无法反映有关温度的影响信息。

对半焦的气化实验主要集中在三个反应系统:半焦-H_2 加压反应制甲烷;半焦-CO_2 反应制 CO;半焦-水蒸气反应制 CO_2 和 H_2。其中半焦-CO_2 的反应过程因易于在实验室进行,副反应较少,同时由于研究结果可与其他气化系统类比的特点,而受到广泛注意。这些研究的内容主要集中在气化反应动力学、气化反应机理、催化剂和催化过程以及其他因素对半焦反应性的影响等几个方面。

一、影响煤气化的主要因素

(一) 煤阶

煤焦的反应性一般随原煤的煤化度的升高而降低,这一结果已被多数学者接受[1,2]。对不同煤焦与水蒸气、空气、CO_2 和 H_2 的气化反应性进行的研究表明,气化反应性顺序为:褐煤＞烟煤及烟煤焦＞半焦、沥青焦。作者针对多种煤样的长期研究也表明,无论是 CO_2 还是水蒸气气化的反应性,煤的变质程度越高,反应性越差。但也有学者认为煤阶对反应性的影响还不很明确。

Takarada[3]在对从泥炭到无烟煤的 34 种不同煤种的气化反应性进行分析后,认为低煤化程度的煤种的气化反应性不一定总是高于高煤化程度的煤种。他们以反应性指数 R 的概念来表征煤焦的反应性,其定义为

$$R = \frac{2}{\tau_{0.5}}$$

式中：$\tau_{0.5}$——固定碳转化率达到50%时所需要的时间，h。

从其研究结果中可以看出（图5-1），当碳含量＞78%后，其反应性指数R较小（小于$0.1h^{-1}$）；碳含量＜78%时，其反应性比高阶煤要高很多，但波动性也很大。在这一阶段，其反应性与碳含量的相关性很差。因此，Takarada认为煤焦的反应性不仅与煤阶有关，同时还与煤焦中含氧官能团和无机化合物的含量有关。

另外，煤样的氧化程度也会影响半焦的反应性。Alvarez[4]对三种烟煤进行氧化处理后用热重考察，明显看出这种氧化过程可以提高其气化反应性，氧化的温度越高，时间越长，对气化反应性的提高越有利。他认为这是由于氧化过程使其具有了更多的可被接近的比表面，提高了反应比表面比例（ASA/TSA）的缘故。

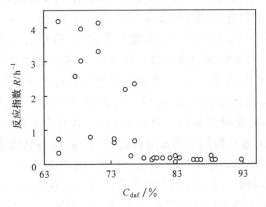

图5-1 反应性指数随原煤碳含量的变化

（二）显微组分

在热解时，三种显微组分的热解行为显著不同，挥发分总产率通常是按壳质组＞镜质组＞惰质组的顺序排列。因为煤中的各种岩相组分来源于具有不同结构的植物组成，因此煤焦的气化反应性必然与岩相组成具有一定的关系。由于不同煤岩显微组分的煤焦具有不同的内比表面积和活性中心密度，因此显微组分的焦样之间的反应性差异也是很大的。作者对平朔气煤的显微组分进行系统研究后得出以下结论，各显微组分的比表面积在气化反应过程中的变化规律是不同的，根据同一温度下的转化率比较，惰质组焦样的CO_2反应性较强，而镜质组焦样CO_2反应性较弱。Franciszek[5]的研究结果表明，在其实验条件下，镜质组的反应性是最好的，且气化中的空隙发展也是最好的，他们认为显微组分的水蒸气和CO_2反应性是一致的,排列次序为:镜质组＞原煤＞壳质组＞惰质组。显然,许多结果彼此是不一致的。因此可见,显微组分的含量对半焦的反应性的确有影响,但其影响的形式是很复杂的。显微组分还因煤种和制焦经历的不同而产生对气化反应性的不同影响。

(三) 灰分

在早期的气化反应研究中人们已观察到灰分对气化反应的催化效应。Taylor 在 1921 年的研究工作被认为是最早的对催化效应的研究。他发现碳酸钾和碳酸钠是有效的催化剂,并且其影响的确是催化作用。Walker 和 Franklin 等众多学者的研究也表明,煤中的灰分具有一定的催化作用,煤中的金属氧化物含量与反应性存在线性关系,煤中起催化作用的主要是碱金属和碱土金属。作者的研究工作也说明,煤中的灰分在气化过程中的确具有催化作用,会降低气化反应的活化能,酸洗脱灰的过程会减少煤中的碱金属和碱土金属含量,从而使其气化反应性下降。

一般而言,煤中的碱金属、碱土金属和过渡金属都具有催化作用。但煤中所含的硫是对气化反应最为有害的元素,它可与过渡金属(如 Fe)形成稳定的 Fe-S 态化合物,从而抑制催化反应的进行。Matsumoto[6]的研究表明,即使气相中含有 1/2000 的 H_2S,也会对催化作用有明显的抑制,特别是 Fe 催化的水蒸气气化反应,并且中毒的催化剂所需的再生时间也很长。通常,硫的抑制作用可以通过提高反应温度和压力来加以补偿。另外,煤中矿物质内含有大量的硅铝酸盐,在高温下这些硅铝酸盐与碱金属生成无催化作用的非水溶性化合物,从而降低碱金属的催化作用。大量文献表明,灰分中含有的碱金属具有很好的催化作用,虽然不同的研究者采用了不同的气化条件,得到不完全一致的结论,但一般认为,K 的催化效果最好,其次是 Na。

(四) 制焦经历

煤的气化可以明显地分成两个阶段:第一阶段是煤的热解;第二阶段是煤热解生成的煤焦的气化。热解阶段的条件不同,所生成的煤焦在气化阶段的反应性也是不同的,因此煤的制焦经历对气化反应性也是有影响的。一般认为煤焦的反应性与制焦的温度有关,制焦的温度和压力越高,停留的时间越长,虽然半焦的收率没有太大变化,但反应性却相差很多。Shang[7]的研究表明制焦时间延长,虽半焦质量损失相差仅 2%,但反应性却降低了 63%。关于热解温度对气化反应性的影响,van Heek[8]指出,在最终的制焦温度下停留的时间越长,半焦的气化反应性越低。可以想到这可能是因为苛刻的制焦条件使半焦表面的活性中心的数量减少而造成的。可见,由于煤焦的生成条件显著影响着煤焦内表面发展过程及活性中心数目等一些重要的决定性的因素,因此需要加强这方面的研究。

(五) 比表面

气化中煤和半焦孔结构的变化,对煤焦整个气化过程中传质行为的影响是很大的。煤焦具有复杂而独特的孔结构,且分布范围很广,这是由于煤中芳香层结构之间排列的参差不齐造成的。不同相对孔径的孔对内部传质作用的抑制程度是不一样的。一般认为,在小于 0.5nm 的孔中,反应气体的扩散是一个活化的过程。为了充分利用微孔中的活性点,需要大量的与微孔相连的进气孔,即大孔和过渡孔,以缩短扩散距离。从大孔至微孔开口处,反应气体的扩散是快的,在微孔开口处气体反应物的浓度很接近于表面处浓度。Gan 等的研究结果表明,低阶煤中大孔占的孔容百分数大于高阶煤。可以预见,低阶煤气化时会有较多的进气孔,因此传质限制也较小。

煤的所有内比表面几乎都存在于微孔中,微孔内比表面积与煤阶之间具有某种规律性的对应关系。用 CO_2 测得煤表面积与含碳量呈凹形曲线,随含碳量的增加,比表面先下降后增加,在含碳量为 83% 时比表面最小。在气化过程中,各种煤焦的表面积也在变化。Johnson[9] 用 TGA 对各种煤焦的气化研究结果表明,在气化过程中,比表面积稍有减少,各种煤焦的表面积变化很近似;同时发现,气化之前进行酸洗脱灰对比表面积的影响不大,但酸洗之后的反应性显著下降;高阶煤半焦的表面积明显低于低阶煤。从表面上看,比表面积的变化与反应性的变化存在着联系,但实际上,低阶煤半焦所表现的反应性要高于仅由表面积的增加而提高的反应性。这意味着化学因素在其中的影响。作者前期关于不同变质程度煤种的煤焦在 CO_2 气化过程中微孔结构变化的研究[10]表明,较低变质程度煤种的煤焦(如平鲁煤焦)的平均孔径在转化率大于 0.4 时随转化率增加而变大,较高变质程度煤种(如大同煤焦、东山煤焦和晋城煤焦)的平均孔径则无转化率大于 0.4 的限制而随转化率的增加而逐渐增大。同时作者的研究还表明[11],随着转化率的增加,原煤煤焦的比表面积线性下降而脱灰煤煤焦的比表面积则先增后降呈鞍形变化。

(六) TSA/ ASA/ RSA 与气化反应的关系

通常在研究气化反应时,人们将其看做是非均相的气固反应。对于非均相的气固反应而言,总比表面积(TSA)是一个重要的参数,比表面积越大,反应的速率也越大。因此人们研究半焦气化反应时,首选的参数就是比表面积。通常的作法是以 N_2 和 CO_2 为测定介质的比表面积与反应速率关联,用单位表面的反应速率来衡量半焦的反应性,结果在部分情况下可以获得良好的效果。如 Adschiri[12~14]就使用了比表面积作为参数,考察了褐煤经不同的制焦过程后的反应性。但更多的学者指出[1,15,16],煤焦的比表面积并不是评价煤焦反应性的理想参数,认为在气化过程中仅有部分比表面积可以与焦的反应性建立关系。因为参与气化反应的气体首先是在碳表面离解后而被化学吸附的,而吸附是优先发生于微晶结构的边缘,由于微晶的基面实际上活性很小,所以在考虑比表面的影响时,就有必要把比表面分成活性的和非活性的,只有微晶结构边缘的比表面才被认为是对气化反应有活性的。于是对比表面进行修正后,引入了反应比表面积(RSA)和活性比表面积(ASA)的概念。首先将 ASA 引入气化研究的是 Laine,他运用低温 O_2 的吸附量来定义 ASA 并成功地解释了石墨的气化动力学数据间的差异。Lizzio[16]利用 TPD 装置用不同的方法定义了反应比表面积 RSA,认为 RSA 用来描述气化反应性的差异比较合适。通过对比表面在气化过程中所起作用的研究,人们认识到半焦表面的碳氧复合物才是气化的活性中心,Lizzio 认为 RSA 在 TSA 中所占的比例,应等于不稳定碳氧复合物占总碳氧复合物数量的比例。

二、煤的 CO_2 气化反应性

本小节将通过作者的一个研究实例,初步介绍煤的气化反应特点和基本规律。作者选用的制焦煤样为表 3-2 中除桦川泥炭以外的 7 种不同煤阶的煤样。将煤样分别置入如图 4-4 示意的 CDS2000 型热解色谱反应器中,通入高纯氮气,选择三种升温速率 20℃·min⁻¹、100℃·min⁻¹和 1200℃·min⁻¹,三种热解制焦终温分别为 450℃、750℃和 1100℃。经热解制得的焦样保留在反应器中不做任何处理,迅速将高纯氮气切换为 CO_2 气,以 1200℃·min⁻¹程序升温气化,气化温度为 1100℃,产物检测由在线的 PE8500 型气相色谱仪完成,选用 BPl WCOT 毛细管色谱柱和 FID 检测器。

(一)制焦条件对煤焦反应性的影响

图 5-2 表示在 20℃·min⁻¹升温速率下,终温分别为 1100℃、750℃和 450℃制得的焦样与 CO_2 反应生成的 CO 的浓度与温度的关系,这一关系可表示焦样的气化反应性。可以看出,1100℃制得的焦样反应性相差不大。750℃制得的焦样的反应性则表现出明显的区别,其由大到小顺序为:长焰煤＞无烟煤＞褐煤＞焦煤＞肥煤＞瘦煤。对比表 4-10 给出的 20℃·min⁻¹热解活化能的大小顺序可以发现,热解时具有较高活化能的煤种,即热解反应性低的煤种其焦样的气化反应性却相应较高。当制焦温度为 450℃时,焦样气化反应性的大小顺序则与热解活化能的

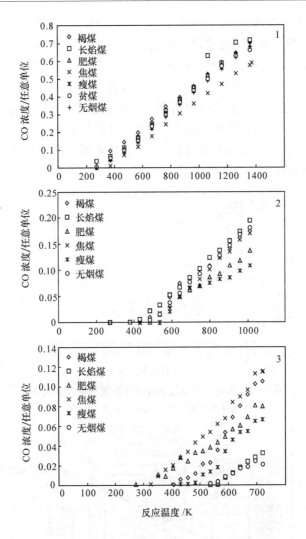

图 5-2 焦样在气化过程中 CO 浓度与温度的关系(制焦升温速率 $20^\circ\text{C} \cdot \text{min}^{-1}$)

1—制焦终温 1100°C;2—制焦终温 750°C;3—制焦终温 450°C

次序基本一致,成为焦煤>褐煤>肥煤>瘦煤>长焰煤>无烟煤。同时,CO 产生的温度也由 $400\sim450^\circ\text{C}$ 推迟至 $580\sim600^\circ\text{C}$。这一方面说明 450°C 不是一个合适的制焦温度,另一方面也说明煤中未完全释放的焦油对煤焦气化特性有很重要的影响。对煤在 450°C 和 750°C 终温下热解产物的检测(见第四章第二节一)进一步揭示出,气化活化能的次序与煤在 750°C 放出的 C_{20} 以上化合物数量的次序完全相符,即 750°C 时放出的 C_{20} 化合物数量越多的煤种,其 450°C 焦样的反应性越低。换句话说,低温焦的气化反应性与煤中重质烃的组分成正比。随制焦温度的提高,焦中残余的可挥发分量的减少,所有煤种的焦的反应性逐渐趋同。

从图 5-3 中可以看出,以 1200℃·min^{-1}升至 1100℃时焦的气化活性顺序为:贫煤＞瘦煤＞肥煤＞焦煤＞长焰煤＞无烟煤＞褐煤,这一次序与 20℃·min^{-1}条件下制得的焦的反应性有很大差异。前者反应性最低的后三个煤种恰恰是后者反应性最高的前三位。这一顺序除贫煤外基本与煤在 20℃·min^{-1}下的热解活化能顺序相同。显然,快速热解使整个热解历程大大缩短,从而淡化了高温段利于高活化能反应,低温段利于低活化能反应的界限,使低阶煤的低温段缩聚程度降低,解聚能力增强,从而导致活化能分布的方差、均值全都降低。除成焦速度外,制焦温度也是影响煤焦反应性的一个重要参数。

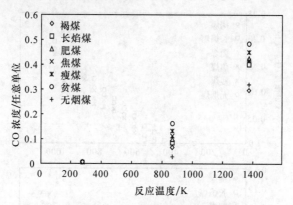

图 5-3　焦样在气化过程中 CO 浓度与温度的关系

（制焦升温速率 1200℃·min^{-1},终温 1100℃）

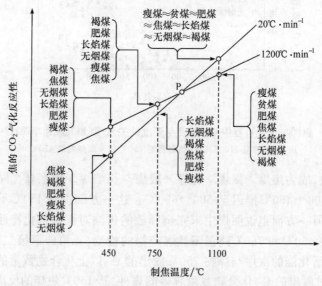

图 5-4　焦的 CO_2 气化反应性相对顺序与制焦过程的关系

图 5-4 是不同制焦温度下煤焦气化反应性大小的相对顺序。可以发现,在 $1200\text{℃} \cdot \text{min}^{-1}$ 的快速热解条件下,不管什么煤种,不同制焦终温的煤焦的气化反应活性大小顺序均为 750℃＞450℃＞1100℃。750℃的焦样反应性最高是因为快速升温使这一温度下的煤焦表面富集了大量能形成焦油的高活性化合物。这与 Echterhoff[17] 的测定结果基本相符。

(二) 煤热解反应性与煤焦气化反应性的关系

由图 5-4 可以明显地看出,在两种升温速率下的成焦温度对煤焦反应性的影响曲线存在一个分界点 P(750℃＜P＜1100℃,约为 830℃)。若制焦温度大于 P,慢速制焦条件下的煤焦的气化反应性高于快速制焦条件下的煤焦的气化反应性;若制焦温度小于 P,情况正好相反。这一温度区间与第四章第三节三中对不同升温速率下煤热解产物研究中发现的官能团浓度急速增加所处的温度区间基本一致。P 点以后,即制焦温度大于 830℃时,由于在慢速热解条件下 CH_2、芳烃及一些官能团的释放速度急剧加快,有大量焦油组分逸出煤粒表面,使煤焦表层富集了大量属于焦油前驱态的化合物,这些化合物提供了较多的易反应的活性位点。此时,快速热解产物的浓度-温度变化曲线的二阶导数小于零,脱挥发分的过程已进入后期,煤焦的活性组分基本耗尽,使得气化时的反应速率低于慢速制焦条件下的煤焦气化速率。

综上所述,慢速制焦条件下,煤焦的 CO_2 气化反应性与煤的热解反应性是负相关关系,热解活性越高,气化反应性越低;制焦温度在 830℃以上时,慢速升温所制得的煤焦的气化反应性大于快速升温制得的煤焦气化反应性,而制焦温度低于 830℃时,情况正相反;快速热解在一定程度上使不同煤种的煤焦反应性趋于一致;煤焦的气化反应性与其中残留的未释放的焦油前驱体的数量呈正相关。

三、气化反应的机理研究

人们已对 $C\text{-}CO_2$、$C\text{-}H_2O$ 和 $C\text{-}O_2\text{-}H_2O$ 等气化反应做了大量工作。通过对 CO_2、水蒸气在碳表面的转化率和反应速率常数的分析,提出了在碳表面吸附氧形成的碳氧表面复合物的概念,并从实验数据中证明了碳氧表面复合物的存在。一般认为在气化过程中,均存在这样一个形成碳氧表面复合物的阶段,并且碳对空气、氧、水蒸气和 CO_2 的反应是平行的。因此,用一个反应物所测定的相对反应速率一般和其他反应物的结果是可比的。氧交换机理已被广泛用于对气化机理的解释。对于不同的气化剂,气化反应的共同点均是从形成碳氧复合物开始的:

$$2C_f + O_2 \longrightarrow 2C(O)$$

$$C_f + CO_2 \longrightarrow C(O) + CO$$
$$C_f + H_2O \longrightarrow C(O) + H_2$$
$$C(O) \longrightarrow C_f + CO$$

反应式中 C_f 表示一个空位,一个潜在的可以吸附含氧气体的反应活性位,$C(O)$ 表示化学吸附氧后形成的碳氧复合物。没有理由认为离解吸附形成的碳氧复合物会由于氧原子的来源不同而存在结构上的差异。因此,无论何种场合下形成的碳氧复合物均可以 $C(O)$ 表示。

气体吸附在固体表面上,形成吸附层,经过一定时间后分解而形成反应生成物,这一简单的基本论点在过去几十年间已经用多种不同途径加以完善。对于不同的气化反应性而言,发生在碳表面上的吸附只有两种真正的不同方式,以分子状态吸附或分子在吸附中离解。根据近 10 年的经验似乎取得了一致的意见,即分子的化学吸附是不会发生的,即便是在流动吸附状态下,化学吸附也是离解吸附。在离解吸附中,气体可以是边吸附边离解,或者作为一个过渡的独立步骤在吸附前离解。

(一)表面碳氧复合物的研究

1. 活性点概念的提出

在对气化反应性的研究中,人们发现煤焦的气化反应性受煤种的煤阶、显微组分的含量和制焦条件的影响很大,制焦条件的改变可以使半焦的气化速率具有近 60 倍的差距[18];水蒸气气化过程中发现了气化速率有近 100 倍的差距[19,20];在考察制焦条件对气化反应性的影响时发现同一煤种制焦时间延长 1h,半焦质量的变化很小,仅 2.2%,但反应速率相差 3 倍[16]。同时作者在气化动力学的研究中还发现,显微组分含量不同,其反应性相差很大。众多学者对气化过程中形成的碳氧复合物及其在气化中的性质进行了深入的研究,目的是希望通过引入活性点参数来解释不同煤焦具有的反应性的差别。

1986 年 Freund[21,22]首次采用瞬时动力学方法(TK 法)测定了煤焦的活性点,以气体切换后 CO 释出量估算煤焦的活性点数(n 值)。后续的研究工作采用同样的方法,测定 9 种煤焦的活性点数,结果发现活性点数可以很好地解释煤焦的气化反应性之间的差异;同时还得出了一个含活性点的统一的气化速率方程式,这就意味着只要有煤焦活性点的数据就可以估计其气化速率,这一方程具有普遍性。在将活性点数引入气化研究后,人们已经可以很好地利用这些参数解释煤焦的反应性了。然而,活性点的确切意义是什么并没有得到回答,活性点只是实验中测定的结果,并没有具体的物理意义,这就给人们认识和利用它带来了困难。为了解释活性点的性质,C—O 复合物的观点被引入气化动力学研究中。Huttinger 等[23,24]使用程序升温脱附 TPD(temperature program desorption)法考察了部分气化焦的 CO 释出量情况认为,C—O 复合物有稳定的和不稳定的之分,不稳定的才是气化的活性点。Zhang 和 Tomita 等[25,26]认为气化过程中氧交换过程是形成 C—O 复合物的关键,因此能产生氧交换的点就是活性点,他们用 TPD 法对氧交换过程进行了大量研究。表 5-1 汇总了有关煤焦气化活性点的研究情况。

表 5-1　煤焦气化活性点研究的总结

选用的物理量	作者和发表时间	研究方法和主要结论
比表面积 TSA	Smith[27],1978 Adschiri[12,13,14],1986	N_2 和 CO_2 表面积与反应速率关联 单位表面的反应速率可以用于解释部分焦样气化速率的区别
反应比表面积 RSA 活性比表面积 ASA	Laine[28],1963 Peter[29],1985 Lazzio[16],1990 Adschiri[13],1991	低温 O_2 的化学吸附量与 C 氧化的关系 用 TPD 研究 ASA 与反应速率的关系 用 TK,TPD 研究 RSA 与反应速率的关系 用 TK 证明反应性的不同与 ASA 有关
活性点	Freund[21,22],1986 朱子彬[19,20],1991 Nozaki[18],1990	首次使用 TK 法测定活性点 TK,含 n 的统一的气化速率方程式 TK,反应性的不同源于 n 的区别
表面 C—O 复合物	Huttinger[23,24],1990 Watanabe[30,31],1992 Tomita[25,26],1996	用 TPD 测得 C(O)有稳定与不稳定之分 用 TPD 研究氧化物的催化作用 用 $^{18}O_2$-TPD 考察气化中的氧传递

2．活性点的测定

对活性点的性质研究,不同的学者采用的方法和对其性质的描述是不同的。Laine[28]采用了低温 O_2 的吸附量来评价反应活性点数;Freund[21,22]等在研究中采用瞬时切换反应气体的办法,在某特定转化率下中断反应,以其 CO 的释出量作为活性点数的评价依据;更多的学者认为瞬时切换实验测得 CO 释出过程实际上是表面碳氧复合物分解所致,因此直接采用表面碳氧复合物的数量来表示反应性的大小。有趣的是 Huttinger[23,24]和 Lizzio[16]均认为表面存在着稳定的和不稳定的碳氧复合物,然而他们实验考查的对象和实验结果是不同的。实际上他们均以气化实验中中断反应后的 CO 释出过程定义为不稳定的碳氧复合物,以随后的 TPD 过程的 CO 释出量定义为稳定的碳氧复合物。Huttinger 认为稳定的碳氧复合物的分解是气化的控制步骤,而 Lizzio 则认为不稳定的碳氧复合物才是气化的活性中心。

（二）催化气化机理研究的新进展

近 20 年来，在世界范围内对煤的催化气化进行了较为广泛的研究，由于煤的催化气化在加快煤的气化速率，提高碳的转化率，在同样的气化速率下降低反应温度，减少能量消耗以及实现气化产物定向化等方面具有优越性，因而这种气化技术的研究开发受到人们广泛重视。

1. 碱金属的催化机理

早期的研究中，人们发现碳酸钾和碳酸钠是有效的催化剂，并且其影响的确是催化作用。一般认为催化剂加速了碳氧表面复合物的分解，同时将干净的碳表面暴露出来，这种干净的碳表面对 CO_2 是有活性的。加速反应是由碱—碳酸钠以下面的方式交替还原和再形成引起的：碳酸钠首先与碳生成 CO 和钠，物质的量比为 3:2，这样钠被送入气相并任意地与 CO_2 反应，生成 CO 和氧化钠。氧化钠可以进一步与 CO_2 反应生成碳酸钠，它沉积在碳表面上，因而能发生再形成反应。

$$Na_2CO_3 + 2C \longrightarrow 2Na + 3CO$$

在气化的催化机理方面，不同的研究者提出了各种各样的气化中间物来描述碱金属或其化合物的催化气化本质。其中包括 Na、Na_2O、Na_2O_2 和 Na_2CO_3 等。Suzuki 等认为 Na_2CO_3 的催化机理应该用下述的氧交换机理来描述：

$$2Na + CO_2 \longrightarrow Na_2O + CO$$
$$Na_2O + C \longrightarrow 2Na + CO$$

同理，对于 K 的催化机理可以用下式描述：

$$2K + CO_2 \longrightarrow K_2O + CO$$
$$K_2O + C \longrightarrow 2K + CO$$

量子化学计算的研究结果更倾向于碱金属的催化作用是由于在碳表面的结晶缺陷位上形成C—O—M簇群而改变了半焦表面的电子云密度分布所致[32,33]。

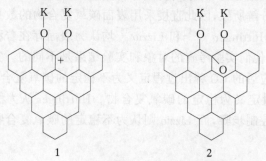

图 5-5　C—O—M簇群对半焦表面性质的改变

如图 5-5 所示,当半焦表面的边缘与碱金属结合后,与之相邻的碳原子由于共轭影响而带有了正电荷(图 5-5 中的分子 1);CO_2 和 H_2O 分子优先化学吸附在带有了正电荷的边缘碳原子上,形成碳氧化合物(图 5-5 中的分子 2)。因此 C—O—M 簇团的存在促进了该碳原子与氧结合形成碳氧复合物,在气化中起到了催化作用。

2.铁的催化机理

Suzuki 等[30,31,34]使用 TPD 的方法考察了浸渍 $Fe(NO_3)_3$ 后焦样的表面脱附性质。在 TPD 图中可以看到 CO 和 CO_2 的脱附峰,CO_2 的脱附峰发生的温度较低,且其脱附量与加入的无机盐有关。因此,CO_2 的脱附似乎与气化的反应性无关。在 750~800℃范围内存在一个尖锐的 CO 脱附峰,对于非催化的样品而言,CO 的脱附量大约为 $40 \sim 60 \mu mol \cdot g^{-1}$(焦),而添加了 $Fe(NO_3)_3$ 后,脱附量达 $0.2 \sim 0.6 mmol \cdot g^{-1}$(焦)。这一结果说明,高温时 CO 的脱附过程与半焦中的金属颗粒的量的关系是十分密切的,它暗示着金属氧化物在半焦中被还原的过程。用 ^{13}C 的同位素示踪实验考察,看出使用 $^{13}CO_2$ 在高温下部分气化焦样后再次进行 TPD 过程中有明显的 ^{12}CO 脱附峰,而不存在 ^{13}CO 的脱附峰。Suzuki 的研究工作充分证明了在含铁的催化反应中存在下列的氧交换过程:

$$Fe_nO_m + CO_2 \longrightarrow Fe_nO_{m+1} + CO$$
$$Fe_nO_{m+1} + C \longrightarrow Fe_nO_m + CO$$

3.钙的催化机理

对钙化合物在气化中的催化作用,不同的学者也有不同的描述。Ohtsuka[35,36]认为,添加 $CaCO_3$ 为催化剂时,钙会与表面的羧基发生离子交换,形成 —$(COO)_2Ca$,并且这种结构对提高反应速率极为有利:

$$Ca^{2+} + 2(—COOH) \longrightarrow —(COO)_2Ca + 2H^+$$

氧化钙的催化过程实际上与硝酸铁的催化过程相似,可以如下式表示:

$$Ca_nO_m + CO_2 \longrightarrow Ca_nO_{m+1} + CO$$
$$Ca_nO_{m+1} + C \longrightarrow Ca_nO_m + CO$$

第二节　热重法对煤气化反应的研究

热重法(TG)是研究煤气化反应常用的一种经典方法,在这一方面人们积累了相对较多的研究经验和研究结果,理论体系相对完整和丰富,其特点是可以实现等温操作同时数据处理简单。由热重数据计算活化能来考察煤焦反应性是实验研究中经常采用的方法。

一、煤的非催化气化

（一）非等温热重法的气化动力学

设定反应模型为 $f(x)$，其中 x 为反应转化率：

$$x = \frac{m_0 - m}{m_0} = \frac{\Delta m}{m} \times 100\%$$

式中：m_0——样本起始质量，g；

Δm——反应中任一时刻 t 时样品的失重，g；

m——反应中任一时刻 t 时样品的质量，g。

同时设定温度 T 与时间 t 有线性关系：

$$T = T_0 + \lambda t$$

式中：λ——升温速率，常数，$K \cdot s^{-1}$。

采用与第四章第一节三（二）2. 中相同的推导方法，可以得到

$$\ln \left[\frac{\lambda \dfrac{dx}{dT}}{f(x)} \right] = \ln A - \frac{E}{RT}$$

式中：A——Arrhenius 公式中的指前因子。

上式中等号两端中的 x 和 T 两个变量可以很方便地由热重实验获得。因此只要恰当地选择反应模型 $f(x)$ 的形式，就可计算出等号左端表达式的值，并用它对 $1/T$ 作图，就可由斜率和截距直接求出 E 和 A。

1. 气固反应模型

煤的气化通常被描述成一个不可逆气-固反应，研究其动力学需要对传递效应和反应同时加以考虑。气-固反应的反应模型，在文献中已有许多报道，表 5-2[37~39] 中列出了几种反应模型的微分和积分形式。

2. 模型选择依据

采用如下的方法，可以对实验的模型进行选择。

假设在无限小的时间间隔内，非等温反应可以看成是等温过程，于是，反应速率就可表示成：

$$\frac{dx}{dt} = A e^{-\frac{E}{RT}} f(x)$$

表 5-2　常见的气固反应模型的微分和积分表达式

代号	反应模型	微分形式 $f(x)$	积分形式 $F(x)$
D_1	一维扩散	$1/2x$	x^2
D_2	二维扩散	$1/[-\ln(1-x)]$	$x+(1-x)\ln(1-x)$
D_3	三维扩散(柱对称)	$\dfrac{3}{2}[(1-x)^{\frac{2}{3}}-1]$	$(1-\dfrac{2}{3}x)-(1-x)^{\frac{2}{3}}$
D_4	三维扩散(球对称)	$\dfrac{3}{2}(1-x)^{\frac{2}{3}}[1-(1-x)^{\frac{1}{3}}]$	$[1-(1-x)^{\frac{1}{3}}]^2$
A_1	随机核化模型($n=1$)	$1-x$	$-\ln(1-x)$
A_2	随机核化模型($n=2$)	$2(1-x)[-\ln(1-x)]^{\frac{1}{2}}$	$[-\ln(1-x)]^{\frac{1}{2}}$
A_3	随机核化模型($n=3$)	$3(1-x)[-\ln(1-x)]^{\frac{2}{3}}$	$[-\ln(1-x)]^{\frac{1}{3}}$
R_2	收缩核模型(柱对称)	$2(1-x)^{\frac{1}{2}}$	$1-(1-x)^{\frac{1}{2}}$
R_3	收缩核模型(球对称)	$3(1-x)^{\frac{2}{3}}$	$1-(1-x)^{\frac{1}{3}}$

实验是在等速升温下进行,升温速率 λ 为常数,则上式的积分式为

$$\int \frac{\mathrm{d}x}{f(x)} = \int A\mathrm{e}^{-\frac{E}{RT}}\mathrm{d}t$$

代入 λ,并令 $\alpha=\dfrac{E}{RT}$,则

$$\int \frac{\mathrm{d}x}{f(x)} = F(x) = \frac{AE}{\lambda R}P(\alpha)$$

$$\ln F(x) - \ln P(\alpha) = \ln \frac{AE}{\lambda R}$$

式中: $P(\alpha) = \dfrac{\mathrm{e}^{-\alpha}}{\alpha} + \int \dfrac{\mathrm{e}^{-\alpha}}{\alpha}\mathrm{d}\alpha, \int \dfrac{\mathrm{e}^{-\alpha}}{\alpha}\mathrm{d}\alpha = \ln\alpha - \alpha + \dfrac{\alpha^2}{2\cdot2!} - \dfrac{\alpha^3}{3\cdot3!}\cdots$

取第一近似表示,则 $\ln P(\alpha)$ 是 $1/T$ 的线性函数。因此 $\ln F(x)$ 也必然是 $1/T$ 的线性函数。对于正确的反应机制,$\ln F(x)$ 与 $1/T$ 必然是一条直线,由此可以判断反应模型。实际上第四章第一节三(二)2. 中的关系式是本小节的特例。

3. 未反应收缩核模型

在处理热重动力学过程中,模型的选择非常重要。对煤的气化而言,由于固体本身参与反应,因此在动力学处理上与气固相的催化动力学反应是不同的。未反应收缩核模型常被用于对非催化气固反应过程的描述,同时在描述气化反应中也是合适的。作者选择了 19 种反应模型对煤气化实验数据进行检验,结果可以看出

未反应收缩核模型对气化数据的拟合程度最好。有研究结果说明用未反应收缩核模型对煤焦的 CO_2 气化数据进行处理的效果也很好[40]。还有研究工作采用摄像技术考察了在不同气化转化率下的半焦的形貌特征,在转化率为 0、0.2、0.7 和 0.95 几个阶段下对焦样颗粒的纵向切面进行照相;从这一系列的相片中可以很明显地找到未反应区、部分反应区和反应后留下的灰层,在反应转化率达 95% 后灰层的外径基本保持了颗粒的外径,可以清晰地看到一个反应带随反应的进行不断地向颗粒中心移动。摄影实验描述很接近于未反应收缩核模型的假设条件,说明使用未反应收缩核模型考察气化反应是合适的。

使用数学表达式描述气化过程需首先对气化过程作必要的简化假设。未反应收缩核模型的反应机制对反应作了以下几点假设:第一,假设煤焦的气化是发生在颗粒的表面之上,其中孔径的影响很小;这样煤焦的反应比表面仅与半焦颗粒的外比表面有关,而忽略了内比表面的影响。第二,假设反应过程中存在一个灰层,随反应的进行灰层在扩大,但颗粒的大小保持不变。第三,假设反应速度比反应气体在灰层中的扩散速度小得多,整个反应处于化学反应控制之中,扩散的影响可以忽略不计。从现有的文献报道来看,这些假设对气化而言是基本成立的。这样我们就可以写出反应的数学表达式。

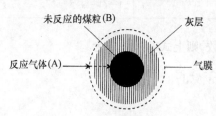

图 5-6 未反应收缩核模型示意图

如图 5-6 所示,反应气体 A 经气膜及由反应产物所形成的灰层扩散到达未反应核的表面与固体组分 B 进行反应。随着反应的进行,未反应核逐渐缩小,直至最后全部反应完毕。对于 CO_2 气化,反应可写为

$$A(g) + bB(s) \longrightarrow R(g) + S(s)$$

与上述步骤相关的扩散和反应速率方程包括气膜扩散方程、灰层扩散方程和未反应核反应速率方程。

气膜扩散方程(反应气体 A 扩散通过气膜):

$$-\frac{1}{S_0}\frac{dn_A}{dt} = k_G(C_{A(g)} - C_{A(s)})$$

式中:S_0——气膜的外表面积,m^2;

k_G——速率常数,因粒子半径不变,k_G 可以认为不变,$m \cdot s^{-1}$。

灰层扩散方程(反应气体 A 扩散通过灰层):

$$-\frac{1}{S_r}\frac{dn_A}{dt} = D_e\frac{dC_A}{dr}$$

式中:S_r——任一 r 处的表面积,m^2;

D_e——有效扩散系数，$\mathrm{m^2 \cdot s^{-1}}$。

在未反应核上的反应速率方程(反应速率对固相反应组分为一级反应时)：

$$-\frac{1}{S_c}\frac{\mathrm{d}n_A}{\mathrm{d}t} = k_S C_{A(s)}$$

式中：S_c——未反应核的表面积，$\mathrm{m^2}$；

k_S——速率常数，$\mathrm{m^2 \cdot s^{-1}}$。

如固体中 B 的摩尔密度为 ρ_B，粒子体积为 V_p，则粒子中 B 的量为 $\rho_B V_p$。由于固体物质 B 的减少表现为未反应核的缩小，故由化学计量式可知：

$$\mathrm{d}n_A = \frac{1}{b}\mathrm{d}n_B = \frac{1}{b}\rho_B \mathrm{d}V_p = \frac{1}{b}4\pi\rho_B r_c^2\mathrm{d}r$$

转化率可表示为

$$1 - x = \frac{W}{W_0} = \frac{\frac{4}{3}\pi r_c^3}{\frac{4}{3}\pi R^3} = \frac{r_c^3}{R^3}$$

$$x = 1 - \left[\frac{r_c}{R}\right]^3$$

式中$(r_c/R)^3$亦即全粒子中未反应核部分所占的体积分率。

对于反应控制有：

$$S_c = 4\pi r^2$$

取 $C_{A(g)} = C_{A(s)}$，整理可得未反应收缩核模型的积分和微分形式为

$$1 - (1-x)^{\frac{1}{3}} = \frac{bk_s C_{A(g)}}{R\rho_B}\cdot t$$

$$\frac{\mathrm{d}x}{\mathrm{d}t} = \frac{3bk_s C_{A(g)}}{R\rho_B}(1-x)^{\frac{2}{3}}$$

从上述的公式推导过程中，可以清楚地看出利用未反应收缩核模型计算出的动力学参数直接反映了表面化学反应。

(二) 用热重法研究煤的气化反应性

作者根据前述的热重理论基础，应用未反应收缩核模型对不同变质程度的煤和不同显微组分的气化反应性进行了研究。表 5-3 中列出了所用煤和显微组分的元素分析和工业分析数据。

表5-3　煤样的工业分析及元素分析/%

煤　样	工业分析			元素分析				
	M_{ad}	A_d	V_d	C_{daf}	H_{daf}	O_{daf}	N_{daf}	$S_{t,daf}$
法国烟煤	0.79	6.82	11.05	83.60	5.35	8.34	1.60	1.11
阜新长焰煤	2.36	14.24	32.27	79.38	4.98	13.54	1.06	1.04
平朔气煤	0.98	20.53	28.46	79.76	5.33	12.78	1.46	0.67
大同无烟煤	1.57	8.69	30.05	84.57	4.41	9.12	0.89	1.01
汾西肥煤	—	4.42	31.21	87.24	5.14	4.33	1.48	1.81
峰峰贫煤	0.87	17.54	12.22	88.20	4.07	6.11	1.27	0.35
东山瘦煤	1.21	12.84	17.01	88.88	4.50	3.13	1.07	2.42
晋城无烟煤	0.72	14.52	7.93	94.17	3.56	0.70	1.14	0.44
法国煤镜质组	—	—	—	81.72	5.49	10.09	1.44	1.26
法国煤惰质组	—	—	—	84.34	4.46	8.61	1.41	1.19
法国煤壳质组	—	—	—	82.67	6.26	8.30	1.29	1.49
平朔煤镜质组	—	—	—	79.25	5.37	13.57	1.23	0.58
平朔煤惰质组	—	—	—	84.73	3.96	9.89	0.66	0.76

1. 实验过程

实验在 WCT-2 差热天平上进行。该天平的操作温度范围在室温～1673K,升温速率最大可达 100℃·min^{-1},实验中温度的控制和实验数据的采集均由在线微机完成。实验条件确定为:样品量约 7mg,颗粒度<80 目,反应气体 CO_2 的流速 50ml·min^{-1},升温速率 20℃·min^{-1},在该实验条件下,内、外扩散的影响可以排除,实验处于动力学控制范围内。

表5-4 中列出各种焦样的制备经历和元素分析结果。在制焦前,使用 HCl 和 HF 的混合酸对煤样进行酸洗脱灰,使煤样中的灰分质量百分数低于 1%。之后在马弗炉中制焦,选用不同的制焦温度和停留时间,以获得不同制焦经历的样品。

2. 数据处理和反应性评价依据

当焦样的转化率小于 15% 时,反应速度较慢,因此采用该段数据计算的结果误差较大;转化率大于 80% 时,焦样颗粒直径缩小,这时焦样的气化反应模式发生变化,仍用未反应收缩核模型来计算反应动力学参数显然是不合适的。所以作者统一选取焦样转化率在 15%～75% 之间的热重实验数据,绘制了 Arrhenius 曲线,计算了活化能和指前因子。

表 5 - 4　焦样的制备条件和元素分析/%

焦样代号	相关煤样	制备条件		元素分析				
		制焦温度/K	停留时间/min	C_{daf}	H_{daf}	N_{daf}	S_{daf}	O_{daf}
Fu	阜新长焰煤	1073	5	94.23	1.25	0.83	0.97	2.72
FX	汾西肥煤	1073	5	91.51	1.86	0.78	2.01	3.84
FF	峰峰贫煤	1073	5	94.26	1.36	1.03	0.80	2.55
DS	东山瘦煤	1073	5	92.32	1.25	1.02	1.67	3.74
JC	晋城无烟煤	1073	5	93.27	2.11	0.44	0.83	3.35
PS	平朔气煤	1073	5	92.85	1.55	1.87	0.87	2.86
PSV	平朔煤镜质组	1073	5	90.60	1.70	1.56	1.78	4.36
PSI	平朔煤惰质组	1073	5	91.83	2.83	0.57	0.78	3.99
Fran1	法国烟煤	1073	5	91.81	2.29	0.76	1.14	4.00
Fran2	法国烟煤	1073	60	93.24	1.11	1.84	1.08	2.73
FranV	法国煤镜质组	1073	5	91.57	2.08	1.64	1.05	3.66
FranI	法国煤惰质组	1073	5	93.14	1.68	0.74	1.10	3.34
FranE	法国煤壳质组	1073	5	91.21	2.61	0.76	1.12	4.30
DT1	大同无烟煤	873	30	90.27	2.78	0.86	1.99	4.10
DT2	大同无烟煤	973	30	—	—	—	—	—
DT3	大同无烟煤	1073	30	—	—	—	—	—
DT4	大同无烟煤	1173	30	—	—	—	—	—
DT5	大同无烟煤	1273	30	93.39	1.18	0.58	0.79	4.06

半焦的反应活性是用来表示半焦与 O_2、CO_2 或水蒸气的反应能力的,它的评价方法很多。如用 CO_2 还原率、用气化时的速度等,也有用固定碳转化率达到 50% 时所需的时间为衡量依据来评价的。这些评价的方法普遍应用于等温法动力学研究过程中,对于程序升温的过程,作者曾采用半衰期反应性、初始反应性和最大反应性来描述。在本小节中,采用转化率达 50% 时的温度值的大小来衡量半焦的气化反应性,即转化率达 50% 时的温度越高,该焦样的反应性越差。

3. 气化模型的选择和计算结果

依据第五章第二节一(一)1. 所述,作者对表 5 - 2 中列出的反应模型进行评选,获得了描述本热重气化实验的合适的反应模型。图 5 - 7 和图 5 - 8 中给出了催化和非催化气化的反应模型的评选结果。

合理的气化反应模型其 $\ln F(x)$ 与 $1/T$ 应是一条直线。图 5 - 7 和图 5 - 8 分别由法国烟煤煤焦和其添加 KOH 煤焦样品的 CO_2 气化热重曲线计算而得,每条

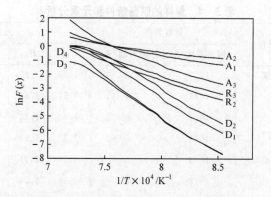

图 5-7　法国烟煤煤焦非催化气化反应模型的评选结果

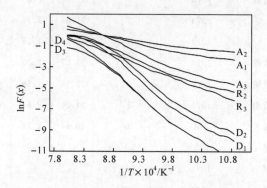

图 5-8　法国烟煤煤焦催化气化反应模型的评选结果

线对应一种反应机制。从图中可以清楚地看到扩散模型（$D_{1\sim4}$）和随机核化模型（$A_{1\sim3}$）的计算结果显然不是一条直线。对于催化和非催化过程而言，球对称的未反应收缩核模型（R_3）的线性最好。从计算结果可以看出，未反应收缩核模型的线性相关系数分别为 0.9965 和 0.9925，比其他反应机制的相关系数要高。因此，在作者实验条件下获得的反应动力学数据采用未反应收缩核模型来描述是合适的，煤焦的催化和非催化 CO_2 气化反应均采用未反应收缩核模型描述，其数学表达式为：

$$\frac{\mathrm{d}x}{\mathrm{d}t} = 3Ae^{-\frac{E}{RT}}(1-x)^{2/3}$$

亦可变形为：

$$\ln k = \ln\left[\frac{\lambda}{3(1-x)^{\frac{2}{3}}}\frac{\mathrm{d}x}{\mathrm{d}T}\right] = -\frac{E}{RT} + \ln A$$

式中：λ——升温速率，常数，在本节实验条件下取 $20\mathrm{K}\cdot\mathrm{min}^{-1}$。

　　上式括号中的部分可以方便地从热重曲线中求得。这样，可以通过作图求得

活化能 E 和指前因子 A,表 5-5 中列出了由热重数据求取的试样气化动力学参数。 $T_{x=0.05}$ 和 $T_{x=0.5}$ 分别为焦样失重率达到 5% 和 50% 时的温度值。

表 5-5　非催化气化反应的动力学计算结果

焦样代号	$E/(\text{kJ}\cdot\text{mol}^{-1})$	A	$T_{x}=0.05/\text{K}$	$T_{x}=0.5/\text{K}$
Fran1	256.6	20.63	1148	1306
Fran2	273.9	21.96	1169	1318
Fu	239.9	18.60	1196	1356
PS	262.9	20.83	1226	1355
FX	169.7	10.06	1334	1553
FF	195.4	14.49	1253	1371
DS	158.9	10.67	1212	1396
JC	229.6	16.90	1225	1397
PSV	194.5	14.55	1203	1353
PSI	225.1	17.55	1153	1336
Fran V	268.4	21.59	1147	1302
FranE	298.9	23.87	1129	1293
FranI	226.0	17.48	1154	1312
DT1	250.7	18.18	1225	1398
DT2	234.2	16.58	1224	1401
DT3	226.2	15.80	1250	1417
DT4	198.2	12.62	1238	1469
DT5	144.3	7.37	1313	1499

使用等温法和程序升温法考察气化的动力学参数,其结果是相近的。作者在热重分析仪上,采用等温法和程序升温法分别对法国烟煤镜质组焦的 CO_2 气化动力学进行了考察,实验结果采用未反应收缩核模型进行计算。表 5-6 列出了用等温法计算而得的各温度下气化反应的 k 值。通过对 $\ln k - 1/T$ 做图(图 5-9),由其斜率与截距可以计算出活化能和指前因子。结果计算出活化能为 $258.6\text{kJ}\cdot\text{mol}^{-1}$,与程序升温法的计算结果 $268.4\text{kJ}\cdot\text{mol}^{-1}$ 十分接近。

表 5-6　焦样的等温气化反应速度常数

温度/K	1273	1283	1302	1330	1340
k/s^{-1}	0.000392	0.000560	0.000858	0.001164	0.001473

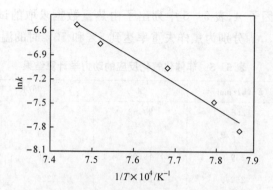

图 5-9　法国烟煤镜质组焦样等温实验的 $\ln k$ 与 $1/T$ 关系图

二、煤催化气化的影响因素

(一) 催化剂含量的影响

图 5-10 中给出石墨粉添加不同质量的催化剂后的热重曲线。从图中可以看出,不含催化剂的试样开始气化的温度较高,在 1273K 之上;添加催化剂之后,反应发生的温度明显降低了,且添加的催化剂的量越大,反应的温度越低,反应的速率越快。以转化率达 50% 的温度作比较,不含催化剂的反应为 1513K,添加质量百分数为 2% 的 KOH 后该温度下降至 1453K,添加量 4% 为 1373K,添加量大于7% 后为 1223K。值得注意的是,催化剂含量大于 7% 之后,继续添加的催化剂就不再影响气化反应性了,表现为其热重曲线几乎完全重合。这一实验结果表明,碱金属作为催化剂其加入量存在一个极限。

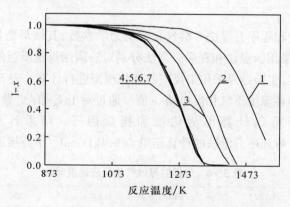

图 5-10　不同 KOH 添加量对石墨 CO_2 反应性的影响

1—0%;2—2%;3—4%;4—7%;5—10%;6—12%;7—16%

图 5‑11 为上述样品 Arrhenius 图,由图计算而得的动力学参数已列于表5‑7中。不含催化剂的情况下,石墨粉的气化活化能为 196.2kJ·mol^{-1},添加量为 2%和 4%样品的 Arrhenius 曲线中在 1360K 处存在一个明显的拐点。作者在动力学处理过程中以拐点以前作为第一段,以拐点之后为第二段分别计算了 E 和 $\ln A$。上述两项在第一段的计算结果分别为 161.2 kJ·mol^{-1}和 169.7kJ·mol^{-1};在拐点后的第二段,计算结果分别为 265.1 和 282.9kJ·mol^{-1}。添加量大于 7%时,气化活化能几乎相等,约为 157kJ·mol^{-1}。显然添加催化剂后,气化活化能显著降低了,且随催化剂的量的增加,活化能逐渐降低。

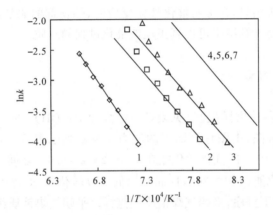

图 5‑11　石墨添加不同质量 KOH 的 Arrhenius 图

1—0%;2—2%;3—4%;4—7%;5—10%;6—12%;7—16%

表 5‑7　添加不同催化剂量的石墨气化动力学计算结果

添加量/%	第一段		第二段	
	活化能/(kJ·mol^{-1})	$\ln A$	活化能/(kJ·mol^{-1})	$\ln A$
0	196.2	13.02	—	
2	161.2	11.32	265.1	20.50
4	169.7	10.55	282.9	22.71
7	160.6	12.62	—	
10	155.2	12.07	—	
12	158.8	12.44	—	
16	154.9	12.09	—	

　　研究结果显示,KOH 添加量大于 7%后,其热重曲线和 Arrhenius 图几乎完全重合,而添加量为 2%和 4%焦样的 Arrhenius 在 1360K 左右存在一个拐点。从热重图中可以清楚地看出,添加量大于 7%时在 1090K 时失重就已经开始,此时焦样

的转化率为 5％,温度达到 1360K 后,焦样的转化率达 98％,即催化气化反应已基本结束,而此时非催化气化的碳转化率还低于 5％。显然石墨添加催化剂后气化发生反应的温度段与不含催化剂的情形不同,而含量为 2％和 4％焦样的 Arrhenius 的拐点温度为 1360K,恰好是非催化气化反应开始的温度。表 5-7 的计算数据也显示,第一段的动力学参数与催化气化的参数值接近,第二段的动力学数据既不是催化气化的动力学值也不是非催化的气化动力学值,在该温度段内催化和非催化气化过程是并存的。因此动力学数据是催化和非催化过程同时存在的反映,其动力学计算结果仅仅是一个表观活化能,这一结果很难与反应的本征性质相联系。基于上述分析结果,在考察催化气化反应时,催化剂的添加量一般都比较大,这样做的目的是使计算结果可以真正反映催化过程的本质。

(二) $Ca(OH)_2$ 的影响

图 5-12 为多种焦样(代号见表 5-4)添加 $Ca(OH)_2$ 的气化热重曲线。图 5-13 为 Arrhenius 图,由图计算而得的动力学参数列于表 5-8 中。在实验范围内,焦样添加 $Ca(OH)_2$ 的气化活化能在 $140\sim230kJ\cdot mol^{-1}$ 之间,比表 5-5 中所列的非催化气化活化能($160\sim300kJ\cdot mol^{-1}$)低。以转化率达 50％的温度比较焦样的反应性,得出如下排序:平朔气煤惰质组焦样＞平朔气煤镜质组焦样＞阜新长焰煤焦样＞峰峰贫煤焦样＞法国烟煤焦样＞平朔气煤焦样＞东山瘦煤焦样。下面对 $Fe(NO_3)_3$、NaOH 和 KOH 的催化作用的考察,采用了与此处完全相同的方法。

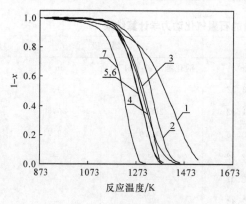

图 5-12　添加 $Ca(OH)_2$ 焦样的
气化热重曲线
1—DS;2—PS;3—Fran;4—FF;
5—Fu;6—PSV;7—PSI

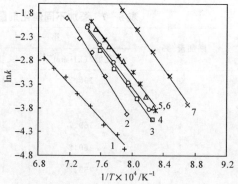

图 5-13　添加 $Ca(OH)_2$ 焦样的
Arrhenius 图
1—DS;2—PS;3—Fran;4—FF;
5—Fu;6—PSV;7—PSI

表 5-8　Ca(OH)₂ 催化气化反应的动力学结果

代号	$E/(\text{kJ}\cdot\text{mol}^{-1})$	A	$T_{x=0.05}/\text{K}$	$T_{x=0.5}/\text{K}$
Ca-DS	138.2	9.30	1189	1398
Ca-Fran	189.3	14.74	1151	1304
Ca-FF	138.7	10.05	1176	1296
Ca-Fu	170.2	13.29	1175	1282
Ca-PS	230.7	18.07	1200	1339
Ca-PSV	174.8	13.71	1174	1282
Ca-PSI	209.6	18.22	1092	1220

（三）Fe(NO₃)₃ 的影响

图 5-14 为焦样添加 Fe(NO₃)₃ 的气化热重曲线，图 5-15 为 Arrhenius 图，动力学参数计算结果列于表 5-9 中。焦样添加 Fe(NO₃)₃ 的气化活化能在 95～225kJ·mol⁻¹ 之间。比较气化转化率达 50% 的温度得出如下排序：峰峰贫煤焦样＞阜新长焰煤焦样＞法国烟煤焦样＞平朔气煤焦样＞东山瘦煤焦样＞平朔气煤惰质组焦样＞汾西煤焦样。

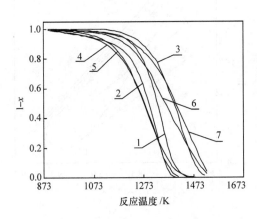

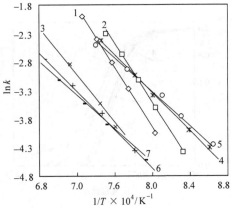

图 5-14　添加 Fe(NO₃)₃ 焦样的
气化热重曲线
1—PS；2—Fran；3—DSF；4—Fu；
5—FF；6—DS；7—FX

图 5-15　添加 Fe(NO₃)₃ 焦样的
Arrhenius 图
1—PS；2—Fran；3—DSF；4—Fu；
5—FF；6—DS；7—FX

表 5-9 Fe(NO₃)₃ 催化气化反应的动力学结果

代号	$E/(\text{kJ·mol}^{-1})$	A	$T_{x=0.05}/\text{K}$	$T_{x=0.5}/\text{K}$
Fe-DS	96.4	4.47	1144	1362
Fe-Fran	217.2	17.40	1048	1295
Fe-FX	115.6	5.79	1188	1414
Fe-FF	115.8	7.83	1084	1274
Fe-Fu	139.7	10.11	1052	1279
Fe-PS	222.3	17.43	1186	1331
Fe-PSI	179.5	12.54	1223	1393

（四）NaOH 的影响

图 5-16 为焦样添加 NaOH 的气化热重曲线,图 5-17 为 Arrhenius 图,动力学参数的计算结果列于表 5-10 中。焦样添加 NaOH 的气化活化能在 75～180 kJ·mol⁻¹之间。以转化率达 50% 的温度比较焦样的反应性,得出如下排序:平朔气煤惰质组焦样＞法国烟煤焦样＞阜新长焰煤焦样＞平朔气煤镜质组焦样＞峰峰贫煤焦样＞平朔气煤焦样＞东山瘦煤焦样。

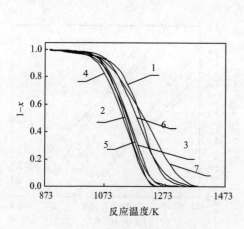

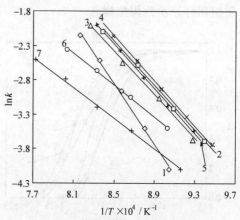

图 5-16 添加 NaOH 焦样的
气化热重曲线
1—PS;2—Fran;3—PSV;4—PSI;
5—Fu;6—FF;7—DS

图 5-17 添加 NaOH 焦样的
Arrhenius 图
1—PS;2—Fran;3—PSV;4—PSI;
5—Fu;6—FF;7—DS

表 5-10 NaOH 催化气化反应的动力学结果

代号	$E/(kJ \cdot mol^{-1})$	A	$T_{x=0.05}/K$	$T_{x=0.5}/K$
Na-DS	75.3	4.39	1045	1204
Na-Fran	146.1	12.75	1026	1143
Na-FF	101.5	7.51	1066	1180
Na-Fu	130.7	11.04	1040	1147
Na-PS	177.7	15.34	1040	1193
Na-PSV	126.7	10.56	1045	1151
Na-PSI	132.4	11.34	1021	1137

(五) KOH 的影响

图 5-18 为焦样添加 KOH 的气化热重曲线,图 5-19 为 Arrhenius 图,动力学参数的计算结果已列于表 5-11 中。焦样的气化活化能在 $65 \sim 195 kJ \cdot mol^{-1}$ 之间。反应性排序为:平朔气煤惰质组焦样＞法国烟煤焦样＞阜新长焰煤焦样＞平朔气煤镜质组焦样＞平朔气煤焦样＞峰峰贫煤焦样＞东山瘦煤焦样。排序与添加 NaOH 的情况相似。

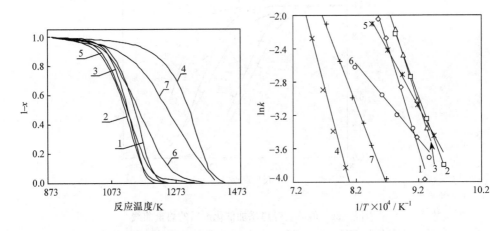

图 5-18 添加 KOH 焦样的
气化热重曲线
1—PS;2—Fran;3—PSV;4—PSI;
5—Fu;6—FF;7—DS

图 5-19 添加 KOH 焦样的
Arrhenius 图
1—PS;2—Fran;3—PSV;4—PSI;
5—Fu;6—FF;7—DS

表 5-11　KOH 催化气化反应的动力学结果

代号	$E/(kJ \cdot mol^{-1})$	A	$T_{x=0.05}/K$	$T_{x=0.5}/K$
K-DS	65.5	2.77	1047	1275
K-Fran	171.5	15.99	992	1116
K-FF	76.2	4.95	1007	1158
K-Fu	117.2	9.87	991	1122
K-PS	184.3	16.92	1033	1146
K-PSV	194.5	18.48	1031	1127
K-PSI	184.1	17.38	999	1116

（六）催化剂对焦样气化反应性影响的比较

图 5-20 给出了峰峰贫煤焦添加催化剂后的气化热重曲线。由图可以看出本实验考察的四种催化剂的催化作用排序是：KOH≈NaOH＞Fe(NO₃)₃＞Ca(OH)₂。对比表 5-8～表 5-11 中其余焦样的动力学数据也可以看出，同一煤焦在添加上述催化剂后的反应性排序也是添加 NaOH 和 KOH 催化作用最明显，其次是 Fe(NO₃)₃和 Ca(OH)₂。

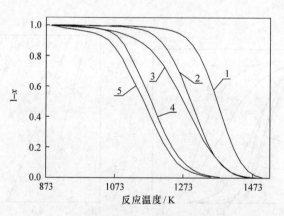

图 5-20　峰峰贫煤焦添加催化剂后的热重曲线
1—FF；2—FF＋CaO；3—FF＋Fe(NO₃)₃；4—FF＋NaOH；5—FF＋KOH

另外，催化剂对不同煤焦的作用也存在差异。由表 5-5 的数据可知，焦样的非催化气化反应性排序为：法国烟煤焦＞平朔气煤惰质组焦样＞平朔气煤镜质组焦样＞平朔气煤焦样＞阜新长焰煤焦样＞峰峰贫煤焦样＞东山瘦煤焦样。添加催化剂后，上述焦样反应性的排列次序明显发生了变化。例如，法国烟煤焦的反应性在不含催化剂的情况下要高于其他焦样,添加 Ca(OH)$_2$ 后,其反应性比平朔煤的显微组分焦样、阜新长焰煤焦样和峰峰煤焦样要低。另外,添加 NaOH 和添加 KOH 之后焦样的反应性排序基本一致,这暗示着两者的催化作用过程存在着相似性。产生上述实验现象的原因与煤焦结构的差异有关,在本书的后续章节中将对气化过程中形成碳氧复合物的结构进行探讨,有助于解释本节的实验现象。

　　本节的实验和计算结果显示焦样添加催化剂后,气化反应活化能 E 比非催化气化的 E 值低,与此同时催化过程的指前因子 A 也比较小。焦样的非催化气化 $\ln A$ 在 13～24 之间,而添加催化剂的 $\ln A$ 在 4～18 之间。气化的反应速率是反应的活化能和指前因子共同作用的结果,活化能越低,越有利于反应进行;指前因子比较低则表示反应不易进行。因此,如果单纯从催化过程中活化能的降低来评价催化剂的催化作用是全面的。有关这一问题,作者将在后续关于补偿效应的章节中结合具体问题继续讨论。

第三节　差热分析法对煤和显微组分气化反应的研究

一、煤和煤焦的加压气化动力学

　　在煤的气化过程中,等温法热重分析难以保持反应过程中碳表面的等温性,为获得与温度有关的动力学参数必须进行多次实验。在以含水蒸气的气体做气化剂时,TG 法还不易排除副反应的影响。非等温操作的差热分析(DTA)系统可以弥补上述缺陷。但对适用于煤气化,特别是加压气化动力学研究的 DTA 装置(图 5 - 21)的要求是苛刻的。这一方面是指反应条件的苛刻(既能用于氧化也能用于还原气氛的同时,还必须满足高温、高压的要求),另一方面是要有严格的数据处理方法。

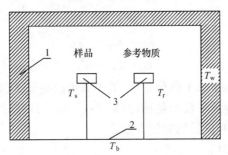

图 5 - 21　DTA 装置示意图

1—炉壁;2—底部;3—坩埚

(一) 差热分析的数据处理理论

1. 计算任意时刻的反应速率和转化率的方法

在 DTA 实验中所涉及到的样品的性质是焓的变化。对于煤来说,DTA 峰的温度范围很宽,在解释 DTA 曲线时必须采用一定的方法。对于图 5-21 所示的装置,样品和参考物质在时间间隔 dt 内的热平衡方程分别是

$$C_s \mathrm{d}T_s + \mathrm{d}\Delta H = K_{cs}(T_w - T_s)\mathrm{d}t + K_{rs}(T_w^4 - T_s^4)\mathrm{d}t - K_{ls}(T_s - T_b)\mathrm{d}t$$

$$C_r \mathrm{d}T_r = K_{cr}(T_w - T_r)\mathrm{d}t + K_{rr}(T_w^4 - T_r^4)\mathrm{d}t - K_{lr}(T_r - T_b)\mathrm{d}t$$

式中:ΔH——样品坩埚中发生的反应的焓变,J;

C_s、C_r——样品(sample)和参考物质(reference)的热容,$J \cdot mol^{-1}$;

T_s、T_r——样品和参考物质的温度,K;

T_w、T_{br}——炉壁(wall)和底部(bottom)的温度,K;

K_s、K_r——样品和参考物质的热扩散系数,下脚标 c、r 和 l 分别代表传导(conduction)、辐射(radiation)和泄漏(leakage);

两式相减可得差热分析的基本方程:

$$-\frac{\mathrm{d}\Delta H}{K\mathrm{d}t} = \Delta T + \tau \frac{\mathrm{d}\Delta T}{\mathrm{d}t}$$

$$K = K_c + 4T_r^3 K_r + K_b$$

$$\tau = \frac{C}{K}$$

$$\Delta T = T_s - T_r$$

其中应用了如下假定:

$$K_c = K_{cs} = K_{cr}$$

$$K_r = K_{rs} = K_{rr}$$

$$K_l = K_{ls} = K_{lr}$$

$$C = C_s = C_r$$

在公式简化过程中,由于 ΔT 数值很小,关于 ΔT 的高于 1 次的幂可以忽略。可以看出式中 K 具有热传递系数的量纲($J \cdot K^{-1} \cdot s^{-1}$),$\tau$ 具有时间的量纲(s),故分别称之为总热传递系数和仪器的时间常数。

当反应趋于完全时:

$$\frac{\mathrm{d}\Delta H}{\mathrm{d}t} = 0$$

$$\Delta T + \tau \frac{\mathrm{d}\Delta T}{\mathrm{d}t} = 0$$

分离变量后从时刻 t 到反应完成时刻 t_f 求积分,可以得到在反应完成时刻附近 ΔT 的重要关系式:

$$\Delta T = \Delta T_f \exp\left[\frac{t_f - t}{\tau}\right]$$

$$\Delta T_f = \Delta T|_{t=t_f}$$

下面我们引入变换 DTA 的概念:

$$\Delta U = K\Delta T$$

ΔU 称之为变换温差,普通的 DTA 曲线和它的变换 DTA 曲线示意图参见图 5-22。

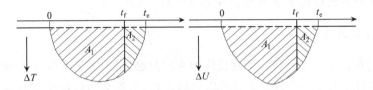

图 5-22　DTA 曲线和变换 DTA 曲线示意图

引入 ΔU 后,差热分析的基本方程变为

$$-\mathrm{d}\Delta H = \Delta U \mathrm{d}t + \tau K \mathrm{d}\Delta T$$

定义整个过程的焓变为 ΔH_0,从 $t=0$ 到 $t=t_f$ 积分上式:

$$\int_0^{\Delta H_f} -\mathrm{d}\Delta H = \int_0^{t_f} \Delta U \mathrm{d}t + \int_0^{\Delta T_f} \tau K \mathrm{d}\Delta T$$

$$-\Delta H_0 = A_1 + \int_0^{\Delta T_e} \tau K \mathrm{d}\Delta T - \int_{\Delta T_f}^{\Delta T_e} \tau K \mathrm{d}\Delta T$$

$$= A_1 + A_2$$

$$= A$$

其中应用了在反应完成时 ΔT 的微分关系式和 $t=0$ 和 $t=t_e$(测量结束)时 $\Delta T=0$ 的边界条件:

$$\mathrm{d}\Delta T = \Delta T_f \exp\left[-\frac{t-t_f}{\tau}\right]\left(-\frac{1}{\tau}\right)\mathrm{d}t = -\frac{1}{\tau}\Delta T \mathrm{d}t$$

$$\int_0^{\Delta T_e} \tau K \mathrm{d}\Delta T = 0$$

假定在任意时刻 $t(t \leqslant t_f)$ 反应的热效应为 ΔH_t,则按照以上的推导方法可以得到:

$$-\Delta H_t = A_t + \int_0^{\Delta T_t} \tau K \mathrm{d}\Delta T$$

式中：A_t——变换 DTA 曲线下 $0 \sim t$ 时刻的面积，J。

这样，转化率和反应速率可以表示为

$$x = \frac{-\Delta H_t}{-\Delta H_0} = \frac{A_t + \int_0^{\Delta T_t} \tau K \mathrm{d}\Delta T}{A}$$

$$\frac{\mathrm{d}x}{\mathrm{d}t} = \frac{-\dfrac{\mathrm{d}\Delta H_t}{\mathrm{d}t}}{-\Delta H_0} = \frac{\Delta U_t + \tau K \dfrac{\mathrm{d}\Delta T}{\mathrm{d}t}}{A}$$

如果已知在 t 时刻 ΔU_t，A_t，$\int_0^{\Delta T_t} \tau K \mathrm{d}\Delta T$，$\dfrac{\mathrm{d}\Delta T}{\mathrm{d}t}$，$K$，$\tau$ 和总面积 A，就可以计算出任意给定时刻的转化率 x 和反应速率 $\mathrm{d}x/\mathrm{d}t$。

2. 时间常数求法

时间常数 τ 在计算转化率和反应速率时是必须的，尤其是对于快速反应。在一定的条件下对于一个仪器来说可以看做常数，它的数值取决于设备的几何尺寸和所采用的反应气体的性质。如果样品没有发生化学反应，则 $\Delta H = 0$。这样在稳定状态下样品和参考物质的加热速率是相同的：

$$\frac{\mathrm{d}T_s}{\mathrm{d}t} = \frac{\mathrm{d}T_r}{\mathrm{d}t}$$

此时第五章第三节一(一)1. 中样品和参考物质的热平衡方程相减可得

$$\frac{C_s - C_r}{K} = \frac{\Delta T}{\mathrm{d}T_s/\mathrm{d}t}$$

这个方程可以用来描述 DTA 曲线的基线。如果坩埚放在样品端而参考端什么也不放，则 $C_s \gg C_r$ 或 $C_s - C_r \approx C_s$，上式简化为

$$\tau = \frac{C_s}{K} \approx \frac{\Delta T}{\mathrm{d}T_s/\mathrm{d}t}$$

这样时间常数的数值可以在任意时刻或温度用样品的升温速率 $\mathrm{d}T_s/\mathrm{d}t$ 去除对应的 ΔT 得到。研究表明，时间常数会随温度的变化而变化，但在 $1000 \sim 1300\mathrm{K}$ 温度区间几乎是常数，比如某些设备的仪器常数大约是 25s。

(二) 煤和煤焦的加压气化研究

1. 实验过程

作者选用了取自中国山西省的四种不同煤阶的代表性煤种，表 5 - 12 给出了部分元素和工业分析数据。除非黏结性晋城无烟煤直接以煤样进行气化实验外，

其他三种煤先用快速升温高压热重系统(图 5-23)在 930℃、0.1MPa 的流动态 CO_2 气氛中停留约 120s 制成煤焦后用差热分析装置进行气化实验。参比样选用相同煤样的煤灰,其制备方法是在参比坩埚中放入与样品质量基本相同的煤样置于电炉上在空气中灼烧 20min 左右。

表 5-12 4 种山西煤的元素分析和工业分析/%

煤样	元素分析					工业分析	
	C_{daf}	H_{daf}	O_{daf}	N_{daf}	S_{daf}	A_d	V_d
平鲁煤	79.76	5.33	12.78	1.46	0.67	20.53	38.46
大同煤	84.57	4.41	9.12	0.89	1.01	8.69	30.05
东山煤	88.88	4.50	3.13	1.07	2.42	12.84	17.01
晋城煤	90.34	3.00	5.14	1.12	0.40	24.33	8.48

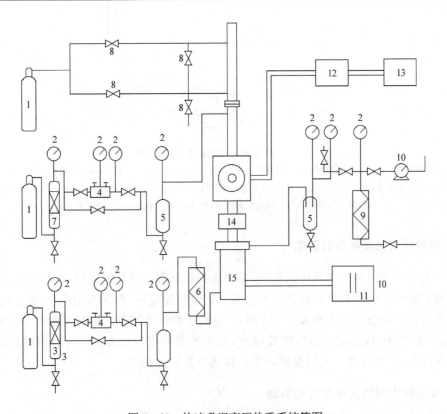

图 5-23 快速升温高压热重系统简图

1—气瓶;2—压力表;3—脱硫装置;4—调压阀;5—缓冲器;6—预热器;7—脱氧装置;8—微调阀;9—冷却器;10—湿式流量计;11—温度控制仪;12—电阻应变器;13—记录仪;14—热天平;15—反应器

　　图 5-24 是实验装置流程示意图。该装置的主体部分为一差热反应器,其主要特性包括:使用温度为室温～1250℃;使用压力为常压～3.9MPa;升温速率<100℃·min^{-1},多档次程控;适用惰性、氧化或还原气氛;PE-8500 联机气体在线分析。实验前首先进行了内外扩散效应的考察,得到可以保证动力学控制的反应气体流量和样品粒度分别为 4.5～6.0ml·min^{-1} 和 0.074～0.084mm。样品量约5mg,升温速率为 10℃·min^{-1}。

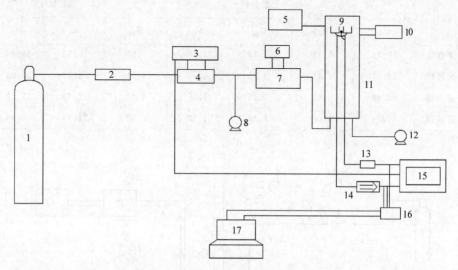

图 5-24　高温高压 DTA 系统实验流程图

1—气体钢瓶;2—气体净化设备;3—流量计监视器;4—流量计;5—气相色谱;6—气流发生器;7—加热炉;8—计量泵;9—差热坩埚;10—温度控制设备;11—差热反应器;12—真空泵;13—热电偶补偿器;14—信号放大器;15—自动记录仪;16—数据接口;17—计算机

2. 煤阶对气化反应性的影响

　　为考察煤阶对气化反应的影响,作者选择在非等温条件下进行反应,选择具有动态扫描特点的差热曲线起始出峰温度 T_b 和峰顶温度 T_p 来描述煤或煤焦的气化反应性。如表 5-13 和表 5-14 所示,这两个特征值越低,反应性越高。可以看出,不论是与 CO_2 还是水蒸气的反应性,就所考察的煤种而言,基本上随煤阶的增大而降低:平鲁煤焦＞大同煤焦＞东山煤焦＞晋城无烟煤。

3. 反应压力对气化反应性的影响

　　由表 5-13 和表 5-14 中任一煤种在不同压力下气化反应 DTA 曲线的 T_b 和 T_p 值都可以看出,随气化剂压力的提高,这些特征值基本呈减小的趋势。这表明提高气化剂压力有利于气化反应性的改善。为获得压力与反应性的定量关系

$g(p_i)$，分别测定了在不同 CO_2 压力和水蒸气分压下，四种煤（焦）样品在不同温度气化时的初始反应速率，并根据文献报道的 C 和 CO_2 反应以及 C 与水蒸气反应的反应速率表达式[41]，经数据拟合得到：

$$g(p_{CO_2}) = \frac{p_{CO_2}}{1 + k_{CO_2} + p_{CO_2}}$$

$$g(p_{H_2O}) = \frac{p_{H_2O}}{k_{H_2O} + p_{H_2O}}$$

表 5‑13 煤或煤焦在不同压力 CO_2 气氛下气化的 DTA 曲线特征温度/K

样　品	CO_2 的分压/MPa									
	0.1		0.5		2.0		2.5		3.0	
	T_b	T_p	T_b	T_p	T_b	T_p	T_b	T_p	T_b	T_p
平鲁煤焦	1132	1317	1071	1262	1091	1253	1075	1243	1048	1114
大同煤焦	1128	1324	1118	1292	1099	1277	1085	1276	1080	1276
东山煤焦	1126	1374	1154	1339	1107	1322	1131	1316	1132	1301
晋城煤	1216	1366	1168	1288	1126	1268	1084	1273	1136	1271

表 5‑14 煤或煤焦在不同压力 H_2O 气氛下气化的 DTA 曲线特征温度/K

样　品	H_2O 的分压/MPa							
	0.01		0.03		0.10		0.30	
	T_b	T_p	T_b	T_p	T_b	T_p	T_b	T_p
平鲁煤焦	809	1050	752	1031	806	1027	800	1026
大同煤焦	861	1070	837	1055	824	1050	818	1042
东山煤焦	840	1141	844	1038	890	1035	822	1046
晋城煤	838	1098	834	1075	823	1057	818	1077

k_{CO_2} 和 k_{H_2O} 的回归结果列于表 5‑15。从以上公式和表 5‑13、表 5‑14 中的数据均可看出，低压时气化压力对反应性的影响比高压时显著。

表 5‑15 k_{CO_2} 和 k_{H_2O} 的拟合结果

样　品	k_{CO_2}	k_{H_2O}
平鲁煤焦	3.158	1.418
大同煤焦	4.342	8.106
东山煤焦	2.092	8.309
晋城煤	2.230	2.027

4．煤和煤焦的加压气化动力学

将实验数据按下式：

$$\frac{\mathrm{d}x}{\mathrm{d}t} = A\exp\left[-\frac{A}{RT}\right](1-x)^n$$

表示为 n 级速率方程后的拟合发现，在不同的转化率（x）区间求得的动力学参数变化较大。这主要是因为类似煤（焦）气化这样的非均相气-固反应性机理与质量作用定律为基础的反应机理是不同的。另外，不加修正地将气相反应中导出的 Arrhenius 方程应用于非均相气-固反应也将带来误差。特别是像煤（焦）这类表面结构十分复杂的多孔性物质，由于氢、氧等原于的存在使碳表面的能量分布及有效比表面积还不断随反应的进行而发生变化，因而用上式拟合必将带来较大的误差。基于以上考虑，并参考 Dutta[42] 的模型，作者采用如下速率方程：

$$\frac{\mathrm{d}x}{\mathrm{d}t} = A\exp\left[-\frac{E}{RT}\right]g(p_i)\left[1\pm100\,x^D\exp(-\beta x)\right](1-x)^n$$

对采用第五章第三节一（一）1．中计算公式从 DTA 曲线求出的动力学数据 x 和 $\mathrm{d}x/\mathrm{d}t$ 进行非线性拟合（Marquart 方法），方程中的参数拟合结果列于表 5-16。式中 D 和 β 均为反映结构变化的校正因子，即考虑到试样在反应过程中的孔结构变化。与忽略了压力对反应速率影响的动力学方程相比，由上式计算得到的 $\mathrm{d}x/\mathrm{d}t$ 值更接近于实测值。

表 5-16　速率方程中的参数拟结果

样品	CO_2(0.1～0.3MPa)					H_2O(0.01～0.3MPa)				
	A/s^{-1}	$E/(\mathrm{kJ\cdot mol}^{-1})$	n	D	β	A/s^{-1}	$E/(\mathrm{kJ\cdot mol}^{-1})$	n	D	β
平鲁煤焦	9.575×10^7	262.0	1	5.4	4.0	5.574×10^4	185.0	1	7.2	6.7
大同煤焦	1.439×10^7	246.0	2/3	9.4	6.1	9.270×10^6	242.0	1	6.4	5.1
东山煤焦	8.354×10^5	226.0	2/3	8.1	4.9	1.923×10^7	246.0	2/3	8.5	7.4
晋城煤	3.857×10^5	211.0	1	8.4	8.4	1.812×10^6	223.0	2/3	6.6	5.3

二、显微组分的气化反应性和加压气化动力学

为进一步深入研究煤的气化动力学，揭示影响气化规律的本质因素，作者对平朔烟煤的三种显微组分分别进行了气化反应性和加压动力学的研究。显微组分样品的制备方法参见第三章第五节一（一）。

（一）显微组分焦样的 CO_2 气化反应性

根据第四章第四节一中采用的实验方法，在 SETARAM TGA92 反应器中显微组分试样在同一 CO_2 气氛中的热解和气化是连续进行的。从图4-36中可以同时看出它们在 DTG 曲线上的热解峰（500℃附近）和气化峰（1100℃附近）。图4-37则给出了这一连续过程的 TG 曲线。为进一步分析三种显微组分热解后的 CO_2 气化反应性，图5-25同时绘出了它们在气化阶段的 DTG 和 DTA 曲线。可以明显看出，两种曲线的形状不仅相似，而且峰值温度是相同的。显微组分与 CO_2 的气化反应是一个吸热量很大的吸热反应，壳质组、镜质组和惰质组分别在920℃、1100℃和1125℃达到气化反应的最大值。另外，在三种显微组分中，壳质组完成气化反应的温度最低，为1080℃；镜质组为1150℃；惰质组则在1250℃也不能完成气化。这说明在相同的反应条件下，显微组分的反应性顺序为：壳质组＞镜质组＞惰质组。这主要是由于惰质组热解后，煤焦结构的高芳香缩合度使得气化活性位点浓度比较低的缘故，这也是煤中存在活性不同的组分的直接并且是本质的实验证据。按收缩核模型处理求得的显微组分气化反应动力学参数列于表5-17。

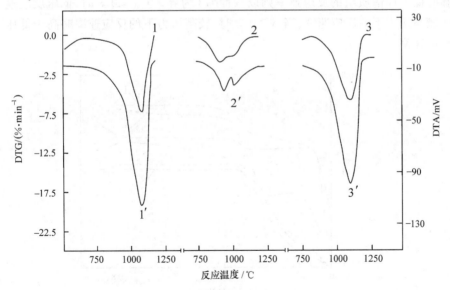

图5-25 三种显微组分在 CO_2 气化过程中 DTA 曲线和对应的 DTG 曲线

1—惰质组的 DTG 曲线；2—壳质组的 DTG 曲线；3—镜质组的 DTG 曲线

1′—惰质组的 DTA 曲线；2′—壳质组的 DTA 曲线；3′—镜质组的 DTA 曲线

表 5 - 17　显微组分与 CO_2 反应的收缩核模型气化动力学参数

显微组分	$E/kJ \cdot mol^{-1}$	$\ln A$
镜质组	223.45	17.35
惰质组	222.58	16.71
壳质组	56.74	2.66

（二）显微组分的加压气化动力学

实验装置、方法和条件如第五章第三节一（二）1．中所述。试样为平朔烟煤三种显微组分的原样。数据处理所使用的模型和方法与第五章第三节一（二）4．中所介绍的相同。

1．反应压力对气化反应性的影响

由图 5 - 26 给出的两种水蒸气分压下的反应速率和转化率的关系可以看出，壳质组在两种压力下的反应速率均为最低。压力的变化对镜质组和惰质组气化速率影响较大，其中镜质组在实验转化率范围内（$x < 0.8$）其反应速率在较高压力下明显降低。而惰质组的反应速率则以 $x = 0.3$ 为界，当 $x < 0.3$ 时，低压反应速率高于较高压力下的反应速率；当 $x > 0.3$ 时，较高压力下的反应速率略高于低压下的反应速率。

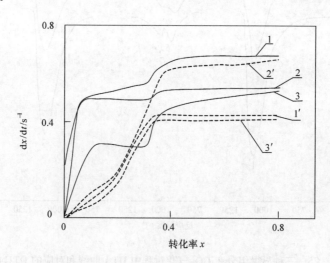

图 5 - 26　显微组分在不同分压水蒸气气氛下气化时反应速率和转化率的关系
1—镜质组,5kPa；2—惰质组,5kPa；3—壳质组,5kPa
1′—镜质组,10kPa；2′—惰质组,10kPa；3′—壳质组,10kPa

由图 5-27 表示的 4 种 CO_2 压力下气化反应速率和转化率的关系可以看出，三种显微组分与 CO_2 进行气化反应的速率均随 CO_2 压力的升高而增大。壳质组是由植物果实孢子等经沥青化作用形成，基本不具孔缝结构，比表面积最小。从这一角度分析，壳质组的反应速率最低。镜质组经凝胶化作用形成，微晶晶粒生成的不如壳质组明显，大分子骨架中主要以类石墨结构形式存在的苯类芳碳具有较好的孔隙结构，因而表现出较高的与水蒸气反应的速率。惰质组的结构较致密，属于植物纤维网状结构，随着压力的增加，这种结构易发生改变而使孔容增大，反应性提高，反应速率加大；但在转化率较低时，由于惰质组受热逸出物较少，内比表面积较小，因此，其反应性在较高压力下最低。由于气化压力增加了 10 倍，气化剂浓度显著增高，反应内比表面积急剧增大。与在水蒸气气氛中的气化不同，压力的增加有利于三种显微组分与 CO_2 的气化反应，而且由图 5-27 还可以看出，在低于1.0MPa 时，这种影响最为明显。

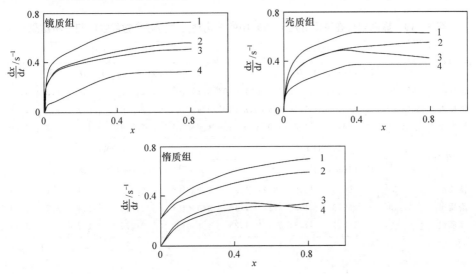

图 5-27 显微组分在不同分压 CO_2 气氛下气化时反应速率和转化率的关系
1—2.0MPa；2—1.0MPa；3—0.5MPa；4—0.2MPa

2．加压气化反应动力学模型和参数

表 5-18 和表 5-19 分别给出了用实验数据由第五章第三节一(二)4. 中修正的动力学方程拟合求出的参数，反应级数 $n=2/3$。拟合结果表明，用修正的粒径不变未反应收缩核模型能较好地描述显微组分分别在水蒸气和 CO_2 气氛中的气化动力学规律。由回归结果和实验结果还可以看出，单纯从活化能、指前因子、反应级数来描述煤岩显微组分的气化行为是不全面的，还应同时考虑到显微组分气

化中表面性质和化学结构的变化。对照表 5-17 给出的未进行这方面考虑的动力学参数也说明了这一问题。因为显微组分的加压气化动力学实验是直接用显微组分原样进行的,因此它们的热解过程成为整个气化反应的初始阶段。在这一阶段中,显微组分原样逐渐形成多孔的焦样,其孔结构的变化直接影响着焦样的气化反应速率。基于这一认识,作者在以前工作的基础上,建立了同时考虑孔结构变化的气固相粒径不变未收缩核模型来描述三种显微组分的加压气化动力学规律。

表 5-18 显微组分在不同分压下水蒸气中的气化动力学方程参数线性回归分析结果

显微组分	5kPa					10kPa				
	A/s^{-1}	$E/(kJ \cdot mol^{-1})$	D	β	k_{H_2O}	A/s^{-1}	$E/(kJ \cdot mol^{-1})$	D	β	k_{H_2O}
镜质组	3.2×10^5	152.1	4.1	8.5	0.09	8.9×10^3	106.5	1.0	1.0	5.13
惰质组	6.7×10^5	153.1	1.2	1.6	1.07	2.6×10^3	104.2	1.9	2.8	4.71
壳质组	7.4×10^5	146.7	1.1	1.3	1.08	1.9×10^4	109.4	1.6	2.2	4.41

表 5-19 显微组分在不同分压下 CO_2 中的气化动力学方程参数线性回归分析结果

显微组分	0.1MPa					0.5MPa				
	A/s^{-1}	$E/(kJ \cdot mol^{-1})$	D	β	k_{CO_2}	A/s^{-1}	$E/(kJ \cdot mol^{-1})$	D	β	k_{CO_2}
镜质组	7.7×10^5	287.0	1.1	1.4	7.7×10^5	2.1×10^5	224.0	0.9	1.3	1.09
惰质组	9.8×10^4	200.3	1.1	1.3	9.8×10^4	2.4×10^5	255.0	0.7	1.3	2.39
壳质组	2.9×10^6	206.2	1.3	3.0	2.9×10^6	5.8×10^4	221.9	1.1	1.2	1.25

显微组分	1.0MPa					2.0MPa				
	A/s^{-1}	$E/(kJ \cdot mol^{-1})$	D	β	k_{CO_2}	A/s^{-1}	$E/(kJ \cdot mol^{-1})$	D	β	k_{CO_2}
镜质组	1.8×10^5	206.5	0.2	-0.2	1.34	2.0×10^5	203.3	1.1	2.1	0.94
惰质组	1.6×10^7	233.8	1.5	2.2	1.15	3.0×10^6	217.6	1.4	2.5	0.54
壳质组	2.1×10^5	193.1	1.3	5.1	1.35	1.1×10^7	219.6	1.2	1.5	1.41

(三)煤岩显微组分吡啶抽提物及残渣的 CO_2 气化

本小节在研究显微组分吡啶抽提物和残渣的气化时采用的实验装置和方法如第五章第三节二(一)所述,试样制备及元素分析等数据见第三章第五节一。

1. 吡啶抽提物的 CO_2 气化

抽提物与其对应的原显微组分的 CO_2 气化反应性明显不同(图 5-28)。镜质组和惰质组抽提物的反应活性比其对应的显微组分高;相反,壳质组抽提物的反应活性不仅比壳质组原样锐减,并且是三种抽提物中最低的。虽然抽提物与显微组分原样的化学结构不同,但壳质组抽提物的气化反应性为什么最低仍然需要讨论。

对照壳质组抽提物的结构的研究结果,我们可以发现其抽提物的组成有 $C_{15} \sim C_{34}$ 的系列正构烷烃、具有烷基取代的多种缩合芳环、极性的芳香烃和杂环芳香物等,其平均相对分子质量范围为 226~1024。随着温度的升高,弱的 C—C 键和 C—O 键的断裂和 OH 的脱落,在高温下小的芳香结构缩合为大的芳香团簇,芳香结构的有序化导致了气化反应活性位点浓度的减少。另一方面,壳质组抽提物的芳香体系的取代甲基较多,在气化中这些甲基比壳质组中长链的烷基(CH_2)具有较高的稳定性。这也可以解释三种抽提物的反应性均其对应的显微组分原样低。

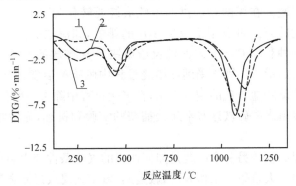

图 5-28　显微组分抽提物的 CO_2 气化 DTG 曲线

1—惰质组抽提物；2—镜质组抽提物；3—壳质组抽提物

2．残渣的 CO_2 气化

通过比较显微组分和对应抽提残渣的气化行为(图 5-29)可以看出,壳质组和惰质组的抽提残渣的 DTG 曲线与其对应的显微组分原样非常一致,但镜质组

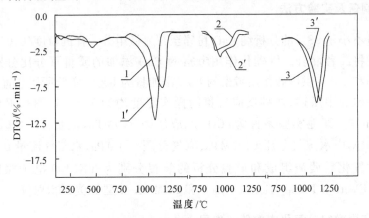

图 5-29　显微组分和抽提残渣的 CO_2 气化 DTG 曲线

1—镜质组；2—壳质组；3—惰质组

1′—镜质组抽提残渣；2′—壳质组抽提残渣；3′—惰质组抽提残渣

却有明显不同。镜质组抽提残渣的气化反应性要比镜质组原样明显高。这可能是由于镜质组中有较多的细胞结构,在吡啶抽提过程中一些闭合的孔被打开了,增加了气化活性位点的缘故。

(四) 氧化钙在显微组分气化中的固硫和催化作用

所有煤都含有一定量的硫,一般来说含量在 0.5%～5% 之间。因此所有造气过程都有脱硫问题。在煤的燃烧过程中硫最终要转化为 SO_2 并从烟道排放。有几种烟道气净化的方法可以用于减少 SO_2 的排放,如湿法脱除、干法脱硫等。流化床燃烧也是一种利用 Ca—S 之间的反应解决 SO_2 排放的方法。煤中钙通常以石灰石和白云石的形式出现。受到煤燃烧过程中脱硫的启发,曾经有过利用碱金属或碱土金属的碳酸盐与硫的相互作用,在气化过程中除去一部分硫的设想,但是几乎没有文献报道煤中硫被这些金属盐捕获的实验和机理,显微组分在气化过程中也是这样。

煤气化过程面临的另一个问题是如何使煤的气化条件变得温和。催化气化是一种有效的方法。大量研究工作表明,碱金属、碱土金属或过渡金属的盐类大都对煤气化反应具有不同程度的催化作用。因此,如果能选择一种廉价易得的添加物,既对煤的气化有催化作用,又对煤中的硫有固定作用,将经济有效地改善目前的煤气化过程,使之洁净化、温和化和定向化。根据作者的前期工作基础和煤在燃烧过程中的脱硫研究的启发,选择 CaO 作为这种添加物,从它对所有煤的共同有机组成-显微组分在不同条件下气化反应的影响来探索这种可能以及存在这种可能的原因。

1. 样品制备及实验方法

含量不小于 98% 的分析纯 CaO 粉碎至与显微组分一样的粒度(0.071mm),以机械方式将二者混合。供催化作用考察的 CaO 添加的质量百分比分别为 5%、8%、10% 和 15%;供固硫作用考察的 CaO 添加量为 5%。实验所用装置如第五章第三节一(二)中所述,两种反应气氛的操作温度均为 773～1273K,升温速率为 $10℃ \cdot min^{-1}$。其他实验条件为:CO_2 反应压力 1.0MPa,流量 $4.5～6.0L \cdot h^{-1}$,$H_2O(g) + N_2$ 中水蒸气分压 0.01MPa、氮气分压 0.1MPa,水蒸气流量 $0.5L \cdot h^{-1}$。用于试样气化后残渣组成和形貌分析的装置分别为 TN5400 电子探针能谱仪(EPMA,Electron Probe Microanalyser)和 D/MAX-R 型 X 光谱衍射仪。

2. CaO 在显微组分气化中的催化作用

显微组分在程序升温条件下气化的 DTA 曲线的峰值温度可以用做反应性的指标,该温度越低,气化反应性越高。从表 5-20 可以看出 CaO 的量对镜质组、壳质组

和惰质组在 CO_2 气氛下的气化反应的催化效果。据报道 CaO 仅从与煤中有机官能团的化合作用方面对煤的气化起催化作用。由于单一的显微组分的分子结构和稳定性都不同于全煤和其他显微组分,样品表现出比较高的气化反应活性所对应 CaO 的含量也不同。镜质组的芳香体系在三种显微组分中是最规则的,这可能导致它在气化时所需的 CaO 的量是最少的。由于惰质组表面特殊,它的气化峰值温度最低。

表 5‑21 给出了用本小节 DTA 实验数据由第五章第三节一(二)4.中修正的动力学方程拟合求出的参数。从表中数据可以看出,在 CO_2 气氛下气化反应的最低活化能(75.9kJ·mol^{-1})发生在 CaO 含量为 10% 和显微组分为镜质组的情况下,对于壳质组和惰质组的最低活化能(分别为 192.3kJ·mol^{-1} 和 200.5kJ·mol^{-1})则发生于 CaO 含量为 15% 的情况下。与 CO_2 气化相比,三种显微组分样品的水蒸气气化的活化能相对较低,最低的活化能发生于镜质组和壳质组在 CaO 含量 5%的情况下以及惰质组在不添加 CaO 的情况下。这说明一定数量的 CaO 可能催化镜质组和壳质组的水蒸气气化,这一点与 CO_2 气化不同。

表 5‑20　显微组分的 CO_2 气化 DTA 曲线峰值温度/℃

显微组分	CaO 含量/%				
	0	5	8	10	15
镜质组	964.0	915.9	890.0	900.0	1008.2
惰质组	890.0	896.3	870.0	860.0	853.0
壳质组	914.0	933.7	940.0	930.0	895.4

表 5‑21　不同 CaO 添加量的显微组分的气化反应动力学参数

显微组分	气氛*	CaO 添加量/%									
		0					5				
		E	A	p_i	D	β	E	A	p_i	D	β
镜质组	CO_2	206.5	1.84×10^5	1.34	6.16	−0.2	213.7	2.77×10^4	0.75	0.20	0.43
	$H_2O(g)+N_2$	106.5	8.9×10^3	5.13	0.98	0.97	104.4	5.06×10^2	2.85	1.74	2.30
惰质组	CO_2	233.8	163×10^7	1.15	1.48	2.20	232.9	1.98×10^5	0.28	0.59	0.27
	$H_2O(g)+N_2$	104.2	2.6×10^3	4.41	1.58	2.15	109.6	1.06×10^3	2.21	1.60	2.29
壳质组	CO_2	193.1	2.06×10^5	1.35	1.31	5.08	204.6	2.29×10^5	0.25	0.87	0.82
	$H_2O(g)+N_2$	109.4	1.9×10^4	4.41	1.58	2.15	104.9	2.73×10^3	7.70	1.60	2.26
显微组分	气氛	10					15				
		E	A	p_i	D	β	E	A	p_i	D	β
镜质组	CO_2	175.9	5.34×10^4	0.88	1.05	6.22	203.3	4.01×10^4	4.02	0.64	0.39
	$H_2O(g)+N_2$	123.6	3.63×10^3	3.63	0.90	0.86	135.1	1.48×10^4	2.38	0.87	1.10
惰质组	CO_2	221.6	1.32×10^7	0.34	3.20	9.01	200.5	1.47×10^6	1.30	1.60	2.60
	$H_2O(g)+N_2$	141.1	6.41×10^5	1.07	1.29	1.61	146.3	4.50×10^4	0.37	1.12	1.51
壳质组	CO_2	203.1	5.27×10^5	0.34	1.09	1.35	192.3	2.39×10^5	2.80	0.82	0.76
	$H_2O(g)+N_2$	117.2	4.02×10^3	2.28	0.89	1.06	123.0	7.32×10^3	1.12	0.86	0.81

* CO_2 总压力为 1.0MPa;$H_2O(g)+N_2$ 中 $H_2O(g)$ 的分压为 10kPa,N_2 的分压为 0.1MPa。

3. CaO 在显微组分气化中的固硫作用

不同气化条件下显微组分气化残渣中的硫含量列于表 5-22。表中数据显示显微组分 CO_2 气化和水蒸气气化残渣中的硫含量在添加 CaO 时比不添加 CaO 要明显地多。此外,在显微组分和 CaO 混合物中的硫含量按壳质组、镜质组、惰质组的顺序增加。这说明 CaO 有明显的固硫作用,特别是在壳质组气化时。大多数的硫铁矿硫可以通过脱灰从煤或显微组分中脱除,而有机硫用常规的机械清洗和分离过程是无法脱除的。比较显微组分残渣和显微组分与 CaO 混合物的残渣的电子探针能谱(图 5-30)可以发现,部分有机硫被还原条件下 CaO 和 H_2S 之间的反应除去了。H_2S 是在 CO_2 或水蒸气气化过程中从有机硫中产生的。随着煤的全硫含量的增加,硫铁矿硫和有机硫趋于增加,平朔煤显微组分中的全硫含量按壳质组、镜质组、惰质组的顺序增加。在显微组分气化过程中,无论是 CO_2 气化还是水蒸气气化,CaO 对硫的捕获量以相同的顺序增加。

表 5-22　在不同气氛下显微组分气化后的残渣中的硫含量/%

样品	$CO_2(1.0MPa)$		$H_2O(10kPa)+N_2(0.1MPa)$	
	不加 CaO	加 CaO	不加 CaO	加 CaO
镜质组	0.53	1.95	0.37	2.55
惰质组	0.03	1.87	0.21	0.44
壳质组	0.91	2.23	0.20	10.85

用 SEM 观察气化残渣的形貌可以看出,不论是 CO_2 气化还是水蒸气气化,不加 CaO 时灰团聚现象比添加 CaO 时明显得多。这说明添加 CaO 可以抑制气化过程中的灰凝聚。其原因可能是加入 CaO 形成了不易形成灰团聚的中间体。当加热到高温时,可能形成 Ca—C 结构,然后在 CO_2 或水作用下形成 Ca—C—C′。这种中间络合物连续经历氧化-还原过程,最终钙以 CaO 的形式存在。这种推测尚待证实。

综上我们可以归纳出一些关于显微组分气化特点的规律:

镜质组和壳质组的气化反应性主要与煤大分子网络结构有关,对于惰质组抽提能提高其气化反应性,因为抽提可以在不改变煤分子结构的情况下提高活性位点的浓度。三种显微组分的气化反应性与其自身结构有密切关系,同时也受到反应压力的影响,因此在建立描述显微组分加压气化反应的动力学模型时应考虑到表面结构和压力的影响因素。镜质组、惰质组和壳质组在 CO_2 和水蒸气的加压气化中产生的热效应不同。在两种气氛中的气化反应速率分别为,CO_2 气氛:壳质组＞镜质组＞惰质组;水蒸气气氛:惰质组＞镜质组＞壳质组。

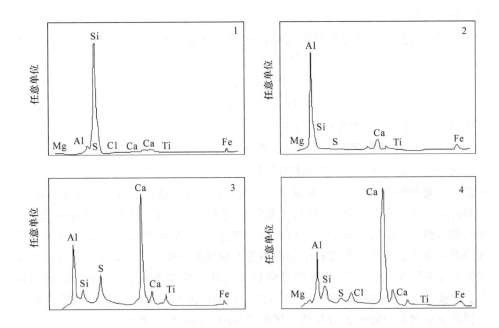

图 5-30　显微组分样品在 CO_2 气氛下气化后残渣的电子探针能谱

1—镜质组；2 壳质组；3—添加 CaO 的镜质组；4—添加 CaO 的壳质组

三种显微组分的吡啶抽提物的 CO_2 气化反应性与它们相应的原样的 CO_2 气化反应性有明显不同(与热解中观察到的结果类似)。其中,镜质组和惰质组高于原样,壳质组低于原样。惰质组和壳质组残渣的气化反应性与它们的显微组分原样的气化反应性基本相同,而镜质组残渣的气化反应性则优于镜质组原样的气化反应性。

CaO 对显微组分在 CO_2 或水蒸气气氛中的气化反应具有催化作用,而且在 CO_2 气化中表现更明显。CaO 的催化活性与其添加量有关,不同的显微组分由于其化学结构和物理性质的差异,使 CaO 具有最佳活性的添加量不同。由于惰质组具有较大的比表面积,CaO 的催化作用因此而表现不明显。CaO 对所有显微组分在不同气氛中的气化均有固硫作用,这种作用在水蒸气气化中表现尤为显著;CaO 的固硫量与显微组分的含硫量大小顺序相同。CaO 对显微组分在气化中的灰团聚有阻抑作用,其机理类似于 CaO 对显微组分气化的催化作用机理。

第四节　程序升温脱附法对煤的气化反应的研究

煤的气化过程中形成的物质与煤的气化反应性密切相关,本节将用程序升温脱附法 TPD 对煤焦气化过程中形成的不稳定过渡中间络合物,即碳氧复合物的过程进行考察研究。

在气化过程中不稳定过渡中间络合物状态一般称为表面 C—O 复合物,气化过程实际上就是表面 C—O 复合物的分解:

$$C_f + CO_2 \longrightarrow C_f(O) + CO$$

$$C_f(O) \longrightarrow CO + C_f$$

式中:C_f——母体煤表面边缘的碳原子;

$C_f(O)$——气化中形成的表面 C—O 复合物。

最近的十几年中,许多学者使用各种技术对表面 C—O 复合物进行了测量和表征。大量的实验结果说明,表面复合物的形成与气化过程中氧的传递过程有关。正确理解气化过程的机理,关键在于对气化过程中表面 C—O 复合物的形成进行深入的考察。在已有的碳氧复合物的研究工作中,不同的研究者对碳氧复合物描述的差异很大。通常认为煤焦中含有稳定性相异的多种 C—O 复合物可以在 TPD 过程中分解释放 CO,但究竟哪些复合物与气化反应性有关,在文献中论述的很少。在前人工作的基础上,作者使用 TPD 装置在 H_2 气氛中对平朔气煤原焦和酸洗样形成表面复合物的能力及其与气化反应的关系进行了考察。

一、实验过程和数据处理方法

采用平朔气煤原煤和酸洗脱灰煤分别制焦,得到实验所需的平朔含灰和酸洗焦样。制焦条件与五章二节一(二)1. 中相同。平朔原煤和焦样的无机物组成数据列于表 5-23 中。

表 5-23　平朔气煤原煤及其原焦灰分的分析数据/%

原煤岩相分析				原煤无机物组成			原煤焦样中灰分的主要无机成分						
镜质组	半镜质组	惰质组	壳质组	黏土类	硫铁矿类	碳酸盐类	SiO_2	Al_2O_3	Fe_2O_3	CaO	MgO	TiO_2	SO_3
59.9	4.4	29.9	5.8	7.9	0.5	0.5	55.50	32.83	2.81	3.63	1.03	1.02	1.48

(一)实验装置

用于焦表面性质的定量考察的 TPD 装置简图见图 5-31。反应器由一支 $\phi 4$ 的石英玻璃管制成,PTC-2 程序升温控制仪用于温度控制,H_2 作为载气,六通阀用于载气和反应气的切换,尾气由热导池进行检测。实验中,将 150mg 样品置于石英玻璃管,载气以 $45ml \cdot min^{-1}$ 的流速通入反应器中。当反应器中的空气被载气全部排出后,保持载气流速不变,反应器以 $10℃ \cdot min^{-1}$ 的速率从室温升至 1073K

进行程序升温脱附,至1073K之后,系统在该温度下恒温保持30min,释出气体由载气带出进入热导检测器进行检测。在TPD过程中在主要出峰位置进行气体采样,用PE-8500气相色谱确定其释出气体的组成。

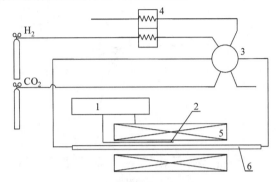

图5-31　TPD装置简图

1—控温仪;2—热电偶;3—六通阀;4—热导池检测器;
5—加热炉;6—石英管反应器

(二)焦样的特殊制备

为了考察煤焦表面的C—O复合物,实验中焦样的表面需要一些特殊处理,处理过程在TPD装置中完成。

1.表面洁净处理

将150mg的样品置于TPD装置中,在H_2($45ml \cdot min^{-1}$)的气氛中以$10℃ \cdot min^{-1}$的速率程序升温加热至1273K,从而消除焦中原有的C—O复合物,获得表面洁净的焦样。经上述过程处理的样品,表面原有的碳氧复合物在处理过程中可以完全分解。获得的样品称为表面洁净焦样。

2.表面CO_2处理

将表面洁净样置于炉内,炉温升至一个给定的温度下,将炉内的气氛切换为CO_2($60 ml \cdot min^{-1}$),保持一定时间后,使样品表面形成一定量的碳氧复合物,获得经不同温度和时间处理后的CO_2预处理焦样,该样品称为CO_2处理焦样。

3.特殊制备后平朔煤焦的热重曲线的变化

图5-32中给出了用TG对平朔煤焦样在N_2和CO_2气氛程序升温过程中质量变化的考察结果。由图可以看出,平朔酸洗煤焦在N_2中的升温过程中没有明显的失重过程;而原煤焦样在N_2中于973~1073K发生了明显失重,失重率约为

20%。经过表面洁净处理的平朔原焦样,在 N_2 中的升温过程中如酸洗焦样一样没有失重现象。将经表面洁净处理后的样品在 873K、CO_2 处理 30min 后,再经历程序升温的过程,结果在 973~1073K 再次出现失重现象。

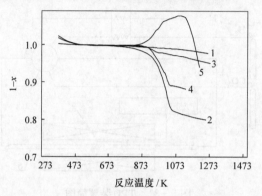

图 5-32　各种平朔气煤焦样在不同条件下的 TG 曲线
1—酸洗洁净焦样在 N_2 中热分解;2—原煤焦样在 N_2 中热分解;3—表面洁净
焦样在 N_2 中热分解;4—表面洁净焦样经 CO_2、873K 处理后在 N_2 中热分解;
5—表面洁净焦样的 CO_2 气化

(三) 实验数据的处理

1. CO 释出量的计算

程序升温过程中,CO 的释出量可以由下式计算:

$$N = \frac{K_{CO} A}{m}$$

式中:N——单位样品质量的释出气体的量,$mg \cdot g^{-1}$;

K_{CO}——释出气体峰面积与质量的比值,与释出气体性质有关常数,$mg \cdot$(单位峰面积)$^{-1}$;

A——释出气体的峰面积;

m——样品质量,g。

为便于计算,实验中释出过程中载气 H_2 的流速保持 $45ml \cdot min^{-1}$ 不变。

2. K_{CO} 的求取

作者选用草酸钙分解反应求取 K_{CO},草酸钙在 400℃ 左右分解释放出 CO,因此使用分析纯的草酸钙可以准确地计算出 CO 的物质的量。

$$CaC_2O_4 \cdot H_2O \longrightarrow CaC_2O_4 + H_2O$$

$$CaC_2O_4 \longrightarrow CaCO_3 + CO$$

$$CaCO_3 \longrightarrow CaO + CO_2$$

计算结果，$K_{CO}=1.09\times10^{-3}\,\text{mg}\cdot\text{(单位峰面积)}^{-1}$。

二、煤焦的程序升温脱附

(一) 平朔煤焦的 TPD 曲线

图 5-33 给出了平朔煤焦样的释出情况，其 TPD 过程中存在三个释出阶段，在低于 423K 的范围内是焦样的脱水阶段，不做详细讨论；在 823～1093K 之内存在一个尖锐的释出阶段，气相色谱检测结果显示该峰的出峰物质主要是 CO；温度高于 1073K 之后还有一个释出阶段，气相色谱检测的结果显示主要出峰物质也是 CO。这一 CO 释出阶段与 823～1093K 的不同之处是，前者随着温度的升高而增大，在恒温于 1173K 后，开始下降；而后者在约 1000K 存在一个峰值。从图中还可以看出，平朔酸洗焦样的释出阶段中只在高于 1073K 时存在，而不存在 823～1093K 的释出阶段。图中还给出了 Fran1 和 Fran2 两焦样的 TPD 过程，从图中可见，也不存在 823～1093K 的释出阶段，在大于 1073K 的释出阶段中两者的释出量不一样，对于 Fran2 而言，其释出量明显小于 Fran1。

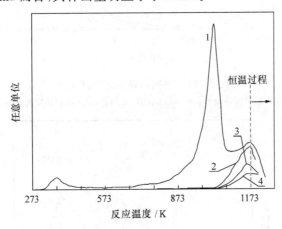

图 5-33　平朔煤焦和法国煤焦的 TPD 曲线
1—平朔原煤焦样；2—平朔煤酸洗焦样；3—Fran1；4—Fran2

(二) 平朔煤焦经 CO_2 特殊处理后的 TPD 特点

1. CO_2 特殊处理的结果

气化过程中，煤焦表面形成碳氧复合物的能力对气化反应性很重要，作者采用

CO_2 特殊处理办法对煤焦表面形成碳氧复合物的过程进行了考察。图 5-34 给出了平朔原煤焦样和酸洗煤焦样的实验结果。图 5-34 显示表面洁净处理后的平朔原煤焦样在 TPD 过程中不再存在 1000K 的释出阶段,只有 1073K 之后的 CO 释出阶段。而平朔煤表面洁净焦样再经过 873K 的 CO_2 处理后,其 TPD 过程中在 1000K 处又再次出现释出峰,这说明 CO_2 的处理过程的确在焦样表面形成了新的 C—O 复合物。图 5-35 显示平朔酸洗煤焦的整个 TPD 过程中,只有 1073K 之后才存在释出阶段,对酸洗煤焦样进行 CO_2 特殊处理也不能像原煤焦样一样在 1000K 处产生新的 CO 释出阶段。上述结果说明,平朔煤焦在 1000K 处的 CO 释出阶段与焦中的灰分有关。

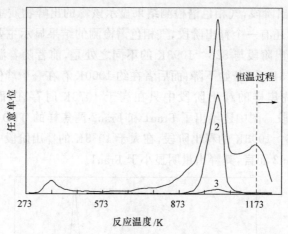

图 5-34　平朔原煤焦的 TPD 过程

1—平朔原煤焦样;2—873K、CO_2 处理后;3—表面洁净处理后

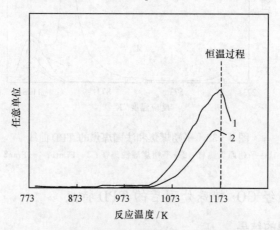

图 5-35　平朔煤酸洗焦样的 TPD 过程

1—平朔酸洗焦样;2—经 CO_2、873K 处理后

作者利用 XRD 进一步对平朔煤焦的灰分组成进行了测定,结果如图 5 - 36 所示。实验结果说明平朔原煤焦中含有 CaO 成分,酸洗焦样中不含 CaO 而含有 CaF_2 成分。经过表面洁净处理后,平朔煤焦中的 CaO 成分消失了。在表面洁净样 XRD 图中很难分辨出明显的晶格峰,目前还不清楚焦样中 CaO 的转化过程。表面洁净样再经过 873K、CO_2 处理后,其中又可以找到 CaO 的晶格峰。结合图5 - 34 和图5 - 35 的实验结果可以看出,1000K 处的 CO 释出峰与煤焦灰分中的 CaO 有密切关系,该处的 CO 释出实际是 CaO 与煤焦表面碳原子反应的过程。平朔原煤焦样 TPD 过程中 1000K 处的 CO 释出阶段是煤中灰分与煤焦反应的结果,XRD 测定结果证明灰中的 CaO 在气化中起了催化作用。

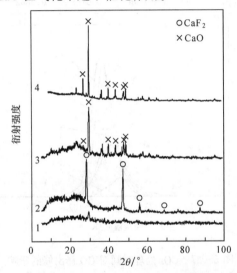

图 5 - 36　平朔煤焦的 XRD 结果
1—原煤表面洁净处理后的焦样;2—酸洗焦样;3—原煤焦样;
4—经表面 CO_2 处理的焦样

上述推断结果与第五章第四节一(二)3. 的 TG 考察结果相符。图 5 - 32 中还给出了平朔原煤焦的表面洁净焦样的 CO_2 气化曲线,从 823K 开始热重曲线表现为一个增重的过程,此增重的过程可以肯定是在焦表面生成 CaO 引起的。随着温度的升高,质量逐渐增大。当温度高于 1000K 以后,增重的趋势明显减缓。这是由于在生成 CaO 的同时,CaO 与 C 反应释放出 CO。温度升至 1110K 之后,热重曲线表现为失重过程,可见高于这一温度,CaO 与 C 反应释放出 CO 的速度高于生成 CaO 的速度。

2. CO_2 处理时间的影响

XRD 实验已证实在 873K、CO_2 的气氛中可以使表面洁净焦样中再次生成

CaO 成分。作者进一步详细考察了 CO_2 处理时间对 CaO 再次生成的影响。图 5-37是平朔原煤焦样在 873K 经历不同的 CO_2 预处理时间后的 TPD 曲线中 1000K 处的 CO 释出峰的大小。用释放量计算公式可以算出上述单位质量焦样的 CO 释出量,结果列于表 5-24 中。图 5-38 显示了释出量的变化趋势,随着预处理时间的加长,释出的量也在增加。预处理时间长于 40min 后,延长处理时间,释出量趋向饱和。

表 5-24　873K、CO_2 条件下经不同时间处理后焦的 CO 释出量/$[g\cdot(g\,焦)^{-1}]$

时间/min	10	15	20	25	30	40	60
释出量	0.0159	0.0467	0.0586	0.0488	0.0862	0.0844	0.0970

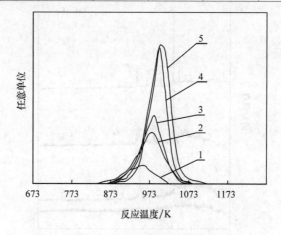

图 5-37　CO_2 处理时间对 CO 释出峰的影响

1—10min;2—15min;3—25min;4—40min;5—60min

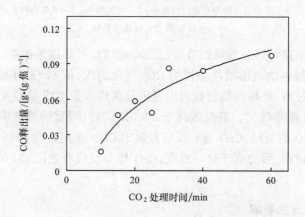

图 5-38　CO_2 处理时间与 CO 释出量的关系

3. CO₂ 处理温度的影响

处理温度对焦样中 CaO 形成也有明显的影响。实验选取 823K、873K、923K、973K 和 1073K 五个温度点，在这些温度下将洁净处理后的平朔煤焦置于 CO₂ 中处理 30min 之后进行 TPD 实验（图 5-39）。从释出曲线中 1000K 处的峰值可以估算出 CaO 的生成情况。表 5-25 反映了焦样经不同温度预处理后，其 TPD 过程中 1000K 处 CO 峰的大小。由图可见预处理温度为 823K 时，TPD 过程中就在 1000K 处有 CO 释出峰出现，表明煤焦中已经再次生成了 CaO。随处理温度的升高，其 TPD 曲线在 1000K 处的 CO 释出峰也在增大，当处理温度达 1073K 时，其 TPD 在 1000K 的 CO 释出峰却最小。原因在于高于 1000K 后 CaO 可以与碳原子反应而被还原，因此不利于其在焦中的保留。用释出量计算公式可以算出上述单位质量焦样的 CO 释出量，结果列于表 5-25 中。

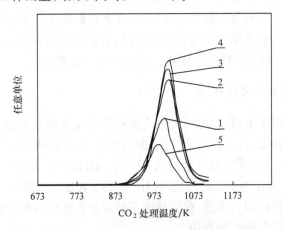

图 5-39　CO₂ 处理温度对 CO 峰的影响

1—823K；2—873K；3—923K；4—973K；5—1073K

表 5-25　不同温度下 CO₂ 处理后焦样 CO 的释出量/$[g \cdot (g 焦)^{-1}]$

温度/K	973	923	873	823	1073
释出量	0.0904	0.0913	0.0862	0.0520	0.0315

（三）关于煤焦 CO₂ 气化和 TPD 方法的分析

1. 焦表面含氧官能团的分解

煤焦气化过程中形成的碳氧复合物很不稳定，不能采用 TPD 法有效地检测到它的存在。TPD 法只能检测到煤焦表面原有的含氧官能团分解释出 CO 的过程，这一过程发生的温度一般高于 1073K。第五章第四节二(一)中描述的 1073K 之后的释出过程实际上与焦样表面含氧官能团的分解有关。不同焦样的表面含氧官能团数量不同，在高于 1073K 的状态下，焦样的表面含氧官能团发生分解释出 CO 的量也不同。如图 5-33 所示，Fran2 的制焦时间长，在长时间的高温制焦条件下，使其表面含氧官能团数量减少，所以其 TPD 过程中 CO 释出量也比 Fran1 小。这正是表面含氧官能团性质的体现。

　　长期以来，碳氧复合物的存在形式及其性质的研究一直是气化反应性研究中的一个重要问题，同时也是使研究深入的一个重要手段。作者也用 CO_2 在高温下对焦样进行处理，目的是使焦样表面形成碳氧复合物并对其性质进行考察。Suzuki[30]在同位素脉冲实验中成功地测到了 ^{13}CO 的存在，它有力地证明了气化过程 CO_2 分子向焦的表面传递了一个氧原子的事实，因此气化过程中应该存在碳氧复合物的状态。由于碳氧复合物的不稳定性，作者在研究工作中采用的 TPD 法还不能十分有效地对其性质进行研究，目前对碳氧复合物的认识还是推测性的，但采用 TPD 法结合 XRD 测定是研究金属离子催化作用的有效途径。

2．平朔煤焦中灰分的催化作用

　　图 5-40 给出了平朔原煤焦样、酸洗焦样和原煤焦的表面洁净焦样的 CO_2 气化曲线。酸洗焦样在 1200K 开始气化，原焦样在 1100K 开始气化，表面洁净样品在 CO_2 气化时开始失重的温度也是约 1100K。因此可以看出平朔原煤焦灰分中的 CaO 对气化有催化作用。在酸洗时，HF 使其变化成金属氟化物的形式，而金属氟化物不能起催化作用。因此，虽然酸洗不能完全将煤中的灰分脱除，但经酸洗后的煤中灰分已不能起催化的作用。

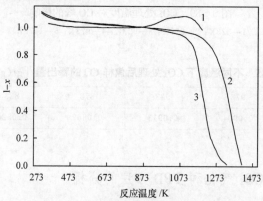

图 5-40　平朔煤焦灰分的催化作用

1—原煤焦表面洁净焦样；2—酸洗焦样；3—原煤焦样

煤焦灰分中 CaO 起催化作用的过程除第五章第三节二(四)2. 中述及的机制外也可认为是 CaO 与焦中的 C 发生氧化和还原反应,焦中的 C 被氧化形成CO,同时将 CaO 还原。该反应发生的温度为 1000K 左右,而在温度为 823~973K 的范围内,被还原的灰分又可以被氧化。上述过程构成了平朔煤焦灰分的催化循环过程:

$$CaO + C \longrightarrow CO + Ca$$
$$Ca + CO_2 \longrightarrow CaO + CO$$

第五节　气化反应中的补偿效应

在使用 TGA 曲线求取 CO_2 气化动力学参数过程中,作者发现 CO_2 气化反应的活化能和指前因子之间存在着补偿效应。即活化能较大的情况下,其指前因子也较大,这一对参数之间是线性互补的。用数学公式可以描述为

$$\ln A = aE + b$$

上式中 a 和 b 称为补偿系数,它可以从实验结果计算而得。在一些文献中,人们假设参数 a 是由反应中化学键断裂的能量决定的;而参数 b 与反应的某些特性有关[43]。

通常在描述一个反应的反应速率时,都要借助于反应的活化能和指前因子这一对相互独立的参数。而补偿效应的存在使问题变复杂了,因为一个反应过程的活化能越大,对反应越不利;若补偿效应存在,在活化能较大的同时,指前因子也较大,结果又对反应有利。两者间的互补结果使活化能和指前因子对反应的影响复杂化。因此对于存在补偿效应作用的反应,不能简单地从活化能或指前因子的大小来确定其反应性。在本章第二节二(五)中的讨论中可以看到焦样的反应性并不是在所有的场合下均可以和活化能的大小相关联。同一煤焦添加催化剂后,焦的气化反应活化能降低了,反应性排序与其活化能大小的排序间存在合理的一致性;而对于非催化的过程,这一结果并不适用。实验结果显示法国煤焦的壳质组富集物焦样的气化反应性最高,然而其气化反应活化能也是最高的。产生这一结果的原因就是由于气化过程中存在着补偿效应。

补偿效应常常可以在一些非均相的反应中见到,如在溶剂中发生的一些化学反应、固体有机化合物的热分解等。在本节将对煤气化反应中的补偿效应进行讨论。

一、煤焦气化动力学参数间的补偿效应

(一) 非催化气化动力学参数间的补偿效应

在作者的气化动力学研究中涉及了足够多的煤样(包括三种煤岩显微组分),

这些煤样经历了不同的制焦经历,制焦温度从 600～1000℃,制焦时间从停留 5min
～1h。实验中选用的焦样涵盖了几乎所有影响煤焦反应性的因素(煤种、制焦经
历、显微组分含量等)。虽然焦样是千差万别的,但结果却是出人意料地简单,所有
焦样的气化动力学参数均符合补偿效应,补偿效应似乎成为了煤焦气化的一个本
质特性,它的成立与煤焦的种类、显微组分的含量、制焦的条件等一些影响煤焦气
化反应性的性质无关。如图 5-41 所示。

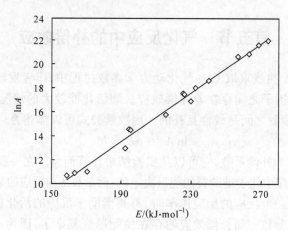

图 5-41　非催化气化动力学参数间活化能和指前因子的补偿效应

(二) 催化气化动力学参数间的补偿效应

　　煤的气化反应在添加催化剂后其动力学参数同样呈现补偿效应,但这一补偿
效应与非催化的补偿效应并非同一条直线。且添加不同的催化剂其补偿线也不是
同一条直线(图 5-42)。

　　有研究工作报道结构差异很大的一系列碳材料的氧化反应时,也发现不同样
本的动力学参数所处位置不同,但却选用一条曲线来描述动力学参数间的关系。
作者将添加不同催化剂的情形加以区分后再分别讨论其补偿线性关系,这与对动
力学参数不加区分的处理方法不同[44]。从实验结果可以看出添加催化剂后,其动
力学参数数据在图中的位置处于非催化动力学补偿线之上;就相对位置而言,添加
KOH,NaOH 的补偿线在全部五条线中所处位置最高;添加 $Fe(NO_3)_3$,$Ca(OH)_2$
的补偿线在全部五条线中所处位置处于中间;非催化的情形最低。从第五章第二
节二中的动力学实验结果可见煤焦添加催化剂后,反应的难易程度依下列次序排
列:$KOH \approx NaOH > Fe(NO_3)_3 > Ca(OH)_2 >$ 非催化过程。这一次序与本节论述的
补偿线的相对位置是一致的。在气化活化能相同的情况下,由图可以看出添加催

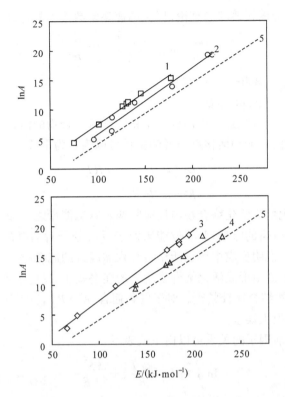

图 5－42 NaOH 催化气化动力学参数活化能和指前因子间的补偿效应

1—NaOH；2—Fe(NO₃)₃；3—KOH；4—Ca(OH)₂；5—非催化

化剂的焦样比不含催化剂的焦样具有更高的指前因子,所以其反应速率也更高。因此催化气化动力学参数间的补偿线在图中比非催化的补偿线位置高是合理的。

二、补偿效应的理论分析

(一) 过渡状态理论对补偿效应的分析

运用过渡状态理论,可以对气化动力学参数的物理意义进行分析。过渡状态理论认为反应首先形成一个不稳定的活化络合物状态,在这个活化络合物状态下原子间的距离比正常化学键大,活化络合物的键比正常键弱,但其仍能像正常分子一样进行平动、转动和有限制地振动。煤焦的气化过程也经历一个不稳定的中间过渡状态,气化中形成的不稳定碳氧复合物状态直接影响着焦样的气化反应性。作者在第五章二节一(二)热重实验中获得动力学参数的大小实际上是不稳定碳氧复合物的性质的反映。

按照化学反应的过渡状态理论,反应的速率常数按下式计算:

$$k = \frac{k_B T}{h} \exp\left[\frac{\Delta S^{\ominus\neq}}{R} - \frac{\Delta H^{\ominus\neq}}{RT} \right]$$

式中:　　　　k_B——Boltzmann 常数;

h——Plank 常数;

$\Delta H^{\ominus\neq}$、$\Delta S^{\ominus\neq}$——气化过程中形成的不稳定碳氧复合物的活化焓和活化熵。

化学反应的活化能和活化焓两者的关系可以表示为下式:

$$E = \Delta H^{\ominus\neq} + nRT$$

$$E \approx \Delta H^{\ominus\neq}$$

按定义,活化焓为活化络合物与反应物两者基态能量之差,即反应物的位能达到活化络合状态所需的能量,此项位能来源于反应分子对的碰撞动能。活化络合物的活化焓越大,说明反应中形成活化络合物需越过的能垒越大,活化络合物不易形成;活化焓较小说明形成活化络合物所需的能垒较小,反应中容易形成活化络合物且 C—O 复合物结合比较紧密。对于气化而言 $E \gg RT$,所以认为活化能与活化焓相等不会产生很大误差。

活化熵和指前因子的关系可以由下式表示:

$$\ln A = \ln\left[\frac{k_B T}{h} \right] + \frac{\Delta S^{\ominus\neq}}{R}$$

可见 A 与活化熵存在线性的关系。活化熵为正,表示反应物形成活化络合物是熵增大的过程,即 C—O 复合物运动的自由度较大,这相应于一个不稳定的活化络合物,即活化络合物结合不紧密,易于分解。如果活化熵为负,则说明活化络合物的自由度较小,结合紧密,难于分解。双分子反应缔合成一个活化络合物分子要损失平动和转动自由度,故活化熵一般为负值,在这种情况下,活化熵负得越多,不稳定活化络合物结合越紧密,不易于分解;相反,活化熵负得越少,活化络合物越易于分解。

通过上述分析可见,热重实验中获得的气化反应动力学参数与反应中形成的碳氧复合物的性质存在着关系。动力学参数间的补偿效应在表面上是活化能和指前因子间的补偿关系,实际上可以归结为形成不稳定碳氧复合物的活化熵和活化焓的线性关系。将活化能和指前因子依据 Eyring 公式作适当的变换后,可以看出,活化能和指前因子间的补偿效应成立的必然结果就是形成 C—O 复合物的活化熵和活化焓成线性关系:

$$\Delta H^{\ominus\neq} = T_i \Delta S^{\ominus\neq} + 常数$$

式中:T_i——等动力学温度,在该温度点下,反应具有相同的反应速率常数 k_i。

气化中形成碳氧复合物时,若焦样表面的活性位容易与 CO_2 结合形成碳氧复合物,则形成碳氧复合物所需的 $\Delta H^{\ominus\neq}$(E)较小;与此同时,CO_2 分子与焦表面的结合也比较紧密,形成的碳氧复合物的运动自由度也较小,结果其 $\Delta S^{\ominus\neq}$($\ln A$)也较小。从这一分析不难理解为什么气化动力学参数中活化能的降低伴随着指前因子的减小,补偿效应的成立的确是碳氧复合物的性质决定的。

(二)补偿系数的物理意义和计算

对 Arrhenius 公式进行对数处理可以得到下式:

$$\ln A = \frac{E}{RT_i} + \ln k_i$$

与补偿效应直线方程作比较,补偿系数的意义可以表示成:

$$a = \frac{1}{RT_i}$$

$$b = \ln k_i$$

表 5-26 列出了补偿系数和等动力学温度值。表中的后两列数据是表 5-5 和表 5-8 所列数据的平均值。它们代表了气化过程的平均起始反应温度和平均转化率达 50% 的反应温度值。Essenhigh[45] 认为等动力学温度与反应温度区间的中点温度平均值很相近。因此依据他的观点,等动力学温度实际上是一个数学平均值。但从表 5-26 给出的计算结果可以看出,等动力学温度更接近于焦样的起始反应温度值,这一点与文献的论述不同。

表 5-26 补偿效应系数的计算结果

催化剂	a	b	T_i/K	$T_{x=0.05}$/K	$T_{x=0.5}$/K
NaOH	0.1089	-3.43	1104	1040	1165
KOH	0.1177	-4.36	1022	1014	1151
Fe(NO$_3$)$_3$	0.1012	-4.91	1188	1117	1325
Ca(OH)$_2$	0.0994	-3.86	1210	1165	1303
非催化过程	0.0989	-5.02	1216	1183	1338

从表 5-27 列出的指前因子和在等动力学温度点的反应速度常数还可以看出,样品之间的指前因子的差别很大,但在等动力学温度点下,反应速度常数却几乎相等。例如非催化气化过程,实验范围内焦样的 $\ln A$ 在 10.6~23.9 范围内,等动力学温度点的 $-\ln k$ 在 6.2~7.9 之间。这一结果充分说明在等动力学温度点下,同一系列的各反应的反应速度常数的大小是基本相等的。

表 5−27　指前因子与等动力学温度点的反应常数的比较

样品	ln A	ln k	样品	ln A	ln k	样品	ln A	ln k
Na-DS	4.39	−3.82	Ca-DS	9.30	−4.44	DS	10.67	−6.14
Na-FF	7.51	−3.57	Ca-Fran	14.74	−4.08	FX	10.06	−7.02
Na-PSV	10.56	−3.28	Ca-FF	10.05	−3.74	FF	14.49	−6.18
Na-Fu	11.04	−3.23	Ca-Fu	13.29	−3.63	FranE	23.87	−7.94
Na-PSI	11.34	−3.12	Ca-PS	18.07	−4.86	PSI	17.55	−6.26
Na-Fran	12.75	−3.20	Ca-PSV	13.71	−3.67	JC	16.90	−7.38
Na-PS	15.34	−4.07	Ca-PSI	18.22	−2.62	FranV	21.59	−6.55
K-DS	2.77	−4.95	Fe-DS	4.47	−5.29	Fu	18.60	−6.76
K-FF	4.95	−4.03	Fe-Fran	17.40	−4.59	Fran1	20.63	−6.51
K-Fu	9.87	−3.94	Fe-FX	5.79	−5.91	PSV	14.55	−6.88
K-Fran	15.99	−4.22	Fe-FF	7.83	−3.89	PS	20.83	−6.97
K-PSI	17.38	−4.31	Fe-Fu	10.11	−4.03	Fran1	17.48	−8.55
K-PS	16.92	−4.80	Fe-PS	17.43	−5.08	Fran2	21.96	−7.01
K-PSV	18.48	−4.40	Fe-PSI	12.54	−5.63			

(三) 补偿效应结果的真实性和理论意义

在补偿效应真实性问题上,目前还存在着一些争论。Zsako[43]在分析了近千次热重实验的结果后,认为由热重曲线计算的动力学参数间所呈的补偿效应不是真正意义上的补偿效应。他用热重研究了近 400 种化合物的热分解,分析了由热重获得的动力学数据,结果是这些物质 ln k 的动力学计算结果很相近,变化范围在 −1～−0.93 之间,因此将动力学数据绘于一张 X−Y 关系图中时,其变化范围相对过窄,引起错觉,误认为上述各样呈同一条线的补偿效应,而事实上,上述物质的分解温度变化范围很大,在 310～1100K 之间。它们的反应机制不同,分解过程中过渡络合物的结构也不同,它们不可能位于同一条补偿效应线。与其相反,Essenhigh[45]认为,在实验中获得的速度常数值是一个带有误差的反映速度常数真实值的子集。一般情况下,对于随机的实验点,由实验求得的动力学参数是一个随机的变化的值。因此"很难认为补偿的结果是由于纯粹的数学统计计算的结果而引起的"。关于补偿效应真实性这一命题目前仍无定论。

大多数学者认为,补偿效应的出现实际上是反应过程中的反应机制相似的表现[44,46,47]。Essenhigh 在纵向比较了不同反应过程的补偿效应后发现 C−O₂ 气化、C−H₂O 气化和 C−CO₂ 气化的补偿现象非常相似,认为这是上述反应过程共同经历一个在结构上相似的含氧表面复合物的分解过程所致。因此，补偿效应的研究应区别反应机理而分别进行。在 Zsako[43]研究的近 400 种化合物的分解过程中，由于彼此的反应机制是不同的，因而，他所求出的补偿效应不是真正意义上的补偿效应，这是不难理解的。在作者的研究工作中，气化动力学参数的求取严格地区分了催化和非催化气化过程，获得的动力学参数直接反映了气化过程的本质特性。因此我们认为这些动力学参数可以反映气化过程中碳氧复合物的性质，在这里所阐述的补偿效应现象是真实可信的。

补偿效应的讨论结果使我们必须重新认识煤的催化和非催化气化过程。从 IUPAC 对补偿效应的定义可以看出，补偿效应成立的条件是，一组同系物在经历同一反应过程时，若反应的变化是"系统的"，则反应过程的活化焓和活化熵呈线性补偿。补偿效应的成立是与反应过程中形成的活化络合物的性质相关的。当反应过程中形成的活化络合物在结构和稳定性上具有相似性时，其活化焓和活化熵才可能互补。实验结果清楚地显示添加不同催化剂后，焦样的气化动力学数据所呈的补偿关系线与非催化过程不同，这意味着催化和非催化过程中形成的过渡络合物彼此不相似，在结构上和稳定上存在差异。结合第五章第二节一(二)3. 和第五章第二节二的活化能和指前因子数据，对催化和非催化气化过程的动力学参数进行了比较分析可以得到如下结果：添加催化剂的气化反应活化能比非催化过程小，说明催化剂的存在使不稳定活化络合物形成的能垒小，碳氧复合物容易形成；而添加催化剂的情况下指前因子也比非催化过程小，说明催化过程中形成碳氧复合物的活化熵值也比非催化过程小，催化活化络合物的振动自由度受限制的程度较大，影响了活化络合物的运动自由度。这一结果暗示，金属离子在气化过程中起到了降低碳氧复合物能垒的作用，使反应活化能降低，与此同时，它的存在也限制了碳氧复合物的运动自由度，从而使反应的指前因子也下降了。在本书的后续章节将对金属离子的催化作用过程做详细论述，进一步揭示催化金属离子对气化动力学的影响。

综上所述，补偿效应的成立，与反应过程中形成的活化络合物的性质有关。一个易于形成的活化络合物在形成过程中所需的 $\Delta H^{\ominus\neq}$ 较小，而与此同时其结合较紧密由于限制了活化络合物的运动自由度，其结果使 $\Delta S^{\ominus\neq}$ 也较小，这就是动力学补偿效应成立的原因。补偿效应的存在是煤焦 CO_2 气化的一个本质特性，它的成立与煤焦的种类、显微组分的含量、制焦的条件等一些影响煤焦气化反应性的性质无关，但煤种、显微组分含量、制焦经历对煤焦的反应性的影响却可以在补偿效应中得到综合体现。由于补偿效应的存在，不能仅仅用活化能或指前因子的大小来评价焦的反应性。添加催化剂的情况下，煤焦的 CO_2 气化动力学参数间也存在补偿效应，补偿规律与非催化过程不同；就相对位置而言，催化过程的补偿关系线处于非催化反应的上部，这一结果可能成为判断煤焦气化过程中是否有催化剂参与的一个依据。催化反应过程与非催化反应过程的补偿规律不同反映了两者的活化络合物在结构和稳定性上存在差异。

第六节　金属化合物的催化作用

本节在前面用热重法等实验手段对煤的气化反应研究的基础上,主要对 KOH、NaOH、Fe(NO₃)₃ 和 Ca(OH)₂ 四种无机盐的催化作用进行考察,通过 TPD、XRD 和 FTIR 的实验结果,讨论四种无机物在催化过程中对 C－O 复合物形成的影响。

关于金属化合物的催化作用的研究,统一采用山西东山煤焦作为实验煤样。催化样品的制备采用同第五章第二节二所述的方法,样品的表面特殊处理同第五章第四节一(二)。

XRD 测定在 YD-4 固体粉末 X 光衍射仪上进行。实验采用 Cu 钯,管压和管流分别为 35kV 和 25mA,扫描范围 5°～100°。根据扫描图谱中的各线的 d 值和衍射强度,对照标准卡片,确定焦样中金属无机物成分。

使用 Bio-rad FTS-165 红外光谱仪对焦表面官能团的振动变化进行测定。实验中将 1mg 样品与约 180mgKBr 混合研磨后压片,在红外光谱仪中以 $4cm^{-1}$ 的分辨率扫描 16 次获得光谱图。

对平朔煤焦灰分催化作用的研究参照第五章第四节中方法,实验使用 TPD (图5-31)装置,对四种催化剂与焦样相互作用进行了研究。

一、金属化合物催化作用的测量和表征

(一) 添加金属化合物对 TPD 作用

1. Ca(OH)₂

图 5-43 给出了东山煤焦添加 Ca(OH)₂ 的 TPD 曲线。在表面特殊处理过程中 Ca(OH)₂ 分解生成 CaO 留在焦样中。表面处理后样品的 TPD 过程不存在明显的 CO 释出过程。将样品在 873K、CO₂ 气氛中处理 30min 后,样品的 TPD 过程中出现了一个尖锐的释出峰,出峰温度为 970K,气相色谱检测的结果显示,该释出产物为 CO。东山煤焦的实验现象与第五章第四节二中平朔含灰煤焦的实验结果相似。它清楚地表明,在 CO₂ 气化过程中 CaO 是直接与焦样碳原子反应的。图 5-44 为 XRD 对上述样品的表征结果。从图可以看出,两样品中 Ca 盐结晶状态明显不同,在 CO₂ 处理样的 XRD 图中可以找到其三强线对应的 d 值分别为 3.15、2.40 和 1.93,对照标准卡片,这一组 d 值与卡片中提供的诸如 CaCO₃,CaC₂ 和单

质 Ca 等的标准三强线值均不能互相吻合。因此现在还很难断定洁净样中 Ca 盐的结晶状态。

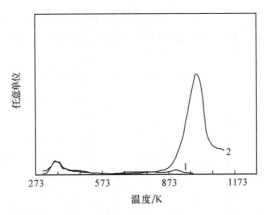

图 5-43　添加 Ca(OH)₂ 的东山煤焦 TPD 曲线

1—表面洁净处理后；2—CO₂、873K 处理后

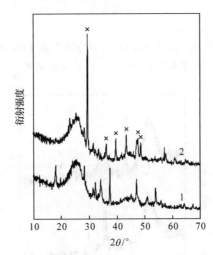

图 5-44　添加 Ca(OH)₂ 的东山煤焦 XRD 图

1—表面洁净处理后；2—CO₂、873K 处理后

2. Fe(NO₃)₃

图 5-45 为东山煤焦样添加 Fe(NO₃)₃ 后的 TPD 图。洁净处理后样品的释出过程中没有明显的释出峰，而洁净处理样在 873K、CO₂ 中处理后，TPD 图中 930K 处出现了一个明显的 CO 释出峰。图 5-46 为上述东山煤焦样的 XRD 图谱。从图可以看出，在 CO₂ 处理焦样中衍射线三强线 d 值为 2.53、1.49 和 2.97；洁净处理样的衍射线三强线 d 值为 2.08、2.16 和 1.60。对比标准卡片可知，CO₂ 处理焦

样中铁元素以 $\gamma\text{-}Fe_2O_3$ 存在,洁净样中以 Fe_3C 存在。实验事实说明,$\gamma\text{-}Fe_2O_3$ 是 $Fe(NO_3)_3$ 在气化中起催化作用的活性组分,在 930K 下 $\gamma\text{-}Fe_2O_3$ 可以与东山焦样表面碳原子反应生成 CO,同时自身被还原以 Fe_3C 的形式存在于煤焦之中。在 873K、CO_2 存在的条件下,Fe_3C 又可以被氧化成 $\gamma\text{-}Fe_2O_3$。这一结果与 Ca 盐的研究结果很相似。

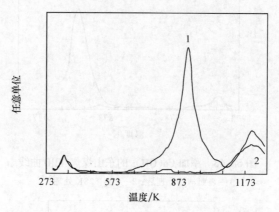

图 5-45　添加 $Fe(NO_3)_3$ 的东山煤焦 TPD 曲线

1—表面洁净处理后；2—CO_2、873K 处理后

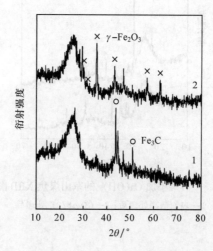

图 5-46　添加 $Fe(NO_3)_3$ 的东山煤焦 XRD 图

1—表面洁净处理后；2—CO_2、873K 处理后

3. NaOH 和 KOH

图 5-47 所示为东山煤焦添加 NaOH 后的 TPD 图。在表面洁净样和 CO_2 处

理样的 TPD 图谱中均不存在类似于图 5–43 和图 5–45 中的明显的 CO 释出峰。图 5–48 为东山煤焦添加 NaOH 后的 XRD 图谱,可以看出表面处理并没有改变 Na 在焦样中的存在形式。Na 三强峰的 d 值为 4.26、3.37 和 2.78,它与标准卡片中钠化合物的三强线 d 值均不匹配。因此通过 XRD 的实验研究还不能充分说明 Na 盐在气化过程中的存在形式。

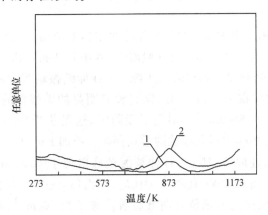

图 5–47　添加 NaOH 的东山煤焦 TPD 曲线
1—表面洁净处理后；2—CO_2、873K 处理后

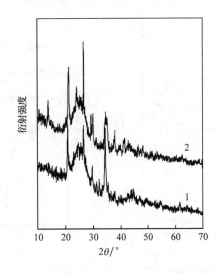

图 5–48　添加 NaOH 的东山煤焦 XRD 图
1—表面洁净处理后；2—CO_2、873K 处理后

东山煤焦添加 KOH 的 TPD 和 XRD 实验结果,与添加 NaOH 的结果相似。这一实验结果说明,碱金属 K 和 Na 的化合物在气化过程中的催化作用机理与

CaO 和γ-Fe₂O₃的不同。CaO 和 γ-Fe₂O₃ 在气化过程中作为反应物可以与煤焦表面的碳原子直接反应,而碱金属 K 和 Na 的化合物并不能直接与碳原子反应放出 CO 分子。

(二)添加金属化合物后煤焦的红外光谱

图 5 - 49 展示了焦样添加催化剂后的 FTIR 图谱。焦样的 FTIR 图中在 $880cm^{-1}$、$1450cm^{-1}$ 和 $1060cm^{-1}$ 存在吸附峰,其中 $880cm^{-1}$ 和 $1450cm^{-1}$ 峰归属于碳酸盐,$1060cm^{-1}$ 峰归属于焦样表面边缘 C—O 伸缩振动吸收峰。东山原煤焦样的 C—O 伸缩振动峰在 $1060cm^{-1}$ 处,同时没有明显的碳酸盐的吸收峰;添加催化剂后,在 $1450cm^{-1}$ 和 $880cm^{-1}$ 处出现了吸附峰,这是焦样中存在碳酸盐的证据。表明部分催化剂在焦样中以碳酸盐的形式存在。添加 $Fe(NO_3)_3$ 和 $Ca(OH)_2$ 的东山原焦样经过表面处理后,其 C—O 伸缩振动峰出现于 $1060cm^{-1}$ 处,与东山原煤焦样的情形相同。而添加 KOH 和 NaOH 后,东山焦样的 C—O 伸缩振动峰出现于 $990cm^{-1}$ 处,与原焦相比出峰位置向低波数漂移了约 $70cm^{-1}$,对于添加了 NaOH 的东山焦样,经历表面洁净处理和 CO_2 处理后,焦样的 C—O 伸缩振动峰均在 $990cm^{-1}$ 处。

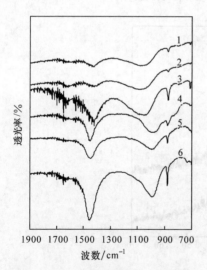

图 5 - 49　东山煤焦样的 FTIR 谱图

1—东山原煤焦样;2—添加 $Fe(NO_3)_3$ 并经 CO_2
表面处理;3—添加 $Ca(OH)_2$ 并经 CO_2 表面处理;
4—添加 NaOH 并经表面洁净处理;5—添加 NaOH
并经表面 CO_2 处理;6—添加 KOH

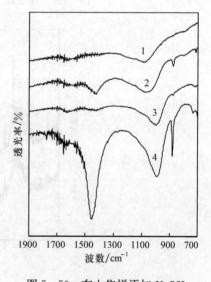

图 5 - 50　东山焦样添加 NaOH
后的 FTIR 谱图

1—东山原煤焦样;2—添加 NaOH 后的焦样;
3—添加 NaOH 后并经水洗的焦样;4—添加
NaOH 后并经盐酸处理的焦样

　　图 5 - 50 是对添加 NaOH 的东山煤焦样的考察结果。由图可知,对含 NaOH 的东山焦样水洗之后,红外光谱中表征碳酸盐的 $1450cm^{-1}$ 峰消失了,但表征焦 C—O 伸缩振动峰仍在 $990cm^{-1}$ 处;上述样品进行 HCl 处理后,焦样的 FTIR 谱图中无碳酸盐峰,同时 C—O 伸缩振动峰出现在 $1060cm^{-1}$ 处。分析上述实验结果后认识到东山焦样中添加 NaOH 后,一部分 Na 是以碳酸盐的形式存在于焦样之中的,这一部分 Na 盐可以通过水洗过程被脱除;另一部分 Na 与焦样表面的某些官能团结合,致使这一部分 Na 不能在水洗过程中被脱除,用 HCl 处理可以使其脱除。

二、金属化合物的催化作用的理论分析

(一) 碱金属化合物的催化作用

　　碱金属盐的催化过程常常被描述成一个氧化和还原的循环过程:

$$2Na + CO_2 \longrightarrow Na_2O + CO$$
$$Na_2O + C \longrightarrow 2Na + CO$$

不同的研究者在这一循环中采用了不同的化合物形式,其中包括 Na_2CO_3、Na_2O 或 $(NaO)_2$ 等形式。在这样的氧化和还原循环过程中 Na 是作为反应物质直接参与反应的。然而作者的实验结果显示,在含碱金属化合物焦样的 TPD 过程中根本不存在 CO 的释出过程,因此上述循环反应事实上并没有发生。XRD 的测定结果也显示,气化过程中焦样中也不存在类似于 Na 或 Na_2O 的晶体结构,且气化过程中 Na 盐的结晶形态并没有改变。因此在气化过程中 Na 是不直接参与反应的,用氧化-还原循环机理来描述碱金属的催化作用是不恰当的。Suzuki[30]在使用 ^{13}C 同位素脉冲实验考察 Na 和 Fe 催化作用的过程中发现 ^{13}CO 释出的卫星峰,它的出现是无机盐氧化物与焦样表面碳原子发生反应的标志。其研究结果显示含 Fe 焦样的实验中有这种卫星峰出现,含 Na 焦样在 ^{13}C 脉冲实验中不存在卫星峰。这一结果清楚地表明上述公式中描述的氧化和还原的循环过程在气化过程中根本没有发生。作者的实验结果与 Suzuki 的结果是一致的。结合两者的实验结论,作者认为使用上述公式来描述碱金属盐的催化过程是不合适的。

　　本节 FTIR 实验显示,碱金属 Na 和 K 化合物的存在,可以使 C—O 振动峰向低波数漂移。这说明碱金属 Na 和 K 化合物的存在削弱了 C—O 键的振动强度,其作用过程可能类似于焦表面内酯类官能团水解产生半缩醛盐的过程:

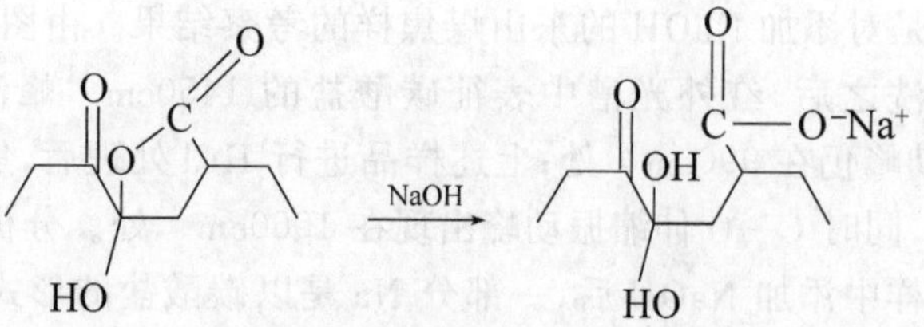

当焦样中存在碱金属盐时,它可能与焦表面结合,使边缘 C 原子上结合了一个 O^-Na^+ 基团。由于 Na^+ 基团的强吸电子性和较大的质量,使 C—O 振动所需的能量变大,其振动频率减小。在红外光谱上表现为 C—O 伸缩振动的峰值向低波数漂移。

通常,芳香碳氢化合物很难与氧离子或氢氧离子进行反应。碱金属盐的存在可能通过与碳部分成键使表面电荷发生迁移,改变了焦样表面 C 原子的电子云分布,使焦表面具有易于参与反应的结构。如图 5-51 所示,当 O^-Na^+ 与焦表面边缘碳原子 1 结合时,由于 O^-Na^+ 有强吸电子性,边缘碳原子的电子云向 O^-Na^+ 基团移动,使与之相邻的碳原子 2 和 3 也会部分失去电子[32,33],这样就削弱了 1-2 和 1-3 之间碳-碳键的强度,同时使碳原子 2 和 3 部分带有正电荷,这种带有正电荷的 C 原子更易于与带负电荷的氧原子结合。因此,碱金属的加入,使焦样表面具有了更强的反应位,削弱了碳-碳键的强度,使气化反应更易于进行。

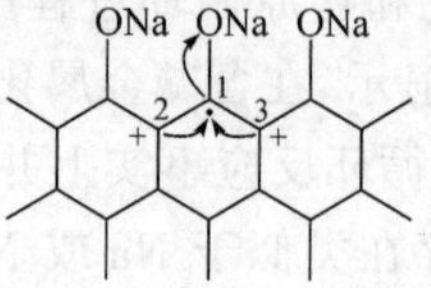

图 5-51　碱金属盐与焦表面边缘碳结合示意图

(二) 铁和钙化合物的催化作用

本节的实验结果说明,在催化的过程中,Ca 和 Fe 直接参与了反应,而不像碱金属盐那样通过改变焦样表面的能量分布起到催化作用。Ca 和 Fe 盐的催化作用可以用氧化和还原循环反应来描述[48,49]:

$$MO + C_f \longrightarrow C_f(O) + M$$
$$M + CO_2 \longrightarrow MO + CO$$
$$C_f(O) \longrightarrow CO + C_f$$

式中:MO——无机盐的氧化状态;

　　　M——无机盐的还原状态。

XRD 实验结果显示,Fe 和 Ca 的氧化态可以如上式所述直接与 C 反应生成

CO。Fe 的氧化状态是 $\gamma\text{-Fe}_2O_3$,Fe 的还原状态为 Fe_3C;Ca 的氧化状态和还原状态目前尚不清楚。

(三) 催化作用的机理与补偿效应的关系

气化过程中 C—O 复合物的整个形成过程可以用下式描述:

$$M—O+C—C_f \longrightarrow M\cdots O\cdots C—C_f \longrightarrow$$
$$[M\cdots O\cdots C]^{\neq}\cdots C_f \longrightarrow [M\cdots O—C]+C_f$$

其中 M—O 代表一个含氧的反应物(CO_2,H_2O,O_2,CaO,$\gamma\text{-Fe}_2O_3$ 等)。首先是含氧反应物分子向焦的表面移动,与焦的表面发生碰撞,对于一次有效碰撞而言,焦表面的碳原子就可以与反应分子中的氧部分成键。此时,碳与氧只是相互吸引,拉长了相邻的碳—碳键的间距,削弱了其化学键的强度,但并没有破坏它。随着反应的进行,碳与氧之间的间距进一步缩小,碳-碳键进一步被拉长。这时碳氧之间即将成键,但成键过程还没有完成;碳-碳键即将断裂,但还没有完全断裂。在这一状态下,C—O 复合物形成,这是一个不稳定的中间状态。随后,碳-碳键断裂,CO 分子从络合物中分离,从而完成一次气化的全过程。

煤焦的非催化气化和催化气化过程中形成的不稳定碳氧复合物在结构和稳定性上是不同的,因此使动力学参数间呈现了补偿效应。根据对非催化过程中碳氧复合物和对催化作用过程的考察结果,作者提出三种碳氧复合物的结构示意图(图 5-52),分别用于对催化和非催化气化过程中 C—O 复合物结构的描述。

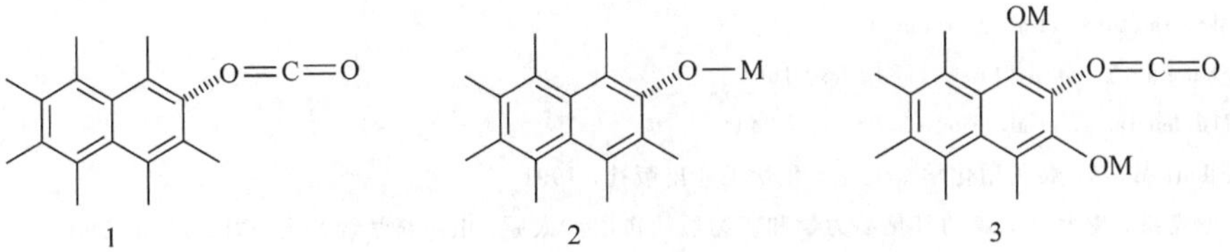

图 5-52　表面碳氧复合物结构

1—非催化气化;2—Ca 和 Fe 催化气化,M=Ca,Fe;3—K 和 Na 催化气化,M=K,Na

非催化气化中形成的碳氧复合物在结构上最简单,是一个 CO_2 分子直接化学吸附于焦样表面活性碳原子上的产物。Ca 盐和 Fe 盐的催化过程中形成的碳氧复合物与前者的区别是 CaO 和 $\gamma\text{-Fe}_2O_3$ 分子与碳原子成键。因为碱金属在气化中不直接与碳进行反应,所以 K 和 Na 催化过程中形成的碳氧复合物实际上也是 CO_2 分子在焦表面的化学吸附;与前者的区别是在形成络合物的相邻碳原子上结合着 O^-Na^+ 基团,它的存在削弱了碳-碳键的强度,使相邻的碳原子带正电荷,同时也可能增加了形成碳氧复合物的空间障碍。

正是碳氧复合物的结构差异决定了不同气化过程中补偿关系的区别。分析结构式可知，Ca 和 Fe 的电负性比 C 小，它们失去电子的能力较强，所以 CaO 和 γ-Fe_2O_3 分子中 O 原子周围的电子云密度比 CO_2 分子高。因此当其与焦表面带正电荷的活性碳原子结合时，形成碳氧复合物所需的能垒比较小。碱金属化合物的作用与 CaO 和 γ-Fe_2O_3 的作用方式不同，它们的存在使焦表面活性碳原子带有更强的正电荷，从而使 CO_2 分子与表面活性碳原子结合形成 C–O 复合物的能垒也比较小，表现在气化反应中的活化能也较小。

综上所述，催化剂的存在改变了碳氧复合物的形成过程，其碳氧复合物结构的区别决定了动力学参数间补偿效应的不同。实际上煤焦表面边缘的结构远比图5-52所示复杂。在成焦过程中由于交联键的存在使煤焦的晶格扭曲程度互不相同，而这些扭曲现象很可能对催化剂颗粒与焦表面结合构成障碍，因此不同煤焦与催化剂颗粒形成碳氧复合物的难易程度也不同。焦样添加催化剂后反应性排序发生变化可能就是因此而形成的。

参 考 文 献

[1] Radovic L. R. et al. Fuel. 1983, 62：849

[2] van Heek K. H. et al. Fuel. 1985, 64：1405

[3] Takarada T. et al. Fuel 1985, 64, 1438

[4] Alvarez T. et al. Fuel. 1995, 74：729

[5] Franciszek C. et al. Fuel Processing Technology. 1991, 29：57

[6] Matsumoto S. et al. Carbon. 1986, 24：277

[7] Shang J. Y. et al. Fuel. 1984, 63：1604

[8] Muhlen H. J. et al. Fuel. 1985, 64：944

[9] Elliott M. A. 煤利用化学. 北京：化学工业出版社, 1991

[10] 谢克昌, 凌大琦. 煤的气化动力学和矿物质的作用. 太原：山西科学教育出版社, 1990. 293

[11] 谢克昌, 凌大琦. 煤的气化动力学和矿物质的作用. 太原：山西科学教育出版社, 1990. 303

[12] Adschiri T. et al. Fuel. 1986, 65：1688

[13] Adschiri T. et al. AIChE. Journal. 1991, 37：897

[14] Adschiri T. et al. Fuel. 1986, 65：927

[15] Radovic L. R. et al. Fuel Processing Tech. 1985, 10：311

[16] Lizzio A. A. et al. Carbon. 1990, 28：7

[17] Echterhoff H. et al. Coke Oven Raw Mat. Conf. 1961, 20：403

[18] Nozaki T. et al. Fuel Processing Tech. 1990, 24：277

[19] 朱子彬等. 燃料化学学报. 1994, 22(3)：321

[20] 朱子彬等. 化工学报. 1992, 43(4)：401

[21] Freund H. Fuel. 1986, 65：63

[22] Freund H. Fuel. 1985, 64：657

[23] Huttinger K. Carbon. 1990, 28(4): 453

[24] Fritz O. W. et al. Carbon. 1993, 31: 923

[25] Zhang Z. G. et al. Energy & Fuel. 1988, 2: 679

[26] Zhang Z. G. et al. Energy & Fuel. 1996, 10: 169

[27] Smith I. W. Fuel. 1978, 57: 409

[28] Laine N. R. et al. J. Phys. Chem. 1963, 67: 2030

[29] Peter C. et al. Fuel. 1985, 64: 1447

[30] Suzuki T. et al. Fuel. 1989, 68: 626

[31] Suzuki T. et al. Energy & Fuel. 1992, 6: 343

[32] Chen S. G. et al. Energy & Fuel. 1997, 11: 421

[33] Chen S. G. et al. Journal Catalysis. 1993, 141: 102

[34] Ohme H. et al. Energy & Fuel. 1996, 10: 980

[35] Ohtsuka Y. et al. Energy & Fuel. 1996, 10: 431

[36] Ohtsuka Y. et al. Fuel. 1986, 65: 1653

[37] Varhegyi C. et al. Energy & Fuel. 1996, 10: 1208

[38] Yoon H. et al. AIChE. Journal. 1978, 24: 885

[39] Leppalahti J. et al. Fuel Processing Tech. 1995, 43: 1

[40] Li S. et al. Fuel. 1995, 74: 456

[41] Matsui I. et al. Ind. Eng. Chem. Res. 1987, 26(1): 99

[42] Dutta S. Ind. Eng. Chem. Process Des. Dev. 1977, 16(1): 20

[43] Zsako J. J. of Thermal Analysis. 1996, 47: 1679

[44] Cuesta A. et al. Energy & Fuel. 1993, 7: 1141

[45] Essenhigh R. H. et al. Energy & Fuel. 1990, 4: 171

[46] Li S. F. et al. Fuel. 1994, 73: 413

[47] Lee W. J. et al. Fuel. 1995, 74: 1387

[48] Clemens A. H. et al. Fuel. 1998, 77: 1017

[49] Asami K. et al. Fuel Processing Tech. 1996, 47: 139

第六章 煤的解聚液化反应

由于煤组成的复杂性和由变质环境、变质程度和煤化度以及成煤物种不同带来的种类多样性，尤其是其本身的高聚合和高缩合性（即使使用强极性溶剂，也几乎不能把未经任何处理的煤溶解）给煤结构和反应性研究带来了很大的困难。然而采用一定的催化剂，在给定的化学反应条件下能使煤中易受催化剂作用的结构发生化学反应。通过这种化学反应可以获取煤结构或反应性的信息：反应过程的研究可获得煤反应性的信息；对煤中起化学反应的基团或化学键类型的研究，可获得煤结构的信息；对化学反应后煤解聚液化成能溶解于某些有机溶剂的低分子化合物的结构和组成的研究，可获得母体煤的结构信息。基于这一思想，本章介绍煤的解聚液化反应以及作者在这方面的研究工作。

第一节 煤的解聚液化反应的一般认识

一、煤的解聚液化方法

煤的解聚液化方法可归纳为间接液化、溶剂萃取液化和催化液化。后两种方法可以归属为直接液化方法。煤液化研究技术还有生物转化液化，但是由于其转化率低，该项技术尚未以一个独立的体系被列出。

(一)煤间接液化方法

1. F-T 合成

在间接液化方法中，煤首先被气化成以 CO 和 H_2 为主要成分的煤气。这种具有一定 CO/H_2 比的煤气经脱硫和脱氮等净化工艺后，在催化剂作用下进行催化合成液体燃料。F-T(Fischer-Tropsch)合成就属于这种方法：

$$nCO + 2nH_2 \longrightarrow -(CH_2)_n + nH_2O$$
$$nCO + nH_2O \longrightarrow nH_2 + nCO_2$$
$$2nCO + nH_2 \longrightarrow -(CH_2)_n + nCO_2$$

2. MTG 工艺

煤间接液化的另一个方法是 MTG(methanol-to-gasoline)。在 MTG 方法中首先把煤气化,然后用合成气生产甲醇,最后通过甲醇合成汽油。

3. 其他工艺

近年来,除上述两种已工业化的间接液化工艺外,还有一些处于开发或工业性实验阶段的工艺,如 TIGAS(topsoe-integrated-gasoline-synthesis),AMSG(asia-mit-subishi-syngas-gasoline),SMDS(shell-middle-distilate-synthesis),MFT(modified FT)等。这些工艺基本上都是两段改进的 F-T 合成。

(二)直接液化

1. 溶剂萃取液化

溶剂萃取液化法是指用含有氢化芳香化合物的液体或其他液体对煤进行供氢萃取液化,氢化芳香化合物能较容易地将氢传输给煤。属于溶剂萃取液化的工艺有溶剂精炼煤工艺(SRC)、供氢溶剂工艺(EDS)、液体溶剂萃取(LSE)、超临界气体萃取(SGE)等。

2. 催化液化

催化液化工艺是在催化剂作用下给煤供氢。这类液化方法大多数在固定床反应器中进行,催化剂有的分散于过程液体中,有的置于固定床反应器中,有些则浸渍于煤上。属于催化液化的工艺有氢煤法(H-coal)、德国新工艺等。

3. 煤和重质油共处理

煤-重质油料共处理液化工艺是煤与重油、沥青、渣油、焦油等重质油料同时加氢,一次通过装置,溶剂不循环。属于煤-重质油共处理的工艺有 CANMET 单段法、HRI 两段法、ARC 两段法、CCLC 两段法和 PYROSOL 三段法[1]。

二、煤的低温解聚液化反应

在较低的反应温度下,煤液化化学反应和催化剂行为都比较容易控制,而且能避免高温液化中出现的问题。反应温度低于 300℃的煤液化过程归属于低温煤液化。低温煤液化的主要技术思想是在催化剂作用下,切断煤大分子结构单元中 C—C、C—O、C—N 和 C—S 等交联键,尽量减少一次解聚物之间发生二次反应,避免大分子骨架结构的变化。研究较为深入的煤低温解聚液化方法有:煤在 1,2-乙二胺锂中的还原反应,电化学还原液化,还原性烷基化,在三氟化硼-苯酚体系中煤的解聚液化,以对苯磺酸或苯磺酸为催化剂进行的烷基转移煤液化,Friedel-Crafts

烷基化和酰基化,用金属卤化物为催化剂进行的加氢处理,以强碱 NaOH 或 KOH 为催化剂的煤解聚,CO—H₂O 体系与煤的反应等。

(一) 低温解聚液化机理简述

1,2-乙二胺锂与煤反应后,产物中的吡啶可溶物增加,而含硫量明显地降低。引起吡啶可溶物增加的主要原因是芳香环的还原、醚键的断裂及部分羰基还原成醇。高挥发性烟煤在胺溶液中经化学或电化学加氢后的产物中有 30% 的产物可溶于苯,78% 的产物可溶于吡啶。反应机理研究表明,芳香化合物在胺溶液中还原成脂环化合物的过程分两步进行:第一步溶剂化电子转移于作用物形成负离子基团,第二步负离子基团吸收质子形成自由基。这种电子和质子的连续添加最后形成终产物。

煤经烷基化反应后,其产物在苯和吡啶中的可溶物增加。模型化合物研究表明,多环芳烃在碱金属催化的四氢呋喃溶液中的烷基化反应过程中,首先是碱金属的电子发生转移和芳香性负离子的形成,然后芳香性负离子很快被卤化烷烃烷基化。这一过程中伴随有断裂其他键的反应,如醛基断裂以及醚键断裂后的产物与烷基化试剂发生的反应。卤化烷烃作用的煤负离子的烷基化反应与蒽负离子烷基化反应类似,可以描述为[2,3]:

$$(Coal)^{n-} + nRX \longrightarrow nR-(Coal) + nX^-$$

式中:n——煤负离子具有的负电荷数;

　　　R——烷基;

　　　X——卤素。

在三氟化硼-苯酚体系中高挥发分烟煤解聚时,其产物在苯酚中的溶解物从 19% 增加到 60% 以上。煤降解的主要原因在于脂肪碳和芳香碳相连键 C_{al}—C_{ar} 的断裂以及芳香结构和酚的交换,同时发现,在煤衍生物中有酚的嵌入[4,5]。

(二) 金属卤化物催化煤解聚液化

在氢存在下煤液化过程中的主要化学反应是 C—C、C—O、C—N 和 C—S 键的氢解以及芳环加氢,通过这些化学反应把煤转化成较小分子的液体产品。在较高反应温度下的煤液化过程中,首先是键的均裂生成自由基,然后这些自由基从可能的氢源吸收氢,从而形成小分子化合物。

熔融金属卤化物已广泛用于煤催化液化。在 20 世纪 70 年代初,美国 Shell 公司就开发出熔融碘化锌催化煤和煤萃取物加氢裂解工艺。该工艺是在 300～500℃ 的反应温度,3.447～10.34MPa 的操作条件下,以熔融碘化锌为催化剂将煤和煤的萃取物转化成低硫燃料油和汽油[6]。

氯化锌和氯化亚锡在短停留时间的反应中,是煤加氢处理的有效催化剂。Bodily 等[7,8]研究了浸渍金属卤化物煤样的热解特性。研究表明金属卤化物使煤在热解过程中的挥发性产物增加进而导致了热解残留物的微孔增加。

Tanner 等[9]用 Lewis 酸催化剂($AlCl_3$,$FeCl_3$,$SbCl_3$,$HgCl_2$,$ZnCl_2$ 和 $SnCl_2$)对液体产物的形成的作用进行了研究。为了减少热解反应发生,实验在反应温度低于 400℃的条件下进行。研究表明即使在非氢气氛条件下,$ZnCl_2$ 对加速增加煤溶解性的反应也非常有效,同时发现 Lewis 酸催化剂的酸度与液化效率有关。用中度酸性催化剂 $ZnCl_2$ 能获得 46.8%的可溶性产物,而用强酸催化剂,如 $AlCl_3$,由于其使煤中的芳香化合物发生集聚而导致了可溶性产物的产率大大降低,其产率只有 20.3%。再如有研究工作测定了几种金属卤化物的酸性,三氯化铁的 Lewis 酸度比氯化锌的强,但前者对煤液化的催化活性较低。

Oblad 等[10]人在低于煤软熔温度(<375℃)下,用高压反应釜系统地研究了新墨西哥煤的 $ZnCl_2$ 催化加氢液化。他们考察了 $ZnCl_2$ 含量(0.5%~50%),加氢处理温度(200~375℃),加氢压力(1.862~13.79MPa)和反应时间对油(环己烷可溶物)、沥青烯(苯可溶,环己烷不溶物)、沥青质(THF 可溶、苯不溶物)分布的影响。研究表明,在反应温度 350~375℃,反应压力 13.79MPa,反应时间 1h 的操作条件下,用 20%的 $ZnCl_2$ 为催化剂,可获得 82%~88%的 THF 可溶物。在 200~375℃的反应温度范围内,随反应温度升高,产物的相对分子质量降低,油馏分的产率增加,沥青质馏分的产率从 92%(320℃)降低到 25%(375℃)。对在 315℃下获得产物的各馏分油、沥青烯和沥青质,进行了详细的统计结构分析,给出了其统计平均化学结构。这三个馏分的平均相对分子质量也是加氢反应温度的函数:在 315~375℃的反应温度范围内,随反应温度的升高,沥青质馏分的平均相对分子质量从 1217 降到 938,沥青烯的从 728 降到 653,而油馏分的平均相对分子质量基本保持不变,约 430。

Mobley 等[11]研究了 $ZnCl_2$ 对模型化合物中醚键的作用。研究表明在 136~305℃的反应温度范围内,不饱和环醚呋喃和二芳基醚是稳定的,而饱和环醚键,如四氢呋喃芳烷基醚在 $ZnCl_2$ 的催化作用下发生断裂。有些反应在 136℃的低温下已发生,而且随反应温度升高反应加剧。尽管如此,反应产物的分布基本保持不变。根据上述研究结果可以推断,在 $ZnCl_2$ 催化煤液化过程中,难以使煤中的 Ar—O—Ar 键断裂。在对一些模型化合物的脱硫反应的研究中还发现,$ZnCl_2$ 可作为从二苄基硫醚和二苯基硫醚中脱除硫的催化剂。然而二苯基硫醚和二苄基硫醚等芳基直接连接的硫醚在催化脱硫过程中没有受到影响。这表明一些强的键结构,如 C—S 键和 Ar—S—Ar 等键即使在金属卤化物的催化作用下,也具有强的抗氢解特性。Lewis 催化剂对断裂二芳基烷烃中脂肪键如 Ar—(CH₂)—Ar 和两芳基相连键 Ar—Ar 的催化活性的研究在高压反应釜中完成。研究发现在 350～400℃ 的温度范围内，两芳环之间具有亚甲基基团的二芳基烷烃，如二苯基甲烷和 1-苯甲基萘在催化下发生氢化脱烷基反应生成了芳烃和含甲基基团的产物。研究指出，质子酸型式的 $ZnCl_2H^+(ZnCl_2OH)^-$ 通过 Friedel-Crafts 反应机理引起芳环质子化，然后发生脱烷基反应。

Jensen 等[12]研究了浸渍在硅胶上的 $ZnCl_2$ 对脱除芳环上烷烃的催化作用。研究发现在 200～300℃ 的反应温度下烷基苯中的烃键发生断裂，而且芳环上的脱烃反应在温度高于 300℃ 时成为主反应。当芳环上的烃是叁键炔烃（sp 杂化）时脱除较为困难，而取代烷烃是支链烷烃时较易脱除。

(三) 碱催化煤解聚液化

在煤低温解聚液化研究中，人们已经发现在 200～300℃ 反应温度下，强碱能有效地催化煤大分子结构单元中醚键和脂键的裂解反应。Makabe 等[13,14]研究了反应条件对不同变质程度镜质组富集物碱催化解聚反应的影响。在 200～300℃ 的反应温度范围内，随反应温度升高其产物的吡啶和乙醇的萃取率提高。在 300℃ 的反应温度下，含碳量小于 83% 的煤，反应 1h 后，其反应产物几乎全部溶解于吡啶。含碳量 86% 的镜质组富集物在 350℃ 的反应温度下，反应 1h 后，其反应产物的 90% 溶解于吡啶。吡啶可溶物的分析表明，随反应时间和反应温度的增加，产物的相对分子质量降低，溶解性增加。相对分子质量降低主要是由醚键的断裂引起的。380～450℃ 的反应温度范围内研究了 Taiheyo 煤(C 77.9%)在乙醇中的反应。研究结果表明，在 400℃ 反应 1h 后，产物中吡啶可溶物达 95%，苯可溶物 85%。煤-EtOH 反应产物和煤-EtOH-NaOH 反应产物相比，吡啶可溶物平均相对分子质量(750)较大，而苯可溶物的平均相对分子质量较低(580)。煤-EtOH-NaOH 反应所得的气体产物分析表明，其主要成分是 H_2、C_2H_4 还有少量的 $C_{1~4}$ 烷烃。

Ouchi 等[15]在反应温度 290℃，反应时间 1h，以 NaOH 为催化剂，煤料∶催化剂∶溶液的比例为 1∶1∶10 的条件下，详细研究了不同醇作为溶剂时，对煤解聚反应的影响。研究中使用的醇有甲醇、乙醇、正丙醇、异丙醇、正丁醇、仲丁醇、叔丁醇、正戊醇和二甲基丁醇。研究结果表明，用这些醇类作溶剂碱催化煤解聚产物的吡啶可溶物都高于 80%。用甲醇和乙醇作溶剂时吡啶可溶物的产率分别增加到 95.1% 和 96.4%。用异丙醇和仲丁醇作溶剂时，解聚煤吡啶可溶物的产率也在 95% 以上。元素分析表明，所有萃取物的 H/C 值都比原煤的 H/C 值高。红外光谱分析表明，煤-醇-碱体系的反应过程中有醚键断裂和部分环化合物的氢化反应发生。根据这些实验事实，有人推测在反应期间氢从溶剂转移到了煤。

不同变质程度煤的碱催化解聚反应性不同。Ollad 的研究表明,含碳量较低(C <83%)的年轻煤在甲醇和乙醇-NaOH 体系中反应后,吡啶和苯的萃取率分别高于 95%和 65%。而处理高变质程度的煤时,其萃取率都降低。

Anderson 等[16]对在 NaOH-EtOH 体系中解聚的 Clear Creek(C 79.3%)煤产物进行了详细的统计平均分子结构研究。反应在温度 300℃和 320℃下进行,反应时间 100min。研究表明,在 320℃反应温度下,解聚产物的吡啶萃取物的平均相对分子质量是 540;而反应温度降低到 300℃时,测定的平均相对分子质量是 908。在 320℃和 300℃的产物中每个结构单元中的平均环数分别是 2.1 和 2.6,平均芳环数是 1.5 和 2.3,平均结构单元相对分子质量 24.6 和 327。

Sakbut 等[17]在醇-碱体系中,研究了低变质程度煤的转化反应。研究指出羧基 COOH 作为一个电子接受体,通过电子传输机理加速了煤的氢化反应。

煤液化反应包括多种不同类型交联键的断裂。前述的方法都是单步反应,这很难使不同种类的键断裂。针对这一不足,提出了多步解聚液化法,即分步选择性地使不同种类的交联键在不同的催化条件下断裂。煤中的烷键$-(CH_2)_n-$和苄基醚,在较低的反应温度(250~350℃)以金属卤化物为催化剂能较易地被氢解。重要的二芳基醚在中度氢解条件下难以断裂,但其在中度条件下易于水解。第三类重要的交联键是芳香性碳-碳键,这类键在中度氢解和水解过程中都是稳定的,但是在硫化的 Co/Mo 催化剂作用下的氢解过程中具有活性。根据这种分析,Tanakom 等[18]用金属卤化物催化加氢处理-碱催化解聚-硫化 Co/Mo 催化加氢处理三步法详细研究了几种美国煤的解聚液化行为,并给出了产物萃取馏分的平均分子结构和根据平均分子结构推测的可能的组分。

(四) 反应时间对煤解聚液化反应的影响

煤解聚或液化时,一般先用氢化芳香化合物(供氢溶剂)把煤制成煤浆。然后,在氢气气氛下加热到反应温度。为了获得初次解聚产物,避免混入二次反应产物以方便研究煤解聚或液化的过程机理,人们进行了短反应时间研究。在这些研究中反应时间一般不超过 5min。因为在高温和高压条件下如果延长反应时间,煤液体产物就会失去其原始面目,难以说明和反映母体煤的结构。

采用快速加热技术可断裂煤中的一些交联结构,从而获得煤的初次解聚产物。但研究表明,这些初始产物的相对分子质量很高。快速加热解聚产物相对分子质量高的原因在于这种解聚物中,除芳核以外仍含有大量的官能团结构。这些官能团结构存在于多维碳网之中,在快速热解过程中它们没有受到影响。在某些反应中,即使反应时间很短(<3min)但产物的吡啶可溶物已很高[19]。

Neavel[20]进行的短反应时间的研究结果表明,当反应温度达到 400℃后煤的分解速度很快,但是在该温度下供氢溶剂并不能立即开始发生供氢反应,以稳定煤热解形成的游离基碎片。因此这种煤液化过程的早期阶段和煤热解过程相类似。事实上 Wiser[21,22]早就指出了煤液化过程中的这一问题,并认为稳定煤热解过程中形成的游离基所需要的氢来源于煤本身中氢化芳香物。反应的初期阶段,固态煤粒难以和供氢溶剂形成充分的接触。在煤粒软融,煤已发生热降解,相对分子质量降低后才形成了较好的接触。在研究烟煤的过程中发现,在反应温度达到给定温度的1～2min 后煤的热解碎片才溶解到供氢溶剂中。当这些碎片和供氢溶剂形成良好的分子间接触后,供氢溶剂才转变成主要的供氢源。在四氢化萘供氢溶剂中进行的短反应时间煤液化研究发现,氢化解聚液化产物的相对分子质量与红外光谱中醚的吸光度具有明显的相关性。这一事实表明,醚结构氧在交联键中起着重要的作用。断裂芳核单元之间的这些交联键,煤可明显地转化成低分子碎片。

人们用模型化合物研究了不同类型交联键在快速热解解聚液化条件下的反应性。Benjamin 等[23]发现,烷基苯、苯甲烷、稠环芳烃、氧芴、硫芴、多酚醚和硫醚有较高的热稳定性,在热解过程中表现为惰性。较短的烷桥 $-(CH_2)_n$ 和两芳基醚 $C_{ar}—O—C_{ar}$ 这两种公认的存在于芳核之间连接芳核的主要交联键,在非催化条件下,也有较高的热稳定性,不易热解。而上述化合物上有酚基取代时,则热稳定性降低,易发生热解。芳碳和脂碳之间的醚 $C_{ar}—O—C_{al}$ 当反应温度达到 400℃ 时,很容易断裂。亚烷基类键和醚类键在一定的热条件下,可能具有一定的活性。非催化模型化合物研究的难点在于,煤化学反应的化学环境非常难以确切地模拟。当模型化合物和煤共处理时,这些模型化合物的反应速率很高。但是用纯化合物研究时,反应速率大大降低。

通过以上分析可以发现,在碱-醇体系中煤解聚液化时,醇是一种溶剂,碱催化剂的催化活性主要在于催化裂解煤中的醚键和脂键。以碱为催化剂在不同种类的醇溶液中可使煤部分解聚。

综上所述,我们可以对煤的解聚液化反应有如下认识:甲醇在一定反应条件下,是一种具有弱供氢能力的供氢溶剂。煤中氢化芳环中可转移的氢在煤解聚液化过程的初期是一个重要的供氢源,它可以稳定煤热解产生的碎片游离基,并限制了这些碎片游离基的聚合反应。当反应温度达 400℃ 以后煤的分解速度很快,在该温度下煤的初次裂解反应没有选择性,而且还加剧了初次产物的二次反应,其结果是增加了高相对分子质量的重油产率,降低了轻质液体的产率;在这一反应温度下供氢溶剂也不能立即开始发生供氢反应以稳定煤热解形成的游离基碎片,因此这种煤液化过程的早期阶段和煤热解过程类似。煤液化初期和较低的反应温度下(<350℃)煤粒处于“惰性”状态,此时自身的热解解聚还没有发生,固态煤粒也难以和供氢溶剂形成良好的接触;只是煤粒软融,煤已发生热降解和相对分子质量降低后,才开始形成良好的接触。如果用一种催化剂能在较低的温度下(<300℃)使

煤发生热解并用一种在较低的温度下就具有供氢能力的供氢溶剂进行煤的解聚液化,该过程将会改善煤的解聚液化行为。

第二节 神府煤的解聚液化反应研究

煤在碱-甲醇体系中解聚后乙醚、甲醇及 THF 可溶物产率明显增加。尤其用 BCⅡ(成品碱催化剂)作为催化剂时,甲醇本身发生反应,在反应过程中可能提供—CH₃、—OH 和—OCH₃ 等小相对分子质量基团参于反应。煤在这种环境中解聚,使新的化学反应发生。作者将在本节探讨神府煤解聚液化产物的分布和结构特点。

一、实验过程

研究选用神府煤作为试验煤样,煤样的工业分析和元素分析如表 6-1 所示。

表 6-1 神府煤的工业分析和元素分析/%

煤样	工业分析				元素分析				
	V_{daf}	A_d	M_{ad}	FC_{daf}	C_{daf}	H_{daf}	N_{daf}	$S_{t,d}$	O_{daf}
神府煤	40.64	2.21	2.39	59.35	80.14	5.52	1.83	0.22	12.29

对神府原煤的萃取分离采用的萃取剂有戊烷、乙醚、甲醇和 THF。萃取分别在各萃取剂沸点温度下进行,这种萃取过程无化学反应发生,各萃取馏分组成可看作是煤中的原始组分。

对神府煤的解聚液化分别在非催化条件下和碱催化剂条件下的超临界甲醇溶剂中进行,然后对解聚产物进行萃取分离,采用的萃取剂仍为同上的戊烷、乙醚、甲醇和 THF。

(一)碱催化甲醇-煤解聚反应

碱催化甲醇-煤解聚反应在 Autoclave Engineers 公司生产的 300ml 磁传动搅拌高压反应釜中进行(非催化条件下的解聚反应步骤相同,只是在反应体系中不加入碱催化剂)。解聚反应中以甲醇为溶液或供氢溶剂加 10%~48% 的 KOH 或 NaOH 或 BCⅡ 为催化剂。将溶液、碱催化剂和煤样加入高压反应釜,密封后用氮气加压至 6.895MPa。检查无泄露后,用氮气清洗 2 次,在氮气常压下开始升温反应。高压反应釜以 15℃·min⁻¹ 加热至反应温度(250~310℃)后反应 1h。在开始加热的同时开动搅拌器,室温至 210℃期间搅拌速度为 100r/min,温度高于 210℃

后提高搅拌速度到 500r/min。

解聚反应完成后,打开小型风扇使高压反应釜快速冷却。当温度降至 210℃时,降低搅拌速度到 100r/min,然后冷却至室温。高压反应釜冷却后,将气体收集器浸泡于液氮中,同时高压反应釜减压。用移液管将产品收集到 1000ml 烧瓶中,并用盐酸在搅拌条件下逐步酸化至 pH 2～3 后继续搅拌 1h。将酸化后的煤混合物在 40℃下进行真空蒸发以脱除甲醇,然后真空过滤,并用蒸馏水充分洗涤。水不溶性有机物(即解聚煤)在 50℃真空干燥箱中干燥 12～16h。干燥后得碱催化甲醇-煤反应产物。

滤液中含有水溶性有机物。以乙醚为萃取剂进行连续萃取,萃取时间为 12～16h。萃取结束后,加入无水硫酸镁 5g 脱水。脱水后过滤除去硫酸镁,滤液用旋转蒸发器在 40℃下脱除二乙基醚,即得水溶性产品。整个反应流程如图 6-1 所示。

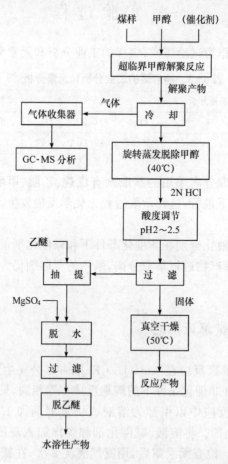

图 6-1　煤在超临界甲醇体系中解聚反应实验流程

(二) 碱催化甲醇-煤反应产物的萃取分离

干燥后的碱催化甲醇-煤反应混合产物,用索氏提取器进行萃取分离。首先用戊烷进行萃取,得戊烷可溶物和不溶于戊烷的馏分。萃取时间为 12～16h,目视萃取液无色为止。在 40℃温度下用旋转蒸发器脱除戊烷,得到戊烷可溶物。戊烷不溶物在 50℃真空干燥箱条件下干燥 6～8h。将称重后的戊烷不溶物装入索氏提取器用二乙基醚进行萃取,萃取时间为 12～14h,可得二乙基醚可溶物和不溶物。将干燥后的二乙基醚不溶物,装入索氏提取器,萃取时间延长至 22～24h,以甲醇为萃取剂进行萃取,可得甲醇可溶物和不溶物。用相似方法以 THF 为溶剂,萃取时间为 36～48h,得 THF 可溶物和 THF 不溶物。整个萃取流程如图 6-2 所示。

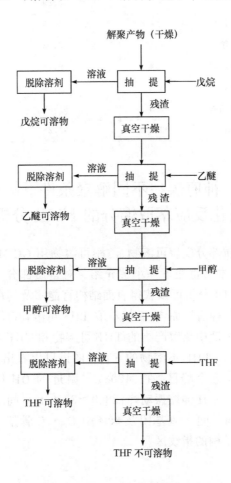

图 6-2 解聚反应产物萃取流程

（三）神府煤在不同解聚条件下解聚液化反应萃取馏分的分布

根据上述实验获得了神府原煤、原煤在超临界甲醇中热解和 BCⅡ 催化反应产物的萃取馏分。萃取分离结果如表 6－2 所示。

表 6－2　神府煤在不同解聚条件下的解聚液化反应产物的萃取馏分

萃取物		未解聚原样	无催化剂甲醇超临界产物	BCⅡ催化解聚产物
总转化率/%		6.7	8.33	75.21
气体/自发压力/Pa		—	—	5.86/0.228
水溶物/%		—	—	1.49
固体和液体产物/g		—	18.89	17.82
固体和液体产物中各组分的分布/%	戊烷可溶物	—	1.19	16.04
	乙醚可溶物	1.7	3.03	29.06
	甲醇可溶物	1.4	0.71	6.72
	THF 可溶物	3.5	3.09	17.50
	THF 不溶物	93.3	91.67	24.79
	总　计	99.9	99.28	94.05

二、神府煤在不同解聚条件下解聚
液化反应萃取馏分的 FTIR 分析

萃取馏分中的轻质部分戊烷可溶物、乙醚可溶物用 GC-MS 分析，可以得到煤中小分子相结构信息，本书将在下一小节介绍。对重质部分 THF 可溶物和 THF 不溶物及原煤进行 FTIR 分析可以获得表面结构官能团及其在碱－甲醇体系中反应后的特征信息。分析神府煤原样、直接萃取 THF 可溶物（戊烷、乙醚、甲醇不溶）和 THF 不溶物、甲醇溶液中热解产物的 THF 可溶物和 THF 不溶物、BCII 催化解聚产物的 THF 可溶物和 THF 不溶物的 FTIR 图谱可以看出，它们的红外光谱具有相似性，可大致分成五个峰区：在 3400cm^{-1} 附近的 OH 伸缩振动峰；3000～3100cm^{-1} 间的芳香性 C—H 伸缩振动峰；2800～3000cm^{-1} 间的脂肪性 C—H 伸缩振动峰；1000～1800cm^{-1} 间含氧基团及苯环中 C＝C 骨架等基团振动吸收峰；300～700cm^{-1} 间 CH 结构的指纹区。

（一）OH 基团

1. 神府煤及其 THF 可溶物和不溶物的 OH 基团吸收特征

在 3400cm^{-1} 波数处，神府煤及各产物的 THF 可溶物和 THF 不溶物都表现出强吸收。3400cm^{-1} 是 O—H 或 N—H 键的伸缩振动吸收，该峰是多种 OH 基团形态综合作用的总结果。游离的 OH 基团伸缩振动吸收在 3650～3590cm^{-1} 的波数范围内出峰，其中酚羟基和叔、仲、伯醇中的 OH 基团成为游离态时，其波数逐步从 3610cm^{-1} 增大到 3640cm^{-1}。神府原煤在 3620cm^{-1} 处有一肩峰，这意味着神府煤中存在有少量的游离酚或醇类。对神府煤的乙醚萃取已证明神府煤中存在有 4-甲基苯甲醇和 2,3-二甲基酚等化合物。对 3400cm^{-1} 峰而言，确切地说是在 3100～3600cm^{-1} 波数范围内的峰，尽管其吸收很强但峰宽平扁，它是由 3408cm^{-1} 和 3300cm^{-1} 两个波数的双峰构成。其中每一峰代表了一种聚合体，标记为聚合体 I 和聚合体 II。聚合体 I 的聚合度低，很可能是二聚体，其吸收峰在较高的波数（3408cm^{-1}）处，吸收较强；而聚合体 II 可能是多聚体，其吸收峰在较低的波数（3300cm^{-1}）处吸收强度较弱。神府煤中的聚合体 I 结构可能以图 6-3 表示的形式存在。

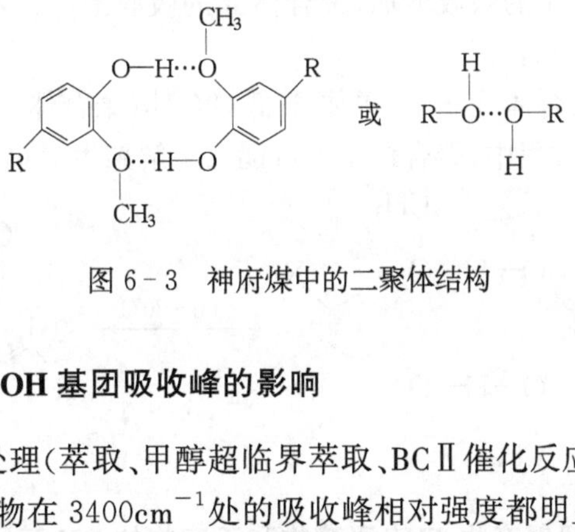

图 6-3　神府煤中的二聚体结构

2. THF 萃取过程对 OH 基团吸收峰的影响

神府煤和各类处理（萃取、甲醇超临界萃取、BCII 催化反应-萃取）试样的 THF 可溶物和 THF 不溶物在 3400cm^{-1} 处的吸收峰相对强度都明显增大。其原因可能在于甲醇萃取时煤大分子结构中的含氧结构和甲醇反应生成了以氢键相接的聚合体结构，而且这种聚合体结构比较稳定，随后的 THF 萃取也不能将其氢键打开使甲醇萃取出来，这种聚合体的形成导致 THF 可溶物和 THF 不溶物 3400cm^{-1} 吸收峰相对强度增加。

表 6-3 给出了神府煤及部分其他试样的工业分析和元素分析结果。分析数据表明，原煤样 THF 不溶物含氧量增加，最高达 15.25%，比原煤含氧量 12.29% 高 2.96%。这证实了 THF 不溶物中甲醇的富集。THF 可溶物 3400cm^{-1} 吸收峰

表 6‒3 神府煤各种试样的工业分析和元素分析/%

样 品	工业分析				元素分析				
	V_{daf}	A_d	M_{ad}	FC_{daf}	C_{daf}	H_{daf}	N_{daf}	$S_{t,d}$	O_{daf}
原煤样	40.64	2.21	2.39	59.35	80.14	5.52	1.83	0.22	12.29
原煤样 THF 不溶物	37.36	4.05	5.49	62.64	80.28	4.25	1.53	0.18	15.25
无催化剂甲醇超临界解聚物的 THF 不溶物	30.57	4.42	4.19	69.42	80.28	4.69	1.47	0.17	13.36
BCⅡ催化解聚物的 THF 可溶物	51.21	1.27	2.93	48.78	81.46	6.57	0.96	0.16	10.85
BCⅡ催化解聚物的 THF 不溶物	31.32	12.77	4.86	68.67	84.72	8.08	0.89	0.16	6.15

较强表明 THF 萃取物中 OH 基团含量也较高。THF 可溶物中 OH 基团含量高，除了有上述甲醇"吸附"的原因外，另一个原因在于该萃取馏分中富集了煤中原有的酚、醇等含 OH 基团的相对分子质量较小的化合物。分析 FTIR 图谱可以发现通过萃取后，游离 OH 基团吸收峰基本相同，但聚合体Ⅰ和聚合体Ⅱ的相对含量发生了明显的变化。通过萃取后，萃取残留物 THF 不溶物中聚合体Ⅰ的相对含量增加，而聚合体Ⅱ的相对含量减少。这可能是由于如上所述"吸附"的甲醇和煤中含氧结构形成了单聚体，也可能是聚合体Ⅰ的聚合度较低(二聚体较多)而聚合体Ⅱ的聚合度较高，在萃取过程中聚合体Ⅱ解聚形成了低聚体(如二聚体)或单分子化合物。这使得聚合体Ⅰ的吸收增加，聚合体Ⅱ的吸收减少。萃取解聚过程中聚合体的转变可用下式表示：

$$聚合体Ⅱ \longrightarrow 单体 + 低聚合体(聚合体Ⅰ)$$

另外，聚合体Ⅱ解聚过程中，聚合体Ⅰ也可能发生解聚生成单体：

3. 在超临界甲醇中解聚产物 THF 可溶物和不溶物的 OH 基团特征

比较原煤萃取馏分 THF 可溶物和不溶物以及煤在超临界甲醇中解聚产物的萃取馏分 THF 可溶物和不溶物的 $3400cm^{-1}$ 附近的吸收峰，可以看出 THF 不溶物基本相同，没有明显的差别，但是 THF 可溶物差别很大。煤在超临界甲醇中解聚产物的 THF 可溶物中有明显的游离醇 O—H 伸缩振动吸收峰 $3634cm^{-1}$。游离 OH 基团可能有两个来源：一是煤中的解聚产物醇或酚；二是在热解或萃取过程中吸附的甲醇。

4. BCⅡ催化反应产物的萃取物的 OH 基团特征

BCⅡ催化反应后,THF 不溶物在 $3434cm^{-1}$ 处的 O—H 振动吸收明显减弱。这表明有较高比例的桥键断裂和聚合体解聚,而且这种键断裂和聚合体解聚后氧原子多存在于小的基团上。这些小基团能分别溶于戊烷、乙醚、甲醇和 THF,所以THF 不溶物中的氧含量大大降低,使 $3434cm^{-1}$ 峰明显减弱。表 6-3 的数据表明,经 BCⅡ催化解聚,THF 不溶物的氧含量大大降低,其含量只有 6.15%。这表明,含氧基团已被萃取到其他馏分中。BCⅡ催化反应后 THF 可溶物 $3432cm^{-1}$ 峰明显增强证明了上述分析的正确性。

综上对 OH 基团的分析可以看出,神府煤中 OH 基团含量较高,其中少量的OH 以游离酚或醇的形态存在;大部分 OH 以聚合体形态存在,这些聚合体中以二聚体为主,还有部分多聚体。THF 萃取表明,在甲醇中进行的萃取过程中,甲醇与煤的含氧结构形成了二聚体,使试样的氧含量增加。这种二聚体结构比较稳定,即使用 THF 也不能将其中的甲醇萃取出来。煤在超临界甲醇中的解聚使煤中部分OH 结构解聚,并使得 THF 可溶物中游离 OH 增多,其在 $3634cm^{-1}$ 出现明显的强吸收峰。BCⅡ催化反应使含 OH 基团发生了明显的变化,经反应后 OH 基团附属在小基团化合物上,分别被萃取到乙醚、甲醇和 THF 可溶物中去,从而使 THF 不溶物的 $3434cm^{-1}$ 峰强度大大减弱,而且其氧含量也大大降低。

(二)芳香结构

芳香结构是煤结构的主要部分。煤中小分子相中有大量的取代芳香结构。煤的大分子骨架结构主要由缩合芳核组成。芳香度 f_a 直接反映了碳原子在芳核结构与脂碳结构中的分配,它与烃类的各种化学性质有密切的关系。

1. 芳环上 C—H 伸缩振动吸收特征

波数为 $3000\sim3100cm^{-1}$ 之间苯环 C—H 的伸缩振动吸收峰体现了煤的缩合度大小和芳环取代程度。造成这一范围内的吸收峰很弱或者消失的原因可能是煤的变质程度很高,芳环缩合度很大,而芳香性 C—H 结构很少;也可能是煤的变质程度虽然不高,芳环缩合度也较低,但芳环取代程度高,其结果仍然是芳香性C—H结构减少,$3000\sim3100cm^{-1}$ 吸收峰变弱。

神府煤在 $3029cm^{-1}$ 波数位置有一肩峰,经 THF 萃取后不溶物中肩峰没有发生明显变化,但是 THF 可溶物中该肩峰变化明显。神府煤在超临界甲醇中解聚后和在 BCⅡ催化下解聚后 THF 不溶物的芳香性 C—H 振动吸收峰($3029cm^{-1}$)没有明显的变化。这表明,超临界甲醇热解过程和 BCⅡ催化条件下煤在超临界甲醇溶液中的解聚反应过程对骨架结构上的氢,即芳香性 C—H 结构没有明显影响。煤在超临界甲醇溶液中解聚后,THF 可溶物在 3058cm^{-1} 处出现一强吸收峰,这可能是由于具有芳香性 C—H 结构的化合物和多种取代芳烃在 THF 可溶物中富集而引起的。

2. 芳环骨架伸缩振动吸收峰特征

1600～1450cm^{-1} 范围内 1600cm^{-1}、1500cm^{-1} 和 1450cm^{-1} 处的三个吸收带都属于苯环骨架伸缩振动。1600cm^{-1} 是苯环骨架伸缩振动吸收的特征峰。该特征峰起因复杂,可能包括了芳香双碳 C＝C 骨架振动等多种因素。神府煤及其经解聚处理产物的 THF 可溶物和 THF 不溶物在 1600cm^{-1} 附近都表现出强吸收。神府煤芳香度 f_a 为 0.77,环缩合数 R 为 3.75,含有大量的芳环结构。所以这些试样的 1600cm^{-1} 强吸收,主要由芳香C＝C骨架振动引起,其中也有羰基与氢键形成的醌式羰基C＝O···HO 结构的贡献。

各种处理试样都具有 1600cm^{-1} 处的强吸收峰表明萃取、超临界甲醇解聚和 BCⅡ 催化条件下在超临界甲醇中的解聚都不会明显影响煤中的芳香结构。换句话说,煤中的芳香结构在上述处理过程中具有稳定性。

1500cm^{-1} 处的峰也是来自苯环 C＝C 骨架振动吸收。Ealfson[24] 的研究表明泥炭、次烟煤在 1500cm^{-1} 处有吸收,但烟煤在此处无吸收。考虑到苯环被取代的程度增加时,其C＝C振动频率会向长波方向移动直到 1450cm^{-1} 处,可以认为这可能是其没有 1500cm^{-1} 振动的原因。神府煤在 1500cm^{-1} 处有弱肩峰出现,而 THF 可溶物和不溶物在 1500cm^{-1} 处中几乎观察不到吸收峰。神府原煤样经萃取后,THF 不溶物的 1439cm^{-1} 峰变化明显,而 THF 可溶物在该区间内出现明显的 1442cm^{-1} 和 1457cm^{-1} 峰。在超临界甲醇中解聚后产物 THF 不溶物的 1439cm^{-1} 峰强度有所增加,THF 可溶物的 1437cm^{-1} 峰强度明显增加。这种现象表明,经过萃取后多取代基芳烃及脂肪性 CH 在萃取液中富集,煤粒表面的浓度也增加。BCⅡ 催化的神府煤在超临界甲醇中反应产物的 THF 可溶物和 THF 不溶物的 1437cm^{-1} 峰吸收很强但无峰尖。

由以上对 FTIR 谱图的分析可以看出,超临界甲醇解聚过程不会增加试样中的芳烃 C＝C 结构和甲基桥键 C—H 结构以及脂肪性甲基 C—H。所以这一过程中 THF 不溶物 1437cm^{-1} 峰吸收增强的原因可能在于形成氢键的 O···H 弯曲振动吸收和脂肪性甲基 C—H 的增加。而氢键和脂肪性 C—H 增加的原因在于煤在甲醇溶液中解聚过程中有甲醇的吸附,氧含量增加证明了这一点。

在 BCⅡ 催化下煤在超临界甲醇中反应后,1437cm^{-1} 吸收峰增强的原因与上述原因截然不同。元素分析表明经反应后氧含量大大降低,所以 1437cm^{-1} 吸收峰增强的原因不是由形成的氢键引起的。其原因可能是在 BCⅡ 催化条件下,甲醇本身反应生成了大量的甲苯、乙苯和苯乙酸等芳香化合物。少量的这些化合物有可能残留在 THF 不溶物中并引起 1437cm^{-1} 峰增强。分析认为 1437cm^{-1} 峰吸收增强的另一个原因是在 BCⅡ催化反应过程中烷基化反应可能发生，而这些烷基化的甲基中的 C—H 的弯曲振动吸收是其吸收峰增强的主要原因。经 BCⅡ催化反应后，C 和 H 元素含量的增加表明可能有烷基化反应的发生。

综上对芳香结构的分析可以看出，神府煤中存在有大量的芳香结构，超临界甲醇热解过程和 BCⅡ催化下煤在超临界甲醇溶液中的解聚反应，对骨架结构上的芳香性 C—H 结构没有明显影响。神府煤 1600cm^{-1} 波数吸收峰主要由芳香 C＝C 骨架振动引起，其中也有羰基与氢键形成的醌式羰基 C＝O···HO 结构的贡献。煤在超临界甲醇中解聚时，煤与甲醇反应有氢键生成并"吸附"甲醇，它在 THF 不溶物中的残留使 THF 不溶物的氧含量增加。经 BCⅡ催化反应后，THF 不溶物的1437cm^{-1} 峰增强，C 和 H 元素含量提高表明可能有烷基化反应发生。

（三）脂肪性 C—H 结构

1. 神府煤和直接萃取物的脂肪性结构

2800～3000cm^{-1} 区域属于 CH$_3$、CH$_2$ 和 CH 基团结构中 C—H 共振吸收。在用神府原煤样研究直接萃取的 THF 可溶物和不溶物的谱图中，2920cm^{-1} 和2850cm^{-1} 两个强吸收峰分别来自 C—H 的面内对称和反对称伸缩振动，这些C—H结构都归属于脂肪烃类。三个样品的 2920cm^{-1} 和 2850cm^{-1} 峰相比，神府原煤样和 THF 不溶物的峰强度较弱，二者的 2920cm^{-1} 主峰上有一个 2950cm^{-1} 的肩带，这个肩带表明了甲基的存在。在 THF 可溶物的谱图中 2920cm^{-1} 和 2850cm^{-1} 峰的吸收强度明显增加，而且 2950cm^{-1} 峰的肩带也转变成明显的强峰。这表明神府煤中含有一定的脂肪结构，THF 萃取处理使脂肪结构在 THF 可溶物中富集。

2. 超临界热解和 BCⅡ催化反应对脂肪性 C—H 结构的影响

当煤在超临界甲醇条件下解聚和在 BCⅡ催化条件下解聚后，两种产物的 THF 不溶物的 2920cm^{-1} 和 2850cm^{-1} 峰没有发生明显的变化。但是 THF 可溶物的这两个峰的吸收强度明显增加，2950cm^{-1} 肩峰也表现为强峰。神府原煤样、原煤样 THF 不溶物及热解产物 THF 不溶物的 2920cm^{-1} 和 2850cm^{-1} 峰的相似性表明，萃取和超临界甲醇中的解聚过程，对神府煤的脂肪烃结构没有明显的影响作用。解聚产物 THF 可溶物中 2920cm^{-1} 和 2850cm^{-1} 峰强度增加的原因和直接萃取 THF 可溶物的这两个峰增强的原因一样，主要在于含脂肪化合物的富集。BCⅡ催化条件下反应后产物 THF 不溶物中 2920cm^{-1} 和 2850cm^{-1} 峰由原煤中脂肪结构中的 C—H 结构引起，而 THF 可溶物中这两个峰强度增加的原因可能在于含脂肪键化合物的富集或是部分芳香结构的烷基化。$1375cm^{-1}$ 是甲基与饱和碳原子相连时反对称变形振动的吸收位置。神府原煤样、神府原煤样 THF 直接萃取可溶物和不溶物、超临界甲醇解聚产物 THF 可溶物和不溶物在 $1375cm^{-1}$ 都表现出强吸收峰,而且萃取和热解过程对 $1375cm^{-1}$ 峰影响不明显。BCⅡ催化反应产物的 THF 可溶物和不溶物的 $1375cm^{-1}$ 峰明显加强,再一次证实 BCⅡ催化反应有烷基化反应发生。

(四)含羰基结构

1. 羰基峰特征

脂肪酮 RCOR 中的 C═O 基的伸缩振动频率在 $1715cm^{-1}$ 波数处。在 ArCOR中,羰基和芳环直接连接可以发生 p-π 共轭(苯中的 Ⅱ 键和羰基的 C═O 共轭),共轭体系中的电子云密度平均化而引起键长平均化,使 C═O 的双键性减弱,键力常数减小,C═O 的频率降为 $1695cm^{-1}$。当 R 取代基团为电负性较大的基团如 OR′时,由于静电诱导作用,即吸电子基团的吸电子作用,使羰基碳原子上正电荷增加,从而 C═O 的双键性增强,导致了双键的键力常数变大。这种诱导效应和共轭效应的共同作用使 C═O 基的伸缩振动在 $1700cm^{-1}$ 出现。

2. 萃取、热解和 BCⅡ催化反应对羰基峰的影响

神府原煤样的 FTIR 谱图中有 $1702cm^{-1}$ 和 $1682cm^{-1}$ 两个肩峰。用萃取剂萃取后,THF 可溶物和不溶物 FTIR 谱图中的 $1700cm^{-1}$ 峰变化不明显;而煤样在超临界甲醇溶液中的解聚产物的 THF 不溶物的 $1700cm^{-1}$ 峰吸收却明显增加,尤其是解聚产物的 THF 可溶物的 $1700cm^{-1}$ 峰变的非常明显。但煤样在 BCⅡ催化作用下在超临界甲醇溶液中进行解聚液化反应后产物的 THF 不溶物的谱图中几乎看不出 $1700cm^{-1}$ 峰的存在。不同处理方法对 $1700cm^{-1}$ 峰的影响可归纳如下:用戊烷、甲醇、乙醇和 THF 进行的萃取过程对 THF 可溶物和不溶物中含 C═O 结构化合物无明显的影响;煤样在超临界甲醇中解聚后使 THF 可溶物和不溶物的 $1700cm^{-1}$ 峰增强;BCⅡ催化反应使 THF 不溶物的 $1700cm^{-1}$ 峰减弱和消失,但 THF 可溶物的 $1700 \ cm^{-1}$ 吸收峰信号加强,呈强吸收峰。

煤样经超临界甲醇中解聚后,$1700cm^{-1}$ 吸收峰呈强峰出现,但超临界甲醇解聚不会引入 C═O 结构。$1700cm^{-1}$ 峰增强是由于羰基与氢键形成的醌式羰基 C═O…HO解聚游离出 C═O 基引起的。Roy[25] 的研究认为,羰基与氢键形成的醌式羰基 C═O…HO 在 $1600cm^{-1}$ 出现吸收峰。神府原煤样及萃取馏分 THF 可溶物和 THF 不溶物的 $1600cm^{-1}$ 峰都很强,推测其中有 C═O…HO 结构的贡献。煤样在超临界甲醇中解聚后,RC═O…HOR_1 结构解聚。由于 R 和 R_1 结构不同,相对

分子质量大的RC=O结构残留在 THF 不溶物中,而相对分子质量小的 R_1C=O结构被萃取入 THF 可溶物中,这样形成了 THF 可溶物和不溶物都在1700cm^{-1}波数处出现强吸收。上述分析不仅解释了 1700cm^{-1} 呈强峰的原因,而且还可推论:神府煤 1600cm^{-1}峰中有C=O…HO 结构的贡献;C=O…HO 结构在超临界甲醇溶液中具有解聚活性。

BCⅡ催化下的反应过程使 THF 不溶物的 1700cm^{-1}峰减弱和消失的原因可能在于样品中含C=O基团的结构与醚桥相连,解聚时醚键被断裂,含C=O基团的结构被解聚成相对分子质量较小的化合物,从而被萃取入 THF 可溶物;也可能是含 C=O 的结构直接被解聚。BCⅡ催化解聚反应水溶物的 GC-MS 分析数据表明解聚产物中有酸和脂化合物的存在,这证明了上述分析是正确的。由于上述原因使 THF 不溶物 1700cm^{-1}峰消失;由于相对分子质量小的含 C=O 基团被萃取入 THF 可溶物使其 1700cm^{-1}峰增强。

综上对含羰基结构的分析可以看出,溶剂萃取过程对 THF 可溶物和不溶物中含C=O结构的化合物无明显的影响;煤中存在醌式羰基RC=O…HOR$_1$结构,这种结构在超临界甲醇解聚过程中易被解聚;BCⅡ催化下的反应过程使 THF 不溶物的 1700cm^{-1}峰减弱和消失的原因可能在于含C=O结构在解聚时被直接或间接分解为较小分子结构从而被萃取入 THF 可溶物,使 THF 不溶物的 1700cm^{-1}峰消失或减弱。

(五) 醚类结构

1. 醚类峰特征

1300~1100cm^{-1}区域的吸收为 C—O(酚)、C_{ar}—O—C_{ar}、C—O(醇)、C_{ar}—O—C_{al} 和 C_{al}—O—C_{al}的吸收范围。1250cm^{-1} 被认为是—CH_2OCH_3 型醚和C=O伸缩振动吸收,1060cm^{-1} 和 1232cm^{-1} 峰是 $ROCH_3$ 醚的反对称伸缩振动吸收,而 1120cm^{-1}可能是 $ROCH_3$ 对称伸缩振动吸收。

2. 萃取、热解和 BCⅡ催化反应对醚类峰的影响

神府原煤样在 1300~1100cm^{-1}区域以 1227cm^{-1} 为峰尖呈现一个强峰。经 THF 萃取后,不溶物和可溶物峰形和强度基本保持不变,但峰略向高波数方向偏移,分别移至 1266cm^{-1} 和 1231cm^{-1}。经过超临界甲醇解聚 THF 不溶物的峰形和强度保持基本不变,但可溶物峰更加明显,分别在波数为 1035cm^{-1}、1120cm^{-1}、1159cm^{-1} 和 1232cm^{-1} 处出现四个强峰。煤在 BCⅡ催化下解聚反应产物的 THF 萃取馏分发生了明显的变化,THF 不溶物中 1300~1100cm^{-1}峰基本消失,仅留下 1081cm^{-1}峰;THF 可溶物在 1300~1100cm^{-1}区域的峰也发生了变化,峰形变小,

在 1219cm^{-1} 波数处出现一强峰。

神府原煤样在 1227cm^{-1} 处的强峰表明其含有—O—醚氧结构。神府原煤样和神府原煤样 THF 萃取不溶物 1300～1100cm^{-1} 峰的相似性表明,萃取过程对—O—没有明显的影响。THF 萃取物在 1232cm^{-1} 处变为一肩峰表明萃取物中含—O—的基团的结构趋于一致化,这些醚多为 R_{al}—O—R_{al} 结构。解聚过程和萃取过程对醚氧基团的影响基本一致,但 THF 可溶物中的醚明显由两部分组成:R_{al}—O—R_{al}(1232cm^{-1})和 R_{al}—O—CH_3(1060cm^{-1} 和 1120cm^{-1})。BCⅡ催化反应过程使醚键断裂,导致 THF 不溶物中的 1300～1100cm^{-1} 峰消失。剩余的 1081cm^{-1} 表明,即使在 BCⅡ催化条件下仍然有部分醚被保留下来。

三、神府煤在不同解聚条件下解聚 液化反应萃取馏分的 GC-MS 分析

解聚和分解反应主要发生在煤基本结构单元间的桥键或侧链中,煤解聚液化产物(煤焦油,低相对分子质量煤萃取物等)的形成与桥链的断裂机理以及裂解生成的自由基碎片之间的相互反应有密切的关系。本小节将采用 GC-MS 为表征手段,对进行神府煤在不同解聚条件下解聚液化反应萃取馏分中的小分子相结构进行研究和讨论。

GC-MS 萃取馏分进行分析的操作条件为:EI 源,20eV,SE-30,50m×0.2mm ×0.25μm 熔融性石英毛细柱,柱温 180～275℃,采集时间 60min,进样口温度 300℃,载气为氦气(10ml·min^{-1}),校正归一化定量。

(一) 模型化合物在超临界甲醇中的行为

煤大分子的基本结构单元主要由不同缩合度的芳香核组成,在芳核的周围有多种官能团侧链。作者以甲苯、乙苯、苯酚、苯甲酸乙酯、甲基萘为模型化合物,考察了它们在超临界甲醇中的热解行为。实验在 50ml 反应器内进行。取含 10% 的模型化合物的甲醇液 10ml,在 290℃下热解 1h,冷却后对样品进行 GC 分析。反应产物的分析表明,在 290℃下,甲苯、乙苯、苯甲酸乙酯等所选用的模型化合物都很稳定,没有新的热解产物被检验出。这一结果表明,在 290℃超临界甲醇体系中,芳环结构及部分侧链取代基团(酚羟基、甲基、乙基和酯基)都能保持稳定。可以认为,在该条件下进行的煤热解解聚,其基本结构单元及侧链不致被破坏。

(二) 不同解聚条件下的小分子相

1. 神府煤中直接萃取出的小分子相物质

煤中存在有小分子相物质,除吸附的 CH_4、CO_2 和 H_2O 外,还有部分相对分子质量较大的化合物。对吡啶抽提物的萃取分馏研究表明,其平均相对分子质量在 $355\sim1025$ 的范围内[26~28]。低分子萃取馏分段为庚烷可溶物,其平均相对分子质量为 355,主要组成产物为烷烃和少量烯烃。作者以戊烷、二乙基醚、甲醇和 THF 为溶剂对煤进行萃取。该过程在较低的萃取温度下进行,无化学反应发生,所得萃取物可以认为是煤中的小分子相物质。萃取研究表明,戊烷、乙醚、甲醇和 THF 萃取物的产率分别为 0.00%、1.70%、1.40%和 3.50%。表 6-4 给出了神府煤乙醚萃取物的 GC-MS 分析结果。

表 6-4　神府煤乙醚萃取物的分类和含量/%

分　类	化合物种数	含量/%
酚	3	23.86
醇	1	7.76
芳香类	3	7.91
酯类	2	10.01
烯烃	2	12.90
烷烃	5	21.88
含 N、S 杂原子化合物	3	5.81
酮	2	6.65
合　计	21	96.78

酮类化合物稳定性较差,煤中是否存在酮类化合物一直有争议。作者的萃取结果表明神府煤中存在有酮类化合物,即 2-甲基环己酮和 1-氨-2-甲基-5,10-二蒽酮,其含量为 6.65%。

乙醚萃取物分析表明,煤中有大量的小分子相物质存在。事实上在三维交联网络结构的煤大分子相中还存在有由氢键、范德华力等弱键捕获的极性小分子化合物。用极性溶剂对煤进行处理,可以打破小分子相与网络结构之间的一些结合,解除网络结构对小分子相的束缚和两相之间的缔合,使这些小分子相被脱离出来。表 6-5 给出了极性试剂甲醇萃取物的 GC-MS 分析数据。氢化芳香结构长期以来一直被人们认作为煤解聚液化初期的供氢物,对煤的解聚液化过程起着举足轻重的作用。以四氢化萘为供氢模型化合物的研究已有很多报道,但有关烷基化氢化芳香性含氧杂环供氢能力的研究报道目前尚未见到。

表 6‑5　神府煤甲醇萃取物 GC-MS 定性分析结果

编号	产品	分子式
1	2(3H)-二氢化呋喃糖	$C_4H_6O_2$
2	1,1-二甲基丙烷	$C_5H_{12}O_2$
3	2-丁基-四氢化呋喃	$C_8H_{16}O$
4	1,1-松油醇	$C_{10}H_{18}O$
5	3-甲基-1-戊烯 3-醇	$C_6H_{12}O$
6	3-卤代-6-甲氧基哒嗪	$C_5H_5ClN_2O$
7	3,3-二甲氧基-1-戊烯	$C_5H_{10}O_2$
8	十六烷	$C_{16}H_{34}$
9	N-(3-甲氧基苯基)-2,2-二甲基丙酰氨	$C_{12}H_{17}NO_2$
10	2,6,10,14-四甲基十六烷	$C_{20}H_{42}$
11	十二烷	$C_{12}H_{26}$
12	十九烷	$C_{19}H_{40}$
13	1-卤代十六烷	$C_{16}H_{33}Cl$
14	二十烷	$C_{20}H_{42}$
15	3-甲基二十烷	$C_{21}H_{44}$
16	1-卤代十八烷	$C_{18}H_{37}Cl$

2. 神府煤经超临界甲醇解聚后萃取出的小分子相物质

提高极性溶剂处理温度,能有效地促使氢键断裂。经过超临界甲醇解聚后,戊烷可溶物中通过 GC-MS 检出的化合物共 50 种,粗略划分为 12 类列于表 6‑6。在超临界甲醇解聚产物的戊烷萃取物中,仍然发现了氢化杂环化合物:2(3H)-二

表 6‑6　超临界甲醇条件下热解后戊烷可溶物的 GC-MS 定性分析结果

分类	化合物种数	含量/%
酚	9	9.37
甲氧基酚	3	2.09
芳香化合物	15	39.31
烷烃	1	4.75
烯烃	2	1.59
杂环化合物	2	1.42
氢化杂环化合物	4	9.21
醇	2	3.33
酯	4	8.17
酮	4	4.43
糖	2	5.68
醌	2	5.17
合　计	50	94.52

氢化呋喃糖、2-丁基-四氢化呋喃、4,5,6,7-四氢化-7-甲基-1-H-吲哚和二氢化吡喃,前两者的含量还比较高,分别为 2.71% 和 3.03%。戊烷可溶物以烷烃取代的芳香性化合物为主共 15 种,其含量为 39.31%;检出的烷烃和烯烃较少,含量较低。检出物中仍然有醇、酯和酮。

3. 神府煤经碱催化超临界甲醇解聚后萃取出的小分子相物质

在超临界甲醇体系中加入 KOH 催化剂后,与非催化超临界热解相比煤解聚反应性明显增加,神府煤的最高总转化率从 8.33% 增加到 84.33%,产物组成发生了明显的变化。通过 GC-MS 分析可以发现,在超临界条件下加入 KOH 碱催化剂以后煤解聚产物的戊烷萃取物中主要组成物是环己烷、甲苯、乙苯和苯甲酸乙酯,其含量分别为 51.36%、9.69%、18.63% 和 8.2%。萃取物中还含有多甲基取代酚类及多烷基取代萘和菲。需要强调的是戊烷萃取物中含有甲氧基酚类和酮。KOH 催化产物中含有酮不完全氧化产物是其组成特征。可以认为产物中的环己烷、甲苯、乙苯和苯甲酸乙酯来自碱催化下的甲醇反应。其他组成则代表了 KOH 催化反应产物的特征,如酚类化合物,以其他化合物为基准(除了上述四种化合物)时,其含量高达 28.10%。

采用 BCⅡ 为催化剂与采用 KOH 催化剂相比,前者的最高总转化率有明显的提高,从 84.33% 提高到 88.48%。通过 GC-MS 分析可以发现,戊烷萃取物中也以环己烷、甲苯、乙苯和苯甲酸乙酯为主要组成成分,含量分别为 32.59%、6.63%、9.43% 和 1.62%。其组成的最大特点在于存在多甲基取代的苯和萘以及多甲基取代酚类。萃取物中有 19 种取代酚。以除环己烷、甲苯、乙苯和苯甲酸乙酯外的其他化合物为基准其含量达 31.21%。

在 BCⅡ 催化条件下甲醇自身要发生分解复合反应。在这一体系中有煤存在时,甲醇与煤也要发生反应。反应以烷基化反应和脱氧反应最为明显。烷基化反应表现在采用 BCⅡ 催化剂后,解聚产物中的烷基取代大大增加。脱氧反应表现在采用 BCⅡ 催化剂后,甲氧基取代基明显减少,THF 不溶物的氧含量明显降低。

4. 小分子相的统计平均结构

煤的萃取物结构特征反映了煤中的部分原始结构单元,所以根据萃取物的结构特征去推测煤的结构是合理的。从 van Krevelen 将统计结构分析方法应用到煤结构研究以来,人们进行了许多煤、煤焦油和煤萃取物的统计结构研究,本书第三章第三节和第三章第五节二(二)4.中也有比较详细的讨论。作者在研究神府煤小分子相组成特性的基础上利用 GC-MS 数据,根据平衡法(lift out and replace)程序计算了神府煤超临界甲醇解聚产物戊烷可溶物中芳香性化合物的平均分子结构中的各类原子数(表 6-7)和结构参数(表 6-8),并据此构造了相应的小分子相统计平均结构如下：

表 6-7　神府煤超临界甲醇解聚产物戊烷可溶物中芳香性化合物的平均分子结构中的各类原子数

原子种类	C_{al}	C_{ar}	H_{al}	H_{ar}	H_{OH}	—O—
原子数	3.731	9.801	9.553	5.796	0.364	0.060

表 6-8　神府煤超临界甲醇解聚产物戊烷可溶物中芳香性化合物的平均分子结构参数

结构参数	定　义	计算公式	计算结果
C_n	碳原子数目	$C_{ar}+C_{al}$	13.53
H_n	氢原子数目	$H_{ar}+H_{al}+H_{OH}$	15.71
S	环结构参数	$2C_n+2-H_n$	13.35
f_a	芳香度	C_{ar}/C_n	0.72
x	取代烷基 H/C	H_{al}/C_{al}	2.55
$C_{p(un)}$	未取代的外围芳香碳	H_{ar}	5.80
$C_{p(s)}$	取代的外围芳香碳	$\sum C_{p(s),i}*$	2.39
C_{anb}	芳香非桥键碳原子数	$C_{p(un)}+C_{p(us)}$	8.19
C_{ab}	芳香桥键碳原子数	$C_{ar}-C_{anb}$	1.16
R_a	平均结构中的芳环数	$(C_{ar}-C_{anb})/2+M_{an}$	1.91
M_{an}	芳香核数目	$(C_{anb}/3)-(C_{ar}/6)$	1.10
R	环结构数	$(S-C_{ar})/2$	1.78

* i 表示 GC-MS 检测到的各分子。

　　综上所述,在超临界甲醇体系条件下进行的煤解聚反应中,煤的基本结构单元保持稳定。神府煤中存在多种小分子化合物,包括两种氢化杂环结构形态和酮类化合物,这一结果对于煤中是否有酮类化合物作出了肯定回答。在超临界甲醇体系中加入碱催化剂后,煤解聚反应性明显增强,催化解聚产物的戊烷可溶物明显增多;其主要组成物是环己烷、甲苯、乙苯和苯甲酸乙酯,这些化合物来自催化作用下的甲醇反应。基于平衡法程序得到萃取馏分统计平均分子结构模型是一个多甲基取代的萘酚。

四、神府煤在醇-碱体系中的解聚液化反应性

　　本小节考察了反应条件对神府煤在甲醇-碱(BCⅡ 或 KOH)体系中解聚液化的反应性,重点为神府煤在 BCⅡ 催化甲醇自身发生复合分解反应的特殊环境中的解聚液化行为。

　　煤在醇-碱体系中解聚液化产物主要由三部分组成:气体产物、固体-液体产物

和水溶性产物。气体产物和水溶性产物的产率较低（一般＜6％），而固-液产物是主要组成。作者用戊烷、乙醚、甲醇和 THF 对固体产物进行了萃取分馏，分别获得戊烷可溶物，乙醚可溶物，甲醇可溶物，THF 可溶物和 THF 不溶物五个萃取馏分。定义干燥无灰基 THF 不溶物 W_{THFi} 为没有转化的残煤，因此煤的解聚液化转化率 x 可由下式计算：

$$x = \frac{W_0 - W_{THFi}}{W_0}$$

$$= \frac{W_G + W_W + W_P + W_E + W_M + W_{THFs}}{W_0}$$

式中：W_0——试样煤质量，g，daf；

　　W_G——气体产物质量，g；

　　W_W——水溶性产物质量，g；

　　W_P——戊烷可溶物质量，g；

　　W_E——乙醚可溶物质量，g；

　　W_M——甲醇可溶物质量，g；

　　W_{THFi}——THF 不溶物质量，g；

　　W_{THFs}——THF 可溶物质量，g。

（一）超临界甲醇和 KOH 条件下气体产物的组成

以 KOH 为催化剂，神府煤在超临界甲醇溶液中解聚时气体产物中的主要成分是 CH_4、C_3H_8 和 C_4H_{10} 等烷烃，此外还有较高含量的 C_2H_4、C_3H_6 和 C_4H_8 等烯烃化合物及双烯化合物 $CH_2 = CH—CH = CH_2$。表 6-9 给出了不同反应温度下典型的气体组成分析。250℃气体产物的产率较低为 1.55％，反应温度升高到 270℃时，气体产物产率增加到 1.92％。气体产物主要由 $C_{1\sim4}$ 的烷烃和烯烃组成，其中 C_2H_4 含量较高，在 250℃和 270℃的反应温度下分别达到 0.93％和 1.15％。

表 6-9　神府煤在醇-碱体系中解聚时气体产物的组成（质量分数）/％

产　　物	反应温度/℃	
	250	270
CH_4	0.02	0.08
C_2H_4	0.93	1.15
C_3H_8	0.01	0.03
C_3H_6	0.02	0.11
C_4H_8	0.05	0.15
C_4H_{10}	0.52	0.40
合　　计	1.55	1.92

(二) 超临界甲醇-碱体系中解聚液化水溶性产物的组成

煤在 290℃醇-碱体系下解聚后,用 $2mol \cdot L^{-1}$ 的 HCl 进行中和,中和后部分产物溶于水溶液中。水溶性产物的 GC-MS 分析数据表明神府煤在以 KOH 为催化剂的超临界甲醇中解聚后的水溶物,主要由环己烷(49.14%)、甲苯(17.66%)、乙苯(23.75%)、主要是甲基的烷基取代酚(7 种共计 2.37%)和甲氧基酚类(4 种共计 1.71%)组成。水溶物中还检出酯类化合物(3 种共计 0.27%)、酮类化合物(2 种共计 0.42%)以及其他醛类和萘衍生物等。

采用 BCⅡ 作为催化剂时产物分布发生了明显的变化,与采用 KOH 为催化剂相比,环己烷和乙苯含量明显降低,而甲苯含量明显增加,分别为 4.51%、6.60% 和 45.66%。产物中仍然含有酚类等化合物(4 种共计 11.10%)、甲氧基酚类 1 种(0.48%),同时出现了酸类产物(4 种共计 18.85%),其中甲酸占 11.57%。产物中还有酯类化合物(2 种计 7.19%)、烯烃(0.04%)、醇(0.25%)、多取代基萘(0.23%)等化合物。

分析 KOH 和 BCⅡ 两种催化剂的水溶性产物的组成,可以看出它们的主要产物基本相同,均为环己烷、甲苯和乙苯等产物。这些产物很可能来自甲醇自身反应过程。它们的区别在于,前者的产物中有酮醛化合物,没有酸、烯和醇类化合物,而后者的产物中有酸、烯和醇类化合物,没有酮、醛等化合物。BCⅡ 催化过程具有氧化性,甲氧基基团有脱氧行为,煤在 BCⅡ 催化的解聚过程中具有较高的解聚液化反应性。

表 6-10　不同催化剂条件下水溶物的种类和含量/%

分　类	KOH		BCⅡ	
	化合物种类	含量	化合物种类	含量
环己烷	1	49.14	1	4.51
甲苯	1	17.66	1	45.66
乙苯	1	23.75	1	6.60
酚类	7	2.37	4	11.10
甲氧基酚	4	1.71	1	0.48
酯	3	0.27	2	7.19
酮	2	0.42	—	—
醛	1	4.95	—	—
萘类	1	0.15	1	0.23
含 S 或 N 杂原子化合物	1	0.07	—	—
酸	—	—	4	18.85
烯	—	—	1	0.04
醇	—	—	1	0.25

（三）碱催化剂对煤在超临界甲醇中解聚的影响

图 6-4 给出了 290℃下碱催化超临界甲醇中解聚反应固-液产物中各萃取馏分的分布。可以看出，当采用 BCⅡ为催化剂时，戊烷可溶物略有增加，而乙醚和甲醇可溶物明显增加，分别增加 115％和 327％；THF 可溶物和不溶物两个馏分产率都明显降低，分别降低 21.4％和 25.29％。这表明，在 BCⅡ催化的甲醇超临界状态体系中煤进行解聚时有很高的解聚反应性。

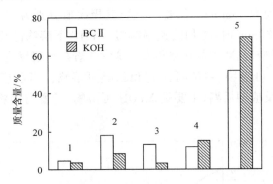

图 6-4　催化剂种类对解聚产物萃取馏分分布的影响

1—戊烷可溶物；2—乙醚可溶物；3—甲醇可溶物；4—THF 可溶物；5—THF 不溶物

（四）反应时间对解聚反应性的影响

反应时间对神府煤解聚影响的研究，在如下反应条件下完成：MeOH 用量，

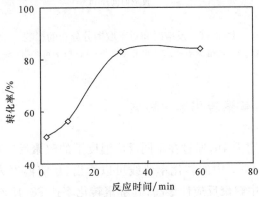

图 6-5　反应时间对神府煤解聚液化的影响

120g;催化剂 KOH,13.3g;神府煤,15.0g;反应温度,290℃;反应压力为自产生的压力,20.00～25.44MPa。图 6-5 总结了不同反应时间条件下,神府煤在甲醇-碱体系中解聚转化率的变化在 2～60min 的反应时间范围内,随着反应时间延长,转化率逐渐提高。当反应时间延长到 30min 和 60min 时可获得较高的转化率,转化率分别为 83.2% 和 84.33%。气体产物和水溶性产物(用乙醚萃取并回收的有机物)的量也随反应时间延长而增加。

图 6-6 给出了在不同反应时间条件下,固态产物中的萃取馏分分布。在不同的反应时间条件下,戊烷、乙醚可溶物随反应时间延长而单调增加,而甲醇和 THF 可溶物在反应时间为 30min 时呈现出极值,其极大值分别为 18.70% 和 33.77%;当反应时间超过 30min 时,增加的速率减慢。THF 不溶物随反应的进行逐步减少,但经 30min 反应后,减少的速率很慢。这意味着在解聚反应的前期,THF 不溶物转化成了 THF 可溶物、甲醇可溶物和乙醚可溶物。当反应时间继续延长时(30～60min),即反应的后期,主要是 MeOH 可溶物、乙醚可溶物和戊烷可溶物之间的转化。

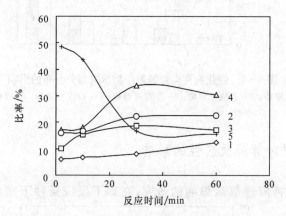

图 6-6　反应时间对萃取馏分分布的影响

1—戊烷可溶物;2—乙醚可溶物;3—甲醇可溶物;4—THF 可溶物;5—THF 不溶物

(五) 反应温度对解聚转化率的影响

把反应时间固定为 1h,通过在不同反应温度下的解聚反应可以考察神府煤的解聚反应性。从图 6-7 中的转化率曲线可以看出,反应温度为 270℃时,神府煤在醇-BCⅡ碱体系中解聚反应性最高,其解聚转化率达 88.48%,在较低或较高的反应温度下转化率降低。在 250℃时,转化率仅有 36.00%,而反应温度达到 305～310℃时,其转化率保持在 73.15%～75.21%。可以看出 270℃左右是一个最有利于转化率提高的温度。

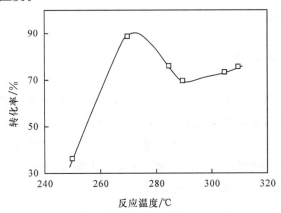

图 6-7　反应温度对神府煤解聚液化的影响

在解聚反应中,固-液产物产率在 290℃ 的反应温度下获得最大值,在较低的反应温度 250~270℃ 下,固-液产物产率降低;而在高反应温度下,固液产物的产率最低,只有 17.28%。图 6-8 给出了不同反应温度下各种溶剂对解聚产物的萃取馏分分布曲线。随反应温度升高,戊烷可溶物增多。在 250℃ 下,戊烷的可溶物为 1.85%;当反应温度升高到 310℃ 时,戊烷可溶物的产率达到 16.04%。其他溶剂的萃取率的变化则较为复杂,没有明显的变化规律。

综上所述,以 BCⅡ 为催化剂,在反应时间 1h、反应温度为 270℃ 的条件下,煤在甲醇体系中的解聚转化率可达 88.48%,解聚产物中,乙醚、甲醇和 THF 的可溶

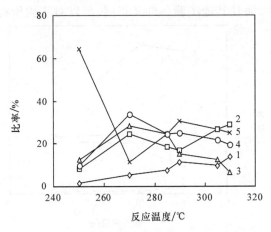

图 6-8　反应温度对萃取的馏分分布的影响

1—戊烷可溶物;2—乙醚可溶物;3—甲醇可溶物;4—THF 可溶物;5—THF 不溶物

物为主要馏分。当反应温度升高到 310℃时,转化率降低,同时解聚物中萃取馏分
组成发生了明显的变化。

(六) 煤样用量的影响

在反应温度 290℃,甲醇 38.5g,反应时间 1h,选用 BCⅡ 为催化剂的反应条件
下,考察了不同煤样用量对转化率的影响及产物分布。表 6-11 给出了不同煤样
量条件下的转化率数据,可以看出随煤样量的增加,试样的解聚转化率降低。当煤
样量较小(5g,煤样与甲醇比为 0.13)时,煤样转化率高达 88.02%;当煤样量增加
(20g,煤样与甲醇比增加到 0.52)时,转化率降至 65.54%。

表 6-11　煤样量对解聚反应性的影响

项　目	煤样用量/g		
	5	10	20
自压力/MPa	16.34	15.47	12.55
转化率/%	88.02	84.45	65.54
固、液产物质量/g	4.74	9.31	18.33

图 6-9 给出了不同煤样量固体产物中萃取馏分的分布。可以看出当煤样用
量较少时,煤样以高的转化率转化成戊烷、乙醚、甲醇和 THF 可溶物;随煤样量的
增加,各萃取馏分的萃取率都呈降低趋势。在研究所用煤样量范围内,煤样在甲醇
中有良好的分散性,而且其他实验条件又相同,所以对实验所得有明显差别的结

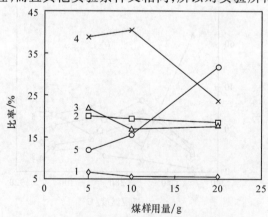

图 6-9　煤样量对萃取馏分分布的影响
1—戊烷可溶物;2—乙醚可溶物;3—甲醇可溶物;4—THF 可溶物;5—THF 不溶物

果,难以给予恰当的解释。实验发现,当试样量大于 20g 时,反应结束后其产物呈焦油状并难溶于甲醇,所以已不能用甲醇为溶剂来洗涤和收集产品。此时,采用正戊烷为溶剂收集产品取得了较好的效果。这一现象表明,在试样用量较大的情况下,煤-甲醇-碱体系发生的化学反应不同于小试样量的反应。根据这一事实推测,当煤/甲醇比增加时,煤烷基化反应或甲醇自身反应生成弱极性化合物的反应增加,煤粒表面生成或吸附非极性化合物,使得产物难以溶于甲醇,从而导致了上述实验结果。

参 考 文 献

[1] 谢克昌 . 燃料化工 . 1998, 19(2): 55

[2] Heredy L. A. et al. Fuel. 1964, 43: 414

[3] Holy N. L. Chem. Rev. 1974, 74: 243

[4] Heredy L. A. Am. Chem. Soc. Prepr. Div. Fuel Chem. 1979, 24 (1): 142

[5] Meriam J. S. et al. Fuel. 1981, 60: 542

[6] Geymer D. O. U.S. Pat. 3844928, 1974

[7] Bodily D. M. et al. Am. Chem. Soc. Prepr. Div. Fuel Chem. 1972, 16 (2): 163

[8] Bodily D. M. et al. Am. Chem. Soc. Prepr. Div. Fuel Chem. 1974, 9(1): 163

[9] Tanner K. I. et al. Fuel. 1981, 60: 52

[10] Oblad H. B. Ph. D. Dissertation. University of Utah, 1982

[11] Mobley D. P. et al. J. of Catal. 1980, 64: 494

[12] Jensen R. E. M. S. Thesis. University of Utah, 1981

[13] Makabe M. et al. Fuel Proc. Tech. 1981, 5: 129

[14] Makabe M et al. Fuel. 1981, 60: 327

[15] Ouchi K. et al. Fuel. 1981, 60: 474

[16] Anderson L. L. et al. ACS Symp. Ser. 169: 223.

[17] Sakbut P. D. et al. Fuel Processing Tech. 1988, 18: 287

[18] Tanakom S. Ph. D. Dissertation. University of Utah, 1987

[19] Whitehurst D. D. et al. Am. Chem. Soc. Prep. Div. Fuel Chem. 1976, 21(5): 127

[20] Neavel R. C. Fuel. 1976, 55: 237

[21] Wiser W. H. et al. J. Appl. Chem. Biotechnol. 1976, 21: 82

[22] Wiser W. H. Fuel. 1968, 47: 475

[23] Benjamin B. M. et al. Fuel. 1978, 57: 267

[24] Ealfson R. M. J. Chem. 1957, 35: 926

[25] Roy M. M. Fuel. 1957, 35: 926

[26] Li X. L. et al. 10th Int. Conf. on Coal Sci. Taiyuan, 1999

[27] 朱素渝等 . 燃料化学学报 . 1994, 22(3): 427

[28] Li F. et al. Fuel Sci. and Tech. Int'l. 1994, 12(1): 151

第七章 煤的燃烧反应

由于受生产技术水平的限制,我国现行煤炭资源的利用和转换有 80% 是通过燃烧而直接消耗并带来严重污染,因而如何提高煤的燃烧效率,寻找一条高效洁净的煤燃烧途径是一项重大课题。煤的燃烧是一个相当复杂的过程,它是一个受多种因素影响的复杂的多相反应。煤质、气氛、温度、压力、燃烧设备等都对煤的燃烧产生重要影响。如何在诸多影响因素中把握住关键,开展深入细致的研究,一直是人们从事的科技活动中较为活跃的领域之一。本章重点讨论煤表面在燃烧反应中的变化和煤燃烧反应的动力学的规律。

第一节 煤的燃烧反应和表面形态变化

一、煤燃烧过程的基本描述

燃烧反应实际上就是燃料中的可燃元素与氧发生化合反应并同时发生光和热的氧化过程。燃烧的发生与持续,必须同时具备可燃物料、氧化剂(如空气或氧)和将燃料加热到燃烧反应需要的最低着火温度(表 7-1)。燃烧反应的种类很多,按照燃烧产物是否完全氧化可分为完全燃烧与不完全燃烧;根据燃烧设备和控制条件可分为固定床燃烧、流化床燃烧和气流床燃烧;根据燃烧时的表观现象,可分为正常燃烧(有相对稳定的燃烧过程和燃烧空间)与非正常燃烧(如煤尘爆炸、烟气爆炸等),又可分为有焰燃烧与无焰燃烧等等。

表 7-1 部分固体燃料的着火温度

燃料	木柴	褐煤	烟煤	无烟煤	焦炭
着火温度/℃	280～300	250～410	400～500	550～600	＞700

(一)煤的燃烧过程

以煤为主体来描述煤的燃烧过程,首先是煤的颗粒被外来能量加热和干燥到 100℃ 以上,煤中水分逐渐蒸发,之后随着温度的升高析出挥发分和形成煤焦,达到着火温度后挥发物和煤焦着火燃烧,最后是煤中的矿物质生成灰渣。这些阶段在燃烧空间充分的条件下可能顺序发生,在燃烧空间不充分或连续添加煤料时也可能各阶段相互交叉或者同步进行。挥发分析出过程可能在水分没有完全蒸发尽就开始,煤焦也可能在挥发物没有完全析出前就开始着火燃烧等。煤中可燃物的主体是固定碳,是释放热量的主要来源,燃烬时间也最长。煤焦的燃烧是煤燃烧过程中起决定性作用的阶段,它决定着燃烧反应的最主要特征。一般来说干燥和析出挥发分大约占总燃烧时间的10%,而煤焦的燃烧占90%。

以煤燃烧反应中的气体为主体描述煤的燃烧过程,首先是氧气通过气流边界层在灰层中扩散和在煤粒内部微孔中扩散,之后在煤表面上发生化学吸附与氧化反应,解吸后的反应产物通过内部微孔扩散到达煤的外表面,再继续扩散通过灰层,进而通过气流边界层进入主气流进行扩散。燃烧过程整个时间由化学反应时间和扩散时间构成。化学反应时间主要取决于煤的本性(成煤物质和变质程度)和温度;扩散时间则主要取决于气流速度和灰层厚度(图7-1)。

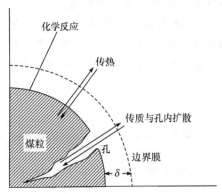

图7-1　煤燃烧的动力学过程示意图

煤的燃烧反应有两种典型的反应状态。在化学反应速率控制状态时,整个燃烧反应速率受煤表面的氧化反应速度控制,反应时间主要由化学反应时间决定。这种状态通常煤表面温度较低,要增加燃烧反应的速率,提高温度是最有效的手段。在扩散速率控制状态时,整个燃烧反应速率取决于氧气扩散到煤粒反应表面上的速率,而与温度无关。要增加燃烧反应的速率,减小煤颗粒粒径以减小灰层厚度、增大气流速度以减薄气膜厚度,使碳表面反应剂浓度增大是最有效的手段。需要说明的是,煤的燃烧状态也可能介乎上述二者之间。这时,提高温度和增强气流速度都可以增加煤的燃烧反应速率。

(二)煤燃烧反应中的化学变化

煤中的燃烧反应主要涉及到的元素是碳和氢,以下是一些主要的反应和标准状态下的反应热:

碳的完全燃烧：

$$C + O_2 \longrightarrow CO_2 \quad \Delta_r H_m^{\ominus} = -393.51 \text{kJ} \cdot \text{mol}^{-1}$$

碳的不完全燃烧：

$$C + \frac{1}{2} O_2 \longrightarrow CO \quad \Delta_r H_m^{\ominus} = -110.52 \text{kJ} \cdot \text{mol}^{-1}$$

一氧化碳的燃烧：

$$CO + \frac{1}{2} O_2 \longrightarrow CO_2 \quad \Delta_r H_m^{\ominus} = -282.99 \text{kJ} \cdot \text{mol}^{-1}$$

氢的燃烧反应：

$$H_2 + \frac{1}{2} O_2 \longrightarrow H_2O(g) \quad \Delta_r H_m^{\ominus} = -241.83 \text{kJ} \cdot \text{mol}^{-1}$$

通过上述煤燃烧基本反应式可以求出燃烧时理论耗氧量、理论烟气组成和理论烟气量。碳的不同的同素异形体具有不同的生成热，上面反应式中的反应热是按照碳的石墨构型得到的，无定形碳的燃烧反应热大于石墨的燃烧反应热。

煤在实际燃烧过程中发生的化学反应，不全都是燃烧反应，也同时伴有碳的气化过程和 CO 的燃烧等其他一些反应。以下是一些主要的反应和标准状态下的反应热：

二氧化碳气化反应：

$$C + CO_2 \longrightarrow 2CO \quad \Delta_r H_m^{\ominus} = 172.47 \text{kJ} \cdot \text{mol}^{-1}$$

水蒸气气化反应：

$$C + H_2O(g) \longrightarrow CO + H_2 \quad \Delta_r H_m^{\ominus} = 131.31 \text{kJ} \cdot \text{mol}^{-1}$$

$$C + 2H_2O(g) \longrightarrow CO_2 + 2H_2 \quad \Delta_r H_m^{\ominus} = 90.15 \text{kJ} \cdot \text{mol}^{-1}$$

水煤气变换反应

$$CO + H_2O(g) \longrightarrow CO_2 + H_2 \quad \Delta_r H_m^{\ominus} = -41.16 \text{kJ} \cdot \text{mol}^{-1}$$

甲烷化反应

$$CO + 3H_2 \longrightarrow CH_4 + H_2O(g) \quad \Delta_r H_m^{\ominus} = -206.16 \text{kJ} \cdot \text{mol}^{-1}$$

煤的燃烧可以认为是氧气先在煤表面上化学吸附生成中间络合物，而后解吸同时生成 CO_2 和 CO 两种燃烧产物：

$$xC + \frac{1}{2} yO_2 \longrightarrow [C_x O_y] \longrightarrow mCO_2 + CO$$

不同燃烧温度下煤颗粒表面的反应模式和气体浓度变化情况如图 7-2[1] 所示，靠近煤粒表面 CO/CO_2 的比值随温度而变化。低于 1200℃时比值大于 1，CO_2 浓度大于 CO 浓度，氧化反应的趋势较大；高于 1200℃时，CO/CO_2 比值小于 1，表明还原反应的趋势更大；当温度大约在 1200℃时，CO/CO_2 比值接近于 1。

煤燃烧时若气流中存在水蒸气，则可以在燃烧过程中生成 H_2。H_2 分子反应速度比 CO 要快，而水蒸气的分子反应速度比 CO_2 要快，这样当 CO_2 气化掉 1 个 C

原子时氢已经气化掉多个碳原子。因此在水蒸气存在时，煤的燃烧大大加快。所以煤的燃烧过程不能忽略煤的气化过程，燃烧与气化的结果之所以不同，受氧气量的多少控制。

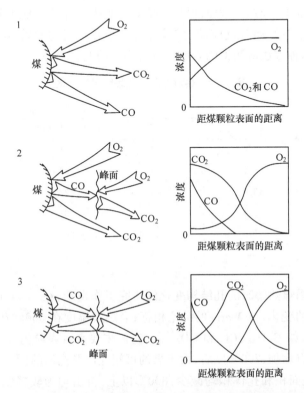

图 7-2　不同燃烧温度下煤颗粒表面的反应模式和气体浓度变化情况

1—<700℃；2—800～1200℃；3—1200～1300℃

（三）燃烧反应中表面形态变化的研究情况

1. 热解过程中表面结构的变化

煤的热解在煤着火之前发生，热解过程中煤表面结构的变化直接影响着煤的燃烧状况。Maria[2]研究了较低温度下煤热解过程中表面积的变化，结果见表7-2。从表中可以看出，无论是 N_2 表面积还是 CO_2 表面积，随着温度的升高和热解的不断进行两者都在不同程度地增加，但 CO_2 表面积增加的幅度远远大于 N_2 表面积的增加量，并且在500℃以前 CO_2 表面积不断增加的同时 N_2 表面积几乎没有变化。结合 N_2 仅能探测到中孔及大孔，而 CO_2 则可以探测到煤中微孔结构的特点可以发现，开始升温热解时，由于挥发分的析出，形成了大量的微孔结构，但大孔及中孔却没有太大变化;温度进一步升高后,挥发分的析出更为剧烈,不但开辟了新的微孔结构,还将原来微孔进一步扩展为中孔及大孔,使 N_2 和 CO_2 表面积均不断增加。同时 Maria 还研究了高挥发分煤样的热解情况。在热解一开始,CO_2 表面积不断增加的同时,N_2 表面积却在减少。他认为出现这种情况的原因在于高挥发分含量使热解开始时反应就比较剧烈,在小孔形成的同时,出现了大孔的崩溃,因而造成两种方法所测得的表面积具有不同的变化趋势。

表7-2 热解过程中煤表面积的变化

温度/℃	失重率/%	表面积/(m^2/g)		
		N_2/77K	CO_2/195K	CO_2/298K
350	4.6	<1	21	118
375	8.2	<1	22	127
400	13.0	<1	27	147
500	22.4	2.4	233	304
600	24.9	10.0	206	383
未处理	—	1.8	12.5	90

对四种中国煤热解时的孔结构变化的研究工作发现,在 500℃ 以前,孔容与孔表面积没有大的变化,与 Maria 的结论相符;当热解温度在 500~700℃ 时,煤中挥发分大量析出,如 C_nH_{2n}、CO 和 CO_2 等。它们主要来自煤粒内部,因而导致孔容积与孔面积都有增加;700℃ 以后,由于煤的可塑性以及焦油的析出,减少和堵塞了部分孔,使孔表面积和孔体积均减少;800℃ 以上,析出均为较轻物质如 H_2 等,它们的析出留下很多微孔,使表面积迅速增加[3]。对维多利亚褐煤在热解过程中分形维数的变化的研究发现,在不同气氛和处理条件下,分形维数的变化略有不同。其共同的趋势就是低温区分形维数变化不大,温度升高后分形维数有明显的增加。在 N_2 气氛下,分形维数的增加不太明显,对酸洗后的煤样,其分形维数一直稳定在 2 左右。说明酸洗的作用使煤表面光滑,形成欧氏平面[4]。

一般来说,热解过程中随着挥发分的析出,煤中孔系不断发达,尤其是形成了大量微孔结构。微孔形成的同时,使内表面和粗糙度都有所增加,其分形维数也因此而增大,这就为以后煤焦的着火提供了条件。

另外作者初期的研究还表明[5],煤的内在矿物质和主要的单种矿物质组分对煤在成焦过程中的孔扩散及新表面的生成均有促进作用。

2. 煤焦燃烧反应中表面结构的变化

煤焦在燃烧过程中,其表面结构经历了剧烈的变化。Davini[6] 研究了煤和煤焦在燃烧过程中表面积的变化趋势,主要结果如图7-3和图7-4所示。由图可知,煤和煤焦在燃烧过程中表面积都经历了一个迅速增加而后逐渐减小的过程。表面积最大的时刻所对应的时间恰好与所测得的燃烧速率最大的时刻相对应。另外从煤焦燃烧的表面变化曲线可以看出,制焦的温度越高,其表面积最大值达到的时间越短,也就是燃烧速率最大值达到的越快。煤粒中的内表面为气固两相反应提供了反应必需的接触面,内表面积的增减自然会导致燃烧反应速率的加快或减慢;而制焦温度的升高会使煤中挥发分析出的速度和数量增加,从而增加了煤焦所具有的内表面积,为反应速率达到最大值提供了条件。Ghetti[7]的研究工作也支持了 Davini 的结论。Ghetti 对煤表面积作了校正以后,将其与煤燃烧反应的速率进行比较,发现随着表面积的不断增加,燃烧速率同样在不断增加,最后同时达到最大值。

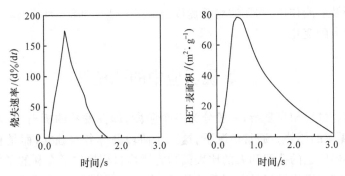

图7-3 煤燃烧的烧失曲线和 BET 表面积变化曲线

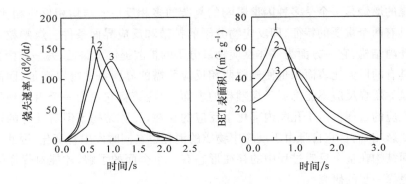

图7-4 不同制焦温度的煤焦燃烧的烧失曲线和 BET 表面积变化曲线

1—1000℃;2—800℃;3—500℃

Adams[8]对三种煤在三个燃烧温度条件下煤焦表面的变化作了表征,发现煤的比表面积在整个燃烧过程一直在增加,直到燃烧最后阶段转化率达到80%以后才开始下降;而煤的总表面积是在转化率为50%时达到最大值。他认为转化率

50％是煤燃烧转化的关键点,此时对于反应物来讲具有最大的表面积总和,为气固两相反应提供了最大的反应界面。

顾璠等[9]对煤燃烧时孔隙分布变化情况进行了研究,得到了等温燃烧条件下不同燃烧阶段的孔径分布图。研究的结论是,从褐煤到无烟煤孔径分布的变化趋势大体相同。燃前原煤中的孔大致分布在 30nm 左右,而且呈单峰;随着燃烧的不断进行,烟煤的孔径分布变化最快,而且峰值向大孔径一侧移动,并且出现了双峰;燃烧 25s 后,三种煤中孔分布均出现了双峰或多峰,说明颗粒内部孔的网络结构趋于发达,证明燃烧过程中同时存在内部孔变化。

Salatino[10]对煤焦燃烧过程中煤表面分形维数进行了测定,在不同燃烧转化率下测得的分形维数变化不大,都在 2.7～2.8 范围之内,没有增加或减少的趋势。研究认为煤焦开始燃烧后,其表面已经达到相当的粗糙程度,虽然在燃烧过程中具有孔的打开及崩溃作用,均无法对粗糙度造成进一步的加深,因而也就不会使分形维数发生太大的变化。

二、燃烧反应中的孔模型

煤的燃烧过程相当复杂,一般分为三个阶段,即挥发分的析出,挥发分和煤的燃烧,以及煤焦的燃烧。通常情况下,这三个阶段并非各自独立,而是相互重叠交替发生。煤中发达的孔隙和大的比表面积为燃烧过程提供了有利的条件。孔隙和比表面的不同使燃烧过程具有不同的特征,燃烧的不断进行又不断地改变着煤表面结构特征。

煤的燃烧是一个受多种因素影响的复杂的多相反应。与均相反应相比,多相反应具有两个重要的特征,即反应物分子的扩散和反应界面条件。煤颗粒具有发达的孔隙结构,它一方面为气体反应物氧分子的扩散提供了路径,另一方面孔隙结构所具有的巨大比表面积也使气固两相反应所需的界面条件得以满足,因而对于煤颗粒的燃烧反应不能拘泥于煤颗粒的表面,而应该将它视为一个由内到外同时发生反应的过程。由于孔隙内部化学反应的存在,孔隙结构不但对反应的进行具有重要影响,而且它自身由于反应中物质的消耗也在同时发生着变化,因此只有对煤表面结构在整个反应过程中的存在形态有一个全面的了解,才能对煤燃烧特性进行更深一步的研究。

对煤中孔结构的变化历程作出定量的解释,涉及到煤燃烧或气化过程中孔结构的模型。在这方面以及有一些研究成果,提出了一些理论模型。Thiele 和 Wheeler[11]曾将气化中孔结构描述为统一的互不交联的柱状模型,虽然能说明一些实验现象,但煤中孔的分布显然不是统一孔径的。Hashimoto 等[12]在此基础上提出了早期的随机孔模型,但由于此模型中包括了太多无法测得的常数而未能推广。现在较为完善的孔模型理论主要是 Simons[13] 提出的树形孔理论和 Bhatia[14] 提出的随机孔模型理论。

(一) 单孔模型和树形孔模型

单孔模型最早由 Peterson[15] 所提出，他假定多孔物质的孔结构由半径均匀的单一而高度可变的圆柱孔组成，当发生气固相反应时，固相反应物表面积和孔内表面积是相同的，孔隙则为反应面所包围的空体积，当只考虑化学动力学控制时可以通过计算得出转化率。此模型突出的优点即在于仅引进孔半径及孔长两个参数，对所描述的反应简单明了，所需实验参数较少，但模型所存在的问题也是显而易见的。首先，其没有考虑到孔径的分布，将孔隙描述为单一均匀的圆柱孔，这明显与事实不符；其次，气-固反应过程中，固体孔隙结构在不断发生变化，而该模型却以反应前所测得的结构参数来模拟反应过程中表面反应情况，显然不能达到客观准确；另外，该模型只考虑到了动力学控制条件，也就是仅适用于浓度场均匀的情况下，因而随后又发展了更为完善的孔模型理论——树形孔模型。

该模型为半经验模型，它将煤焦中孔结构定义为孔径为 r_p 孔长为 l_p 的圆柱形孔，l_p 与 r_p 成比例，比例系数大约为 10。煤中孔结构如同倒立的树一般，形如树干的大孔开孔于煤的外表面，而小孔则开孔于大孔之上，如同树枝。孔径分布函数为半经验公式，孔径在 r_p 到 $r_p + d r_p$ 的分布函数遵循下式：

$$g(r) \propto \frac{1}{r_p^3}$$

在模型的假定下可以计算出树干孔径为 R_T 的一个树系孔的表面积。当设定动力学控制与扩散控制交界处的树干孔径为 r_c 时，对于分支树干孔径 $r_t > r_c$ 的树系孔结构内发生的是扩散控制反应，而 $r_t < r_c$ 的分支树系孔结构内发生的是动力学控制反应。对于整个煤孔结构，要综合孔径分布函数，得出整个体系的气固反应速率。同单孔模型相比，树形孔模型首先将孔径分布概念引入到孔模型当中，而且区分了反应中所存在的动力控制和扩散控制两种情形，比较确切的描述了反应进行的实际情况，但该模型对煤的气化反应实验数据的拟合程度仍有一定的差距，说明模型所描述的孔结构与煤中孔隙的实际情况仍有不小的区别。

(二) 随机孔模型

Bhatia[14] 在总结前人理论的基础上，提出了新的随机孔模型理论。在这一理论中假设了四种孔结构模型。其一，在整个空间内所有的孔（包括大孔和小孔）均随机分布，自然也就有任意孔径孔的重叠交错；其二，大孔在固体内随机分布，小孔则在大孔以外的空间内随机分布;其三,固体内微孔族任意分布,但族与族之间没有重叠;其四,固体内微孔族任意分布,族与族之间有重叠。将四种模型所预测的吸附量与实验结果进行比较,Bhatia 认为第三种模型是最为合理的,并根据这种模型假设,推得气化转化率为

$$x = 1 - \left[1 - \frac{\tau}{\sigma}\right]^3 \exp\left[-\tau\left(1 + \frac{\varphi\tau}{4}\right)\right]$$

式中:φ——孔结构参数;

　　　σ——粒径参数;

　　　τ——时间参数。

随机孔模型同时考虑到了孔体积、表面积以及孔结构参数,导出了与煤焦表面性质密切相关的转化率表达式,而且所设定的结构参数均易得到,使模型的准确性和实用性都有明显提高,但其不足之处依然存在,如没有体现煤中矿物质对反应的影响等,因而还需不断完善。

作者初期对平鲁、大同、东山、晋城等 4 种山西煤的煤焦- CO_2 反应过程中微孔结构变化的研究表明[16],4 种煤焦的比表面积 S 与转化率 x 的关系符合 Bhatia 的随机孔模型:

$$S = S_0(1 - x)\left[1 - \varphi\ln(1 - x)\right]^{\frac{1}{2}}$$

式中:S_0——初始煤焦的表面积;

　　　φ——孔结构参数。

(三) 无形孔模型

陈鸿等[17]提出所谓无形孔模型,该模型的特点在于避开了前人所一直困惑的孔形状及大小的问题。该模型抛开了孔模型的具体结构,不以单一孔为计算单元,不沿单一孔的长度积分,而是从所有孔的整体特性出发,沿煤粒半径方向积分。煤粒球面上所有大孔横截面积之和称为扩散流通面积 S_d、煤粒内部初始比表面积 S_r 和实际燃烧有效比表面积 S_{re} 的表达式分别为

$$S_d = 4\pi r^2 \theta$$

$$\theta = \theta_0 + (1 - \theta_0)(1 - A)B$$

$$S_r = 4\pi r^2 A_r \rho(1 - \theta_0)$$

$$S_{re} = S_r(1 - A)(1 - B)$$

式中:θ——孔隙率,与初始孔隙率 θ_0、灰分 A 和燃烬度 B 有关;

　　　r——煤粒半径,m;

A_r——原煤比表面积，m^2；

ρ——原煤密度，$kg \cdot cm^{-3}$。

这样,结合燃烧过程中的传质和传热以及动力学方程即可预测得到煤燃烧时总的反应速率。

对煤燃烧过程有一个全面、正确的认识,使描述煤燃烧过程中表面特征的变化更加简单明了并与实验相吻合,仍然需要对煤的孔结构模型不断进行研究和完善。

三、四种煤样在燃烧过程中表面形态变化的研究

在本小节中,作者通过对四种不同变质程度的中国煤在三种燃烧温度条件下表面结构的变化过程进行跟踪研究,以期对燃烧过程中煤表面结构的变化情况有一个相对直观的认识。四种煤样为阜新长焰煤、辛置肥煤、峰峰贫煤、晋城无烟煤,关于煤质的元素分析和工业分析数据见表 2-15。

(一) 煤在燃烧过程中煤焦表面结构参数的测定

作者在实验中采用较低温度下的恒温燃烧条件,选取三个燃烧温度(550℃、600℃和650℃)进行对比性实验。通过筛分,得到粒径为 $100\mu m$ 的煤样。有文献报道,这样尺寸大小的煤颗粒内外扩散对燃烧反应过程的影响可以忽略。将大约 100mg 样品在盛样器皿中均匀铺开置于加热炉内,通氮气保护,气体流速为 40ml·min^{-1}。程序升温分两阶段进行:100℃前升温速率为 10℃·min^{-1},对样品进行脱水;100℃后升温速率为 30℃·min^{-1},升至预定温度后恒温,并将氮气切换为氮氧混和气(比例为 4:1),气体流速为 50ml·min^{-1}。控制不同的燃烧时间,将燃烧气氛再切换为氮气以终止反应,从而得到不同燃烧转化率下的焦样。所得焦样在 ZXF-05 型自动吸附仪上进行比表面积和孔隙率的测定。对于不同转化率煤焦的孔容、比表面积、孔径分布、最可几孔径、平均孔径等参数的测定和计算使用第三章第一节四(二)中的方法。

表 7-3～表 7-6 分别为四种煤样在三种温度不同转化率时煤焦的表面结构参数。表中所列最可几孔径和平均孔径可以基本反映出煤焦孔隙结构中的孔径分布情况。在整个燃烧过程中,随着反应的进行,最可几孔径和平均孔径没有太大的变化。也就是说,孔径分布的比例情况没有发生太大的变化。因而孔容与比表面的变化趋势保持同步,这样在燃烧过程中比表面积与分形维数的变化情况将最能反映出表面结构变化的趋势信息。

表 7-3 晋城无烟煤燃烧过程中的表面结构参数

温度 /℃	转化率 /%	比表面积 /(m²·g⁻¹)	最可几孔径 /Å	平均孔径 /Å	孔容 /(ml·g⁻¹)	分形维数
550	11.48	128.0	8.71	18.86	0.09	2.87
	19.29	228.2	8.89	16.57	0.17	2.87
	28.92	269.0	8.54	16.52	0.20	2.87
	49.76	309.4	9.00	17.82	0.26	2.77
	69.39	306.0	8.89	18.63	0.26	2.74
	81.28	138.2	8.19	18.08	0.17	2.66
600	10.06	99.5	15.62	23.11	0.09	2.79
	18.68	114.1	8.31	13.24	0.07	2.93
	31.48	204.6	8.29	15.07	0.13	2.96
	59.86	250.7	8.36	15.95	0.20	2.81
	73.39	164.0	9.42	17.53	0.17	2.78
	83.90	156.0	8.49	18.49	0.16	2.78
	94.50	140.6			0.16	2.86
650	11.00	93.0	9.25	16.29	0.08	2.73
	22.41	155.9	8.21	16.12	0.10	2.93
	30.20	185.8	8.27	17.50	0.14	2.82
	44.35	188.8	—	—	0.18	2.82
	67.47	179.2	8.75	15.51	0.11	2.85
	91.70	106.6	8.32	15.99	0.10	2.77

表 7-4 峰峰贫煤燃烧过程中的表面结构参数

温度 /℃	转化率 /%	比表面积 /(m²·g⁻¹)	最可几孔径 /Å	平均孔径 /Å	孔容 /(ml·g⁻¹)	分形维数
550	10.00	101.3	8.87	18.27	0.11	2.58
	22.24	184.6	9.68	17.70	0.13	2.93
	37.88	329.3	8.36	14.94	0.23	2.93
	66.90	379.3	8.67	17.26	0.54	2.85
	82.58	491.6	9.05	18.57	0.30	2.68
	94.37	304.6	9.43	17.74	0.21	—
600	10.42	134.4	8.30	14.95	0.09	2.85
	19.14	177.6	8.37	16.20	0.13	2.85
	38.44	250.2	—		0.18	2.91
	57.95	346.6	8.47	16.25	0.27	2.78
	75.65	431.8	9.33	20.87	0.41	2.76
	96.41	263.6	—	—	0.38	2.70
650	17.86	116.9	8.71	19.11	0.11	2.74
	27.88	194.4	8.13	18.33	0.18	2.84
	52.82	222.7	8.83	17.40	0.16	2.87
	66.11	357.9	—	—	0.30	2.81
	78.90	400.0	8.29	18.69	0.44	2.69
	91.73	272.8	8.20	19.95	0.26	2.67

表7-5　辛置肥煤燃烧过程中的表面结构参数

温度/℃	转化率/%	比表面积/(m²·g⁻¹)	最可几孔径/Å	平均孔径/Å	孔容/(ml·g⁻¹)	分形维数
	10.46	174.9	—	—	0.20	2.87
	18.70	206.5	8.80	19.74	0.25	—
550	29.05	312.9	8.19	17.84	0.31	2.79
	44.05	420.5	8.68	17.75	0.39	2.65
	70.13	437.8	8.62	17.18	0.43	2.60
	83.07	315.5	11.49	24.61	0.29	—
	17.06	113.3	8.76	22.08	0.20	2.54
	36.60	175.0	10.81	18.93	0.21	2.82
600	52.97	321.0	—		0.32	2.72
	75.04	359.7	8.17	16.77	0.34	2.76
	91.35	228.7	—		—	2.60
	22.43	139.3	8.36	15.16	0.11	2.96
	33.81	275.3	8.93	21.45	0.30	2.79
650	47.96	278.8	8.93	19.13	0.23	2.78
	63.19	289.0	8.29	18.37	0.31	2.73
	77.48	292.3	—		0.54	2.45
	91.46	130.5	—		—	—

表7-6　阜新长焰煤燃烧过程中的表面结构参数

温度/℃	转化率/%	比表面积/(m²·g⁻¹)	最可几孔径/Å	平均孔径/Å	孔容/(ml·g⁻¹)	分形维数
	28.58	178.3	9.35	17.47	0.15	2.86
	41.87	247.7	—	—	0.18	—
550	56.53	303.7	8.29	16.84	0.23	2.83
	73.55	322.2	8.54	15.86	0.23	2.88
	88.28	446.5	9.88	18.25	0.74	2.58
	15.40	88.6	8.43	16.77	0.13	2.60
	27.90	162.6	8.62	18.41	0.13	2.83
600	45.01	237.7	8.84	15.32	0.16	2.92
	60.51	278.8	—	—	0.27	2.89
	74.52	351.3	8.40	16.36	0.28	2.74
	86.12	491.8	10.35	18.42	0.63	2.77
	29.52	100.9	—	—	0.19	2.68
	46.51	225.3	8.31	18.71	0.19	2.80
650	57.18	259.1	8.27	14.92	0.19	2.80
	73.85	260.9	8.35	17.25	0.21	2.82
	81.60	271.7	8.80	15.86	0.24	2.82

（二）煤燃烧过程中比表面积的变化

图 7-5 为四种煤样燃烧过程中比表面积的变化曲线,从图中我们可以发现它们有共同的规律,同时也有各自相应的特点。在燃烧反应开始时,四种煤的比表面积均呈现迅速增加的趋势,转化率为 10% 左右时,就由原煤的不足 $10m^2 \cdot g^{-1}$ 增加到 $500m^2 \cdot g^{-1}$,此后比表面积仍在不断地增加。晋城无烟煤在转化率为 50% 左右时比表面积达到最大值;三个温度条件下,在 550℃ 时的比表面积最大,达到 $300m^2 \cdot g^{-1}$,此后比表面积开始呈现下降的趋势。峰峰贫煤及辛置肥煤则略有不同,其比表面积均在转化率为 80% 左右达到最大值,同样是 550℃ 条件下煤焦的比表面积最大,几乎达到 $500m^2 \cdot g^{-1}$。从晋城煤、峰峰煤和辛置肥煤的比表面积所经历的变化历程来看,其趋势基本上是相似的,即随着反应的进行比表面积均经历了先增大后减小的变化过程;不同之处在于不同煤种所具有比表面积最大值相对应的转化率不同。阜新长焰煤的比表面积变化比较独特,一直呈现上升趋势,直到有机质燃耗掉 90% 依然不见减小,其原因可能与阜新长焰煤的低变质程度有关。同时煤颗粒中灰分分布均匀的状况,能否有助于构成煤焦网络骨架的支撑结构对此也有影响。

对煤焦比表面积所经历的变化过程我们可以作出如下解释:燃烧开始时由于

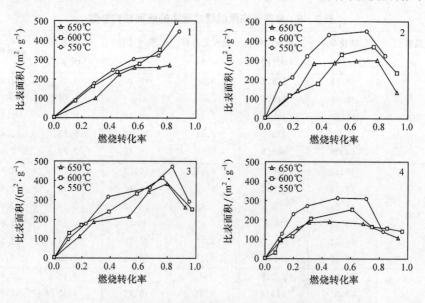

图 7-5　煤样燃烧过程中比表面积的变化

1—阜新长焰煤；2—辛置肥煤；3—峰峰贫煤；4—晋城无烟煤

挥发分的析出,在煤焦表面产生了许多新的微孔,而有机碳的消耗又使原来存在的微孔有了进一步的扩大,这样在新孔产生和旧孔扩大的双重作用下,煤焦的比表面积得到了迅速的增加。在反应进行到一定程度后,停止了挥发分的析出,而主要是碳与氧的气固两相反应,这样随着有机质的不断消耗,煤中孔结构由于孔与孔之间的合并,以及孔壁强度的逐渐削弱而遭到破坏,以至于最后造成孔的崩塌,这样使煤焦所具有的比表面积开始下降,直至最后达到最小值。

对上述四种原煤燃烧过程中煤焦孔隙率采用低温氮气吸附法测量的结果显示,在所考察的燃烧温度条件下,无论是煤焦的平均孔径,还是它们的最概然孔径,均变化不大,其值分别大约为 $1.8nm$ 和 $0.9nm$。考虑到实验使用的吸附仪器所能测得的孔径范围为 $0.4\sim30nm$,可以推测,燃烧反应对煤焦在这一范围的孔径分布状况不会产生大的改变。由此可以肯定,煤焦比表面积在燃烧过程前期的快速增长,最主要的是由于新的孔结构大量生成的缘故。实验所测得的单位质量煤焦所具有的孔容积,随着燃烧过程的不断进行,呈现出与煤焦比表面积几乎同步的变化规律,也证明了这一点。

煤种的结构特点对燃烧过程中煤焦表面结构的变化具有重要的影响。从比表面积最大值所对应的转化率可以看出,在三种不同温度条件下进行的反应,其反应物所具有的最大比表面积处在同一转化率位置,说明同种煤焦即使在不同反应温度条件下,其反应过程中所经历的反应界面条件也是相似的,而且这种界面条件同煤阶具有直接的联系。煤种的变质程度越高,最大比表面积值所对应的转化率越小,变质程度越低,则相对应的转化率也就越高。造成这种现象的主要原因可能在于随着煤种变质程度的增加,煤焦表面结构单元的芳香性增加,其相互之间的依赖性也就越强。这样随着反应的不断进行,在表面结构中更容易造成孔的崩溃现象,使其相对于低变质程度的煤种更容易出现比表面积减小的趋势。若比较同一煤种的煤焦在不同温度条件下比表面积的变化情况可以发现,550℃时形成煤焦的比表面积大于 600℃时相应的煤焦,而 650℃条件下煤焦的比表面积最小。也就是说,反应温度越低,煤焦所具有的表面积越大。这是由于低温时反应条件缓和,有利于新的微孔的产生;高温时反应剧烈,容易造成对孔结构的破坏而不利于大的比表面积的形成。

(三) 煤燃烧过程中的分形特征

对原煤可以容易地得到不同粒径大小的样品,进而根据测度关系得到其表面分形维数;对燃烧后的煤焦则无法获得不同粒径的样品,因而不能采用第二章第四节三(二)中的计算方法得到分形维数。在吸附实验中,当被吸附气体的相对压力在 $p/p_0<0.37$ 范围以内,可以认为气体分子主要在微孔内发生单分子层吸附,其

吸附情况能够反映固体的表面结构特征。由此 Avnir 等[18]推导出另一个与固体表面分形结构相关的吸附公式：

$$\theta = k\left[\ln\left(\frac{p_0}{p}\right)\right]^{-(3-D)}$$

式中：θ——相对吸附量；

$\quad\quad$ k——吸附常数；

$\quad p$、p_0——吸附气体的平衡压力和吸附气体的饱和蒸气压，Pa；

$\quad\quad$ D——燃烧后煤焦的表面分形维数。

图 7-6 即为晋城无烟煤在 650℃下经历了不同燃烧时间后所得煤焦的吸附数据，按照上式在对数坐标中得到的图形。从图中可以看出，实验数据点与公式相当吻合，相关系数均在 99% 以上。通过拟合所得直线的斜率，即可得到不同燃烬率下煤焦的表面分形维数。用同样的方法对其他三种原煤在不同燃烧温度下所制得的煤焦进行测定，得到煤焦比表面积以及分形维数随碳燃烧转化率的变化情况。

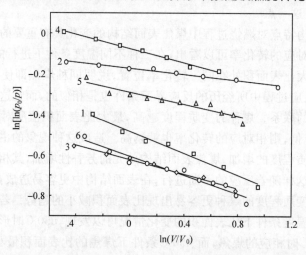

图 7-6　晋城无烟煤 650℃下不同燃烧时间所得煤焦的吸附
1—2min；2—4min；3—5min；4—6min；5—7min；6—10min

图 7-7 为四种煤样在三种温度条件下进行燃烧反应时表面分形维数的变化曲线。由于煤种、岩相组成和化学结构之间的差异，使得其表面结构在燃烧过程中的变化也不尽相同，但是仍然存在着共同的基本规律：四种煤样的比表面积从燃烧前不足 $10m^2\cdot g^{-1}$ 达到最大值 $500m^2\cdot g^{-1}$；四种原煤燃烧前表面分形维数均小于 2.5（表 2-16），燃烧反应中可以一直增加到几乎为 3。这说明在燃烧过程中煤样的表面结构发生着剧烈的变化；从四种煤样在整个反应过程中分形维数的变化趋势可以看出，它同样遵循先增大后减小的变化规律，只是变化过程中分形维数最大

值所对应的转化率要明显小于比表面达到最大值时的转化率。

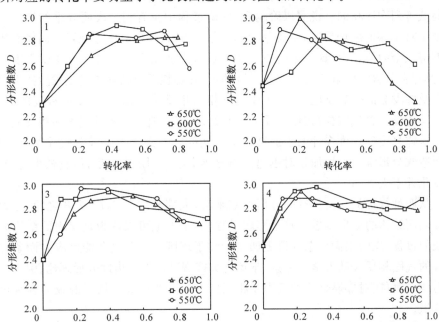

图 7 - 7　燃烧过程中煤表面分维的变化
1—阜新长焰煤；2—辛置肥煤；3—峰峰贫煤；4—晋城无烟煤

晋城无烟煤变质程度最高，表面结构的变化也最为规律。三个燃烧温度下，煤焦比表面都是先迅速增加，在 45%～50% 的燃烧转化率范围内达到最大值，而后逐渐减小。说明燃烧开始时，由于挥发分的析出以及固相有机质的消耗，使得产生新孔的同时，原来的小孔也被扩张，致使煤焦的比表面积迅速增加，当燃烧转化率超过 50% 以后，由于煤中大量固相有机质的消耗，致使煤焦表面微孔减少，大孔崩塌，导致煤焦比表面积的减少。晋城煤原煤表面分形维数为 2.48，燃烧开始后，分形维数迅速增加，当有机质燃烧掉 30%～40% 时，三个燃烧温度下煤焦表面已经达到完全的网络立体程度，二维平面理论已不再适合。而后维数略有减小，但始终维持在 2.75 左右，究其原因主要是煤焦所具有的可塑性导致孔洞周界的粗糙度减小，致使维数降低。

峰峰贫煤表面分形维数的变化类似于晋城无烟煤，燃烧的初期分形维数急剧上升，在燃烧率为 25%～40% 时接近于 3，随后略有下降。辛置肥煤表面分形维数增加速度不太一致，但其最大值均达到 2.8 以上，而且随后分形维数的减小较快。阜新长焰煤表面分形维数的增加较缓，需要燃烧率达到 50% 以上才能达到其最大值。从四种煤在燃烧过程煤焦表面分形维数的变化行为可以看出，晋城无烟煤的表面分形维数增加最快,以后依次为峰峰贫煤、辛置肥煤、阜新长焰煤,恰好同煤阶的高低排列次序相同。说明煤阶越高,燃烧过程中越有利于表面分维的增加。这是由于对于煤的燃烧反应,主要分为挥发分的析出、挥发分的燃烧以及固体有机质的燃烧三个阶段,并且这三个阶段是相互重叠交替发生的。对于低变质程度的煤种,其挥发分含量明显高于高变质程度的煤,在燃烧反应初期主要是发生挥发分的析出及挥发分的燃烧反应,反应主体为气相均相反应;而对于高变质程度的煤种,由于其挥发分含量较少,在燃烧反应一开始,就以有机质与氧的气固两相反应为主体。这样高变质程度煤种的表面结构所受到的影响必然大于低变质程度的煤种,因而造成分形维数的增加相对迅速。当分形维数达到最大值后,虽有减小的趋势,但变化并不大。

从四种煤焦最后所具有的分形维数来看,大部分均在 2.7～2.8 之间,远大于原煤表面结构的分形维数。整个燃烧过程中,基本上可以认为是煤表面结构分形增长的过程,煤的表面形态变得更加复杂和不规则。如此复杂的反应界面条件用常规的气固相反应动力学去考察,难免有失客观准确性。借助分形理论,引入分形动力学,有可能对煤燃烧这种气固多相反应有一个接近真实情形的较为客观全面的认识。

为了对煤燃烧过程中煤焦表面形态有一个直观的了解,并且与煤焦表面的分形特点相对照,作者采用扫描电镜对燃烧过程中所形成的煤焦的表面形态进行了研究。所选煤焦用晋城无烟煤在 650℃燃烧条件下制成。从电镜照片中可以明显地观察到煤焦表面所具有的孔洞结构,而且随着燃烧反应的不断进行,孔洞的存在形态也在发生着不断变化。煤焦转化率分别在 10%～20% 左右,可以看到煤焦表面结构起伏剧烈,孔洞的存在形态明显。与前面所得分析数据相对应,可以发现此时煤焦的表面分形维数急剧增加,并达到最大值,煤焦表面结构的分形特性在照片中得到明显的体现。煤焦转化率分别在 30% 和 45% 左右,煤焦表面结构的起伏状态已趋于缓和,但其孔洞所占的比例却明显增加。与前面所得分析数据相对应,可以发现此时煤焦表面的分形维数稍有下降,而比表面积仍在不断的增加,并达到了最大值,也与电镜照片所反映的信息是相一致的。煤焦转化率分别在 65%～90% 左右,从照片中已明显看到煤焦大部分有机碳烧失后所留下来的无机盐灰分,此时煤焦的表面孔结构已经开始崩溃,表面形态也开始趋于简单,比表面积和分形维数都有所下降,到最后燃烧反应活性趋于零。

(四) 煤燃烧过程中总反应面积的变化

不同转化率下煤焦所具有的比表面积是衡量所得煤焦表面形态的重要参数,但它并不能代表反应过程中气固两相反应所能够利用的界面条件。因为随着反应的不断进行,反应物所具有的物质的量也在逐渐地减少。将所得煤焦的比表面积折算为反应过程中所能利用的总的反应面积,对研究燃烧反应的速率更具实际意义。图 7‑8 为反应过程中四种煤焦所具有的总的反应面积的变化曲线。与本书后续章节关于煤焦燃烧反应过程中反应速率的变化曲线相比,二者极其相似,都经历了先增大后减小的变化过程,而且曲线形状几乎完全相同,峰值均在转化率为 50％以前达到。这说明反应速率与反应过程中反应物所具有的总的反应面积有着直接的联系,这一问题作者将在煤焦燃烧动力学的研究中继续讨论。

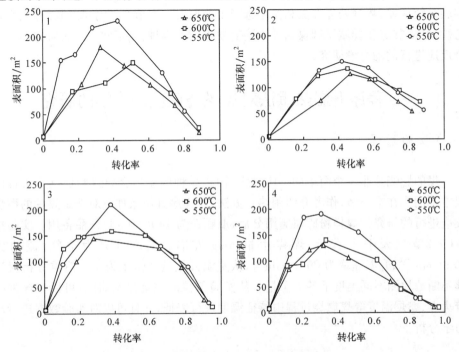

图 7‑8　燃烧过程中煤样总表面积的变化

1—阜新长焰煤;2—辛置肥煤;3—峰峰贫煤;4—晋城无烟煤

综上讨论我们可以看出,燃烧反应过程中煤的表面结构经历了剧烈的变化,煤焦的比表面积呈现先增大后减小的变化规律;并且随着煤种的不同,比表面积最大值对应的转化率不同,变质程度高,转化率小,变质程度低,转化率大。反应过程中煤焦所具有的比表面积的大小同温度及煤种有关,煤阶较高的煤种所具有的比表面积较小;反应过程中较低的温度有利于较大比表面积的形成。煤燃烧过程是其表面结构分形增长的过程,并且要快于比表面积的增加速度,整个反应在空间立体的网络结构内发生,而不同于普通气固两相的反应界面;反应过程中分形维数的增加速度同样与煤种有关,变质程度越高的煤种分形维数增加得越快。

第二节　煤燃烧反应的动力学研究

煤的燃烧反应与燃烧进行的条件密切相关,不同的条件下反应的动力学特点有所不同,有时候差异还很明显。这种差异性不仅表现在动力学参数的数值上,也表现在动力学的数学模型上。造成这种差异的原因是复杂的。有反应的具体条件的差异造成的,如燃烧方式、温度和控温方式等;也不能排除动力学测定过程中的实验系统误差、数据处理方法和模型选择上的原因。本节介绍对阜新长焰煤、辛置肥煤、峰峰贫煤和晋城无烟煤四种不同变质程度的煤种,用不同的方法对它们的燃烧反应进行的动力学研究。

一、程序升温热重法对煤燃烧反应动力学的研究

(一) 实验过程

煤的燃烧并非一个简单的反应过程,而且煤种的差异会导致燃烧反应历程的根本不同。在本小节,作者介绍用热重方法,在程序升温条件下对选定煤种的燃烧反应进行的研究。煤样粉碎碾磨筛分后,取颗粒为 $140\sim160$ 目样品备用。实验在 WCT-2 型热天平上进行,煤样用量 5mg 左右。反应气氛为空气,流速为 $40ml\cdot min^{-1}$,升温速率为 $20℃\cdot min^{-1}$,从室温升至试样恒重为止。热重分析仪连续不断地检测不同温度下的失重量。从实验所得的燃烧热重曲线,可以对煤种的着火点、燃烬温度等煤燃烧过程中特征温度进行表征,并且可以对实验数据进行动力学分析。

(二) 燃烧过程中的几个特征温度

着火点温度是指开始燃烧反应时的温度,在热重曲线上表现为开始失重时的温度,它的高低反映出煤种开始燃烧反应的难易程度;最大反应速率温度为反应过程中反应速度最快时所对应的温度,在热重曲线上表现为 DTG 曲线峰值的温度,它可以反映出煤种的燃烧性能;50％有机质燃烬温度为煤燃烧过程中失重量为总失重量一半时所对应的温度,从 TG 曲线可以得到,这一参数如同放射性元素所存在的半衰期一般,是煤燃烧过程中燃烧特性的重要度量;煤焦燃烬温度为煤燃烧反应结束时所对应的温度,从 TG 曲线上反映为试样恒重不变时的温度,它与着火点相对应,为反应过程进行的两个端点之一。

从热重曲线可以得到煤燃烧过程中上述主要特征温度,表 7-7 列出了四种煤

表 7-7　煤燃烧反应的特征温度/℃

煤　样	着火点	反应速率最快温度	50%有机质燃烬温度	燃烬温度
阜新长焰煤	271	514	497	636
辛置肥煤	362	566	571	693
峰峰贫煤	437	566	571	664
晋城无烟煤	430	589	593	710

燃烧反应过程的特征温度。从着火点看,峰峰贫煤的着火点最高,在 437℃才开始燃烧反应;晋城无烟煤的着火点与它相差不多,温度在 430℃;而阜新长焰煤的着火点明显低于其他三种煤的着火点,在 271℃即开始燃烧反应。由此可以看出,煤种的不同导致其燃烧特性具有非常大的差异性,四种煤的着火点相差在 160℃左右。对于着火点如此明显的差异,可以从煤燃烧反应的历程加以分析。如前所述,煤的燃烧过程现在普遍认为可以将其分为三个阶段,而且这三个阶段相互重叠交替发生,没有明显的界限。反应刚开始时,属于煤的热解反应,主要发生煤中挥发分的析出,此时可以认为煤的燃烧反应已经开始,在热重曲线上也开始明显出现连续失重的现象。由于煤种的不同,会导致煤中组成结构具有相当大的差异性。一般随着煤的变质程度的增加煤的物理结构变得越来越致密,煤中挥发分的含量越来越少;在燃烧反应开始时,挥发分的析出也越来越困难,进行燃烧反应的难度也就越来越大。从四种煤着火点数据看,正好符合这个规律,随着煤种变质程度的增加,煤种的着火点基本上是逐渐增加的,只是晋城无烟煤的着火点温度稍微低于峰峰贫煤的着火点。对于结构和组成均特别复杂的煤而言,它的各项反应性能都要受到多种因素的影响,此处的波动也是可以理解的。

　　从最大反应速率温度和 50%有机质燃烧时所对应的温度可以看出,四种煤所对应的特征温度的差别要小于刚开始反应时着火点温度的差别,相差在 100℃范围内。而且除阜新长焰煤外,其他三种煤的最大反应速率温度和 50%有机质燃烬温度几乎是重合的,相差仅在 5℃范围内,说明在 50%有机质燃烧时也正对应于反应速率达到了最大值。从两个温度所对应的数值大小来看,最大反应速率温度要略小于 50%有机质燃烧时所对应的温度,说明反应速率达到最大值的时间略早于 50%有机质消耗掉所对应的时间。

　　从燃烧反应结束所对应的温度来看,四种煤的燃烬温度分布相对集中。晋城无烟煤的燃烬温度最高(710℃),高于峰峰贫煤的燃烬温度(693℃),说明燃烬温度与着火点温度并不相关,着火点高的煤种其燃烬温度并不一定就高。

（三）反应活化能的计算

反应机制选定后，反应动力学方程式中 $f(x)$ 的函数形式即可确定。按照 Arrhenius 公式 $f(x)$ 的积分形式 $F(x)$ 取对数，然后对反应温度的倒数 $1/T$ 作图，由图中斜率即可得到反应过程的活化能（参见第五章第二节一）。

按照第五章第二节一（一）2. 中对反应机制的判定方法，作者对煤燃烧过程的反应机制进行了选择。判定前选择了九种常见的气固相反应机制，包括四种扩散模型，三种核化模型以及两种相界反应模型。通过选择对比，确定未反应收缩核模型较适合于本章燃烧反应条件下煤燃烧过程的机制描述。该模型的微分式和积分式已列于表 5-2。

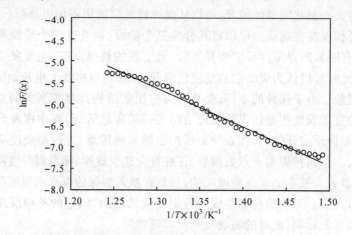

图 7-9　阜新长焰煤的 Arrhenius 图

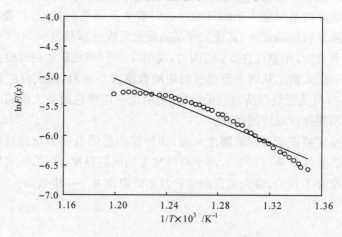

图 7-10　辛置肥煤的 Arrhenius 图

确定反应机制后,即可对四种煤燃烧过程的表观活化能进行计算。图 7 - 9 ～
图 7 - 12 为四种煤燃烧反应的 Arrhenius 图,表 7 - 8 列出了所得的计算结果。晋
城无烟煤活化能最高,而其他三种煤的活化能相差不大。

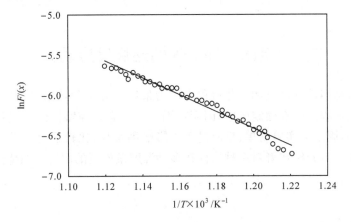

图 7 - 11　峰峰贫煤的 Arrhenius 图

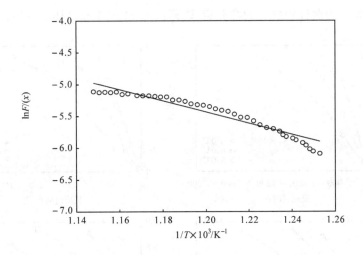

图 7 - 12　晋城无烟煤的 Arrhenius 图

将所得活化能数据与煤样的燃烧特征温度进行比较可以看出,晋城无烟煤着
火点较高,而且最大反应速率温度、50％有机质燃烬温度以及燃烬温度也最高,因
而它的燃烧反应难度也最大,它对应的活化能也是最高的。这里应该指出,从动力
学的角度讲,活化能虽然具有明确的物理意义,能够反映反应进行的难易程度;但
对于煤燃烧过程,由于它本身的复杂性及影响因素的多样性,致使此处的表观活化
能数据仅仅具有参考价值,用来说明具体的实际过程还尚显不足。

表 7-8　程序升温热重法活化能计算结果

煤　　种	阜新长焰煤	辛置肥煤	峰峰贫煤	晋城无烟煤
活化能/(kJ·mol^{-1})	74.09	74.49	73.19	86.70

二、固定床条件下煤的燃烧反应动力学

固定床是当前煤燃烧和气化过程中广为采用的方法和技术,世界上大部分煤气化和燃烧过程发生在固定床中,因而对固定床中煤燃烧特性的研究具有现实的意义。此外,固定床实验简单,反应过程中影响因素少,比较适合于进行反应机理的研究。本小节介绍作者对多种煤样在多种温度条件下的固定床燃烧情况所进行的研究工作。

(一) 实验过程

实验煤种的煤样粉碎碾磨筛分后,取颗粒为 140～160 目样品备用。实验中采

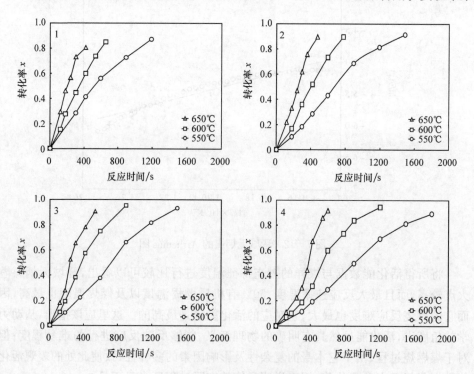

图 7-13　煤样的燃烧曲线

1—阜新长焰煤;2—辛置肥煤;3—峰峰贫煤;4—晋城无烟煤

用较低温度下的恒温燃烧条件,控温仪为 PCT-2 型智能程序控温仪。实验前准确称取煤样重量,将样品在盛样器皿中均匀铺开,推入燃烧炉管径中部,通入保护气氛 N₂ 并开始升温。N₂ 气流速为 40ml·min^{-1},以 10℃·min^{-1} 的升温速率升至100℃。待升温稳定后,以 20℃·min^{-1} 升至反应所需温度。实验中所选反应温度为 550℃、600℃和 650℃。恒温后将气氛切换为 N₂ 和 O₂ 的混合气,气体流速为50ml·min^{-1},N₂:O₂ 为 4:1。控制燃烧反应时间,将气氛重新切换为 N₂ 以终止反应,并将样品推至燃烧炉的冷端,重新称量样品质量。由此即可得到恒温条件下,转化率对时间的曲线(图 7-13)。

(二) 动力学计算

1. 反应速率的计算

若样品初始质量为 m,反应后质量为 m',则煤样的燃烧转化率为

$$x = \frac{m - m'}{m}$$

将所得 x-t 关系曲线以多项式进行拟合,有

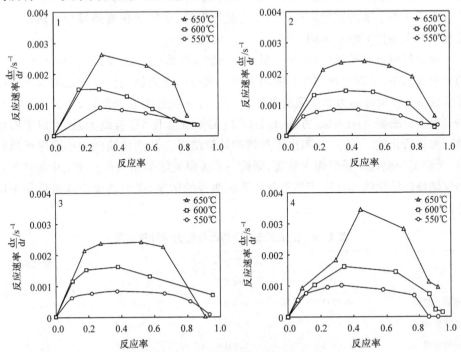

图 7-14 煤样的燃烧速率曲线

1—阜新长焰煤;2—辛置肥煤;3—峰峰贫煤;4—晋城无烟煤

$$x = c_0 + c_1 t + c_2 t^2 + \cdots + c_n t^n$$

n 为多项式所具有的最高次数，实验数据拟合中一般取 3～6 之间。对该多项式求导，即可得出相应转化率下的反应速度：

$$\frac{\mathrm{d}x}{\mathrm{d}t} = c_1 + 2c_2 t + \cdots + nc_n t^{n-1}$$

若反应失重曲线不能被多项式较好地拟合，则采用数值计算方法中的中心差分求导公式计算反应速度[19]，即

$$\frac{\mathrm{d}x_i}{\mathrm{d}t} = \frac{(x_{i+1} - x_i)}{2(t_{i+1} - t_i)} + \frac{(x_i - x_{i-1})}{2(t_i - t_{i-1})}$$

由此即可得到第 i 点的反应速率。按照这种方法可以得到煤样的燃烧速率曲线（图 7-14）。

2. 反应模型的选择和活化能的计算

对于反应模型的选择仍然按照第五章第二节一（一）2. 中对反应机制的判定方法。作者在本小节条件下对煤燃烧过程的反应机制进行了选择，通过比较确定采用 $n=2$ 的随机核化模型。该模型的微分式 $f(x)$ 和积分式 $F(x)$ 已列于表 5-2 中。由于在本小节的固定床条件下反应是等温的，求解活化能的过程与热重反应器程序升温条件下略有不同。

确定反应机制模型后，由某一温度下的燃烧曲线（x-t 曲线）可以得到 $F(x)$-t 的直线关系图，进而根据图中直线斜率即可求得固定床燃烧反应在该温度下的速率常数 k。在所选动力学模型的条件下，$F(x)$-t 线性关系非常好，相关系数均在 99％ 以上。根据 Arrhenius 方程，$\ln k$-$1/T$（Arrhenius 图）呈直线关系，由斜率即可得到表观活化能。表 7-9 列出了所得的计算结果。从活化能的大小顺序可以看出，无烟煤＞肥煤＞长焰煤＞贫煤，同前一节的研究结果相吻合。固定床条件下各种煤燃烧的活化能均略小于热重条件下所测得的结果，说明该反应体系更易于反应的进行。

表 7-9　固定床条件下煤燃烧动力学计算结果

煤　种	速率常数/s^{-1}			活化能 /(kJ·mol^{-1})
	550℃	600℃	650℃	
阜新长焰煤	0.0011	0.0020	0.0031	65.58
辛置肥煤	0.0010	0.0019	0.0032	73.55
峰峰贫煤	0.0011	0.0019	0.0029	61.32
晋城无烟煤	0.0008	0.0015	0.0026	74.48

（三）四种煤的燃烧反应特性

图 7-13 为四种煤在三种燃烧温度条件下转化率与时间的关系曲线。从图中可以明显地看出，650℃时燃烧反应所需要的时间大约仅为 550℃时的 1/3，可见燃烧反应对温度的变化相当敏感。这说明在较低温度下，整个燃烧过程为化学动力学控制反应。同时从不同煤种的燃烧曲线可以看出，阜新长焰煤用时最短，而晋城无烟煤则相对较长。由此所表现出来的反应难易程度同第七章第二节一(二)中对煤种着火点和活化能的研究结果是相互一致的。

图 7-14 为四种煤样燃烧过程中反应速度的分布曲线，它们清楚地反映出煤燃烧过程中反应速度的变化趋势。在整个燃烧反应进行的过程中，反应速度经历了一个先增大后减小的过程，在转化率为 50％或更早一点反应速度达到最大值。这说明达到着火点后，煤中有机质即和氧发生剧烈反应，随着反应的进一步深入，反应速度越来越快，直到达到最大值。转化率为 50％以后，由于有机碳的消耗，使煤样中可反应物越来越少，导致反应速度逐渐减慢，直至最后为零。同种煤样在三种燃烧温度条件下，速度曲线的峰值大致在同一转化率位置，其中无烟煤在 50％左右，峰峰贫煤和辛置肥煤同在 40％左右，而阜新长焰煤则提前至 30％。这说明煤的燃烧性能与煤种结构密切相关，煤种结构的差异导致其各自燃烧性能的不同。将速度曲线峰值所在位置同煤种变质程度相关联，可以看出变质程度越低的煤种，反应过程中反应速度越容易达到最大值，而变质程度高的煤种则相对较难。这可以从高变质程度煤所具有的致密结构不利于氧的扩散，阻碍了反应的快速进行得以理解。从图中还可以发现，在较高反应温度条件下，四种煤速度曲线的峰值较低温时均略向后移，说明低温时反应条件缓和，煤结构特性对燃烧反应速度的影响相对明显；而在较高反应温度条件下，燃烧反应一直在剧烈地快速进行，反应速度主要受温度的控制，煤种结构对燃烧反应的影响相对减弱，在一定范围内反应速度变化不大，导致其峰值的滞后。

从反应过程中总反应面积最大值(参见图 7-8)所对应的转化率可以看出，阜新长焰煤、辛置肥煤和峰峰贫煤在反应速度最快时正好对应于总反应面积最大值，相应的转化率为 40％左右。晋城无烟煤比较特殊，它的燃烧反应在转化率为 50％左右反应速度最快，而总反应面积则在 40％以前即取得最大值。之所以会出现这种情况，是由于当转化率为 40％左右时晋城无烟煤已具备了气固两相反应的最大反应界面，但晋城无烟煤燃烧反应的活化能明显地高于其他三种煤样，因而要使反应进行需要具备较多的能量。这样就导致了反应速度与反应界面的变化不能保持同步，使反应速度的最大值所对应的转化率落后于总反应面积最大值所对应的转化率。其他三种煤由于反应所需的活化能较小，只要具备了气固两相反应发生的界面条件,反应就能比较容易地进行,反应速度与总反应面积也就有了同步的变化规律。

　　根据以上分析可以认为,燃烧反应过程中总反应面积为气固两相反应提供了条件。一般情况下,燃烧反应所需的活化能较小,此时随着反应面积的增加,反应速度保持着同样的变化趋势;当反应达到一定程度以后,随着反应物物质的量的减少,其反应面积也开始减少,导致了反应速度的降低,直到最后反应物反应完全时,速度变为零。而对于个别煤种,由于其反应的活化能较高,反应不仅由界面条件决定,还和反应过程中能的传递有关,此时反应速度也就落后于反应面积的增长,而不能保持同步。

三、等温热重法对煤燃烧反应动力学的研究

　　为了探讨不同条件下煤的燃烧过程,对选定的煤种在热重分析仪上模仿固定床的条件进行了等温动力学研究。煤样粒径在 $140\sim160$ 目之间,煤样量 5mg 左右;通入氮气保护,流量为 $40ml\cdot min^{-1}$;以 $20℃\cdot min^{-1}$ 的升温速率由室温升至所需要的反应温度;实验中选取五个反应温度,分别为 480℃、510℃、540℃、570℃和 600℃;达到反应温度后将氮气切换为空气进行燃烧反应,直到样品恒重。

　　按照前述的反应模型选择的方法,在上述条件下的燃烧反应模型以 $n=2$ 的随机核化模型最为恰当。这里所选模型与第七章第二节二中固定床燃烧反应模型是一致的,而不同于第七章第二节一中程序升温条件下的燃烧反应模型。若从三种燃烧反应进行的条件比较,等温热重与程序升温热重的反应体系是完全相同的,但由于一个为恒温反应一个为升温反应,使二者具有不同的反应模型。与此相反,固定床燃烧炉与等温热重相比,两种反应体系截然不同,但仅仅由于燃烧过程中的温度条件一致,而使二者具有同样的反应模型。由此可见,煤燃烧过程温度对反应的进行具有重要影响。选定模型后按照与第七章第二节二(二)2.中相同的方法,可以计算出选定条件下四种煤燃烧反应过程所需要的活化能,表 7-10 列出了最后的计算结果。同程序升温热重和固定床燃烧炉实验所得活化能相比,该实验条件下的计算结果具有相对较高的可信度和可比性。因为在燃烧炉实验中加入了较多人为的测量因素,因而误差相对较高,而程序升温热重条件下,由于各个煤种的着火点和燃尽温度不同,致使不同煤种在不同的温度范围内进行反应,因而活化能的相比性较差。从等温热重法实验所得活化能可以看出,晋城无烟煤活化能最高,

表 7-10　等温热重法活化能计算结果

煤　种	阜新长焰煤	辛置肥煤	峰峰贫煤	晋城无烟煤
活化能/(kJ·mol^{-1})	68.83	74.64	72.42	78.93

阜新长焰煤的活化能最低,活化能的排列顺序同煤阶的变化顺序基本上一致。

四、煤燃烧的分形动力学

(一) 分形理论在煤燃烧反应中的应用

分形几何的引入使人们对煤的复杂的颗粒形状和表面结构有了标度的工具,从而增强了人们对它们进行定量研究的能力。顾璠等[20]对煤颗粒的表面形状进行了研究,定义了反映颗粒形状的颗粒形度参数:

$$\chi = \frac{4\pi A}{L^2}$$

式中:χ——颗粒形度,取值在 $0\sim1$ 之间,对于正球形 $\chi=1$;

　　　L——颗粒投影周长,m;

　　　A——颗粒投影面积,m^2。

通过对煤粉颗粒形度进行研究发现,在燃烧过程中颗粒形状基本保持不变,并非通常所认为的高温下颗粒物表面熔融而趋于圆球化。在此基础上得出关系式:

$$\lg A(r) = \frac{2}{D}\lg L(r) - \lg C^2$$

式中:r——分形量度单元;

　　　D——颗粒的形状分形维数;

　　　C——常数。

上式给出了以 r 为单元进行量度时颗粒平面投影周长 $L(r)$ 与面积 $A(r)$ 之间的关系。研究结果表明,在整个燃烧过程中,无论是何种燃烧方式,在任一燃烧阶段,同一种煤的颗粒形状的分形维数保持不变。煤种不同时,其颗粒形状的分形维数才表现出差异。这样,煤颗粒的形状分形维数就成为煤的一个守恒的内在物理量,为不同煤的燃烧过程的分析提供了统一的标准。

对燃烧过程中煤孔结构的定量描述,人们提出过多种模型,如树状、圆柱状等,虽各有特点,但均不能达到满意的效果。分形定量孔洞结构则可以避免孔洞的形状而直接进行量度。有研究[1]用电镜分析了碳焦的孔洞结构,从同一煤样在 2000 倍及 5000 倍的放大照片看,其结构的自相似性是显而易见的。同时对电镜照片的灰度值统计分析结果也可以证实煤焦孔洞结构的确具有自相似性。这一结果为分形理论在煤燃烧过程中的应用提供了实验依据。在多相燃烧经典理论的基础上,对燃烧模型作了一定假设,并考虑了燃烧过程中孔洞分形结构增长对燃烧的影响,兼顾了扩散控制和动力学控制两种情况,同时引入了描述动力分形增长的系数 α_1 和分形维数 D_s、描述扩散分形增长的系数 α_2 和分形维数 D_d,以及孔洞合并等因

素引起的有效面积减少因子 β,可以建立关于燃烧速率 q_c 的模型:

$$q_c = (\alpha_1 V^{\frac{D_s}{3}} + \alpha_2 V^{\frac{D_d}{3}} + 1)(1-V)^{\beta} \times KP_{O_2}$$

将模型的计算值与实验结果对比(图 7-15)可以看出,二者具有很好的吻合性,因而该模型可以预测燃烧速度的变化。

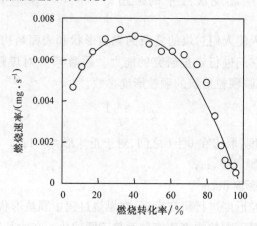

图 7-15　煤燃烧速率的理论值计算与实验值
注:图中散点为实验值,曲线为计算值

　　对煤的表面特性的表征以及对煤燃烧过程的研究已开展了多年,由于缺乏相应的理论将二者进行有机地结合,使得长期以来人们在这方面的工作难以取得突破性进展。分形理论的引入无疑在二者之间起到桥梁联系作用,选择正确的测试方法,寻找其共同的关键所在,才有可能取得突破性成果。同时由于燃烧过程的复杂性,以及分形理论在这方面的应用研究才刚刚起步,许多问题尚需加强进一步的研究才能在理论上不断获得完善。

(二) 煤燃烧的分形动力学模型

　　化学动力学作为一门独立的学科已有 100 多年的历史了。然而在一定意义上讲,迄今为止的化学动力学理论只适用于均相反应[22],对于非均相反应的化学动力学理论一直不能达到令人满意的程度。之所以会出现这种情况,主要原因即在于反应介质的空间维数不同。与均相反应相比,非均相反应的进行与反应物分子的扩散行为有着直接的联系。当反应介质的空间维数为分数维时,也就是说在具有分形特征的非均相反应介质上,反应物分子的扩散行为将不再符合经典的规律,化学反应也呈现出与三维均相介质中的动力学行为大不相同的反常动力学[23]。同时由于分形反应介质结构上的复杂性,可认为反应过程中的反应界面条件为完全无序的反应表面。Farin 和 Avnir[24]曾明确给出了 31 种分形的非均相介质,其中就包括煤。尤其是煤燃烧反应,由于其在不同层次上均具有高度的非对称性和非线性,因而对于煤多相燃烧过程的动力学描述,必须考虑到其所具有的分形特征,引入分形动力学理论,可能使理论描述更符合实际反应情况。

煤的燃烧受外部及内部多种因素的影响,若将其一一考虑,必然繁琐,而且未必就能达到全面准确。在分形动力学模型建立的过程中,作者着重考虑反应过程的时间效应、反应级数的分数效应和表面结构及灰层对反应的阻碍效应。

1. 反应过程的时间效应

所谓"反应过程的时间效应"是指反应过程中,反应速率常数随着时间不断变化的表现。在经典动力学理论中,反应在三维空间的速度常数是恒定的,它不随反应时间而变化。分形动力学并非如此,产生这种现象的原因在于反应物分子在分形介质上特殊的扩散行为。在普通的欧氏空间,某个粒子在介质上随机行走时间 t 后,所到过不同点的总数 $S(t)$ 满足:

$$S(t) \propto t$$

而对于分形介质上式则不成立,其随机行走的规律满足下式:

$$S(t) \propto t^{\gamma}$$

式中 γ 为与反应介质分形维数相关的量。由此可见,在分形反应介质上反应物分子非经典的扩散行为导致了奇异的化学反应动力学。

Klymko 等[25]发现,反应速率常数 k 与反应介质上的随机行走行为有关,可表达为

$$k \propto \frac{\mathrm{d} S(t)}{\mathrm{d} t}$$

所以在分形反应介质上,速度常数 k 满足下式:

$$k \propto t^{\gamma-1}$$

这意味着分形介质上进行的化学反应速率常数不再是常数,而是随时间变化的量,可写为

$$k = k_{\mathrm{f}} t^{-\tau}$$

对分形反应介质的大量研究指出,此处的 τ 在一般情况下均取 1/3,这就是著名的"AO 猜想"[26],同时这一猜想也得到了大量计算机模拟的证实。根据以上分析我们可以设想,煤燃烧过程中有以下动力学关系式存在:

$$\frac{\mathrm{d} x}{\mathrm{d} t} \propto k_{\mathrm{f}} t^{-\frac{1}{3}}$$

式中: k_{f}——分形反应动力学常数。

2．反应级数的分数效应

根据化学反应动力学,煤燃烧动力学方程可写为碳的燃烧速率:

$$\frac{\mathrm{d}x}{\mathrm{d}t} = kf_1(x)f_2(P_{O_2})$$

式中: f_2 ——氧浓度的函数。

整个反应过程中由于空气的不断通入使得 f_2 为常数,因此碳的燃烧速率可写为

$$\frac{\mathrm{d}x}{\mathrm{d}t} = k'f_1(x)$$

此时,若设定 f_1 的形式为

$$f_1(x) = x^{\alpha}$$

可以认为待定反应级数 α 由于煤燃烧所具有的复杂性,致使整个反应不可能如同基元反应或是几个基元反应组成的简单的混合反应一样具有整数级反应级数,而是以分数的形式存在。这也正是煤燃烧过程受多种因素影响的结果。

3．表面结构及灰层对反应的阻碍效应

从反应的时间效应和分数效应可以看出,反应速率在整个反应过程中随着转化率的不断增加将一直呈现增加的趋势,而实际情况显然不是如此。随着反应的不断进行,煤中有机质不断减少,而灰含量相对越来越多;同时由于反应所具有的反应面积也在不断地衰减,因而会造成反应速率的逐渐减慢。Simons[27]曾提出有效反应面积与 $(1-\Theta)$ 成比例的理论,此处 Θ 为孔隙率。也就是说,反应速率同 $(1-\Theta)$ 具有相同的变化趋势。我们将此概念借用到转化率中,给出速率方程中制约燃烧反应的因素。因为煤燃烧过程中有机质不断消耗,孔壁逐渐削弱,孔洞得以扩张,致使煤的孔隙率增加,因此有下列关系式成立:

$$\frac{\mathrm{d}x}{\mathrm{d}t} \propto (1-x)^{\beta}$$

式中: β ——待定参数, β 值越大说明致使反应速度减慢的影响因素越强; β 值越小,则这种影响越弱。

综合以上三方面的讨论,可以得出煤燃烧的分形动力学模型表达式:

$$\frac{\mathrm{d}x}{\mathrm{d}t} = k_f x^{\alpha}(1-x)^{\beta}t^{-\frac{1}{3}}$$

方程式中 α 、 β 可通过对实验数据的拟合分析而得到。

(三) 分形动力学模型对煤燃烧反应的初步处理

根据上述理论模型公式对第七章第二节三中等温热重燃烧实验过程中煤燃烧

速率进行计算,并与实验所得反应速率对比,通过对比调整、优化组合,可以得到符合实验数据的最佳参量值。其中 α＝3/5 普遍适用于各种燃烧条件下的四个煤种。这说明煤燃烧反应级数介于 0～1 之间,在多种反应条件综合制约的情况下,表观反应级数表现为 3/5。而 β 值则与煤种及燃烧条件有关,表 7－11 列出了各煤种在五种温度条件下 β 的取值情况。从表中可以看出 β 一般取介于 1/2～1 之间的分数,且温度越低 β 的取值越大。这说明煤中灰层及表面结构对反应的阻碍作用的确存在,而且温度越低,这种阻碍作用越明显。

表 7－11　四种煤样燃烧反应过程中 β 的取值

温度/℃	晋城无烟煤	峰峰贫煤	辛置肥煤	阜新长焰煤
480	3/4	19/20	2/3	19/20
510	10/9	8/9	7/8	7/8
540	19/20	8/9	7/8	3/4
570	7/8	8/9	7/8	3/4
600	3/4	3/4	2/3	4/7

从全部煤种的实验数据与理论计算的结果对比可以看出模型的计算结果与实验数据能够较好地吻合,图 7－16 是峰峰贫煤在 600℃时实验数据和计算结果的比较(其他煤种在其他温度下实验值与计算值的比较与之类似)。反应过程中燃烧速率的变化规律呈现开始迅速增加,达到最大值后比较缓慢减小的趋势,理论模型较好的模拟了此反应速度的变化过程。

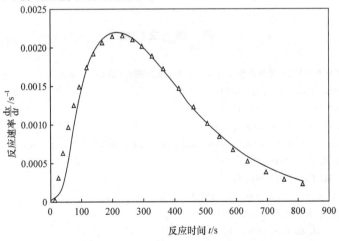

图 7－16　峰峰贫煤的反应速率实验值与计算值

注:图中散点为实验值,曲线为计算值

　　表 7-12 为利用分形理论模型计算所得各煤种在不同反应温度条件下的动力学速度常数及反应活化能。从表中可以看出分形动力学所得速度常数值较常规动力学要大而计算所得活化能却要小。可以认为这是不同计算方法所导致的结果上的差异。常规动力学中的速度常数 k 其实是分形动力学速度常数 k_f 与时间 t 的函数，k 随反应时间 t 的增加而减小，反应时间越长，k 所受影响越大。因此在常规动力学计算过程中，低温时反应持续时间长，k 受时间影响强烈，导致了活化能的数值比较高。应该指出，分形理论模型的不足之处依然明显。虽然模型中仅有 β 值一个不定的参数变量，这与其他的燃烧模型相比已大大减少，但由于它与煤种及燃烧的具体条件有关，增加了其不确定的程度，给理论模型的应用带来困难。如何加深对 β 值的认识程度，或者说如何更好地把分形几何学的研究成果应用到表面变化复杂的燃烧反应中，使模型具有明确的物理意义和普遍的适用性，仍然需要深入的研究和广泛的讨论。

表 7-12　四种煤样燃烧反应的分形动力学计算结果

煤样	反应速度常数/s^{-1}					活化能 /(kJ·mol^{-1})
	480	510	540	570	600	
晋城无烟煤	0.011	0.023	0.026	0.031	0.035	58.01
峰峰贫煤	0.015	0.022	0.028	0.037	0.035	52.80
辛置肥煤	0.014	0.021	0.036	0.038	0.040	62.29
阜新长焰煤	0.026	0.035	0.040	0.054	0.047	40.42

参 考 文 献

[1] 陈鹏. 中国煤炭性质、分类和利用. 北京：化学工业出版社，2001. 252

[2] Maria M. et al. Fuel. 1983，62：1393

[3] 丘纪华. 燃料化学学报. 1994，22：316

[4] Johnston P. R. et al. Interface Sci. 1993，155：146

[5] 谢克昌，凌大琦. 煤的气化动力学和矿物质的作用. 太原：山西科学教育出版社，1990. 303

[6] Davini P. et al. Fuel. 1996，75：1083

[7] Ghetti P. et al. Fuel. 1985，64：950

[8] Adams K. E. et al. Carbon. 1989，27(1)：95

[9] 顾璠等. 燃料化学学报. 1993，21：425

[10] Salatino P. et al. Carbon. 1993，31：501

[11] Wheeler A. Advances in Catalysis. 1951，3：249

[12] Hashimoto K，Silveston P L，AIChE J，1973，19：259

[13] Simons G. A. et al. Comb. Sci. and Tech. 1979，19：217

[14] Bhatia S. K. AIChE. J. 1987，33：1707

[15] Peterson E. E., AIChE. J. 1973, 19: 268

[16] 谢克昌, 凌大琦. 煤的气化动力学和矿物质的作用. 太原: 山西科学教育出版社, 1990. 293

[17] 陈鸿等. 化工学报. 1994, 45(3): 327

[18] Avnir D. et al. Langmuir. 1989, 5(6): 1431

[19] 王福明, 贺正辉, 索瑾. 应用数值计算方法. 北京: 科学出版社, 1992

[20] 顾嬸等. 中国科学(A). 1994, 24(9): 1001

[21] 任有中. 工程热处理学报. 1995, 16(3): 366

[22] 万荣等. 化学通报. 1996, 7: 1

[23] Avinir D. The Fractal Approach to Hetergeneous Chemistry. Chichester: John Wiley & Sons, 1989. 295

[24] Farin D. et al. J. Phys. Chem. 1987, 91: 5517

[25] Klymko P. W. et al. J. Phys. Chem. 1983, 87: 4565

[26] Alexander S. et al. J. Phys. Chem. 1982, 43: 1625

[27] Simons G. A. Prog. Energy Combust. Sci. 1983, 9: 269

第八章 煤的溶胀过程

煤溶胀过程的研究始于 1961 年 van Krevelen[1] 提出煤具有类似于高聚物分子的结构之后。煤的溶胀研究方法简单易行，可以提供较多的煤结构信息，在煤科学领域得到了比较广泛的应用和发展。主要进展可分为三个方面：Sanada 等[2] 利用 Flory-Huggin 晶格模型理论，计算了煤的平均相对分子质量，表征了其交联度的大小；Solomon[3] 测定了热解过程中煤焦溶胀度的大小，反映了煤热解过程中交联反应的开始与发展，预测了 CO_2 和 CH_4 等气体的生成，对煤网络结构定性地进行了描述；溶胀已经作为重要的预处理手段应用于煤的液化。因此，煤溶胀是煤的一种重要性质，对煤的溶胀过程的理解与运用有助于对煤结构和反应性的研究。

第一节 煤溶胀过程的基本概念

一、溶胀的概念

在高分子科学中，交联高聚物的溶胀是因为高聚物中高分子链存在一定数量的化学键作为交联键使高聚物形成三维网状结构，而交联键有一定的灵活性，可以弯曲和伸展，低分子溶剂可以进入大分子网格去，造成高分子在溶剂中的溶胀。在整个溶胀过程中，溶剂分子不断向高聚物扩散，使网络胀大；当溶剂分子进入网络后，交联点之间的分子链由于溶剂分子的作用而拉长，同时就出现了被拉长的分子链恢复卷曲状态而产生弹性回复运动。于是随着低分子溶剂的进入，交联高聚物中交联点之间的距离拉大，恢复卷曲状态的弹性回复力也就加大。这样直到溶剂的扩散力和网络的弹性回复力相平衡时，高聚物体积不再增大，从而达到溶胀平衡。溶胀温度或溶剂种类等实验条件不同，高聚物达到的平衡状态亦不同。如果温度与溶剂等实验条件固定，达到不同的溶胀平衡状态，则说明高聚物的交联程度不同，即交联键的密度有差异。换句话说，当条件一定时，交联高聚物的溶胀度大小与它的交联程度密切相关。

高分子溶胀的热力学基础是 Flory-Huggin 理论，它是根据大分子链的结构特点而提出的晶格模型。但是该理论不适合煤结构的研究，因为在煤溶胀过程中，伴随着弱键的断裂，少量的小分子相溶解，整个过程是不可逆的，不可能回复到原来的状态。所以对于煤的溶胀过程，在理论上需要进一步充实。

（一）溶胀度的测量和计算

　　常用的溶胀方法有两种,液体溶剂中煤的溶胀和溶剂蒸气中煤的溶胀。煤样在溶剂蒸气中发生溶胀时,溶剂吸附在煤表面有相变化发生,不利于对溶胀过程进行热力学讨论,溶胀度的大小还必须针对煤样的空隙和堆积进行校正;但这种方法的优点避免了溶剂的抽提作用,样品的后处理容易。煤样在液体溶剂中溶胀操作比较简单,溶胀体积的测定简单易行。溶胀体积一般在直径均匀的刻度试管中进行(如图 8-1 所示),通过简单的读取煤样所对应的刻度就可得到体积溶胀度:

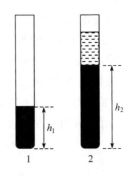

图 8-1　液体溶剂中溶胀度的测定
1—溶胀前；2—溶胀平衡后

$$Q_d = \frac{V_0 + V_S}{V_0} = \frac{h_2}{h_1}$$

式中:　Q_d——干燥基煤样的溶胀度;

　　　　V_0——煤样溶胀前的体积,mm^{-3};

　　　　V_S——煤样达到溶胀平衡后增加的体积,mm^{-3};

　　h_1、h_2——溶胀前和溶胀平衡后煤样的堆积高度,mm。

　　假设矿物质在溶胀前后均占有一定的体积但不发生溶胀,则修正了矿物质影响的溶胀度 Q_{dmmf}的计算公式如下:

$$Q_{dmmf} = \frac{(Q_d - 1) + \left[1 - \chi \cdot \frac{\rho_d}{\rho_{mm}}\right]}{\left[1 - \chi \cdot \frac{\rho_d}{\rho_{mm}}\right]}$$

式中:　χ——矿物质的含量,wt%;

　　　　ρ_d——干燥基煤的密度,$g \cdot cm^{-3}$;

　　　ρ_{mm}——矿物质的密度,$g \cdot cm^{-3}$。

　　如果用 HCl/HF 除去矿物质,计算公式可以简化为

$$Q_{dmmf} = Q_d = \frac{h_2}{h_1}$$

（二）溶剂在煤中的扩散

　　在煤的加工利用中,对溶剂在煤中扩散机理的认识至关重要。例如煤直接液

化的预处理过程中,溶剂对煤结构的疏松即溶胀过程是决定加氢试剂能否迅速进入煤结构的关键。

在高分子化学中,溶剂在玻璃态聚合物中的扩散机理有两个极端:如果扩散是由颗粒内外浓度梯度引起称为 Fickian[4,5]扩散;如果扩散是由结构疏松程度所控制,即存在玻璃态向橡胶态的转变称为 Case Ⅱ[6]扩散。因此,对溶胀过程扩散机理的理解,有助于煤结构的认识。

一般来说,扩散速度并不与煤阶密切相关。溶剂的分子体积越大,扩散速度越慢;随着溶剂碱度 pK_b 值的增加,扩散形式由 Fickian 扩散转变为 Case Ⅱ(图 8-2)。由于溶剂是在高度不规则的煤结构中传递,而且随溶胀的发生,孔径也在

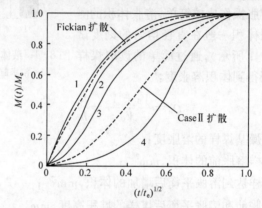

图 8-2　不同煤种的扩散曲线
1—Helle Aayre 煤;2—Cedling 煤;3—Creswell 煤;4—Cortonwood 煤

改变,同时极性溶剂与煤的作用还可以改变煤的黏结性和弹性,所以不能完全用传统的玻璃态高聚物扩散机理来解释煤。常用的煤溶胀过程动力学方程如下:

$$\frac{M(t)}{M_e} = \frac{Q(t)-1}{Q_e-1} = kt^n$$

式中:$M(t)$——随时间变化的溶剂的吸收量;

　　　M_e——溶胀平衡时溶剂的吸收量;

　　　$Q(t)$——随时间变化的溶胀度;

　　　Q_e——溶胀平衡时的溶胀度;

　　　k、n——扩散参数,与煤的属性有关。

(三) 溶胀过程与煤结构研究

煤结构与反应性是煤科学与技术领域中十分重要的基础问题。由于煤种的多

样性,煤本身的不均匀性和构成煤的单个组分的复杂性使探明煤的结构如何影响反应性甚为困难。对煤结构的研究虽然作了大量的工作但仍缺乏统一的认识。例如 van Krevelen 等[1,7]研究得出煤的结构类似于胶体,并且相应的解释了与此有关的重要性质;Solomon[8]与 Wolf 等[9]直接以模型化合物为热解物模拟原煤的热解,以期阐明煤的热解机理。随着对煤结构的深入了解,较一致的认识是:三维交联的大分子网络是煤结构的主体;网络间是靠共价键力结合在一起;非共价键的氢键、范德华力、弱络合力、分子间电子引力等第二种作用力也起到非常重要的作用,它们甚至决定着煤的物理模型;小分子相通过第二种作用力嵌在大分子的网络中;煤种的不同在于其小分子相的不同或煤交联网络间作用力的比例不同;在抽提过程中打开的是交联网络间的第二种作用力。

由于褐煤到无烟煤的各煤种在适当的溶剂中都会发生部分溶解,同时发生溶胀现象,所以溶胀方法逐渐成为煤结构研究的主要辅助手段。Dryden[10]首先利用各种溶剂对煤大分子的溶胀特性进行系统的检测。后来这种方法被用于对煤的大分子网络的定量描述,主要用来简单地估计原煤交联度。从高聚物的性质可知不容易热解且可以发生溶胀的聚合物往往是以交联方式结合的物质,因而煤的溶胀特性表明煤中交联键的存在。一般来说溶胀度越高,交联程度越低。溶胀过程中煤粒吸入溶剂时间的差异或煤粒以不同的速率溶胀,使整个过程受动力学控制;煤中显微组分与矿物质所具有的不同溶胀特性、硬度、形状等均对溶胀有影响。为了克服不可逆溶胀与煤组成差异造成的不均一性,利用煤薄片进行研究能够使煤样相对均一,使整个煤-溶剂体系呈均匀分布[11]。一般薄片厚度为 $20\sim30\mu m$。这种方法可以测定溶胀过程煤表面几何尺寸的变化。研究结果认为,丙基胺和吡啶对煤的作用有显著的差异;丙基胺使煤薄层溶胀时没有裂缝,溶胀煤与原煤的大小不同但形状相同,排除溶剂后其形状又恢复到原来的状态,能够进行热力学分析;而吡啶使煤溶胀后体积扩大了两倍,除去溶剂后体积却收缩了。研究者将此归因于煤中一些物质的溶解、煤结构的重排与大分子链的重新定向。Cody 等[12]考察了不同煤阶的煤薄层溶胀,发现在所有的溶剂中,煤都表现为各向异性,即垂直方向要比平行方向溶胀度大;达到溶胀平衡的时间也不同,其大小与煤阶密切相关,当溶剂被除去后,溶胀煤不可能完全恢复到原来的状态,一般来说薄层体积增大,煤由玻璃态转变为橡胶态。在煤结构研究中,从煤由不同单元结构聚合而成大分子来看,与高聚物结构非常相似,因此高分子的溶胀方法能够广泛用于煤结构研究。

溶胀还常用来测定煤热解过程中交联度的变化,再根据官能团的变化规律与气体逸出情况,准确地反映交联反应在煤热解中的作用及其控制因素。Solomon[13]在不同加热速率下对煤焦溶胀度的测定结果表明,交联反应与煤阶密切相关。对于褐煤,在煤焦油析出之前,交联反应已经开始;高挥发分的烟煤,交联反应所需温度要比煤焦油析出的温度高一些。

　　由于方法和测试手段的差异对溶胀过程的描述众说纷纭,尚缺乏较为统一的认识。一般溶胀过程与煤结构之间关系的研究内容主要包括溶剂的扩散机理、溶胀度随溶剂的供电子数(EDN)、溶剂的碱度(pK_b)、空间分子的大小变化趋势、煤阶、煤的氧化过程、煤/溶剂的比例对溶胀度的影响等内容。

二、煤的物理结构模型与溶胀过程

(一)两相模型与溶胀过程

　　煤结构的两相模型[参见第二章第一节三(二)]认为,煤结构的主体是三维交联的大分子网络,其中存在小分子相。两者通过电子给予体-接受体(electron-donor-accepter)连接,如图2-9所示。该模型建立的主要依据是在特定溶剂的作用下溶胀达到平衡时,煤结构表现出的黏性和弹性。由于煤具有的溶胀特性表明交联键的存在,也正是由于交联键的存在才形成煤的大分子网络结构,在溶胀实验中煤的主体结构并未被破坏,溶解的那一小部分属于小分子相。

　　如果在煤中加入完全氘化的吡啶,利用^{1}H NMR检测溶胀前后氢的存在形态,发现流动相的氢增加了40%~50%[14,15]。这主要因为吡啶的加入破坏了煤结构中的非共价键,小分子相脱落,流动的氢增加;同样,Brenner[16]通过检测溶胀煤与原煤的光学性能认为,当原煤浸入吡啶等极性溶剂中时,煤迅速发生溶胀,使原煤由玻璃态变成类似于高度交联塑性的物质。流动性迅速增加,煤结构变得疏松,从而证明煤是一种高弹性的大分子物质。

　　煤两相模型开创性地提出小分子相的存在,小分子与大分子网络之间是靠电子间的作用力(EDA)连接的,大分子相与小分子相均存在这两种电子体,即给予体和接受体。煤的两相模型有许多优点,但是仍存在着很多的问题:既然煤是由大分子相与小分子相组成,那么它们的相对含量是多少?如何随煤化程度的改变而改变?两相之间是否存在明显的界限?煤的主体是大分子网络结构,类似于高聚物,那么溶胀整个过程应该是可逆的,但事实上不是。

(二)缔合模型与溶胀过程

　　Nishioka[17]利用溶胀方法与抽提实验提出新的煤结构模型——缔合模型。Brenner[18]认为在适当的温度下利用氮气吹扫煤样,除去残留的溶剂后,煤的结构没有变化,所以煤的溶胀过程是可逆的。Cody[19]根据Brenner的方法重复作了大量的实验,发现除去残留的溶剂后体积有-27%~6%的变化;同时溶剂并没有完全除去,残留5%~15%,溶胀过程应该是不可逆的。在Sanada等[2]的研究中,对于同一煤种在 298K 和 323K 时,溶胀度有明显的差异,这显然与弹性溶胀相矛盾。

Nishioka[17]也采用溶胀方法,考察了煤与溶剂的比率对溶胀过程的影响。发现在较低比率下,溶胀度不断提高。他认为在低浓度下,煤解缔得越多,溶胀度越大。即煤的缔合结构决定了溶胀度的大小,并结合煤的抽提实验,提出了缔合模型(图 8-3)。该结构模型主要强调煤中非共价键的重要性,它决定煤主要的物理化学性质。

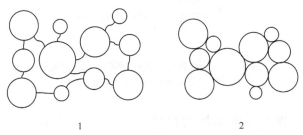

图 8-3 两相模型(1)和缔合模型(2)的区别

煤的两相模型和缔合模型由于其强调的内容和角度的不同,对溶胀过程的描述在许多方面有很大的不同(表 8-1),在对煤的溶胀过程进行研究时,应该注意到这一点。

表 8-1 两相模型和缔合模型关于溶胀过程描述

实验内容	两相模型	缔合模型
溶胀过程	可逆	不可逆
煤与溶剂的比率	无关	有关,非常重要
两相的溶胀度	$Q_{可溶物} > Q_{不溶物}$	$Q_{可溶物} < Q_{不溶物}$

三、煤溶胀度的影响因素

(一)溶剂供电子数目对煤溶胀度的影响

Szeliga[20]对 3 个煤种用 EDN(electronic donor number)不同的 20 种溶剂的溶胀研究结果表明(图 8-4):溶胀度与溶剂有明显相关性。EDN 为 0~16 时,煤发生略微的溶胀现象,可以认为是由分子的扩散引起;当 EDN 值为 16~30 时,煤的溶胀程度急剧增大,主要由煤中受电子、授电子的基团与溶剂相互作用引起。

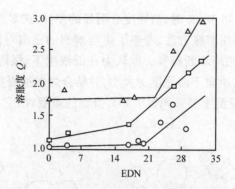

图 8-4　溶剂供电子数目与煤溶胀度的关系

注：图中 3 条曲线分别对应 3 个实验煤种

（二）溶剂的碱性对煤溶胀度的影响

溶剂的碱性（pK_b）实质上指溶剂的供氢能力。Hall 等[21]的研究认为溶剂 pK_b 与煤溶胀度有较强的相关性。pK_b 存在临界值，即当 pK_b 大于与此值后，溶胀度开始降低（图 8-5）；也可以表述为，超过临界值后，碱性增强对溶胀度没有影响。图中所使用的溶剂见表 8-2。在不考虑溶剂的空间效应情况下，随溶剂的碱性增大，煤中的氢键与溶剂之间的作用增加，煤中与大分子结构相连接的氢键被破坏，溶剂与煤主体形成相互缔合的稳定体系。溶胀动力学的研究表明[22]，溶剂的碱性对于煤的溶胀度与溶剂扩散机理有重要的影响，溶胀速度大小随溶剂的碱性而改变。

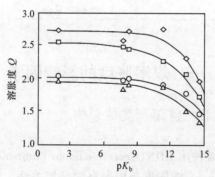

图 8-5　溶剂 pK_b 值与煤溶胀度的关系

注：图中 4 条曲线分别对应 4 个实验煤种

表 8-2　溶剂的 pK_b 值和分子体积

溶　　剂	pK_b	分子体积/$(cm^3 \cdot mol^{-1})$
四亚甲基亚胺	2.7	84.1
2-甲基吡啶	8.0	98.8
吡啶	8.6	80.9
3-氯吡啶	11.5	95.1
2-氯吡啶	13.5	94.1
3-氟吡啶	14.4	86.1

（三）溶剂的空间效应对煤溶胀度的影响

　　Aida 等[23,24]的研究表明溶胀度随溶剂分子体积增加而增大,但是超过一定的临界分子体积后,溶胀度就不再随之增大了。当煤与溶剂作用时,氢键断裂,交联度降低,溶剂分子进入煤孔结构中,从而使网状结构伸展。Brenner[25]证实胺分子进入大分子结构后,煤分子经历了由玻璃态向橡胶态的转变过程。主要原因也是胺促使煤中氢键的断裂。当氢键被破坏时,煤中分子链重新定向,伸展程度取决于氢键断裂的数目和共价键的交联度。溶剂分子大小对于溶胀动力学研究与溶胀度改变起着非常重要的作用,但它并不改变溶剂扩散机理。因此,可以认为溶剂的pK_b 值与溶剂分子空间体积大小是影响溶胀度的关键因素,对于研究煤结构的变化起至关重要的作用,溶剂的 EDN 对煤的溶胀过程起辅助作用。

（四）煤阶对溶胀度的影响

　　溶胀度的大小很大程度上受到煤的共价键交联度的影响及煤中官能团分布的制约,而煤中这些参数都与煤阶密切相关。当 C＞85%时,煤中氢键几乎消失。煤中许多官能团如羟基和羧基,在与极性溶剂作用时易形成氢键,破坏煤原有的结构。这些官能团是随煤化程度的增加而减少的。Sanada 等[2]对一系列不同碳含量的煤种在不同溶剂中的溶胀研究表明,随碳含量增多,溶胀度增大;当 C＞85%～87%时,溶胀度急剧降低,如图 8-6 所示。因此在对溶胀机理的研究中,煤种的不同是影响溶剂扩散机理的重要因素。

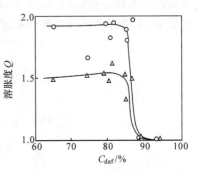

图 8-6　煤阶与溶胀度的关系
注:图中 2 条曲线分别对应 2 种实验溶剂

（五）煤的氧化对溶胀度的影响

Ndaji 等[26]将煤在 200℃时加热 24h 后进行煤的氧化对溶胀度影响研究,实验结果列于表 8-3。实验结果显示,氧化后的煤溶胀度发生了普遍性的增加。FTIR分析数据表明,氧化已经破坏了部分共价键,脂链与芳香环的比率降低,羟基与芳香环的比率增加,羰基的数目增多。这些因素引起了交联度降低,形成更加开放的煤结构的体系,造成了溶胀度的增加。

表 8-3　氧化煤溶胀度的变化

煤种	煤种 1		煤种 2		煤种 3		煤种 4	
	原煤	氧化煤	原煤	氧化煤	原煤	氧化煤	原煤	氧化煤
含氧量/%	13.9	21.3	8.2	16.7	3.7	9.2	4.2	5.6
溶胀度	2.17	2.37	2.1	2.33	1.09	1.87	1.01	1.81

（六）煤溶剂的比率对溶胀度的影响

溶胀实验时,煤和溶剂的混合比率 C/S（coal/solvent）的大小往往被忽视。Turpin 等[27]将煤和溶剂的配比所引起的溶胀度变化归结为实验误差。事实上这一比率对溶胀度的大小产生重要影响。Larsen[28]在实验中也发现了这种影响。他认为在溶剂对煤处理过程中发生了抽提作用,从而引起溶剂活性降低,可以不同程度地减弱溶剂对煤的溶胀作用。而这种对溶胀的减弱作用的大小与溶剂与煤的相对比例有关。他没有将 C/S 和抽提对煤的溶胀度的关系加以严格区分。Nishioka[29]在研究煤的结构时注意到溶胀度与 C/S 的相关性（图 8-7）。所以煤的溶胀实验应该在尽量低的 C/S 下进行。否则,煤和溶剂很难达到缔合平衡,影响实验结果,不能清楚反映溶胀的机理。

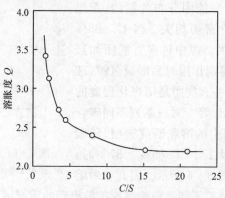

图 8-7　煤/溶剂比率与溶胀度的关系

（七）煤中水分对溶胀过程的影响

煤是多孔性固体,含有或多或少的水分。其含量随变质程度的增加而降低,高变质程度又略有回升。煤中水分的赋存形态主要有自由态和结合态,但水分的存在形式并不能严格区分。煤的结构有类似于胶体的特点,失去水分时,煤结构收缩;获得水分时,煤的结构膨胀。Suuberg 等[30]通过对褐煤到烟煤不同煤阶的煤种的研究发现,煤样的体积收缩与煤的失水量呈线形关系:

$$体积收缩率(\%) = a + b \times 失水率(\%)$$

式中:a、b——一定温度下与煤种有关的常数。

煤中的水分对溶剂在煤中的吸附和扩散速率有影响,从而影响到溶胀率。对于不同变质程度的煤种,褐煤在烘干前有较高的传递速率,而烟煤在烘干前后扩散速率几乎不变。在对溶胀度的测定过程中,煤样经过在 373～423K 的预处理后,溶胀度明显增加。然而干燥过程并不对所有溶剂都有明显的作用。煤样在四氢呋喃溶剂中,溶胀度并不增加。这是因为当煤在失去水分时,煤形成了新的非共价键作用力。四氢呋喃极性较弱,不能像吡啶那样破坏这些作用力,所以溶胀度变化较小。对于吡啶来说,随着水分被有效地脱除,溶胀度明显增加(表 8-4)。所以,要测得具有可比性的溶胀度或研究溶胀过程中的扩散机理,就必须对煤进行预处理,防止煤中水分的干扰。

表 8-4　煤在不同干燥条件下的溶胀度

干燥条件	煤种 1	煤种 2	煤种 3	煤种 4
不干燥	1.48	1.62	1.33	1.60
浓硫酸干燥(1h,300K)	2.20	2.01	1.90	2.10
浓硫酸干燥(30 天,300K)	2.22	2.06	2.10	2.14
浓硫酸干燥(1h,373K)	2.34	2.50	2.05	2.47

（八）矿物质对溶胀过程的影响

煤在使用之前常常利用 HCl/HF 除去矿物质,那么这一过程对煤的结构与反应性是否产生重要的影响?是否会影响溶胀实验?由表 8-5[31]可知经酸洗脱除矿物质后,不同溶剂、不同煤种的溶胀度普遍都有增加。通过分析酸洗前后的FTIR 谱图[(参见第三章第一节一(二)]可以发现,芳环的 C—H 键摇摆振动并没有发生明显变化,羰基的振动加强,羟基强度相对减弱。这些变化可能是部分羰基

表 8‑5　煤脱除矿物质前后的溶胀度

溶剂	煤种 1		煤种 2		煤种 3	
	原煤	脱除矿物质的煤样	原煤	脱除矿物质的煤样	原煤	脱除矿物质的煤样
吡啶	2.4	2.5	2.0	2.9	2.2	3.1
NMP	2.3	3.1	1.8	2.9	2.1	3.0
THF	1.7	2.3	1.7	2.3	1.6	2.2
硝基苯	1.2	1.7	1.2	1.6	1.2	1.5
乙醇	1.6	1.7	1.6	1.7	1.5	1.7

转变为羧基,而羧基是强氢键接受体,因此吡啶、NMP 等溶剂的溶胀作用获得了不同程度的加强。但是也可能仅仅是因为脱除矿物质除去了一些强烈束缚溶剂的物质(如黏土),使得溶胀度增大了。

四、溶胀在煤热解中的作用

(一) 溶胀对热解过程中焦油产率的影响

Solomon 等[32]对煤热解过程的交联反应的研究证明,煤中官能团—C＝O、—COOH 和—OH 等在 $300\sim400℃$ 时发生交联反应生成 CO_2 和 H_2O,使焦油产率降低。如果要增加挥发分与液体产物,必须抑制交联反应的发生。受煤热解传质因素的限制,热解过程中煤焦油的前驱体在煤中有较长的停留时间。它们会分解为较小的分子,而这些小分子需要更多的氢达到自身的稳定。如果煤焦油是由大量小分子组成,氢将不会被有效利用,焦油产率也将会下降。以上两种情况是造成焦油产率降低的主要因素。

如果采用溶剂对煤进行预处理,交联反应的速度与程度均会降低。煤与吡啶的共混体系的[1]H NMR 的研究发现,吡啶的加入提高了氢的流动性。Barton 等[33]用[1]H NMR 证明未处理的煤只有 10% 的氢具有流动性,而加入氘化后的吡啶使氢流动性增加了 $40\%\sim50\%$,溶胀煤中的氢传递效率提高,使焦油的产率提高。此外,溶剂分子进入煤的微孔结构将会扩大孔的体积,有利于焦油分子的逸出,缩短了焦油分子的滞留时间,使分子重新聚合形成半焦的可能性降低,从而提高焦油的产率。同时,溶剂在热解时也产生氢自由基并传递给煤焦油的前驱体,也可以提高焦油的产率。

（二）溶胀对煤热解机理的影响

Kazuhiro 等[34]用吡啶蒸气对煤溶胀后进行热解的研究证明，低温热解时焦油的产率增多，CO、CO_2 与 H_2O 的形成被抑制。

Miura 等[35]提出溶胀作用使煤发生快速热解的机理。他认为在 760℃时，煤中酚羟基发生的缩合反应生成 H_2O：

$$Ar\!-\!OH + Ar'\!-\!OH \longrightarrow Ar\!-\!O\!-\!Ar' + H_2O$$

$$Ar\!-\!OH + Ar'\!-\!OH \longrightarrow Ar\!\underset{O}{-\!-\!-}\!Ar' + H_2O + H_2$$

其中 $Ar\!-\!OH$ 热解可能发生的反应为

$$Ar\!-\!OH \longrightarrow \cdot Ar \!=\! O + H\cdot$$

式中：Ar、Ar'——煤中与煤大分子相连接的芳香基团。

煤中 $Ar\!-\!OH$ 和 $Ar'\!-\!OH$ 之间存在氢键：

$$Ar\!-\!OH \cdots \underset{Ar'}{O\!-\!H}$$

溶剂的溶胀作用可以使氢键断裂，产生自由的 $Ar\!-\!OH$ 和 $Ar'\!-\!OH$。所以溶胀作用会使煤中酚羟基的缩合反应抑制而促进热解反应，从而产生大量的氢自由基，使煤焦油的前驱体稳定，焦油的产率将提高。

（三）溶剂种类对煤热解产物的影响

Miura 等[35]使用多种溶剂对煤进行预处理后进行热解。实验发现，经酚预处理后的溶胀度最大的煤样焦油产率最高。在溶胀处理前后 CO、CO_2 的产率不发生改变，碳氢化合物的组成与产率也未发生改变。焦油产率增加，增加幅度与 H_2O、H_2、半焦的形成情况有关。溶胀煤热解的焦油中比原煤产生的焦油含有更多的氧。

吡啶蒸气对煤处理后，热解过程中 CO、CO_2、H_2O 的产率明显降低，焦油的产率增大。残焦量虽然减少，但氢键和含氧官能团数量却明显增多。吡啶处理过的煤样在 386℃时就使挥发分与焦油的产率增加；四氢萘溶胀处理过的煤超过 590℃时，挥发分的产率才增加；温度升高到 764℃时，后者比前者的的煤焦油产率要高。这些结果说明，吡啶在低温条件下对热解的促进作用比较有效，而四氢萘对高温条件下的热解更有促进作用。

采用溶胀方法，通过对热解过程中煤的溶胀度变化的测量，可以反映不同煤种的大分子结构变化规律。在低温热解时，由于 CO_2 的析出，低阶煤的溶胀度降低[36,37]。Suuberg 等[38]同时对四种褐煤在 373K、473K、573K 时的溶胀度测定，发现溶胀度逐渐降低。在 373K 时，水分的脱除使溶胀度降低；大于 473K 时，煤中—COOH 减少了 5％～15％。这些说明在用褐煤加工生产低分子产品时，即使在温和条件下的预热处理都是不利的。

对于烟煤，Yun 等[39]利用溶胀结合差示扫描量热 DSC（Differential Scanning Calorimetry）对 Pittsburgh 8 号煤热解时发现两处明显的温度转变区域：250～300℃和 350～400℃。低温转变区域可以认为是由于低温焦油的生成与煤结构的疏松引起的，高温转变区域是由于共价键交联反应引起的。而这些转变点在低阶煤与无烟煤中是不存在的。

五、溶胀在煤液化中的作用

目前，煤液化主要问题是大量的轻质烃生成、耗氢量非常高以及副反应降低了重质油的产率。以上这些缺点可以通过降低反应强度，改变反应试剂或适当的预处理改变煤的结构等手段来克服。对于任何预处理过程，首先应该考虑煤的微孔结构。因为在液化的初始阶段，试剂与煤粒的反应是扩散控制。溶胀方法是使溶剂与煤表面的接触最大化的比较好的方法。可以认为溶胀使煤的大分子网状结构发生了重排，孔结构发生相应的改变，增加了加氢试剂与反应位的接触，有利于自由基的传递，减少了副反应的发生，增加了煤液化的产率与产品质量。表 8-6[40]给出了溶胀对煤液化反应的这种影响。

表 8-6 溶胀对煤液化的影响

样　品	转化率/%			
	重油	沥青	pre-沥青	总量
煤种 1 原煤	22	31	16	69
煤种 1 溶胀煤	37	33	13	83
煤种 2 原煤	32	22	13	67
煤种 2 溶胀煤	50	22	6	78
煤种 3 原煤	33	15	8	56
煤种 3 溶胀煤	51	12	5	68

溶胀度的大小是由溶剂的性质、煤种所决定的，所以液化产率的提高与溶剂的性质、煤阶密切相关。但是溶胀方法有两方面的缺陷，一是有少量的溶剂残留在煤结构中，影响煤的液化产品；二是所使用的溶剂一般都很贵，不适合商业用途。

第二节　8种煤样的溶胀过程研究

煤的大分子网络即芳环部分是控制着煤的机械性质、热解过程中的传质以及其溶胀特性等物理性质的结构主体,从而决定着煤的化学反应性。网络的结构形式是通过交联键及分子间力缠绕在一起,以一定方式排列形成的立体结构。其中最重要的是芳香簇之间的交联键。交联键中有共价键,如芳香碳－碳键、次甲基键等;还有许多非化学键如氢键、范德华力和电子给予－接受作用等。随煤化程度的变化,各种交联键在煤结构中的分布不同引起了煤反应性的差异。但是对非共价键在煤结构中的作用及其对煤反应性的影响的研究工作相对较少。作者通过不同变质程度的8种煤样的溶胀度大小及其溶胀特性考察了各种弱键在煤中的分布,分析了这些弱键在煤结构中的作用,建立了适当的溶胀模型,从而对煤结构获得进一步的认识。

为了探讨溶胀机理和建立适当的溶胀模型,有必要选择合适的实验方法与溶剂。由于作者主要讨论大分子网络的本质和煤结构与反应性的关系,所以必须以原煤为基础,比较合适的方法是液体溶胀法。

所用煤样为褐煤到无烟煤不同变质程度的8种煤,包括平庄褐煤、抚顺烟煤、阜新长焰煤、平朔气煤、辛置肥煤、枣庄肥煤、峰峰贫煤和晋城无烟煤。有些实验根据具体情况选择了其中的几种。抚顺烟煤的工业分析与元素分析见表8-7,其他煤种的基础数据见表3-2。

表 8-7　煤样的工业分析及元素分析/%

煤 样	工业分析			元素分析				
	M_{ad}	A_d	V_d	C_{daf}	H_{daf}	O_{daf}	N_{daf}	S_{daf}
抚顺烟煤	3.41	10.65	39.39	73.35	5.26	18.69	1.95	0.87

一、溶　胀　度

(一)溶胀度的测定步骤和结果

实验中用到的溶剂共有五种,包括为吡啶、THF、N-甲基-2-吡咯烷酮(NMP)、四氢萘和CS_2,溶剂的基本性质见表8-8。吡啶＋CS_2和NMP＋CS_2混合溶剂的体积比均为1:1。为了排除由于矿物质引起的实验误差,同时减少矿物质对溶剂扩散的影响,用蒸馏水40%、HCl(36%)45%、HF(40%)15%配制成洗液对煤样进行处理,以除去煤中矿物质。煤样粉碎至小于 200 目,要保证粒度分布范围不能过宽,否则小颗粒嵌入大颗粒间的空隙,将导致堆密度的变化,影响溶胀度测定的准确性。煤样置于真空烘箱中,在 373K 下烘干 3~4h 以排除不同煤种水含量差异引起的实验误差。为了比较 8 种煤样溶胀度的大小,所取煤样均为 600mg 左右,溶剂均为 6ml。将煤样放入直径为 6mm、高度为 5cm 的具塞刻度试管中,用高速离心机以 4500r·min^{-1} 离心 15min,记下初始高度 h_1。将溶剂缓慢加入试管,为了防止煤迅速溶胀形成块状固体,必须不断的搅动样品,使煤表面与溶剂充分接触。在室温下静置两天,并不断记录溶胀度的变化,直至达到溶胀平衡。再将试管以同样的速度和时间离心旋转,记下最终的高度 h_2。用第八章第一节一(一)中的最简式计算溶胀度。

溶胀测定结果如表 8-9 所示。从表中数据可以看出,8 种煤样溶胀度的大小顺序为:平庄褐煤＞抚顺烟煤＞阜新长焰煤＞平朔气煤＞枣庄焦煤＞辛置肥煤＞峰峰贫煤≈晋城无烟煤。溶胀度与煤阶的关系为,随煤变质程度的增加,溶胀度基本上呈减小的趋势。

表 8-8　常用溶剂的基本物理性质(1)

溶剂	相对分子质量	密度 /(g·cm^{-3})	性　状	溶　解　性
吡啶	79.10	0.938	无色或微黄色有特殊气味的液体	溶于水、乙醇、乙醚及石油醚
NMP	99.15	1.028	无色液体	以任意比溶于乙醇、水、乙醚
CS$_2$	76.13	1.263	无色,易燃液体,有毒	以任意比溶于乙醇、乙醚
四氢萘	132.20	0.973	无色液体	易溶于乙醇、乙醚
THF	72.10	0.889	无色液体,有醚的气味	溶于乙醇

表 8-9　不同煤种在各种溶剂中的溶胀度

煤样	吡啶	NMP	四氢萘	THF	吡啶＋CS$_2$	NMP＋CS$_2$
平庄褐煤	2.66	2.80	1.75	1.85	2.25	2.40
抚顺烟煤	2.50	2.72	1.68	1.82	2.10	2.00
平朔气煤	2.07	2.38	1.48	1.52	2.00	2.40
阜新长焰煤	2.44	2.61	1.64	1.79	2.10	2.20
辛置肥煤	1.40	1.50	1.10	1.28	2.00	2.22
枣庄焦煤	1.94	2.20	1.51	1.45	1.64	1.89
峰峰贫煤	1.00	1.00	1.00	1.00	1.18	1.04
晋城无烟煤	1.00	1.00	1.00	1.00	1.11	1.27

（二）温度对溶胀度大小的影响

温度因素在溶胀过程中可以决定平衡溶胀度大小和溶胀速率。为了检测温度对溶胀度大小的作用，分别在 25℃、40℃ 和 60℃ 下测量溶胀度，实验结果见表8-10。在实验温度范围内，溶胀度数值没有显著的变化，但是溶胀速率加快了。溶剂扩散进入煤结构中，占据煤中弱键作用位，引起大分子骨架的弹性变形，煤的体积膨胀。随着温度的升高，煤的弱键作用位数目不会变化，因此表征煤溶胀平衡特点的溶胀度不发生显著改变。Suuberg 等[41]在考察溶胀过程时，也认为煤-溶剂体系接近平衡时焓变趋于零，温度变化不会影响溶胀度的大小。如果分子链是刚性、高能而非灵活链所构成的，模量大小与温度无关。在实验温度范围内煤的溶胀度基本不发生改变，说明尽管煤的溶胀过程并不能完全等同于高聚物，存在一些价键断裂和结构重排的现象，但可以近似认为煤的大分子结构分子链是刚性的。

表 8-10　不同温度下煤的溶胀度

煤　样	溶剂	25℃	40℃	60℃
平庄褐煤	吡啶	2.66	2.60	2.62
	NMP	2.80	2.76	2.75
平朔气煤	吡啶	2.07	2.02	2.05
	NMP	2.38	2.20	2.24
枣庄焦煤	吡啶	1.94	1.98	1.92
	NMP	2.20	2.22	2.26
阜新长焰煤	吡啶	2.44	2.45	2.40
	NMP	2.61	2.65	2.66

（三）煤显微组分的溶胀度

对煤结构和反应性的研究必须考虑煤的非均一性。煤是由不同显微组分以不同含量形成的复杂混合物，全煤性质和结构是各种显微组分共同作用的结果，有必要研究 3 种煤显微组分的溶胀特性，从而深化对溶胀过程的认识。作者选择了平朔气煤的 3 种显微组分、抚顺烟煤的镜质组和树脂体进行溶胀实验，质量均为600mg，溶剂量为 6ml。平朔气煤的显微组分元素分析参见表 3-32，抚顺烟煤的镜质组和树脂体的元素分析列于表 8-11。溶胀度测定结果见表 8-12。

表 8‑11　抚顺烟煤显微组分元素分析(daf,%)

显微组分	C	H	N	S+O
镜质组	72.08	5.66	1.68	20.58
树脂体	73.12	5.28	1.72	19.88

表 8‑12　不同显微组分的溶胀度

煤样	显微组分	吡啶	NMP	吡啶+CS$_2$	NMP+CS$_2$
平朔气煤	镜质组	2.11	2.61	1.80	2.15
	壳质组	1.86	1.70	1.75	1.86
	惰质组	1.11	1.15	1.18	1.15
抚顺煤	镜质组	2.27	2.71	1.94	2.27
	树脂体	2.04	2.43	1.97	2.13

从表 8‑12 可以看出,3 种煤显微组分溶胀度大小关系为:镜质组＞壳质组＞惰质组。参考第一章第一节三(二)和第三章第五节一(三)关于显微组分特点的描述和研究结论,我们知道惰质组具有最高的芳香度和交联度,在显微组分中石墨化程度最高,与无烟煤的结构非常类似,所以惰质组具有最小的溶胀度是容易理解的。

二、溶 胀 机 理

(一) 溶剂与煤的弱键作用

为了进一步了解煤与溶剂相互作用的本质,描述溶剂与煤的弱键相互作用,可以假设煤中存在与溶剂的弱键作用位的数量为 $n_S(\mathrm{mol})$。那么当溶胀平衡时,被吸入的溶剂体积为 $n_S \cdot V_{m,S}$,与溶胀度 Q 存在如下关系:

$$Q = \frac{n_S V_{m,S} + V_0}{V_0}$$

$$\frac{(Q-1)}{V_{m,S}} = \frac{n_S}{V_0}$$

式中:$V_{m,S}$——溶剂的摩尔体积,L·mol^{-1};

V_0——煤样的初始体积,L。

从不同煤样的单位体积的弱键作用位数量(n_S/V_0)的大小,可以反映煤—溶剂体系相互作用的程度,同时说明煤结构中非共价键力的强弱。表 8‑13 给出了关于弱键作用位的计算结果。

表 8-13　单位体积中弱键作用位的数量/(mol·L^{-1})

煤　样	吡啶	NMP	四氢萘	THF
平庄褐煤	19.7	18.6	5.5	10.5
抚顺烟煤	17.8	17.8	5.0	10.1
平朔气煤	12.7	14.3	3.8	6.4
阜新长焰煤	17.1	16.7	5.8	9.7
辛置肥煤	4.7	5.2	4.7	3.5
枣庄焦煤	11.1	12.4	3.8	5.6
峰峰贫煤	0.0	0.0	0.0	0.0
晋城无烟煤	0.0	0.0	0.0	0.0

　　图 8-8 是吡啶为溶剂时弱键作用位的变化趋势。从图中可以看出,随着煤化程度增加,煤结构中弱键作用逐渐减少。对于高变质程度的贫煤、无烟煤,由于其高度缩合的芳香结构,一些非化学键,如氢键、范德华力几乎消失,取而代之的是较强离域 Ⅱ 键之间的作用,所以基本上不发生溶胀。分析第三章第一节一(二)中从褐煤到无烟煤的 FTIR 谱可以发现,煤中极性官能团—OH 明显降低,在煤结构中羟基缔合形成氢键的能力也相应的减弱;C—H 振动吸收峰随煤化程度的增加逐渐减弱,意味着脂氢的含量变低,支链减少,煤结构的交联度增大,芳香 C—C 键增加,结构趋于石墨化。8 种煤样溶胀度大小的差异有力地证明了对于由大分子网络组成的物质的交联度大小和溶胀度呈反比。在 8 种煤样中,辛置肥煤是最反常的煤种,它的碳含量大约 83%,和焦煤都属于高挥发性的烟煤,但是溶胀度的大小差异较大,其原因尚待研究。

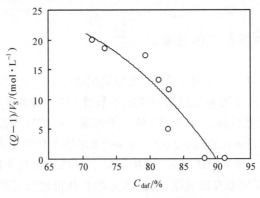

图 8-8　吡啶的溶剂作用位随煤阶的变化

（二）溶剂在煤中的残留

研究溶胀煤的结构必须除去溶胀煤中残留的溶剂，否则将会影响分析结果。根据常用的除去溶剂方法，用蒸馏水反复冲洗溶胀煤，然后置于真空烘箱中，在373K下烘干。使用该方法处理后的煤样元素分析结果列于表8-14中。从表中数据可以看出，与原煤参比样相比，仅用蒸馏水冲洗煤样的氮含量偏高，说明煤中有溶剂残留。由于实验中使用的溶剂均溶于乙醇，而且乙醇的沸点较低，所以选用乙醇反复地对溶胀煤样浸泡、冲洗，然后用蒸馏水洗数遍，在373K下真空烘干24h。对照表8-14中的元素分析数据，可知用乙醇冲洗对煤样溶剂的清除比较有效。但是，即使这样，在溶胀煤中仍然有无法除去的溶剂。这就确切说明，一部分溶剂与煤发生了强烈的结合。从实验温度估计，这种结合基本上应该属于弱键作用。

表 8-14　平朔气煤及其溶胀煤元素分析/%

煤　样	蒸馏水冲洗			乙醇冲洗		
	C_{daf}	H_{daf}	N_{daf}	C_{daf}	H_{daf}	N_{daf}
吡啶溶胀煤	79.89	5.38	2.72	79.82	5.29	1.93
NMP溶胀煤	79.93	5.29	2.32	79.76	5.19	2.06
吡啶+CS_2溶胀煤	79.74	5.43	2.75	79.64	5.24	2.04
NMP+CS_2溶胀煤	79.87	5.33	2.34	79.92	5.22	1.97
原煤	79.84	5.27	1.79	79.84	5.27	1.78

（三）溶剂性质和溶胀度的关系

溶胀度除了与煤本身性质相关外，也与选用溶剂的一些物理性质有关。溶剂与煤相互作用的强度主要是通过溶剂供电子数目EDN、溶解度参数 δ 和溶剂摩尔体积 $V_{m,s}$ 等物理参数体现。表8-15列出了溶剂的一些与溶胀有关的重要参数。

EDN和EAN(electronic acceptor number)表示溶剂供电子和受电子指标，由于煤本身同时有授受电子位，EDN和EAN与煤-溶剂的相互作用强弱有关。在溶胀过程中，溶剂将煤中原有的氢键、范德华力等非共价键力破坏，占据它们的作用位，取代了煤结构中的弱键，使团聚的大分子展开，宏观表现为体积增大。表8-9中可以看出煤在吡啶和NMP中的溶胀度最大，这与它们的EDN和EAN值

表 8－15　溶剂常用物理性质(2)

溶剂	EDN	EAN	摩尔体积 $V_{m,s}$ /(ml·mol^{-1})	溶解度 参数 δ	偶极矩 μ /D	黏度 η /Pa·s
吡啶	33.1	14.2	84.32	10.7	2.37	0.974
NMP	27.3	13.3	96.45	11.0	4.09	1.69
CS$_2$	0	0	60.28	10.0	0	0.362
四氢萘	—	—	135.87	9.50	—	2.26
THF	20.0	8.0	135.87	9.10	1.75	—

均较大有关。混合溶剂虽然是良好的抽提溶剂,但对煤的溶胀作用一般不及单独使用吡啶、NMP。CS$_2$ 的加入降低了吡啶和 NMP 的黏度(如 NMP＋CS$_2$ 的黏度降低为 0.615Pa·s),同时也降低了溶剂对煤的溶胀作用。加入 CS$_2$ 可以增加溶剂在煤结构中的扩散和提高传质效率,加快溶胀速度,但溶胀平衡后的溶胀度却相对降低了。在这一点上,辛置肥煤依然表现出其特殊性,它在混合溶剂中的溶胀度要明显高于两者单独使用。

(四) 煤溶剂的比率对溶胀过程的影响

大多数煤样在本节溶胀实验条件下都会有部分的小分子发生溶解(表8－16),可以将煤和溶剂的混合物体系作为悬浮液来处理。在该体系中,存在不溶物和可溶物的平衡体。不同煤样在吡啶和 NMP 溶剂条件和不同的 C/S 下溶胀实验结果见表8－17。从表中数据可以看出,溶胀度 Q 与 C/S 密切相关。在较低的 C/S 下,煤非共价键力破坏较多,弱键作用位逐渐被填充,溶胀度增大。同一煤种中弱键作用位数目是固定的,即$(Q-1)/V_S$ 应该存在极限值。

表 8－16　煤样在溶胀过程中的失重/%

煤　样	吡啶溶胀煤	NMP 溶胀煤
平庄褐煤	11.83	9.82
抚顺烟煤	9.10	8.16
阜新长焰煤	6.30	5.80
平朔气煤	8.20	6.92
枣庄焦煤	4.97	4.73

当煤中弱键作用位被完全填充后,溶胀度将达到恒定值。在溶胀过程中,少量物质的溶解是不可避免的,但其失重量有一个限度,不是随着溶剂量的增多而增加。可以认为在较低的 C/S 下,这些少量抽提物不会影响溶剂的在溶胀过程中的

表 8-17　煤样在不同 C/S 下的溶胀度和弱键作用位

煤 样	吡 啶			NMP		
	C/S /%	Q	$(Q-1)/V_{m,S}$ /(mol·L^{-1})	C/S /%	Q	$(Q-1)/V_{m,S}$ /(mol·L^{-1})
平庄褐煤	0.180	2.11	13.16	0.165	2.28	13.27
	0.151	2.35	16.01	0.144	2.32	13.69
	0.127	2.45	17.20	0.119	2.39	14.41
	0.114	2.54	18.26	0.104	2.54	15.97
	0.106	2.67	19.81	0.093	2.56	16.17
	0.082	2.80	21.35	0.075	2.71	17.73
阜新长焰煤	0.211	1.60	7.12	0.185	1.72	7.47
	0.143	1.82	9.72	0.130	1.88	9.12
	0.106	2.00	11.86	0.097	2.18	12.23
	0.082	2.28	15.18	0.075	2.32	13.69
平朔气煤	0.249	1.61	7.23	0.221	1.89	9.23
	0.151	1.92	10.91	0.193	2.00	10.37
	0.111	2.20	14.23	0.146	2.22	12.65
	0.106	2.21	14.35	0.097	2.54	15.97
	—	—	—	0.090	2.75	18.14
枣庄焦煤	0.211	1.60	7.12	0.185	1.72	7.47
	0.143	1.82	9.72	0.130	1.88	9.12
	0.106	2.00	11.86	0.097	2.18	12.23
	0.082	2.28	15.18	0.075	2.32	13.69

活性。假定每一个弱键作用位都是吸附位,则在较低的 C/S 下,溶胀过程和稀溶液的吸附过程相类似,可以用 Freundlich[42] 公式表示 C/S 和弱键吸附位的相互关系:

$$q = k \cdot c^{1/n}$$

$$q = \frac{(Q-1)}{V_{m,S}} = \frac{n_S}{V_0}$$

$$c = C/S$$

式中: k、n——与溶剂和煤样相关的参数。

两边取对数可得

$$\ln q = \ln k + \frac{1}{n} \ln c$$

从图 8-9 可以看出,C/S 与弱键作用位基本符合前述的假定,其数量可以用类似于 Freundlich 吸附公式的形式来拟合。

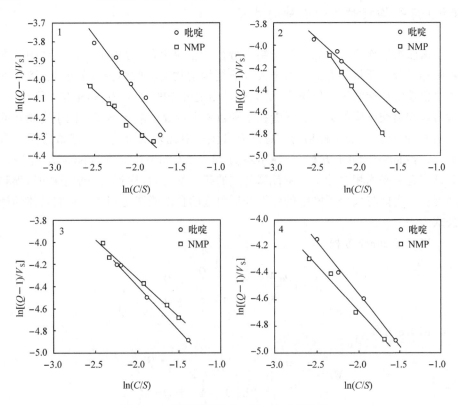

图 8-9　弱键作用位与 C/S 的双对数图
1—平庄褐煤；2—阜新长焰煤；3—平朔气煤；4—枣庄焦煤

但是,辛置肥煤的溶胀度几乎不随 C/S 而改变(表 8-18),而四氢萘、THF 对各种煤样的溶胀度也不随溶剂的体积增大而变化,这说明 C/S 与弱键的关系仍然有我们没有把握的因素。

表 8-18　辛置肥煤在不同 C/S 下的溶胀度和弱键作用位

吡　啶			NMP		
C/S /%	Q	$(Q-1)/V_{m,s}$ /(mol·L^{-1})	C/S /%	Q	$(Q-1)/V_{m,s}$ /(mol·L^{-1})
0.154	1.40	4.74	0.165	1.52	5.39
0.106	1.40	4.74	0.145	1.53	5.50
0.077	1.42	4.98	0.097	1.50	5.18
0.192	1.45	5.34	0.070	1.56	5.81

（五）煤平均相对分子质量的计算

溶胀方法作为表征煤大分子结构特征的主要手段,提供了估计煤结构中交联键间相对分子质量的方法。由于大分子结构的物质吸收溶剂开始膨胀,溶胀度的大小由该物质交联程度所决定,那么通过测定溶胀度大小(Q)和相互作用系数(β)就可以知道交联度的大小。尽管在某种意义上说煤的溶胀不能等同于高聚物的溶胀过程,但这些方法所得到的信息具有可供相对比较的价值。一般最常用的有三种公式:Flory-Rehner 方程[43]、Kovac 方程[44] 和 Barr-Howell-Peppas 方程[45]。所有这些有关平均相对分子质量计算公式的建立基础,是达到热力学平衡时,煤和溶剂混合自由能与大分子网络的弹性变形引起的自由能变化相等。它们具体的计算公式为

Flory-Rehner 方程

$$M_C = \frac{\rho_C M_S}{\rho_S} \cdot \frac{\frac{1}{2}Q - \left[\frac{1}{Q}\right]^{1/3}}{\ln\left[1 - \frac{1}{Q}\right] + \beta \cdot \frac{1}{Q} + \frac{1}{Q}}$$

Kovac 方程

$$M_C = \frac{\rho_C M_S}{\rho_S} \cdot \frac{\left[\frac{1}{Q}\right]^{1/3} + \frac{1}{N} \cdot Q^{1/3}}{-\left[\ln\left[1 - \frac{1}{Q}\right] + Q + \beta\left[\frac{1}{Q}\right]^2\right]}$$

Barr-Howell-Peppas 方程

$$M_C = \frac{\rho_C M_S}{\rho_S} \cdot \frac{\left[\frac{1}{2} \cdot \frac{1}{Q} - \left[\frac{1}{Q}\right]^{1/3}\right]\left[1 + \frac{1}{N} \cdot \left[\frac{1}{Q}\right]^{1/3}\right]}{\ln\left[1 - \frac{1}{Q}\right] + Q + \beta\left[\frac{1}{Q}\right]^2}$$

式中:M_C——煤大分子中交联点之间的平均相对分子质量;

$\quad M_S$——溶剂的相对分子质量;

$\quad \rho_C$——煤的密度,一般取 $1.3\text{g} \cdot \text{cm}^{-3}$;

$\quad \rho_S$——溶剂的密度,$\text{g} \cdot \text{cm}^{-3}$;

$\quad \beta$——溶剂和煤的作用系数,对于大多数高聚物可以取经验常数 0.3;

$\quad N$——煤大分子中交联点之间芳香团簇的数目,用 $N = M_C/M_r$ 来计算,

$\qquad M_r$ 为芳香团簇平均相对分子质量,具体数值列于表 8-19 中。

表 8-19　煤样的芳香团簇平均相对分子质量

煤种	平庄褐煤	抚顺烟煤	阜新长焰煤	平朔气煤	辛置肥煤	枣庄焦煤
M_r	370.5	360.1	373.1	384.8	389.6	329.2

　　按照上述公式计算相对分子质量,结果列于表 8-20。从表中数据可以看出,不同的计算方法得到的相对分子质量差别很大,但具有相同的变化规律。所以由溶胀度计算得到的煤大分子中的 M_C 的方法求取相对分子质量,所得到的绝对值不一定可靠,但是它们的相对值是合理的。从平均相对分子质量的变化趋势可获得一些煤大分子网络结构信息。从表中还可以看出,无论是何种溶剂和计算方法,肥煤的 M_C 和芳香团簇数目 N 均是最低的,说明它是弱键较少、高度交联的物质。低变质程度的褐煤和抚顺煤有较高的 M_C 和 N 值,它们的大分子结构比较疏松,交联度较低。粗略地估计实验所用煤样的结构的参数(除肥煤以外),其交联键间的芳香团簇的平均数目可以认为是 4~6,平均相对分子质量为 1500~2500。

表 8-20　煤样的 M_C 平均相对分子质量计算结果

溶 剂	煤 样	Flory-Rehner		Kovac		Barr-Howell-Peppas	
		N	M_C	N	M_C	N	M_C
吡啶	平庄褐煤	2.97	1100	4.83	1791	5.34	1980
	抚顺烟煤	2.60	936	4.38	1577	4.92	1772
	阜新长焰煤	2.35	878	4.05	1511	4.69	1749
	平朔气煤	1.45	557	2.82	1085	3.72	1432
	辛置肥煤	0.39	152	1.20	467	2.44	950
	枣庄焦煤	1.40	461	2.80	921	3.72	1224
NMP	平庄褐煤	3.87	1433	6.29	2331	6.30	2335
	抚顺烟煤	3.70	1332	5.83	2099	6.08	2190
	阜新长焰煤	3.21	1198	5.20	1940	5.61	2093
	平朔气煤	2.44	939	4.20	1617	4.81	1851
	辛置肥煤	0.58	227	1.55	604	2.73	1063
	枣庄焦煤	2.30	757	4.07	1339	4.72	1553

(六) 溶胀过程本质

　　溶胀是利用煤所具有的供氢和受氢能力,在亲电和亲核试剂作用下,打破小分子相和结构单元间的弱键,使煤样的体积膨胀,结构改变和重排。网络结构的弹性收缩和溶胀过程相反,平衡溶胀度是由共价键组成的交联键所决定,即煤-溶剂相互作用使两种键价分配达到新的平衡状态。溶胀实验所观察到的体积膨胀是煤大分子结构重排的结果,其推动力是溶剂和煤之间混和自由能的改变。Larsen[46]、Liotta[47]和 Hombach[48]一致认为氢键是非共价键中最重要的,作为主要因素控制整个溶胀过程;Marzec[49]认为在溶胀过程中,接受电子作用位决定溶胀度的大小,而氢键本身只是一种接受电子作用位。煤在溶胀过程中其结构单元通过交联键相互连接,阻止煤主体结构溶解。煤的溶胀度一般都大于 1,意味着交联键之间存在灵活、富有弹性的结构。对于低阶煤,具有较低交联度和较长分子链的特点,而对于高阶煤则具有高度交联结构和较短分子链的特征。

煤和高聚物有些类似,但其溶胀过程与高聚物的溶胀特性不完全等同。高聚物的溶胀是各向同性、可逆的。煤溶胀恰恰相反,它具有各向异性、不可逆的特征。因为在溶剂被完全排除后,溶胀煤仍然维持伸展、重排的结构。而作为溶剂的吡啶和 NMP 与煤存在较强的相互作用力不可能完全脱除。煤溶胀过程的不均一性也是由煤结构复杂性所决定的。其中最主要的原因有两种:一是溶剂在煤结构中的扩散过程不均一,即煤在不同的溶胀时段以不同速率吸入溶剂;二是煤中显微组分的溶胀特性不均一,即煤结构中镜质组、惰质组和壳质组的溶胀度有差异。这些特性决定了溶胀过程中会产生较大的应力,使大分子链扭曲、重排,产生不可逆溶胀。

煤的溶胀特性可以证明大分子结构中存在一些灵活的、不是完全刚性的交联键;煤结构中的非共价键作用在溶胀过程中可以被煤中的特定位点与溶剂的作用所替代。例如,煤结构中含氮官能团可以和酚羟基形成较强的氢键作用,这些作用本来是动态的,没有专门的选择性。但是由于煤大分子结构具有刚性的特征,限制了其自由选择,当吡啶扩散进入煤结构时,使其流动性增加。一般认为,吡啶结合氢键的能力大于 $7\text{kcal} \cdot \text{mol}^{-1}$,而煤中的氢键键能为 $4.5\text{kcal} \cdot \text{mol}^{-1}$,因此酚羟基可以和溶剂中的氮原子相互作用,使分子链变得灵活,表现出弹性的特征。

煤-溶剂体系的溶胀过程可以概括为图 8-10。状态 A 表示尚未混合的原煤和溶剂。当溶剂逐渐渗入煤结构时,其大分子结构开始疏松,煤-溶剂的相互作用逐渐取代煤分子内部的弱键作用而首先达到亚稳定状态 B。这一状态的主要特征是溶胀度可能最大,但尚未达到溶胀平衡,这可以归因于溶剂取代煤中弱键的速率和煤结构重排速率不相等。随着煤结构内部新缔合位的形成和分子在新的应力系统下结构重排,其结构可能发生收缩变形,从而对溶剂进入大分子结构产生阻力,达到平衡状态 C。当溶剂用乙醇冲洗,真空烘干后,煤形成比原煤样能量较低的 D,但仍维持着溶胀过程所引起的一些变化。图 8-10 中溶胀前后的能量应该存在制约关系:$E_{原煤} + E_{溶剂} = E_A$ 和 $E_{溶胀煤} + E_{溶剂} = E_D$,并且假定溶剂在溶胀前后完全没有变化。可以认为,溶胀的主要作用是把煤的大分子网络充分展开,使其在一定程度上恢复成煤前的状态,其中非共价键力的分布起重要的作用。

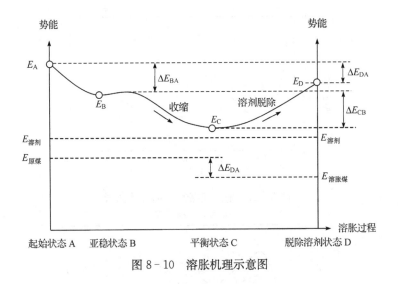

图 8-10 溶胀机理示意图

三、溶胀煤性质的变化

由溶胀的概念可以很直观地想到煤发生溶胀后表面结构是否发生了变化;煤的热性质是煤加工利用的重要指标,同时还可以直观的反映溶胀煤和原煤的结构差异。本小节作者采用小角散射(SAXS)和差示扫描量热(DSC)方法考察了溶胀煤的孔结构和热性质变化,以描述溶胀煤的主要物理性质。

(一)煤的热性质

DSC 是测量输入样品的热流功率和样品温度关系的一种技术,在反映样品热效应方面非常灵敏。实验的基本原理为

$$\frac{\mathrm{d}H}{\mathrm{d}t} = mC_p \frac{\mathrm{d}T}{\mathrm{d}t}$$

式中:$\mathrm{d}H/\mathrm{d}t$——热流功率,mW;

$\qquad C_p$——样品的热容,$\mathrm{J \cdot g^{-1} \cdot K^{-1}}$;

$\qquad m$——仪器常数,与测量状态和计算单位有关。

实验采用法国 Seteram DSCⅢ型差示扫描量热仪;原煤和溶胀煤样品用量均为 20mg;氮气气氛,流速 45ml·min⁻¹;程序升温速率 20℃·min⁻¹,温度范围 25～600℃。DSC 的实验结果显示各煤种的溶胀煤相对于原煤的变化趋势基本相同,其中平朔气煤及其溶胀煤(NMP+CS₂)的 DSC 热流和热容曲线如图 8-11 和图 8-12所示。

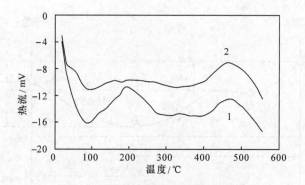

图 8-11　平朔气煤的 DSC 热流曲线

1—原煤；2—溶胀煤

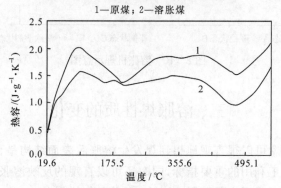

图 8-12　平朔气煤的 DSC 热容曲线

1—原煤；2—溶胀煤

原煤和溶胀煤在 100℃ 附近时有吸热峰，这对应于脱水过程。在 200～400℃ 之间，煤发生热解失重，原煤有明显的热流和热容变化。这个温度段主要是发生氢键等非共价键断裂引起的小分子相的传递和脱除，以及低温交联反应，同时伴随着气体的析出，所以引起较大的热量波动。但对于溶胀煤，由于在溶胀过程中热溶剂的作用已经将煤中的大部分弱键破坏，增加了小分子相的流动性，所以在该温度段热流变化很小。

（二）溶胀煤表面性质的变化

作者采用小角散射法对阜新长焰煤、平朔气煤和枣庄焦煤溶胀前后的表面分形特征进行了测定。测定工作在北京同步辐射国家实验室小角散射站进行，使用 Kratky 狭缝系统，记录方式为照相法，X 光为 Cu—Kα 射线（波长 0.154nm）。

煤具有复杂的多孔系统，参考第三章第一节四（一）3. 关于小角散射法测定表面特性的介绍，我们可以知道在 X 光的散射角为 θ 处的散射强度 $I(\theta)$ 符合如下关系式：

$$\ln(\theta) = A + (D-6)\ln\theta$$

式中：D——样品表面分形维数；

　　　A——与入射 X 光强度有关的常数；

　　　θ——散射角，rad。

　　测量不同散射角所对应的 X 光强度，可以得到 $\ln I(\theta)-\theta$ 的关系。如果显示直线关系说明样品具有分形特征，由斜率即可得到分形维数 D。实验结果显示原煤和溶胀煤 $\ln I(\theta)-\theta$ 的关系曲线都具有良好的直线关系，图 8-13 给出了枣庄焦煤的实验结果。计算得到的分形维数列于表 8-21。

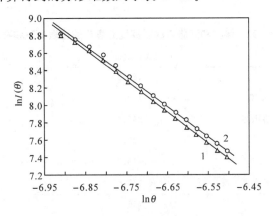

图 8-13　枣庄焦煤及其溶胀煤散射强度和散射角的关系
1—原煤；2—溶胀煤

表 8-21　原煤及溶胀煤的表面分形维数

煤　种	原　煤	溶胀煤
阜新长焰煤	2.33	2.60
平朔气煤	2.36	2.49
枣庄焦煤	2.41	2.55

　　从表 8-21 中数据可以看出，随煤阶的增高，分形维数增加；溶胀煤和原煤的分形维数明显变大，表明两者的表面特征有显著的差异。在溶胀过程中溶剂进入煤结构中扩大了煤的孔隙，Gether[50]证明煤种孔壁上附着大量的含氧官能团，它们之间以氢键结合。吡啶和 NMP 等溶剂的介入破坏了煤表面的弱键，形成了新的缔合形式。当溶剂被脱除后，一些孔结构相应地被破坏，煤的表面粗糙度增加。

(三) 溶胀过程对煤焦结构的影响

1. 煤焦的比表面积和孔容

将溶胀煤和原煤分别置于坩埚中在 900℃隔绝空气加热 7min,迅速将坩埚从炉中取出,先在空气中冷却 5min 后,放入干燥器中,待冷至常温称重,这一操作是工业分析测定煤挥发分的实验规程。脱挥发分后残留的煤焦用 ZXF-05 型自动吸附仪进行比表面积和孔容测定。测试在液氮温度下(77K)进行,按照第三章第一节四(二)中介绍的方法,比表面积通过 BET 方程回归得出,孔容按 D-H 方程计算得出(表 8-22)。

表 8-22　煤样和溶胀煤的脱挥发分煤焦的比表面积和孔隙率

煤　样	比表面积/$(m^2 \cdot g^{-1})$	孔容/$(ml \cdot g^{-1})$
平庄褐煤	484.5	0.31
平庄褐煤吡啶溶胀煤	150.4	0.11
平庄褐煤 NMP 溶胀煤	236.4	0.17
抚顺烟煤	228.7	0.40
抚顺烟煤吡啶溶胀煤	173.7	0.21
抚顺烟煤 NMP 溶胀煤	177.6	0.20
阜新长焰煤	236.3	0.18
阜新长焰煤吡啶溶胀煤	159.3	0.16
平朔气煤	245.6	0.27
平朔气煤吡啶溶胀煤	192.7	0.26
平朔气煤 NMP 溶胀煤	197.4	0.20
枣庄焦煤	45.37	0.10
枣庄焦煤吡啶溶胀煤	33.39	0.05

首先从表 8-22 可以清楚地看到随着煤化程度的增加,煤焦的比表面积和孔容呈减小的趋势。在热解脱除挥发分过程中,低阶煤的挥发分较多,产生了开口结构;高阶煤挥发分逸出少,交联键的破坏和晶体的有序化是主要的,其结果失去了一部分表面积,所以比表面积和孔容积明显地降低。经过溶胀预处理后,溶胀煤比其原煤比表面积及孔容显著降低,由于平庄褐煤溶胀度最大($Q=2.8$),比表面积降低的幅度也最大。煤粒的比表面积一般由煤孔隙结构支配,而两种煤在热解过程中孔结构的变化主要是两方面因素的影响,挥发分的析出和煤样孔结构的差异。所以引起表面积和孔容降低现象的可能原因,一是溶胀过程中,由于溶剂的作用,煤中大量微孔被破坏,使比表面积和孔容降低;一是挥发分大量脱除,交联键断开,

煤结构单元有序排列和聚结，使煤焦的比表面积和孔容减小。对于低变质程度的煤，由于侧链比较多，由不同官能团形成了交联结构，其空间结构显得疏松，有着较大的比表面积。在溶胀过程中，由于溶剂使弱键断裂的作用降低了它的交联度，使其分子排列趋于规则化，从而使其煤焦结构类似于高变质煤的煤焦。

2. 溶胀前后煤热解及煤焦反应性

溶胀过程使煤化学性质和物理性质发生了改变，而这些性质影响着煤的反应性。研究原煤和溶胀煤之间的反应性差异，有利于阐明煤结构和反应性之间的关系。在溶胀过程中，溶剂破坏煤中弱键，使大分子网络展开，这必将造成反应性的改变。作者采用第四章第三节中曾经使用过的红外光谱-热解反应器的联用技术和动力学计算方法，通过溶胀前后煤大分子中官能团的变化，研究了非共价键力对煤结构和反应性的贡献。

随着煤样在反应器中的热解，煤中的官能团以 CO、CO_2、CH_4、H_2O 和轻质烃的形式放出。这种变化反映在红外谱图上，就是随温度升高，对应于亚甲基、芳环和醚键等官能团的各种振动信号强度的变化。在快速热解条件下，通过计算热解产物官能团强度的变化可以得到反应活化能，以此为基础可以比较原煤和溶胀煤官能团活性的变化。由于热解过程同煤的化学性质和结构密切相关，通过溶胀前后煤热解特性的研究可以从另一个角度提供对煤结构与反应性的描述。

官能团动力学参数的计算，主要通过考察红外动态扫描过程中官能团吸收强度变化。芳氢主要是指 $3015cm^{-1}$ 处芳环 C—H 伸缩振动；脂氢是在 $2928cm^{-1}$ 和 $2850cm^{-1}$ 处 C—H 面内对称和反对称伸缩振动，活化能比较以 $2928cm^{-1}$ 振动活化能为基准；双烯振动是 $2108cm^{-1}$ 和 $2180cm^{-1}$，以 $2180cm^{-1}$ 的强度变化表征煤结构的热解变化；醚键(R—O—R′)面内反对称伸缩振动在 $1150cm^{-1}$ 附近。通过以上四种官能团在煤的快速热解条件下，从大分子网络或侧链断裂的活化能(表8-23)作为煤热解动力学的重要参数，表征煤大分子的网络活性。通过记录热解过程中某一选定波数下的吸光度 A 与热解时间 t，可以得到原煤和溶胀煤在热解过程中某官能团的变化曲线，这些曲线与图4-14形式相似。原煤和溶胀煤的各种官能团的 A-t 曲线之间只有细节上的差异和动力学参数的不同，从变化趋势上来看没有大的差异。

可以认为，煤经过溶胀过程得到的溶胀煤在热解反应机理上与原煤没有明显的差异，表面溶胀煤在主体结构上与原煤基本相同。但煤中的弱键在影响动力学参数方面有主要作用。溶剂对煤种弱键的作用，使煤大分子的交联状态发生了变化，并且这一变化在不同程度上普遍地降低了各种煤以及大多数官能团的热解反应的活化能。

表 8 - 23　原煤和溶胀煤官能团热解活化能/(J·mol^{-1})

煤种	芳氢	脂氢	双烯	醚键
平庄褐煤	22 115	10 805	16 416	10 929
平庄褐煤吡啶溶胀煤	15 323	6651	14 097	7362
平庄褐煤 NMP 溶胀煤	18 881	6659	14 994	7796
抚顺烟煤	20 957	14 982	13 195	9130
抚顺烟煤吡啶溶胀煤	16 707	11 966	12 290	9007
抚顺烟煤 NMP 溶胀煤	17 012	11 026	11 983	8852
阜新长焰煤	21 368	17 598	18 007	10 571
阜新长焰煤吡啶溶胀煤	21 266	10 772	14 314	9387
阜新长焰煤 NMP 溶胀煤	19 264	10 819	14 350	9584
平朔气煤	19 067	23 158	14 626	9397
平朔气煤吡啶溶胀煤	17 432	15 034	15 149	10 063
平朔气煤 NMP 溶胀煤	17 902	15 527	14 137	9393
枣庄焦煤	27 814	18 058	14 231	8726
枣庄焦煤吡啶溶胀煤	27 478	11 457	13 865	9115
枣庄焦煤 NMP 溶胀煤	26 352	10 465	14 097	8914

参 考 文 献

[1] van Krevelen D.W. Coal. Amesterdam: Elsevir Scientific Publishing Company, 1961. 433

[2] Sanada Y. et al. Fuel. 1966, 45: 295

[3] Solomon P. R. et al. Prepr. Pap. ACS. Div. Fuel Chem. 1994, 39(1): 68

[4] Peppas N. A. et al. Chem. Eng. Commun. 1983, 37: 333

[5] Brenner D. et al. ACS. Div. Fuel Chem. Prepr. 1985, 30(1): 71

[6] Alfrey T. et al. Polym. Sci. 1966, 2: 249

[7] van Krevelen D. W. Fuel. 1946, 25: 104

[8] Solomon P. R. et al. Energy & Fuel. 1988, 2: 405

[9] Wolf P. M. et al. Fuel 1960, 39: 25

[10] Dryden I. G. Fuel. 1951, 30: 145

[11] Meyers R. A. Coal Structure. New York: Academic Press, 1982: 254

[12] Cody G. D. et al. Energy & Fuel. 1988, 2: 340

[13] Solomon P. R. et al. Fuel. 1993, 72: 587

[14] Jurkiewicz A. et al. Fuel. 1981, 60: 1167

[15] Jurkiewicz A. et al. Fuel. 1982, 61: 64

[16] Brenner D. Fuel. 1983, 62: 1347

[17] Nishioka M. ACS. Div. Fuel Chem. Prepr. 1993, 38(2): 878

[18] Brenner D. Fuel. 1985, 64: 167

[19] Cody G. D. et al. Energy & Fuel. 1988, 2: 340

[20] Szeliga J. et al. Fuel. 1983, 62: 1229

[21] Hall P. J. et al. Fuel. 1988, 67：863

[22] Ndaji F. E. et al. Fuel. 1993, 72：1531

[23] Aida T. et al. Am. Chem. Soc. Div. Fuel Chem. Prepr. 1985, 30(1)：95

[24] Ndaji F. E. et al. Fuel. 1995, 74：842

[25] Brenner D. Fuel. 1984, 63：1225

[26] Ndaji F. E. et al. Fuel. 1993, 74：932

[27] Turpin M. et al. ICCS. New York：Elsevier, 1987, 85

[28] Larsen J. W. et al. Energy & Fuel. 1991, 5：57

[29] Nishioka M. Fuel. 1993, 72：1001

[30] Suuberg E. M. et al. Energy & Fuel. 1993, 7：384

[31] Larsen J. M. et al. Energy & Fuel. 1989, 3：557

[32] Solomon P. R. Energy & Fuel. 1990, 4：42

[33] Barton W. A. et al. Fuel. 1984, 63：1202

[34] Kazuhiro M. Energy & Fuel, 1994, 8：868

[35] Miura K. Energy & Fuel. 1991, 5：803

[36] Solomon P. R. Fuel. 1984, 63：1302

[37] Suuberg E. M. Fuel. 1985, 64：1668

[38] Suuberg E. M. ACS Div. Fuel Chem. Prep. 1991, 36：43

[39] Yun Y. S. et al. Fuel, 1993,72：1245

[40] Jaseph J. T. Fuel. 1991, 70(1)：139

[41] Suuberg E. M. et al. Energy & Fuel. 1991, 11(6)：1150

[42] 傅献彩，沈文霞，姚天扬. 物理化学，第四版. 北京：高等教育出版社, 1990. 942

[43] 何曼君，陈维孝，董西侠. 高分子物理. 上海：复旦大学出版社, 1991. 58

[44] Kovac J. Macromolecules. 1978, 11：362

[45] Barr-Howell B. D. et al. Polym.Bull. 1985, 13：91

[46] Larsen J. W. et al. Energy & Fuel. 1990, 4：107

[47] Liotta R.et al. Fuel 1983, 62：781

[48] Hombach H. P. Proc Abstr. 1983, 78：19153x

[49] Marzec A. Fuel Processing Tech. 1986, 14：39

[50] Gether J. S. J. Am.Chem.Soc. Div. Fuel Chem. Prepr. 1987, 32：239

第九章 煤在等离子体中的反应

煤在常规的慢速热解速率下($<10^2\mathrm{K\cdot s^{-1}}$),最终的产物是挥发物和固体残渣。挥发物是缩聚反应和解聚反应竞争的结果,由焦油和煤气组成。其中焦油主要由相对分子质量范围很大的芳香类化合物组成,而煤气主要为 CH_4 和 H_2 等组成,一般没有 C_2H_2 和 C_2H_4 等不饱和气体出现。固体残渣则是半焦或焦炭。随着加热速率的提高($10^2\sim10^4\mathrm{K\cdot s^{-1}}$),挥发物的量以及组分分布将发生明显变化。Desypris[1]对从褐煤到无烟煤的七种煤进行的快速热解的研究结果显示,挥发分的产量都比测出的工业分析值高。而且气态产物中有乙炔生成。随着热解速率和热解温度的提高,焦油的产物中气态物与大分子烃类的量都呈减小趋势,而一些小分子如甲烷和乙炔含量却有所增加。在热解过程中,热分解和热缩聚是一对双向反应。随着热解速率的提高,热分解得到增强而缩聚则相对减弱,因此快速热解条件下逸出的挥发分产量要高于慢速热解,产物分布趋于小分子化,并且随着热解速率和热解温度的提高,这种趋势进一步得到加强。乙炔的生成自由能随温度的升高而降低,因此在高温快速热解条件下,气体产物中有乙炔生成,但一般的设备和实验条件难以达到使煤热解直接生成乙炔的温度条件。等离子体(plasma)技术的发展提供了一种实现这一设想的方法,电弧等离子体的高能量和高化学活性的特点正适合于用煤经极短的工艺路线一步裂解生成乙炔。本章介绍作者近年来在这一领域的研究工作。

第一节 煤在等离子体中的热解

煤与等离子体的作用形式多样,而且错综复杂。当煤进入等离子体时,它要同时受到高温、氢原子以及其他活性离子的作用,作用的产物主要是CH物种、热解残焦和初级挥发物三部分;接着焦可与等离子体中的高能离子作用形成离子态,离子态的碳再与氢原子结合生成CH物种;初级挥发物中一部分要和等离子体中的活性物种作用形成CH物种,另一部分则在热的作用下形成次级挥发物;通过各种作用形成的CH物种之间以及这些CH物种和氢原子要发生各种复杂的反应形成次级挥发物,次级挥发物也就是热解的产品气;次级挥发物中的一些烃类(如 C_2H_2)在高温下易分解为氢气和烟炱(soot)。是否将次级产物淬冷,对最终离开系统的产品气的组分分布起很重要的作用。初级挥发物的裂解、复合以及聚合等过程形成了最后的产物热解残渣、产品气体和结焦物。图9-1形象地表达了煤在等离子体中转化的各种路径。煤在等离子体中转化的途径纷繁复杂,而且每条途径的作用也不一样,究竟哪种作用或者说煤主要是沿着哪些途径转化为目标产品的,其主要影响因素有哪些,这些问题是本章研究的重点。

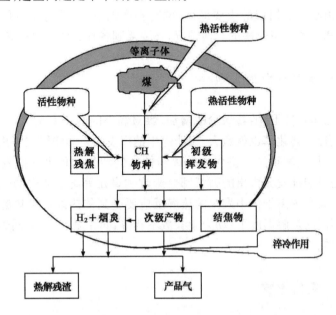

图 9-1　煤在电弧等离子体中的反应路线示意图

用等离子体进行煤的转化,是一项完全不同于传统煤转化形式的工艺,引起了许多研究者的关注。虽然曾使用各种手段产生等离子,但人们对电弧等离子体研究得最多。电弧等离子体是一种典型的热等离子体,其最引人注目的特点之一就是温度极高,而且这种等离子体还含有大量各种类型的带电离子、中性粒子以及电子等活性物种,所以被认为是进行煤洁净转化制取乙炔的理想手段之一。煤与电弧等离子体作用的机理非常复杂,至今没有形成一致的共识:Chakravartty[2]认为煤在电弧等离子体中会达到热力学平衡,可利用热力学平衡来描述产物的分布;Baumann[3]认为煤与等离子体作用受煤在等离子体中热解及热解产物和活性物种作用两步控制,产物分布不遵守热力学平衡;同时很多研究表明氢原子和煤的直接作用也可以导致煤的转化[4,5]。

一、煤在电弧等离子体中的热解

许多实验表明,煤在电弧等离子体中热解的主要产物是气相产物、焦(char)和烟炱(soot)。挥发物主要由小分子气体组成(CH_4、C_2H_2、C_2H_4、H_2、CO 和 CO_2 等),

煤焦是析出挥发分以后的煤残留物,而烟炱则是乙炔在高温下的分解积炭。由于电弧等离子的温度极高(从几千度到上万度),所以热解速率非常快。根据热解规律,在这种超快速热解条件下热分解将更加剧烈,热缩聚则更加减弱,这就是气体产物中主要由小分子组成的主要原因;同时在高温下,乙炔易于分解为氢气和烟炱。煤在等离子条件下热解的具体情况,还要受到各种具体的操作条件的影响。

(一) 煤的性质对热解的影响

在同一操作条件下,随着煤阶的增加,煤对烃类的转化率呈下降的趋势[6~8];煤的挥发分愈高,转化率也就愈大,说明煤中的挥发物是影响煤在等离子体中转化的主要因素。从热解意义上讲煤在等离子体中的转化过程也是挥发物析出的过程,因此凡是影响挥发分析出的因素都会影响到煤在等离子体中的热解行为。需要指出的是,煤在等离子体中发生的热解反应要受到传热以及煤热解动力学因素的制约,在不同的热解温度下,动力学参数不相等;同一温度下,不同煤种的动力学参数也不一样。

(二) 热解气氛的影响

Bond[6]用氩等离子体在4000℃下进行了煤热解,热解气体主要是氢气、乙炔和一氧化碳。当在等离子气中引入氢气时,裂解气体的主要成分是乙炔,而且煤的转化率有了较大的提高。这一方面是因为氢气和裂解自由基发生了反应,另一方面从热力学的角度分析,由于乙炔的分解是体积增大的反应,所以氢气的存在抑制了乙炔的分解。事实上,尽管都是在氢气氛中,常规的氢解和等离子体中的热解既有联系又有区别:共同点是由煤裂解得到的自由基都与氢提供的自由基发生了反应,所以这两种情况下煤的转化率都得到了提高;然而,在常规热解条件下,氢自由基主要是靠氢气扩散到煤粒内部参与胶质体中各种裂解自由基的重排结合,从而达到抑制热缩聚的作用来增加转化率的;而在等离子条件下氢原子主要是直接和由煤在等离子体条件下产生的各种自由基结合或交换,以及通过抑制乙炔等易分解烃类的分解来提高煤的转化率。

Chakravartty[2]从煤分子结构角度的研究指出,在惰性气氛中只有脂肪碳和脂环碳转化成了乙炔,而在富氢的气氛中芳香碳也参加了转化。Dixit[9]在总结前人工作的基础上提出当脂肪结构中的 C/H 为 0.080,脂环结构中的 C/H 为 0.195,以及芳香结构中的 C/H 为 0.725 时乙炔都表现出较高的收率,在同一操作条件下乙炔的收率随 C/H 的提高而增加。根据 Chakravartty 的结论,他提出了乙炔收率理论计算方法。即假设煤中几乎全部的氧在等离子体射流中都形成了 CO,并消耗掉煤中的一部分碳,同样煤中氮和硫也要消耗掉一部分碳和氢形成 HCN 和 H_2S。当温度为 4000K 时,乙炔的生成自由能大约为零,此时乙炔的生成是可能的。

　　Dixit 的理论计算结果和实验结果比较,在氩等离子体条件下二者相差甚远,但是若只考虑脂肪结构和脂环结构的话,二者就比较吻合;在富氢等离子体条件下,实验值和理论计算值要接近的多,因此他们得出在惰性气氛中,只有脂肪碳和脂环碳转化成了乙炔,而在富氢的气氛中芳香碳也参加了转化的结论。但事实证明实验值总是低于理论计算结果,他们的解释是由于实验热解的条件不够理想以及作用过程还要受热传递过程的约束所造成的。

(三) 热力学平衡问题

　　Baumann[3]认为由于煤粒在反应区的停留时间非常短,温度本身对反应的影响还不能使其达到平衡,所以气体组分的分布不遵守热力学平衡。但 Chakravart-ty[2]在他的研究结果中认为,在高能高焓反应条件下煤的转化是适合于热力学平衡的,因为在高温高焓体系中,温度超过了碳的升华点,煤中所有的碳都升华为蒸气和氢发生反应,体系达到了平衡。所以说,如果用热力学平衡来描述煤在等离子体中的热解,煤粒在反应区必须有足够的停留时间,或者使等离子体符合高温高焓条件。

二、煤与等离子体中活性物种的作用

　　电弧等离子体是气体通过电弧后形成的离子射流,这种等离子体不仅温度高,而且含有大量活性离子。如果在等离子工作气中引入氢气,就会产生大量氢活性物种,而这些氢活性物种能使煤大分子结构的各种键发生断裂,形成煤的转化。因此讨论各种活性物种对煤转化的作用有助于认识煤在等离子体中另一个重要转化过程。

(一) 煤与非等离子态下氢原子的作用

　　通过汞的作用氢气可以被分解为氢原子[10],将氢气和汞蒸气一起通过悬浮的煤粒以便让氢原子和煤作用,结果发现产物非常复杂,其中含有大量相对分子质量较高的芳香物,但没有象 CH_4 和 C_2H_2 这样的小分子物生成。这一点充分说明非等离子态下的氢原子可以和煤中环核之间的不稳定桥键发生反应。如果氢原子是通过加热离解氢气产生的[11],那么这种氢原子还可以和纯碳反应生成各种烃类,主要为甲烷以及少量的乙烷和丙烷。说明氢原子可以破坏煤结构中的各种化学键,破坏的程度随氢原子能量不同而异。

(二) 煤与等离子态下氢原子的作用

Sanada 等[12]采用高压放电来产生氢原子,当将纯碳放入放电区之内时,甲烷是惟一能检测到的气体,顺着放电方向远离放电区时,甲烷的生成速率急剧下降。而以煤做为反应物时可以生成 CO 和 CO_2 以及多种烃类(C_2H_2、C_2H_6、C_3H_8 和 C_4H_{10})。所以他认为 C_mH_n 的生成是由煤结构中的氢和碳反应生成,而不是由气氛中的氢和煤中的碳反应所致,该事实表明煤中的氢更容易发生转移。Vastola[13]采用氢微波等离子的手段来研究氢原子与纯碳和煤的作用,当纯碳放入放电区之外时(放电区外主要是氢原子,离子很少),几乎没有反应发生,说明纯碳与氢原子的反应比较困难;将碳置入放电区时,生成物中主要是甲烷和乙炔,这是因为在放电区内碳受到高能离子的轰击碰撞而气化,气化的碳与氢原子结合生成 CH 和 CH_2 等自由基(CH 和 CH_2 的存在已由光谱中实验得到证实),这些自由基也就成了生成烃类气体的中间体。由于放电区的温度很高,经淬冷后乙炔成为主要产物。也就是说在等离子态下,由于高能离子的存在使得氢原子和碳的反应变得容易起来。而煤即使置于放电区之外也能生成甲烷、乙炔和其他烃类。总之氢原子已经具备了破坏煤中各种键的能力,氢原子的能量不同,作用的结果也就不一样。能量较低的氢原子只能破坏煤中环核之间较弱的各种桥键,生成物是一些相对分子质量较大的芳香物,无小分子;随着氢原子能量的提高,煤中的环以及侧链遭到破坏,生成物趋于小分子烃类且有乙炔生成。当然,也不排除在煤的表面存在一些活性结构的基团,氢原子与它们反应生成烃类的活化能较低。

(三) 氢气对煤在等离子体中的反应产物的影响

许多研究表明,当在惰性工作气体中引入氢气时,煤的转化率和乙炔的生成率都比只用惰性气体有明显的提高。早期研究中使用石墨与氢等离子体作用,结果产物中有乙炔和甲烷生成,这说明在电弧等离子条件下煤中的碳也可与氢发生反应导致煤的转化。煤在等离子体中会产生许多自由基,在淬冷时这些自由基很容易和氢原子结合生成烃类气体,典型的反应为乙炔的生成反应:

$$C_2H \cdot + H \longrightarrow C_2H_2$$

煤与等离子作用的裂解气体中,乙炔是主要的组分,而乙炔在高温下易于分解。从动力学角度来分析,由于乙炔的分解是体积增大的反应,所以氢气的存在抑制了反应进行,即氢气对乙炔有"保护"作用。从热力学角度来考察,氢气具有较高的导热系数,所以氢等离子体具有更高的温度和热容,这种等离子体不仅加剧煤的快速热解而且使煤中尽可能多的碳参与了反应。然而,并不是氢气的浓度愈高煤的转化率就愈高。Bond[6]的研究表明,当氢气浓度为 10%左右时,煤中碳的乙炔的转化率最佳;而 Mohammedi[14]在研究 Ar/H$_2$ 等离子体时测得当氢气的浓度为10%时等离子体中氢原子浓度最高。可以认为,氢等离子体中氢原子浓度最高时,煤对乙炔的转化率也最高。这种相吻合的趋势表明可能氢原子在乙炔的生成中起了很重要的作用。但是也有不同的研究结果,Garret[15]认为当 Ar/H$_2$ 为 54:46 时乙炔的收率最大。

三、等离子体热解煤制乙炔的研究工作

当煤被快速加热到 1250℃以上高温时,逸出的挥发分裂解成低分子烃类,如果条件合适的话,产品气体的主要组成将是乙炔,合适的操作条件包括煤种、反应时间以及淬冷速度等[16]。

早期的研究工作曾使用各种各样的能量形式对煤进行快速热解或者超快速热解。最早使用电弧研究的工作是 1962 年 James[17]在英国 Sheffield 开始的,当时他使用的是电弧反射炉(arc image furnace),并发现煤的转化率超过了用英国国标所测得的挥发分量,而且煤中 8%的碳生成了乙炔。20 世纪 60 年代的研究工作主要集中在英国,70 年代在美国、东西德国、印度和前苏联开展的研究最多,80 年代该课题的研究进入了一个繁荣期,而且有日本、法国和波兰相继加入,90 年代以后这方面的研究逐年减少。我国起步较晚,始于 90 年代。

1963 年 Bond[18]采用阳极钻孔的方法,将煤粉供入等离子体射流中,发生器的功率为 6kW(纯氩)~9kW(氩氢混合气体),供粉速率为 1g·min^{-1},氩气流量为10L·min^{-1}。实验结果表明裂解气体中主要的烃类产物是甲烷、乙烷、乙烯、乙炔和丙烷。纯氩的条件下煤中有 20%的碳可转化为乙炔,当在工作气体中加入 10%的氢气时,转化率可以提高到 40%。随后 Bond[6]又在详细的报道中指出氩氢混合气体中,氢气的体积分率为 10%是煤转化为乙炔的最佳浓度。实验中他还发现无烟煤以及一些低挥发分物质与电弧射流反应后粒度大小几乎没有发生改变,所以推断反应残渣中的小微粒主要是由煤"爆裂"和乙炔分解形成碳黑所致。

为了提高煤的热解效率 Nicholson[19]和 Littlewood[20]采用由空心阴极轴向进料的方法,目的是将物料引入最热的区域电弧柱中。实验采用氩气或氩气氢气的混合气体,发生器的工作功率为 7~14kW。在扣除惰性气体的情况下,产品气体的主要组成为 H$_2$(46%)、C$_2$H$_2$(31%)和 CO(23%)。实验发现气体所含的氢的总量接近于原煤的氢含量,CO 所含的氧的总量接近于原煤的氧含量,并认为煤中的脂肪碳和脂环碳发生了转化。同时还发现在最短的反应时间情况下乙炔的收率是最高的,多余的反应器长度对乙炔的生成没有促进作用。随着发生器功率的提高转化为乙炔的碳的百分数呈现先升后降的规律,在 7kW 处表现出最理想的转化率。值得指出的是当氩氢混合体系中氢气的浓度为 10％时,Barnborong 煤中有74％的碳转化为乙炔,这是迄今文献中所见到的最高值,但在成本上却不是最佳的。由于煤的热解和电弧的产生在同一段内完成,所以这种反应方式称为一段法,而将煤粉引入电弧射流的反应方式称为两段法。一段法对于改善整个工艺的热效率提高煤的热解效率最为理想,但是由于热解过程会在阴极和阳极上积碳,从而导致破坏放电系统的稳定运行,存在着致命的缺陷。

　　Chakravartty 等[7]较早地对该课题也进行了研究。实验使用氩气为工作气体,通过氢气做载气将煤粉送至等离子体射流中。发生器工作在 4～8kW,采用印度的高挥发分煤做原料。实验结果表明煤对乙炔的转化率与供粉速率、粒度的分布、煤所含挥发分的量等因素有关。同时发现灰分为 20％的高灰煤对乙炔的转化没有负面影响,只是增加了过程的能耗,这与 Nemets[21]的实验结论一致。后来他们又使用富氢等离子体,发现与纯氩等离子体相比,在供粉速率为 5～6g·min^{-1}的条件下,乙炔的收率可以从 10％～20％上升至 60％～65％[2]。

　　Baumann[3]和 Beiers 等[8]提出煤在电弧等离子体中热解生成乙炔的过程受到热由气体向煤的传导过程、煤的热解动力学以及均相气相反应等过程的影响。当煤进入等离子体后很快被加热,接着逸出挥发分,挥发分再与射流中的活性物种反应生成乙炔,反应在 4ms 内完成并很快停止,之后煤被加热到和气体一样的温度。他们推测煤在电弧等离子体射流中骤热的作用下会发生“爆裂”现象,增加气固相反应表面积,因此增加了乙炔的收率。

　　Bittner 等[22]的研究工作发现,除了功率、温度、供粉速率和停留时间之外,煤的化学性质也是决定煤转化成乙炔的基本因素,即煤中挥发分的含量、热值以及结焦性都是决定乙炔、焦和副产品分布的主要因素。为了研究煤的性质对乙炔生成的影响,他们采用了挥发分在 30％～40％之间的 13 种煤进行了研究,其中有些煤的灰分高达 35％,使用的发生器的功率为 30kW,以氢气为载气通过四个管式通道将煤粉供入射流中,煤粉粒度小于 250μm,其中的 5 个煤样小于 30μm,体系的操作压力为 40kPa。实验结果为:煤中灰分所含的氧会和煤中的碳结合生成 CO,不利于乙炔的生成;富壳质组的煤样比贫壳质组的煤样更容易生成乙炔;在高挥发分到中挥发分这一段煤种中,乙炔的转化率随着煤阶的升高是增加的,即尽管挥发分在降低,但转化率却是提高的;煤的焦油量与乙炔的转化率之间没有相关性;随着煤总孔容的增加,转化率降低。还提出乙炔的收率与反应器的长度有关,如果反应器太长,乙炔将分解成烟灰和氢气;反之,煤将反应不完全,这取决于煤样的粒径分布。为研究乙炔的收率与挥发分的量和挥发分的组成的关系,他们采用了甲烷、乙烷、乙烯和乙炔做原料来模拟挥发分中的轻质组分,采用苯、甲苯、乙苯、四氢化萘、氢解焦油、蒽油以及环己烷来模拟挥发分中的重组分,用 30kW 的氢等离子体,分别将它们以 35°的倾角射入初始温度为 1500～2000℃ 的射流中。在初始温度为 1500℃ 的条件下轻质气体的转化率由大到小的顺序为 $C_2H_6 > C_2H_4 > C_2H_2 > CH_4$;而重组分为环己烷＞氢解焦油＞四氢化萘＞乙苯＞蒽油＞苯,即呈现一种 H/C 比由高到低的趋势。研究认为乙炔的生成主要与等离子体射流中的氢原子、激发态的分子、原子以及离子有关,一旦这些活性物种被煤消耗掉,反应就立刻停止。因此这个过程不能用传统的热力学来描述,在毫秒级的反应时间内反应没有达到热力学平衡。

Kulczycka[23] 用多种煤的镜质体在氩氢等离子体中进行了研究(氢含量为 33%),发生器的功率为 $6.25～14.4$kW,供粉速率为 $0.1～1.3$g·min^{-1}。结果表明镜质体中有 $45.5\%～52.8\%$ 的碳转化成了乙炔。

美国 AVCO 公司从 20 世纪 70 年代开始致力于电弧等离子体裂解煤制乙炔的理论研究和工业开发,采用氢气做淬冷剂获得了较高的乙炔收率,通过在反应体系中引入氘和 ^{13}C 发现乙炔分子之间以及乙炔分子和淬冷剂之间经过了彻底的原子交换,并提出链式机理。实验中采用煤柱作为可消耗性阳极,得到乙炔的浓度仅为 5.04%(体积),从实验上证实了如果没有淬冷,乙炔会持续分解成碳黑和氢气,并得到了与热力学数据一致的结果。Cannon[24] 采用了功率为 30kW,由钨阴极和水冷铜阳极组成的等离子体发生器,其热效率为 75%,工作氢气的流量为 3.5m^3·h^{-1}。反应器内压力为 20～50kPa,当所用的 Pittsburgh 烟煤的供粉速率为 125～550g·min^{-1} 时,最高的乙炔收率为 18%。此后 AVCO 还开发了磁力旋转直流反应器,在外部磁场的作用下电弧在反应器内高速旋转,煤粉通过 8000～15 000K 的氢等离子体电弧区发生反应,乙炔的最高收率可达 33%,浓度为 16%,煤的转化率为 67%。1980 年 AVCO 还进行了功率为 1MW,供煤 450kg·h^{-1},年产 900 吨乙炔的半工业化试验。

Makino 等[25] 采用 100kW 三炬等离子体发生器对烟煤的研究中发现,大量的乙炔在实验条件下发生了分解,如果采用氢气作为淬冷剂则得到了相对很高的乙炔收率,单位产量乙炔电耗为 17kW·h·kg^{-1}。对反应残渣的分析发现其挥发分大于 15%,灰分也相对较高,煤中的有机硫经过反应后都变成了无机硫。

Fauchais 等[26] 通过对比几种工艺得出了一系列有意义的结论:在磁场的作用下,电弧和原料的混合效率提高;等离子体中氢气的作用不仅在于它的高热容和高导热性,而且它对淬冷过程中防止乙炔的分解起很主要的作用;将体系的操作压力降至负压(50kPa)不仅不会影响热传递过程,而且有利于提高乙炔的收率;采用轻质烃类作淬冷剂不仅可以充分利用热解气体的余热,而且还可以生成更多的乙烯和乙炔,降低工艺的能耗;如果采用水作淬冷剂则可能引起乙炔的部分氧化,使用反应器壁淬冷体系的话,则很容易在器壁上形成炭黑。

四、等离子体技术在煤化工中的其他应用

(一) 等离子体煤气化

等离子体煤气化是指煤在氧化性电弧等离子体气氛中（如氧气、空气、二氧化碳、水蒸气或它们的混合物）生成合成气的过程。早在 1960 年代就开始了氢、氢气/一氧化碳混合物、水蒸气等等离子体与煤的高温气化的研究。加拿大为了充分利用本国丰富的泥煤资源，研究开发了等离子体泥煤气化工艺，向 6000℃ 的高温等离子体喷枪通入过热水蒸气，可由泥煤制得合成气。进入 20 世纪 80 年代以来，前苏联在高温等离子体气化领域进行了卓有成效的工作。塔吉克斯坦共和国科学院化学研究所开发了煤的高温等离子体气化工艺，可使煤田每年输出煤气 28 亿立方米，煤气成本比普通气化法制得的煤气低 10%，而建厂费用只有普通气化设备投资的 50% 左右[27]。另外俄罗斯、波兰科学家研究了利用该技术制备合成气的影响因素及其在工业化后的优势。

等离子体气化的反应过程十分复杂，这主要是由于高温下发生的反应种类众多而造成的。在通入水蒸气的低温等离子体中，含有许多非热动力学平衡的粒子，当有煤粉加入到等离子体流中时，主要发生如下反应：

$$C + H_2O \longrightarrow H_2 + CO$$

$$2C + O_2 \longrightarrow 2CO$$

由于这两个反应的活化能很低，且属于自给供热的聚热反应，因此可以保证反应顺利进行。然而，过程中影响实验结果的因素有很多。同等离子体热解相类似，等离子体载气的成分、煤的加入量、停留时间、煤的种类及粒度等因素依然对反应有着显著影响。但从反应温度，反应机理及载气的选择等角度来讲，又与煤的等离子体热解存在着显著的不同。

由于过程中通入了水蒸气，等离子体充当了反应热载体的同时又作为气化剂参与了反应。大部分研究者认为气化过程中参与反应的氧来自于原煤。加入一定量的氧，气化速度会明显提高，整个过程中的能耗也会降低。因此，在其他条件相同的情况下，氧含量高的煤需要的能耗更少，也就是说，煤气化耗能的状况表现为下列顺序：无烟煤＞烟煤＞褐煤，对这一点基本达到共识。

第一个等离子体气化的数学模型是由 Kalinenko 等[28]根据实验中所获得的动力学数据得到的。这些数据描述了可能发生的反应（如果把中间反应算在内的话，数目有 63 种之多），另外还利用了单一等离子体气流反应器的实验数据。计算结果认为，气化反应发生在动力学区域内。

等离子体气化中最特殊的条件是没有氧化区，热量直接传递至还原过程。

Georgiev 等[29]根据经验划分了煤等离子体气化的反应阶段:首先,当煤粒与等离子体进行热交换时,煤粒被瞬时加热;温度在 900～1200K 时,挥发分在煤热解过程中以爆炸的形式放出来;释放出来的挥发分非常迅速地(实际上是瞬间反应)发生气化,其速度取决于反应器内的高温、均相、快速的热交换和物质交换;最后一个阶段是半焦状煤粒通过扩散、在活性络合体上的化学吸附、产物的脱附与逆扩散几个步骤进行气化。反应在这里具有特殊性,当挥发分爆式分离时,煤粒的表面积和孔体积明显增大,大量的化学键保持着激活状态。

根据等离子体气化中的反应过程,Minproject[29]研究小组改进了消耗能量的初步估算方法。因为煤等离子体气化所消耗能量对气化方法能否工业化起着决定性的作用。他们计算 1kg 煤等离子体气化的能耗时主要考虑到了以下几个方面:气化反应的热效应,破坏煤的结构和释放挥发分所需的能量,加热等离子体所需要的热量,半焦残渣中的矿物质含量以及气体的最终温度。计算结果表明,如果能够使气化过程中所释放出来的热量得到有效利用的话,这项技术就可以运用到工业生产中去。

可以肯定的等离子体气化具有优于高温气化的显著特点主要包括:等离子体发生器内单位体积上的高能量密度使反应器更为紧凑;电能的合理应用使反应具有高度的自动性,从而降低了人为控制因素的不利影响;同等离子体热解相比,由于气体本身的热物理性质,使得反应器构造更为简单;产物中氢气的含量较高,并可以有效地分离;没有二氧化碳释放到空气中去,基本解决了以往由于煤高温气化所造成的环境污染问题。

总之,煤的等离子体气化具有相当的特殊性。尽管反应本身也有温度上的限制,但反应并不需要瞬间高温,降低了反应实现的难度。在不同灰分的煤中,由于氧的含量不同,反应的方式也不同。气化的程度很大程度上取决于煤粉颗粒在反应区中的停留时间。为了增加反应的效率和经济性,气体所含的热必须得到应用,同时要找到最佳的加热条件。

(二) 微波等离子体煤处理技术

微波在煤化工中的最初应用主要是产生一种高温热源,用于热解煤制取乙炔。后来也有研究者利用微波等离子体在水蒸气的气氛下进行煤气化的研究[30]。尽管许多研究已经深入到动力学方面,但是由于微波等离子体对工业化的连续生产非常不利,所以对它的研究一直没有大规模地展开。微波等离子体煤加工的主要的工作集中在日本,Chiba 技术研究所的 Kamei 等[31]将褐煤置入甲烷微波等离子体中,发现该方法在生产气体和固体燃料的同时还提高了残渣中的碳含量。具体的结果为:甲烷中的 C 和 H 主要转化为乙炔和氢气,乙炔的最大浓度可以达到

16%；反应时间如果在 2min 之内，煤中的碳主要转化为液态产品，其组成主要是
$C_{13} \sim C_{34}$ 的脂肪烃，H/C 在 1.5～1.6 之间；当反应 5min 后，煤中的碳则转化成了
CO_2；煤中几乎所有的氧最后都要通过羧基的解聚或由 CO_2 转化成 CO。

（三）氮电弧等离子体煤热解

通过氮等离子体射流可以发现产物中有相当量的 HCN。HCN 和乙炔一样是
高吸热的化合物，因此在电弧高温条件下也是容易形成的化合物。在 20 世纪 60
年代中期，Bond[6]就进行了这方面的研究，并得到了 35% 的转化率，同时还可以得
到一定量的 C_2H_2。在国内也有类似工作[32]，发现在该条件下生成的气体中的主
要组分是氢气、甲烷、一氧化碳、乙炔和丙炔腈，并认为乙炔是丙炔腈的前驱体。

（四）煤的低温灰化技术

煤的低温灰化是将煤置于冷氧等离子体中将其灰化。该技术的优点在于不破
坏煤中无机矿物物相，这是准确测定并研究煤中矿物质的理想方法。使用频率为
27.12MHz 的冷氧等离子体在 100℃ 的条件下即可将煤灰化。通过表征发现在所
测试的煤样中主要的矿物组成是石英和硅酸盐，其次是碳酸盐、硫化物、硫酸盐和
磷酸盐以及微量的氯化物。

（五）其他方面的应用

最近的资料表明，低温等离子体应用在环保中的研究越来越成为各国科学家
研究的焦点，例如：用脉冲等离子体进行烟道气中 NO_x 和 SO_x 的脱除；利用微波等
离子体脱除烟道气中的 NO、NO_2 和 NH_3 等有害气体；利用窄脉冲电晕放电技术
对烟道气中 CO_2 和 CO 的脱除。利用电感偶合等离子体（ICP）进行煤中各种元素
以至于微量元素的测定已经是非常成熟的技术，它比化学测定方法更加方便和准
确。还有研究工作把金属和碳在等离子体中合成 M-C 纳米级的催化剂，并取得了
良好的催化效果。

碳纳米技术材料的兴起，使得等离子体尤其是热等离子体在煤基碳材料方面
的应用倍受人们的关注。Pang[33]使用原煤在电弧等离子体中成功地合成了富勒
烯，并通过富勒烯中 $^{13}C/^{12}C$ 的丰度比认为多环烃的形成与煤结构有关系；Gel-
dard[34]通过将萘置入空心石墨阳极中在电弧条件下得到了更多的 C_{60} 和 C_{70}。他
们共同的可贵之处在于验证了不仅 C_1 和 C_2 在电弧条件下可以形成 C_{60} 和 C_{70}，而
且多环的烃类以及大的分子碎片也可以制得富勒烯，这为电弧-煤工艺制取富勒烯

提供了有价值的理论指导。

第二节　碳-氢-氩-氧多相体系化学反应的热力学平衡

本节作者运用现代化学反应平衡理论和计算方法对等离子体条件下多相多组分C—H—Ar—O体系进行全面的分析和计算,以确定最佳的反应条件,使所关心的产物——乙炔产率最高。

一、乙炔的自由能

乙炔是最简单的含有三键的烃类化合物。由烃类作原料生成乙炔的反应为

$$C_n H_m \Longrightarrow \frac{n}{2} C_2 H_2 + \frac{m-n}{2} H_2$$

该反应需要很高的温度和能量,这是由烃类的热力学性质(生成焓 $\Delta_f H_m$ 和 Gibbs 生成自由能 $\Delta_f G_m$)随温度变化的规律及它们之间化学反应的热力学平衡所决定的。

一些常见烃类的生成自由能(本书中自由能指 Gibbs 自由能)与温度的关系见图 9-2。从图中可以看出,乙炔在常温下与其他烃类相比是高度不稳定的。但随着温度的上升,一般烃类化合物的生成自由能均上升,只有乙炔的生成自由能逐渐下降。当温度超过约 1230K 以后,乙炔才开始变得比其他烃类稳定。烃类分子的链越短,其生成自由能曲线与乙炔生成自由能曲线的交点处的温度也就越高。由

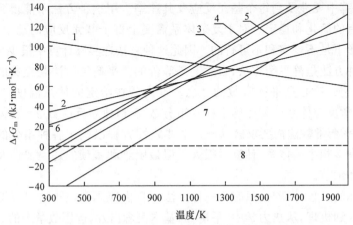

图 9-2　常见烃类化合物的 Gibbs 生成自由能随温度的变化关系

1—C_2H_2;2—C_2H_4;3—n-C_4H_{10};4—C_3H_8;5—C_2H_6;6—C_3H_6;7—CH_4;8—C(s)和 H_2

甲烷生成乙炔需要的温度最高。然而即使在高于 1230K 的温度下,相对于固态的碳和气态的氢而言,乙炔仍是不稳定的。对于乙炔分解为碳和氢的反应,当温度低于 4200K 时在热力学上一直是自发的。

以上仅是对简单情形下乙炔生成热力学的粗略分析。发生化学反应时的热等离子体温度的测量存在着很大的困难,同时反应物在热等离子体区域内停留时间也很短,因此迄今为止还没有一个完全可靠、系统的方法可以准确预测热等离子体中化学反应的最终产物。Bittner 等[35] 对 1.05bar 下 C∶H∶O∶Ar＝1∶13.39∶0.073∶0.605 的单相体系进行了平衡组成的计算,考虑了 H、H_2、C、C_2、C_3、CH_2、CH_3、CH_4、C_2H、C_2H_2、C_2H_3、C_2H_4、CO 和 Ar 共 14 个气相组分,约 2500℃ 时 C_2H_2 的浓度达到最高。Dixit 等[36] 提出了一种预测煤制乙炔最高产率的简单估算方法。该方法不考虑热等离子体的操作条件,只用煤的元素分析数据,缺乏严密的理论基础以致预测结果与实验测定值相差甚远,预测产率有时甚至是实验值的 127.8 倍,失去了对实验的指导意义。

热等离子体化学反应体系的热化学平衡分析建立在化学热力学基础之上,有可靠的理论基础,可以用来预测反应方向和进度,确定反应最佳温度范围。

二、复杂体系化学反应平衡的计算方法

根据热力学的基本原理,在一定的压力和温度下,确定给定体系的化学平衡态通常有三种方法:自由能函数最小法、平衡常数法和正逆反应速率相等法。

正逆反应速率相等法是一种动态平衡法,实际上是化学动力学方法的一种极限情况,计算中要涉及到每个基元反应及其速率。用这种方法不能得到使用化学平衡法应有的简化和稳定。对于复杂体系需要上百个基元反应的动力学常数,在大多数情形下是不现实和不可行的。因此这种方法在实际计算中很少采用。

前两种方法是静平衡方法,本质上是等价的。平衡常数法是经典的化学平衡计算方法,它的核心是平衡常数的概念。首先需在给定的体系温度 T 和压力 P 下,根据化学反应体系的相律确定独立组分数 S 和独立反应数 k。若体系中存在 a 种元素,平衡常数法需要求解 $k+a$ 个非线性方程以确定各种组分的量。对多组分尤其是多相平衡体系,计算量很大。但最困难和繁琐的还是要涉及到反应的具体过程和细节。

在实际的工程计算时,只有第一种方法即自由能函数最小法可以摆脱复杂化学反应的详细机理,从热力学中"平衡"的基本概念出发,运用数学中的最优化算法对系统进行处理,计算过程直接。它是目前较为通用的计算方法。运用最小自由能函数法的依据是基于以下众所周知的化学热力学原理:对于给定压力和温度的由一定量元素构成的化学反应体系,在原子组成守恒和组成非负的约束条件下,当体系的自由能函数最小时,体系处于平衡态。

三、热力学平衡的数学描述

(一) 体系的总自由能

一般而言,含有 N 个组分的体系的总自由能可表示为

$$G = \sum_{i=1}^{N} n_i \mu_i = \sum_{i=1}^{N} n_i (\mu_i^0 + RT\ln a_i)$$

式中：G——表示体系的总自由能,J；

n_i——组分 i 的物质的量；

μ_i——组分 i 的化学势,J•mol^{-1}；

μ_i^0——组分 i 的标准态化学势,J•mol^{-1}；

a_i——组分 i 的活度。

为叙述的方便并结合作者所研究的体系,具体考虑一个含有 M 个凝聚相、N_P 个混合物相的体系,只含有单质的凝聚相组分的活度为 1。该体系的 Gibbs 自由能表述为：

$$G = \sum_{j=1}^{M} n_j \mu_j^0 + \sum_{j=1}^{N_P} \sum_{i=1}^{N_C} n_{ij} \left[\mu_{ij}^0 + RT\ln \frac{f_{ij}}{f_{ij}^0} \right]$$

式中：M——凝聚相的数目；

N_P——混合物相的数目；

N_C——混合物相中组分的数目；

n_{ij}——相 j 中组分 i 的总物质的量；

μ_{ij}^0——相 j 中组分 i 的标准态化学势；

f_{ij}——相 j 中组分 i 的分逸度；

f_{ij}^0——相 j 中组分 i 的标准态逸度。

上式为一般的形式,对于特定的体系,可以根据具体情况进一步简化。当混合物相为气体混合物时,

$$\frac{f_{ij}}{f_{ij}^0} = \gamma_{ij} x_{ij} P$$

$$x_{ij} = \frac{n_{ij}}{n_j}$$

式中：x_{ij}——相 j 中组分 i 的摩尔分数；

γ_{ij}——相 j 中组分 i 的逸度系数,对于理想气体混合物 $\gamma_{ij}=1$;

P——为体系的压力。

这样,对本节所研究的高温、常压多相多组分C—H—Ar—O体系而言,体系的总自由能可以表示为

$$G = \sum_{j=1}^{M} n_j \mu_j^{\ominus} + \sum_{j=1}^{N_P} \sum_{i=1}^{N_C} n_{ij} (\mu_{ij}^{\ominus} + RT\ln x_{ij}P)$$

(二) 约束条件

当体系中同时存在化学反应平衡和相平衡时,按照质量守恒定律,体系中各元素的原子数目保持守恒,即分配在各个相及各个组分中的各元素的原子数目总和应恒等于初始引入体系时的数量,其数学表达为:

$$\sum_{j=1}^{M} A_{kj} n_j + \sum_{j=1}^{N_P} \sum_{i=1}^{N_C} A_{kj} n_{ij} = b_k \qquad k = 1, 2, \cdots N_E$$

式中:A_{kj}——组分 j 中包含元素 k 的原子数目;

n_j——凝聚相中组分 j 的摩尔数;

b_k——体系中元素 k 的原子的总摩尔数;

N_E——体系中含有的元素种类的数目。

当然,各组分的摩尔数 n_{ij} 还必须满足非负性条件:

$$n_{ij} \geqslant 0 \quad i = 1, 2, \cdots, N_C; \quad j = 1, 2, \cdots, N_P$$
$$n_j \geqslant 0 \quad j = 1, 2, \cdots, M$$

(三) 非线性约束最优化

在恒温、恒压条件下,体系达到化学反应热力学平衡的判据是体系的自由能达到极小值:

$$(\mathrm{d}G)_{T,P} = 0$$

在数学上表述为如下的非线性约束最优化问题:

$$\min G(\vec{n})$$
$$\mathrm{s.t.} \quad H_k(\vec{n}) = 0 \quad k = 1, 2, \cdots, N_E$$
$$Q_l(\vec{n}) \leqslant 0 \quad l = 1, 2, \cdots, N_C \times N_P + M$$

式中:$\vec{n}$——摩尔数向量;

G——体系的总自由能,具体形式见第九章第二节三(一);

H_k——第九章第二节三(二)中的等式约束;

Q_l——第九章第二节三(二)中的不等式约束。

由上式构成的非线性约束最优化问题最优解的存在性和惟一性已经得到证明[37]，作者采用广义既约梯度算法 GRG(generalized reduced gradient algorithm)求解[38]，该方法具有收敛性能好、对初值不敏感等优点。

四、热力学数据

计算中各组分的热力学数据列于表 9-1[39]。恒压热容 C_p 由表中 C_p 系数数据分段拟合为

$$C_p = A + B \times 10^{-3}\,T + C \times 10^{5}\,T^{-2} + D \times 10^{-6}\,T^{2}$$

表中的 T_1 和 T_2 分别为拟合区间的上、下限。所有组分的标准态均按规定为 298.15K、101325Pa(0.1MPa)。任意温度 T 时组分 i 的自由能由下式求出：

表 9-1　热力学基本数据

组分	$H^{\ominus}$ /$(kJ \cdot mol^{-1})$	$S^{\ominus}$ /$(J \cdot mol^{-1} \cdot K^{-1})$	$C_p(J \cdot mol^{-1} \cdot K^{-1})$ 系数				T_1/K	T_2/K
			A	B	C	D		
CO(g)	−110.541	197.552	28.409	4.100	−0.460	0.000	298.15	6000.00
Ar(g)	0.000	154.846	20.790	0.000	0.000	0.000	298.15	6000.00
CH(g)	594.128	183.040	29.490	−2.630	0.000	5.050	298.15	600.00
			18.320	16.170	9.980	−2.900	600.00	2600.00
			48.630	−2.250	−235.380	0.240	2600.00	6000.00
CH$_2$(g)	397.480	181.167	25.263	27.372	−1.439	−6.004	298.15	6000.00
CH$_3$(g)	133.637	193.037	22.962	49.175	−0.025	−11.657	298.15	6000.00
CH$_4$(g)	−74.810	186.188	12.447	76.689	1.448	−18.004	298.15	6000.00
C$_2$H(g)	477.000	207.444	16.680	91.150	0.430	−81.410	298.15	400.00
			33.640	23.410	−2.680	−5.840	400.00	1100.00
			45.180	8.940	−22.600	−0.850	1100.00	3600.00
			74.190	−0.100	−832.400	−0.100	3600.00	6000.00
C$_2$H$_2$(g)	226.731	200.849	43.627	31.652	−7.506	−6.309	298.15	6000.00
C$_2$H$_4$(g)	52.467	219.225	32.635	59.831	0.000	0.000	298.15	6000.00
C(g)	716.677	157.988	20.133	0.490	0.569	0.008	298.15	6000.00
C$_2$(g)	837.737	199.271	32.012	3.481	8.994	−0.184	298.15	6000.00
C$_3$(g)	820.064	237.137	38.284	7.335	−3.057	−0.706	298.15	6000.00
H(g)	217.999	114.716	20.790	0.000	0.000	0.000	298.15	6000.00
H$_2$(g)	0.000	130.679	16.920	61.459	0.590	−79.559	298.15	400.00
			28.280	0.418	0.820	1.469	400.00	1600.00
			29.769	3.109	−40.120	−0.180	1600.00	6000.00
C(s)	0.000	5.740	0.109	38.940	−1.481	−17.385	298.15	1100.00
			24.439	0.435	−31.627	0.000	1100.00	6000.00

$$H(T) = H^0 + \int_{298.15}^{T} C_{\mathrm{p}} \mathrm{d}T$$

$$S(T) = S^0 + \int_{298.15}^{T} \frac{C_{\mathrm{p}}}{T} \mathrm{d}T$$

$$G(T) = H(T) - TS(T)$$
$$= H^0 + TS^0 + aTLnT + bT^2 + cT^{-1} + dT^3$$

式中系数 a、b、c 和 d 由 C_{p} 的系数 A、B、C 和 D 通过积分关系求得。

五、热力学计算结果

（一）C—H 体系

C—H 平衡体系是制定以烃类为原料生产乙炔工艺条件的基础。由于它的重要性，一些研究者在不同的温度范围和 H/C 条件下对 C—H 体系的热力学平衡进行过计算。Holmen 等[40]给出了 H/C＝4 压力为 0.1MPa，温度区间 500～2300℃时 C—H 体系气相各组分的摩尔分数，气相包括 H、H_2、CH_4、CH_3、C_2H、C_2H_2、C_2H_4、C_2H_6、C_3H_4 和 C_6H_6 共 10 个组分。Dai 等[41]对 H/C＝1 和 H/C＝4，温度区间为 2000～5000K 时的 C—H 体系气相平衡进行了计算，共考虑 H、H_2、C_2H、C_2H_2、CH、C 和 C_2 等 7 个组分。上述计算都只考虑了气相，即将 C—H 体系视作一个单相体系，而忽略了固相碳的存在这一重要事实。在实验过程中发现 C—H 体系中不可避免有固体碳生成。固相碳在 3500K 以下一直是 C—H 体系中自由能最小的组分之一，它的生成是自发过程。

正确使用自由能极小化法确定体系平衡组成的条件之一是正确设定体系中存在的平衡组分。当假设的体系中的组分多于实际存在的组分时，体系中实际不存在的组分的摩尔数或浓度值将为零或很小；但当假设的体系中的组分少于实际存在的组分时，可能会导致计算结果的严重错误。因此在计算时应根据体系所处的温度和压力范围，在可能的情况下尽可能多地列举出体系中可能含有的组分，先进行试算，再根据计算结果进行删减，最终确定体系的组分。作者对 H/C＝1、2 和 4 的 C—H 体系计算了从 300～5000K 温度范围内的平衡体系的组成。为了对比，分别将 C—H 体系视为单相和多相体系处理。气相中考虑了 H、H_2、CH、CH_2、CH_3、CH_4、C_2H、C_2H_2、C_2H_4、C、C_2 和 C_3 共 12 个组分，固相中只含有单质的碳。

1.C—H 单相体系

H/C＝1 时，C—H 单相体系平衡组成的计算结果见图 9-3 和图 9-4。温度小于 2000K 时,体系中几乎只有 C_2H_2 一个组分。随着温度的上升,C_2H 和 H_2 的量逐渐增加,并在 3500K 左右达到最大值,同时体系中有大量的 H 自由基存在。随着温度的进一步提高,特别是在 4500K 以上,C_2H 和 H_2 等进一步解离为 C 和 H 自由基。从图 9-4 可清楚地看出,在整个温度范围内,C_2H_2 的浓度单调下降,H_2、CH_2、CH_3、CH_4、C_2H_4、C_2H 和 C_3 的浓度都经历一个最高值,而 C、C_2、H 和 CH 的浓度则单调上升。

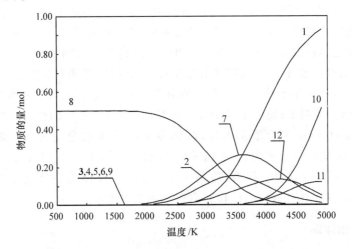

图 9-3　C—H 单相体系的平衡组成(C∶H＝1mol∶1mol)

1—H;2—H_2;3—CH;4—CH_2;5—CH_3;6—CH_4;7—C_2H_2;8—C_2H_2;9—C_2H_4;10—C;11—C_2;12—C_3

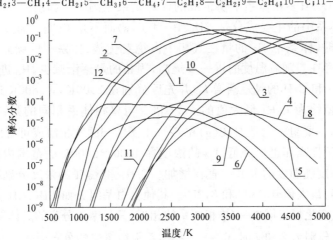

图 9-4　H/C＝1 时 C—H 单相体系各组分的气相平衡浓度

1—H;2—H_2;3—CH;4—CH_2;5—CH_3;6—CH_4;7—C_2H_2;8—C_2H_2;9—C_2H_4;10—C;11—C_2;12—C_3

当 H/C 分别为 2 和 4 时,C—H 单相体系平衡组成的分布形式与 H/C＝1 时具

体数值不同但形式相似,也可以给出类似图9-3和图9-4的物质的量和浓度的分布曲线。其特征主要为:

H/C=2。体系温度低于1000K时,体系中主要组分为C_2H_4、C_2H_2和CH_4。随着温度的升高,C_2H_4和CH_4的量逐渐降低,C_2H_2和H_2的量逐渐上升。在温度为1600~2500K的范围内,它们的量达到其最高值。温度再进一步提高时,C_2H_2的量减少,而在直到3500K时CH_4的量仍能保持原有的水平,同时C_2H的量逐渐上升到最高。当温度超过4500K时,体系中大量存在的是H和C自由基。C_2H_4的摩尔分数以很快的速度下降,CH_4的浓度除在1000K以下上升外,在其余的温度范围内也是迅速减少。在1200~3000K的较宽温度区间内,C_2H_2是体系中的主要组分,浓度约占49%。而其他组分如CH_2和CH_3等随着温度的上升而产生、又随着温度的进一步上升而离解为C和H等自由基,它们的摩尔分数都很小。

H/C=4。低温下(温度小于1000K)CH_4是体系中惟一的组分。当温度上升到约1600K时,CH_4的分解基本完成,体系中的主要成分变为H_2和C_2H_2。在1700~2500K的温度范围内,体系组成的变化体现了CH_4转化为C_2H_2和H_2的反应。温度若再上升,C_2H_2和H_2将进一步分解。C_2H作为一个过渡中间产物在2600~4500K的范围内存在,H和C自由基的量逐渐增大。

2.C—H多相体系

C—H多相体系的平衡组成与C—H单相体系的平衡组成有根本性的区别。H/C=1时,C—H多相体系平衡组成的计算结果见图9-5和图9-6。当温度小于1000K时,体系中的主要成分是CH_4、H_2和C(s)而不是C_2H_2。温度处于1000~2500K之间时,体系中H_2的量在气相中占绝对优势,体系中的碳元素几乎都以C(s)的形式存在。随着温度的进一步提高,固相的量逐渐减少,H_2进一步分解为H,同时C_2H_2和C_2H的量逐渐增大,并先后分别在3500K和3800K达到最大值。C_2H的最大值约为C_2H_2最大值的4.11倍。与单相体系相同的是,在4500K以后,体系中的主要组分也是H、C(g)和C_2。由图9-6的气相组成可看出,CH_4的浓度随着温度的提高而迅速降低,H_2的浓度在1000~2700K的范围内保持在0.92以上,H的浓度随温度的上升一直在增加。C_2H_2和C_2H的浓度分别在3400K和3800K时达到最大值0.0899和0.259。其他自由基组分如CH_3、CH_2、C(g)、C_3和C_2H_4的浓度变化规律同C—H单相体系的相近,只是摩尔分率的具体数值有差别。

当H/C分别为2和4时,C—H多相体系平衡组成的分布形式与H/C=1时具体数值不同但形式相似,也可以给出类似图9-5和图9-6的物质的量和浓度的分布曲线。其特征主要为:

H/C=2。温度在1000K以下时,体系中的主要成分是CH_4、C(s)和H_2。在1000~2500K的温度范围内,体系的组成很单一,固相为C(s),气相为H_2。气相中

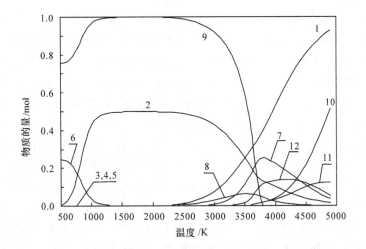

图 9-5　C—H 多相体系的平衡组成(起始 C:H＝1mol:1mol)

1—H;2—H$_2$;3—CH;4—CH$_2$;5—CH$_3$;6—CH$_4$;7—C$_2$H;8—C$_2$H$_2$;9—C(s);10—C(g);11—C$_2$;12—C$_3$

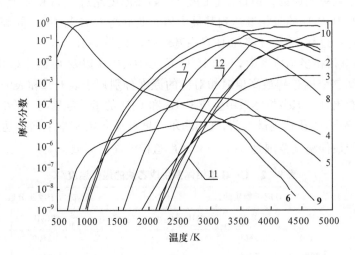

图 9-6　H/C＝1 时 C—H 多相体系各组分的气相平衡浓度

1—H;2—H$_2$;3—CH;4—CH$_2$;5—CH$_3$;6—CH$_4$;7—C$_2$H;8—C$_2$H$_2$;9—C$_2$H$_4$;10—C;11—C$_2$;12—C$_3$

的其他组分如 H、C$_2$H$_2$、C$_2$H、CH$_4$、CH$_3$ 和 C$_2$H$_4$ 只占很小的份额。温度再提高,H$_2$ 进一步解离为 H,C(s)逐渐减少,C$_2$H$_2$ 和 C$_2$H 分别在 3500K 和 3700K 达到最高值。C$_2$H 的最高值约为 C$_2$H$_2$ 最高值的 2.39 倍。在气相中 C$_2$H$_2$ 和 C$_2$H 的最高浓度 0.0898 和 0.190 分别位于 3400K 和 3600K 处。

H/C＝4。在温度低于 1000K 时,C—H 多相体系中的主要成分仅有 CH$_4$、C(s)、H$_2$ 和极微量的 C$_2$H$_4$。在 1500～2500K 的温度范围内,CH$_4$ 的量减到很少,固相中只有 C(s),气相中主要为 H$_2$,而不像单相体系那样有大量的 C$_2$H$_2$ 存在。

C_2H_2 和 C_2H 的量直到温度为 3300K 和 3800K 时才分别达到其最大值。在气相中 C_2H_2 和 C_2H 的最高浓度 0.0895 和 0.105 分别位于 3300K 和 3600K 处。

　　通过以上 C—H 单相和多相体系平衡组成和气相平衡浓度计算结果的对比,不难发现 C—H 单相体系只是一种亚稳状态,而 C—H 多相体系才是真正意义上的热力学稳定状态。由于受原子守恒约束条件的限制,低温下单相体系中的主要组分取决于 H/C,H/C=1 时 C_2H_2 是主要组分,H/C=2 时 C_2H_4 是主要组分。但这是不符合实际情况的,这样的计算结果对 C_2H_2 和 C_2H_4 合成工艺条件的制定无任何指导意义。另外,在中温区域(1500～2500K)的单相体系中,C_2H_2 是体系中的主要组成之一,其数量则取决于 H/C,H/C=1 时 C_2H_2 的气相摩尔分数几乎为100%,当 H/C=2 和 4 时,C_2H_2 的气相摩尔分数分别为 50% 和 25%。这在实际反应过程中是不可能达到的。只有 C—H 多相体系的计算结果才有现实的指导意义。无论 H/C 如何变化,低温下体系中的主要组分均为 CH_4,C(s) 和 H_2;在中温区域(1500～2500K)内,C(s) 和 H_2 分别是 C 和 H 两种元素存在的最主要的形式,这也是产生炭黑的原因。值得注意的是,C(s) 在温度超过 3500K 以上后才基本消失,而 C_2H_2 和 C_2H 的量相继达到其最大值。此处将 C_2H 与 C_2H_2 同等看待,因为在随后的淬冷过程中,C_2H 将与 H 自由基结合转化为 C_2H_2。

　　C—H 单相和多相体系中,不同 H/C 下,C_2H_2、C_2H 以及 $C_2H_2+C_2H$ 的物质的量和气相摩尔浓度达到最高值时相对应的温度分别列于表 9-2 和表 9-3。从表中数据可以看出,C—H 多相体系中生成 C_2H_2 和 C_2H 的最佳温度与 H/C 关系不大,C_2H_2 总是先于 C_2H 达到最大值,气相摩尔浓度和摩尔数基本上同步达到最高值,生成乙炔的最佳温度范围是 3400～3800K 这样的高温区域。

表 9-2　C—H 单相体系生成乙炔的最佳温度/K

组分	对应于物质的量			对应于摩尔分数		
	C_2H_2	C_2H	$C_2H_2+C_2H$	C_2H_2	C_2H	$C_2H_2+C_2H$
H/C=1	<1500	3600	<1500	<1300	3400	<1500
H/C=2	2000	3700	2400	1900	3500	2000
H/C=4	2100	3800	2500	2100	3600	2200

表 9-3　C—H 多相体系生成乙炔的最佳温度/K

组分	对应于物质的量			对应于摩尔分数		
	C_2H_2	C_2H	$C_2H_2+C_2H$	C_2H_2	C_2H	$C_2H_2+C_2H$
H/C=1	3500	3800	3800	3400	3800	3700
H/C=2	3500	3700	3600	3400	3600	3600
H/C=4	3300	3800	3400	3300	3600	3400

（二）C—H—Ar 体系

在 C—H 体系平衡组成计算的基础上，通过对 C—H—Ar 多相体系进行热力学平衡的计算，可以考察惰性组分 Ar 的存在对 C_2H_2 生成的影响。

计算结果显示，在 5000K 以下 Ar 基本上无明显的电离，Ar 的摩尔数在整个温度范围内保持恒定。体系中其他组分的摩尔数随温度的变化规律几乎同没有 Ar 存在时 C—H 体系完全一样。图 9-7 和图 9-8 是两种指定条件下计算结果的示例。但由于 Ar 的存在，体系中各组分的摩尔数均有不同程度的变化，如我们关心的 C_2H_2 和 C_2H 的最高含量分别由 $H:C=1:1$ 的多相平衡条件下的 0.0617mol 和 0.253mol 减少到 $H:C:Ar=1:1:1$ 多相平衡条件下的 0.0476mol 和 0.240mol，减少幅度分别为 22.8% 和 5.1%；相应地 C_2H_2 和 C_2H 的最高浓度下降 69.4% 和 54.1%。可见 Ar 的存在对乙炔的生成极为不利。

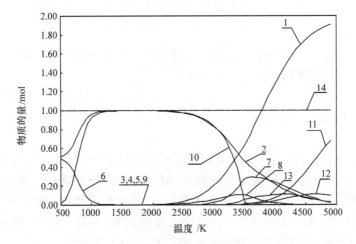

图 9-7 C—H—Ar 多相体系的平衡组成（$Ar:C:H=1mol:1mol:2mol$）
1—H；2—H_2；3—CH；4—CH_2；5—CH_3；6—CH_4；7—C_2H；8—C_2H_2；9—C_2H_4；
10—C(s)；11—C(g)；12—C_2；13—C_3；14—Ar

$Ar:C:H=1:1:2$ 和 $Ar:C:H=1:1:4$ 体系的情形也大致相同，区别在于 C_2H_2 和 C_2H 的最高浓度降低的幅度随着体系中氢元素的增加而有所减缓，这是因为相对而言 Ar 元素所占份额减少，Ar 所造成的不利影响有所减弱的缘故。

液化石油气（LPG）在氢/氩热等离子体中裂解时，反应体系的典型组成为 $C:H:Ar=1:13.39:0.6$。由于体系中氢元素占绝对优势，H_2 在整个温度区间内都大量存在，惰性组分 Ar 所占份额很小，使生成乙炔的最佳反应温度有所降低。计算结果显示，在 3000K 时 C_2H_2 的物质的量和摩尔浓度同时达到其最大值 0.377

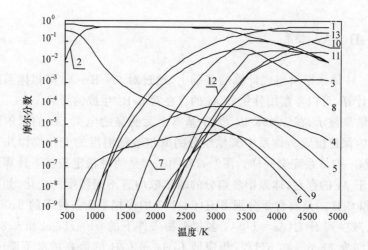

图 9-8　Ar∶C∶H=1∶1∶4 时 C—H—Ar 多相体系各组分的气相平衡浓度
1—H；2—H₂；3—CH；4—CH₂；5—CH₃；6—CH₄；7—C₂H；8—C₂H₂
9—C₂H₄；10—C(g)；11—C₂；12—C₃；13—Ar

和 0.0478，$C_2H_2 + C_2H$ 同样也在 $3000K$ 时分别达到最高值 0.495 和 0.0628，生成乙炔的最佳反应温度区间为 $2800 \sim 3200K$。

(三) C—H—Ar—O 体系

煤中含有氧元素。当煤在氢/氩热等离子体中裂解时，就构成了 C—H—Ar—O体系。对乙炔的生成而言，氧是作为杂质存在的。在 C—H—Ar 多相体系平衡组成计算的基础上，结合煤在氢/氩热等离子体中裂解工艺，对常压下组成为 $C∶H∶O∶Ar=1∶8.638∶0.160∶3.339$ 的典型 C—H—Ar—O 体系进行了热力学平衡的计算，以考察杂质氧的存在对 C_2H_2 生成的影响。

由图 9-9 可以看出，C—H—Ar—O 体系中氧主要以 CO 的形式存在，CO 的量基本不随温度的变化而变化。体系中其他组分的摩尔数随温度的变化规律与 C—H—Ar 体系一致。由于氧的存在，体系中 C_2H_2 和 C_2H 的最高含量分别只有 $0.260mol$ 和 $0.274mol$。图 9-10 中 C_2H_2 和 C_2H 的最高浓度分别为 0.0307 和 0.0276。可见，氧的存在会降低乙炔的平衡产率。C_2H_2 的最高浓度出现在 $3100K$，比 Bittner 等[35] 的计算结果高 $300K$。综合考虑，煤等离子体热解制乙炔的最佳温度区间应为 $3000 \sim 3200K$。

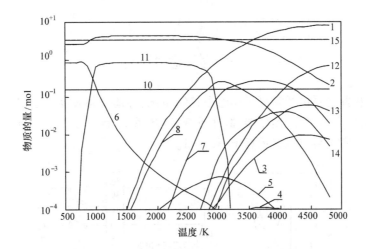

图 9-9　典型 C—H—O—Ar 多相体系的平衡组成
(C:H:O:Ar＝1mol:8.638mol:0.160mol:3.339mol)
1—H；2—H$_2$；3—CH；4—CH$_2$；5—CH$_3$；6—CH$_4$；7—C$_2$H；8—C$_2$H$_2$
9—C$_2$H$_4$(＜10^{-5}mol)；10—CO；11—C(s)；12—C(g)；13—C$_2$；14—C$_3$；15—Ar

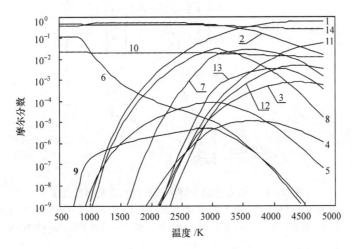

图 9-10　典型 C—H—O—Ar 多相体系各组分的气相平衡浓度
1—H；2—H$_2$；3—CH；4—CH$_2$；5—CH$_3$；6—CH$_4$；7—C$_2$H；8—C$_2$H$_2$；
9—C$_2$H$_4$；10—CO；11—C；12—C$_2$；13—C$_3$；14—Ar

第三节　等离子体裂解煤制乙炔的实验

本节介绍作者在等离子体裂解煤制乙炔的研究工作中采用的实验主体装置和

实验方法。

一、实 验 装 置

实验装置主要包括等离子体电源控制系统、等离子体发生器、煤粉供给器、煤粉分布器、反应器、喷淋淬冷器、取样系统、冷却系统、检测系统和其他水、电、气等伺服系统。实验系统流程示意于图9-11。

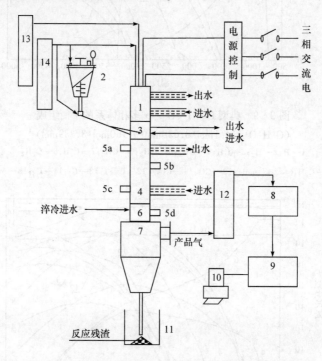

图9-11　煤在等离子体中裂解制乙炔实验流程图

1—等离子发生器;2—供粉器;3—分布器;4—反应器;5a~d—取样口;6—喷淋器;7—气液分离器;
8—取样泵;9—气相色谱;10—计算机;11—残渣过滤器;12—过滤系统;13—氢气;14—氩气

(一)等离子体电源控制系统

实验装置中所用的电源为可控硅整流电源,是电弧等离子体发生器专用电源,它具有良好的陡降特性,能大范围地适应电弧的伏安特性,有利于电弧工作点的稳定。电源工作参数为:工作电压0～400V连续可调,工作电流0～400A连续可调;空载电压480～540V。

（二）等离子体发生器

实验采用以清华大学为主研制的固定斑点式钨阴极和双铜阳极的直流电弧等离子体发生器,具有功率变化范围宽($30\sim50$kW)、工作气氛可变(Ar、H_2 和 N_2)、放电电场强度低、电流小的特点。等离子体发生器其结构简图见图 $9-12$。等离子体发生器主要包括阴极、大阳极(主阳极)、小阳极(辅助阳极)、和主副气进气系统等几个部分。

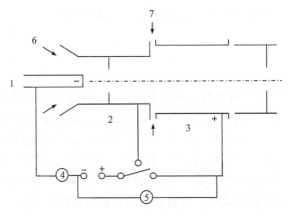

图 $9-12$　等离子体发生器结构简图
1—阴极；2—小阳极；3—大阳极；4—电流表；5—电压表；6—主气(氢气＋氩气)；7—副气(氢气)

阴极由外径为 16mm、长度为 28mm、镶嵌有钨阴极的紫铜棒构成。此外还包括主气旋流进气部分和水冷系统。主气旋流器由叶腊石制成,呈筒状,其前部刻有旋流槽。钨的熔点为 3410℃,沸点为 5660℃,耐热性强而且具有较强的电子发射能力。紫铜阴极内壁有通水套管,水约以 3.5m·s^{-1} 的速度流经阴极头,可以有效地使其冷却,既保护了阴极头不被烧坏,又不会形成死区。

大阳极(主阳极)由紫铜阳极和黄铜冷却外套组成,其高度为 31mm、内径为 13mm。考虑到阳极的使用寿命,为便于更换紫铜阳极,二者之间用螺纹联接,并加 O 形圈密封。

小阳极(辅助阳极)由黄铜冷却外套和漏斗形约束通道组成,中间通冷却水,内径 6mm,高度 51mm。

副气进气系统夹在大小阳极之间,包括大、小阳极连接件和旋流片两部分。连接件用胶木制成,绝缘性能好,目的是将两个阳极很好绝缘。因为有冷却水进入,胶木不会过于受热。旋流片由硬石棉板制成,上面开有切向进气孔,中间嵌有 BN 片,从而可以提高其中心部位的耐热性能。切向进气可使副气高速旋转,从而起到使电弧稳定旋转的作用。一方面可以使电弧更加稳定,另一方面可使弧根落点分布均匀,延长大阳极的寿命。

当电源供电到等离子体发生器的时候,等离子体并不能象想像的那样可以立即工作。起初电压加在小阳极和阴极上,然后借助高频点火器使阴极和小阳极之间的气体放电,接着调整电源的硅整流导通角使通过阴极和小阳极之间的电流逐渐增大。当电流增加到 130A 以上时可以将高频点火器断掉,这时电弧可以自行维持。接下来将电流调至 150A 左右后立即将电源的正极加至大阳极,约 2s 时间在电源控制系统的控制下小阳极的供电会自行断路,这时电弧工作在阴极和大阳极之间,这样形成的电弧射流加长,增加了高温区的长度。

(三) 煤粉供给器

气力输送即借助空气或气体在管道内的流动来输送干燥的散状固体粒子或颗粒物料,空气或气体的流动直接给管内物料粒子提供移动所需要的能量。与固体输送系统相比,气力输送系统最适合于对小颗粒固体物料连续输送。设计较好的气力输送系统,消除了对环境的污染,粉尘的主要控制点集中在供料机的进口和接受器的接受口。作者采用的供料系统为螺旋式供料器,以氩气作为载气,煤粉可以是烘干样,也可以是收到基样。其设计结构示意图见图9-13。

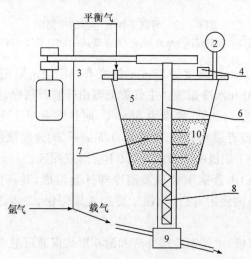

图9-13　供粉器结构示意图

1—马达;2—气压表;3—平衡气口;4—加料口;5—料仓;6—主导轴;
7—搅拌叶;8—送料螺杆;9—湍流室;10—煤粉

供粉器工作之前,将加料口打开,利用漏斗将煤粉加入煤仓中。加入煤粉的量不宜太多,一般不超过煤仓高度的 2/3,否则会增加主导轴旋转的阻力。之后将密封垫圈置于加料口和密封盖之间,固定拧紧以保证不漏气。在实验过程中煤粉的量通过调节马达的转速控制。用压力表指示料仓工作状态下的压力,一旦压力表的读数急剧升高,说明进料通道或者反应器通道被堵或者由于某种原因(如结焦)被缩小。搅拌器的作用则是不断地破坏物料的"拱桥"现象,使物料在每一时刻都具有良好的填充度,保障进料的均匀。连接供粉器时,将载气分为两股,分别连接到平衡气口和湍流室进口端,平衡气的目的是抵消物料上下床层的压力,以防止压力不平衡时物料的"回涌"。但是如果湍流室的有效流动直径太小时,高速的气流会造成湍流室内压力减小,从而使物料在床层上下压力的推动下直接进入进料通道,而送料螺杠此时则失去了应有的作用。

(四) 煤料分布器

物料从供粉器被气流"携带"出来后紧接着进入分布器。物料进入等离子体射流的分布状况直接影响到煤与等离子体混合的均匀程度,从而影响到煤与等离子体作用的有效程度。实验中为了考察进料的方式对反应的影响采用了三种类型的进料器,结构如图 9-14 所示。A 型采用的是环缝隙结构。首先煤料在载气的带动下通过两个进料嘴进入环形的物料分布室,在气流的作用下得到分布。之后通过

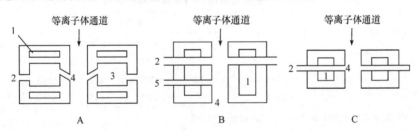

图 9-14　A、B 和 C 型进料器结构示意图

1—冷却水道;2—进料嘴;3—分布室;4—喷料嘴;5—取样管

环形缝隙进入等离子体射流。缝隙的高度为 1～2mm,通过调节上下两部分之间的垫片缝隙的高度可以得到调节。使用该结构的进料器在原理上可以达到均匀的进料效果,但是由于靠近进料嘴的部分受到气流冲击的影响比较强,而远离的部分则较弱,所以在实际效果上往往不太理想。B 型和 C 型是通过两个喷管直接在气流的作用下将煤粉喷入等离子体射流的结构,通过调节喷嘴的直径可以控制物料的运动速度,改变物料的动能,以达到调节进料的效果。实践证明在比较小的气体速度下,物料不易进入等离子体射流,但是提高物料射流速度的情况下又会使喷嘴出口处回流区加大,造成结焦的不良后果。B 型和 C 型的区别在于在 B 型进料器

喷嘴的下部 30mm 处增设了一个取样口,以便更加详细地观察反应在不同位置的变化。由于进料器的内壁与射流直接接触,所以在所有的进料器中都设计了冷却水道,以防止烧损。在实际使用中发现,对于 B 型和 C 型的情况,由于对称喷射会使得粉流在径向的动能互相抵消,不利于进入高温区;而另一个原因是由于两侧速度很难实现对称控制,在这种情况下一侧的粉流在受对方进料流的阻挡下流速减慢。慢速粉流很容易在高温的作用下结焦,一旦有结焦物形成便会很快长大,因此对反应非常不利,所以在实际运作中采用了单管单侧进料方式。对于气相原料,如甲烷、液化气等则可以通过进料喷嘴直接射入射流中,此时载气已无任何意义。

(五) 反应器

反应器是化学反应进行的场所,因此是整个装置的核心部位。实验中采用的反应器为管式结构。由于等离子体温度很高,所以反应器外壁加有水冷夹套,同时反应器内壁衬有石墨套。反应器内径 20mm,长度 310mm,加上和发生器之间的连接件长度,实际有效反应器长度约为 350mm。采用不同的进料器时,进料口的位置、取样口的个数和位置均不同,这些结构参数列于表 9-4 中。对于 B 型进料器共有 5 个取样口,$1^{\#}$ 口离进料位置较近可以观察到更多的信息。

表 9-4 不同进料器进料位置和取样位置

进料器类型	进料位置*/mm	取样口位置**/mm				
		$1^{\#}$	$2^{\#}$	$3^{\#}$	$4^{\#}$	$5^{\#}$
A	−25	—	−125	−190	−255	−355
B	−15	−22	−135	−200	−265	−365
C	−20	—	−130	−95	−260	−360

* 以大阳极低端平面为基准;** 以进料位置为基准。

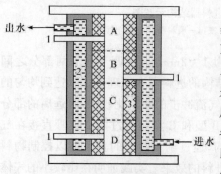

图 9-15 反应器结构示意图
1—取样口;2—冷却水;3—石墨衬套

为了研究结焦的变化,反应器内衬的石墨套被分成了四个部分,自上而下记为 A、B、C 和 D,沉积在不同部分的焦则分别称为 A 焦、B 焦、C 焦和 D 焦。各部分的长度分别为 60mm、70mm、90mm 和 80mm。D 的底部也就是反应器的底部。反应结束以后,各部分的焦被分别取出,进行称量和保存,以供表征。气体样品通过取样系统分别从各取样口取出,充入气囊用色谱进行分析。反应器的结构示意图见图 9-15。

（六）淬冷单元

为了使生成的乙炔不再继续分解,实验中采用了淬冷技术。用自来水作为淬冷剂,通过淬冷单元设备喷入反应器通道直接和炽热的热解气体接触。为了使淬冷剂和产品气体充分接触,淬冷单元中设计了环缝隙式的结构,其基本的结构示意图见图9-16。淬冷位置距反应器底部10mm,产品气出口在淬冷位置下约160mm处。淬冷单元下部连接的是分离单元,分离单元实际上是一个内部为空腔的圆桶,其主要的功能是将气体与液固体在下落的过程中分离开来。气体在分离单元的上部导出,而冷却水则和生成的固相物混合后一起从分离单元的底部排出。排出后的混合体系要经过过滤设备,以便将水和固相物分离开。

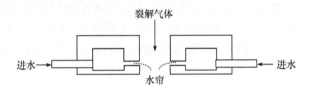

图9-16　淬冷单元结构示意图

（七）取样系统

由于在操作中反应体系是微正压,所以靠体系自身压力来达到取样的目的不容易实现。如果采取封闭体系出口的办法,虽然能够使得体系的压力升高而达到取样的目的,但是这样的操作有许多弊端。首先,体系压力的改变会直接影响到反应进行的平衡程度,而研究表明体系压力升高不利于反应的进行;其次由于体系气路不畅,势必会抑制载气的流量,从而流量降低甚至滞留,供粉器供出的料不能及时被带走,供粉器就会被阻塞,以致不能正常工作。这一点已在实验室中得到证明。为此,实验中采用了取样泵真空取样的方法。为了保护取样泵不受损坏,在它的前面又增加了过滤和干燥系统,见图9-17所示。通过水过滤的办法来除去气体

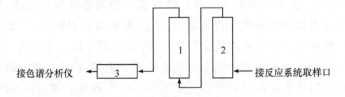

图9-17　取样系统流程图
1—硅胶;2—水;3—取样泵

中的颗粒杂质,然后用硅胶进行干燥后进入取样泵,经过取样泵后,样品气体被装入气囊,收集样送至色谱分析。

(八) 伺服系统

除了以上所介绍的主要设备单元以外,还有服务于系统正常工作的冷却系统、供气系统和电力供应控制系统。冷却是整套设备必不可少的部分,等离子发生器、进料分布器以及反应器都有冷却水经过。实验中供水设备为水泵,冷却水都采用循环利用的方式;淬冷水则和反应残渣一起从体系的底部排出。过滤后的固体残渣粉末为反应残渣,经干燥后分析。

供气系统使用的气源为钢瓶气体,通过减压阀的输出压力为 0.3MPa,和设备的连接采用内衬纤维的塑料软管。供电导线采用大截面积导线,保证能够安全通过 150~200A 的电流。为了安全起见,将通风系统、供水系统和整流电源装置连锁,也就是如果通风系统和供水系统没有启动,等离子体发生器将不具备工作的必要条件,以保障实验的安全性。

(九) 系统装配

系统的装配一般顺序是等离子体发生器、进料分布器、反应器、淬冷器、分离器,最底下是过滤器,装配顺序可以从图9-18中清楚地看到。需要特别指出的是,为了将"结焦中间相"通过淬冷水"冻结"下来,在某些实验中将淬冷单元装配在反应器的上方。关于"结焦中间相"以及实验设计将在后续部分中给予详细的介绍。

二、实验步骤

由于实验使用的工作气体中氢气是主要的成分之一,而实验中等离子体矩又是高温的明火,生成的气体中都是易燃易爆的轻质气体;同时实验正常工作时设备上有 300V 左右的电压和 150A 左右的电流,所有这些因素如果稍有疏忽都会造成意想不到的后果。安全保障的第一步是做好实验前的各种检查工作:检查冷却水量是否足量;检查钢瓶气体量是否足量;检查体系出口是否畅通,系统出口必须保证全部放空;检查通风设施是否能正常工作;检查等离子体发生器大小阳极之间是否绝缘良好;检查冷却水路是否畅通以及连接是否正确;检查取样系统是否畅通以及连接是否正确;检查电源是否可以正常工作。以上各项必须做到正确和正常,发现有不妥之处应立即修正,否则不能进入实验。

在实验系统使用之前,需要对系统进行整体稳定性的测定,以保证系统工作在

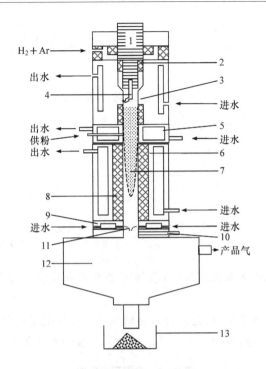

图 9-18　等离子体发生器与反应器系统结构示意图

1—阴极；2—绝缘体；3—阳极；4—电弧；5—进样器；6—反应器；7—等离子炬
8—反应器壁；9—喷雾器；10—气体采样管；11—水帘；12—分离器；13—过滤器

稳定区内,防止系统不稳带来的不确定影响。实验中采用测量等离子体发生器冷却水的温度、反应器冷却水温度、淬冷水出口温度和出口气体的温度在设备启动后随时间变化曲线来判断系统达到稳定所需的时间,这也是确定何时开始向系统供入煤粉的依据。由图 9-19 表示的测试结果可以看出系统启动约 1.5min 后,系统各部分基本达到了热平衡,所以在实验中系统启动 1.5min 后开启供粉马达,向射流区供原料。

　　需要指出的是,由于系统在启动之前反应器和分离器中可能滞留一定量的空气,在点火的瞬间由于明火的出现混合的氢气和空气会发生燃烧爆炸,轻则是"爆鸣",重则会引起强烈的爆炸。所以在系统启动之前需要用工作气体扫吹设备,这样才能确保实验的安全。

　　开始实验后按如下步骤操作:正确连接系统;启动通风和供水系统;接通电源控制台电源,并打开等离子体发生器电闸;打开工作气体,并吹扫 1.5～2.0min;启动等离子体发生器,启动后稳定 1.5min;启动供料系统,同时记录时间,1.5～2.0min 后开始取样;确定要结束实验时停止取样,接着停止供料,同时记录时间;停止供应载气;将硅整流的导通角调至零,并切断电弧电源;关掉工作气体;10～

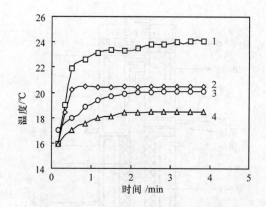

图 9-19　检测点温度随时间的变化曲线
1—反应器冷却水；2—发生器冷却水；3—出口气体；4—淬冷水

15min 后可以断开通风和供水系统；收集过滤残渣和反应器壁结焦物；并清扫设备。

至此一轮实验基本结束，之后可以将取到的气体样品进行色谱分析，并对固体收集物进行相关的分析表征。表9-5中列出了一般的实验条件。

表 9-5　典型实验条件

项　目	条件范围
发生器功率/kW	42 ± 0.2
工作气体流量/$(m^3 \cdot h^{-1})$	$Ar：2.2 \pm 0.1；H_2：5.2 \pm 0.5$
载气（Ar）流量/$(m^3 \cdot h^{-1})$	1.7 ± 0.1
煤粒粒度/μm	$5 \sim 25$
供粉速率/$(g \cdot s^{-1})$	$0.5 \sim 4.0$
反应器压力/MPa	0.1
发生器冷却水流量/$(m^3 \cdot h^{-1})$	4.0
反应器冷却水流量/$(m^3 \cdot h^{-1})$	4.2
淬冷水流量/$(m^3 \cdot h^{-1})$	0.5

三、实验中的检测和计量

（一）色谱分析系统的构成和实验条件

裂解气和产品气的组成的分析采用气相色谱法。实验所用色谱仪为GC-900-SD气相色谱仪，该色谱仪采用双柱分离，它包括双载气通路，双氢气通路和空气通路。色谱仪共有三个检测器,分为两个通道:一个是独立作用的 FID(火焰光度检测器),称之为 A 通道,与固定相 GDX - 502 填充色谱柱连接;另一个是 TCD(热导检测器)与 FID 两个检测器串连的 B 通道,这两个检测器与固定相碳黑小球 601 色谱柱相连接。A、B 两通道是并连双气路,样品气随载气分为两路,分别通过 A、B 通道。A 通道主要分析烃类气体 CH_4、C_2H_4、C_2H_6 和 C_2H_2;通过 B 通道的样品气首先经过 TCD 检测器,检测出 H_2 和 Ar 气,再经过 FID 检测器检测样品气中的 CH_4、CO 和 CO_2。另外在 B 通道上装有一个镍转化炉,可以使 CO,CO_2 转化为 CH_4(转化率大于 98%),再通过 B 通道的 FID 检测器进行检测。B 通道信号的拾取通过时间程序根据具体的保留时间来确定,一般来讲在 1.5min 之前收集 TCD 的信号,主要是检测 H_2 和 Ar;1.5min 之后收集 FID 的信号,主要检测的是 CO、CH_4 和 CO_2。在实验中采用的色谱工作条件见表 9 - 6。

表 9 - 6　色谱工作条件

项　　目	条　　件
进样室温度/℃	50
柱温/℃	50
FID 温度/℃	100
TCD 电流/mA	65
TCD 温度/℃	70
Ni 转化炉温度/℃	360
柱前压力/MPa	0.1
载气	N_2
载气流量/(ml·min^{-1})	28
进样量/ml	0.5

(二) 色谱分析计算原理

对于永久气体(H_2、O_2、N_2、CO)和气态烃($C_1 \sim C_5$)的混合物,很难实现在单柱条件下进行分离测定。多数报道采用多柱切换的方法[42],甚至采用多台色谱进行测定。其理论依据均为甲烷关联[43],也就是说,甲烷在每个通道都必须被明显检出并且峰形相对完整。

物质 i 在通道 j 上的绝对摩尔校正因子为

$$g_{ij} = \frac{m_i}{A_{ij}}$$

式中:m_i——被测混合物中 i 的物质的量,mol;

A_{ij}——物质 i 在通道 j 上检测到的峰面积。

采用甲烷为关联物,在各通道上均将甲烷的编号定为 1,则物质 i 在通道 j 上对甲烷的相对摩尔校正因子为

$$f_{ij} = \frac{g_{ij}}{g_{1j}} = \frac{m_i / A_{ij}}{m_1 / A_{1j}} = \frac{x_i / A_{ij}}{x_1 / A_{1j}}$$

式中:x_i——被测混合物中物质 i 的摩尔分数,其中 x_1 为甲烷的摩尔分数。

相对摩尔校正因子 f_{ij} 可以用标准气体在固定的色谱工作条件下通过色谱仪求得,相当于对色谱仪进行标定。标定结果列于表9-7中。控制色谱工作条件,使被测混合物中除甲烷在两个通道均出峰外,其余物质均只在一个通道中出峰,则甲烷的摩尔分数可以用下式计算:

$$x_1 = \frac{1}{-1 + \sum_{j=1}^{2} \sum_{i=1}^{n} \frac{A_{ij}}{A_{1j}} \cdot f_{ij}}$$

进而可得任一物质 i 的摩尔分数为

$$x_i = \frac{A_{ij}}{A_{1j}} \cdot f_{ij} \cdot x_1$$

表 9-7　气体样品中各组分的保留时间及相对校正因子 f_{ij}

组　　分	通　　道	保留时间/min	f_{ij}
CH_4	A	1.10	1.000
$C_2H_6 + C_2H_4$	A	1.36	0.540
C_2H_2	A	1.60	0.558
H_2	B	0.63	27.813
Ar	B	1.28	138.950
CO	B	1.89	2.911
CO_2	B	8.76	2.911

(三) 供粉器的计量

供粉器的计量主要是计量在反应期间内向射流中供入的煤粉量,在实际计量中采用了差减法,即供粉前料仓的重量减去供粉后的重量。因为在供粉期间供粉的速度可以看作是均匀的,所以供粉量(ΔG)除以供粉时间或反应时间(τ)就是供粉的速度:

$$v = \frac{\Delta G}{\tau}$$

（四）裂解气体中各组分的实际量计算

由于氩气量在反应前后不变,反应前的氩气流量 F_{Ar} 由转子流量计经过校正计算得到,反应后产品气中氩气的含量用气相色谱仪检测,从而可以根据氩气跟踪的办法求得产品气中其他组分的量:

$$\frac{F_i}{F_{Ar}} = \frac{x_i}{x_{Ar}}$$

$$m_i = \frac{\dfrac{x_i}{x_{Ar}} \cdot F_{Ar} \cdot \tau}{V_{m,i}} M_i$$

式中: F_i——被测混合物中物质 i 在反应时间 τ 内的流量,L;

　　　m_i——被测混合物中物质 i 的质量,g;

　　　x_i——被测混合物中物质 i 的摩尔分数,可通过色谱分析测定;

　　　M_i——被测混合物中物质 i 的摩尔质量,$g \cdot mol^{-1}$;

　　　$V_{m,i}$——被测混合物中物质 i 的摩尔体积,在实验条件下可取 $22.4L \cdot mol^{-1}$。

（五）转化率的计算

煤转化率是煤转化为其他产品的量占原煤的百分数,针对不同的实验条件有多种的计算方法。

1. 失重计算法

失重计算法是计算煤转化率 x 最原始的一种方法,它是用反应后煤的质量 m_1 与参加反应的煤的质量 m_0 定义的,采用不同的基准有不同的计算结果。计算表达式为

$$x_L = 100 - \frac{m_1}{m_0} \times 100\%$$

该方法虽然严格,但是在具体操作的时候却非常烦琐。尤其对于本章所讨论的较大的实验系统,存在的"死区"较多,许多反应的残渣无法收取,因此计算误差较大。同时,在收集到的残渣中含有因产物分解形成的烟炱,所以该法不是一种合适的方法。

2. 灰分跟踪法

灰分跟踪法是经常采用的一种方法,它是基于反应前后固体残渣中灰的绝对

量不变,通过测定反应前的灰分 $A_{d,1}$ 和反应后的灰分 $A_{d,2}$ 而进行的一种衡算方法。计算表达式为

$$x_A = 100 - \frac{A_{d,1}}{A_{d,2}} \times 100\%$$

该方法使用简便,只需对照反应前后原煤和固体残渣的灰分即可。但这种算法也存在一些不合理的地方。首先在等离子体的高温作用下,一些低沸点的灰质将会被蒸发掉,破坏了该方法的假设基础。这种影响究竟会给计算误差带来多大的影响,目前还没有定量。即使这种影响可以忽略,对于低灰分的煤来讲误差也是很容易发生的,其主要原因就是该方法对于低灰分的煤具有"放大"效应,也就是对样品灰分轻微的测量误差都会给计算结果带来显著的影响。

3. 挥发分跟踪法

该方法的理论依据是在反应过程中发生转化的只是煤中的挥发分部分,通过测定反应前的挥发分 $V_{daf,1}$ 和反应后的挥发分 $V_{daf,2}$ 而进行的衡算方法。计算表达式为

$$x_V = V_{daf,1} - V_{daf,2} \left[1 - \frac{V_{daf,1}}{100} \right]$$

该方法对于较高挥发分的煤来讲"放大"效应弱,计算误差相对小。但它最致命的缺陷是如果除挥发分以外的非挥发分部分也发生了转化,该法将不再适用。

4. 产品加和法

如果我们可以计算出所有产品的质量 $\sum m_i$,那么用它来除以参加反应的煤的质量 m_0 就是转化率。这种通过加和产物来计算转化率的方法称为产品加和法,计算表达式为

$$x_P = \frac{\sum m_i}{m_0} \times 100\%$$

对于本章讨论的系统,式中 i 包括 CH_4、C_2H_4、C_2H_6、C_2H_2、CO 和 CO_2。

该方法不受其他因素的影响,只依赖于测量仪器仪表的准确度和灵敏度,因而是较为合理的计算方法。在本章中对于固体进料情况下的转化率都是按此计算的。对于气相原料来讲,该方法就显得非常笨拙了。

第四节 煤在电弧等离子体中的热解

煤在电弧等离子体中的热解是一个非常复杂的过程。由于电弧等离子体的高

温导致了煤在该条件下的热解是一个超快速反应过程。在这种快速而且是电弧等离子体的特殊条件下,煤会表现出不同于常规热解的反应机理。实验表明,煤在电弧等离子体中反应之后主要的产物可分为气固两相,气相是以乙炔和一氧化碳为主要组分的小分子气体,而固相主要是反应热解残渣。从宏观上来讲这都是由煤和等离子体射流作用而直接生成的,因此本节主要以气固两相的各种性质和变化规律为研究的主要线索来探讨和总结煤在等离子体中的反应机理。乙炔生成需要高温高焓的条件,电弧等离子体可以提供这样的条件,作者对影响乙炔生成的各种因素和变化规律也将做比较详细的介绍。

一、生成乙炔的影响因素

(一) 煤种的影响

作者在实验中首先选择阳城无烟煤、井焦焦煤、辛置肥煤和保德长焰煤为代表性的煤种做了试验。这四种煤的工业分析和元素分析见表9-8。

表9-8　实验用煤的工业分析和元素分析/%

煤种	工业分析			元素分析				
	M_{ad}	A_d	V_{daf}	C_{daf}	H_{daf}	N_{daf}	S_{daf}	O_{daf}
保德煤	4.43	3.29	38.92	75.82	5.36	1.86	0.74	16.22
辛置煤	1.00	9.20	34.90	82.84	4.84	1.43	0.49	10.40
井焦煤	0.80	10.10	17.50	89.12	4.37	1.36	0.51	4.64
阳城煤	1.55	9.67	7.69	92.69	3.23	1.10	1.63	1.35

图9-20是不同煤样在供粉速率为$1.5g \cdot s^{-1}$左右的实验结果。可以发现随着所用煤种挥发分的提高,煤的转化率和乙炔的收率都相应地提高。该结论与不少文献的研究结果是一致的[6],即认为煤中的挥发分对煤的转化和乙炔的生成都起着重要的作用。

在该实验条件下,所有使用的煤只有保德煤的总转化率超过了其本身的挥发分的量。这说明挥发分虽然对煤的转化和乙炔的生成起重要作用,但并不是惟一的作用。事实上煤的结构决定着煤的各种反应性。对于年轻煤由于脂肪侧链结构比较丰富,而且煤中芳核之间的交联键相对较少,所以在等离子体条件下,煤的结构发生变化要相对容易得多。

煤的结焦性是影响实验进料的重要因素之一。对于挥发分比较高的肥煤或焦煤,尽管它们挥发分较高而且氧含量较低,但是在高温富氢的条件下要有大量胶质

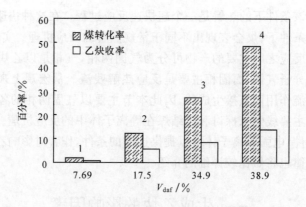

图 9‐20 不同煤种在电弧等离子体中的转化率和乙炔收率
1—阳城煤;2—井焦煤;3—辛置煤;4—保德煤

体的生成。胶质体极易黏附在喷嘴出口处和反应器壁上,从而造成喷嘴和反应器堵塞。保德煤属年轻煤,但黏结性和结焦性都比较差,从这一角度来讲保德煤用于等离子体裂解也是比较合适的。对于无烟煤,由于其挥发分低,而且煤的结构也比较稳定,所以它不宜作为原料制取乙炔或其他产品气。总之,对于实验原料的选取有以下要求:挥发分含量高,煤结构比较活泼,有比较高的 H/C 比,结焦性和黏结性较差。实验表明保德煤基本满足以上要求,是比较理想的反应原料,所以作者在等离子体裂解煤制乙炔的研究中选用该煤为原料煤。

对于活性粒子可以和煤作用使煤发生转化的问题已经得到许多研究结果的证实。但是对于不同种类的含碳物质,由于其化学结构组成不同,所以表现出的反应活性往往相差很大。用含纯碳的石墨粉做原料,在供粉速率为 $1.50g\cdot s^{-1}$ 左右的情况下,对原料中碳的转化做了对比,结果见表9‐9。可以发现在相同的反应条件下,石墨碳的转化率比煤要低得多,这证明了石墨碳结构的惰性,其所发生的微量转化主要是由于等离子体射流中的活性物种。由于保德煤的煤结构比石墨结构活泼得多,所以它有比较大的转化率,甚至超过挥发分含量是不难理解的。对于煤来讲,随着变质程度的增加,煤的芳香结构含量逐渐增加,同时脂肪结构则不断地减少,石墨则是煤变质的最高阶段。在相同的反应条件下,煤越年轻,越有利于煤转化,这一点从图9‐20中也可得到体现。

表 9‐9 石墨和保德煤的碳转化率/%

样品	CH_4	$C_2H_6 + C_2H_4$	C_2H_2	CO	其他	合计
石墨	0.009	0.005	0.032	1.834	—	1.880
保德煤	1.230	0.830	12.640	11.550	—	26.250

（二）供粉速率的影响

1．对转化率的影响

图 9-21 给出了以干燥无灰基煤样的转化率随供粉速率的变化关系。随着供粉速率的增加，煤的转化率呈下降的趋势。在一些情况下煤的转化率超过了其自身所含的挥发分量（虚线所指示）。常规快速热解研究表明当煤的热解速度加快时，其总的失重率超过了挥发分的量[44]。Azhakesan 等[45] 在 $5000K \cdot s^{-1}$ 的加热速率下测得的失重率比挥发分增加了原煤量的 5%。对此普遍的解释是：由于快速热解条件削弱了缩聚反应的程度，所以导致溢出的挥发分的量要比在常规条件下的多。尽管在等离子体射流条件下加热的速度要快得多，但是如果只基于热解，并根据 Azhakesan 的研究结论计算得到原煤的最大转

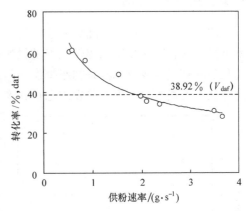

图 9-21　供粉速率对转化率的影响

化率应该为 45.35%（ad），达不到 55%（ad）左右的转化率。在电弧等离子体射流中含有大量的活性粒子如 H^+、H^-、Ar^+ 以及大量的电子等[14]，这些活性粒子一旦撞击到煤的表面便可以直接使煤转化[12]，因此当煤进入等离子体射流中时就不仅仅是热解的作用可以使煤发生转化了。当供粉速率比较小时，煤的转化率较大甚至超过了其本身的挥发分，这说明脱挥发分过程以及活性粒子与煤作用的过程对煤的转化都起了重要的作用，随着供粉速率的增加，煤的转化率逐渐降低并在较大速率下低于煤的挥发分，在这种情况下这两种主要作用究竟哪一种占居主导地位需进一步讨论。

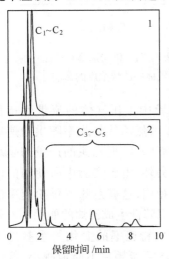

图 9-22　供粉速率对反应
产物种类的影响
$1—0.58g \cdot s^{-1}$；$2—3.49g \cdot s^{-1}$

2．对反应产物种类的影响

当单位时间内供入到单位体积中的煤粉增加时，由于煤粉的吸热增强使得体系的温度降低，从而使挥发物的二次裂解不再彻底。对比供粉速率

分别为0.58g·s^{-1}和3.49g·s^{-1}两种情况下气体产物的气相色谱图可以发现,供粉速率较小时生成的烃类气体中只含有甲烷、乙烯和乙炔小分子物,而在供粉速率较大时所生成的气体中含有的烃类气体及它们的衍生物等11种之多,色质联用仪检测到它们为 C$_3$~C$_5$ 的烃类及其衍生物。这就是说,随供粉速率的增加,产品气体中产物的分布由简单到复杂,不仅产物的种类增多,而且碳数也增大。

3. 对乙炔转化的影响

图9-23是乙炔收率随供粉速率的变化曲线,随着供粉速率的提高,乙炔的收率下降。这种变化规律和煤转化率随供粉速率的变化规律是一致的。可以认为煤转化后的初级生成物尤其是初级挥发物是乙炔生成的前驱体。尽管供粉速率的提高降低了乙炔收率,但实验发现乙炔在产品气中的浓度却是增加的（图9-24）。

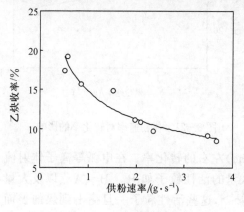

图9-23　供粉速率对乙炔
收率的影响

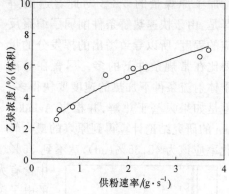

图9-24　供粉速率对产品
气体中乙炔浓度的影响

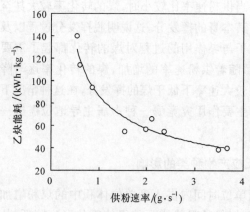

图9-25　供粉速率对乙炔能耗的影响

由于实验中工作气体的流量保持恒定,所以虽然乙炔的收率随供粉速率的提高而降低,但乙炔的产量却是增加的。另外,由于实验中所使用的电功率也相同,这就意味着供粉速率的增加可以降低生成乙炔的能耗。乙炔能耗随供粉速率的变化关系参见图9-25。尽管能耗在不断地减小,但可以看出减小的速度在逐渐降低,它和供粉速率的关系是非线形的。总之,提高供粉速率不仅降低了煤的转化率,而且乙炔的收率也因此而下降,但是生成乙炔的能耗却得到了改善。在实际生产中如何寻找这对矛盾之间的最佳点要根据具体的工艺条件来确定。

4. 对其他产物收率的影响

在最后的热解气体中除乙炔以外,还含有 CH_4、C_2H_4、C_2H_6、CO 和微量的 CO_2 以及 $C_3 \sim C_5$ 的烃类。图 9 - 26 表示其中的一些产物的收率随供粉速率的变化。从图中可以看到除乙炔以外,CO 也是主要的生成物,并且在大多数的情况下 CO 的收率比 C_2H_2 的要高。CO 的生成主要是由于煤中含有大量的氧及原煤中还吸附着一定量的空气和水分。实验证明工作气源中所含的氧气在该条件下也可以与煤作用生成 CO。从总体上来说,CO 和 C_2H_2 的收率随着供粉速率的增加收率是下降的,而 CH_4 以及 $C_2H_4 + C_2H_6$ 则基本保持不变或略有上升。和乙炔一样,它们的产量随供粉速率的增加都是增加的。

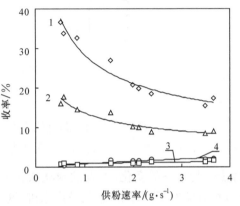

图 9 - 26　供粉速率对各产物收率的影响
1—CO;2—C_2H_2;3—$C_2H_4 + C_2H_6$;4—CH_4

5. 对乙炔和一氧化碳竞争的影响

由于 CO 是热解产物的主要组分之一,而它又要占有一定量的碳源,因此对乙炔的生成是不利的。实验证明 C_2H_2 和 CO 在生成的过程中具有竞争性。在每一个取样口上,当 C_2H_2 浓度高的时候 CO 的浓度就低,反之亦然。在一定的条件下煤中可转化的活泼碳的量是一定的,所以 CO 的量增多的时候 C_2H_2 的量就会减少。图 9 - 27 是同一反应条件下不同取样口所测得的 CO 和 C_2H_2 对发生了转化的碳的占有率,清楚地反映了二者之间的竞争性。可以看到在整个反应过程中 C_2H_2 对碳的占有率经历了由高到低,然后再上升的变化趋势。在 $5^\#$ 位置上升的幅度较大,这主要是淬冷所起的作用。从这一角度来讲,淬冷可以防止 CO 的生成,而促进 C_2H_2 的生成。但是二者对转化碳总的占有率在 92% 左右,随取样位置的不同变化不大。

以 $1^\# \sim 5^\#$ 取样口所计算得到的 CO 和 C_2H_2 对碳源的占有率的差值为一个样本求取其标准差,并以其值来判断这些差值的离散程度,标准差越大,越离散,说明竞争性越强烈。从图 9 - 28 可以发现,随着供粉速率的增加,标准差逐渐减小,说明二者之间的竞争性随供粉速率的增加逐渐减弱。图 9 - 29 是生成 CO 和 C_2H_2 选择

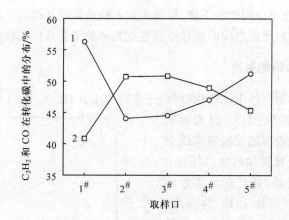

图 9-27　不同取样位置转化碳在 CO 和 C_2H_2 中的分布

1—C_2H_2；2—CO

性随供粉速率的变化,可以发现随供粉速率的增加,C_2H_2 的选择性基本不变,而 CO 的则略有下降,从工艺的角度来讲,这有利于乙炔的生产。

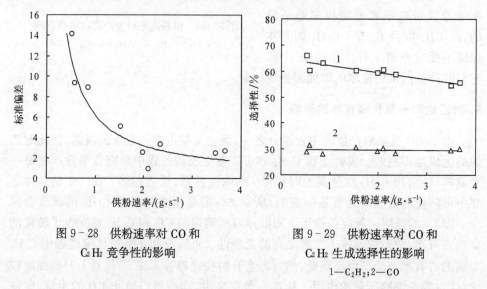

图 9-28　供粉速率对 CO 和
C_2H_2 竞争性的影响

图 9-29　供粉速率对 CO 和
C_2H_2 生成选择性的影响

1—C_2H_2；2—CO

(三) 煤比焓对煤转化率和乙炔收率的影响

煤比焓 CSE(coal specific enthalpy)定义为在操作条件下单位质量煤粉可以分配得到的能量,它能够反映煤粉在等离子体射流中反应的平均温度。假设煤与等离子体射流混合均匀,而且器壁所吸收的热量可以忽略,煤比焓则可由有效功率除以供粉速率而得到,如下式所示,其单位为 $J \cdot g^{-1}$。

$$\text{CSE} = \frac{\eta \cdot P}{v_{\text{c}}}$$

式中：η——等离子体发生器的效率系数，本实验 $\eta = 0.6$；

　　　P——等离子体发生器的功率，W；

　　　v_{c}——供粉速率，$\text{kg} \cdot \text{s}^{-1}$。

　　在相同的功率和工作气体流量的条件下，煤比焓不仅反映了等离子体射流与煤粉反应的平均温度，而且还意味着单位质量的煤粉可能消耗能量的多少。高煤比焓不仅为反应提供了高的平均反应温度而且还提供了相对充足的能量。图 9-30 是随煤比焓的增加煤的转化率呈增加的趋势。在较低的煤比焓下煤转化率便可以很快地增加到 30% 左右，接近于工业分析的挥发分值。从煤比焓的角度来讲，降低供粉的速度和增加发生器的功率是一致的，因此关于发生器功率的影响在本文中没有考察。

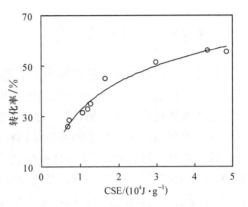

图 9-30　煤比焓 CSE 对煤转化率的影响

（四）反应器中不同位置对乙炔生成的影响

　　为了研究乙炔生成随反应器高度变化的情况，在反应器的不同位置的 5 个取

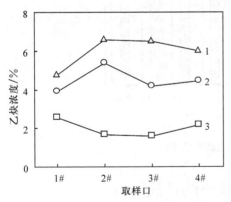

图 9-31　不同供粉速率下
乙炔在不同取样位置的浓度
$1—3.49\text{g} \cdot \text{s}^{-1}$；$2—1.53\text{g} \cdot \text{s}^{-1}$；
$3—0.52\text{g} \cdot \text{s}^{-1}$

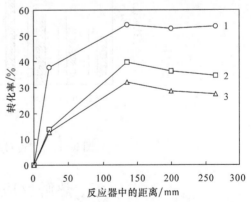

图 9-32　不同供粉速率下煤
在不同取样位置的转化率
$1—0.58\text{g} \cdot \text{s}^{-1}$；$2—1.98\text{g} \cdot \text{s}^{-1}$；
$3—3.49\text{g} \cdot \text{s}^{-1}$

样孔分别同时取样,5#口位于淬冷器以下。不同供粉速率下所测得的不同取样口的乙炔浓度见图9-31所示。由于淬冷对乙炔的生成有特殊的影响,所以5#位置的乙炔浓度没有在图中标出。当煤进入射流以后,会在射流的拽带作用下向反应器底部运动,在运动的过程中与等离子体作用发生转化。图9-32表示煤的转化率随反应器中距离的变化。可以发现在煤粉进入射流100mm之前,煤转化的主要过程就几乎结束,之后的转化过程已经非常缓慢。

(五) 淬冷对乙炔生成的影响

　　淬冷的作用是影响乙炔收率的一个重要因素。实验中4#和5#取样口分别位于淬冷单元的前和后,通过对比它们的浓度可以发现在大多数情况下淬冷后气体中乙炔浓度要比淬冷前的高(图9-33)。这种淬冷对乙炔的“保护”作用在低供粉速率的情况更加明显。对于淬冷的作用机理一般认为有两种,其一是淬冷可以防止乙炔的继续分解,高温裂解气体以极快的速度冷却时可以“冻结”产品气体的组分,从而“保护”了乙炔;另一点就是淬冷可以促进炽热裂解气体中各种自由基的复合,其中复合为乙炔的反应可以增加乙炔在产品气体中的浓度,在理想的情况下根据自由基复合理论乙炔可以有59.9%的浓度[41]。

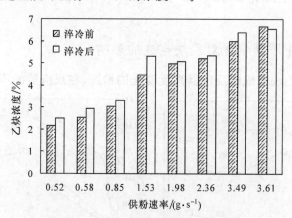

图9-33　淬冷对乙炔浓度的影响

二、热解反应残渣的性质

　　煤粉在射流中的热解产物除了气相产物还有大量的固相产物。固相产物主要是热解反应残渣和反应器壁的积碳,后者也称结焦物。研究反应残渣的性质变化有助于了解煤热解过程的机理。

(一) 工业分析和元素分析

保德原煤以及在不同供粉速率下所产生的反应残渣的工业分析和元素分析数据列于表9-10。对于元素分析,碳和氢的变化就可以反映主要变化的规律,所以表中只给出了 C 和 H 的元素分析数据。随着供粉速率的增加,反应残渣的灰分逐渐降低,挥发分逐渐升高,碳含量逐渐降低而氢含量逐渐增加。和原煤比较,它们都随着供粉速率的增加逐渐向原煤的数据靠拢,实际上当供粉速率无限大时,各数据的值就是原煤的值。所有这些变化趋势都证明一个事实,就是随着供粉速率的提高煤的转化程度在下降,这和前面所得到的实验结果是一致的。

表 9-10 原煤和反应残渣的工业和元素分析数据/%

供粉速率/$(g \cdot s^{-1})$	工业分析			元素分析	
	M_{ad}	A_d	V_{daf}	C_{daf}	H_{daf}
0.52	1.25	5.84	5.87	—	—
0.58	0.70	9.84	6.52	95.29	0.54
0.85	0.65	6.88	6.57	—	—
1.98	1.24	6.12	10.39	92.02	2.00
3.49	0.51	4.53	22.41	80.89	3.24
(原煤)	4.43	3.29	38.92	75.82	5.36

(二) DTG 分析

DTG 实验的目的主要是考察气化前的热解失重规律和残渣的气化活性。实验条件为:加热速度 $5K \cdot min^{-1}$,CO_2 气氛,温度范围室温至 1200℃。为了避免渣样中灰分的影响,所有用作热重的样品都预先用盐酸和氢氟酸作了脱灰处理。图9-34为不同供粉速率下反应残渣的 DTG 曲线和原煤的实验结果。可以发现,所有的样品 CO_2 气化反应都主要开始于 800℃左右,在此之前主要发生的是热解反应。从原煤的曲线可以看到两个比较尖的峰,第一个是在 400~500℃之间,第二个在 600~700℃之间,这是由于煤中所含的挥发分热解的活化能分布不同所决定的。随着供粉速率的降低,400~500℃之间的峰首先消失,当速率为 $0.52g \cdot s^{-1}$ 时600~700℃之间的峰也最后消失。这个实验现象表明煤在等离子体射流中热解时,煤中热解活化能低的那部分挥发分最容易析出,这应该是我们在选取煤种时的另一个需要考虑的指标。当煤比焓比较高的时候,由于反应体系的平均温度高,所

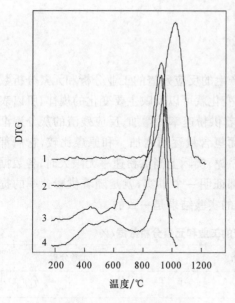

图 9-34　反应残渣和原煤
在 CO_2 气氛中的 DTG 曲线

$1—0.52g·s^{-1}$;$2—1.98g·s^{-1}$;
$3—3.49g·s^{-1}$;4—原煤

以高活化能部分的挥发分可以被热解析出。如果将气化反应最快的那一点的温度作为衡量气化反应活性大小的话,那么不同的渣样在 CO_2 气氛条件下表现出不同的气化活性,气化活性最小的是 $0.52g·s^{-1}$ 条件下的渣样,原煤次之,其他二者最小而且比较相近。

（三）比表面和孔容

经测试,保德原煤的比表面积和孔容分别为 $3.01m^2·g^{-1}$ 和 $0.012ml·g^{-1}$,反应以后这两项指标都发生了比较大的变化。图 9-35 和图 9-36 表明反应残渣的比表面积最大可达到 $50m^2·g^{-1}$ 左右,孔容最大可为 $0.25ml·g^{-1}$ 左右,并且随着供粉速率的提高二者都逐渐减小,可以想像当供粉速率为无限大时它们的值

都将和原煤相等。随着供粉速率的增加,煤的转化程度会减小,而脱挥发分的过程是煤转化的主要过程之一。所以容易理解表面性质与煤转化的过程是密切相关的,转化率越高比表面积和孔容就越大。

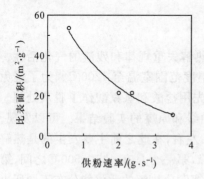

图 9-35　BET 比表面积
随供粉速率的变化

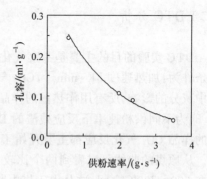

图 9-36　孔容随供粉
速率的变化

（四）XRD 表征

反应残渣的 XRD 谱图中除有石墨结构谱线外还有其他无机盐的谱线。这是由于原煤中含有无机盐灰分的缘故，为了避免其影响，对反应样品进行了氢氟酸和盐酸脱灰处理。图9-37是脱灰前后的谱图对比，可以看到脱灰后的谱图中无机盐的谱线基本消失。

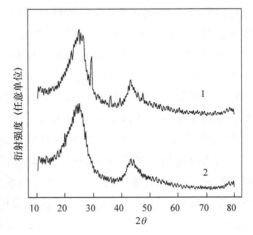

图 9-37　脱灰前后 XRD 谱图
1—脱灰前；2—脱灰后

按照第三章第五节一（二）3. 中关于 XRD 计算芳香层片晶体参数的方法，可以求出不同供粉速率下反应残渣的层片间距 d、层片大小 L_a 和堆积高度 L_c，计算结果列于表9-11中。最小供粉速率下的反应残渣的 002 晶面的 d 值最小，晶胞尺寸最大。随着供粉速率的增加 d 值逐渐增大，晶胞也逐渐缩小，石墨化程度降低，并且和原煤的晶体参数靠近。对于 $0.52\mathrm{g\cdot s^{-1}}$ 条件下生成的残渣，由于其石墨化程度较高所以气化活性最小。尽管煤的石墨化程度最低，但是由于煤本身的孔隙率很不发达，所以它也表现出较低的气化活性。结合 XRD 和表面性质的分析结果，DTG 分析中关于气化活性大小的结果就有了比较合理的解释。通过对有灰样的 XRD 谱图的其他杂峰的分析可以发现，在残渣中混有一定量 $CaCO_3$ 杂质。在等离子体射流条件下，$CaCO_3$ 本应很容易被分解。但 $CaCO_3$ 的存在可能由于在淬冷的过程中，淬冷水遇炽热的裂解气体所形成的"结垢"现象。

表 9-11　不同供粉速率下反应残渣的微晶结构

供粉速率/$(\mathrm{g\cdot s^{-1}})$	微晶结构参数/Å		
	d	L_c	L_a
0.52	3.4809	14.97	40.19
0.85	3.5757	12.62	35.59
1.53	3.5701	12.17	29.60
1.98	3.5743	12.06	28.70
3.49	3.5729	9.60	27.88
原煤	3.5814	8.89	17.88

（五）SEM 和 TEM 表征

煤粒在射流中反应之后，很多性质都发生了很大的变化。通过电子扫描显微镜可以非常直观地观察到颗粒本身在形貌上所发生的变化。原煤的电镜扫描图片棱角分明、质地致密，粒径分布在 2μ 到 25μ 之间，并且颗粒之间没有团聚的现象。煤粒在经过反应之后基本没有明显的棱角，而且有大量的 1μ 以下的气孔生成，这一点已经在比表面的测试结果中得到证实。同时还发现了少数形貌和原煤相似的颗粒，这说明在一些情况下并不是所有的煤粒都受到了等离子体的作用，煤粉和等离子体射流在一定程度上混合并不是理想均匀的。在残渣中没有发现游离的小颗粒物，而是大量小颗粒的团聚，这种现象可能是由裂解炭黑团聚所形成的。

用透射电镜观察反应残渣可以发现在反应后的残渣中有粒度在 $10\sim20nm$ 的炭黑粒子，这些炭黑粒子呈球形并且以链状或球状的结构联在一起形成比较大的团聚物。这一方面证明了乙炔或其他烃类的分解，另一方面也证实了扫描电镜的观察结果。

三、煤在等离子体中的反应动力学和反应机理分析

（一）乙炔浓度的变化规律

等离子体射流是具有高温和高焓特点的炽热流体。煤进入等离子体射流后，热解生成挥发分和煤焦是首要的反应历程；热解所产生的气体挥发物在混合体系中要发生进一步的二次裂解生成小分子的烃类气体，其中乙炔和一氧化碳是主要组成物；乙炔在该环境下会进一步分解成烟炱和氢气。以上三个过程可以用以下反应式来描述：

$$\text{Coal} \xrightarrow{k_1} \text{Volatile} + \text{Char}$$

$$\text{Volatile} \xrightarrow{k_2} C_2H_2 + CO + CH_4 + C_2H_4 + H_2$$

$$C_2H_2 \underset{k_4}{\overset{k_3}{\rightleftharpoons}} 2C + H_2$$

由表9-10可知，在反应残渣中仍然能检测到一定量的挥发分，因此可以认为在等离子体中煤热解反应是单向慢速反应。挥发物在射流中受热反应是一个气相过程，而且在所有的实验中没有检测到焦油，所以可以假设该反应也是单向不可逆过程，而且 $k_2 \gg k_1$，即挥发物的二次热解速率要远远大于煤的热解速率。Bond[6]在用氩弧等离子体射流对煤进行热解时发现产品气体中乙炔的生成率很低，当在

氩气中加入一定比例的氢气时,乙炔的转化率有明显的提高,说明氢气对抑制乙炔的分解具有明显的作用;所以可以认为乙炔分解反应为可逆反应。假设所有反应均为一级反应,为了便于动力学的讨论,还假设反应体系混合均匀,温度分布均匀,且不考虑煤粒内部的温度梯度;在煤的热解反应中发生反应的是煤中的活性组分,如果假设煤中所含的活性组分为 ξ,那么煤粉的浓度可以表示为 ξ 的浓度,不同的煤所包含的 ξ 是不同的。

根据以上的假设和反应机理,可以列出如下的微分方程组:

$$-\frac{dc_\xi}{dt} = k_1 c_\xi$$

$$\frac{dc_V}{dt} = k_1 c_\xi - k_2 c_V$$

$$\frac{dc_{C_2H_2}}{dt} = k_2 c_V - k_3 c_{C_2H_2} + k_4 c_C^2 c_{H_2}$$

$$\frac{1}{2}\frac{dc_C}{dt} = k_3 c_{C_2H_2} - k_4 c_C^2 c_{H_2}$$

引入定态假设 $\dfrac{dc_V}{dt} = 0$ 和 $k_2 \gg k_1$ 可得

$$\frac{dc_{C_2H_2}}{dt} = k_1 c_\xi - k_3 c_{C_2H_2} + k_4 c_C^2 c_{H_2}$$

在开始阶段,由于活性组分浓度较大而乙炔的浓度小,由上式知道乙炔浓度增加的速度快,减少的速度慢,净结果是乙炔的浓度在增加;但随着反应的进行煤的活性组分浓度逐渐减小,而乙炔的浓度却逐渐增加,因而乙炔增加的速度小于减小的速度,从而使乙炔浓度达到一个极大值之后又逐渐减小;而后随反应的继续进行,煤热解以及乙炔分解使体系中的氢气的浓度逐渐增加,式中右边的第三项逐渐增加,这就使得乙炔的浓度在经过一个极小值之后再一次提升。这一描述近似地说明了图9-32所表示的乙炔浓度随反应器位置的变化规律。温度提高,反应就会加快,乙炔到达最高浓度的时间就比较短。

(二) 等离子体射流对煤的作用

按照快速热解的理论,我们将 45.35% 作为煤热解条件下可能发生转化的最大理论值,那么按照第九章第三节三(五)中所介绍的灰分跟踪法、挥发分跟踪法和产品加和法来计算煤的转化率,可以得到如表9-12所列的计算结果。可以发现在小于 $1.98g \cdot s^{-1}$ 情况下,x_V 和 x_P 表现出很大的差别。根据热解的概念,煤的转化率不会超过其理论值,所以超过理论挥发分部分的转化率可以归因于等离子体射流中所含有的大量的各种活性物种的作用。$1.98g \cdot s^{-1}$ 以后 x_V 和 x_P 却表现出明显的一致性。结合第九章第四节一(二)1. 的分析,可以认为在小供粉速率下,热解和活性物种对煤的转化都起着重要的作用;随着供粉速率的提高,射流中活性粒子的作用在逐渐减弱,当供粉速率超过 $2.0 \cdot s^{-1}$ 以后,活性物种的作用不再明显,而热解作用占据了主导的地位。

另外,从表9-12中还可以看到 x_A 的值不仅和 x_P 难以吻合,而且表现出毫无规律的波动性。对反应残渣 XRD 的研究已经表明样品在收集以后已经受到了无机盐的污染。这种污染很可能是淬冷水在遇到高温热解气体时所发生的"结垢"现象所致。供粉速率越低,反应体系温度就越高,因此"结垢"现象也就越明显。由于保德煤所含灰分较低,灰分跟踪法度量转化率的测量误差的"放大"效应非常明显。

表9-12　按照不同方法所计算得到的煤转化率

	供粉速率/(g·s⁻¹)	0.52	0.58	0.85	1.98	3.49	3.67
转化率/%	x_A	44.94	67.43	53.62	47.63	30.03	50.48
	x_V	38.77	38.56	38.24	34.64	26.63	25.86
	x_P	55.58	56.13	51.55	35.08	28.52	25.83

通过以上的实验结果和讨论,我们可以这样来描述煤在电弧等离子体射流中的反应机理:当煤进入等离子体射流时,在高温作用下被超快速加热,在热的作用下主要发生热解反应,该反应主要是在煤粒的内部进行。同时,等离子体射流中所含的大量活性物种在撞击到煤的表面时也可以使煤发生转化,当供粉速率比较小的时候,这种作用非常明显;随着供粉速率的提高,作用逐渐减弱;当供粉速率大于 $2.0 \cdot s^{-1}$ 后,作用不再明显,这时煤的转化形式主要表现为煤热解。热解反应所产生的初级挥发物在等离子体射流环境下发生二次裂解反应,乙炔和一氧化碳是主要的产物。生成的乙炔在该环境下可以分解为氢气和碳,体系中的氢对于抑制乙炔的分解,"保护"乙炔起重要的作用,在淬冷过程中氢还可以和其他自由基复合成乙炔。在挥发分析出煤粒的同时,给煤粒"造"出了许多的孔隙,因此反应残渣的比表面和孔容都比原煤有较大的增加;转化的程度越大,形成的孔容和比表面也越大,同时煤粒的形貌也由原来的棱角分明和致密变得多孔隙和无定形。煤粒经过高温以后,晶体结构趋向石墨化;供粉速率越小,石墨化程度越高,晶胞也越大。反应残渣的很多性质在反应之后与煤相比都发生了很大的变化,但是随着反应的减弱所有这些性质都逐渐趋近于煤的性质。

在固相产物中,有少量的碳沉积在反应器壁上形成了结焦物。由于量少,所以对转化率的影响很小。然而这些结焦物的形成是初级挥发物的二次反应中的反应过程之一,也是煤在电弧射流中整个反应过程中的一个不可忽视的环节。关于这方面的问题,本书还将继续讨论。

第五节　煤在等离子体中脱挥发分过程的模拟

一、脱挥发分模型

一般来讲,加热时煤中的不稳定化学键会发生断裂形成轻质气体和比较重的分子碎片。这些分子碎片或者蒸发出去形成焦油或者留在煤中形成胶质体,同时原煤的一部分转变成焦。所以脱挥发分过程中的化学模型便成了任何一个描述煤热加工利用过程必不可少的重要组成部分。

煤脱挥发分模型已经从早期简单的失重经验表达式发展到描述比较复杂的化学和物理过程[46～48]。在煤的热解过程中芳香团簇之间的活泼键发生断裂,产生有限大小的碎片。相对分子质量小的碎片由于蒸气压高,所以就以焦油的形式析出了煤粒;对于相对分子质量较大的碎片,由于它们的蒸气压在标准的脱挥发分条件下较低,很容易保留在煤中,最后又重新连到煤网络结构上。这些高分子组分加上残留的网络被认为是胶质体,胶质体的质和量及随后的交联反应决定了煤粒的软化行为。

已断裂的活泼键的数目和从煤的无限网格上脱离的有限大小的分子碎片的质量是高度非线性的,这就说明煤热解不是一个简单的蒸发过程。在加热条件完全相同的一系列实验中,Freihant[49]用丝网加热反应器收集焦油,接着在相同加热条件下测量了这些焦油加热蒸发的温度。他们发现二次蒸发的温度明显低于焦油从煤中释放的起始温度。这个结果说明煤热解并不仅仅是一个蒸发过程,还可能需用参考网格结构来描述煤的热解反应。

断裂的键有着不同的活化能的概念首先是由 Pitt[50]提出来的,他把煤看作是大量的能够发生平行的一级裂解反应的物种的集合。Anthony 等[51]使用了相似的概念给出了活化能分布模型 DAEM(Distributed Activation Energy Model)。Kobayashi 等[52]通过一套双竞争反应将化学多样性引入脱挥发分过程中,允许在较低温度下优先生成焦。大量不同化学键活化能的数据支持这种观点,即煤中化学键的断裂过程是由煤中化学键类型的分布所制约的。如果在一定范围内使用平均活化能,即通过标准差和相应的高斯分布计算,这样就可以选择一套微分方程组进行模拟。

分布能量链统计模型 DISCHAIN[53,54](distributed-energy chain statistics)使用的是串统计来预测齐聚物种的生成。这些齐聚物具有二重性,即一方面可作为挥发焦油的生成源,另一方面又可作为反应剂聚合到链的末端形成焦。Niksa[55]最初使用 Gamma 分布函数将焦油产物的相对分子质量分布引入到脱挥发分闪蒸模型中。该模型也引入了多组分气-液平衡机理来处理焦油蒸发。结果表明胶质体内挥发物的扩散没有明显地影响到热解的行为。闪蒸模型和 DISCHIAN 模型结合的一种模型称为 FLASHCHAIN[56]，它利用总体平衡考虑每个相对分子质量群的质量分布，这些相对分子质量群的构建基于链统计、闪蒸过程和焦联机理。FLASHCHAIN 的蒸气压函数来自经验公式，与那些单组分的蒸气压数据不太一致，而且在链方程中统一设置配位数为 2，模型中桥的相对分子质量比簇中芳香部分的相对分子质量还要高，但它的预测结果和许多实验数据吻合较好。

Solomon 等[46,57]讨论了脱挥发过程中释放焦油和轻质气体的详细化学模型。他们针对各种轻质气体的释放提供了 19 个一级能量分布速率表达式。这一套微分方程组可能推广应用到所有的煤脱挥发分的网格模型。

傅维标等[58]提出了煤粒热解通用模型（Fu-Zhang 模型），该模型认为煤热解的活化能 E 和速率参数 k 值与煤种无关，仅与煤粒的终温 T_∞ 及加热速率有关，并得到了 E 和 k 及 T_∞ 的关系，较好地解决了煤粒热解过程中的数学模拟问题。

综观以上所有模型，大部分的模型都是经验性的，尽管在很多情况下它们的模拟结果和实验结果吻合得很好，但是这种靠调整输入参数的方法使得其科学性受到怀疑。而化学渗透脱挥发分模型 CPD(chemical percolation for devolatilization)使用的输入参数是实验得到的关于煤结构的参数，具有更强的理论性而不是经验性。因此作者选用 CPD 模型进行煤在等离子体中脱挥发分的模拟研究。根据文献 CPD 所能预测的加热速率最高也只有 10^4K·s^{-1}，所以在电弧等离子体射流条件下的超快速热解仍在初级探索和尝试阶段。

二、CPD 模型的原理

在 CPD 模型中，煤可形象地看作是一个大分子基体，它的连接节点就是那些各种类型和大小不同的芳香簇，其中包括含氧和氮的杂环体系。这些芳香簇通过各种类型的桥键连接到一起，其中一些不稳定的桥键在热解时很容易断裂，而另一些在同样温度条件下却很稳定。这些在热解过程中仍然保持完好的键就是所谓的交联键。显然，对于给定桥链，定义它为不稳定键还是焦联键是相对的，它主要取决于热解的温度和该桥键的动力学参数。连在芳香簇上的侧链包括脂肪和羰基等官能团，它们是轻质气体的前驱体。从煤基体上分离下来的碎片由一个芳香簇或由不稳定键/交联键连接起来的几个芳香簇组成的。因此，簇是由几个连带着附属物的稠芳环组成，而碎片则是由内部连接的几个簇组成。在煤中，有一小部分的簇并不连在无限的基体上，可以用适当的溶剂在不破坏共价键的情况下将它们抽提出来。人们曾对煤大分子结构有过不少假设（参见本书第二章），在我们的研究中使用了最简化的近似，即将煤结构广义地定义为簇、桥、侧链和环，如图 9-38 所示，煤的热解产物包括轻质气体、焦油和焦。

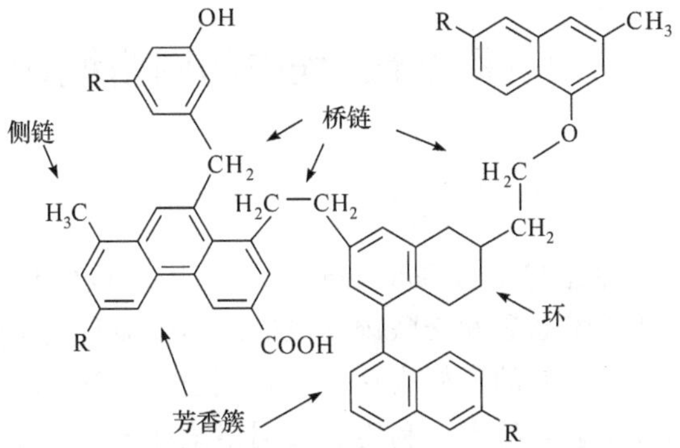

图 9 - 38 CPD 模型中代表性的煤结构示意图

在本模型中分布活化能是通用的,但是考虑到差别非常大的加热方式,这种近似处理有时需要对活性键特性重新定义。CPD 模型结合最终产气量和 NMR 的结构参数选择输入参数。对动力学微分方程组的拟合参数的确定也很重要,因为这些参数制约着桥链的断裂与交联。CPD 模型中所使用的方法包括以下特点:依据化学方法确定输入参数,这些参数一部分是从 NMR 数据计算得到,可以反映不同类型和煤阶煤的化学差异;运用了含义明确的网格统计数学函数;不同大小焦油分子簇的分布以及无限基体中某物种的分布都直接由渗透理论的解析表达式所给出;焦油析出活化能数据来源于 Solomon 的研究结果[47];单种气体和轻质气体析出的平均活化能及指前因子是由 Solomon 等给出的一套完整的化学反应参数加权平均得到;使用简化的方法计算了轻质气体和焦油析出的分布活化能。

为了将化学因素引入到脱挥发分模型中,必须把模型表述为分析数据并作为输入参数,这样才可以通过微分方程组来描述控制脱挥发分的过程。Karr[59]筛选了目前可以用于表征煤结构的化学分析技术,其中包括 FTIR、热解质谱 Py-MS、固体 NMR。其中 NMR 方法可以直接表征不同构造的煤中碳原子的相对数目和不同结构类型碳的数据,氢和氧原子的数目可从元素分析获得,从而结构特征可从 NMR 数据间接推断。因此利用固体 NMR 方法可以确定煤中不同的化学组成,以此提供 CPD 模型中所需要的化学信息。例如利用芳香桥头碳可以计算出稠合芳环中典型簇的芳碳数目[57,60,61]。通过这些数据和每簇周围包含在侧链或桥中的碳原子数就可以粗略的估算某一簇的平均相对分子质量以及每簇的分支点。所有这些参量对表征网格统计以及在化学脱挥发分模型中输入参数的选择都是很重要的。

三、脱挥发分过程中的网格统计

(一)基本理论

网格统计的重要性起初是由 Solomon 等[62]使用 Monte Carlo 方法,在模型化煤脱挥发分过程中活泼键断裂和交联键形成的过程中显现出来的。渗透理论可以提供脱挥发分过程中键断裂的解析表达式,避免耗时的 Monte Carlo 计算,同时还保留了网格统计的许多显著特点。利用渗透网格统计还可避免一些经验参数的使用,而这些经验参数对于 Monte Carlo 计算是必需的。许多问题(如化学聚合、疾病传播、森林着火以及流体流过多孔物)都可以通过渗透统计节点以及连接节点的桥方法来描述。对于真实的二维或三维矩阵的统计一般情况下不易处理,这是由于网格中的节点和桥之间存在环路。但是一种类型的伪网格(Bethe 网格)却有基于渗透理论的解析解[63]。这些 Bethe 网格相似于标准的网格,可用配位数和桥的概率参数来表征,与标准网格区别的地方在于在伪网格中任何两向节点只通过单条连接途径。运用伪网格的化学渗透理论的算法已经被反复证明能够表达真实网格的性质,绝大多数情况下计算得到的有限碎片的平均大小是合理的[64,65]。另外,该理论还特别指出临界的桥键密度仅仅依赖于节点的配位数。基于这一特定,煤的无限基体和有限基体的大小才会统一起来,因而将该结构特点用于处理煤以及煤热解产生的煤焦与焦油中才成为可能。未反应煤或煤焦中的宏观网格可以解释为渗透理论中的无限基体,而相对较小的焦油分子可以看作理论中的有限碎片。

有限碎片分数和已断裂桥键分数呈现非线性关系是网格统计的一个显著特点。煤的脱挥发分过程符合这一特点。随着断裂桥键数目的增加,有限碎片分数将得到增加,然而当完整桥键分数 p 处在由无限基体支配的范围内时只存在单体,只有当 p 降到接近于无限基体消耗尽的临界点时,才会存在相对丰富的比较大的有限碎片。低于这个临界点,大的有限碎片才会像一般认为的那样随着桥键断裂降解成比较小的碎片。在 $p=1.0$ 的情况下,不可能存在任何有限基体。

用 Monte Carlo 对断裂桥键的模拟可以说明网格特点(假设现实中网格是足够大),但该方法需要大量计算。对于那些在三维网格中需要用到数学迭代的许多颗粒来说,渗透理论提供了一种有效的计算方法用来模拟热解反应。在真实的烃类网格中环路将两个或更多节点通过一条或多条路径连接起来,这种特点不利于获得定量描述这些网格基本统计量的解析表达式。然而,利用伪网格可以避开环路问题来解决以上困难。图9-39给出了配位数为 3 和 4 的两个典型伪网格结构,同时还给出了带环的峰窝型和金刚石型真实网格。

对于主要以较小的簇和无限基体为主的体系,伪网格和其相应的真实网格在

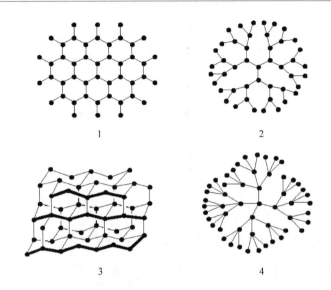

图 9-39　配位数分别为 3 和 4 的真实网格和 Bethe 伪网格

1—蜂窝网格；2—三配位 Bethe 网格；3—金刚石网格；4—四配位 Bethe 网格

很多性质上是相似的，只有当簇在大小上变为中间物时（例如六聚物或更高），伪网格和真实网格的差别才会显著。在这种情况下，伪网格的渗透理论和 Monte Carlo 对相同配位数真实网格的计算是有区别的。

为了数学上的方便，Bethe 伪网格的配位数采用（$\sigma+1$）表示，网格的演变通过随时间变化的完整的桥键分数 p 来表示，（$1-p$）就是已经断裂的键的分数。断开的桥链将该簇与其他所有的节点或簇分割开来。假设桥键断裂事件在统计意义上是独立的，那么，某一给定节点属于节点数为 n 且带 s 个桥链的簇的概率 F_n 为

$$F_n(p) = nb_n p^s (1-p)^\tau$$

$$s = n-1$$

$$\tau = n(\sigma-1) + 2$$

式中：τ——含有 s 个桥键的簇的周围断裂桥链的数目。

图 9-40 表明了具有不同 σ 和 n 值的簇，其 s 值和 τ 的值不同。由于在 Bethe 网格中没有环存在，因此它具有数字易处理性，有限碎片中的桥数目总比连接的节点数少 1。

nb_n 是对于某个大小为 n 的簇且包含某个给定节点的不相同的可能构造的数目，b_n 是以每个节点为基准表达的同一个量，nb_n 的方程为

$$nb_n = \frac{\sigma+1}{s+\tau} \begin{bmatrix} s+\tau \\ s \end{bmatrix} = \frac{\sigma+1}{n\sigma+1} \begin{bmatrix} n\sigma+1 \\ n-1 \end{bmatrix}$$

用非整数的系数 μ 和 η 表达上式中的二项式系数：

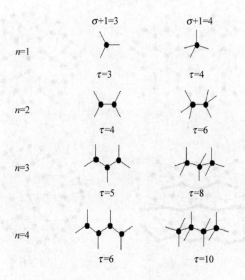

图 9-40　不同 n 和不同配位数($\sigma+1$)所表现出的不同大小的碎片

$$\begin{bmatrix} \eta \\ \mu \end{bmatrix} = \frac{\Gamma(\eta+1)}{\Gamma(\mu+1) \cdot \Gamma(\eta-\mu+1)}$$

式中:Γ——标准 Gamma 函数。

　　这里 $\sigma+1$ 为非整数,该值也可以解释为多种配位数构成的网格的平均配位数。利用以上方程可以给出某一大小为 n、桥键密度为 p 的簇的概率的解析表达式,即包含在所有有限簇中总的节点的分数 $F(p)$ 为

$$F(p) = \sum_{n=1}^{\infty} F_n(p) = \left[\frac{1-p}{1-p^*}\right]^{\sigma+1} = \left[\frac{p^*}{p}\right]^{\frac{\sigma+1}{\sigma-1}}$$

式中:p^*——以 p 表示的方程 $p^*(1-p^*)^{\sigma-1} = p \cdot (1-p)^{\sigma-1}$ 的根。

　　方程的左边 $p^*(1-p^*)^{\sigma-1}$ 的值在 $p=1/\sigma$ 时有最大值。$p=1/\sigma$ 就是所谓的临界值。低于临界点方程有一平凡解 $p^*=p$;当 $p>1/\sigma$ 时,方程有非平凡解。无论 p 是大于还是小于临界点,p^* 的根总是落在 $0<p^*<1/\sigma$ 范围内,而它可以简单地从方程解得。大于渗透点,$F(p)$ 将不再等于 1,它与 1 的差值就是位于无限基体中节点的分数 $R(p)$:

$$R(p) = 1 - F(p)$$

　　仅用 $F(p)$ 尚不能表达出总的焦油量,还需另外两个统计量 $Q_n(p)$ 和 $K(p)$ 来说明与桥和侧链碎片相关的质量:

$$Q_n(p) = F_n(p)/n = b_n p^{n-1}(1-p)^{n \cdot (\sigma-1)+2}$$

$$K(p) = \sum_{n=1}^{\infty} Q_n(p) = \left[1 - \left[\frac{\sigma+1}{2} \right] p^* \right] \left[\frac{p^*}{p} \right]^{\frac{\sigma+1}{\sigma-1}}$$

$Q_n(p)$ 表示以每一节点为基准的含有 n 个节点簇的密度，$Q_n(p)$ 的总和 $K(p)$ 称为构造生成函数(configuration generating function)。

(二) 化学反应路线

研究中可以简单假设热解反应的顺序为：不稳定键的断裂形成了活性的中间体，这些中间体又很快地被两个竞争过程中的某一过程所消耗；具有活性的活泼桥或者以轻质气体释放出来，并且同时断开的两个节点又被连接在一起形成稳定的交联桥键，或者通过氢自由基被稳定下来形成侧链；这些稳定下来的侧链可通过连续缓慢反应最终转化为轻质气体：

$$B \xrightarrow{k_b} B^* \begin{array}{c} \xrightarrow{k_\delta} 2\delta \xrightarrow{k_g} 2g_1 \\ \xrightarrow{k_c} c + 2g_2 \end{array}$$

不稳定的桥 B 以速率常数 k_b 相对较慢地形成了活性桥中间体 B^*，它很快就被某一竞争反应消耗了。在其中一个竞争过程中，活性桥中间体 B^* 以速率常数 k_δ 形成了两个半侧链 δ，这些侧链仍然连接在各自的芳簇上。当足量的桥链从有限碎片上断裂下来，并且当其相对分子质量足够低时便被蒸发出去形成焦油。侧链 δ 最终经过键断裂反应形成 g_1。在另一竞争过程中活性中间体 B^* 形成稳定的交联桥键，同时释放出轻质气体 g_2(速率常数 k_c)。本模型中，认为连接在无限网格上所有的质点组成焦，并且认为以凝聚相保留在煤中的有限碎片是胶质体，煤总可被分为轻质气体、焦油、胶质体和焦部分。从化学观点来看，上述定义的焦还包括没有反应的煤，所以事实上无限网格基体不仅包括活泼的桥键，还包括在热解过程中形成的稳定交联桥键。渗透统计将有限碎片(焦油＋胶质体)的数目以完整桥和断裂桥之比来确定。

对活性中间体 B^* 的竞争作用由侧链以及交联桥键形成的速率的比控制。按假定的热解反应机理可以得到一组动力学方程：

$$\frac{\mathrm{d}B}{\mathrm{d}t} = - k_b B$$

$$\frac{\mathrm{d}B^*}{\mathrm{d}t} = k_b B - (k_\delta + k_c) B^*$$

$$\frac{\mathrm{d}c}{\mathrm{d}t} = k_c B^* = \frac{k_b B}{\rho + 1}$$

$$\frac{d\delta}{dt} = 2k_\delta B^* - k_g \delta = \frac{2\rho k_b B}{\rho + 1} - k_g \delta$$

$$\frac{dg_1}{dt} = k_g \delta$$

$$\frac{dg_2}{dt} = \frac{2dc}{dt} = \frac{2k_b B}{\rho + 1}$$

式中：ρ——复合常数，定义为 k_δ / k_c；

其中对 B^* 利用了稳态近似：

$$\frac{dB^*}{dt} = 0$$

$$B^* = \frac{k_b B}{k_\delta + k_c}$$

完整桥键的分数 p 和已断键的比例 f 可由桥键密度参数 B 和 c 计算得到：

$$p = B + c$$

$$f = 1 - p$$

用这些式子可以将动力学变量和渗透理论变量 p 和 $(\delta+1)$ 结合起来。渗透理论对用来表征体系桥键的类型没有限制，只要它们可分为断开和未断开的桥键就可以。除了控制桥键密度的动力学变量外，还有两个气体动力学变量 g_1 和 g_2，以及亚稳态侧链的动力学变量 δ，它们可用断裂桥键质量计算得到，由于以半个桥为基准表示，这就需要一个因子 2 将它们与桥键密度关联。

（三）质量转化和初始条件

质量的转化关系组成了动力学变量的约束方程：

$$g = g_1 + g_2$$

$$g_1 = 2f - g$$

$$g_2 = 2(c - c_0)$$

气体的动力学变量的初始条件如下给出：

$$c(0) = c_0$$

$$B(0) = B_0$$

$$\delta(0) = 2f_0 = 2(1 - c_0 - B_0)$$

$$g(0) = g_1(0) = g_2(0) = 0$$

注意到所有初始条件都可用 c_0 和 B_0 来表示。

（四）反应动力学参数

断裂桥键和气体释放步骤的反应速率方程以带分布变量 V 的 Arrhenius 方程形式给出：

$$k_c = A_c \exp\left[-\frac{E_c \pm V_c}{R\,T}\right]$$

$$k_\delta = A_\delta \exp\left[-\frac{E_\delta \pm V_\delta}{R\,T}\right]$$

由于竞争过程只与速率常数之比 $\rho = k_\delta / k_c$ 有关，所以对以上两个方程可以合并表示为

$$\rho = k_\delta / k_c = A_\rho \exp\left[-\frac{E_\rho \pm V_\rho}{R\,T}\right]$$

$$A_\rho = A_\delta / A_c$$

$$E_\rho = E_\delta - E_c$$

（五）轻质气体、焦油以及焦的重量比

在 CPD 模型中，桥的密度参数是通过完整网格中所有可能的桥键的总体数来归一化的。节点定义为芳香簇的稠芳部分，而簇定义为节点以及和节点相连的部分。断裂桥键形成的有限碎片可能是一个芳香簇（单体）、交联键相连的两个簇（双聚物），或者是由有 $n-1$ 个桥键相连的 n 个簇（碎片大小为 n）而组成。由以上微分方程所给出的桥键的动力学参数可以与单独的簇的质量和桥的质量关联起来。

每个簇的总质量 m_t 为

$$m_t = m_a + m_b(1 - c_0)(\sigma + 1)/2$$

式中：m_a——稠环节点的平均质量，g；

$\quad\ m_b$——桥的质量，g。

由于有部分键从一开始便是稳定的，所以 m_b 要用 $(1 - c_0)$ 校正。$(\sigma + 1)/2$ 项是桥与节点的比率，它将桥键参数 $(1 - c_0)$ 折算为每个簇的数量。

t 时间内释放出来的气体质量 m_g 表示为每一簇的形式是：

$$m_g = m_b(\sigma + 1)/4$$

已经作为气体释放出的桥键分数可用 $(\sigma + 1)/2$ 折算为每一簇的量，另一个因子 $1/2$ 用来将 m_b 折算为半个桥的质量以计算侧链和已释放出来轻质气体的平均质量。

以时间作为函数,通过活泼键断裂而产生的大小为 n 的有限碎片的质量 $m_{f,n}$ 可由桥密度参数 B 和 p 按下式计算:

$$m_{f,n} = nm_a + m_b \cdot \frac{(n-1)B}{\rho} + \frac{\delta}{2(1-p)} \cdot \tau \cdot \frac{m_b}{2}$$

式中第一项代表一个碎片中 n 个簇的相对分子质量($n=1$ 是单体,如苯、甲苯或萘;$n=2$ 是双聚物,如一个脂肪键连着两个苯,等);第二项代表活泼桥键的相对分子质量,由 m_b 乘以完整的活泼桥键的分数来计算;第三项是作为气体释放出去的侧链的平均相对分子质量,由侧链的分率乘以裂键数 τ,再乘以每个侧链的质量 $m_\delta = m_b/2$ 得到。

分离下来的所有大小为 n 的碎片的总的质量 $m_{fin,n}$ 由碎片的质量乘以这些碎片的密度得到:

$$m_{fin,n} = m_{f,n} \cdot Q_n(p)$$

分离下来的所有碎片总的质量 m_{fin}(在早期 CPD 的模型中假设它为焦油质量),可通过加和各种碎片质量获得:

$$m_{fin} = \sum_{n=1}^{\infty} m_{fin,n} = \Phi m_a F(p) + \Omega m_b K(p)$$

$$\Phi = 1 + r\left[\frac{B}{p} + \frac{(\sigma-1) \cdot \delta}{4(1-p)}\right]$$

$$\Omega = \frac{\delta}{2(1-p)} - \frac{B}{p}$$

$$r = m_b/m_a$$

气体、有限碎片和焦的质量分数 f_g、f_{fin} 和 f_c 可由以下公式计算:

$$f_g = \frac{m_g}{m_t}$$

$$f_{fin} = \frac{m_{fin}}{m_t}$$

$$f_c = 1 - f_g - f_{fin}$$

因为 B 和 δ 在无限长时间后都会为零,最终轻质气体产率将由下式给出:

$$g(\infty) = 2(1 - c_0)$$

利用最终轻质气体计算产率,结合 σ 和 c_0 利用 f_g 的计算方程可得到:

$$r = \frac{2f_g(\infty)}{(1-c_0)(\sigma+1)[1-f_g(\infty)]}$$

利用 f_g 和 f_{fin} 的计算公式并结合条件 $t=\infty$、$\Omega=0$ 和 $\Phi=1$,最终有限碎片的产率 f_{tar} 为

$$f_{tar}(\infty) = [1 - f_g(\infty)]F(p)\Big|_{t=\infty}$$

四、CPD 模型的应用

（一）煤颗粒轨迹计算

如果知道煤颗粒的速度，就可以计算高温电弧等离子体向运动煤颗粒的热传导过程。等离子体射流和煤颗粒的速度取决于工作气体的流量和等离子体发生器的有效工作功率。假设煤粒和反应器壁的碰撞是完全弹性碰撞，则可以通过以下微分方程组求出煤粒的运动轨迹[66]：

$$\frac{\mathrm{d} v_r}{\mathrm{d} t} = -\frac{3}{4} c_D \frac{\rho_g}{\rho_p d_p} [v_r^2 + (u - v_z)^2]^{\frac{1}{2}} v_r$$

$$\frac{\mathrm{d} v_z}{\mathrm{d} t} = \frac{3}{4} c_D \frac{\rho_g}{\rho_p d_p} [v_r^2 + (u - v_z)^2]^{\frac{1}{2}} (u - v_z) - g$$

式中：v_r、v_z——煤粒的径向和轴向速度，$\mathrm{m \cdot s^{-1}}$；

$\quad\quad c_D$——拽带系数；

$\quad\quad d_p$——煤粒直径，m；

$\quad\quad u$——等离子体射流速度，$\mathrm{m \cdot s^{-1}}$；

$\quad\quad g$——重力加速度，$\mathrm{m \cdot s^{-2}}$；

$\quad\quad \rho_g$——等离子体的密度，$\mathrm{g \cdot m^{-3}}$；

$\quad\quad \rho_p$——煤粒的密度，$\mathrm{g \cdot m^{-3}}$。

（二）模型参数的确定

对于 CPD 模型，最重要的输入参数为原煤的 ^{13}CNMR 结构数据。Genetti 等[67]用 30 种煤的核磁共振结果并以原煤的工业分析和元素分析为自变量进行了回归处理，得到通用的校正关系式：

$$M_\delta = c_1 + c_2 C + c_3 10^{(c_4 H)} + c_5 O + c_6 O^2 + c_7 V + c_8 V^2$$

$$Y = c_1 + c_2 C + c_3 C^2 + c_4 H + c_5 H^2 + c_6 O + c_7 O^2 + c_8 N + c_9 N^2 + c_{10} V + c_{11} V^2$$

式中：$c_{0 \sim 11}$——校正系数，它们的值见表 9-13；

$\quad\quad M_\delta$——侧链相对分子质量；

$\quad\quad Y$——代表 M_{clust}（簇相对分子质量）、p_0（起始完整桥键分数）或 $\sigma + 1$（配位数）。

利用校正关系并结合煤的化学分析就可以非常方便地得出煤的结构参数。将表 9-13 的数据带入上述校正关系式中，结合保德煤的工业分析和元素分析数据可以得到保德煤的^{13}C MNR化学结构参数,见表9-14。

表9-13 ^{13}C NMR化学结构参数校正计算系数

校正计算系数	M_δ	M_{clust}	p_0	$\sigma+1$
c_1	162.8622	934.235	5.388 075	−0.769 47
c_2	−1.638 111	16.844 01	−0.153 907 8	0.243 505 1
c_3	5.27×10^7	−0.167 003	0.001 100 592	−0.001 919 523
c_4	−5.076 032	−464.6925	0.145 020 1	−0.795 627
c_5	−0.160 567 8	51.173 01	−0.021 629 92	0.051 916 3
c_6	0.002 824 456	−1.873 122	0.036 486 8	0.044 588 39
c_7	0.115 939	0.030 173 47	−0.000 758 756 1	−0.003 810 489
c_8	−0.002 498 698	207.1326	−0.054 014 53	0.565 382 4
c_9	0.0	−41.074 43	0.018 616 38	−0.036 587 86
c_{10}	0.0	0.205 462 2	0.0	0.019 708 64
c_{11}	0.0	−0.025 039 95	0.0	−0.000 138 439 8

表9-14   保德煤的化学结构参数

煤结构参数	M_δ	M_{clust}	p_0	$\sigma+1$
计算结果	38.23	421.52	0.558	5.088

根据 CPD 理论,控制脱挥发分过程的动力学参数不随着煤种的变化而改变,所以这些参数(表9-15)可直接取自文献[68]。

表9-15   CPD 模型中通用的动力学参数

动力学参数	数值	动力学参数	数值
$E_b/(kJ\cdot mol^{-1})$	231.6	A_g/s^{-1}	3.0×10^{15}
A_b/s^{-1}	2.6×10^5	$\sigma_g/(kJ\cdot mol^{-1})$	33.9
$\sigma_b/(kJ\cdot mol^{-1})$	7.5	ρ	0.9
$E_g/(kJ\cdot mol^{-1})$	288.4		

(三) 能量平衡

作者在给定条件下的实验中没有观察到煤焦油产物,所以在模拟中将 CPD 所计算出的轻质气体和焦油的量的总和作为煤的转化率。由于实验使用物料为空气干燥基,对于比较年轻的保德煤,其所含的水分不可忽略,因此在计算的过程中还考虑了煤中水分的蒸发过程。当煤进入等离子体射流区域中,热通过对流和辐射的方式向煤传递,发生煤的脱挥发分和水分的蒸发,然后挥发分的二次裂解以及其他的各种化学反应相继发生。煤粒的能量平衡方程可以表达为:

$$v_p m_p c_p \frac{\mathrm{d}T}{\mathrm{d}z} = hA_p(T_g - T_p)\frac{B}{e^B - 1} - \sigma\varepsilon_p A_p(T_p^4 - T_w^4) - v_p\frac{\mathrm{d}m}{\mathrm{d}z}\Delta H$$

$$h = \frac{Nu \cdot k_g}{d_p}$$

$$\theta = \frac{B}{e^B - 1}$$

$$B = \frac{c_{pg}}{2\pi d_p k_g} \cdot \frac{\mathrm{d}m_p}{\mathrm{d}t}$$

$$Nu = 2 + 0.6 Re^{0.5} Pr^{1/3}$$

式中:m_p——煤粒的质量,kg;

c_p——煤粒的热容,$J \cdot kg^{-1} \cdot K^{-1}$;

A_p——煤粒的外表面积,m^2;

T_g——等离子体流的温度,K;

T_p——煤粒的温度,K;

ε_p——热辐射系数,$J \cdot m^{-2} \cdot K^{-4}$;

T_w——反应器壁温度,K;

ΔH——反应热,$J \cdot kg^{-1}$;

k_g——气体导热系数,$J \cdot s^{-1} \cdot m^{-1} \cdot K^{-1}$;

d_p——煤粒直径,m;

c_{pg}——等离子体流的比热,$J \cdot kg^{-1} \cdot K^{-1}$;

Re——Reynolds 准数;

Pr——Prandtl 准数。

计算气体的导热系数采用的温度为煤粒表面的膜温度,即$(T_p + T_g)/2$。由于实验用煤水分含量比较高,所以在模拟中必须加入水分的蒸发模型,这样才能客观反映煤颗粒的温度变化历程,从而确定正确的反应速度常数。在快速加热的实验中,由于传质的速度很快,所以水分的蒸发速度可以表达为

$$W = \theta_w k_m \pi d_p^2 \left[\frac{x_{w,0} - x_{w,\infty}}{1 - x_{w,0}}\right]$$

$$\theta_w = \frac{B_w}{e^{B_w} - 1}$$

$$B_w = \frac{W}{2\pi d_p D_w \rho_g}$$

$$x_{w,0} = \frac{P_w}{P_t}$$

式中：B_w——水蒸气的传递系数；

　$x_{w,0}$——煤粒表面水蒸气的摩尔分率；

　$x_{w,\infty}$——等离子体流中水蒸气的摩尔分率；

　k_m——质量扩散系数，$g \cdot m^2 \cdot s^{-1}$；

　W——水分的蒸发速度，$g \cdot s^{-1}$；

　D_w——水蒸气扩散系数，$m^2 \cdot s^{-1}$；

　ρ_g——等离子体流的密度，$g \cdot m^{-3}$；

　P_w——水蒸气的分压，Pa；

　P_t——总压力，Pa。

对于 P_w 采用 Antoine 蒸气压校正关系式获得：

$$\ln P_w = A - \frac{B}{T + C}$$

式中：A、B 和 C——系数，分别取 18.3036、3816.44、-46.13。

当将水分的影响和二次裂解以及其他反应一起考虑时，能量平衡方程则可以表示为

$$m_p c_p \frac{dT}{dt} = \theta h A_p (T_g - T_p) \frac{B}{e^B - 1} - \sigma \varepsilon_p A_p (T_p^4 - T_w^4) - \sum_i r_i \Delta H_i$$

式中的 i 包括了水分的蒸发、脱挥发分、挥发分的二次裂解以及在该条件下发生的包括乙炔、乙烯、一氧化碳的生成等热效应过程。

（四）计算流程

在实际的计算过程中，首先输入实验的初始条件，根据此计算出等离子体射流的初始反应温度 $T_{g,0}$ 和初始速度 $v_{g,0}$（也可以称作出口温度和出口速度），同时计算出煤颗粒的初始速度 $v_{p,0}$，用室温作为它的初始温度 $T_{p,0}$。然后输入煤的 ^{13}C NMR数据，设定计算的时间步长为 1×10^{-6}s。根据传质和传热的规律计算气体和煤粒的温度，在温度 $(T_p + T_g)/2$ 下用 CPD 的动力学方程计算煤结构参数的变化；根据 CPD 中所使用的统计方法计算煤的转化率（计算中煤的转化率为轻质气体和焦油量的总和），用煤粒的轴向速度乘以时间步长作为煤粒在该时间步长内的轴向位移，并对位移进行累计；以第 i 个时间步长末的气体温度、气体速度、煤粒温度、煤粒速度以及 CPD 模型结构参数为初值重复以上计算过程，直到煤粒在轴向的位移大于反应器长度时立即停止计算。在计算的过程中对每个时间步长都记录计算结果，因此计算结束以后可以看到反应过程中煤的转化率、气体以及煤粒的

温度历程等。计算中时间步长的设定不能太大,否则会造成计算过程中的不收敛。作者的程序代码采用 Fortran77 编写,详细的计算流程见图9-41。

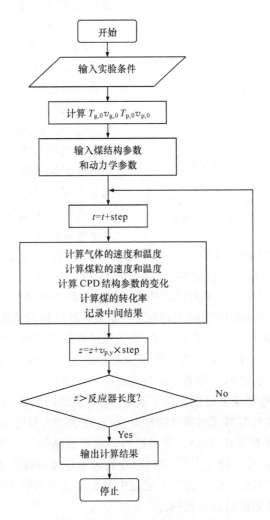

图9-41　煤在等离子体中模拟热解转化的流程图

(五) 计算结果和讨论

　　作者对供粉速率分别为 $0.58\mathrm{g \cdot s^{-1}}$、$1.98\mathrm{g \cdot s^{-1}}$ 和 $3.49\mathrm{g \cdot s^{-1}}$ 的情况分别做了模拟计算。由图9-42可以观察到,在很短的距离之内煤的转化率就达到了最大值,之后,随着反应器的长度煤的转化没有明显的增加。这说明在本实验条件下,

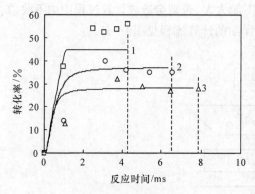

图 9 - 42　不同供粉速率下
煤转化随时间的变化*

1—0.58g·s^{-1}(□);2—1.98g·s^{-1}(○);3—3.49g·s^{-1}(△);

注：实线是模拟结果,散点是实验结果

煤在等离子体射流中的转化过程在很短的时空内就可以完成,多余的反应器长度和停留时间并没有对提高煤的转化率表现出十分显著的效果。另外,随着供粉速率的提高,煤的转化率下降。CPD 模型的模拟结果和实验结果的对比见图9 - 42。可以清楚地发现,对于供粉速率为 0.58 g·s^{-1} 的情况,实验结果和模拟的情况有很大的差别。模拟值在很短的时间达到约 45％后便保持恒定,没有表现出能达到 55％的趋势。

在常规快速加热条件下,煤的失重率可以提高约 5％(原煤为基准)左右[45],也就是说,保德煤的最大转化率应为 45％左右。从这种意义上来讲,用 CPD 模拟出 45％的结果是合理的。CPD 理论认为,控制煤转化的主要变量是 p_0 和 c_0,($p_0 - c_0$)就是煤结构中的活泼桥键。煤在受热发生转化的过程就是活泼桥键断裂的过程,一旦活泼的桥键消耗完毕,煤的热解过程就立即停止。根据 CPD 理论,当煤中的活泼桥键消耗完毕之后,其模拟计算值便不再发生变化。供粉速率为0.58g·s^{-1}条件下的模拟结果与实验不相符合反映了 CPD 理论的局限性。实验值大于模拟值的事实暗示在等离子体射流的条件下不仅仅是活泼的桥键发生了断裂,而且可能有其他稳定桥键也发生了断裂,从而使煤的转化率有了更大的提高。电弧等离子体不仅具有高温和高焓的特点,而且还含有大量的活性离子和粒子,这些活性高能物种如 H$^+$、H$^-$ 和 Ar$^+$ 等可以将普通高温条件下不能转化的稳定煤结构破坏,从而将煤转化。研究[12,69]表明活性物种通过撞击煤的表面可以使煤发生转化,生成小分子相化合物,这证明了前述中关于小供粉速率下射流中的活性物种可以加剧煤的转化的论断是合理的。

从图 9 - 42 中还可以发现,供粉速率为 1.98g·s^{-1} 和 3.49g·s^{-1} 时,模拟的结果与实验点吻合较好。当大量的煤粒进入射流中时,吸热和反应会使温度急剧下降。由于在低温下活性物种本身寿命很短,所以活性物种的作用减弱而热解的作用加强,因此整个转化过程用 CPD 的理论来描述比较合理。对于第一个取样口,模拟结果和实验值相差较大,这是由于在最初的反应阶段煤粒和射流之间存在着严重的混合不均,气固两相的热扩散和质量传递的阻力大而造成的。实际上实验过程中煤粒和射流之间不可能在一开始就达到均匀的混合是模拟值大于实验值的原因。

通过 CPD 计算的模拟还可以了解到气相和固相的温度变化历程。由图9-43可以发现在最初的 1.5ms 内,两者的温度都发生了剧烈的变化,前者被快速降温而后者被快速加热,在以后的时间内二者的温度逐渐靠拢,而且表现出略为下降的趋势。由图9-42可知,煤在等离子体中所发生的化学反应也主要在最初的 1.5ms之内,因此断定气相温度的降低主要是由反应和煤粒吸热所造成的。考虑到反应器的热损失,体系的温度随着反应器的高度是逐渐下降的。

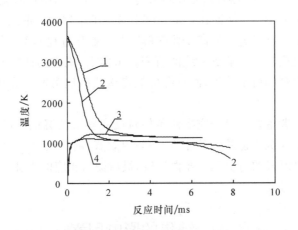

图9-43 不同供粉速率下煤粒和等离子体平均温度随时间的变化

1—等离子体温度,$1.98g \cdot s^{-1}$;2—等离子体温度,$3.49g \cdot s^{-1}$;

3—煤粒温度,$1.98g \cdot s^{-1}$;4—煤粒温度,$3.49g \cdot s^{-1}$

图9-42中还表明了不同供粉速率下煤粒的停留时间(图中竖虚线所指的横坐标值)。供粉速率的不同直接影响到体系的温度,温度又决定着气体体积的膨胀程度,从而影响着气流速度。气流速度则决定了煤粒在反应器中的停留时间。因此在大的供粉速率下,煤粒在反应器中的停留时间比小供粉速率的情况下要长。然而,无论供粉速率大或小,计算结果和实验结果表明煤粒都在约 1.5ms 内就完成了反应。这与一些研究工作认为的停留时间越长煤的转化率就越大的结论是不一致的。作者认为在一定的实验条件下,一味增加反应器的长度对提高煤的转化率意义不大。

第六节 煤在电弧等离子体中结焦机理的初步探索

早在 20 世纪 60 年代就有关于对热解固相产物的表征研究[17],但对象多数是热解反应残渣。到 70 年代中期 Chakravartty[7]发现在阳极出口处有许多硬的结焦物,并选用了四种不同的煤对它们的结焦物进行了 XRD 分析。许多研究者不断提出消除这些结焦物的方法。VEB CHEM LEIPZIG 公司在连续工作的过程中周期性地引入一定量的氧气,使等离子体成为含氧等离子体,从而结焦物不断被氧化消除。这一方法可以保持连续操作,控制也比较简单。AKAD WISS PHYS CHEM 公司开发了利用纯氧电弧快速清除结焦物的技术。由于采用纯氧等离子体,所以除焦速率快,而且耗电也比较小。该技术的特点是除焦过程和热解过程交替进行,不能连续运行是其最大的缺陷。AVCO 公司则采用周期喷入水蒸气的办法来清除反应器壁上的结焦物,另外还采用了在等离子体中加入氮气的办法,使一部分自由碳转化成 HCN,从而在一定程度上缓解了结焦物的形成。这些例子说明结焦物的形成确实已经成为等离子体热解工艺工业化过程的不利因素。但是关于结焦物形成的机理却一直缺乏系统的研究。事实上,机理的研究不仅可以使人们对结焦有更加深刻的科学认识,而且有可能直接从机理出发来寻找消除结焦或抑制结焦的方法。

在本节中作者主要通过研究操作条件对反应器壁碳沉积物形成过程的影响,结合表征来认识碳沉积物的各种性质,并与甲烷气、液化气、生物质在等离子体条件下的碳沉积物形成的情况和规律做比较,最后提出相应的机理,为防止或抑制煤的碳沉积提供参考。

一、结焦的影响因素

为了研究结焦物的形成机理在轴向是否相同,反应器内部的石墨衬套被分为 A、B、C、D 四个部分,与此有关的实验内容在第九章第三节一中已经做过详细的介绍。实验结束以后,结焦物被分别从各部分取下,相应地将它们称为 A 焦、B 焦、C 焦和 D 焦。为了深入了解结焦机理,实验中还采用了两种工况。一种是淬冷器安放在反应器下方,称为工况 1;另一种是淬冷器置于反应器上方,称为工况 2。在工况 1 下,反应器壁上会有结焦物形成,而工况 2 自淬冷器以下反应器壁上没有结焦物形成。

采用的主要实验原料除保德煤以外,还有甲烷气体、液化气、生物质(锯末粉)。甲烷气体原料为纯度 99.9% 以上的瓶装气,液化气的组成见表9-16,锯末粉的工业分析和元素分析见表9-17。

表 9-16　液化气的化学组成/%

CH_4	C_2H_6 + C_2H_4	C_3H_8	C_3H_6	C_4H_{10}	C_4H_8	C_5H_{12}
0.4	0.82	17.9	48.2	13.0	19.5	0.18

表 9‑17　锯末粉的工业分析和元素分析*/%

工业分析			元素分析				
M_{ad}	A_d	V_{daf}	C_{daf}	H_{daf}	N_{daf}	S_{daf}	O_{daf}
5.65	2.79	78.62	44.39	6.93	3.25	0.097	45.33

* 由中国科学院广州能源研究所提供。

　　实验表明,不同的含碳原料在电弧等离子体射流中会表现出不同的结焦规律。图9‑44是以煤为原料时,在反应器壁上形成碳沉积物的情况。不同原料有不同的结焦情况,不同部位所形成的焦也有很大差异,研究不同物料、反应条件对结焦的影响以及不同部位所形成结焦物的性质是探索结焦机理的基础。

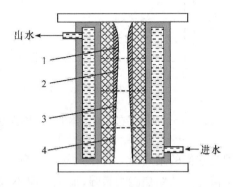

图9‑44　沉积在反应器壁上结焦物的形状
1—A焦;2—B焦;3—C焦;4—D焦

(一)煤种对结焦的影响

　　不同的煤种具有不同的结焦性和黏结性,在等离子体射流条件下不同物料形成沉积物的难易也不同。本书中以单位质量的物料在单位时间内形成沉积物的量 C_{ck} 衡量形成沉积物的难易程度,称其为结焦能力:

$$C_{ck} = \frac{m_{ck}}{m_0 \cdot t}$$

式中: m_{ck} ——结焦物的质量,g;

　　　 m_0 ——反应物料的质量,g;

　　　 t ——反应时间,s。

　　结焦能力是一个量化的概念,它不仅与原料性质有关,还与实验操作条件有关,在这一点上与结焦性有区别。图9‑45表示了实验用煤在等离子体射流条件下的结焦能力。结果表明辛置煤的结焦能力最强,井焦煤次之,保德煤最弱(阳城煤则由于没有表现出结焦能力,因此在图中没有表示)。石墨为原料时与无烟煤一样不表现结焦能力。可见煤在焦化过程中所表现的结焦性和黏结性对于它们在等离子体射流条件下的结焦能力有较大的影响。从整体上说,结焦能力随供粉速率的增加是下降的。前面的论述已经表明随供粉速率的增加煤的转化率是下降的,所以结焦能力变化规律和转化的规律是一致的,据此可以推断煤转化的初级挥发物的数量和质量决定了结焦的能力。显然,煤中的挥发分的量是决定是否结焦的首要因素之一,而且随供粉速率的增加,由于转化率的降低使得单位时间内单位质量

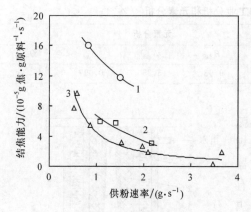

图 9-45　不同煤在等离子体中的结焦能力
1—辛置煤；2—井焦煤；3—保德煤

的煤粉所析出的挥发分量减少，所以结焦的能力也表现出下降的趋势，因此煤的转化程度决定着结焦的程度，只有当这些挥发分被析出才有可能结焦。气相有机物是形成结焦物的重要原因之一。

（二）其他含碳物对结焦的影响

甲烷气体、液化气、生物质都是含碳的物质，它们在等离子体射流中所发生的反应在某些环节上是类似的，但是它们的结焦能力有很大差异。表9-18是它们所能达到的最大结焦能力。其中液化气的结焦能力最强，而生物质不表现结焦能力。结焦能力的顺序依次为液化气＞保德煤＞甲烷气＞生物质。

表 9-18　不同含碳物在电弧射流中的结焦能力

原　料	每克原料最大结焦能力/(g·g^{-1}·s^{-1})
液化气	0.15
保德煤	9.71×10^{-5}
甲烷气	5.23×10^{-6}
生物质	0.0

液化气和甲烷都是只含有碳和氢的烃类气体。相对液化气，甲烷气只表现出非常微弱的结焦能力，看来相对分子质量大的比相对分子质量小的烃类更容易结焦。但是对于煤和生物质原料，它们初级挥发分的相对分子质量肯定大于液化气，然而它们的结焦能力都比液化气的小，所以仅从相对分子质量的角度下结论还不全面。通过元素分析数据知道生物质中含有约 45% 氧，自由基氧具有高的氧化活性，第九章第四节中的实验结果表明氧很容易和发生转化的自由碳结合生成一氧化碳。因此生物质没有表现出结焦能力是由于它本身含有大量的氧，这些氧可以将可能形成结焦物的碳源全部消耗掉。而对于保德煤，由于其氧含量比生物质要低，所以它表现出较高的结焦性。因此影响含碳物结焦能力的因素除了相对分子质量以外还与物料所含的元素组成有很大关系。对于烟煤而言，不仅它的初级挥发分相对分子质量大，而且还含有一定量的氧，当氧含量比较低时表现出较高的结焦能力（如辛置煤和井焦煤），反之结焦性就较差。由于它们之间的结焦能力相差很大，所以会表现出不同的结焦速率。结焦速率 r_{ck} 定义为单位时间内形成结焦物的量：

$$r_{ck} = \frac{m_{ck}}{t}$$

图 9-46 和图 9-47 分别是煤和液化气在各自实验条件下的结焦速率随供料速率的变化曲线。可以发现液化气比保德煤的结焦速率要高一个数量级。煤中挥发分的质和量是决定结焦能力的内因,而反应条件和环境的变化是影响结焦能力的外在因素。对于液化气,当它一进入射流就可以直接进行各种反应,它和等离子体之间的作用过程是均相的,而煤和等离子体的作用是气-固过程,因此液化气在射流中的结焦过程更能够反映烃类物结焦的规律。所以作者把对液化气结焦情况的研究作为对煤在等离子体中结焦机理研究的重要对比参考。从图 9-46 和图 9-47 可以发现,二者的结焦速率随着供料速率的增加大体上都呈减小的趋势,这和转化率的变化趋势是一致的。因此无论是气相物料还是固相物料,转化的情况都会影响到结焦的情况,也就是说,转化是发生结焦过程的前提,一切结焦的"原因"都由转化而造成的,转化的程度越高,结焦的现象也就越严重。

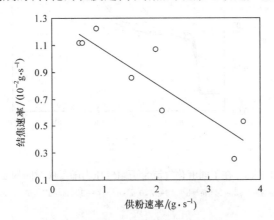

图 9-46　保德煤结焦速率随供粉速率的变化

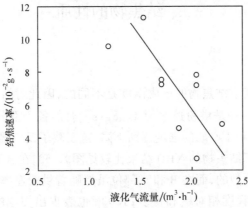

图 9-47　液化气结焦速率随液化气流量的变化

结焦物会造成反应器内壁的直径缩小而增加气体流动的阻力,因此随着结焦物的增加,所有进入体系物料的流动阻力都会不断地升高。以工作氩气进入体系前的压力值为基点,记录从实验开始压力升到 0.08MPa 所需的时间,实验的结果如图9-48所示。图中第一个突变是由于电弧被引发后体系温度急剧升高,体积膨胀而造成的压力突变;之后经过一个相对缓慢的阶段后压力又很快增大。假设结焦速率是均匀的,当反应器内壁被结焦物覆盖以后,会造成反应器内径的减小,因此压力也会由此而增加。随着液化气流量的增加,需要的时间逐渐增加,说明了结焦速度在下降。实验表明液化气流量为 $1.36m^3 \cdot h^{-1}$ 的情况下所需要的时间最短,说明该条件对结焦反应比较有利。

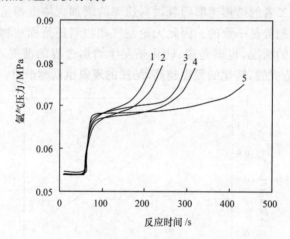

图 9-48　在不同液化气流量下氩气压力随反应时间的变化
$1—1.2m^3 \cdot h^{-1}$;$2—1.6m^3 \cdot h^{-1}$;$3—2.0m^3 \cdot h^{-1}$;$4—2.4m^3 \cdot h^{-1}$;$5—2.8m^3 \cdot h^{-1}$

二、结焦物的性质

(一) XRD 分析

从反应器由上至下结焦物的形成温度是不同的,因此对结焦物的晶体结构会有一定的影响,图9-49是供粉速率为 $1.98g \cdot s^{-1}$ 时的各个部分结焦物的 XRD 衍射图,由上到下 002 和 100 峰的强度逐渐下降,这反映了反应温度是逐渐下降的。

不同供粉速率下结焦物的 XRD 结果比较见图9-50。在 A 部位,002 峰随供粉速率的变化是比较剧烈的,而在 B 和 C 部位虽然随着供粉速率的提高强度是逐渐降低的,但是变化的程度相对缓和得多;100 峰也表现出类似的规律,但没有 002 峰明显。总之,从反应器的底部到前端,在同一条件下结焦物的晶体结构逐渐靠近

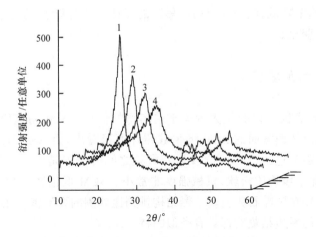

图 9-49　供粉速率为 $1.98g \cdot s^{-1}$ 时反应器各部分结焦物的 XRD 谱图

1—A 焦；2—B 焦；3—C 焦；4—D 焦

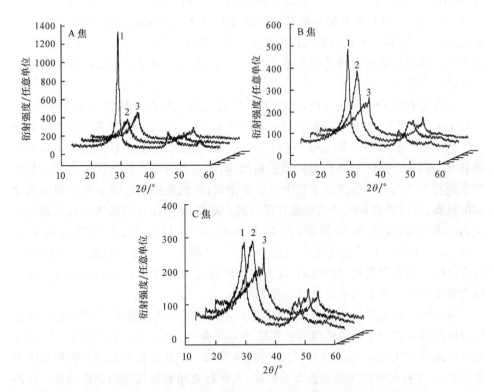

图 9-50　反应器中各部位结焦物在不同供粉速率下的 XRD 谱图

1—$0.58g \cdot s^{-1}$；2—$1.98g \cdot s^{-1}$；3—$2.36g \cdot s^{-1}$

石墨;随供粉速率降低,同一部位的结焦物的晶体结构逐渐石墨化,这反映出结焦物形成温度的变化。

(二)结焦物的形貌特征

通过 SEM 表征可以获得大量关于结焦物的信息。从供粉速率 $0.58g \cdot s^{-1}$ 条件下各部位结焦物横截面的 SEM 低倍数照片即可看出,由 A 到 D 结焦物的排列由致密向疏松逐渐过渡;到 D 部位时,其颗粒之间的排列是由反应后的颗粒简单堆积而成,因此结焦物质松软,机械强度非常小。SEM 低倍数照片还可以观察到各部位的结焦物在紧贴石墨衬套一侧结构排列比外侧的要致密。在作者所有的实验中所形成的的硬质结焦物都具有类似的特点。

在小供粉速率 $0.58 \, g \cdot s^{-1}$ 下,从 A 到 D 部位典型的电镜形貌显示,结焦物主要由小粒子堆积组成;在 C 部位由大量的丝状物交联成孔隙发达的立体网状结构;在 D 部位则是由较大粒度的反应残渣疏松堆积,颗粒之间没有明显的连接。总体上看,由 A 到 D 堆积颗粒的粒度逐渐增大,颗粒之间的连接逐渐减弱,空间结构逐渐疏松,这和人工观察到的机械强度由强到弱的现象是非常吻合的。各部分结焦物形貌以及其他方面的明显差异,证明了在不同的部位结焦物形成的机理是不同的。

然而随着供粉速率的变化,各位置所形成的结焦物的形貌在发生着变化:在 $1.98 \, g \cdot s^{-1}$ 条件下,A 位置结焦物的形貌与 $0.58 g \cdot s^{-1}$ 条件下 B 位置的形貌相似;B 位置结焦物的形貌和 $0.58 \, g \cdot s^{-1}$ 条件下 C 位置结焦物的相似;C 位置结焦物的形貌和 $0.58 \, g \cdot s^{-1}$ 条件下 D 位置的形貌相似;同样 $3.49 \, g \cdot s^{-1}$ 条件下 A 位置结焦物的形貌与 $1.98 \, g \cdot s^{-1}$ 条件下 B 位置的形貌相似;以此类推。这暗示着随着供粉速率的提高,反应器底部的一些现象在逐渐向上部移动。XRD 结果表明结焦物的形成和其形成温度有密切关系,所以在 $3.49 g \cdot s^{-1}$ 情况下,A 位置的温度和 $1.98 \, g \cdot s^{-1}$ 条件下 B 位置的温度以及 $0.58 g \cdot s^{-1}$ 条件下 C 位置的温度是接近的。这也说明了随着供粉速率的提高,反应体系的温度变化情况,因此前面用煤比熵的概念来反映反应体系的平均温度是客观的。

液化气表现出很强的结焦性,而且它不含有任何的无机杂质,因此研究由液化气形成的结焦物对于理解结焦的真实机理是很有意义的。从 SEM 照片可以明显地看出由 A 到 D 结构逐渐疏松,与煤的情况类似。A、B、C 部分的结焦物都是由粒度在 $1\mu m$ 左右的球粒团聚成较大的颗粒,大颗粒之间有不规则的孔隙结构。D 部分的结焦物呈立体网状结构,其孔隙率相对发达。这种形貌与煤在中部形成的结焦物相似,但是其孔隙参数要小,相对致密,观察到的很多球状物和丝状物都是碳质组成的。

在实验中采用工况 2 可以"中止"结焦过程的继续。在观察工况 2 收集到的热解残渣的形貌时,可以发现许多流态物,这说明在工况 2 下有新的物相生成,也就是所谓的结焦前驱体。

三、结焦规律初步探索

(一) 反应器中不同部位的结焦规律

以上研究的结焦物指的是反应器壁上所有结焦物的总量,然而实验发现结焦物并不是均匀地沉积在反应器壁上(如图9-44所示),而且不同部位的结焦物表现出的物理性质差别也很大。以保德煤的结焦物为例,从 A 到 D 硬度的差别就非常大,A 焦必须用破碎机器才能将其磨碎,而 D 焦则极易破碎。这说明在反应器中不同位置焦的形成机理是不同的。

图9-51和图9-52是保德煤和液化气在各自的操作条件下,反应器中各部位的结焦速率的变化曲线。从总的变化趋势观察,保德煤在各部分结焦的速率随着供粉速率的增加是减小的,而且 A＞B＞C＞D。液化气在各部分结焦的速率随着供粉速率的增加也呈减小(或基本不变)的趋势,但对于各部位来说则是 B＞A＞C＞D。对于固相物料(煤),供粉速率提高就会造成粉粒在反应体系中的浓度提高,固相浓度的增加会阻碍结焦前驱体与反应器壁的接触;另外供粉速率增加,体系温度下降,转化率降低从而结焦能力下降。这是造成结焦速度下降的两个主要原因。对液化气来讲,固相物是反应后产物,因此它表现出来的"阻碍"作用要滞后。对比

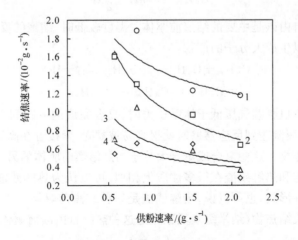

图 9-51　反应器各部位结焦速率随供粉速率的变化关系
1—A 焦;2—B 焦;3—C 焦;4—D 焦

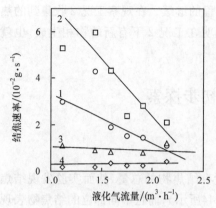

图 9-52 反应器各部位结焦
速率随液化气量的变化关系
1—A 焦;2—B 焦;3—C 焦;4—D 焦

保德煤和液化气在反应器各部位结焦速度的变化快慢,可以发现结焦速率最快的部分(A 和 B)随着供料量的增加降低得很快,而 C 和 D 部分的结焦速度降低得较慢,甚至基本不变。尽管总的结焦速率在下降,但是各个部位结焦的相对优势却在发生着变化。

(二)结焦前驱体

对于煤来讲,其结焦的能力随着供粉速率的增加是逐渐降低的,液化气在总的趋势上也表现出同样的规律。物料供入的强度增加意味着反应体系的平均反应温度降低,转化率也在降低,以此推断物料发生转化而形成的初级挥发物是引起结焦的主要原因。事实上,在结焦物的形成过程中一定有其结焦的前驱体,这里结焦前驱体不是由单一物种或物相所构成。本书中凡是可形成结焦物的物种总称为结焦前驱体。结焦前驱体在反应器中流动的过程中碰到反应器壁就会沉积在上面形成结焦物。由于在反应器的不同部位体系的温度不同,因此所发生的反应也不同。在高温下裂解比较剧烈,生成的自由碳要相对丰富,典型的反应式为

$$C_nH_m \longrightarrow nC + \frac{m}{2}H_2$$

在这种情况下自由碳是主要的结焦前驱体。温度较低时,缩聚的反应、自由基复合反应等反应可以生成大分子的产物:

$$C_nH_m + C_nH_m \longrightarrow C_{2n}H_{2(m-1)} + H_2$$
$$\cdot C_nH_m + \cdot C_nH_m \longrightarrow C_{2n}H_{2m}$$

当这些大分子有机物蒸气压低于体系压力时,复合完成的一瞬间以液态小液滴存在,具有黏性的液滴碰到反应器壁时就很容易被黏附,紧接着在高温的作用下被炭化最终成为结焦物。这些复合或聚合大分子物是结焦前驱体的另一种形式。反应器底部的结焦物和热解残渣在很多性质上相似,可以认为热解残渣是反应器壁上"结焦"的另一种形式,也可以说,热解残渣是一种结焦前驱体。当然,还存在其他类型的反应形成结焦物(纳米级炭黑颗粒是这种热解自由碳前驱体的证据之一):

$$nC \longrightarrow C_n$$

1.36 $m^3 \cdot h^{-1}$ 是有利于结焦的液化气流量条件,表 9-19 是液化气以这一流量在工况 1 和工况 2 下形成的热解残渣的工业分析和元素分析对比。采用工况 2 的

目的是要使形成的结焦前驱体在来不及结焦的情况下被大量的水直接"冻结"下来。对比的结果表明,工况 2 的情况下氢含量和挥发分都有明显的提高。这间接表明了聚合、复合结焦前驱体的存在。另外,煤中还含有一定量的树脂体,这些物质在加热条件下都会熔融,也是引起结焦的原因之一。煤中所含的低熔点灰分在高温条件下熔融团聚,它很容易和碳夹杂在一起黏附在反应器壁上富集。

表 9-19　液化气热解残渣在工况 1 和工况 2* 下的 C、H 和挥发分/%

实验条件	V_{daf}	C_{daf}	H_{daf}
工况 1	13.88	95.46	1.54
工况 2	28.99	91.69	2.01

* 两种工况下的液化气流量均为 $1.36 \, m^3 \cdot h^{-1}$。

(三) 结焦过程

引起结焦的因素很多,而且不同温度下结焦机理也不尽相同,对结焦物的形成有很大的影响。煤粒进入等离子体射流时,首先和等离子体作用生成初级挥发物。一部分初级挥发物在高温的作用下发生高度裂解后生成自由碳,在热泳力和离心力(因为射流是旋转的)的作用下与反应器壁碰撞。从甲烷的结焦效果来看,这些纯的自由碳结焦的能力是很低的,但煤中可熔融的灰分可能在这个时候促进了结焦物的形成。熔融的灰具有很强的黏性,可以黏附器壁并捕获自由碳以及其他微粒。随后体系的温度由于反应吸热和煤粒吸热会急剧降低,这时结焦的前驱体主要由一些复合和缩聚反应生成(并不涵盖所有反应)。在这种情况下,结焦物的形成主要是由于大分子的有机物生成,但是这并不排除还存在其他的结焦机理。随着温度的降低"结焦物"主要是由热解后的残渣简单堆积而成。如果供粉速率增大,体系的反应温度就会下降。小供粉速率下反应器底部的一些现象会出现在大供粉速率下反应器的上部,这说明结焦温度影响结焦前驱物的生成,从而表现出不同的结焦机理。实际上,在很多的情况下多种结焦前驱物同时存在,同时起作用,只不过在不同的条件下各自的优势不同。结焦的反应多种多样,机理是复杂的,以上讨论仍需进一步完善。

在整个反应过程中,其他的外来因素都会影响结焦物的生成。比如,如果煤中含有可以消耗自由碳的氧和氮,那么可以削弱结焦的速度;煤中含有黏结性强的树脂体则可以加剧结焦的程度;固相物的存在可以增加结焦前驱体向反应器壁的扩散等等。总之,引起结焦的因素很多,只有将这些因素削弱或消除,才可能在真正意义上达到抑制或消除结焦的目的。

（四）结焦的消除和抑制

针对上面讨论得到的结焦机理，要消除或者有效地抑制结焦物在反应器壁上的沉积，从化学的角度来讲主要是控制热解过程中产生的结焦前驱体；从物理的角度来讲就是如何防止这些结焦前驱体碰撞反应器壁。

为引入较多的氧，实验采用保德煤粉和锯末粉混合物为反应原料，原煤和锯末粉的重量比为 3∶1，锯末粉的粒度为 40～80 目。在相同的进料速率（$1.98g \cdot s^{-1}$）下与原煤实验进行了对比。对比的实验结果见表 9 - 20。从表中数据可见，无论是结焦能力还是结焦速率，加入锯末粉以后都有了明显的下降。这主要是由于锯末中所含大量的氧起到了防止结焦中间相生成的作用。值得注意的是，过多的氧会削弱乙炔的生成。在工况 2 的情况下，采用大量的冷却水"冻结"结焦中间相以阻止它们沉积在反应器壁上已经证明可以起到防止结焦物形成的作用。但这种方法会使反应体系的温度降低，对提高转化率不利。总之，控制结焦中间相的生成或者切断结焦中间相与反应器壁的碰撞都是消除或抑制结焦的有效手段。

表 9 - 20　煤和锯末混合物的结焦能力和结焦速率

样　品	每克原料结焦能力/($g \cdot g^{-1} \cdot s^{-1}$)	结焦速度/($g \cdot s^{-1}$)
煤(75%)＋锯末粉(25%)	1.86×10^{-5}	1.09×10^{-2}
煤	2.63×10^{-5}	4.28×10^{-2}

参 考 文 献

[1] Desypris J. et al. Fuel. 1982, 61: 807

[2] Chakravartty S. C. et al. Indian J. of Tech. 1984, 22: 146

[3] Baumann H. et al. Fuel. 1988, 67: 1120

[4] Fu Y. C. et al. Chem. and Industry. 1976: 1257

[5] Wong C. L. et al. Fuel. 1986, 65: 1483

[6] Bond R. L. et al. Fuel. 1966, 45(5): 381

[7] Chakravartty S. C. et al. Fuel. 1976, 55: 43

[8] Beiers H. G. et al. Fuel. 1988, 67: 1012

[9] Dixit L. P. et al. Fuel Processing Tech. 1982, 6: 85

[10] Sundaram M. S. PhD. Thesis. Oklahoma State University, 1979

[11] Gill P. S. et al. Carbon. 1967, 5: 43.

[12] Sanada Y. et al. Fuel. 1969, 48: 375

[13] Vastola F. J. et al. Carbon. 1963, 1: 11

[14] Mohammedi M. N. Plasma Chem. and Plasma Processing. 1996, 16(1): 191

［15］ Garret M. T. et al. Int. Symp. on Coal Sci. and Tech. India：1969, C1, 1

［16］ 樊友三. 低温等离子体物理. 北京：清华大学出版社, 1983.5

［17］ James A. H. Research Project Report. Sheffield University, 1962

［18］ Bond R. L.et al. Nature. 1963, 200：1313

［19］ Nicholson R. et al. Nature, 1972, 236：397

［20］ Littlewood K. Mat. Res. Symp. 1984, 30：127

［21］ Nemets Y. Solid Fuel Chem. 1980, 14(5)：88

［22］ Bittner D. et al. Fuel processing Tech. 1990, 24：311

［23］ Kulczycka J. Solid Fuel Chem. 1978, 12(3)：89

［24］ Cannon R. E. et al. Ind. Chem. Res. Develop. 1970, 9(3)：343

［25］ Makino M. et al. J. of the Fuel Society of Japan. 1983, 62：1013

［26］ Fauchais P. et al. Int. Chemical Engineering. 1980, 20(2)：289

［27］ 李登新等. 煤炭转化. 1999, 22(2)：12

［28］ Kalinenko R. A. et al. Kinet. Katal. USSR. 1987, XXVIII：723

［29］ Georgiev I. B. et al. USSR. Technol. Sci. 1987, 4：83

［30］ Djebara D. et al. Fuel. 1991, 70(12)：1473

［31］ Kamei O. et al. Fuel. 1999, 77(13)：1503

［32］ 邱介山等. 化工学报. 1999, 50(5)：586

［33］ Pang L. S. et al. Coal Sci. Tech. 1995, 24：1184

［34］ Geldard L. et al. Fuel. 1998, 77：15

［35］ Bittner D. et al. Erdöl und Kohle. 1981, 34(6)：237

［36］ Dixit L. P. et al. Fuel Processing Technology. 1982, 6：85

［37］ Jiang Y. SIAM. J. Optimization, 1995, 5(4)：813

［38］ 唐焕文, 秦学志. 最优化方法. 大连：大连理工大学出版社, 1994

［39］ Chase M. W. et al. J. of Physical and Chemical Reference Data. 1985, 14：Supplement No.1

［40］ Holmen A. et al. Fuel Processing Technology. 1995, 42：249

［41］ Dai B. Chemical Engineering Science, 1999, 54：957

［42］ 张惠之. 分析实验室. 1997, 16(3)：72

［43］ 杨继礼等. 石油化工. 1991, 20(6)：422

［44］ Desypris J. et al. Fuel. 1982, 61：807

［45］ Azhakesan M. et al. Fuel. 1991, 70(3)：322

［46］ Schlosberg R. H. Chemistry of Coal Conversion. New York：Plenum, 1985：121

［47］ Serio M. A. et al. Energy and Fuel. 1987, 1：138

［48］ Grant D. M. et al. Energy and Fuel, 1989, 3：175

［49］ Freihant J. D. et al. 7th Annual Int. Pittsburgh Coal Conference. Pittsburgh, Pennsylvania, 1990

［50］ Pitt G. T. Fuel. 1962, 41：267

［51］ Anthony D. B. et al. 15th Symp(Int.) Comb. Pittsburgh, 1975：1303

［52］ Kobayashi H. et al. 15th Symp(Int.) Comb. Pittsburgh, 1977：411

［53］ Niksa S. Combust. & Flame. 1986, 66：111

［54］ Niksa S. et al. Combust. & Flame. 1986, 66：95

［55］ Niksa S. A. I. Ch. E. Journal. 1988, 34：190

[56] Niksa S. et al. Energy and Fuels. 1991, 5：647

[57] Pugmire R. J. et al. Fuel. 1991, 70：414

[58] 傅维标等. 中国科学 A. 1988, 12：1283

[59] Karr C. Analytical Methods for Coal and Coal Products. New York：Academic Press, 1979, Vol. III, 46

[60] Sethi N. K. et al. ACS Div. of Fuel Chem. Preprints. 1987, 32：155

[61] Solum M. et al. ACS Div. of Fuel Chem. Preprints. 1987, 32：273

[62] Solomon P. R. et al. Energy and Fuel. 1988, 2：405

[63] Fisher M. E. et al. J. Math. Phys. 1961, 2：609

[64] Kerstein A. R. et al. Phys. Rev. B. 1986, 34：1754

[65] Reyes S. et al. Chem. Eng. Sci. 1986, 41：333

[66] Honda T. et al. J. of Chemical Engineering of Japan. 1985, 18(5)：414

[67] Genetti D. B. et al. 8th Int. Conference on Coal Science. Spain, 1995

[68] Fletcher T. H. et al. Energy & Fuels. 1992, 6：414

[69] Sharkey A. G. et al. Nature. 1964, 202：988

第十章 煤的结构与反应性的关系

煤的结构、煤的反应性以及它们之间的关系一直是煤科学与技术（煤化学化工）领域中最为基础和最为重要的问题。如前言中所述，其基础表现在它们的科学性和多学科性，其重要表现在它们对不同转化过程选择最优煤种和对不同煤种选择最佳转化方式的指导性。纵观以往的研究，在煤的结构研究中，各种模型、概念层出不穷，但对煤的结构怎样受煤所经历的热转化过程的影响却不多见；在煤的反应性研究中，热解、气化、加氢、燃烧等反应性均有不少结果，但全球各处的煤在反应性方面究竟有无相似之处和相似之处在哪里却鲜有涉及。如何在前人工作的基础上，弥补煤的结构和煤的反应性研究中的不足并解释二者之间的本质关系是作者近 20 年来的主要研究方向和工作内容。这方面的主要研究结果已反映在本书的前几章中。在煤的结构与煤的反应性的关系中最重要的是煤的结构与煤的热解反应性的关系，揭示这一关系的主要标志是以煤的基础数据来预测煤的热解反应性。作者在本章中将讨论这一问题，从煤热解反应性有关的一些基础数据出发，建立包括煤中官能团及煤网络结构参数在内的煤结构与热解反应性模型；从不同条件下的气化反应，讨论气化反应性与煤焦结构特点之间的关系。

第一节 煤的反应性

一、煤反应性的概念

煤的反应性是指煤在受热或其他化学处理过程中所表现出的活性，如通常所说的煤的热解反应性、气化反应性、加氢反应性、燃烧反应性等等。按通常的认识，煤的反应性指在一定温度条件下煤与不同气化介质，如 CO_2、O_2 和 H_2O 相互作用的反应能力。测定反应性的方法有很多，目前一般采用的方法是测定煤在高温下干馏后的焦渣还原 CO_2 的能力，以 CO_2 的还原率表示煤的反应性。不难发现，传统的所谓煤的反应性其实是焦的反应性，而且由于反应介质及产物是 CO_2 与 CO，传质的影响常常被忽略或简化。究竟什么才是煤的真正反应性，它是如何体现的，正是作者和同行多年来一直探索的问题。

二、影响煤反应性的因素

温度是影响煤焦气化反应速率的主要因素,提高反应温度可使气化反应速率明显加快。

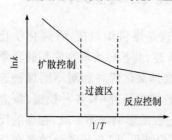

图 10 - 1　温度对反应的影响

在反应器中由于传递过程的影响,不同温度下控制反应进程的关键步骤不同。一般有三种情况,温度较低时是以化学反应为控制步骤,而高温时是以气体扩散为控制步骤,过渡区是二者共同控制(如图10-1)。此外,影响反应速率的因素还有压力和煤焦孔结构。压力的改变可使颗粒内外气体浓度差发生变化,使扩散速率改变,从而反应速率发生相应变化。提高反应组分的分压和降低生成组分的分压有利于反应的进行。煤焦的孔结构直接影响着气体内扩散的快慢,内表面还提供反应所需的活性位。早期的理论认为煤焦的内孔都参与反应,因此用内孔总表面积 TSA[1](total surface area)表示煤焦活性的大小。后来的实验发现,并不是所有的表面积都能提供活性中心,而仅是其中的一部分内表面积可以产生反应活性位。因此,现在多用活性表面积 ASA[2](activity surface area)或反应表面积 RSA[3](reactivity surface area)表示煤焦活性。煤焦的反应速率与煤焦的分形特性之间也有着密切关系[4]。关于影响煤焦反应性的因素分析,作者在《煤的气化动力学和矿物质的作用》一书中已有专门论述[5]。

加热速率对反应性可通过两种途径产生影响。当颗粒受热并热解时,挥发产物会发生裂解。特别是对于大于 $100\mu m$ 的颗粒,挥发物可能在其释出时就在孔内裂解,产生积炭降低反应性。快速加热可以提高挥发物逸出速度,抑制这类影响。由于接触时间短促,挥发物很难发生裂解、形成积碳。快速加热还有一些更直接的效果:如果加热至最终热处理温度的速度从 $0.2℃ \cdot s^{-1}$ 提高到 $10^4℃ \cdot s^{-1}$,或半焦先缓慢加热至 $800℃$,冷却后再快速加热,反应性还会有约 10% 的增加。挥发物释出时,裂解不只是引起孔内沉积,而且还可能发生在其他颗粒表面上[6]。Ubhayakar[7]就是据此来解释热解实验中两种不同的实验方法所得的质量平衡为什么存在差异。

三、煤的反应性的测定

反应性测定是煤结构和煤反应性研究中的一个关键问题。目前还没有一个对煤反应性的很准确的定义,因此不同实验条件下所得出的研究结果的可比性较差,需要从多方面用不同方法进行测定。本书第四章第一节一中介绍了热重法测量反应性的方法和对一系列不同煤阶煤样的测定结果。为了比较反应性之间的关系，作者采用加氢法对相同煤样的反应性进行了研究，并对热解反应性和加氢反应性的相关性进行了讨论。

（一）加氢法的测量原理与计算方法

煤的大分子网络结构可以认为是由结构相近的缩合环构成的结构单元组成的。无论从结构示性式的角度还是从分子结构模型的角度，煤结构中最不稳定的同时也是最具活性的结构应属于那些不饱和的桥键、环上的官能团以及杂原子。人们最初利用煤制合成燃料时，就已意识到加氢可以降低体系能量，使那些不稳定的环系和桥键变为链烃。随着对煤结构认识的加深及测试手段的完善，发现煤中的活性结构通常为大量未取代的 3～7 个环的芳烃，而非活性结构一般以烷基化的萘、芴、䓛、蒽、鲥等为主[8]。这些事实说明煤的反应性与煤的化学结构中可接受氢的量有关。

导致煤结构发生变化的化学反应基本可分两类，常压的温和（<350℃）反应和高压下的剧烈（>350℃）反应。后者由于会引起煤的结构降解，使产物也参加消耗氢的反应而不能代表煤大分子的真正的反应性。文献[9]报道，在 380～390℃ 间煤与供氢溶剂发生反应所得到的产物与小于此温度范围的产物是不同的，这从另一方面证明了上述观点的正确性。因此，只有前者才能代表煤本身具有的反应能力。如供氢过程不受煤粒度的影响，即假定供氢不受传质控制，那么供氢的量就直接与煤反应性相关。如按不饱和度为 10 计（3 环体系），每 100g 煤消耗 1g 氢意味着每 78 个原子中已有 1 个碳原子同 1 个氢原子结合，这将使煤的结构发生显著变化。

加氢法测定煤反应性实验所用煤样为泥炭至无烟煤不同变质程度的八种煤，其工业分析和元素分析详见表3-2。实验采用共振式振动床反应器（图10-2）。为平衡反应器内压力及保证加氢溶剂四氢萘（THN）浓度测定的准确性，反应用 1MPa 氮气保护。当盐浴（NaNO₂＋NaNO₃＋KNO₃）加热至 350℃ 后，将反应管浸入，加氢时间分别为 20min、40min、60min 和 80min。在达到设定时间后，将反应管迅速浸入冷水（～20℃）终止反应，用气相色谱测定反应管中四氢萘与萘的比例，每个样品重复三次，结果取平均值。四氢萘用量 25ml，煤 0.5g。

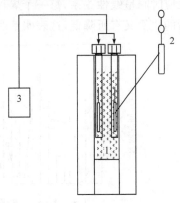

图 10-2　加氢反应器装置图
1—盐浴（350℃）；2—振子；3—N₂

考虑四氢萘在反应中只起氢传递的作用,通过萘的生成量即可求得煤样通过加氢得到的氢原子数。忽略过程中四氢萘的损失,100g 煤样的加氢量 H 可用下式计算:

$$H = 400 \times \frac{V_{\text{THN}} \cdot \rho_{\text{THN}}}{M_{\text{THN}} \cdot m} \times x$$

式中:V_{THN}——四氢萘体积,ml;

　　　ρ_{THN}——四氢萘密度,g·cm^{-3};

　　　M_{THN}——四氢萘摩尔质量,g·mol^{-1};

　　　x——反应结束后萘在溶液中的摩尔分数;

　　　m——煤样重量,g。

按照上式可以计算出被测煤样的加氢量,结果列于图10-3和表10-2中。

(二)加氢量与煤阶的关系

图10-3为不同煤种的加氢量。对比不同煤种在不同时间的加氢量可知,20min 时褐煤、焦煤和瘦煤三者的加氢量最大,而无烟煤和贫煤反应量最少,只有 0.65g 和 0.34g。从煤阶的角度考虑,此结果基本合理。比较特殊的是肥煤,其 20min 的加氢量每 100g 煤只有 0.54g 氢。可能的原因是肥煤处于第二次煤化程度跃变的起始阶段,其中含有大量已被饱和富氢的侧链。另外用 NMR 对煤的自由氢测定时也曾发现肥煤中含有最多的自由氢,这两个因素的共同作用在某种程度上会妨碍加氢溶剂与煤结构单元的结合。随着反应时间的增加,加氢量并不与反应时间呈线性关系,每一个煤种存在一饱和点。超过加氢饱和点后,加氢产物中萘的比例又有所降低,这表明此时产物萘已与煤发生了反应。因此,超过饱和点的

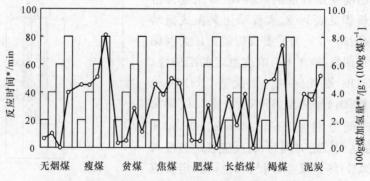

图 10-3　煤阶和加氢量的关系

* 反应时间用条形图表示;** 加氢量用折线图表示

加氢量并不能真正代表煤中存在的易断裂的键位。在饱和点时能提供最大加氢量的是褐煤和瘦煤，二者的反应时间分别是 60min 和 80min。这表明褐煤大分子结构松散、供氢溶剂传质快，因而反应速度快。综合比较各个煤种饱和点的反应时间，可以认为 40min 能较全面地考虑到各个煤种，是一个比较合适的标准。40min内加氢量的顺序依次为：褐煤≈瘦煤＞焦煤≈泥炭＞长焰煤＞肥煤＞无烟煤＞贫煤。

第二节　煤的结构与反应性关系的研究方法

一、热解方法在煤结构与反应性关系研究中的应用

煤的热解可以作为一种非等温方法来研究煤中分子间的相互作用。用热解方法找出结构与反应性的关系，实际上就是通过分析热解过程中煤结构的变化及相关热解产物的结构变化得出煤结构单元活性高低的信息。首先，在快速热解过程中若不考虑传热的影响，煤结构单元中最具活性的小分子相将首先从结构母体断裂；若不考虑传质的影响，先脱落的小分子片段将以挥发物形式脱出。因此煤中活性小分子组分越多，挥发物的量越多。如果能抑制挥发物的缩合，那么，从小分子碎片的端点可推测出其与母体的连接形式。煤粒的最外层活性组分挥发后，次外层到煤粒中心所接受的能量不足以使小分子碎片迅速脱离而发生相邻结构单元间或单元内的缩聚、重排等过程。若能在此时提供质子或电子对，易授、受电子的位置将是该结构单元中活性较高的位置。这些位置的确定可以参考催化研究中使用分子探针的方法，也可以通过模型分子采用量子化学计算的方法。在考虑传质影响的条件下，挥发出的小分子一部分将会被煤大分子网络捕获，形成在此条件下较稳定的结构。这部分结构对煤的反应性起很大作用[10]。在慢速热解过程中，传热影响可基本忽略，但由于活性基团和节点在单位时间内所接受的能量不足以使活性碎片脱落，将会发生活化能略低于活性位断键所需能量的反应，煤结构会由于分子内结构的重排趋于一种过渡的稳定形态，脱落的分子碎片也就不足以表现煤本身的结构的活性位。在慢速热解条件下若采取以下措施可以获得较多和较准确的煤结构和反应性的信息：在热解过程中供氢使断键后的结构稳定，通过热解前后结构变化确定活性位，H 原子作为一个容易授、受电子位在一定程度上稳定了热解过程中的煤结构；在热解前用溶液溶胀法减弱煤的交联，使更多活性基团暴露。以上措施在快速热解过程中运用也会提高活性基团挥发的量。

精确控温的联用热解技术是研究煤结构与反应性的一个有力工具。目前常见的联用热解技术有 TGA-FTIR[11] 和 Py-GC/FIMS（pyrolysis-gas chromatography/field lon mass spectroscopy）[10]。前者用于慢速升温条件下考察煤的热解速率与煤

中官能团关系,后者用于快速升温条件下研究煤中自由基和小分子相的结构及相应的反应性。

对煤结构与反应性的深入研究,归功于 20 世纪 80 年代中期各种联用反应器在煤科学中的应用。其中 Py-FIMS 联用技术可将煤结构与反应性的研究从间接推测转变到实时在线的阶段,是煤结构与反应性研究在分子水平上得以实现的重要方法。该方法的特点是将煤样直接置于离子源中高真空热解,减少了热解后二次缩合的比例,更真实地反映了煤的组成。同时场电离技术的采用大大减少了质谱的分子碎片峰,在较宽的质量范围和极性范围内形成高密度的分子离子,能够更准确的对结构进行分析。目前主要有德国的 Fachhochschule Fresenius 和美国 Stanford Research Institute 两个质谱实验室从事此项工作,煤种涉及褐煤至高变质烟煤,采用的方法如图10 - 4所示[10]。该方法的缺点是,如果活性结构与非活性结构有相同的质量,煤反应性的任何相关测量将与 FIMS 信号强度无关。

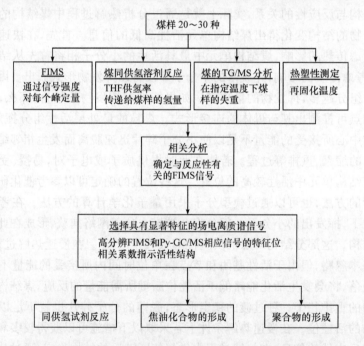

图 10 - 4　Py-FIMS联用技术用于煤结构研究的方法示意图

Solomon 等[12]利用 TG-FTIR 对 Illinois ♯6 煤的研究发现:500℃左右的失重信号是由于弱的桥键断裂所致,而且失重峰对应的温度随煤阶增高而升高,这一结果同低阶煤具有较高反应性的共识一致。在低温时与焦油逸出相伴的肩峰与非共价键组成的"客体"分子有关,文献[13]用 TG-FTIR 从甲烷逸出速率测得了热解中的交联速率,由焦油挥发数据得出了键断裂的速率。这两点正体现出煤结构抑制或促进煤反应性的能力。Solomon 认为,在 200～400℃由于氢键的断裂,非共价键小分子相的传递和挥发形成 CO_2 和 H_2O。因此,通过对 CO_2 和 H_2O 量的分析可以初步估计煤中氢键和羧基的量。对于低阶煤来说,放出的 CO_2 和 H_2O 还与低温交联有关,而低温交联与煤变质程度相关。随着煤变质程度增大,低温交联的比例在不断增强。低阶煤相对于高阶煤具有高的反应性,正是由于这些能够在低温交联的高活性基团。如褐煤中 CO_2 的逸出是交联开始的表现,而 CH_4 逸出的是烟煤开始交联的标志,体现出两种煤结构的不同和活性位的改变。通过浸渍金属离子的研究方法[14],认为这时放出的 CO_2 可能和附在碱金属离子上的羧基有关,这一结果也为我们提供了一个预测煤中原生矿物质对煤催化的参照物。在一次热解中,煤中最弱的键C—C单键和C—O单键开始断裂产生分子碎片,利用热解质谱可测得这一过程的开始温度范围为 340～390℃[10]。显然,这两种类型的组分和键的数量与分布对煤初始活性有很大影响。断裂产生的分子碎片从氢化芳环和脂链中抽出的氢增加了芳氢的浓度,虽然目前尚未能直接测得这些芳氢含量,但它们的含量可能与煤具有的供氢能力有关。芳氢的含量对煤的反应性有很重要的影响,这些芳氢结构的化合物可以产生高活性的环己二烯自由基[15]。从煤的热物理性质的角度看,此温度段相当于煤的初始软化点,在这个温度段范德华力和氢键力不足以将分子单元结合在一起。对煤热塑性的研究表明[16],非活性组分越多,煤软化所需时间越长,相应基氏(Gieseler)温度越高。热解质谱对这一阶段挥发分结构的分析表明,活性结构为大量未取代芳香烃和含 3～7 个芳环的取代芳香烃,其中大部分是乙基和丙基类,以及含 1～3 个芳环的烷基酚化物;取代基为 C_3 以下的烷基化萘、芴、苊、蒽、䓛、䓛,取代基为 C_5 以下的含 4 个环的烷基化芳香烃(芘、䓛、环五䓛)和 6 个环的烷基化芳烃(二苯并芘)。如果这些碎片足够小,可以克服传质影响不发生中温交联而穿过煤粒形成焦油,那么,相同实验条件下焦油的量将可以代表煤样中可提供的小分子的量。这些挥发物量的多少在一定程度上代表了煤的反应能力。温度进一步升高,煤网络结构发生中温交联。这一过程主要是难以挥发形成焦油的组分间缩合的过程,缩合的结果是体积增大、结构稳定、反应性降低。中温交联的速率略低于桥键断裂的速率。同时,煤大分子网络连接形式(链状或网状)对反应性也有影响,有研究工作[12]用渗透理论估计每个结构单元团簇中平均桥键的数目来确定煤结构中网络效应对热解的影响。研究结果表明,链状代表了高挥发烟煤的结构,而网状表示了褐煤或次烟煤不具流动性的特点。这个结论初看与通常认识相反,但它表明了高挥发烟煤的化学键力远大于低阶煤的离子键力。交联键数目的增加并不能对键断裂的速率有很大影响,但会很大程度上改变产物的分布,即低阶煤中单聚物较多。当煤中氢化芳环和脂链中可提供的氢消耗完毕后,一次热解结束,也标志着氢对煤反应性的影响结束。

Chauvin 和 Deelder[17]假定煤的热解包括下列几种反应:基本结构单元之间弱

键的破裂,同时生成自由基;如果温度足够高,部分基本结构单元蒸发;部分基本结构单元缩合成高分子物质,留在半焦中;氢传递反应,它使基本结构单元经过自由基反应而缩合;在气相中,蒸发出来的基本结构单元通过氢传递而变得稳定;高温条件下在固相和液相中的二次裂解。他们认为,短时间、快速热解技术使二次裂解反应降至最小,有利于单体自由基进入气相,从而使缩合和氢传递反应减弱。因此,其一次焦油的主要组分完全能代表通过获得质子或齐聚化而达到稳定的煤的基本结构单元。从加氢实验结果看,可以假定在齐聚焦油树脂中基本结构单元之间的桥是氧原子。

二、溶剂抽提在煤结构与反应性研究中的应用

抽提是通过溶剂具有的授、受电子能力将煤中小分子相释放出来的过程。通过逐级抽提对不同溶剂条件下可溶物和不溶物的分析,可以为煤结构模型的建立和验证提供大量实验依据,同时因为抽提物中小分子数量在一定程度上代表了煤反应性的强弱,还可以获得有关煤的反应性信息。现在被基本接受的缔合模型、主客体模型和两相模型都是首先通过对抽提物的研究得出的。目前,对各种煤结构模型较一致的认识是:三维交联大分子网络是煤结构的主体,网络间由共价键力结合在一起,非共价的氢键、范德华力、弱络合力等第二种作用力(键能 < $62.7\text{kJ} \cdot \text{mol}^{-1}$)也起到一种非常重要的作用,小分子相通过第二种作用力嵌在大分子网络中,煤种的不同在于其小分子相的不同和煤交联网络间作用力的不同,在抽提过程中打开的是交联网络中的桥键或第二种作用力。

(一) 抽提可溶物与反应性关系

按照 van Krevelen 的观点,抽提物是煤热解中产生的"metaplast"的重要组成部分,抽提物的相对分子质量一般大于 600～700。这一质量范围也是 Derbyshire 等[18]定义的煤中小分子相的主要部分。抽提可溶物的定义是通过溶剂的物理作用,释放由非共价键与煤大分子网络相连的小分子,而不应包括任何大分子网络解聚的残片。抽提可溶物和抽提不溶物的主要区别在于前者是非共价键连接在煤大分子网络上的。有些抽提溶液(如氨)会使大分子降解,抽提产物中将包括大分子降解物而使抽提物的研究复杂化,因此应避免抽提溶剂与煤发生化学反应。抽提物相对分子质量从 20～3000 不等,丰度较大的范围在 500～1500[19]。抽提物相对分子质量分布是抽提物中最重要的性质之一。相对分子质量较低的部分在煤的热加工过程中可形成挥发物,提高煤的反应能力,而相对分子质量较大部分由于煤粒表面焦油蒸气压的影响,残留在煤粒中发生缩聚。

目前,煤中小分子相的组成仍不十分确切。许多文献[20～23]报道了用 MS 和固体^{1}H NMR对各种抽提物的研究,结果表明相对分子质量在 500 以内的小分子相可能代表了 30％～40％煤的组成,这个比例大大高于以往的假设。与之相反,大分子相并不能代表整个有机生物岩。有研究工作[10]采用四氢萘(THN)作为加氢溶剂研究煤加氢过程,通过比较不同煤种加氢后在 THN 中的抽提率以确定煤小分子相的反应性。产物以 FIMS 检测,结果表明含有 4 个或 5 个左右芳环的芳香烃在液化和热解中都表现出高的活性。

(二) 抽提不溶物在煤结构与反应性研究中的作用

严格定义中的抽提不溶物应是只包含共价键力的大分子网络。抽提不溶物的结构对煤反应性的影响在于其分子网络的连接形式和强度,对于这一点目前普遍采用的方法是对其溶胀的测量。该方法近年已发展成为对煤大分子结构重要的定性方法,它简单明了地提供了一个估计原煤中交联键强度的方法。膨胀度越高,交联强度越低;煤抽提可溶物中的氢含量越高,煤的软化点越低。因此,这一结果可以看作是溶剂膨胀作用将团聚的大分子网络展开,并通过溶剂与煤的接触作用使其在一定程度上恢复到成煤前状态的过程。如果该假定成立,将对煤结构的研究及提高大分子网络活性提供一个可行的方法。利用固体^{1}H NMR技术对吡啶不溶物的研究发现[24,25],吡啶不溶物中含两类分子结构的物质,一是完全刚性无任何可变构象,另一类包含了可以转动的结构。从化学角度看,这个结果表明大分子相物质中发生缩聚的物质(完全无可变性)占主导地位,同时还有一类物质以侧链上的单键连在缩聚环上,这些单键使之可以发生转动。文献[10]中 Py-FIMS 和 NMR 对抽提不溶物分析表明这些侧链基团相对分子质量为 50～850,丰度最大在 150～650。

三、模型化合物在煤结构与反应性研究中的作用

模型化合物主要是在对煤结构有一定认识的基础上,为获得煤热解和液化过程中动力学数据和探索反应机理而采用的。利用模型化合物的结构与反应性关系可以为煤结构与反应性的研究提供一种参照。模型化合物还为量子化学和分子力学的应用提供了必备的前提条件。早期模型化合物的采用偏重于均相中的简单分子,关心煤热解或液化过程中键的断裂及改变介质和条件以促进对这些过程的微观研究。现代模型化合物则注重煤转化过程中多相介质中的大分子,利用化学法或同位素法标记煤衍生物,考察特征化学键的形成和断裂,高选择性地得到目的产物的介观研究。特征的研究过程和常用的模型化合物列于表10‐1中。

表 10-1　煤反应性研究中的常用的模型化合物

模型化合物	研究过程
HO— / HO— 苯环 —COOH	煤加热过程中脱羧形成 H_2O 和 CO_2[26]
甲氧基取代的三苄基苯结构	煤中 CH_4、CO 和苯的生成[27]
H_2C—苯—CH_2—苯（二苄基苯结构）	煤中 H 传递,包括自由基 H 和可逆自由基失衡[28]
H_3C—O—苯—CH_2—苯 及 二酮结构	煤中醚键在热解中断裂[29]

第三节　热解和加氢反应性模型

　　煤结构与反应性模型建立的意义在于通过对不同变质程度和不同类型煤种共性的研究,在工业分析、元素分析以及化学结构分析等静态测试分析的基础上预测煤在受热时所表现的反应性。煤的反应性与煤阶、煤的类型、煤的物理结构、煤的化学结构及不同的反应条件、环境有关,如能建立起包含以上诸多因素的煤结构与反应性关系模型无疑是最为全面的考虑。但由于影响煤反应性的因素不仅相互制约,而且其中某些因素的影响还不甚了解,因此本节所介绍的煤的热解和加氢反应性暂不考虑传热、传质及无机矿物质的影响,而仅根据煤的工业分析、元素分析及对官能团反应性考察的结果等主要方面建立反应性与煤结构的关系,并用来预测煤的反应性。

一、影响煤反应性的参数选择

　　煤结构参数基本可分两类:一是煤的基础数据,如工业分析、元素分析等;二是反映煤个体差异,如官能团的种类、数量以及它们的富集度、煤的聚合度、平均相对分子质量等。前者决定了相同煤阶的煤之间的共性,后者将决定煤热解过程中的性质及产物的分布。综合已有的共识,可以考虑以下与煤结构有关的主要参数:煤的工业分析、元素分析数据;煤中含氧官能团的数量及其在不同煤种热解过程中的活化能;煤中芳氢、脂氢的比例;煤中环簇的结构参数;煤的热解条件,包括升温速率和终温;煤的加氢量。这些参数列于表10-2中。表中的煤样选择与表3-2中相同,表中数据源自第四章第一节一和第十章第一节三中的测定。

表 10-2　煤结构与反应性参数分析数据表

参　　数 *	泥炭	褐煤	长焰煤	肥煤	焦煤	瘦煤	贫煤	无烟煤
$E/(\text{kJ}\cdot\text{mol}^{-1})$ 升温速率 $10\text{℃}\cdot\text{min}^{-1}$	13.77	18.11	16.51	25.00	21.14	23.06	16.36	22.62
$E/(\text{kJ}\cdot\text{mol}^{-1})$ 升温速率 $20\text{℃}\cdot\text{min}^{-1}$	19.33	32.02	28.66	33.24	38.59	37.62	34.95	17.86
40min 加氢量 $/[\text{mol}\cdot(100\text{g 煤})^{-1}]$	3.50	4.97	1.63	0.49	3.82	4.52	0.51	1.02
C_d	26.40	66.44	68.08	70.69	76.25	75.85	72.72	77.95
H_d	2.97	4.57	4.27	4.45	4.67	4.85	3.36	2.93
O_d	19.15	21.90	11.61	7.33	9.55	7.56	5.04	0.57
N_d	1.86	1.08	0.91	1.13	1.05	1.45	1.05	0.94
S_{td}	0.24	0.29	0.89	1.88	0.52	1.01	0.29	0.36
M_{ad}	8.02	13.49	2.36	0.81	1.25	0.79	0.87	0.72
A_d	49.38	5.72	14.24	14.52	7.96	6.82	17.54	14.52
V_d	40.11	43.68	32.27	29.52	33.60	11.05	12.22	7.93
M_δ	119.3	53.2	51.4	47.4	38.0	38.7	44.1	35.4
M_r	520.1	370.5	373.1	389.6	329.2	401.8	454.6	462.4
$\sigma+1$	2.716	0.629	0.524	0.415	0.500	0.434	0.388	0.404
p_0	3.365	4.695	5.441	5.515	5.192	5.082	5.602	5.420
H_{ar}/H_{al}	0.19	0.30	0.475	0.49	0.522	0.523	0.87	1.10
CH_2	2.17	1.26	0.69	0.61	0.85	0.25	0.92	0.15
OH	26.50	39.00	32.72	17.76	10.16	15.34	14.87	7.00

　　* M_δ 和 M_r 分别为侧链和簇的平均相对分子质量,$\sigma+1$ 为每个团簇可提供的反应位,p_0 为可断裂桥键的数目。这些参数的计算方法源于 Genetti and Fletcher 的研究工作[30]。

二、参数独立性分析

　　由于表10-2中参数之间可能互相制约而存在交互作用,因此模型建立的第一步就是对上述参数之间的独立性进行分析,找出一套数目最少、且与其他参数线性无关的变量。作者采用逐步回归主成分分析法进行参数独立性分析。该方法的原理是:通过对多个变量的实际观测值的协方差矩阵进行计算,依次不断提取方差贡献最大的各个主成分,以达到约简变量的目的,最后得到一套数目最少的独立参数。分别以实验煤样在 $20℃ \cdot min^{-1}$ 升温速率下热解活化能 E 和 $40min$ 加氢量 H_{40} 为相关变量,按照上述方法进行参数独立性分析,可以得到两组独立变量,计算结果列于表10-3。

表 10-3　参数独立性分析计算结果

$20℃ \cdot min^{-1}$ 升温速率下热解活化能(E)		$40min$ 加氢量(H_{40})	
独立变量	相关系数(R^2)	独立变量	相关系数(R^2)
H	0.654 328	O	0.436 105
OH	0.715 858	OH	0.566 804
CH_2	0.744 942	CH_2	0.862 920
H_{ar}/H_{al}	0.885 887	V_d	0.954 602
M_δ	0.967 469	S_{td}	0.963 736

由煤结构参数对反应性(E)方差的贡献可知,H、OH、CH_2、H_{ar}/H_{al} 和 M_δ 对反应性模型的作用 96.74%,而其他参数由于相互之间或同以上 5 个参数之间存在相关性而被排除;同样地,由煤结构参数对表达煤反应性的另一个物理量(H_{40})方差的贡献可知,O、OH、CH_2、V_d 和 S_{td} 对反应性模型的作用为 96.37%,而其他参数由于相互之间或同以上 5 个参数之间存在相关性而被排除。二者之间的共性在于都认为 O、OH 和 CH_2 在煤反应性模型中起到重要作用;二者之间的区别在于用热分析测定的反应性将挥发分和硫含量排除,而以芳氢与脂氢的比例和侧链平均相对分子质量代替。这些差异可能是由于热分析是由挥发分的逸出速率,而不是数量来决定反应速率,而溶剂加氢法测定的反应速率体现的是煤结构可提供的平均反应活性位。

三、煤结构与反应性模型的建立

将选出的两组变量分别与其对应的反应性进行相关性分析可知,H、CH_2 和 H_{ar}/H_{al} 的属性反映出煤阶对以活化能表示的反应性的贡献,而侧链平均相对分子质量 M_δ 和 OH 则通过影响具体煤种在热解中的表现来体现对煤结构-热解反应性模型的贡献。在排除其他独立变量的影响下,任一独立变量对煤热解反应性的偏差反映了该变量对反应性影响的程度,其中 H、CH_2 和 H_{ar}/H_{al} 与 E 为正相关,而 M_δ 和 OH 与 E 为负相关。

　　O、V_d、CH_2 和 OH 对加氢反应性的贡献都是通过煤阶的改变反映出来的,只是除 O 外其余几个参数都是负相关;硫在加氢过程中的作用在于提供电子对,这使得杂原子对加氢反应作用的份额占到相当比例,这是未曾想到的,也将是今后需进一步研究的问题。

　　模型中各独立变量对回归方程方差的贡献大小是不同的,具体计算结果见表 10-4。模型中 H、M_δ、H_{ar}/H_{al}、CH_2 和 OH 对模型贡献的递减顺序表明,煤热解中的反应能力主要与煤结构中的氢含量和侧链的平均相对分子质量有关,而其他因素对反应能力的提高只起到一个辅助作用。对影响加氢反应性的参数分析表明,煤在加氢反应中的活性位主要由煤中的氧和杂原子硫提供。

表 10-4　各独立变量对回归方程方差的贡献

20℃·min⁻¹升温速率下热解活化能(E)		40min 加氢量(H_{40})	
独立变量	对回归方程方差的贡献	独立变量	对回归方程方差的贡献
H	0.980 604	O	0.804 533
M_δ	0.982 084	S_{td}	0.805 782
H_{ar}/H_{al}	0.982 674	V_d	0.815 775
CH_2	0.988 185	CH_2	0.831 224
OH	0.991 579	OH	0.862 411

　　由图 10-5 可见,活化能的结构反应性模型的预测值与实验值基本吻合,相关系数为 0.99。图10-6是对煤加氢反应性预测的结果与实验值的比较,相关系数为 0.86,比对热解活化能的预测能力差。

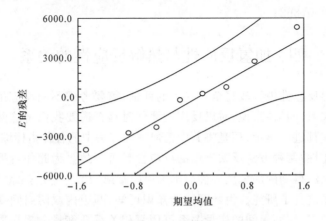

图 10-5　不同煤种活化能预测值与实验值的比较*

* 图种散点为实测值,直线为预测值,曲线为预测分布范围

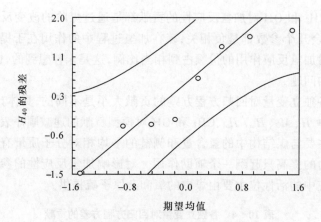

图 10-6　不同煤种加氢量预测值与实验值的比较

注：图中散点为实测值，直线为预测值，曲线为预测分布范围

利用煤的有关分析数据可以比较准确的预测煤热解时的反应能力。根据以上分析可以建立煤结构与反应性关系的模型。

煤热解反应性预测模型：

$$E = a_1 \cdot H + a_2 \cdot M_\delta + a_3 \cdot H_{ar}/H_{al} + a_4 \cdot CH_2 + a_5 \cdot OH$$

$$a_1 = 8641.77, a_2 = -204.18, a_3 = 3406.15, a_4 = 11001.69, a_5 = -236.54$$

$$R^2 = 0.9916$$

煤加氢反应性预测模型：

$$H_{40} = a_1 \cdot O + a_2 \cdot S_{td} + a_3 \cdot V_d + a_4 \cdot CH_2 + a_5 \cdot OH$$

$$a_1 = 0.56, a_2 = 0.78, a_3 = 0.00322, a_4 = -1.43, a_5 = -0.10$$

$$R^2 = 0.8624$$

四、加氢反应性与热解反应性的关系

为了对煤反应性进行较完全较准确的评估，需要考虑不同反应条件下煤的反应性之间的关系。具体来说，对煤反应性评估时是否需要我们将这两种反应性的不同表达方式都进行测定，还是将其中任何一种方法中的各种指标综合即可；二者之间有无可比性；两种方法反映出煤的反应性是否一致。为此作者采用数理统计的方法对加氢法得到的加氢反应性与本书第四章第四节一中由热重法得到的热解反应性的关系进行了研究。由数理统计知识可知，两组内或两组间变量的相关性可用相关系数表示，两组间的变量关系可用复相关系数衡量。现在要把问题推广到研究两组之间相关关系上来。即加氢所测定的反应性与热分析法所测定的反应性是否一致，二者有无关系？这一问题可以采用典型相关分析法解决。典型相关分析的基本思想是:对两组变量分别作线性组合 U_1 和 V_1,使它们之间有最大的相关系数,然后,分别作与 U_1 和 V_1 独立的线形组合变量,并使得新的线性组合变量具有较大相关系数,符合条件的线性组合变量选作 U_2 和 V_2。按照相同的步骤对 U_2 和 V_2 进行操作,所选的相关系数比上一级的组合变量的相关系数大为止。表10-5为进行分析研究的两组对象,表10-6为进行典型相关分析所选择的变量及说明。

表 10-5　加氢法和热重法典型相关分析参数

煤种	加氢法			热重法		
	20 min 加氢量 /g	40 min 加氢量 /g	最大加氢量 /g	起始失重温度 /℃	最大失重温度 /℃	活化能 /(J·mol^{-1})
无烟煤	0.653	1.020	3.979	558	762	17 865
贫煤	0.337	0.509	2.833	347	480	18 200
瘦煤	4.538	4.521	8.121	325	453	34 954
焦煤	4.576	3.831	5.001	429	476	38 587
肥煤	0.536	0.492	3.070	434	491	33 244
长焰煤	3.691	1.635	3.881	435	476	28 659
褐煤	4.807	4.969	7.380	386	447	32 016
泥炭	3.914	3.506	5.214	253	300	19 333

表 10-6　加氢法和热重法反应模型相关变量

分析方法	变量符号	变量	变量的物理意义
加氢法	X_1	20 min 加氢量/g	体现加氢反应速度
	X_2	40 min 加氢量/g	体现煤所具有的平均活化能
	X_3	最大加氢量/g	体现体系拥有的最大反应能力
热分析法	X_4	起始失重温度/℃	体现煤起始分解性质
	X_5	最大失重温度/℃	体现煤大分子网络的平均稳定程度
	X_6	活化能/(J·mol^{-1})	煤裂解和缩聚竞争反应的综合表现

典型相关分析的计算结果如下:

第一对典型变量及相关系数

$$U_1 = 1.677829 X_1 - 0.7611749 X_2 + 0.6264675 X_3$$

$$V_1 = -0.7680596 X_4 + 0.6403725 X_5 + 2.777704 X_6$$

$$\lambda_1 = 1.066357$$

第二对典型变量及相关系数

$$U_2 = 0.1677829 X_1 - 0.7611749 X_2 + 0.6264675 X_3$$

$$V_2 = -0.7680596 X_4 + 0.6403725 X_5 + 0.0027777 X_6$$

$$\lambda_2 = 0.6441305$$

第三对典型变量及相关系数

$$U_3 = X_1$$

$$V_3 = -0.6662728 X_4 - 0.7454103 X_5 - 0.0210746 X_6$$

$$\lambda_3 = 0.701952$$

由以上数值计算可知,第一对典型变量 U_1 和 V_1 可能是煤中非活性组分数量的度量;第二对典型变量 U_2 和 V_2 可能是对煤个体活性差异的比较;而第三对典型变量 U_3 和 V_3 代表着煤的缩聚和解聚可逆过程对煤反应性的影响。在做第三次组合时,计算得到的相关系数 λ_3 大于第二次相关系数 λ_2,因此,加氢法所测定的反应性与热重法对煤热解反应活性的测定间存在着典型相关性,两种方法中任一种的各项综合指标均可用来较准确和较完全地评估煤的反应性。

第四节　气化反应性与煤结构的关系

一、气化反应性的影响因素

（一）显微组分对气化的影响

在第五章第二节一（二）中曾介绍了作者用热重法研究法国烟煤和平朔烟煤显微组分富集物焦样的气化动力学,由所测得数据（参见表5-5）可知显微组分焦样间的气化反应性存在着差异。图10-7是法国烟煤和三种显微组分焦样的 CO_2 气化转化率与反应温度的关系,图10-8为法国烟煤焦样的 Arrhenius 图。由图可以看出,焦样的气化温度高于 973K,转化率达 50% 温度的大小排序是,壳质组焦样最低,为 1293K;镜质组焦样和原焦样的温度值很接近,分别为 1302K 和 1306K;惰质组焦样的温度值最高,为 1312K。这意味着在法国煤显微组分之间壳质组焦样的反应速率较快,反应性较高;镜质组焦样和原焦样的反应性相近;惰质组焦样的反应性最差。在实验考察范围内,法国烟煤的壳质组富集物焦样的活化能最大,为 $298.9kJ \cdot mol^{-1}$;镜质组富集物焦样为 $268.4kJ \cdot mol^{-1}$;活化能最小的是惰质组富集物焦样,为 $226.0kJ \cdot mol^{-1}$;原煤的气化活化能为 $256.6kJ \cdot mol^{-1}$,接近于镜质组富集物焦样的气化活化能。法国烟煤的三种主要显微组分焦样反应性大小排序为:壳质组富集物焦样＞原煤无灰焦样≈镜质组富集物焦样＞惰质组富集物焦样。

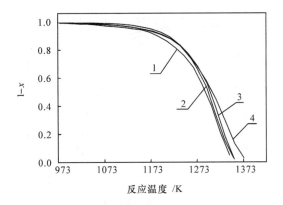

图 10-7　法国烟煤及其显微组分焦样的气化 TGA 图

1—FranE；2—FranI；3—FranV；4—FranI

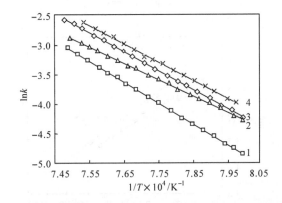

图 10-8　法国烟煤及其显微组分焦样气化反应的 Arrhenius 图

1—FranE；2—FranI；3—FranV；4—FranI

图 10-9 和图 10-10 所示为平朔烟煤焦样的 TGA 图和 Arrhenius 图。平朔烟煤镜质组富集物焦样的气化活化能为 194.5kJ·mol^{-1}，惰质组富集物焦的气化活化能为 225.1kJ·mol^{-1}，镜质组富集物的活化能比惰质组富集物要小。比较转化率为 50% 的温度可知，平朔烟煤惰质组焦样为 1336K，镜质组焦样为 1353K，前者的气化活性比后者大。平朔烟煤的实验结果与法国烟煤显微组分焦样的反应性排序并不一致。从上述结果可知，同一煤种的显微组分制焦后表现出的气化反应性存在差异，显然是由于显微组分的分子结构的不同引起的；另外不同煤种显微组分焦样间的反应性也并不存在一个固定的排序，同样的实验结果在其他文献[31]中也有论述。

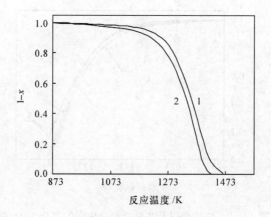

图 10-9　平朔烟煤显微组分焦样的气化 TGA 图
1—PSF；2—PSV

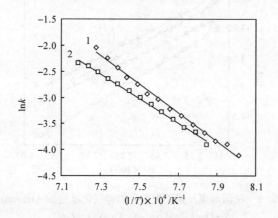

图 10-10　平朔烟煤显微组分焦样气化反应的 Arrhenius 图
1—PSF；2—PSV

(二) 不同制焦经历的影响

不同的制焦经历对焦的反应性影响也很大。动力学实验结果表明,制焦时间为 1h 的 Fran2 样活化能为 273.9kJ·mol^{-1},比制焦时间为 5min 的 Fran1 大 17.3 kJ·mol^{-1}。前者的转化率达 50% 的温度为 1318K 也比后者的 1306K 高。延长制焦时间使焦的反应性下降了。

图 10-11 给出了大同无烟煤在不同温度下制焦后焦样 DT1～DT5 的 CO$_2$ 气化反应性。制焦温度和其他条件见表 5-4。在 873K 下获得的焦样气化转化率为

50%的温度值为 1398K,在 1273K 下获得的焦样的温度值为 1499K,比前者高 100K,其气化反应性也比前者差。制焦温度越高,焦样的反应性越差。同一煤种经历不同的制焦过程后在反应性上表现出的差异是由于热解过程中焦样形成的碳层微晶结构的区别所致。温度越高,制焦的时间越长,越有利于煤中的侧链烃间的缩聚反应,形成焦的微晶结构越大,因此焦的反应性也越差。图10-12给出了大同煤焦 CO_2 气化的 Arrhenius 图。

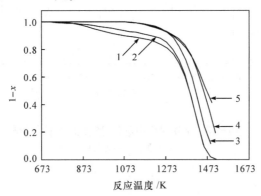

图 10-11　大同无烟煤不同制焦温度对煤焦反应性的影响
1—DT1(873K);2—DT2(973K);3—DT3(1073K);4—DT4(1173K);5—DT5(1273K)

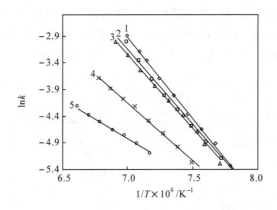

图 10-12　不同制焦温度的大同无烟煤焦气化反应的 Arrhenius 图
1—DT1;2—DT2;3—DT3;4—DT4;5—DT5

(三) 灰分的影响

图10-13所示为平朔煤焦含灰和无灰焦的 CO_2 气化热重图。含灰焦样的气化反应性比无灰样高,这是煤焦中的灰分在气化过程中起催化作用的缘故。

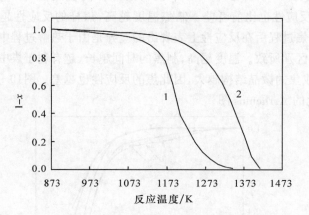

图 10 - 13　平朔煤焦中灰分对气化反应性的影响
1—含灰样；2—无灰样

（四）煤阶与反应性的关系

图 10 - 14 反映了煤阶与反应性的关系。从图可见,在不考虑制焦影响的情况下,原煤的碳含量在 84% 时,其焦样的反应性最高。含碳量为 84% 的原煤有很多特殊的性质,如其膨胀和黏结指数较大等。这种原煤的芳香缩合度适中,交联键较多,而其热解产物的 CO_2 气化反应性较高说明了煤焦的反应性受原煤结构的影响很大。

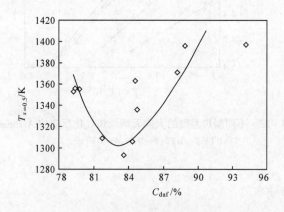

图 10 - 14　煤焦气化反应性与原煤碳含量的关系

研究结果表明：煤阶、制焦的经历、煤中显微组分的含量以及煤中的灰分均为影响煤焦气化反应性的重要因素。同一煤种中各主要显微组分的气化反应性存在一定的差别，法国烟煤的三种主要显微组分焦样反应性大小排序为：惰质组焦样＜镜质组焦样≈原煤无灰焦样＜壳质组焦样。而平朔烟煤显微组分焦样的考察结果显示惰质组焦样的反应性大于镜质组焦样。不同煤种同一显微组分焦样的反应性并不存在固定的排序。制焦的条件对反应性的影响很大，制焦的时间越长，制焦的温度越高，所得焦样的反应性越差。本实验范围内，在不考虑制焦条件的影响时，煤焦的反应性与原煤的碳含量存在一定的关系。原煤的碳含量为84%时，其煤焦的 CO_2 气化反应性最好，这一结果很可能与该阶段原煤的芳香缩合度适中有关。

二、气化反应性与煤焦的微晶结构关系

（一）煤焦微晶结构参数的测定

使用 D/max-rB 型 X 光衍射仪对 14 种煤焦（煤焦代号对应的煤种和制焦条件参见表 5-4）的微晶参数进行测定，扫描范围 10°～60°。在 XRD 图中 002 面衍射信号反映了芳香核面网的平行定向程度，100 面衍射信号反映了面网的大小。参照文献[32]方法确定衍射峰的角度和半峰宽。煤焦微晶结构单元的层片间距 d、层片大小 L_a 和堆积高 L_c（表 10-7）用下式计算：

$$d = \frac{\lambda}{2\sin\theta_{(002)}}$$

$$L_c = \frac{K_1\lambda}{\beta_{(002)}\cos\theta_{(002)}}$$

$$L_a = \frac{K_2\lambda}{\beta_{(100)}\cos\theta_{(100)}}$$

式中：λ——X 光波长，取 1.54178Å；

θ——为 Bragg 衍射角，rad；

β——对应于 002 和 100 峰的半峰宽，rad；

K_1、K_2——经验系数，分别取 0.94 和 1.84[33,34]。

测定结果显示煤焦微晶结构参数之间的差异较大。在实验煤焦范围内，焦样的层片间距 d 为 3.5～4Å，层片的堆积高 L_c 在 10～15Å，层片径向 L_a 则在 23～44Å。实验结果与文献[34]中对煤焦微晶结构的描述是一致的。

表 10-7　焦样的微晶结构参数

煤焦代号	衍射角/rad		微晶结构参数/Å		
	002 峰	100 峰	d	L_c	L_a
DS	24.4	42.7	3.65	10.63	43.75
FF	22.4	44.2	3.97	10.62	29.24
FX	25.2	43.3	3.53	14.19	43.75
Fu	23.4	43.3	3.80	9.77	34.96
JC	24.9	42.9	3.58	12.15	38.78
PS	24.7	44.7	3.60	10.63	43.90
PSI	23.0	—	3.87	11.30	—
PSV	23.9	43.2	3.72	10.61	38.87
DT1	23.5	43.3	3.79	9.98	—
DT5	24.0	43.8	3.71	13.06	43.80
FranI	22.8	43.2	3.90	11.93	34.96
FranV	23.4	43.0	3.80	9.99	34.95
Fran1	23.4	43.5	3.80	9.98	35.15
Fran2	23.6	43.3	3.77	11.31	38.89

　　图 10-15 给出了法国烟煤显微组分焦样的 XRD 谱图,由图可以计算出法国烟煤和显微组分焦样的微晶结构参数。可以看出法国烟煤显微组分焦样和原煤焦样在层片间距 d 和微晶径向尺寸 L_a 上几乎相等。惰质组焦样的微晶堆积高度 L_c 比其他焦样大,原煤焦样的堆积高与镜质组焦样相近。图 10-16 给出了平朔烟煤显微组分焦样的 XRD 谱图。平朔烟煤惰质组焦样的堆积高度 L_c 比镜质组焦样大,这一结果与法国烟煤显微组分焦样的结果相似。上述两组焦样的 XRD 测定结果显示,同一煤种的显微组分在同一制焦条件下获得的焦样,彼此之间的微晶结构是不同的,一般惰质组焦样的微晶尺寸比镜质组焦样大,镜质组焦样的微晶尺寸与原煤焦样相近。

　　图 10-17 给出了法国烟煤焦样 Fran1 和 Fran2 的 XRD 谱图。Fran2 焦样的微晶结构尺寸 L_a 明显大于 Fran1,这是由于 Fran2 的制焦停留时间比 Fran1 长,因此其微晶结构尺寸较大。图 10-18 给出了大同无烟煤 DT1 和 DT5 的 XRD 谱图。DT1 的层片间距 d 和堆积高度 L_c 比 DT5 要小,因此焦样的微晶结构还与制焦温度和制焦时间有关。一般来说,制焦的温度越高,停留的时间越长,所得焦样的微晶尺寸越大。

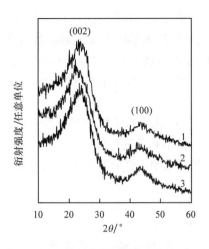

图 10-15　法国烟煤和
显微组分煤焦的 XRD 图谱
1—FranⅠ；2—FranⅤ；3—Fran1

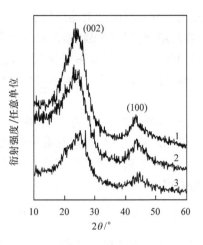

图 10-16　平朔烟煤和
显微组分煤焦的 XRD 图谱
1—PSF；2—PS；3—PSV

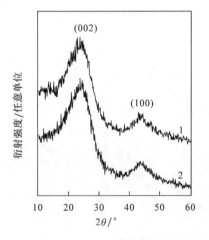

图 10-17　不同制焦条件下
法国烟煤煤焦的 XRD 图谱
1—Fran2；2—Fran1

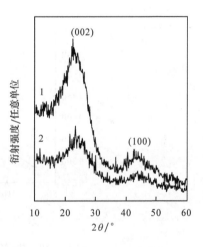

图 10-18　不同制焦条件下
大同无烟煤焦样的 XRD 谱图
1—DT1；2—DT5

(二)煤焦微晶结构与反应性的关系

气化反应是从焦样的表面边缘开始的,只有表面边缘的碳原子才能构成气化反应的活性中心,而晶体结构内部的碳原子是非活性的。煤焦的微晶结构是一个类似于石墨结构,不同的制焦条件产生尺寸大小各不相同的焦样微晶。同一煤种的显微组分焦样间的微晶结构也各不相同。一般而言,惰质组焦样的微晶尺寸较大,镜质组焦样与原煤在微晶尺寸上相近。制焦经历也影响着煤焦的微晶结构,制焦时间延长,获得的煤焦微晶尺寸较大;制焦温度越高,煤焦的微晶尺寸也越大。煤焦微晶尺寸的大小,影响着气化反应性,微晶尺寸越大,越不利于气化反应的进行。

焦样微晶结构尺寸越大,表面的活性碳原子占总碳原子的比例越少。因此煤焦的微晶尺寸对气化反应性有影响,层片越大,越不利于气化反应。

假设煤焦微晶是三个多元芳环平行排列的圆柱体,利用下式可以估算煤焦的微晶体积 V_{mc}:

$$V_{mc} = \pi L_c \left[\frac{L_a}{2} \right]^2$$

图 10-19 为煤焦微晶体积与其气化反应性的关系,反应性的数据参见表5-5。由图可见,煤焦微晶体积越大,其气化反应的 50% 转化率对应的温度值 $T_{x=0.5}$ 也越高,即煤焦的反应性越差。

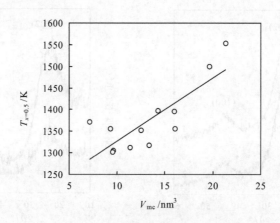

图 10-19　焦样微晶体积与反应性的关系

三、气化反应性与煤焦表面性质的关系

本书第五章第六节二中的讨论结果显示,碳氧复合物的形成过程是一个带负电荷的氧原子与带正电荷的活性碳原子的结合过程,气化反应的活性位应该是一些带正电荷的碳原子,它在焦样的表面表现为一个 Lewis 酸中心。众所周知,一个完整的碳六元环结构是很难被气化的。氧元素的存在使煤焦表面形成丰富的含氧官能团,从而使表面具有了晶格缺陷,构成了气化的活性中心,因此氧元素对煤焦表面活性位的影响是显著的。本小节中,作者采用 XRD、酸碱滴定等方法对煤焦样品的表面酸碱性和微晶结构进行了测定,用浓硝酸对焦样表面进行氧化,使其具有丰富的表面含氧官能团,从而可以考察含氧官能团对煤焦气化反应性的影响,详细讨论煤焦表面性质与气化反应性的关系。

(一) 煤焦表面的酸碱性

1. 煤焦表面的酸碱性的测定

煤焦表面的含氧官能团可以使煤焦具有表面酸性。依据酸碱中和的原理,通过考察煤焦对有机碱的吸附量可以定量测定焦表面的酸性。实验中以联苯胺的吸附量表征煤焦表面的 Lewis 酸中心的含量。

准确称取约 100mg 被测煤焦样品,置于一带磨口瓶塞的三口瓶中,用移液管准确移取 25ml 联苯胺溶液,样品和联苯胺($0.001mol\cdot L^{-1}$)标准溶液充分混合后,加塞盖严,将三口瓶置于阴暗处放置 48h 以上。待被测样品充分吸附后,用移液管从三口瓶中移取 5ml 液体,加甲基橙指示剂,用 $HCl(0.001mol\cdot L^{-1})$标准溶液滴定至溶液由黄色变为橙红色为止。由此可以计算出焦样对碱性物质的吸附量,从而计算出焦表面的酸中心的量。

联苯胺溶液($0.001mol\cdot L^{-1}$)的配制:用分析天平准确称取联苯胺 0.3g,用无水乙醇定溶至 1000ml,标定其准确浓度,放置于阴暗避光处备用。

2. 煤焦的表面酸碱性与氧含量的关系

焦样的联苯胺吸附量数据列于表 10 - 8 中。实验所用焦样的联苯胺吸附量在 $0.06\sim0.11mmol\cdot g^{-1}$ 的范围内,其制备条件影响着表面的吸附量。其中 Fran1 的吸附量是 Fran2 的 1.5 倍。从表10 - 8 中可以看出,焦样的联苯胺吸附量与其氧元素的含量有密切关系。如图10 - 20所示,焦样本身的氧元素含量(参见表5 - 4)越高,其联苯胺的吸附量越大。这说明氧元素的存在,改变了焦样表面的净电荷分布,使表面具有了 Lewis 酸中心。

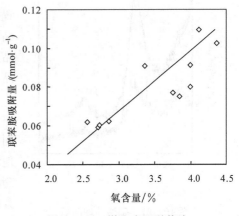

图 10 - 20　煤焦表面联苯胺
吸附量与含氧量的关系

表 10‑8　焦样的联苯胺吸附量

焦样代号	焦样氧含量/%	联苯胺吸附量/(mmol·g⁻¹)
DS	3.74	0.0772
FF	2.55	0.0619
FX	3.84	0.0751
Fu	2.72	0.0593
JC	3.35	0.0910
PS	2.86	0.0623
PSI	3.99	0.0800
PSV	4.36	0.1025
DT1	4.10	0.1097
Fran1	4.00	0.0914
Fran2	2.73	0.0604

（二）气化反应性与煤焦的表面酸碱性的关系

1. 硝酸氧化对煤焦表面性质的影响

实验样品为汾西肥煤焦样（汾西肥煤的基础数据参见表5‑3,制焦条件参见表5‑4）。首先称取适量的脱灰焦样（<100目）,以固液体积比1:10与浓硝酸混合,放置于阴暗处在室温条件下保存过夜。将样品过滤,并用蒸馏水洗涤至中性。最后将样品置于105℃烘干,制得实验所需的氧化样品。

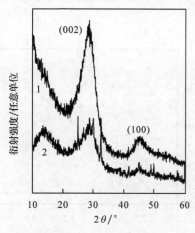

图 10‑21　硝酸处理前后
汾西煤焦样的 XRD 图谱
1—FX；2—FX‑4

图 10‑21 给出了浓硝酸处理前后汾西焦样的 XRD 图,微晶结构参数的计算结果列于表10‑9中。硝酸的氧化处理可以显著地增加焦样中氢元素和氧元素的含量。在硝酸中浸泡70h后,焦样代号 FX‑4 中氢元素的含量由 1.86% 增加至 2.72%,氧元素由 3.84% 增至 5.47%,而焦样的微晶尺寸的变化却不明显。可见硝酸的氧化处理主要是将焦样边缘氧化,使表面具有丰富的含

氧官能团,而不改变焦样的微晶大小。

表 10‑9　汾西焦样的元素分析和微晶结构参数

焦样	元素分析/daf,%					微晶结构参数/Å		
	C	H	O	N	S	d	L_c	L_a
FX	91.51	1.86	3.84	0.78	2.01	3.51	14.19	43.75
FX‑4	89.21	2.72	5.47	0.78	1.83	3.56	13.09	43.72

表 10‑10 中列出的数据显示了焦样经历浓硝酸处理后,焦表面对联苯胺的吸附量变化。它反映了煤焦经氧化处理后表面 Lewis 酸中心的数量。从表中数据可以看出,汾西原焦对联苯胺的吸附量为 $0.0751\,mmol \cdot g^{-1}$,经硝酸处理后,可以增加焦表面对联苯胺的吸附量。处理 5h 后,焦样对联苯胺的吸附量增大一倍;处理时间在 24h 以上时,吸附量可以增大两倍。焦表面对碱性物质吸附量的增大,说明表面具有了更多的 Lewis 酸中心。

表 10‑10　硝酸处理前后汾西煤焦样的联苯胺吸附量

焦样	焦样的处理过程	联苯胺吸附量/$(mmol \cdot g^{-1})$
FX	汾西脱灰焦样	0.0751
FX‑1	硝酸中处理 5h	0.1256
FX‑2	硝酸中处理 24h	0.2143
FX‑3	硝酸中处理 50h	0.2037
FX‑4	硝酸中处理 70h	0.1722

2. 煤焦的气化反应性与表面酸碱性的关系

用热重法对氧化处理后的汾西煤焦样进行 CO_2 气化动力学研究,结果显示被氧化处理后的样品的反应性略有提高(表10‑11)。原焦样的气化反应活化能为 $169.7\,kJ \cdot mol^{-1}$,被硝酸氧化处理之后,焦样所表现的气化活化能减小了,活化能降低了约 $30 \sim 40\,kJ \cdot mol^{-1}$。硝酸处理的时间越长,活化能减小的幅度越大。

表 10‑11　硝酸处理样的 CO_2 气化动力学参数

焦样	活化能/$(kJ \cdot mol^{-1})$	指前因子
FX	169.7	10.06
FX‑1	136.0	7.31
FX‑2	136.6	7.56
FX‑3	127.4	6.35
FX‑4	129.8	7.15

汾西煤焦样经硝酸氧化处理后表面性质发生了如下变化:焦样中氢元素和氧

元素的含量在硝酸处理后提高了,但焦样的微晶结构参数没有明显变化;酸碱滴定的结果显示,氧化处理后焦样吸附联苯胺的能力显著增强。这些实验现象说明氧化处理使汾西煤焦样的表面生成了大量的含氧官能团,使焦样微晶边缘上 Lewis 酸中心的数量和强度增加了。

硝酸处理样品的 CO_2 气化实验结果显示处理后的样品气化反应活化能比较小,这里活化能的减小与焦样表面含氧官能团的增加有关。气化反应活化能与碳氧复合物形成所需的能量有关。由于氧元素有很强的吸引电子的能力,所以含氧官能团与焦微晶表面的结合可以使碳原子的电子向氧元素移动,从而削弱了相邻碳原子的电子云密度,使碳原子带正电荷。带有正电荷的碳原子很容易与带有负电荷 CO_2 分子中的氧原子结合形成碳氧复合物,因此表现出焦样的气化反应活化能的下降,这就是硝酸处理后气化活化能降低的原因。含氧官能团对焦样气化动力学性质的改变与图 5-51 所示的 $O^- Na^+$ 基团的作用非常相似,但是 $O^- Na^+$ 基团对焦表面边缘的改变显然比前者强。

(三) 气化反应性与煤焦的表面氧含量的关系

在煤的气化过程中,煤焦的反应性的变化存在一定的规律。有研究工作报道煤焦的转化率对气化速率有影响。朱子彬等[35,36]的研究工作发现反应性随转化率的变化呈凸形曲线,气化转化率约为 50% 时,煤焦的活性点数目、比表面积均为最大值,煤焦的气化反应速度最快;Lizzio 等[37]在研究煤焦气化时发现,气化反应的速率常数在转化率为 10%~85% 之间时变化范围在 20% 以内;转化率达 85% 以后,反应速率比初始反应速率小很多,这部分碳反应性的下降对气化和燃烧反应器的设计制造影响很大。Sha 等[38]认为这部分碳反应性的下降是因为具有催化活性的矿物质的流失造成的;Sharma 等[39]用 HRTEM 技术考察了三种煤焦在气化过程中微晶结构的变化,研究结果显示随着碳转化率的提高,残焦的微晶结构会发生变化,而煤焦在气化转化率为 98% 时的气化反应性并不比焦样的起始反应性差,这一结果显示煤焦的微晶结构不是决定煤焦反应性的惟一因素。

在本节中,作者以三种煤焦为研究对象,在固定床反应器中制备了不同气化转化率下的煤焦样品,用 XRD 和 TGA 考察的微晶结构和反应性的变化,结合元素分析和 FTIR 的实验结果,对煤焦转化过程中微晶结构和反应性的变化进行了讨论。

1. 部分气化制焦

以平鲁气煤、东山瘦煤和西曲煤为研究对象。原煤首先经过酸洗,使灰分的含量低于 1.5%,之后在马弗炉中于 1173K 进行制焦,所得到的焦样称之为原焦;三种煤的原焦再于固定床反应器中 1123K 下进行 CO_2 气化,控制反应时间可以制得不同转化率下气化残焦,称之为部分气化残焦。这种制焦过程称之为部分气化制焦。各种部分气化残焦用于后续的研究。为考察灰分的影响,对未经酸洗的东山和平鲁煤也进行了对比研究。

表 10-12 为部分气化焦样的元素分析结果。原焦的碳含量一般在 85%~90%之间,氧、硫的含量小于 5%。部分气化残焦与原焦的区别是碳含量减小了,且随着转化率的提高,碳含量呈递减的趋势;而氧、硫含量比原焦有明显的增加。在这些焦样中,东山、西曲和平鲁原焦中氧含量在 5% 左右,转化率为 33% 的东山部分气化残焦的氧含量达 27%。氧含量随转化率的增加而增加,暗示着在部分气化制焦过程中,焦样的表面存在被氧化的现象,氧含量的增加可能是气化过程中碳氧复合物形成的结果。

表 10-12　焦样的元素分析结果/%,daf

样品代号*	C	H	N	O+S
DS(2%)	47.77	1.52	4.04	46.68
DS(21%)	65.39	1.53	3.44	29.64
DS(30%)	68.24	1.74	2.69	27.34
DS(40%)	73.16	1.98	2.02	22.84
DS(67%)	69.40	1.97	1.59	27.05
DS	91.36	1.51	1.42	5.71
PL(5%)	71.78	2.59	4.80	20.82
PL(16%)	69.57	2.24	3.63	24.56
PL(21%)	65.45	2.32	3.33	28.90
PL(46%)	71.96	2.87	2.57	22.60
PL	92.18	1.44	1.77	4.61
XQ(10%)	63.32	1.75	3.05	31.88
XQ(30%)	70.53	2.20	3.90	23.37
XQ(70%)	73.08	1.93	2.54	22.45
XQ	94.01	2.05	2.30	1.64
DS**(15%)	78.93	2.00	2.60	16.47
DS**(38%)	84.82	1.78	1.55	11.86
DS**(85%)	84.10	1.72	2.61	11.57
DS**	90.89	1.48	1.92	5.71
PL**(5%)	67.89	2.12	5.13	24.86
PL**(63%)	85.09	1.73	1.23	11.95
PL**	94.49	1.70	1.89	1.93

＊ 括号内的百分数为原焦在部分气化制焦过程中的残余量(%);＊＊ 含灰样品。

2. 部分气化残焦的表征

为了研究部分气化残焦的性质,作者对其进行了 XRD 和 FTIR 表征。

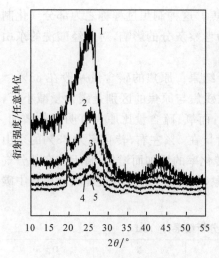

图 10-22　东山煤原焦及其
部分气化残焦 XRD 图谱

1—DS；2—DS(67%)；3—DS(40%)；
4—DS(30%)；5—DS(21%)

XRD 谱图测定方法同第十章第四节二(一)。三种脱灰煤的原焦和部分气化残焦的 XRD 表征结果列于表10-13。从表中数据可见，三种煤原焦的部分气化残焦各自的微晶层片间距基本一致，随转化率的提高，面网间距 d 值的变化不明显；而三种煤原焦的部分气化残焦的微晶高度 L_c 值随转化率的提高呈减小的趋势。西曲煤原焦 L_c 值为18.3Å，转化率达到 90%时（即残余量为10%）的西曲煤焦堆高值为 12.1Å；东山煤焦的堆高值为 16.7Å，转化率达 80%时为15.4Å；平鲁煤焦的堆高值为 14.2Å，转化率达 85%时为 13.5Å。可以推断气化反应是发生在焦样微晶结构的外边缘，因此随着气化转化率的提高，煤焦的微晶结构并不被破坏，只是在层片的堆高上略微减小。图10-22所示为东山煤焦不同转化率下的XRD 图谱。

表 10-13　焦样部分气化后的 XRD 分析结果

样品代号*	002 峰		100 峰		微晶参数/Å		
	角度/°	半峰宽/°	角度/°	半峰宽/°	L_c	L_a	d
XQ(10%)	25.1	7.1	—	—	12.1	—	3.6
XQ(30%)	25.4	5.7	—	—	14.9	—	3.5
XQ(70%)	25.4	5.1	42.6	5.1	16.7	34.2	3.5
XQ	25.3	4.6	43.5	4.5	18.3	38.9	3.5
DS(21%)	25.5	5.5	—	—	15.4	—	3.5
DS(30%)	25.3	5.5	42.7	4.9	15.3	35.3	3.5
DS(40%)	25.5	5.7	42.9	5.2	14.9	33.6	3.5
DS(67%)	25.4	5.1	43.1	5.4	16.7	33.0	3.5
DS	25.1	5.1	43.3	5.2	16.7	33.6	3.5
PL(5%)	25.5	5.5	—	—	15.5	—	3.6
PL(16%)	25.1	6.3	43.8	5.4	13.5	32.5	3.6
PL(21%)	25.8	6.5	43.6	5.7	13.2	30.7	3.5
PL(46%)	24.7	5.8	44.0	5.8	14.5	30.2	3.6
PL	24.8	6.0	44.1	5.3	14.2	33.1	3.6

* 括号内的百分数为原焦在部分气化制焦过程中的残余量(%)。

红外光谱实验在 Bio-Rad FTS165 上进行。首先将 1mg 焦样与约 180mgKBr 混合压片,在红外光谱仪中以 $4cm^{-1}$ 的分辨率扫描 16 次获得光谱图。利用 Bio-Rad 红外数据处理软件,对谱图进行处理,获得样品各吸收峰的数据。

图 10-23 为三种煤的原焦与部分气化残焦的 FTIR 谱图对照。煤焦的红外光谱在 $3450cm^{-1}$、$2830\sim2950cm^{-1}$、$1580cm^{-1}$、$1720cm^{-1}$ 和 $1100cm^{-1}$ 存在吸收峰。$3450cm^{-1}$ 处的吸收峰归属于羟基的振动,$2830\sim2950cm^{-1}$ 归属于脂肪类的伸缩振动,$1580cm^{-1}$ 处归属于芳香类的 C—C 振动,$1720cm^{-1}$ 归属于羰类的 C=O 振动,$1100cm^{-1}$ 归属于C—O的伸缩振动。焦样各红外吸收峰的峰面积列于表10-14中。东山和平鲁煤原焦样的红外光谱在 $1600cm^{-1}$ 处的吸收峰很弱,部分气化残焦在该处的吸收峰得到了增强。通过对残焦在 $1500\sim1750cm^{-1}$ 处范围内吸收峰的卷积处理,可以看出在气化过程中,焦样表面在 $1700cm^{-1}$ 处的峰吸收增加,说明在气化制焦过程中焦样表面形成了羰基类的含氧官能团结构。正是由于部分气化残焦羰基官能团的增加,使得其氧含量比原焦大。这一实验结果进一步说明了气化过程中存在焦样吸收氧原子形成碳氧复合物的过程。

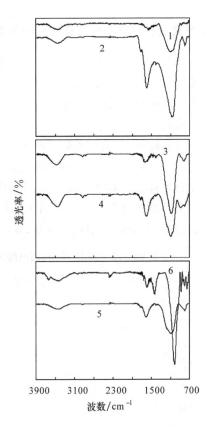

图 10-23　原焦和部分气化焦样的 FTIR 图谱

1—DS;2—DS(21%);3—PL;
4—PL(5%);5—XQ;6—XQ(10%)

表 10-14　三种煤的原焦与部分气化焦样红外吸收峰和峰面积

谱峰归属	波数/cm^{-1}	PL(5%)*	PL	DS(21%)	DS	XQ(10%)	XQ
—OH	3450	523	383	237	333	469	773
C—H	2830~2950	39	27	—	—	6	—
C=O	1720	32	—	104	—	42	—
C—C	1580~1600	394	171	982	158	558	322
C—O	1000~1400	1681	1842	4337	1836	2269	921

* 括号内的百分数为原焦在部分气化制焦过程中的残余量(%)。

3．气化反应性与部分气化残焦的关系

部分气化残焦的 CO_2 反应性测定在 WCT - 2 差热天平上进行，由气化反应热重曲线计算反应的活化能和指前因子。图 10 - 24～图 10 - 26 是东山、平鲁和西曲三种脱灰焦样的 CO_2 气化热重曲线。由热重曲线可以看出，不同转化率下制得的气化残焦反应速率存在着差异。表 10 - 15 中列出了各焦样的动力学参数计算结果。实验结果显示，随着转化率的提高，残焦的反应性越高。比较这些焦样气化的动力学参数还可以看出：残焦的气化活化能与原焦的活化能十分相近，而指前因子却比原焦样大。对于含灰煤焦，由于样品中含有灰分，因此在动力学的参数计算和焦样微晶结构分析上存在着困难，但仅从热重的实验结果仍可看出：煤焦在气化转化过程中，无论煤焦中是否含灰，其反应性随着转化率的提高而提高。

表 10 - 15　东山、平鲁、西曲酸洗煤焦样和其残焦的 CO_2 气化动力学参数

样品代号 *	活化能/(kJ·mol^{-1})	指前因子	$T_{x=0.5}$/K
DS(21%)	166.8	13.1	1260
DS(30%)	167.8	13.3	1255
DS(40%)	158.7	12.0	1275
DS(67%)	153.2	11.5	1286
DS	158.9	10.7	1396
PL(5%)	219.6	19.2	1221
PL(10%)	195.7	15.5	1290
PL(16%)	217.5	17.8	1278
PL(21%)	197.9	15.7	1291
PL(46%)	220.3	17.8	1291
PL	215.5	16.4	1358
XQ(10%)	157.0	11.5	1261
XQ(30%)	144.1	10.2	1305
XQ(70%)	138.7	9.2	1358
XQ	143.1	9.7	1456

* 括号内的百分数为原焦在部分气化制焦过程中的残余量(%)。

XRD 实验结果显示，随着部分气化残焦的制焦过程转化率的提高，焦样的表面微晶结构并没有发生明显的变化，转化率达 80% 的部分气化残焦的微晶结构参数与原焦十分相似。但是随着制焦过程转化率的提高，部分气化残焦的 002 和 100 峰衍射强度呈减弱的趋势，表明随着气化制焦转化率的提高，煤焦表面的微晶颗粒数目减少，造成了衍射强度的减弱。煤焦的气化反应是由外及里的逐步反应

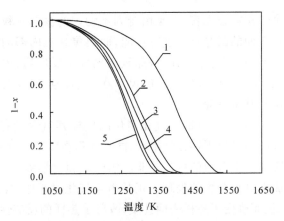

图 10-24　东山酸洗煤原焦的部分气化残焦的 CO_2 气化反应热重曲线
1—DS；2—DS(67％)；3—DS(40％)；4—DS(30％)；5—DS(21％)

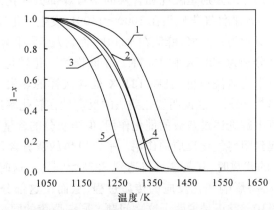

图 10-25　平鲁酸洗煤原焦的部分气化残焦的 CO_2 气化反应热重曲线
1—PL；2—PL(46％)；3—PL(21％)；4—PL(16％)；5—PL(5％)

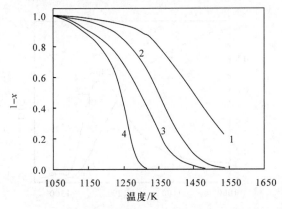

图 10-26　西曲酸洗煤原焦的部分气化残焦的 CO_2 气化反应热重曲线
1—XQ；2—XQ(46％)；3—XQ(21％)；4—XQ(16％)；5—XQ(5％)

的过程。对于每个煤焦颗粒而言,都是由排列不均匀的微晶颗粒组成。在气化过程中位于煤焦颗粒表面的微晶首先进行反应,而煤焦颗粒内部的微晶由于受传质的影响而很难直接参与反应。外层的微晶碳结构发生反应后,内层的结构才能进行反应。因此,虽然在气化中煤焦颗粒的尺寸在缩小,但 XRD 对煤焦的分析显示其微晶结构依然保持基本不变。

元素分析的结果显示,经过部分气化制焦的焦样其氧含量有显著提高;FTIR 的分析显示,在 $2350cm^{-1}$ 处不存在吸附峰,同时残焦在羰基 $1700cm^{-1}$ 处的吸收峰明显增强。这说明氧元素含量的增加并非由焦样表面化学吸附 CO_2 引起,而是煤焦气化过程中形成碳氧复合物的表现。正是由于气化过程中,煤焦的微晶结构表面会出现氧化层,从而改变了焦样表面性质,改善了焦样的反应性。因此在部分气化残焦的热重实验中,部分气化残焦的转化率越高,其反应性也越高。

图 10-27 和图 10-28 分别是酸洗和含灰的平鲁煤部分气化残焦(5%)的气化热重曲线。酸洗的 5% 平鲁气化残焦在 1000~1400K 发生气化反应,它的 DTG 曲线在这一个温度段显示为一个峰,峰值在 1240K;而含灰 5% 平鲁气化残焦的 DTG 曲线显示为两个峰分别为 1285K 和 1357K。在同样的气化转化率下,热重曲线显示含灰样的气化速率比酸洗样低,且在 1340K 处含灰样的热失重明显变缓,这时残焦的气化转化率为 80%。这说明气化残焦的反应性在转化率达 80% 后下降。

在前面的章节中曾论述过灰分的催化作用,但当灰分的含量很高时,它也会影响气体的传质而起到阻碍气化反应的作用。平鲁原焦的灰分含量在 20% 左右,含灰焦样气化至 5% 的残焦时,其灰含量将达到 83%~85%。这时大量的灰存在于未反应碳的外面,必将影响气化反应的传质过程,从而使这部分碳的反应速率下降。图 10-27 和图 10-28 正是说明了这一问题。同一原焦的同一制焦转化率下的部分气化残焦,含灰的反应速率比酸洗的低。在气化转化率达 80% 后,含灰焦样

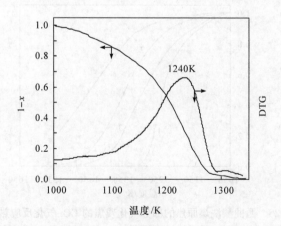

图 10-27　酸洗平鲁煤原焦及部分气化残焦(5%)CO_2 气化的 TG 和 DTG 曲线

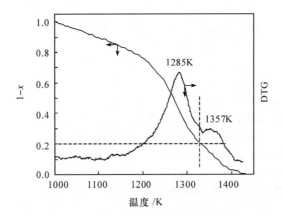

图 10-28　含灰平鲁煤原焦及部分气化残焦(5%)CO_2 气化的 TG 和 DTG 曲线

气化反应速率明显下降,而酸洗样不存在这一现象。这一结果说明部分气化残焦的气化反应性在转化率达 80% 以后的下降是由于煤焦中本身固有灰分引起的。

参 考 文 献

[1] Toda Y. Fuel. 1973, 52(1): 36

[2] Radovic L. R. et al. Fuel, 1983, 62: 849

[3] Radovic L. R. et al. Energy & Fuel. 1991, 5: 68

[4] 曾凡桂. 煤炭转化. 1995, 18(2): 7

[5] 谢克昌, 凌大琦. 煤的气化动力学和矿物质的作用. 太原: 山西科学教育出版社, 1990, 50

[6] Ashu J. T. et al. Fuel. 1978, 57: 250

[7] Ubhayakar S. K. et al. Proc. 16th Symp. Int. Comb. Pittsburgh, 1977: 427

[8] Marzec A. ACS. Div. Fuel Chem. Prep. 1971, 36: 454

[9] Marzec A. Fuel. 1987, 66: 844

[10] Marzec A. et al. Fuel, 1994, 73(8):129

[11] Solomon P. R. et al. Prepr. Pap. ACS Div. Fuel Chem. 1994, 39(1): 68

[12] Solomon P. R. et al. Prog. Energ. Comb. Sci. 1992, 18: 133

[13] Marzec A. et al. Energy and Fuel. 1992, 6: 97

[14] Solomon P. R. et al. Fuel. 1994, 73(8): 1371

[15] Schulten H. R. et al. Energy & Fuel. 1992, 6: 103

[16] Marzec A et al. ACS. Div. Fuel Chem. Prep. 1991, 36: 454

[17] Chauvin R. et al. Bull. Soc. Chem. Er. 1969,11: 3916

[18] Derbyshire F. et al. Fuel. 1989, 68: 1091

[19] Nishioka M. Energy & Fuel. 1988, 2: 351

[20] Marzec A. Fuel. 1982, 62: 977

[21] Bodzek D. et al. Fuel. 1981, 60: 47

［22］Szeliga J. Fuel. 1983, 62：1229

［23］Pajak J. et al. Fuel. 1985, 64：64

［24］Jurkiewicz A. et al. Fuel. 1989, 68：1097

［25］Jurkiewicz A. et al. Fuel. 1990, 69：805

［26］van Heek K. H. Fuel. 1994, 73(6)：894

［27］van Heek K. H. Fuel. 1994, 73(6)：886

［28］Buxhanan A. C. et al. Prep. Pap. ACS Fuel Chem. 1994, 39(11)：22

［29］Son J. B. Coal Science and Chemistry. Bredenberg：Elsevier, 1990, 332

［30］Genetti D.et al. Rements of Chemical, 1995

［31］Franciszek C. et al. Fuel Processing Tech. 1991, 29：57

［32］范雄. 金属 X 射线学 北京：机械工业出版社, 1996, 55

［33］Budinova T. et al. Fuel. 1998, 77：577

［34］Senneca O. et al. Fuel. 1998, 77：1483

［35］朱子彬等. 燃料化学学报, 1994, 22(3)：321

［36］朱子彬等. 化工学报. 1992, 43(4)：401

［37］Lizzio A. et al. Carbon. 1990, 28：7

［38］Sha X. Z. et al. Fuel. 1990, 69：1564

［39］Sharma A.et al. 10th ICCS. 1999：371

附录：Contents of Coal Structure and Its Reactivity

Chapter 1. Fundamental Characteristics of Coal

Chapter 4. Pyrolysis of Coal

Chapter 5. Gasification of Coal

Chapter 6. Depolymerization Liquefaction of Coal

Chapter 7. Combustion of Coal

Chapter 8. Swelling of Coal

Chapter 9. Reaction of Coal in Plasma

Chapter 10. Relationship between Coal
Structure and Its Reactivity